Wirnt Rick

Klinische Chemie und Mikroskopie

Sechste, überarbeitete
und erweiterte Auflage

Mit 58 Abbildungen, davon 13 Farbtafeln

Springer-Verlag Berlin Heidelberg New York
London Paris Tokyo Hong Kong

Professor Dr. Wirnt Rick
Institut für Klinische Chemie und
Laboratoriumsdiagnostik der Universität
Moorenstraße 5, D-4000 Düsseldorf

ISBN 3-540-51981-5 6. Auflage Springer-Verlag Berlin Heidelberg New York
ISBN 0-387-51981-5 6th Edition Springer-Verlag New York Berlin Heidelberg

ISBN 3-540-08219-0 5. Auflage   Springer Verlag Berlin Heidelberg New York
ISBN 0-387-08219-0 5th Edition Springer-Verlag New York Heidelberg Berlin

Das Werk ist urheberrechtlich geschützt. Die dadurch begründeten Rechte, insbesondere die der Übersetzung, des Nachdrucks, des Vortrags, der Entnahme von Abbildungen und Tabellen, der Funksendung, der Mikroverfilmung oder der Viervielfältigung auf anderen Wegen und der Speicherung in Datenverarbeitungsanlagen, bleiben, auch bei nur auszugsweiser Verwertung, vorbehalten. Eine Vervielfältigung dieses Werkes oder von Teilen dieses Werkes ist auch im Einzelfall nur in den Grenzen der gesetzlichen Bestimmungen des Urheberrechtsgesetzes der Bundesrepublik Deutschland vom 9. September 1965 in der Fassung vom 24. Juni 1985 zulässig. Sie ist grundsätzlich vergütungspflichtig. Zuwiderhandlungen unterliegen den Strafbestimmungen des Urheberrechtsgesetzes.

© Springer-Verlag Berlin Heidelberg 1972, 1973, 1974, 1976, 1977, 1990
Printed in Germany

Die Wiedergabe von Gebrauchsnamen, Handelsnamen, Warenbezeichnungen usw. in diesem Werk berechtigt auch ohne besondere Kennzeichnung nicht zu der Annahme, daß solche Namen im Sinne der Warenzeichen- und Markenschutz-Gesetzgebung als frei zu betrachten wären und daher von jedermann benutzt werden dürften.

Produkthaftung: Für Angaben über Dosierungsanweisungen und Applikationsformen kann vom Verlag keine Gewähr übernommen werden. Derartige Angaben müssen vom jeweiligen Anwender im Einzelfall anhand anderer Literaturstellen auf ihre Richtigkeit überprüft werden.

Druck und Bindearbeiten: Druckhaus Beltz, Hemsbach/Bergstr.
2117/3130-543210 – Gedruckt auf säurefreiem Papier

Springer Lehrbuch

VORWORT ZUR SECHSTEN AUFLAGE

Die Entwicklung der letzten Jahre in den verschiedenen Bereichen der Laboratoriumsmedizin hat gegenüber früheren Auflagen eine Erweiterung des Stoffs erforderlich gemacht. Das Grundkonzept und die Art der Darstellung sind jedoch beibehalten worden.

Die Erfahrung im Rahmen der Ausbildung von Medizinstudenten bzw. der Weiterbildung des medizinisch-technischen Personals hat zunehmend gezeigt, daß offensichtlich auf Grund einer zu weit gespannten Stoffauswahl oder infolge von Ringvorlesungen ohne ausreichende Absprache unter den häufig sehr spezialisierten Dozenten wesentliche Grundkenntnisse aus den naturwissenschaftlichen Fächern bereits nach kurzer Zeit nicht mehr verfügbar sind. Daher wurde das zum Verständnis der beschriebenen Reaktionsabläufe und zur Interpretation von Analysendaten erforderliche Basiswissen in den einzelnen Abschnitten wiederholt.

Bedauerlicherweise ist während des Medizinstudiums der direkte Kontakt zu Patienten zunehmend in den Hintergrund getreten. Leider hat auch die Entwicklung in der Laboratoriumsmedizin durch die Einrichtung sehr großer und weitgehend technisierter Arbeitsbereiche sowie eine häufig von der Medizin losgelöste Ausbildung der verantwortlichen Leiter dazu geführt, daß der ständige Dialog mit den Klinikern stark reduziert und dadurch auch die Weiterbildungsmöglichkeit für das an der Krankenversorgung interessierte Personal erheblich eingeschränkt ist. Aus diesen Gründen wurde besonderer Wert auf die Darstellung klinischer Bezüge gelegt. Nur derjenige, der in einer sehr frühen Phase der Ausbildung und seiner beruflichen Tätigkeit ständig die Bedeutung von Analysenergebnissen für den Patienten vor Augen hat, wird zu einer qualifizierten Arbeit motiviert sein und andererseits auch Befriedigung im Berufsleben finden.

Es hat sich gezeigt, daß die ursprünglich für die Ausbildung der Studenten während des klinischen Studiums konzipierte Einführung auch den in der Praxis oder Klinik tätigen Kollegen sowie dem medizinisch-technischen Personal Informationen vermitteln und hilfreich sein kann. Daher wurde auch weiterhin gezielt den Bedürfnissen dieses Leserkreises Rechnung getragen, zumal eine ständige Kommunikation zwischen den Genannten zur Lösung der täglich auftretenden Probleme unumgänglich ist.

Während die im Rahmen eines Kurses oder in Arztpraxen anfallenden Analysen zur Basisdiagnostik detailliert in Form von Arbeitsvorschriften unter Berücksichtigung der Verfügbarkeit vorhandener Hilfsmittel - z. B. SAHLI- oder Leukocytenpipetten anstelle von Kolbenpipetten, die in einem Praxislaboratorium kaum zuverlässig kalibriert werden können - beschrieben sind, werden bei den klinisch-chemischen Untersuchungen nur die bezüglich der Patientenvorbereitung erforderlichen Schritte sowie Prinzipien und Störfaktoren dargestellt. Bei speziellen Verfahren sind lediglich Angaben zur Indikationsstellung und kritischen Bewertung der Ergebnisse aufgeführt.

Bewußt wurde auf die Beschreibung von Großgeräten und den mit ihrer Anwendung verbundenen Schwierigkeiten verzichtet. Ebenso findet die elektronische Datenverarbeitung keine Erwähnung, da zahlreiche Probleme, insbesondere die Identifizierung der Proben, die Fehler bei der Befundzuordnung und der Datenschutz, nicht gelöst sind.

Wer belächelt, daß beispielsweise das Reinigen der Pipettenspitzen von Probenmaterial erwähnt ist, wer die Betrachtung des Harns als mittelalterliche Methode disqualifiziert oder mitteilt, daß heutzutage die Zuverlässigkeit der Analytik im Laboratorium gewährleistet sei, gibt zu erkennen, daß er sich weit von der praktischen Arbeit und einer kompetenten Beurteilung von Methoden und Ergebnissen entfernt hat. Gerade die scheinbaren Nebensächlichkeiten sind häufig Ursache schwerwiegender Fehlbefunde. Möglicherweise beruht die Unterschätzung handwerklicher Grundkenntnisse und Fertigkeiten darauf, daß die Weiterbildung zum Facharzt für Laboratoriumsmedizin im Bereich der Klinischen Chemie nur 2 Jahre beträgt. Größenordnungsmäßig verfügen zentralisierte klinisch-chemische Laboratorien über ein Spektrum von 200 - 400 Analysenverfahren. Es erübrigt sich daher, näher zu beschreiben, was in ca. 430 Arbeitstagen tatsächlich erlernt werden kann.

Daß sich die Zuverlässigkeit von Ergebnissen trotz vieler gegensinniger Aussagen nicht verbessert hat, beruht vor allem auch darauf, daß die Hersteller von Reagentien und Geräten teilweise in unverantwortlicher Weise eine Minderung der Qualität herbeigeführt haben und daß die Mehrzahl der existierenden Probleme bewußt verschwiegen oder abgestritten wird.

Ein Beispiel für die bestehende Unzulänglichkeit der Analysendaten stellt der im April 1989 von der Deutschen Gesellschaft für Klinische Chemie auf freiwilliger Basis durchgeführte Ringversuch zur Kontrolle von Photometern dar. In die gewonnenen Daten gehen ausschließlich die Eigenschaften der Küvetten und die Ablesung des Meßsignals ein. Dennoch wurden beispielsweise bei einer Wellenlänge von 546 nm Extinktionen zwischen 0,236 und 0,272 akzeptiert. Umgerechnet in eine Hämoglobinkonzentration würde dies bedeuten, daß ausschließlich infolge der photometrischen Messung Werte zwischen 8,7 und 10,0 g/dl als hinreichend genau betrachtet werden. Ähnlich verhält es sich mit Enzymaktivitätsmessungen an Kontrollproben. Für die Glutamat-Oxalacetat-Transaminase wurden 1975 Werte zwischen 17 - 30 U/l, bei einem Ringversuch 1989 Ergebnisse von 32 - 48 U/l toleriert. Diese Unzuverlässigkeit der Daten ist neben einer unzulänglichen Ausbildung und einer anerzogenen Zahlengläubigkeit Ursache der Datenfülle und damit auch der Datenkrise in der Klinischen Chemie.

Bei der Auswahl der Methoden wurde dem Spektrum des Leserkreises und nicht einer möglichen Mechanisierbarkeit Rechnung getragen. Auf Literaturangaben zu den einzelnen Verfahren wurde verzichtet, da zuverlässige methodische Arbeiten auf der Grundlage sorgfältig geplanter und gewissenhaft ausgeführter Experimente kaum noch verfügbar sind.

Mein Dank gilt wiederum Herrn Prof. Dr. H. Begemann, München, für die Erlaubnis zur Übernahme der Farbtafeln sowie Herrn Prof. Dr. D. Heinrich, Wetzlar, für zahlreiche wertvolle Hinweise zur Hämostaseologie. Für die Durchsicht des Manuskripts bin ich Herrn Dr. W. Grunewald, Herrn Dr. St. Schauseil und Herrn Priv.-Doz. Dr. K. J. Hengels sehr zu Dank verpflichtet, ebenso Frau H. Raphael, Frau A. Egen und Frau U. Meis für ihre wertvolle Mithilfe. Seitens des Springer-Verlags wurde die Neuauflage von Frau A. C. Repnow, Frau U. Pfaff und Frau E. Blum unterstützt; auch ihnen gilt mein besonderer Dank.

Düsseldorf, 12. 9. 1989 W. Rick

VORWORT ZUR ERSTEN AUFLAGE

Der vorliegende Leitfaden der klinischen Chemie und Mikroskopie ist aus den Unterlagen entstanden, die wir unseren Studenten seit Jahren als Grundlage zum Kurs der klinischen Chemie zur Verfügung stellen. Ziel dieses Kurses ist es, den Teilnehmern ein dauerhaftes Grundgerüst der Laboratoriumsmedizin zu vermitteln. Da die Mehrzahl der Kollegen später in der Praxis Laboratoriumsuntersuchungen ausführt bzw. ausführen läßt, ist auch eine angemessene praktische Ausbildung auf den verschiedenen Gebieten erforderlich. Nur der Arzt, der neben den theoretischen Grundlagen auch die Methodik beherrscht, wird in der Lage sein, seine Mitarbeiterinnen richtig anzuleiten.

Bei dem außerordentlichen Umfang des Fachgebietes stellt die unumgängliche Begrenzung des Stoffs ein besonderes Problem dar. Jede Stoffauswahl wird zwar in gewissen Grenzen subjektiv sein; die seit 1964 gesammelten Erfahrungen haben jedoch gezeigt, daß es zweckmäßig ist, die einzelnen Methodengruppen entsprechend ihrer Bedeutung für die ärztliche Tätigkeit zu behandeln. Die wichtigsten Untersuchungen, die sich meist auch zur Notfalldiagnostik eignen, sind daher in Form eingehender Arbeitsanleitungen beschrieben. Es ist erforderlich, daß der Student mit den Analysenprinzipien und der praktischen Ausführung vertraut wird und die Ergebnisse richtig zu bewerten lernt. Zu dieser Gruppe von Methoden zählen z. B. die hämatologischen Untersuchungen, insbesondere die Differenzierung von Blutausstrichen, sowie die Ermittlung von Enzymaktivitäten. Bei einer weiteren Gruppe von Untersuchungen reicht die zur Verfügung stehende Zeit nicht aus, um die Verfahrenstechnik sicher zu erlernen. Es werden daher nur die Grundlagen der Analytik, nicht aber eingehende Vorschriften mitgeteilt, zumal die Methodik bisher nicht standardisiert ist. Der Student muß jedoch in der Lage sein, die Qualität der Ausführung zu beurteilen und die Ergebnisse zu interpretieren. Als Beispiel sei die elektrophoretische Trennung der Serumproteine genannt.

Wenn der Kursteilnehmer an einigen, aber wesentlichen Beispielen gelernt hat, exakt zu arbeiten, die Ergebnisse kritisch zu interpretieren und Fehlerquellen zu berücksichtigen, wird er in der Lage sein, auf diesem Grundgerüst weiter aufzubauen und auch neue methodische Vorschriften selbständig zu überprüfen, anstatt sie kritiklos hinzunehmen.

Für Aufbau und Einteilung des Stoffs waren didaktische Überlegungen ausschlaggebend. Soweit es das Verständnis der diagnostischen Maßnahmen erleichtert, sind die pathophysiologischen Zusammenhänge erwähnt. Bei der Auswahl der Analysenprinzipien wurden nur tatsächlich bewährte Verfahren beschrieben. In den Abschnitten Hämatologie, Hämostaseologie, Säure-Basen-Haushalt, Liquor u. a. sind Hinweise zur Diagnostik gegeben, da die pathologischen Befunde sich im Zusammenhang mit definierten Symptomen bzw. Krankheitsbildern leichter einprägen lassen.

In der klinischen Chemie wurden vor allem allgemeine Gesichtspunkte zur Analytik, zur Meßtechnik und zur Auswertung der Meßergebnisse erörtert und Störungen sowie Fehlerquellen berücksichtigt; wegen der Vielfalt der diagnostischen Aussagemöglichkeiten würden Anleitungen zur Interpretation den Rahmen der Darstellung sprengen.

Als Interpretationshilfe dienen bei den klinisch-chemischen Verfahren Angaben zu den Normbereichen. Dabei sind teils selbsterstellte, teils aus der Literatur übernommene Bereiche angegeben. Die vielfach geäußerte Forderung, jedes Laboratorium solle seine eigenen Normbereiche erarbeiten, ist - vor allem wegen der Schwierigkeit, Probanden der verschiedenen Altersklassen in ausreichender Zahl zu untersuchen - illusorisch. Da es noch erheblicher Anstrengungen bedarf, bis Normbereiche verbindlich angegeben werden können, müssen manche der Angaben als vorläufig betrachtet werden. Die bisher üblichen Dimensionen der quantitativen Analysenergebnisse wurden zunächst beibehalten, da auch die Autoren der übrigen deutschsprachigen Lehrbücher bisher den Vorschlägen von DYBKAER und JØRGENSEN nicht gefolgt sind. Hier dürfte eine Absprache zwischen den zuständigen wissenschaftlichen Fachgesellschaften erforderlich sein.

Es ist verständlich, daß die Ergebnisse von Laboratoriumsuntersuchungen nur dann sinnvoll zur Diagnostik und zur Verlaufskontrolle herangezogen werden können, wenn eine klare Fragestellung vorliegt, wenn die Bedingungen bei der Probenahme, der Arbeitsgang und die Störungen der Methodik berücksichtigt werden, wenn die Zuverlässigkeit und die Aussagemöglichkeiten der gemessenen Kenngrößen bekannt sind und wenn die Ergebnisse richtig beurteilt werden. Bei der Interpretation sind zwei entgegengesetzte, nicht angemessene Betrachtungsweisen zu vermeiden: Einerseits die nicht seltene Zahlengläubigkeit, andererseits die Verdrängung eines nicht zum klinischen Bild passenden Befundes. Nur durch eigene praktische Arbeit, durch ständigen Vergleich der Laboratoriumsergebnisse mit dem klinischen Bild und durch langjährige Erfahrung ist es möglich, die Grundsätze einer richtigen, aber auch kritischen Bewertung zu erlernen. Das vorliegende Buch soll die Voraussetzungen hierfür verbessern helfen.

Herrn Prof. Dr. H. Begemann, München, bin ich für die Erlaubnis, Abbildungen aus seinem Atlas der klinischen Hämatologie und Cytologie zu übernehmen, zu besonderem Dank verpflichtet. Herrn Prof. Dr. L. Róka, Gießen, danke ich vielmals für die Durchsicht des Abschnitts Hämostaseologie, Herrn Prof. Dr. Hj. Becker, Frankfurt (Main), für wertvolle Hinweise zum Abschnitt Hämatologie, Herrn Dr. H. Netheler, Hamburg, für die Überlassung von Abbildungen zur Photometrie, Herrn Dr. O. Kling, Oberkochen, für wichtige Ratschläge zur klinischen Chemie, Herrn W. Wilms und Herrn J. Scheunemann, Krefeld, für die Durchsicht des Abschnitts über den Säure-Basen-Haushalt. Herrn R. Greiner, Düsseldorf, verdanke ich die technische Ausführung der schematischen Darstellungen. Frl. M. Hockeborn, Düsseldorf, war an der Ausarbeitung entscheidend beteiligt und fertigte die druckreife Reinschrift des Manuskripts an; Herr Dr. W.-P. Fritsch, Frau Dr. G. Grün, Herr Dr. Th. Scholten, Frau A. Egen, Herr cand. med. H.-G. Weiste und Herr cand. med. J. Müller, Düsseldorf, unterstützten die Arbeit tatkräftig. Von der Planung an bestand eine außerordentlich erfreuliche Zusammenarbeit mit Herrn Prof. Dr. W. Geinitz und den Mitarbeitern des Springer-Verlags, insbesondere Frau Th. Deigmöller. Ihnen allen danke ich für ihre intensiven Bemühungen.

Düsseldorf, 29. 7. 1972 W. Rick

INHALTSÜBERSICHT

Seite

Voraussetzungen zur Erzielung zuverlässiger Befunde 1
   Vorbereitung des Patienten 1
   Probengefäße und deren Kennzeichnung 5
   Gewinnung des Untersuchungsmaterials 6
   Zusatz geeigneter Antikoagulantien bzw. Konservierungsstoffe . 8
   Transport und Aufbewahrung von Proben 9
   Analytik im Laboratorium 11
   Übermittlung der Ergebnisse 12
   Interpretation von Analysendaten 13

HÄMATOLOGIE

  Corpusculäre Bestandteile des Blutes
    Geformte Elemente des Blutes und ihre wichtigsten Aufgaben . . . 15
    Entwicklung der geformten Bestandteile des Blutes 16
    Einzelheiten zur Entwicklung und Funktion der corpusculären Bestandteile des Blutes 19
      Neutrophile Granulocyten 19
      Eosinophile und basophile Granulocyten 21
      Monocyten 21
      Lymphocyten 22
        T-Lymphocyten 24
          T4-Lymphocyten 24
          T8-Lymphocyten 25
            Quotient T4/T8-Lymphocyten 26
        Null-Lymphocyten 27
        B-Lymphocyten 27
        Plasmazellen 27
      Überblick über die Abwehrmechanismen 30
        Unspezifische Abwehrmechanismen 30
        Antigen-spezifische Immunabwehr 31
      Erythrocyten 32
      Thrombocyten 32
  Hämatologische Untersuchungsmethoden
    Gewinnung von Blut für hämatologische Untersuchungen 33
      Gewinnung von Capillarblut 33
      Gewinnung von venösem Blut 34
   Leukocyten
    Leukocytenzählung 35

	Seite
Zählkammerverfahren	35
Verfahren mit elektronischen Zählgeräten	39
Leukocytenmorphologie	41
Anfertigung von Blutausstrichen	41
Färbung von Blutausstrichen	43
Differenzieren von Blutausstrichen	44
Reife Leukocyten in panoptisch gefärbten Blutausstrichen	46
Normbereiche der Leukocyten im peripheren Blut	51
Unreife Vorstufen der Granulocyten in panoptisch gefärbten Blutausstrichen	52
Spezielle Untersuchungsverfahren an Leukocyten	56
Cytochemische Reaktionen in Leukocyten	56
Nachweis der Myeloperoxydase	57
Nachweis unspezifischer Esterasen	58
Nachweis der alkalischen Neutrophilenphosphatase	59
Nachweis von Polysacchariden und Glykogen (PAS-Reaktion)	61
Nachweis der sauren Leukocytenphosphatase	62
Immunologischer Nachweis von Oberflächenstrukturen	63
Immunologische Bestimmung der terminalen Desoxyribonucleotidyl-Transferase	63
Nachweis von Chromosomenanomalien	63
Nachweis von L.E.-Zellen	64
Erythrocyten	65
Hämoglobinkonzentration im Vollblut	66
Erythrocytenzählung	69
Zählkammerverfahren	69
Verfahren mit elektronischen Zählgeräten	70
Hämatokritwert	71
Hämoglobingehalt der Erythrocyten	73
MCH (Hb_E)	73
Volumen bzw. Durchmesser der Erythrocyten	75
MCV	76
Hämoglobinkonzentration in den Erythrocyten	77
MCHC	77
Erythrocytenmorphologie in panoptisch gefärbten Blutausstrichen	78
Erythrocytenvorstufen in panoptisch gefärbten Blutausstrichen	82
Spezialfärbungen an Erythrocyten	85
Reticulocyten	85
Siderocyten	86
HEINZ'sche Innenkörper	88
Wichtigste Veränderungen des Blutbildes	
Reaktive Veränderungen des weißen Blutbildes	89
Veränderung der Gesamtzahl der Leukocyten pro μl Blut	89
Veränderung der Relation der verschiedenen Leukocytenarten	90
Linksverschiebung	92
Toxische Granulation	92
Infektiöse Mononucleose	93
Vorkommen monocytoider Lymphocyten	93
Leukämien (Leukosen)	94
Entstehung der Leukämien	94
Anhäufung von Leukämiezellen im Organismus	94
Hinweise zur Diagnostik von Leukämien	95

Seite

    Einteilung der Leukämien 96
        Einteilung der akuten Leukämien 96
        Einteilung der chronischen Leukämien 98
    Akute Myelose 99
    Akute Lymphadenose 100
    Chronische Myelose 101
    Chronische Lymphadenose 103
    Promyelocytenleukämie 104
    Monocytenleukämie 104
    Seltene Leukämieformen 104
    Plasmocytom, Plasmazell-Leukämie 105
Myeloproliferative Erkrankungen 107
    Osteomyelosklerose 107
    Polycythaemia vera 107
    Idiopathische (essentielle) Thrombocythämie 108
Anämien 115
    Ätiologie der Anämien 115
    Einteilung der Anämien 119
    Klinische Symptomatik der Anämien 120
    Untersuchungsverfahren zur Differenzierung von Anämien . . . 121
    Charakteristische Befundkonstellationen bei Anämien 124
Polyglobulie 127
Literaturhinweise 128

HÄMOSTASEOLOGIE

Hämostasemechanismen 129
    Übersicht über den Ablauf der Hämostase 130
    Thrombocyten 132
    Gerinnungsfördernde Mechanismen 133
        Plasmatische Gerinnungsfaktoren 133
        Ablauf der plasmatischen Gerinnung 136
        Exogen ausgelöster Gerinnungsablauf 136
        Endogen ausgelöster Gerinnungsablauf 137
        Verbleib der Faktoren nach Ablauf der Gerinnung 138
    Gerinnungshemmende Mechanismen 139
        Antithrombin III 139
        Protein C 139
        Clearance durch das RES 139
    Fibrinolytisches System 140
        Aktivierung der Fibrinolysemechanismen 140
        Wirkung von Plasmin 141
    Fibrinolysehemmende Mechanismen 142
        Plasminogenaktivator-Inhibitoren 142
        α_2-Antiplasmin, α_2-Makroglobulin 142
        Clearance durch das RES 142

Störungen der Hämostase
    Hämorrhagische Diathesen 143
    Thrombosen 144

Hämostaseologische Untersuchungsmethoden
    Verfahren zur Erfassung von Vasopathien 145
        Subaquale Blutungszeit nach MARX 145

	Seite
RUMPEL-LEEDE-Test und Saugglockentest	145
Verfahren zur Erfassung thrombocytär bedingter hämorrhagischer Diathesen	146
Thrombocytenzahl	146
Zählkammerverfahren	146
Verfahren mit elektronischen Zählgeräten	150
Thrombocytenzählung nach FONIO	150
Beurteilung der Thrombocytenfunktion	152
Adhäsion (Retention) der Thrombocyten	152
Aggregation der Thrombocyten	152
Verfahren zur Erfassung von Koagulopathien	153
Überblick über die Untersuchungsmethoden	153
Voraussetzungen zur Erzielung zuverlässiger Ergebnisse	154
Fehlerquellen bei gerinnungsphysiologischen Verfahren	157
Globalteste zur Erfassung von Gerinnungsstörungen	158
Thrombelastogramm (TEG)	158
Plasma-Recalcifizierungszeit	161
Aktivierte Partielle Thromboplastinzeit (PTT)	161
QUICK-Test (Thromboplastinzeitbestimmung)	162
Phasenteste zur Lokalisation von Gerinnungsstörungen	165
Thrombinzeit	165
Schlangengiftzeit	165
QUICK-Test (Thromboplastinzeitbestimmung)	166
Aktivierte Partielle Thromboplastinzeit (PTT)	166
Faktorenteste zur Erfassung einzelner an der Gerinnung beteiligter Komponenten	167
Quantitative Bestimmung von Gerinnungsfaktoren	167
Bestimmung der Fibrinogenkonzentration im Plasma	168
Chemische Methoden	168
Methode nach CLAUSS	168
Hitzefibrinfällung nach SCHULZ	169
Beurteilung der verschiedenen Methoden zur Bestimmung der Fibrinogenkonzentration im Plasma	169
Bestimmung der Aktivität von Faktor XIII	170
Prüfung der Löslichkeit des gebildeten Fibrins in Monochloressigsäure	170
Immunologische Verfahren	170
Chemische Verfahren	170
Nachweis von Hemmkörpern gegen Gerinnungsfaktoren	171
Bestimmung gerinnungshemmender Faktoren	172
Bestimmung von Antithrombin III	172
Bestimmung von Protein C	172
Untersuchungsverfahren zur Erfassung der fibrinolytischen Aktivität	173
Beobachtung der Spontanlyse	173
Thrombelastogramm	173
Fibrinogenkonzentration im Plasma	173
Euglobulin-Lyse-Zeit	173
Indirekter Nachweis von Fibrin- bzw. Fibrinogenspaltprodukten	174
Thrombinzeit	174
Schlangengiftzeit	174

	Seite
Immunologischer Nachweis von Fibrin- bzw. Fibrinogenspaltprodukten	175
Spezifischer immunologischer Nachweis des Fibrinspaltprodukts D-Dimer	175
Einsatz hämostaseologischer Untersuchungsmethoden	176
Manifeste hämorrhagische Diathesen	177
Verbrauchsreaktion bzw. Verbrauchskoagulopathie	177
Primäre Hyperfibrinolyse	177
Latente hämorrhagische Diathesen	180
Antikoagulantientherapie	182
Kontrolle der Therapie mit Vitamin K-Antagonisten	182
Kontrolle der Therapie mit Heparin	183
Kontrolle der Therapie mit Inhibitoren der Plättchenfunktion	184
Fibrinolytische Therapie	184
Antifibrinolytische Therapie	184
Thrombosediagnostik	185
Literaturhinweise	186

KLINISCHE CHEMIE

Richtlinien für die Arbeit im klinisch-chemischen Laboratorium	187
Chemikalien	187
Standardsubstanzen und Standardlösungen	187
Wasser, Säuren, Laugen, Lösungsmittel u. a.	187
Herstellung von Lösungen	188
Aufbewahrung von Lösungen	188
Haltbarkeit von Lösungen	189
Waagen und Wägungen	190
pH-Meter und ihre Bedienung	190
Glasgeräte	191
Kunststoffartikel	191
Volumenmeßgeräte	192
Kalibrierung von Volumenmeßgeräten	194
Vorbereitung des Untersuchungsmaterials	195
Ausführung von klinisch-chemischen Bestimmungen	196
Klinisch-chemische Analytik	199
Trennverfahren	199
Quantitative Analysenverfahren	200
Absorptionsphotometrie (Photometrie)	
Grundlagen der Absorptionsphotometrie	201
Prinzip der photometrischen Messung	203
Photometer	204
Spektralphotometer	205
Spektrallinienphotometer	206
Filterphotometer	207
Hinweise zur Ausführung photometrischer Messungen	208
Küvetten	208
Ausführung der photometrischen Messungen	210
Messung gegen Aqua bidest.	210
Messung gegen einen Reagentien-Leerwert	211
Auswertung der Meßergebnisse	212

	Seite
Über den spezifischen Extinktionskoeffizienten	212
Über mitgeführte Standardlösungen	214

Photometrische Bestimmungsverfahren
  Photometrische Methoden zur Bestimmung von Metabolitkonzentrationen

	Seite
Grundlagen der Methodik	215
Direkte Messung absorbierender Substanzen	215
Messung nach chemischer Umsetzung	215
Messung nach enzymatischer Umsetzung	216
Berechnung von Metabolitkonzentrationen	218
Diagnostisch wichtige Metabolite	219
Bilirubin	219
Bestimmung der Bilirubinkonzentration im Serum	221
Direkte Messung	221
Bestimmung als Azobilirubin	221
Gesamtbilirubin	221
Direkt reagierendes Bilirubin	221
Indirekt reagierendes Bilirubin	222
Glucose	223
Bestimmung der Glucosekonzentration im Blut	225
Enzymatisches Verfahren mit Hexokinase und Glucose-6-Phosphat-Dehydrogenase (UV-Test)	226
Enzymatisches Verfahren mit Glucose-Dehydrogenase (UV-Test)	228
Enzymatisches Verfahren mit Glucose-Oxydase (Farbtest)	229
Orientierende Bestimmung mit Teststreifen	230
Glucose-Toleranz-Test	231
Oraler Glucose-Toleranz-Test	231
Intravenöser Glucose-Toleranz-Test	233
Lipoproteine	235
Bestimmung der Lipoproteine im Serum	236
Lipoproteinelektrophorese	236
Ultrazentrifugation	236
Cholesterin	237
Bestimmung der Cholesterinkonzentration im Serum	238
Enzymatisches Verfahren mit Cholesterin-Oxydase	238
Low Density-Lipoprotein (LDL)-Cholesterin	240
High Density-Lipoprotein (HDL)-Cholesterin	241
Triglyceride	242
Bestimmung der Triglyceridkonzentration im Serum	242
Enzymatisches Bestimmungsverfahren über Glycerin	243
Harnstoff	245
Bestimmung der Harnstoffkonzentration im Serum	245
Enzymatisches Verfahren mit Urease und Glutamat-Dehydrogenase (UV-Test)	245
Bestimmung nach BERTHELOT (Farbtest)	246
Orientierende Bestimmung mit Teststreifen	247
Creatinin	248
Bestimmung der Creatininkonzentration im Serum	248
Verfahren mit alkalischer Pikratlösung ohne Enteiweißung	248
Enzymatisches Verfahren über Creatin und Sarcosin	249
Harnsäure	250

	Seite
Bestimmung der Harnsäurekonzentration im Serum	250
Enzymatisches Verfahren mit Uricase (UV-Test)	251
Enzymatisches Verfahren mit Uricase und Peroxydase (Farbtest)	252
Eisen	253
Bestimmung der Eisenkonzentration im Serum	254
Verfahren ohne Enteiweißung mit Bathophenanthrolin-Disulfonat	254
Verfahren mit Enteiweißung und Bathophenanthrolin-Disulfonat	256
Phosphat	257
Bestimmung der Phosphatkonzentration im Serum	258
Verfahren mit der Molybdänblau-Reaktion	258
Serumproteine	260
Bestimmung der Gesamteiweißkonzentration im Serum	261
Biuretmethode	261
Bestimmung auf Grund der Absorption der Proteine im UV-Bereich	262
Bestimmung auf Grund des Stickstoffgehalts der Proteine nach KJELDAHL	262
Elektrophorese	263

Photometrische Methoden zur Bestimmung von Enzymaktivitäten

Grundlagen der Enzymdiagnostik	270
Richtlinien zur Messung von Enzymaktivitäten	272
Grundlagen der Methodik	275
Kontinuierliche Meßverfahren	275
Optischer Test (nach WARBURG)	275
Verfahren zur Messung im Bereich des sichtbaren Lichts	278
Diskontinuierliche Meßverfahren	279
Endpunktverfahren	280
Auswertung der Meßergebnisse	280
Diagnostisch wichtige Enzyme im Serum	282
Cholinesterase	282
Creatin-Kinase (CK)	284
Creatin-Kinase MB-Isoenzym	285
Makro-Creatin-Kinasen	286
Glutamat-Oxalacetat-Transaminase (GOT)	287
Glutamat-Pyruvat-Transaminase (GPT)	288
γ-Glutamyl-Transferase (γ-GT)	289
Glutamat-Dehydrogenase (GLDH)	290
Lactat-Dehydrogenase (LDH)	291
LDH 1 und 2 - Isoenzyme ("α-Hydroxybutyrat-Dehydrogenase" (α-HBDH))	292
Phosphatasen	293
Alkalische Phosphatasen	293
Saure Phosphatasen	295
α-Amylasen	297
Bestimmung der Aktivität mit 4-Nitrophenyl-α, D-Maltoheptaosid als Substrat	298
Bestimmung der Aktivität mit 4-Nitrophenyl-α, D-Maltopentaosid und -hexaosid als Substrat	299

Seite

Bestimmung der Aktivität mit 2-Chlor-4-Nitrophenyl-β, D-
Maltoheptaosid als Substrat 300
    Pankreaslipase 301
Bewertung der Ergebnisse von Metabolitkonzentrations- und Enzymaktivitätsmessungen 302

Emissionsphotometrie (Flammenphotometrie)
    Grundlagen der Emissionsphotometrie 303
    Flammenphotometer 305
    Hinweise zur Ausführung flammenphotometrischer Messungen . 307

Flammenphotometrische Bestimmungsverfahren
    Natrium 308
        Bestimmung der Natriumkonzentration im Serum 309
    Kalium 310
        Bestimmung der Kaliumkonzentration im Serum 311
    Calcium 312
        Bestimmung der Calciumkonzentration im Serum 315

Elektrolytbestimmungen mit ionenselektiven Elektroden
    Grundlagen der Methodik 316
        Bestimmung der Natriumionen-Aktivität 317
        Bestimmung der Kaliumionen-Aktivität 317
        Bestimmung der Aktivität des ionisierten Calciums 317
        Bestimmung der Chloridionen-Aktivität 318

Atomabsorptionsphotometrie
    Grundlagen der Atomabsorptionsphotometrie 319
    Atomabsorptionsphotometer 320
    Anwendung der Atomabsorptionsphotometrie im klinisch-chemischen Laboratorium 321

Fluorimetrie
    Grundlagen der Fluorimetrie 322
    Fluorimeter 323
    Anwendung fluorimetrischer Verfahren in der klinischen Chemie 324

Coulometrie 325
    Chlorid 325
        Bestimmung der Chloridkonzentration im Serum 326

Titrimetrie (Volumetrie, Maßanalyse) 327

pH-Messung und Blutgasanalysen
    pH 328
    pH-Messung 328
        Glaselektroden 328
        Bezugselektroden 329
        Hinweise zur Prüfung von pH-Meßgeräten 330
    pCO_2 331
    pCO_2-Messung 331
    pO_2 331
    pO_2-Messung 331

Säure-Basen-Haushalt
    Definition von Säuren und Basen nach BRØNSTED 332
    Puffer 332

	Seite
Puffergleichung	333
Puffersysteme des Blutes	334
Untersuchungen zum Säure-Basen-Haushalt	335
Blutentnahme	336
pH-Messung	337
Ermittlung des pCO_2	337
Direktes Verfahren mit einer pCO_2-Elektrode	337
Indirektes Verfahren nach SIGGAARD-ANDERSEN	337
Ermittlung der Standardbicarbonat-Konzentration	339
Pufferbasen	339
Basenüberschuß	341
Ermittlung des pO_2	341
Vollmechanisierte Analytik	341
Normbereiche der Kenngrößen des Säure-Basen-Haushalts	342
Fehlermöglichkeiten	342
Störungen des Säure-Basen-Haushalts	343
Respiratorische Störungen	343
Metabolische Störungen	344
Kompensationsmechanismen	345
Häufigkeit pathologischer Ergebnisse	345
Charakteristische Befundkonstellationen bei Störungen des Säure-Basen-Gleichgewichts	347
Anleitung zur Interpretation von Befundkonstellationen	349
Störungen der Sauerstoffaufnahme in der Lunge	350
Klinisch-chemische Verfahren auf immunologischer Grundlage	
Grundlagen der Methodik	351
Immunologische Bestimmungsmethoden	
Qualitative Verfahren	352
Immunelektrophorese	352
Immunfixationselektrophorese	353
Indirekter Nachweis von Antigen-Antikörper-Reaktionen	354
Latexteste	354
Passive Hämagglutinationsteste	354
Hämagglutinations-Hemmteste	354
Quantitative Verfahren	355
Radiale Immundiffusion	355
Nephelometrische Messung des von Antigen-Antikörper-Komplexen gestreuten Lichts	355
Quantitative Verfahren mit Markierung von Antigenen oder Antikörpern	356
Markierung von Antigenen oder Antikörpern	356
Trennschritte	357
Auswertung der Ergebnisse	357
Radioimmunoassay (RIA)	358
Kompetitiver (klassischer) Radioimmunoassay	358
Nichtkompetitiver Radioimmunoassay (Sandwich-Prinzip)	359
Enzymimmunoassay (EIA)	360
Kompetitiver Enzymimmunoassay	360
Nichtkompetitiver Enzymimmunoassay (Sandwich-Prinzip)	360
Homogener Enzymimmunoassay	360
Modifikationen von Enzymimmunoassays	361
Fluorescenzimmunoassay (FIA)	361

Seite

Einschränkungen bei der Bewertung von Ergebnissen mit Verfahren auf immunologischer Basis 362
Anwendung immunologischer Verfahren in der Klinischen Chemie
    Bestimmung von sog. Akute Phase-Proteinen 364
        Bestimmung des C-reaktiven Proteins (CRP) 364
    Bestimmung des Eisenspeicherproteins Ferritin 366
        Bestimmung der Ferritinkonzentration im Serum 367
    Bestimmung von Hormonkonzentrationen 368
        Wirkungsmechanismen der Hormone 368
        Klassifizierung der Hormone 369
        Allgemeine Gesichtspunkte zur Analytik 369
        Schilddrüsenhormone 371
            Bestimmung des gesamten Thyroxins (Gesamt-T4) 373
            Bestimmung des gesamten Trijodthyronins (Gesamt-T3) . . . 374
            Bestimmung des freien Thyroxins (FT4) 375
            Bestimmung des freien T3 (FT3) 376
        Thyroxin-bindendes Globulin (TBG) 376
        Thyreoidea-stimulierendes Hormon (TSH) 377
        Thyreotropin-Releasing-Hormon-Test (TRH-Test) 378
        Charakteristische Befundkonstellationen bei verschiedenen Funktionszuständen der Schilddrüse 379
        Cortisol 380
            Bestimmung des Cortisols 381
        Adrenocorticotropes Hormon (ACTH) 382
        Funktionsteste zur Prüfung des Regelkreises Hypothalamus - Hypophyse - Cortisolinkretion 383
        Renin - Angiotensin - Aldosteron - System 384
            Bestimmung der Reninaktivität 384
        Aldosteron 386
            Bestimmung des Aldosterons 387
        Wachstumshormon 388
            Bestimmung des Wachstumshormons (STH) 389
        Funktionsteste zur Prüfung des Regelkreises Hypothalamus - Inkretion von Wachstumshormon 390
            Insulin-Hypoglykämie-Test 390
            Arginin-Belastungs-Test 390
            Glucose-Belastungs-Test 391
        Parathormon 392
            Bestimmung des Parathormons 393
        Insulin 394
            Bestimmung der Insulinkonzentration nach Nahrungskarenz . . 394
        Gonadotropine, Sexualhormone, Lactogene Hormone 395
        Vasopressin 395
        Catecholamine 395
        Gastrointestinale Hormone 395
    Bestimmung von Tumormarkern 396
        Grenzen der Anwendbarkeit von Tumormarkern in der Diagnostik von Malignomen 396
        Indikationen zur Bestimmung von Tumormarkern 396
        Allgemeine Gesichtspunkte zur Analytik 397
        Carcinoembryonales Antigen (CEA) 398
        CA 19-9 398

Seite

    CA-50 398
    CA-125 398
    α-Fetoprotein (AFP) 399
    Squamous cell carcinoma antigen (SCC) 399
    CA 15-3 399
    Prostataspezifische saure Phosphatase (PAP) 399
    Prostataspezifisches Antigen (PSA) 399
    Calcitonin 400
    Thyreoglobulin 400
    Humanes Choriongonadotropin (hCG) 400
    Schwangerschaftsspezifisches β_1-Glykoprotein (SP-1) 400
    Vasoaktives intestinales Polypeptid (VIP) 401
    Pankreatisches Polypeptid (PP) 401
    Tissue Polypeptide Antigen (TPA) 401
    Neuron-spezifische Enolase (NSE) 401
Nachweis von Auto-Antikörpern 403
    Bildung von Auto-Antikörpern 403
    Wirkungsweise von Auto-Antikörpern 403
    Rolle der Auto-Antikörper bei der Entstehung von Krankheiten 404
    Bedeutung der Auto-Antikörper in der Diagnostik von Erkrankungen 404
    Auto-Antikörper mit weitgehender Organspezifität 405
    Auto-Antikörper ohne Organspezifität 405
    Nachweis bzw. Bestimmung der Rheumafaktoren 406
Bestimmung von Arzneimittelkonzentrationen im Serum 407
Fehler bei der Durchführung von Verfahren auf immunologischer Grundlage 407
Literaturhinweise 408

HARN

    Harnvolumen 409
    Diagnostisch wichtige Harnbestandteile 409
    Harngewinnung und Harnsammlung 410
    Konservierung des Harns 411

Methoden zur Untersuchung von Harn
    Makroskopische Beurteilung des Harns 412
    Bestimmung des spezifischen Gewichts 413
    Mikroskopische Untersuchung des Harns 414
    Beurteilung des Harnsediments 414
    ADDIS-COUNT 415
Qualitative klinisch-chemische Harnuntersuchungen 424
    Schätzung der Wasserstoffionen-Konzentration im Harn ... 424
    Qualitativer Eiweißnachweis im Harn 425
    Sulfosalicylsäure-Probe 425
    Teststreifen-Verfahren 426
    Nachweis von BENCE-JONES-Proteinen (Wärmepräcipitation) .. 427
    Qualitativer Zuckernachweis im Harn 428
    FEHLING' sche Probe 428
    Qualitativer Glucosenachweis im Harn 429
    Teststreifen-Verfahren 429
    Qualitativer Nachweis von Acetessigsäure und Aceton im Harn . 430
    Teststreifen-Verfahren 430

	Seite
Qualitativer Nachweis von freiem und in Erythrocyten lokalisiertem Hämoglobin im Harn	431
Teststreifen-Verfahren	431
Qualitativer Nachweis von Bilirubin im Harn	432
Teststreifen-Verfahren	432
Qualitativer Nachweis von Urobilinogen im Harn	433
Teststreifen-Verfahren	433
Qualitativer Nachweis von Nitrit im Harn	434
Teststreifen-Verfahren	434
Qualitativer Nachweis von Porphobilinogen im Harn	435
WATSON-SCHWARTZ-Test	435
Umgekehrte EHRLICH'sche Probe (HOESCH-Test)	436
Quantitative klinisch-chemische Harnuntersuchungen	437
Quantitative Bestimmung der Eiweißkonzentration im Harn	437
Elektrophoretische Trennung der Proteine in Polyacrylamid	437
Quantitative Bestimmung der Glucosekonzentration im Harn	438
Messung der Amylaseaktivität im Harn	438
Bestimmung der Konzentration von Natrium, Kalium, Calcium und Chlorid im Harn	439
Untersuchungen zum Porphyrinstoffwechsel	440
Quantitative Bestimmung der δ-Aminolävulinsäure im Harn	442
Quantitative Bestimmung von Porphobilinogen im Harn	442
Quantitative Bestimmung von Porphyrinen im Harn	443
Untersuchungen zum Catecholaminstoffwechsel	445
Quantitative Bestimmung der Vanillinmandelsäure im Harn	446
Quantitative Bestimmung von Dopamin, Noradrenalin und Adrenalin im Harn	446
Quantitative Bestimmung der 5-Hydroxyindolessigsäure im Harn	447
Methoden zur Prüfung der Nierenfunktion	448
Konzentrationsversuch	448
Phenolrot-Test	449
Clearance-Verfahren	451
Endogene Creatinin-Clearance	451
Inulin-Clearance	453
Clearance der p-Amino-Hippursäure (PAH)	453
Simultane Inulin-PAH-Clearance	454
Interpretation pathologischer Harnbefunde	455
Literaturhinweise	456

LIQUOR

Gewinnung von Liquor cerebrospinalis	457
Messung des Liquordrucks	457
Methoden zur Untersuchung von Liquor	
Makroskopische Beurteilung des Liquors	458
Mikroskopische Untersuchung des Liquors	459
Zählung der Leukocyten im Liquor	459
Verfahren zur Differenzierung von Zellen im Liquor	461
Klinisch-chemische Liquoruntersuchungen	462
Bestimmung der Glucosekonzentration im Liquor	462
Bestimmung der Proteinkonzentration im Liquor	462

	Seite
Orientierendes Verfahren nach PANDY	462
Quantitative Bestimmung der Liquorproteine	462
Elektrophoretische Trennung der Liquorproteine	463
Bestimmung des Liquor/Serum-Quotienten für Albumin	463
Quantitative Bestimmung von Immunglobulinen	463
Nachweis von oligoclonalen Immunglobulinen	464
Bestimmung von Carcinoembryonalem Antigen (CEA)	464
Bestimmung der Lactatkonzentration im Liquor	464
Charakteristische Liquorbefunde	465
Literaturhinweise	466

STUHL

Stuhlgewicht	467
Zusammensetzung des Stuhls	467
Allgemeine Beurteilung des Stuhls	467

Methoden zur Untersuchung von Stuhl

Nachweis von Blut im Stuhl	468
Ermittlung des Stuhlgewichts	469
Mikroskopische Stuhluntersuchungen	469
Literaturhinweise	470

GASTROINTESTINALTRAKT

Magensekretion

Regulation der Magensekretion	471
Zusammensetzung des Magensekrets	471
Prüfung der Magensekretion	472
Interpretation von Magensekretionsanalysen	476

Pankreassekretion

Regulation der exokrinen Pankreassekretion	477
Zusammensetzung des Pankreassekrets	477
Wirkungsort der Pankreasenzyme	478
Inaktivierung und Abbau der Pankreasenzyme	479
Zusammensetzung des Duodenalsafts	479
Prüfung der Funktion des exokrinen Pankreas	480
Bestimmung der Chymotrypsinausscheidung mit dem Stuhl	480
Bestimmung der Fettausscheidung mit dem Stuhl	480
Sekretin-Pankreozymin-Test	481
Fluoresceindilaurat-Test ("Pancreolauryl-Test")	482
N-Benzoyl-L-Tyrosyl-p-Aminobenzoesäure-Test	482

Resorption im Dünndarm

Prüfung der Resorption im Dünndarm	483
D-Xylose-Test	483
Literaturhinweise	484

NORMBEREICHE

Grundlagen der Bewertung von Analysendaten	485
Transversalbeurteilung	485
Longitudinalbeurteilung	486

Seite

FEHLER BEI DER LABORATORIUMSARBEIT

    Fehler bei der Auswahl der Methodik 487
    Fehler bei der Übermittlung und Dokumentation von
    Arbeitsanleitungen 487
    Fehler bei der Wägung 487
    Fehler beim Ansetzen einer Lösung 488
    Fehler bei der Auflösung von lyophilisiertem Material . . 488
    Fehler bei der Messung des pH-Werts einer Lösung . . . 488
    Fehler bei der Aufbewahrung von Lösungen 489
    Fehler bei der Verwendung von Lösungen 489
    Fehler bei der Behandlung des Untersuchungsmaterials . . 489
    Fehler durch Verwendung von ungeeignetem Unter-
    suchungsmaterial 490
    Fehler bei der Verwendung von Glasgeräten 490
    Fehler bei der Verwendung von Kunststoffgegenständen . . 490
    Fehler bei der Verwendung von Glaspipetten 490
    Fehler bei der Verwendung von Kolbenpipetten 491
    Fehler bei der Verwendung von Dispensern, Dilutoren u. a. 491
    Fehler beim Kalibrieren von Pipetten 491
    Fehler beim Mischen der Ansätze 491
    Fehler beim Zentrifugieren der Ansätze 491
    Fehler durch Änderung des pH-Werts im Testansatz . . . 492
    Fehler bei der Inkubation 492
    Fehler bei der photometrischen Messung 493
    Fehler bei hämatologischen Untersuchungsverfahren . . . 494
    Fehler bei hämostaseologischen Verfahren 494
    Fehler bei der Durchführung von Elektrophoresen 494
    Fehler bei Untersuchungen zum Säure-Basen-Haushalt . . 494
    Fehler bei der Ausführung von Verfahren auf immunologi-
    scher Grundlage 494
    Fehler bei der Beurteilung von Harnsedimenten 494
    Fehler bei der Berechnung von Ergebnissen 494
    Fehler bei der Protokollierung und Übermittlung der Er-
    gebnisse 494
Einteilung der im Laboratorium auftretenden Fehler 495
    Zufällige ("unvermeidbare") Fehler 495
    Systematische ("vermeidbare") Fehler 495
    Grobe Fehler 495
Vermeidung bzw. Verminderung von Fehlern im Laboratorium . . 496
  Möglichkeiten zur Verminderung zufälliger Fehler 496
    Ausführung von Doppelanalysen 496
    Statistische Qualitätskontrolle (Präzisionskontrolle) 497
    Analyse von Proben aus vorangegangenen Serien 500
  Möglichkeiten zur Vermeidung systematischer Fehler 500
    Statistische Qualitätskontrolle (Richtigkeitskontrolle) 500
  Möglichkeiten zur Vermeidung grober Fehler 501
    Organisatorische Maßnahmen 501
    Plausibilitätskontrolle 501
Vorschriften zur statistischen Qualitätskontrolle 502
    Eichgesetz und Eichordnung 502
    Richtlinien der Bundesärztekammer 502

SACHVERZEICHNIS 503

VORAUSSETZUNGEN ZUR ERZIELUNG ZUVERLÄSSIGER BEFUNDE

Ergebnisse von Laboratoriumsuntersuchungen sind häufig bei der Beantwortung der Frage, ob eine Erkrankung oder eine Funktionsstörung vorliegt, von entscheidender Bedeutung. Als Beispiele seien hier lediglich die erhöhte Aktivität der Transaminasen im Serum bei beginnender Hepatitis und die verminderte Creatinin-Clearance infolge einer gestörten Nierenfunktion genannt. Daher ist es unbedingt erforderlich, daß Analysenresultate zuverlässig sind, d. h., daß normale Werte nicht auf Grund von Fehlern fälschlich in den pathologischen Bereich fallen oder umgekehrt.

Die Richtigkeit eines Befundes hängt von zahlreichen Faktoren ab. Hier sollen nur die wichtigsten genannt werden:

1. Vorbereitung des Patienten
2. Probengefäße und deren Kennzeichnung
3. Gewinnung des Untersuchungsmaterials
4. Zusatz geeigneter Antikoagulantien bzw. Konservierungsstoffe
5. Transport und Aufbewahrung von Proben
6. Analytik im Laboratorium
7. Übermittlung der Ergebnisse
8. Interpretation der Analysendaten

Aus dieser Zusammenstellung geht hervor, daß die Arbeit im Laboratorium selbst nur einen Teil der Schritte umfaßt, die zur Erstellung eines Befundes erforderlich sind. Störungen und Fehler der verschiedensten Art, die zu falschen Ergebnissen führen, können aber in allen der genannten Bereiche auftreten, so daß ein nicht zum klinischen Bild passendes Resultat keinesfalls durch einen Fehler innerhalb des Laboratoriums bedingt sein muß. Daher sind nicht nur für den Arbeitsablauf im Rahmen der Analytik, sondern auch für die übrigen Punkte eindeutige Vorschriften auszuarbeiten und sorgfältig zu beachten. Ebenso ist zur Erzielung zuverlässiger Befunde ein ständiger intensiver Dialog zwischen Klinik und Laboratorium erforderlich.

Im folgenden wird ein kurzer Überblick über die Bedingungen gegeben, die bei der Ausführung der oben erwähnten Teilschritte einzuhalten sind.

Vorbereitung des Patienten

Der Arzt sollte den Patienten ausführlich und früh genug über die geplanten Analysen und die diesbezüglich zu beachtenden Maßnahmen unterrichten. Nur ein Patient, dem die Notwendigkeit einer Untersuchung verständlich gemacht worden ist, dem erklärt wurde, warum eine Reihe von Vorschriften einzuhalten sind und welche Konsequenzen die Nichteinhaltung von Anweisungen haben kann, wird zu einem vertrauensvollen Zusammenwirken mit dem Arzt bereit sein.

Die außerordentlich hohe Zahl der heute in Körperflüssigkeiten meßbaren Substanzen und die Vielfalt der angewandten Methoden machen es unmöglich, sämtliche Einflußgrößen, die die Ergebnisse verändern bzw. verfälschen, aufzuführen. An wichtigen und klinisch relevanten Beispielen soll gezeigt werden, daß zur Ermittlung zuverlässiger Daten eine Vielzahl von Einflüssen Beachtung finden muß (s. Tabelle 1). Im Einzelfall ist es jedoch unerläßlich, vor der Gewinnung von Untersuchungsmaterial von dem zuständigen Laboratorium detaillierte Informationen über alle erforderlichen Maßnahmen einzuholen und diese konsequent zu befolgen bzw. die Einhaltung durch den Patienten zu kontrollieren.

Tabelle 1. Einzuhaltende Maßnahmen vor der Gewinnung von Untersuchungsmaterial

Erforderliche Maßnahmen	Fehler durch Nichtbeachtung

Anordnung von Diätvorschriften	Die Ergebnisse einiger klinisch-chemischer Untersuchungen hängen nicht nur von der Nahrungszufuhr am gleichen Tag, sondern auch von der Diät während eines längeren Zeitraums vor der Untersuchung ab. Folgende diätetische Maßnahmen sind daher einzuhalten:
	
	vor der Durchführung einer Glucose-Belastung
	    3 Tage mdst. 250 g Kohlenhydrate pro Tag
	        (erst dann ist die Insulininkretion der B-Zellen der LANGERHANS' schen Inseln des Pankreas reproduzierbar)
	
	vor der Bestimmung der Harnsäurekonzentration im Serum
	    3 Tage purinarme Kost
	        (d. h. keine Innereien, Hülsenfrüchte, Nüsse, wenig Fleisch und Fisch)
	    keinen Alkohol
	        (da dieser die Harnsäureausscheidung durch die Nieren vermindert)
	    keine Fastenkuren
	        (da die Harnsäureexkretion bei Hungeracidose herabgesetzt ist)
	
	vor Untersuchungen zum Fettstoffwechsel
	    10 Tage gemischte Kost
	    auf Gewichtskonstanz des Patienten achten
	
	vor dem Nachweis von Blut im Stuhl
	    3 Tage kein Fleisch, keinen Fisch, Meerrettich, Rettich, Sellerie
	        (da die Substanzen Hämoglobin, Myoglobin bzw. Peroxydasen enthalten)
	
	vor der Bestimmung der Konzentration an 5-Hydroxyindolessigsäure im Harn
	    keine Bananen, keine Walnüsse
	        (da sie 5-Hydroxytryptamin enthalten)

Fortsetzung Tabelle 1.

Erforderliche Maßnahmen	Fehler durch Nichtbeachtung
Berücksichtigung von Eßgewohnheiten	Die Harnstoffkonzentration im Serum ist vom Proteingehalt der Nahrung abhängig.

Nahrungskarenz von mindestens 12 Stunden einhalten	Wird dem Patienten Blut nach Nahrungszufuhr entnommen, so ergeben sich vor allem bei der Bestimmung von
	    Glucose,
	    Triglyceriden,
	    Cholesterin,
	    Eisen und
	    Phosphat
	höhere Werte als vor der Nahrungsaufnahme, da die resorbierten Bestandteile im Blut transportiert und daher mitgemessen werden.
	Erfolgt die Blutentnahme nach fettreichen Mahlzeiten, kommt es infolge der auftretenden Lipämie zu einer Trübung des Serums oder Plasmas, so daß die photometrische Messung bei zahlreichen Analysenverfahren gestört wird.

Blutentnahme am liegenden Patienten nach mindestens 30 Minuten Ruhelage	Die Änderung der Körperlage vom Liegen zum Stehen bewirkt durch Abpressen von Flüssigkeit in das Interstitium eine Verminderung des intravasalen Volumens. Die Konzentrationen der nicht ultrafiltrierbaren Bestandteile des Blutes
	    alle corpusculären Elemente
	        Erythrocyten
	        Hämoglobin
	        Hämatokritwert
	        Leukocyten
	        Thrombocyten
	    Proteine
	        Enzyme
	        Lipoproteine
	           Cholesterin
	           Triglyceride
	    alle an Proteine gebundenen Substanzen
	        Hormone
	        Bilirubin
	        Calcium
	        Eisen
	        Kupfer
	        u. a.
	können dadurch bis zu 10 % ansteigen.
	Kann in Notfallsituationen die Körperlage bei der Blutentnahme keine Berücksichtigung finden, so ist dies in die Interpretation der Ergebnisse einzubeziehen. Keinesfalls darf z. B. ein Abfall der Hämoglobinkonzentration um ca. 10 % (etwa von 15,0 auf 13,5 g/dl) nach dem Übergang von der aufrechten Körperhaltung zur Bettruhe als Zeichen eines akuten Blutverlusts gewertet werden.

Fortsetzung Tabelle 1.

Erforderliche Maßnahmen	Fehler durch Nichtbeachtung
Berücksichtigung von Tageszeiten bei der Probenahme	Rhythmische Schwankungen während 24 Stunden sind bei der Bestimmung von Hormonkonzentrationen zu beachten (s. S. 381, 382 und 389).
Meidung von Genußmitteln (Tee, Kaffee, Tabak u. a.)	Genußmittel enthalten pharmakologisch wirksame Substanzen, die die Funktion verschiedener Organe beeinflussen können. Sie sind daher vor der Blutentnahme und insbesondere vor Funktionsproben (Magen, Niere, Leber) streng zu meiden. Bei Rauchern finden sich gegenüber Nichtrauchern höhere Konzentrationen an Carcinoembryonalem Antigen (CEA).
Alkoholkarenz	Starker Alkoholgenuß wenige Stunden vor der Blutentnahme führt durch eine Schädigung der Leberzellen - insbesondere bei bereits bestehendem Leberschaden - zum Anstieg der Transaminasen und der γ-Glutamyl-Transferase im Serum. Außerdem wird durch die Zufuhr von Alkohol die Ausscheidung zahlreicher Substanzen über die Niere beeinflußt.
Medikamente, soweit ärztlich vertretbar, vor der Probengewinnung absetzen	Zahlreiche Arzneimittel bewirken Veränderungen von Metabolitkonzentrationen oder Enzymspiegeln im Serum sowie von Organfunktionen (z. B. der Leber). Außerdem können sie die zur Analytik benutzten chemischen Reaktionen stören, indem sie diese verhindern bzw. abschwächen, oder indem sie selbst unter Bildung gefärbter Produkte reagieren. Soweit bekannt, wird bei den einzelnen Analysenverfahren auf derartige Störungen hingewiesen. Da aber nicht alle Einflüsse dieser Art erfaßt sind und außerdem ständig neue Substanzen in die Therapie eingeführt werden, ist ein Befund dann am sichersten zu interpretieren, wenn vor der Probenahme alle Medikamente abgesetzt wurden. Es ist auch zu berücksichtigen, daß zahlreiche Patienten Vitaminpräparate, Analgetika, Schlafmittel u. a. zu sich nehmen, ohne dies bei der Erhebung der Anamnese mitzuteilen.

Berücksichtigung von körperlicher Aktivität bzw. Leistungssport	Als Folge schwerer körperlicher Arbeit können vermehrt im Blut auftreten:
	    Leukocyten
	    Metabolite
	        Lactat
	        Pyruvat
	    Enzyme aus der Muskulatur
	        Lactat-Dehydrogenase
	        Glutamat-Oxalacetat-Transaminase
	        Creatin-Kinase
	Eine längerfristige Immobilisierung des Patienten führt infolge des Knochenabbaus zu einer erhöhten Calciumausscheidung mit dem Harn.

Fortsetzung Tabelle 1.

Erforderliche Maßnahmen	Fehler durch Nichtbeachtung
Vermeidung von i. m. Injektionen	Durch Schädigung von Muskelgewebe kann es zum Übertritt von Enzymen, insbesondere Creatin-Kinase, ins Blut kommen. Daher sind vor allem bei der Verlegung eines Patienten oder nach notärztlichen Maßnahmen die Angaben zur bisher durchgeführten Therapie sorgfältig zu beachten.
Blutentnahme aus venösen Zugängen (oder proximal davon gelegenen Gefäßabschnitten) vermeiden	Die Gefahr einer Verunreinigung der Probe bei der Blutentnahme aus liegenden Kanülen oder Kathetern ist außerordentlich groß. Es kann durch Infusionslösungen zu einer Verdünnung des Blutes kommen, infundierte Substanzen können Analysenverfahren stören oder - im ungünstigsten Falle - enthält die Lösung selbst die zu analysierende Substanz. Im Einzelfall können hierdurch gravierende Folgen resultieren. Als Beispiel sei ein Kaliumwert von 4,0 mmol/l, der in einer mit Kalium verunreinigten Probe gemessen wurde, erwähnt. Die tatsächliche Kaliumkonzentration im Serum des Patienten betrug 2,0 mmol/l. Aufgrund des verfälschten Ergebnisses unterblieb eine notwendige Therapie.
Harn und Exkrete quantitativ sammeln	Neben der Tätigkeit des Pflegepersonals ist vor allem die Mitarbeit des Patienten von entscheidender Bedeutung, insbesondere auch sein Vertrauensverhältnis zum medizinischen Personal. Nur unter dieser Voraussetzung wird es dem Patienten möglich sein, Sammelfehler - z. B. Verlust von Harn während der Defäkation - mitzuteilen.

Probengefäße und deren Kennzeichnung

Die verschiedenen Untersuchungsverfahren machen es erforderlich, Proben in geeigneten Gefäßen - gegebenenfalls unter Zusatz bestimmter Substanzen - zu gewinnen. Hinsichtlich des Entnahmematerials und der Begleitscheine sind die vom jeweiligen Laboratorium zusammengestellten Richtlinien sorgfältig zu beachten.
In Tabelle 2 sind wesentliche Gesichtspunkte hierzu aufgeführt.

Tabelle 2. Zu verwendendes Entnahmematerial und Kennzeichnung von Proben

Empfehlenswerte Maßnahmen	Vor- und Nachteile bei der Benutzung
Verwendung von evakuierten Glasröhrchen zur Blutentnahme	Durch den Kontakt von Thrombocyten mit Glasoberflächen kommt es zu einem schnellen Eintritt der Blutgerinnung, so daß zur Gewinnung von Serum keine weiteren Zusätze erforderlich sind. Die Füllung der Röhrchen erfolgt reproduzierbar. Die Infektionsgefahr bei der Entnahme ist stark reduziert.

Fortsetzung Tabelle 2.

Empfehlenswerte Maßnahmen	Vor- und Nachteile bei der Benutzung
Verwendung von evakuierten Glasröhrchen mit Trenngel	Das Gel bewirkt die Trennung der corpusculären Bestandteile des Blutes vom Serum, so daß ein Abfüllen des Überstandes und das Umetikettieren von Röhrchen entfällt. Die Menge des verfügbaren Serums ist geringgradig reduziert.
Verwendung von Einmalkanülen, Einmalspritzen und kaolinhaltigen Kunststoffröhrchen zur Blutentnahme	Verunreinigungen durch Spülmittel u. ä. sind bei der Verwendung von Einmal-Kunststoffartikeln ausgeschlossen. Kunststoffe können jedoch Spurenelemente enthalten. Da die Aktivierung von Thrombocyten und somit die Verfügbarkeit von Plättchenfaktor 3 an unbenetzbaren Kunststoffoberflächen so stark verzögert ist, daß Gerinnung und Retraktion erst nach Stunden abgelaufen sind, ist zur Serumgewinnung die Zugabe von Kaolin o. ä. Substanzen erforderlich.
Verwendung von Spezialgefäßen	Für die Bestimmung von Eisen, Kupfer, Aluminium, Zink, Gold, Blei u. a. müssen Gefäße und Stopfen verwendet werden, die frei von den genannten Elementen sind. Röhrchen, die diesen Anforderungen genügen, sind im Handel erhältlich.
Verwendung von Einmalsammelgefäßen (mdst. 2000 ml Fassungsvermögen) für Harn	Behälter zur mehrfachen Benutzung enthalten entweder häufig Reste von Reinigungs- und Desinfektionsmitteln oder sie sind mit Bakterien bzw. Hefen kontaminiert. Bei Verwendung sehr kleiner Sammelgefäße besteht stets die Gefahr, daß die Harnmenge zwar vollständig gemessen wird, jedoch eine unzureichende Mischung des Harns erfolgt, so daß die zur Untersuchung entnommene Probe nicht der Zusammensetzung des Sammelharns entspricht.
Probenkennzeichnung grundsätzlich vor der Probenahme	Werden keine vorgedruckten Patientenetiketten verwendet, muß die Beschriftung der Proben leserlich erfolgen; es sind wasserfeste Minen zu verwenden.
Begleitformulare vollständig ausfüllen	Dies gilt insbesondere auch bezüglich Verdachtsdiagnosen und Therapiemaßnahmen.

Gewinnung des Untersuchungsmaterials

Bei den meisten klinisch-chemischen Untersuchungen wird Serum zur Analyse verwendet, nur in seltenen Fällen Plasma oder Vollblut. Die Mehrzahl der Substanzen - ausgenommen Gerinnungsfaktoren - ist im Serum etwa in gleicher Konzentration wie im Plasma enthalten. Bedingt durch den Ablauf der Blutgerinnung und die Umwandlung des löslichen Fibrinogens in ein Fibringerinnsel ergibt die Untersuchung von Serum geringere Konzentrationen an Gesamteiweiß als diejenige von Plasma. Besteht bei einem zu bestimmenden Bestandteil ein hoher Konzentrationsunterschied

zwischen den cellulären Elementen und dem Plasma, wie z. B. bei
   Kalium,
   Lactat-Dehydrogenase,
   sauren Phosphatasen,
   Glutamat-Oxalacetat-Transaminase,
   Phosphat u. a.,
so werden im gewonnenen Serum höhere Werte als an einer Plasmaprobe ermittelt. Dies beruht darauf, daß bei der Blutgerinnung und der Retraktion des Gerinnsels Inhaltsstoffe aus Thrombocyten bzw. Erythrocyten freiwerden.

Die Tatsache, daß trotz der beschriebenen Unterschiede für klinisch-chemische Analysen meist Serum verwendet wird, beruht darauf, daß Plasma stets eine leichte Trübung aufweist und daß andererseits durch den Antikoagulantienzusatz Reaktionsabläufe gestört werden können (s. S. 8). Es steht kein Antikoagulans zur Verfügung, das für sämtliche Analysenverfahren geeignet ist.

Beim Hämoglobin ist der Konzentrationsunterschied zwischen Plasma und Serum besonders groß. Während Plasma normalerweise praktisch frei von Hämoglobin ist, enthält Serum stets etwa 10 - 20 mg Hämoglobin/dl. Bei Verdacht auf eine intravasale oder extracorporale Hämolyse ist daher die Hämoglobinkonzentration in Plasma zu bestimmen, das unter besonderen Vorsichtsmaßnahmen gewonnen wurde.

In Tabelle 3 sind wesentliche Fakten, die bei der Probengewinnung Beachtung finden müssen, zusammengestellt.

Tabelle 3. Hinweise zur Entnahme von Blutproben

Erforderliche Maßnahmen	Fehler durch Nichtbeachtung
Venen vor der Punktion möglichst wenig stauen	Starkes Stauen kann zur Lyse der Erythrocyten (= Hämolyse, s. unten) sowie zu einer Erhöhung der Konzentration der nicht ultrafiltrierbaren Bestandteile des Blutes (s. S. 3) führen. Durch anaerobe Glykolyse in der Muskulatur steigen die Konzentrationen von Lactat und Pyruvat im Serum an.
mechanische Schädigung von Erythrocyten vermeiden	Starkes Aspirieren, unsachgemäßes Ausspritzen von Blut in Entnahmeröhrchen oder starkes Schütteln der Proben bewirkt eine Lyse der Erythrocyten. Durch den Austritt von Inhaltsstoffen ergeben sich fälschlich erhöhte Werte für Kalium, Lactat-Dehydrogenase, saure Phosphatasen, Glutamat-Oxalacetat-Transaminase, Phosphat u. a.
Probe bei Antikoagulantienzusatz sorgfältig mischen (s. S. 34 und S. 154)	Bei unzureichender Verteilung des Antikoagulans in der Blutprobe kann es partiell zur Gerinnselbildung kommen, so daß die Ergebnisse verfälscht werden (z. B. hämatologische oder gerinnungsphysiologische Daten), Volumenmeßgeräte verstopfen oder Störungen bei der photometrischen Messung auftreten. Bei der Verwendung von Antikoagulantienlösungen sind außerdem die Volumina genau abzumessen.
Abnahmezeiten bei Funktionsproben streng einhalten	Die Probengewinnung bei Glucose-Toleranz-Testen, Clearance-Untersuchungen u. a. zu anderen als den vorgeschriebenen Zeiten führt zu nicht abschätzbaren und nicht korrigierbaren Fehlern.

Zur Entnahme von Capillarblut s. S. 33.
Die Probengewinnung für gerinnungsphysiologische Untersuchungen und Messungen zum Säure-Basen-Haushalt ist auf S. 154 bzw. S. 336 beschrieben.
Probleme der Sammlung und Konservierung von Harn sind auf S. 410 ff. dargestellt.

Zusatz geeigneter Antikoagulantien bzw. Konservierungsstoffe

Soll Plasma oder Vollblut untersucht werden, so ist die Spontangerinnung der Blutproben durch Zusatz von Antikoagulantien zu hemmen. Geeignete Substanzen werden entweder als Lösung zugesetzt oder sind in den Röhrchen in Form eines feinen Films aufgesprüht.
Für die verschiedenen Analysenverfahren sind jeweils nur bestimmte Antikoagulantien verwendbar. Sie dürfen einmal die zu messende Substanz nicht enthalten, zum anderen die Methodik nicht beeinflussen und keine Enzymaktivitäten hemmen. Tabelle 4 gibt einen Überblick über die Eignung verschiedener Zusätze.

Tabelle 4. Antikoagulantien und ihre Verwendbarkeit

Antikoagulans	Geeignet für	Nicht geeignet für
K- bzw. Na-EDTA (Ethylendinitrilotetraacetat) (ca. 1 mg/ml Blut)	hämatologische Untersuchungen, Thrombocytenzählung (Ausnahme s. S. 146)	Kalium- bzw. Natriumbestimmung, Ca^{++}-abhängige Enzymreaktionen (z. B. Messung der Aktivität der α-Amylase), Mg^{++}-abhängige Enzymreaktionen (z. B. Messung der Aktivität der alkalischen Phosphatase)
Na-citrat-Lösung (3,8 proz. (w/v), blutisoton)	Gerinnungsanalysen (s. S. 154)	hämatologische und klinisch-chemische Analysen, da die Erythrocyten schrumpfen und das Plasma durch das aus den Erythrocyten austretende Wasser verdünnt wird, Natrium- und Calciumbestimmung, Ca^{++}- und Mg^{++}-abhängige Enzymreaktionen (s. oben), Bestimmung von Meßgrößen des Säure-Basen-Haushalts
Li-heparinat (75 E/ml Blut)	Untersuchungen zum Säure-Basen-Haushalt	Lithiumbestimmung, Kalium- bzw. Natriumbestimmung mit innerem Lithiumstandard
NH_4-heparinat (75 E/ml Blut)	Untersuchungen zum Säure-Basen-Haushalt	Harnstoffbestimmungsverfahren mit Ureasespaltung, Ammoniakbestimmung
Na-heparinat (75 E/ml Blut)	Untersuchungen zum Säure-Basen-Haushalt	Natriumbestimmung
Na-oxalat + Na-fluorid (ca. je 1 mg/ml Blut)	Bestimmung der Glucosekonzentration im Vollblut bzw. Plasma	sehr hohe Konzentrationen stören die Glucosebestimmung mit Glucose-Oxydase/Peroxydase

Da die Methodik bisher nicht standardisiert ist und zur Messung bestimmter Substrate oder verschiedener Enzymaktivitäten zahlreiche Analysenverfahren Verwendung finden, ist bei Antikoagulantienzusatz für klinisch-chemische Untersuchungen im Einzelfall eine Rücksprache mit dem Laboratorium angezeigt.

Die zur Konservierung von Harnbestandteilen gebräuchlichen Zusätze sind auf S. 411 zusammengestellt.

Transport und Aufbewahrung von Proben

Optimal ist es, wenn die Proben sofort nach der Gewinnung ins Laboratorium gebracht und dort umgehend analysiert werden. Zahlreiche Untersuchungen (s. Tabelle 5) <u>müssen</u> an frisch gewonnenem Material innerhalb kürzester Zeit erfolgen. Die meisten klinisch relevanten Substanzen sind unter bestimmten Bedingungen (s. Tabelle 5) eine begrenzte Zeit lang lagerungsstabil. Im Einzelfall ist jedoch zu berücksichtigen, daß diagnostische oder therapeutische Maßnahmen die Haltbarkeit von Probenbestandteilen in unkontrollierbarer Weise verändern können.

Tabelle 5. Hinweise zum Transport und zur Lagerung von Untersuchungsmaterial

Erforderliche Maßnahmen	Fehler durch Nichtbeachtung
Untersuchungen an Liquor innerhalb 1 Stunde nach Punktion ausführen	Bei der Aufbewahrung von Liquor kommt es infolge der niedrigen Proteinkonzentration sehr rasch zum Zerfall der Leukocyten. Insbesondere bei hoher Zell- und Keimzahl erfolgt bei Lagerung ein schneller Abbau der Glucose.
Vollblut für Untersuchungen zum Säure-Basen-Haushalt maximal 2 Stunden anaerob in Eiswasser lagerbar	An der Grenzfläche zwischen Blut und Luft diffundiert Kohlendioxid aus dem Plasma in die Raumluft. Entsprechend dem Massenwirkungsgesetz wird die Kohlendioxidkonzentration des Plasmas dadurch konstant gehalten, daß Bicarbonationen mit Wasserstoffionen Kohlensäure bilden, die in Kohlendioxid und Wasser zerfällt. Durch diesen Verbrauch von Wasserstoffionen nimmt die OH^--Ionen-Konzentration und damit der pH-Wert des Plasmas bei längerem Stehen zu. Untersuchungen zum Säure-Basen-Haushalt sind daher nur an Blutproben auszuführen, die unter besonderen Vorsichtsmaßnahmen anaerob abgenommen und unter Luftabschluß aufbewahrt werden (s. S. 336). Die Kühlung in Eiswasser ist erforderlich, um die Glykolyse durch die Erythrocyten - und somit einen pH-Abfall infolge der Lactatbildung - weitgehend zu hemmen.
Anfertigen von Differentialblutbildern innerhalb 3 Stunden nach Blutgewinnung	Längere Lagerung der Proben führt zu morphologischen Veränderungen, insbesondere der Monocyten (Bildung von Vacuolen), und zum Auftreten von Abbauformen der Granulocyten.
Harnsedimente innerhalb weniger Stunden beurteilen	Mit zunehmender Dauer der Aufbewahrung von Harn kommt es zur Lyse der Erythrocyten und Leukocyten, zur starken Vermehrung von Bakterien und zur Ausfällung von Salzen (begünstigt durch niedrige Temperaturen).

Fortsetzung Tabelle 5.

Erforderliche Maßnahmen	Fehler durch Nichtbeachtung
Blutproben während des Transports nicht schütteln	Schütteln kann zur Lyse der Erythrocyten und somit zur Freisetzung ihrer Inhaltsstoffe in das Serum führen. Zu den hierdurch bedingten Fehlern s. S. 7. Außerdem ist durch starke Schaumbildung eine Denaturierung von Proteinen möglich.
Vollblut für klinisch-chemische Untersuchungen nicht längere Zeit unzentrifugiert stehenlassen	Werden Vollblutproben mehrere Stunden bei Zimmertemperatur oder im Kühlschrank aufbewahrt, so diffundieren einige Stoffe aus den Erythrocyten ins Serum (z. B. Kalium, LDH, saure Phosphatasen), andere aus dem Serum in die Erythrocyten (z. B. Chlorid im Austausch gegen Bicarbonat). Dementsprechend sind die Analysenergebnisse von Serum- oder Plasmaproben, die sich längere Zeit in Kontakt mit den corpusculären Bestandteilen befunden haben, verfälscht.
zentrifugierte Blutproben in Abwesenheit von Trenngel nicht über längere Zeit aufbewahren	Die oben beschriebene Diffusion von Substanzen tritt - allerdings in geringerem Maße - auch an der Grenzfläche von Erythrocyten und Überstand auf. Durch die Verwendung von Entnahmeröhrchen mit Trenngel ist eine solche Diffusion zu verhindern.
Bestimmung der Glucosekonzentration aus Venenblut nur durchführen, wenn die Probe (zusätzlich zum Antikoagulans) mit einem Glykolysehemmer versetzt ist	Die Glykolyse in den Erythrocyten läuft auch in vitro weiter. Daher fällt die Glucosekonzentration im Vollblut bzw. Plasma, das in Kontakt mit Erythrocyten verbleibt, ständig ab. Diese Fehlerquelle läßt sich durch sofortige Enteiweißung oder den Zusatz von Na-fluorid vermeiden. Der Hinweis erfolgt deswegen, da nicht selten um eine Bestimmung der Glucosekonzentration im Blut aus Proben gebeten wird, die ursprünglich für hämatologische Untersuchungen eingesandt wurden und somit keinen Hemmstoff der Glykolyse enthalten.
Proben vor Licht schützen	Bilirubin wird unter Einwirkung von Sonnenlicht (aber auch gewöhnlichem Tageslicht) oxydiert, so daß es nicht mehr mit Diazoniumsalzen reagieren kann.
Serum oder Plasma nur in verschlossenen Gefäßen aufbewahren	Durch Verdunstung von Wasser aus dem Untersuchungsmaterial - dies ist auch bei Lagerung im Kühlschrank möglich (!) - werden Konzentrationsänderungen bewirkt. Daher sind Proben ausschließlich verschlossen aufzubewahren. Vor Entnahme von Material ist das Kondenswasser am Stopfen durch vorsichtiges Mischen der Probe wieder beizufügen.
Kühlschranktemperatur bei Lagerung von Serum oder Plasma über mehrere Tage erforderlich	Können klinisch-chemische Bestimmungen nicht innerhalb von einigen Stunden nach der Blutentnahme ausgeführt werden, so sollte das Serum oder Plasma bis zur Analyse in verschlossenen Gefäßen im Kühlschrank bei + 2 bis + 4 °C aufbewahrt werden. Bei dieser Temperatur sind die meisten Metabolite und Enzyme (ausgenommen die sauren Phosphatasen) mehrere Tage haltbar.

Fortsetzung Tabelle 5.

Erforderliche Maßnahmen	Fehler durch Nichtbeachtung
Seren zur Messung der Aktivität der sauren Phosphatasen durch Zusatz von Essigsäure stabilisieren	Bei einem pH-Wert des Serums von etwa 8 erfolgt auch bei Kühlschranktemperatur eine schnelle Inaktivierung der sauren Phosphatasen. Zugabe von 10 μl 20 proz. (v/v) Essigsäure pro ml Serum senkt den pH-Wert auf etwa 5,5, hierdurch werden diese Enzyme lagerungsstabil.
Aufbewahrung von Serum oder Plasma über einen längeren Zeitraum bei - 20 °C	Bei dieser Temperatur bleiben die meisten Substanzen, auch Enzymaktivitäten, mehrere Wochen oder Monate unverändert. Dabei ist jedoch zu beachten, daß Serumbestandteile oder Enzyme im Einzelfall bei Aufbewahrung - vor allem in Seren mit pathologischer Zusammensetzung - in nicht vorhersehbarer Weise an Konzentrationen bzw. an Aktivität abnehmen können. Eingefrorene Proben sind nach vollständigem Auftauen sorgfältig zu mischen und unverzüglich zu analysieren. Merke: Eine Konservierung von Harn zur Messung von Enzymaktivitäten ist durch Einfrieren bei - 20 °C nicht möglich. Bei dieser Temperatur gefriert ein großer Teil des Wassers sehr schnell zu Eis. In der verbleibenden stark konzentrierten Harnstofflösung können Enzyme denaturiert werden.
Versand von eingefrorenen Proben in Trockeneis	Dies ist insbesondere dann erforderlich, wenn Material für Hormonbestimmungen oder spezielle Untersuchungsverfahren mit der Post verschickt werden muß.

Analytik im Laboratorium

Die Ergebnisse von Analysenverfahren sind von verschiedenen Faktoren abhängig. Einige wichtige Kriterien sind in Tabelle 6 aufgeführt.

Tabelle 6. Einfluß von Methodik, verwendeten Reagentien und technischer Ausführung auf die Analysenergebnisse

Die Analytik beeinflussende Faktoren	Bewertung
analytische Sensitivität der angewandten Methode	Je geringer die Konzentration eines Stoffes ist, die noch vom Leerwert unterschieden werden kann, desto empfindlicher ist eine Methode. Beispiel für hohe Sensitivität: Messung der Aktivität der alkalischen Phosphatase im Serum. Beispiel für geringe Sensitivität: Bestimmung der Bilirubinkonzentration im Serum.

Fortsetzung Tabelle 6.

Die Analytik beeinflussende Faktoren	Bewertung

analytische Spezifität der angewandten Methode	Eine Methode ist spezifisch, wenn nur ein Stoff in der Nachweis- oder Meßreaktion erfaßt wird.
	Beispiel für hohe Spezifität:
	    Bestimmung der Glucosekonzentration mit Glucose-Oxydase/Peroxydase.
	Beispiel für fehlende Spezifität:
	    Leukocytenzählung (Normoblasten werden mitgezählt).
	Die Forderung nach Spezifität ist trotz der Einführung zahlreicher enzymatischer Methoden nicht bei allen üblicherweise angewandten Verfahren erfüllt. Auch wenn die enzymatische Umsetzung der zu analysierenden Substanz spezifisch erfolgt, sind Störungen im Bereich von nachfolgenden Hilfs- und Indikatorreaktionen zu berücksichtigen.

Reproduzierbarkeit der technischen Ausführung	Je weniger stark Ergebnisse von Mehrfachanalysen aus der gleichen Probe vom Mittelwert abweichen, desto höher ist die Präzision einer Methode.
	Beispiel für gute Reproduzierbarkeit:
	    Erythrocytenzählung im Vollblut mit elektronischen Zählgeräten.
	Beispiel für schlechte Reproduzierbarkeit:
	    Erythrocytenzählung im Vollblut mittels Zählkammerverfahren.

Reinheit der verwendeten Chemikalien	Im allgemeinen sind für analytische Arbeiten Chemikalien zu verwenden, die den Vermerk "zur Analyse" tragen. Dies bedeutet, daß der Hersteller dafür garantiert, daß die Konzentrationen der Verunreinigungen jeweils definierte, sehr niedrige Grenzen nicht überschreiten. Gegenüber den häufig verwendeten Fertigreagentien ist eine kritische Haltung angezeigt.
Sorgfalt der technischen Durchführung im Laboratorium	Bei manueller Analytik spielen die Geschicklichkeit des Untersuchers und seine Bereitwilligkeit, präzise zu arbeiten, eine entscheidende Rolle. Wesentlich ist auch die Intensität und Dauer der Einarbeitung des Personals sowie das Vorhandensein detaillierter schriftlich festgehaltener Arbeitsanleitungen. Bei teil- oder vollmechanisierter Arbeitsweise wird die Qualität der Resultate wesentlich durch Wartung und Kalibrierung der Geräte mitbestimmt. Einzelheiten hierzu s. S. 187 ff.

Übermittlung der Ergebnisse

In Tabelle 7, S. 13, sind wesentliche Fakten der Datenübermittlung zusammengefaßt. Wegen der Vielzahl der ungelösten Probleme wird in diesem Zusammenhang nicht auf die elektronische Datenverarbeitung eingegangen.

Tabelle 7. Gesichtspunkte zur Mitteilung von Analysendaten

Erforderliche Maßnahmen	Bewertung
Ergebnisse sind grundsätzlich <u>schriftlich</u> zu übermitteln	Besonders günstig ist es, wenn die Ergebnisse auf dem gleichen Formular notiert werden, das zur Anforderung der Untersuchungen verwendet wird; hierdurch lassen sich Zuordnungsfehler erheblich reduzieren.
auf Anfrage und bei stark pathologischen Befunden telefonische Durchsage an den Arzt	Damit Übermittlungsfehler vermieden werden, sollte derjenige, der die Ergebnisse entgegennimmt, die Daten stets wiederholen. Auf dem Befundbericht ist zu vermerken, daß bereits eine telefonische Durchsage des Resultats erfolgte, damit nicht der Eindruck entsteht, als sei erneut Untersuchungsmaterial analysiert worden.
Daten jeweils mit der gleichen Zahl an Dezimalstellen angeben	z. B.: Hämoglobin 16,0 g/dl, 4,8 g/dl Bilirubin 0,3 mg/dl, 3,5 mg/dl, 30,5 mg/dl Transaminasen 12 U/l, 123 U/l, 1.230 U/l Leukocytenzahl 1.500/μl, 15.000/μl, 150.000/μl Vor allem bei den heute üblichen Durchschreibeverfahren empfiehlt es sich, diese Vorschriften konsequent einzuhalten, da sonst durch Druckstellen auf dem Durchschlag Kommata vorgetäuscht werden können.

Interpretation von Analysendaten

Bei der Interpretation von Ergebnissen sind die in Tabelle 8 zusammengestellten Gegebenheiten zu berücksichtigen. Nur so können die richtigen Folgerungen aus den Daten gezogen und zuverlässige Diagnosen gestellt bzw. therapeutische Maßnahmen ergriffen werden.

Tabelle 8. Hinweise zur Interpretation von Laboratoriumsergebnissen

Zu berücksichtigende Faktoren	Bewertung
alle Maßnahmen, die in Tabelle 1 (s. S. 2) zusammengestellt sind	Es ist zu überprüfen, ob die Vorbereitung des Patienten vor der Probenahme bezüglich bestimmter Punkte tatsächlich erfolgte oder ob die erforderlichen Maßnahmen nicht eingehalten werden konnten. Abweichungen von den Vorschriften sind bei der Interpretation der Analysendaten zu berücksichtigen.
Aufenthaltsort des Patienten	Die Hämoglobinkonzentration im Vollblut steigt physiologischerweise mit der Höhenlage über dem Meeresspiegel kontinuierlich an. Bei der Differentialdiagnose von Infektions- bzw. parasitären Erkrankungen sind anamnestische Angaben über Auslandsaufenthalte stets sorgfältig zu erfragen.

Fortsetzung Tabelle 8.

Zu berücksichtigende Faktoren	Bewertung
Alter des Patienten	Zahlreiche Stoffwechselgrößen und Bestandteile von Körperflüssigkeiten sind altersabhängigen Schwankungen unterworfen. Als Beispiele seien hier lediglich erwähnt: Beim Neugeborenen die hohe Hämoglobinkonzentration und das Überwiegen von HbF als Zeichen eines Sauerstoffmangels in utero, eine Leukocytose, die Unreife von Blutgruppenmerkmalen, niedrige Konzentrationen an Immunglobulinen, unzureichende Glucuronidierung des Bilirubins u. a. Bei Kindern und Jugendlichen sind durch die Wachstumsphasen insbesondere Veränderungen der Hormoninkretion, des Calcium- und Phosphatstoffwechsels sowie der Aktivität der alkalischen Phosphatase zu berücksichtigen. Auch Erwachsene weisen während der verschiedenen Lebensabschnitte z. T. erhebliche altersabhängige Veränderungen auf, z. B. im Hormonhaushalt, bezüglich des Immunsystems, der Nierendurchblutung, des Knochenumbaus u. a. Durch die Erstellung von Normbereichen (s. S. 485) in Abhängigkeit vom Alter werden die genannten Einflüsse berücksichtigt.
Geschlecht des Patienten	Neben den Konzentrationen zahlreicher Hormone sind Stoffwechselgrößen, die von der Muskelmasse und dem Körperbau (einschließlich differenter Organgrößen) abhängen, unter Einbeziehung des Geschlechts zu interpretieren. Ferner finden sich bei Frauen niedrigere Konzentrationen an Hämoglobin im Vollblut sowie an Eisen und Ferritin im Serum.
ethnische Zugehörigkeit	Eine Reihe von genetisch bedingten Erkrankungen kommt bevorzugt bei bestimmten ethnischen Gruppen vor, z. B. Thalassämien bei Bewohnern des Mittelmeerraums, Sichelzellanämien bei Negroiden und Indonesiern. Ferner müssen die Eßgewohnheiten bestimmter Völker Beachtung finden. So wirken sich z. B. der hohe Fischverzehr in Japan und andererseits der erhebliche Milchkonsum in Finnland auf den Lipidstoffwechsel aus.
Schwangerschaft	Auch während der Schwangerschaft treten zahlreiche Veränderungen hämatologischer und klinisch-chemischer Größen auf, die bei der Befundinterpretation zu berücksichtigen sind. Ein Anstieg der Werte findet sich bei humanem Choriongonadotropin (hCG), Östrogenen, Progesteron, Cortisol, Aldosteron, Schilddrüsenhormonen, Leukocyten im Vollblut u. a., vermindert sind die Hämoglobinkonzentration und Erythrocytenzahl im Vollblut, die Protein- (bes. Albumin-) und Eisenkonzentration im Serum u. a. Vermutlich durch eine Progesteron-bedingte erhöhte Lungenperfusion kommt es zu einem Anstieg des pO_2, einem geringen Abfall von pCO_2 und einer leichten respiratorischen Alkalose. Ferner besteht eine Neigung zu Proteinurie und Glucosurie.

HÄMATOLOGIE

CORPUSCULÄRE BESTANDTEILE DES BLUTES

Geformte Elemente des Blutes und ihre wichtigsten Aufgaben

Tabelle 9. Corpusculäre Bestandteile, die normalerweise im peripheren Blut auftreten, sowie ihre wichtigsten Funktionen, die sie in der Blutbahn oder den Geweben erfüllen

Corpusculäre Bestandteile	Wesentliche Aufgaben/Charakterisierung
Leukocyten	
neutrophile Granulocyten	amöboide Beweglichkeit, Auswanderung in Schleimhäute und Gewebe, Ansammlung im Bereich von Entzündungsherden, Phagocytose und intracellulärer Abbau von Fremdkörpern, Bakterien u. a.
eosinophile Granulocyten	Aufnahme und Neutralisation von Histamin u. a. vasoaktiven Substanzen (dadurch Abschwächung von anaphylaktischen Reaktionen), Phagocytose von Antigenen und Antigen-Antikörper-Komplexen, Abbau dieser Substanzen bzw. Transport in die Darm- und Bronchialschleimhaut, wo sie ausgeschieden werden können, Abwehr von Parasiten auch durch direkte cytotoxische Wirkung
basophile Granulocyten	Synthese und Speicherung von Histamin in den Granula: Physiologischerweise wird vermutlich durch Freisetzung von Histamin die Gefäßpermeabilität im Bereich entzündlich veränderter Gewebe beeinflußt. Nach Bindung von IgE an Membranreceptoren kann es durch Degranulierung der histaminhaltigen Strukturen zur Auslösung anaphylaktischer Reaktionen kommen. Speicherung von Heparin in den Granula (dadurch lokale gerinnungshemmende Wirkung in Entzündungsherden?)

Fortsetzung Tabelle 9.

Corpusculäre Bestandteile	Wesentliche Aufgaben/Charakterisierung
Monocyten/ Makrophagen	besonders ausgeprägte Fähigkeit zur Phago- und Pinocytose, Abbau von Normoblastenkernen, gealterten Erythrocyten u. a., Vorverarbeitung von antigenem Material (Bakterien, Viren, Pilzen u. a. körperfremden Substanzen) und Präsentation an T- und B-Lymphocyten, Aufgabe bei der Elimination von Tumorzellen
Lymphocyten	Erkennung von Antigenen (meist nach Vorverarbeitung durch Makrophagen), Auslösung cellulärer und humoraler Immunmechanismen
Plasmazellen	= transformierte B-Lymphocyten Synthese von Immunglobulinen
Erythrocyten	
Hämoglobin	O_2-Transport, Pufferung
Carboanhydrase	Bildung von Kohlensäure aus Kohlendioxid und Wasser, Dissoziation der Kohlensäure in Bicarbonat-Ionen und Protonen
HCO_3^-	Pufferung
Enzyme der Glykolyse und des Pentosephosphat-Cyclus	Bereitstellung von ATP und Reduktion von NADP zu NADPH
ATP	Erhaltung von Struktur, Stoffwechsel und der Differenz der Ionenkonzentrationen gegenüber dem Plasma
NAD-Hämiglobin-Reductase	Reduktion von Hämiglobin zu Hämoglobin
Thrombocyten	Aggregation und Bildung eines hämostatischen Pfropfs; Bereitstellung von Plättchenfaktor 3, dadurch Auslösung der plasmatischen Gerinnung

Entwicklung der geformten Bestandteile des Blutes

Während der intrauterinen Entwicklung läuft die Blutbildung bis zum 3. Monat im Dottersack ab, danach überwiegend in Leber und Milz. Ab dem 5. Fetalmonat wird das Mark sämtlicher Knochen zur wesentlichen und später zur einzigen Blutbildungsstätte. Während bei Kleinkindern fast alle Knochen noch hämatopoetisches Gewebe enthalten, erfolgt die Bildung von Erythrocyten, Granulocyten, Monocyten und Thrombocyten beim Erwachsenen fast nur noch in den sog. platten Knochen (Sternum, Rippen, Darmbeinschaufel, Wirbelkörper, Schädelkalotte). Auch hier ist ein Teil des blutbildenden Marks durch Fettgewebe ersetzt. Unter pathologischen Bedingungen (z. B. bei Leukämien) kann die Hämatopoese wieder sämtliche Knochen erfassen und auch die Reaktivierung von Leber und Milz als Bildungsstätten ist möglich.

Tabelle 10. Entwicklung der geformten Bestandteile des Blutes

	\multicolumn{6}{c}{pluripotente Stammzelle}					
	\multicolumn{4}{c}{myeloide Stammzelle}	\multicolumn{2}{c}{lymphoide Stammzelle}	
	Vorläuferzelle der Thrombocytopoese	Vorläuferzelle der Erythropoese	\multicolumn{2}{c}{Vorläuferzelle der Myelomonocytopoese}	Vorläuferzelle der T-Lymphocyten	Vorläuferzelle der B-Lymphocyten
Bildungsstätte	Megakaryoblast	Proerythroblast	Myeloblast	Monoblast	T-Lymphoblast	B-Lymphoblast
		Makroblast	Promyelocyt	Promonocyt		
	unreifer Megakaryocyt	basophiler Normoblast	Myelocyt neutroph. eosinoph. basoph.			
		polychromat. Normoblast	Jugendlicher neutroph. eosinoph. basoph.		T-Lymphocyt	B-Lymphocyt
	reifer Megakaryocyt	oxyphiler Normoblast				Transformation
peripheres Blut		Reticulocyt	Stabkerniger neutroph. eosinoph. basoph.		Rezirkulation T- und B-Lymphocyten	Plasmazelle
						Transformation
	Thrombocyt	Erythrocyt (Normocyt)	Segmentkerniger neutroph. eosinoph. basoph.	Monocyt	T-Lymphocyt	B-Lymphocyt
physiologische Bildungsstätten	Knochenmark	Knochenmark	Knochenmark	Knochenmark	Knochenmark, Thymus, sekundäre lymphat. Organe	Knochenmark, sekundäre lymphat. Organe

Wie aus Tabelle 10, S. 17, hervorgeht, leiten sich alle corpusculären Bestandteile des Blutes von einer gemeinsamen pluripotenten Stammzelle ab. Diese Stammzellen entwickeln sich ab der zweiten Hälfte der Fetalzeit im Knochenmark aus mesenchymalen Zellen. Sie lassen sich, da sie den kleinen Lymphocyten stark ähneln, morphologisch nicht identifizieren. Das Wissen um ihr Aussehen beruht darauf, daß entsprechende Elemente nach Ganzkörperbestrahlung von Tieren als erste Zellen das Knochenmark wieder besiedeln.

Unter physiologischen Bedingungen ist nur die Stammzelle in der Lage, sich durch Teilung zu replizieren. Bei allen anderen Zellen des hämatopoetischen Systems - mit Ausnahme immunkompetenter Lymphocyten - sind Zellteilungen mit Reifungsvorgängen verknüpft. Durch die Fähigkeit zur Selbsterneuerung wird der Bestand der Zellen im Stammzellspeicher etwa konstant gehalten. Gesichert erscheint derzeit durch den Nachweis sich neu formierender Zellkolonien in der Milz bestrahlter Tiere nach Injektion von Blutkörperchensuspensionen aus Knochenmark und peripherem Blut mit bestimmten Zellzahlen, daß Stammzellen im normalen Knochenmark mit einer Häufigkeit von 1 auf etwa 10.000 kernhaltige Zellen vorkommen, im strömenden Blut findet sich größenordnungsmäßig 1 Stammzelle auf 100.000 Leukocyten. D. h., es müssen den subletal bestrahlten Tieren ca. 10.000 Knochenmarkzellen und etwa 100.000 weiße Blutkörperchen aus dem strömenden Blut intravenös appliziert werden, damit es zur Bildung neuer Zellkolonien kommt.

Ebenso wie zur Replikation ist nur die pluripotente Stammzelle zur multipotenten Differenzierung in der Lage. Durch humorale und lokale Faktoren wird die Entwicklung der verschiedenen Zellarten gesteuert. Die Mechanismen der Induktion von Stammzellen sind im einzelnen noch unbekannt. Gesichert ist, daß die Bildung von Erythrocyten vor allem durch Erythropoetin, aber auch durch Glucocorticosteroide und Androgene gesteuert wird. Bei der Regulation der Granulocytopoese spielen u. a. bakterielle Toxine und Lipopolysaccharide, Produkte aus zerfallendem Gewebe sowie von Makrophagen freigesetzte Peptide eine Rolle. Die Thrombocytopoese soll durch einen als Thrombopoetin bezeichneten, bisher aber nicht näher charakterisierten Plasmafaktor angeregt werden.

Zunächst entsteht nach Induktion einer pluripotenten Stammzelle eine myeloide oder lymphoide Stammzelle. Aus den myeloiden Stammzellen entwickeln sich Vorläuferzellen für die Thrombocytopoese, Erythrocytopoese und eine gemeinsame Zelle für Granulocyto- und Monocytopoese (Myelomonocytopoese). Die jeweiligen Vorläuferzellen werden im weiteren Verlauf der Zellentwicklung zu Megakaryoblasten, Proerythroblasten, Myeloblasten bzw. Monoblasten, also zu Zellen, die bereits morphologisch den vier Zellsystemen zugeordnet werden können.

Ob, wie von einigen Autoren beschrieben (s. Lehrbücher der Hämatologie), die basophilen und eosinophilen Granulocyten aus spezifischen Vorläuferzellen entstehen oder sich erst - wie morphologisch erkennbar - auf der Stufe der Myelocyten differenzieren, soll hier nicht diskutiert werden.

In vergleichbarer Weise läuft die Lymphocytopoese ab. Aus der lymphoid determinierten Stammzelle differenzieren sich durch Prägung im Thymus T-Vorläuferzellen und unter dem Einfluß des Knochenmarks, das ein Bursa-Äquivalent darstellt (s. S. 22), entsprechende B-Zellen. Die unreifen Lymphocyten verlassen nach Teilungs- und Reifungsvorgängen ihre primären Bildungsstätten und besiedeln die sekundären lymphatischen Organe (Lymphknoten, Milz, PEYER'sche Plaques). Dort proliferieren sie und entwickeln sich nach Antigenkontakt zu immunkompetenten T- bzw. B-Lymphocyten.
Zur Rezirkulation der Lymphocyten s. S. 22.

Plasmazellen transformieren sich aus Antigen-stimulierten B-Lymphocyten.

Einzelheiten zu Entwicklung und Funktion
der corpusculären Bestandteile des Blutes

Neutrophile Granulocyten

Die Entwicklung der neutrophilen Granulocyten (s. Tabelle 11) aus einer mit den Monocyten gemeinsamen Vorläuferzelle erfolgt u. a. unter dem Einfluß eines spezifischen humoralen - als "colony stimulating activity" bezeichneten - Faktors. Dieser wird von Zellen, die an der Abwehrfunktion beteiligt sind (T4-Lymphocyten, Monocyten/Makrophagen und Granulocyten selbst) sezerniert.

Myeloblasten, die ersten auch morphologisch der Granulocytopoese zuzuordnenden Zellen, sowie Promyelocyten und ein Teil der Myelocyten haben die Fähigkeit, sich zu teilen. In einem bestimmten Reifungsstadium des Myeloblasten findet eine Mitose statt. Die beiden aus der Teilung hervorgehenden Zellen reifen in einem kontinuier-

Tabelle 11. Ablauf der Granulocytopoese

Knochenmark	Stammzellenspeicher	o o o o o o o o ←Induktion	Stamm- und myeloide Vorläuferzellen
	Teilungs- und Reifungsspeicher	o O	Myeloblasten
		o o O O	Promyelocyten
		o o o o O O O O	unreife Myelocyten
		o o o o o o o o O	reife Myelocyten
	Reifungs- und Reservespeicher	o o o o o o o o	Jugendliche
		o o o o o o o o	Stabkernige
		o o o o o o o	Segmentkernige
Blut	Funktionsspeicher	o o o o o o o o	Stab- und Segmentkernige

lichen Prozeß zur nächsten teilungsfähigen Zelle, dem Promyelocyten, heran. Die Generationszeiten für Myeloblasten und Promyelocyten liegen bei ca. 24 Stunden. Aus einem Promyelocyten entwickeln sich zwei unreife Myelocyten, aus einem unreifen zwei reife Myelocyten. Die genannten Zellarten finden sich im funktionell abgrenzbaren Teilungs- und Reifungsspeicher des Knochenmarks. Die überwiegende Zahl der reifen Myelocyten kann sich nicht mehr teilen, sie differenziert zu jugendlichen, stabkernigen und segmentkernigen Granulocyten aus. Die Gesamtheit dieser Zellen bildet den sog. Reifungs- und Reservespeicher.

Da das Knochenmark nach klinischen und experimentellen Befunden unter physiologischen Bedingungen durch eine geschlossene Endothelschicht vom peripheren Blutgefäßsystem getrennt ist, können nur aktiv bewegliche Zellen durch diese Grenze hindurchtreten. Hierzu sind nur die reifen Granulocyten (Stab- und Segmentkernige) auf Grund ihrer amöboiden Beweglichkeit fähig. Wie die Ausschwemmung aus dem Reifungsspeicher des Knochenmarks im einzelnen reguliert wird, ist nicht geklärt.

Wird das Knochenmark - z. B. im Rahmen einer bakteriellen Infektionskrankheit - stimuliert, so sind auch weniger bewegliche Zellen, wie Jugendliche und Myelocyten, in der Lage, in das periphere Blut zu gelangen. Da Myeloblasten und Promyelocyten nicht aktiv beweglich sind, können sie normalerweise nicht das Knochenmark verlassen. Wenn sie in der Peripherie gefunden werden, stammen sie meist aus extramedullären Bildungsstätten in Leber, Milz, Lymphknoten u. a.; diese metaplastischen Bildungsherde stehen mit dem Blutgefäßsystem direkt in Verbindung. In sehr seltenen Fällen (z. B. bei Frakturen oder Tumormetastasierung markhaltiger Knochen sowie bei Osteomyelitis) ist die Schranke zwischen Knochenmark und peripherem Blut durchbrochen, so daß dann unreife Vorstufen der Zellen auch aus dem Knochenmark in die Peripherie ausgeschwemmt werden können.

Die reifen Granulocyten erfüllen ihre Aufgaben vor allem in den Geweben, in Haut und Schleimhäuten. Der Transport vom Reifungsspeicher des Knochenmarks zu den Wirkungsorten erfolgt über das periphere Blut. Mit radioaktiv markierten Substanzen wurde festgestellt, daß die mittlere Halbwertszeit der reifen Granulocyten im peripheren Blut 6 - 8 Stunden beträgt. Nur ein Teil der Granulocyten, die sich in der Blutbahn befinden, zirkuliert. Die übrigen Zellen haften - insbesondere in den kleinen Gefäßen mit niedriger Strömungsgeschwindigkeit - locker am Endothel (= marginaler Granulocytenspeicher). Diese wandständigen Zellen können schnell ins Gewebe auswandern, sich aber auch - z. B. unter dem Einfluß von Corticosteroiden - wieder an der Zirkulation beteiligen. Dadurch wird verständlich, daß die Zahl der Granulocyten in gewonnenen Blutproben sehr rasch wechseln kann.

Nach dem Übertritt in die Gewebe gehen die Granulocyten infolge ihrer Alterung oder im Rahmen von unspezifischen Abwehrprozessen, vor allem gegen pyogene Erreger, zugrunde.

Eine Phagocytose von Bakterien u. a. antigenem Material durch die Neutrophilen erfolgt nach der sog. Opsonierung der körperfremden Substanzen, d. h. nach Ablagerung von Complementfaktoren oder Immunglobulinen auf ihrer Oberfläche. Zahlreiche Enzyme (Lysozym, Myeloperoxydase, Phosphatasen u. a.) sorgen für den intracellulären Abbau des phagocytierten Materials.

Neutrophile Granulocyten können im Gegensatz zu Monocyten/Makrophagen in ihrer Aktivität nicht durch Lymphocytenprodukte stimuliert werden, umgekehrt sind sie auch nicht in der Lage, spezifische Immunreaktionen einzuleiten. In der Spätphase akuter Infekte oder bei chronisch infektiösen Erkrankungen treten daher zunehmend Makrophagen anstelle neutrophiler Granulocyten auf, da sie durch ihre Fähigkeit zur Präsentation von antigenem Material an T- und B-Lymphocyten differenzierte Abwehrmechanismen in Gang setzen können.

Eosinophile und basophile Granulocyten

Über die Steuerung der Bildung von eosinophilen und basophilen Granulocyten ist wenig bekannt. Ihre wesentlichen Funktionen, die in Tabelle 9, S. 15, aufgeführt sind, erfüllen die Zellen im Gewebe. Histamin, das einerseits von Basophilen synthetisiert wird und andererseits von Eosinophilen inaktiviert werden kann, scheint bei der Ausschwemmung der Zellen aus dem Knochenmark eine Rolle zu spielen. Für die Produktion und die Ansammlung von eosinophilen und basophilen Granulocyten am Ort des Bedarfs ist ferner eine enge Wechselwirkung mit allen anderen an den Abwehrvorgängen beteiligten Zellen, insbesondere den T-Lymphocyten, nachgewiesen.

Monocyten

Die im peripheren Blut des Gesunden vorkommenden Monocyten stellen eine einheitliche Population von Zellen dar, die durch ihr typisches Aussehen (s. S. 48) und durch cytochemische Eigenschaften (s. S. 58) charakterisiert ist.

Wie in Tabelle 10, S. 17, dargestellt, erfolgt die Differenzierung der Monocytenvorstufen aus einer gemeinsamen myelomonopoetischen Vorläuferzelle. Die Bildung der Monocyten wird ebenso wie diejenige der neutrophilen Granulocyten überwiegend durch einen für die Monocytopoese spezifischen Kolonie-stimulierenden Faktor reguliert. Bezugsquelle dieses Faktors sind aktivierte T4-Lymphocyten und aktivierte Monocyten/Makrophagen selbst.

Nach ihrer Ausschwemmung aus dem Knochenmark verweilen die Monocyten - ähnlich den Granulocyten - nur kurze Zeit im strömenden Blut. Die Zahl der wandständigen Zellen (marginaler Speicher) übertrifft diejenigen der zirkulierenden erheblich. Durch Lücken im Endothel wandern die Monocyten ins Gewebe aus und reifen dort zu Makrophagen, die Monate überleben können, heran. Charakteristisch für Monocyten bzw. Makrophagen ist, daß sie sich am Ort des jeweiligen Bedarfs in unterschiedlicher Weise darstellen können (z. B. in der Leber als KUPFFER'sche Sternzellen, als Alveolar-, Pleura- oder Peritonealmakrophagen, in Granulomen als sog. Riesenzellen, im ZNS als Mikroglia, wahrscheinlich im Knochen als Osteoklasten u. a.). Gemeinsam ist diesen Zellen die ausgeprägte Fähigkeit zur Phago- und Pinocytose von körpereigenen und -fremden Substanzen (z. B. Normoblastenkernen, gealterten Erythrocyten, Bakterien, Viren, Parasiten, Tumorzellen, allogenen Geweben u. a.).

Die abzubauenden Substanzen werden von Makrophagen dadurch erkannt, daß auf ihrer Oberfläche Complementkomponenten oder Antikörper, für die die Makrophagen Receptoren besitzen, abgelagert werden (sog. Opsonierung).

Im Gegensatz zu neutrophilen Granulocyten sind Makrophagen erst nach Aktivierung in der Lage, phagocytierte körperfremde Erreger oder Zellbestandteile abzubauen. Die wichtigsten Aktivatoren für Makrophagen sind Lymphokine, die von Antigenstimulierten T4-Lymphocyten sezerniert werden, sowie Lipopolysaccharide aus Bakterienmembranen.

Im Rahmen der Immunreaktionen haben Makrophagen die Aufgabe, nahezu alle Antigene so vorzuverarbeiten, daß sie von Lymphocyten erkannt werden können. Makrophagen bauen das von ihnen phagocytierte antigene Material in lysosomalen Vacuolen teilweise ab, adsorbieren besonders immunogene Bruchstücke an ihre Oberfläche und präsentieren sie den T4- und B-Lymphocyten, die dann ihrerseits celluläre bzw. humorale Immunvorgänge einleiten. Wie die Vorverarbeitung und Darbietung des Antigens im einzelnen abläuft, ist noch nicht geklärt.

Durch T4-Lymphocyten aktivierte Makrophagen sind auch in der Lage, cytotoxisch gegen virusinfizierte Zellen, Tumorzellen und allogene Transplantate zu wirken.

Lymphocyten

Zahlreiche Einzelheiten der Lymphocytopoese sind noch ungeklärt.

Gesichert ist, daß ab dem 5. Monat der Embryonalentwicklung lymphoide Stammzellen aus dem Knochenmark in den Thymus einwandern. Dort werden sie im Cortex unter dem Einfluß humoraler Faktoren aus Thymuszellen zu T-Lymphocyten geprägt. Im Thymus durchlaufen die Zellen mehrere Zellteilungen und reifen unter Ausbildung zahlreicher Differenzierungsantigene. Sie treten in die Blutbahn über und besiedeln bestimmte Regionen der sekundären lymphatischen Organe (Lymphknoten, Milz, PEYER'sche Plaques). Dort proliferieren die unterschiedlich determinierten Lymphocyten, wobei von jedem Zellclon (s. unten) etwa $10^4 - 10^5$ Zellen entstehen. Von den lymphatischen Organen aus können die T-Lymphocyten wieder in die Zirkulation gelangen und somit alle Gewebe des Körpers erreichen.

Ein weiterer Teil der lymphoiden Stammzellen erfährt seine Prägung im Knochenmark selbst zu B-Lymphocyten. Das Knochenmark stellt ein Äquivalent eines lymphatischen Organs der Vögel dar, das sich in der Nähe ihres Enddarms befindet, als Bursa FABRICII bezeichnet wird, und das für die Prägung der B-Zellen verantwortlich ist. B-Lymphocyten durchlaufen im Knochenmark mehrere Teilungs- und Reifungsvorgänge. Sie gelangen ebenso wie die T-Zellen auf dem Blutweg in bestimmte Bezirke der sekundären lymphatischen Organe und proliferieren dort. In geringem Umfang rezirkulieren auch die B-Lymphocyten, so daß sie ebenfalls in sämtliche Gewebe gelangen können.

Bereits kurze Zeit nach der Geburt haben T- und B-Lymphocyten ihre volle immunologische Reife erlangt. Die Entfernung des Thymus in den ersten Lebenswochen, z. B. im Rahmen von Herzoperationen, führt nicht zu Immundefekten.

Die Entwicklung der Receptoren auf T- und B-Zellen, die für das Erkennen spezifischer antigener Strukturen verantwortlich sind, unterliegt einer genetischen Steuerung und bedarf nicht der Anwesenheit von Antigenen. T- und B-Lymphocyten umfassen jeweils etwa $10^6 - 10^8$ Zellclone unterschiedlicher Antigenspezifität. Wie sich diese außerordentlich große Vielfalt an Receptoren ohne Antigenstimulans im einzelnen entwickelt, ist noch ungeklärt.

Etwa 1 - 2 % der im Organismus vorhandenen Lymphocyten - überwiegend T-Zellen - zirkulieren ständig. Sie verlassen die sekundären lymphatischen Organe auf dem Lymphweg und gelangen über den Ductus thoracicus in die Blutbahn, von der aus sie dann die Gewebe und erneut alle lymphatischen Strukturen erreichen können. Durch die Rezirkulation der Lymphocyten ist eine enge Wechselwirkung mit Monocyten bzw. Makrophagen sowie der Informationsaustausch zwischen einzelnen Lymphocytenclonen gewährleistet. Auf diese Weise ist es auch möglich, daß ein in den Organismus an beliebiger Stelle eingetretenes Antigen erkannt und andererseits die Information über das antigene Material im gesamten Organismus verbreitet werden kann.

Die Lebensdauer der Lymphocyten beträgt Tage bis Jahre. Die Population langlebiger Zellen umfaßt vorwiegend T-Lymphocyten. Bei jedem Antigenkontakt (ausgenommen bei der direkten Stimulierung von B-Zellen durch sog. Mitogene, z. B. Lipopolysaccharide der gramnegativen Bakterien,) kommt es neben der Aktivierung der T- und B-Lymphocyten zur Ausführung ihrer spezifischen Aufgaben auch zur Bildung sog. <u>Gedächtniszellen</u>. Diese Zellen werden bei erneutem Kontakt des Organismus mit dem Antigen stimuliert und lösen die erforderlichen Immunreaktionen beschleunigt und verstärkt aus. Es wird diskutiert, ob Gedächtniszellen lebenslang erhalten bleiben.

In Tabelle 12 sind die wichtigsten Unterschiede zwischen T- und B-Lymphocyten aufgeführt.

Tabelle 12. Merkmale der T- und B-Lymphocyten

	T-Lymphocyten	B-Lymphocyten
Herkunft	primär: Knochenmark Prägung im Thymus später Bildung in sekundären lymphatischen Organen	primär: Knochenmark Prägung im Knochenmark (= Bursa-Äquivalent) später Bildung in sekundären lymphatischen Organen und Knochenmark
Receptoren	Bestandteile der Zellmembran (Glykoproteine), Struktur bisher nicht aufgeklärt (mit Sicherheit handelt es sich nicht um Immunglobuline)	membrangebundene (exprimierte) Immunglobuline (monomeres IgM, IgD, selten IgG oder IgA); alle Receptoren eines Zellclons sind unabhängig von der Zugehörigkeit zu einer Immunglobulinklasse gegen das gleiche Antigen gerichtet

Vorkommen
    Lymphknoten
 	
    Milz
 	
    PEYER'sche Plaques
	
	in der Tiefe der Rinde, perifollikulär
	
	periarteriolär
	
	perifollikulär
		
		subcapsulär, medullär, Keimzentren
		
		periphere weiße Pulpa, rote Pulpa
		
		im Zentrum der Follikel

Anteil am Pool der rezirkulierenden Lymphocyten	groß, ca. 80 %	klein, ca. 10 %

Zum Verständnis der im Organismus ablaufenden Immunvorgänge ist es erforderlich, sich die Funktionen und das Zusammenwirken der verschiedenen Lymphocyten sowie ihrer Subpopulationen vor Augen zu führen. Im folgenden werden daher zunächst die Untergruppen der immunkompetenten Zellen und ihre Aufgaben dargestellt und anschließend die Wechselwirkungen der unspezifischen und Antigen-spezifischen Abwehrmechanismen beschrieben.

T-Lymphocyten

Bei den reifen T-Lymphocyten lassen sich auf Grund ihrer Oberflächenmerkmale immunologisch 2 Hauptgruppen von Zellen unterscheiden: T4- und T8-Lymphocyten. Beide Subpopulationen setzen sich wiederum aus verschiedenen Zellarten zusammen, so daß auch ihre funktionelle Heterogenität verständlich wird.

T4-Lymphocyten

T4-Lymphocyten stellen ca. 2/3 der rezirkulierenden T-Lymphocyten dar.

<u>T4-Helferzellen</u>

Diese Subpopulation der T4-Lymphocyten kann Antigene mit Hilfe spezifischer Oberflächenreceptoren in Anwesenheit von übereinstimmenden körpereigenen HLA-Antigenen der Klasse II erkennen. HLA-Antigene der Klasse II finden sich nur auf Zellen, die mit einer Immunantwort zu tun haben (Monocyten/ Makrophagen, dendritischen Zellen des lymphatischen Gewebes, LANGERHANS-Zellen der Haut, B-Lymphocyten (und einigen durch Mitogene (Lipopolysaccharide, z. B. Phythämagglutinin) aktivierten T-Lymphocyten)).

Meist sind es die Monocyten/Makrophagen, die Antigene aufnehmen und in vorverarbeiteter Form den T4-Zellen präsentieren (s. S. 21). Wie T4-Lymphocyten das spezifische Antigen gleichzeitig mit den HLA-Antigenen erkennen, ist unklar. Insbesondere ist bisher nicht bekannt, ob Lymphocyten über 2 Receptoren verfügen, von denen einer das Antigen und der andere die HLA-Struktur erfaßt, oder ob Lymphocyten Antigen-modifizierte HLA-Merkmale identifizieren.

Die antigenen Determinanten einer in den Organismus eingedrungenen körperfremden Substanz zeigen meist - wenn auch in sehr unterschiedlichem Ausmaß - eine Affinität zu mehreren T-Zell-Clonen, so daß eine polyclonale Immunantwort resultiert.

Alle T4-Helferzellen, die das Antigen oder Teile davon erkennen, werden nach dem Antigenkontakt "aktiviert", d. h. sie sezernieren zahlreiche Lymphokine und wirken so stimulierend auf eine Reihe anderer Zellen. Wegen dieser Beeinflussung bzw. Induktion weiterer an den Abwehr- und Immunmechanismen beteiligter Elemente werden aktivierte T4-Helferzellen auch als T4-Induktorzellen bezeichnet.

Lymphokine, die Sekretionsprodukte von aktivierten T4-Helferzellen, stellen Proteine oder Glykoproteine dar. Sie stimulieren insbesondere die Beweglichkeit von Zellen, deren Aktivierung bzw. Differenzierung, die Zellproliferation und die Aktivität cytotoxischer T-Lymphocyten. Ob sämtliche Lymphokine von einem Clon T4-Zellen sezerniert werden, oder ob mehrere Zellclone jeweils bestimmte Produkte abgeben, ist noch unklar. Einzelheiten über die Wirkung der freigesetzten Mediatorsubstanzen sind in Tabelle 13, S. 25, zusammengestellt.

<u>Cytotoxische T4-Lymphocyten</u>

Ein geringer Anteil der T4-Lymphocyten ist nach Antigenkontakt in Anwesenheit von HLA-Antigenen der Klasse II zu cytotoxischer Aktivität fähig.

Tabelle 13. Wesentliche Effekte der von aktivierten
T4-Lymphocyten freigesetzten Lymphokine

Lymphokine	Wirkungen
chemotaktisch wirksame Substanzen	ziehen Granulocyten und Monocyten/Makrophagen an (die dem Konzentrationsgradienten dieser Substanzen folgen)
verschiedene Kolonie-stimulierende Faktoren	steigern die Bildung von Granulocyten und Monocyten im Knochenmark
vasoaktive Substanzen	erhöhen die Gefäßpermeabilität und ermöglichen so eine schnelle Ansammlung von Zellen im Gewebe
sog. Makrophagen-aktivierender Faktor	Dieser Faktor aktiviert Monocyten/Makrophagen, so daß diesen Zellen die Abtötung von phagocytiertem Material möglich wird. Außerdem setzen aktivierte Makrophagen Interleukin 1 - ein Monokin - frei, das die Sekretion von Interleukin 2 aus Lymphocyten (s. unten) fördert und somit die Immunantwort verstärkt.
Faktoren, die die Proliferation von spezifischen T4-Lymphocyten bewirken	Durch die Rezirkulation aktivierter T4-Zellen wird ein exponentielles Wachstum des spezifisch gegen das Antigen gerichteten Zellclons unter dem Einfluß dieser Faktoren in den sekundären lymphatischen Organen möglich.
Faktoren, die T8-Suppressorzellen aktivieren	Aktivierte T8-Suppressor-Lymphocyten regeln das Ausmaß der Immunantwort (s. S. 26).
Interleukin 2	bewirkt die Ausreifung und vermehrte Bildung von cytotoxischen T8-Lymphocyten (s. S. 26)
γ-Interferon	steigert die Aktivität von Natürlichen Killerzellen (s. S. 27)
B-Lymphocyten stimulierende Faktoren	regen die Proliferation von B-Lymphocyten gleicher Spezifität und ihre Differenzierung zu Antikörper-produzierenden Plasmazellen an

T8-Lymphocyten

T8-Lymphocyten stellen ca. 1/3 der rezirkulierenden T-Lymphocyten dar.

T8-Suppressorzellen

T8-Suppressorzellen werden durch T4-Zellen aktiviert. Sie sind danach in der Lage, die Aktivität oder Aktivierung anderer immunkompetenter Zellen zu beeinflussen, so daß humorale und celluläre Immunantworten in ihrem Ausmaß vermindert oder sogar völlig unterdrückt werden können (Immuntoleranz).

Im einzelnen werden in Gang gekommene Immunvorgänge gedrosselt bzw. wieder eingestellt, indem die aktivierten T8-Suppressorzellen
> eine Aktivierung und Proliferation von T4-Helferzellen unterbinden,
> die Proliferation von spezifischen B-Lymphocyten und ihre Transformation zu Antikörper-produzierenden Plasmazellen verhindern sowie
> die Differenzierung von cytotoxischen T-Lymphocyten hemmen.

Cytotoxische T8-Lymphocyten

Es handelt sich hierbei um die eigentlichen Effektorzellen der cellulären Immunität. Cytotoxische T8-Lymphocyten erkennen Antigene in Assoziation mit HLA-Antigenen der Klasse I. Diese HLA-Merkmale finden sich auf allen kernhaltigen Zellen des Organismus, so daß sehr viele Strukturen in der Lage sind, das antigene Material zu präsentieren. Bevorzugt werden von T8-cytotoxischen Lymphocyten Antigene erkannt, die in die Oberfläche der HLA-I-tragenden Zellen integriert sind, z. B. virusinfizierte Zellen, Tumorzellen oder von Makrophagen vorverarbeitetes und dargebotenes antigenes Material aus nicht HLA-kompatiblen Geweben (Transplantatabstoßung). Ob cytotoxische T8-Zellen fremde HLA-Antigene direkt erkennen können, ist noch ungeklärt.

Durch das von aktivierten T4-Lymphocyten sezernierte Interleukin 2 kann die Proliferation und Aktivität der cytotoxischen T8-Lymphocyten gesteigert werden.

Quotient T4/T8-Lymphocyten

Sowohl T4- als auch T8-Lymphocyten können mit Hilfe Fluorescein-markierter monoclonaler Antikörper nachgewiesen werden.
Der Quotient von T4- : T8-Zellen im Blut beträgt beim Gesunden etwa 2 : 1 (Bereich 1 : 1 bis 3 : 1).

Bei einigen Erkrankungen verschiebt sich dieser Quotient dadurch, daß T4- oder T8-Lymphocyten entweder nicht oder sehr stark proliferieren.

Ein Quotient unter 1,0 findet sich
> bei einigen Virusinfektionen durch die Vermehrung cytotoxischer T8-Lymphocyten
>> (z. B. Cytomegalie, infektiöse Mononucleose u. a.),
>
> bei AIDS (Acquired immune deficiency syndrome) infolge der zunehmenden Elimination von T4-Lymphocyten aus dem Organismus,
> vereinzelt bei Non-Hodgkin-Lymphomen,
> nach Bestrahlung, Cytostatika- und immunsuppressiver Therapie sowie
> bei Transplantatabstoßung
>> (es lassen sich jedoch ohne gleichzeitiges Vorliegen einer Virusinfektion selten Anfangsstadien erfassen).

Ein Quotient über 3,0 ist nachweisbar
> bei Autoimmunerkrankungen als Folge einer partiellen Insuffizienz von T8-Suppressorzellen
>> (z. B. Kollagenosen, Myasthenia gravis, Sarkoidose, Multiple Sklerose, SJÖGREN-Syndrom u. a.).

Da die Veränderungen des T4/T8-Quotienten ebenso wie die absoluten Zellzahlen nicht spezifisch für ein bestimmtes Krankheitsbild sind, ergibt die Bestimmung des Verhältnisses von T4- zu T8-Lymphocyten keine diagnostische Aussage.

Null-Lymphocyten

Lymphocyten, deren Ausstattung mit Oberflächenmarkern sich qualitativ und quantitativ von derjenigen der T- und B-Lymphocyten unterscheidet, werden als Null-Zellen bezeichnet. Ob es sich bei den Null-Lymphocyten um einen 3. Lymphocytentyp oder um unreife Lymphocytenvorstufen - möglicherweise der T-Zellen - handelt, ist unklar.

Die Null-Zellen stellen eine heterogene Gruppe von Lymphocyten dar; zu ihnen gehören unter anderem die Natürlichen Killerzellen und die Killerzellen. Möglicherweise sind diese beiden Zellarten identisch. Gesichert ist, daß sie zwei verschiedene Mechanismen der nicht HLA-Antigen abhängigen Cytotoxizität auslösen können, so daß es gerechtfertigt erscheint, die beiden Bezeichnungen zur Abgrenzung der funktionellen Unterschiede beizubehalten.

Natürliche Killerzellen

Diese cytotoxisch wirksamen Lymphocyten besitzen Receptoren, die membrangebundene Antigene mit Glykoproteinstruktur in Abwesenheit von HLA-Antigenen erkennen. Sie reagieren somit - im Gegensatz zu den cytotoxischen T8-Lymphocyten - nicht Antigen-spezifisch.

Natürliche Killerzellen sind insbesondere gegen virusinfizierte Zellen, Leukämie-, Lymphom- und Tumorzellen cytotoxisch wirksam. Wie es im einzelnen zur Lyse der pathologisch veränderten Zellen kommt, ist unklar. Interferon erhöht die Aktivität von Natürlichen Killerzellen.

Killerzellen

Killerzellen tragen an ihrer Oberfläche Receptoren, die in Abwesenheit von HLA-Antigenen gleicher Spezifität den Fc-Anteil von Immunglobulinen erkennen. Sie reagieren mit Zellen, an die spezifische Antikörper, die von Plasmazellen sezerniert wurden, gebunden sind, und bewirken eine direkte Lyse dieser Zellen.

Antikörper-abhängige cytotoxische Killerzellen werden bei zahlreichen Infektionen mit fakultativ intracellulär wachsenden Bakterien, Viren, Parasiten und Pilzen wirksam, ebenso beim Vorliegen von Auto-Antikörpern.

B-Lymphocyten, Plasmazellen

Die Umwandlung von B-Lymphocyten in Antikörper-sezernierende Plasmazellen ist nur in seltenen Fällen allein durch die Bindung des Antigens an die spezifischen Receptoren von B-Zellen möglich (z. B. durch Lipopolysaccharide von gramnegativen Bakterien). Meist wird die Antikörpersynthese erst ausgelöst, wenn es zur Interaktion von B-Lymphocyten mit Antigen-präsentierenden Makrophagen und T4-Lymphocyten kommt.

Die durch Antigene und im allgemeinen durch Zellkooperation stimulierten B-Zellen proliferieren und reifen innerhalb weniger Tage zu Plasmazellen. Die sezernierten Antikörper unterscheiden sich von den ursprünglichen Strukturen der Receptoren auf B-Lymphocyten praktisch nur in den konstanten Regionen der schweren Ketten.

Bei der Aktivierung von Lymphocyten durch Mitogene kommt es ausschließlich zur Synthese von IgM-Antikörpern; durch die fehlende Entwicklung von Gedächtniszellen

(s. S. 23) ist eine sekundäre Immunantwort nicht möglich. Ist eine Antigen-Erkennung unter Mithilfe von Makrophagen und T-Lymphocyten erfolgt, produzieren die zu Plasmazellen transformierten B-Lymphocyten in der akuten Phase zunächst IgM-, später IgG-Antikörper. Bei einer sekundären Immunreaktion, d. h. einem erneuten Kontakt des Organismus mit demselben Antigen, ist auf Grund der Anwesenheit von sog. Gedächtniszellen in relativ kurzer Zeit die Synthese von Antikörpern - vorwiegend der Klasse IgG - möglich.
Die Lebensdauer der nicht teilungsfähigen Plasmazellen beträgt nur wenige Tage.

Stimulierte B-Lymphocyten können ebenso wie aktivierte T4-Zellen einige Lymphokine sezernieren. Die Sekretionsprodukte beeinflussen die cellulären Immunmechanismen, so daß eine enge Wechselwirkung zwischen den Zellarten und Abwehrvorgängen resultiert.

In Tabelle 14 sind die bisher beschriebenen wichtigsten Funktionen der verschiedenen Lymphocytenarten sowie Möglichkeiten zu ihrer Differenzierung zusammengefaßt.

Tabelle 14. Funktionen und immunologische Merkmale der Lymphocyten

Zellen	Wesentliche Aufgaben	Immunologischer Nachweis
T-Lymphocyten		Rosettenbildung mit Schafserythrocyten (für die die T-Zellen Receptoren besitzen)
T4-Lymphocyten	T4-Helferzellen erkennen spezifische Antigene in Gegenwart von HLA-Antigenen der Klasse II (z. B. auf Makrophagen), sezernieren nach Aktivierung durch Kontakt mit Antigenen Lymphokine; Lymphokine wirken chemotaktisch auf Granulocyten, Monocyten/Makrophagen und steigern deren Bildung im Knochenmark, bewirken die Proliferation von spezifischen T4-Helferzellen, aktivieren T8-Suppressorzellen, induzieren die Ausreifung und Proliferation von cytotoxischen T4- und T8-Lymphocyten, steigern die Aktivität der Natürlichen Killerzellen und führen zur Proliferation von spezifischen B-Lymphocyten und deren Differenzierung zu Plasmazellen.	Nachweis Thymusspezifischer Oberflächenantigene mit Fluorescein-markierten monoclonalen Antikörpern

Fortsetzung Tabelle 14.

Zellen	Wesentliche Aufgaben	Immunologischer Nachweis
	cytotoxische T4-Lymphocyten sind in Anwesenheit von HLA-Antigenen der Klasse II cytotoxisch wirksam	s. T4-Helferzellen
T8-Lymphocyten	T8-Suppressorzellen regeln das Ausmaß der Immunantwort hemmen die Aktivität von T4-Lymphocyten, hemmen die Proliferation von spezifischen B-Lymphocyten und deren Transformation in Plasmazellen, hemmen die Differenzierung von cytotoxischen T8-Lymphocyten cytotoxische T8-Lymphocyten lysieren Zellen in Gegenwart von HLA-Antigenen der Klasse I	Nachweis Thymusspezifischer Oberflächenantigene mit Fluorescein-markierten monoclonalen Antikörpern
B-Lymphocyten Plasmazellen (transformierte B-Lymphocyten)	erkennen spezifisch Antigene (meist ist hierzu die Mithilfe von Makrophagen und T4-Lymphocyten erforderlich) synthetisieren spezifische Antikörper	Nachweis von Oberflächen-Immunglobulinen mit Fluorescein-markiertem Antiserum gegen Immunglobuline; Nachweis von Oberflächenantigenen mit Fluorescein-markierten monoclonalen Antikörpern
Natürliche Killerzellen	erkennen in Abwesenheit von HLA-Antigenen unspezifisch Antigene auf Zelloberflächen, lysieren die erkannten Zellen	Nachweis von Oberflächenantigenen mit Fluorescein-markierten monoclonalen Antikörpern
Killerzellen	reagieren unspezifisch mit Antikörpern auf Zelloberflächen, lysieren die erkannten Zellen (Antikörperabhängige Cytotoxizität)	Nachweis von Oberflächenantigenen mit Fluorescein-markierten monoclonalen Antikörpern

Die zur Differenzierung der Lymphocyten verwendeten monoclonalen Antikörper sind gegen spezifische Glykoproteine gerichtet, die jeweils alle Zellen einer Subpopulation (T4-, T8-, B-Lymphocyten, Natürliche Killerzellen oder Killerzellen) an ihrer Oberfläche tragen.

Die Herstellung monoclonaler Antikörper erfolgt, indem Versuchstiere mit einem gereinigten Antigen, z. B. einem spezifischen Glykoprotein aus der Membran der Zellen einer bestimmten Lymphocytenpopulation, immunisiert werden. Aus der Milz dieser Tiere werden B-Lymphocyten entnommen und in vitro mit Plasmocytomzellen verschmolzen. Die entstehenden Hybridzellen zeigen die Eigenschaften der beiden ursprünglichen Zellpopulationen. Zum einen produzieren sie wie in Plasmazellen transformierte B-Lymphocyten spezifisch gegen ein Antigen gerichtete Antikörper, zum anderen sind sie entsprechend Myelomzellen in der Lage, sich fortwährend zu teilen, so daß in Zellkulturen die kontinuierliche Produktion von Antikörpern gewährleistet ist. Durch Verwendung bestimmter Nährmedien wird erzielt, daß nur Hybridzellen überleben können. Die verschiedenen Zellclone werden in Kulturen so lange vereinzelt und auf ihre Antikörperproduktion überprüft, bis der Clon, der die gewünschten spezifischen Antikörper gegen das zur Immunisierung verwendete Antigen produziert, isoliert ist.

Bei der Charakterisierung von Lymphocyten bedeutet der Begriff "monoclonal" also nicht, daß der Antikörper nur mit einem einzigen der im Organismus vorhandenen $10^6 - 10^8$ Zellclone reagieren kann. Vielmehr werden alle Lymphocyten einer Subpopulation, die das Glykoprotein tragen, gegen das der Antikörper gerichtet ist, erfaßt.

Überblick über die Abwehrmechanismen

Den im Organismus ablaufenden Abwehrvorgängen liegen außerordentlich komplexe Reaktionen zugrunde. Im folgenden können nur kurz die wesentlichen Fakten referiert werden. Ausführliche Darstellungen s. Lehrbücher der Immunologie.

Bei der Abwehr von körperschädlichen Substanzen bzw. Organismen ist zwischen unspezifischen und spezifischen Mechanismen zu unterscheiden.

Unspezifische Abwehrmechanismen

Eine natürliche Abwehr bewirken zahlreiche Sekrete der Schleimhäute bzw. exokriner Drüsen (saurer pH-Wert des Magensafts, Lysozym des Tränensekrets, Lactoferrin in der Muttermilch u. a.).

An der unspezifischen Abwehr ist das Complementsystem wesentlich beteiligt. Durch die Ablagerung von Complementkomponenten auf der Oberfläche von antigenem Material wird dieses in eine zur Aufnahme durch Granulocyten und Makrophagen geeignete Form überführt (sog. Opsonierung). Complementfaktoren aktivieren ferner verschiedene Zellarten in ihren Funktionen (z. B. Granulocyten, Monocyten/Makrophagen), zerstören Antigene oder Antigen-Antikörper-Komplexe und sind in der Lage, Zellen zu lysieren.

Auch die Phagocytose durch Granulocyten beschränkt sich nicht auf bestimmte Antigene, wenngleich z. B. Eitererreger nach Opsonierung bevorzugt aufgenommen und intracellulär abgebaut werden können.

Da Monocyten/Makrophagen an ihrer Oberfläche keine Receptoren für bestimmte

Antigene tragen, ist auch die Phagocytose von opsoniertem antigenem Material durch diese Zellen ein unspezifischer Vorgang. Dadurch, daß Makrophagen jedoch nahezu alle aufgenommenen Antigene vorverarbeiten, d. h., aus den phagocytierten Partikeln herauslösen, in besonders immunogener Form an die Zelloberfläche adsorbieren und so den T- und B-Lymphocyten präsentieren, sind Makrophagen indirekt an der spezifischen Abwehr beteiligt. Ohne ihre Mitwirkung können die spezifischen Immunantworten nicht regelrecht ablaufen.

Antigen-unspezifisch erfolgt auch die Lyse von Zellen durch die sog. Natürlichen Killerzellen und die Killerzellen.

Antigen-spezifische Immunabwehr

Charakteristisch für diese Abwehrmechanismen ist neben der Tatsache, daß sie spezifisch gegen ein bestimmtes Antigen gerichtet sind, die Ausbildung von Gedächtniszellen, durch die die Information über den Kontakt des Organismus mit dem Antigen erhalten bleibt.

Träger der spezifischen Immunantwort sind die T- und B-Lymphocyten. Da T- und B-Zellen über die gleiche Vielfalt jeweils spezifisch reagierender Receptoren verfügen, werden durch ein bestimmtes Antigen, das meist von Makrophagen präsentiert wird, grundsätzlich immer die entsprechenden Clone beider Zellpopulationen aktiviert.

Ob es im Einzelfall später bevorzugt oder ausschließlich zu einer cellulären (Lyse der Zielzellen) oder humoralen Immunantwort (Antikörperbildung) kommt, hängt wesentlich von der Art und Struktur des Antigens ab.

    Vorwiegend celluläre Immunvorgänge werden ausgelöst durch:
        Antigene mit großer Oberfläche (Tumorzellen, allogene Gewebe)
        Virusprodukte in Zellmembranen
        Pilze, Protozoen
        Fakultativ intracellulär lebensfähige Erreger (z. B. Tuberkelbakterien)
        Sehr niedrige und sehr hohe Antigenkonzentrationen
        Antigene in Emulsion mit Adjuvantien
        Antigene, die lange im Gewebe verbleiben (z. B. nach s. c. Injektion)

    Vorwiegend humorale Immunvorgänge werden ausgelöst durch:
        Antigene mit Lipopolysaccharidstruktur (z. B. Bakterien)
        Kleine Antigene (z. B. Viren, körperfremde Proteine)
        Mittlere Antigenkonzentrationen
        Antigene in Lösung

Einzelheiten zum Ablauf der Antigen-spezifischen Immunreaktionen sind bei der Beschreibung der Aufgaben von T4-, T8- und B-Lymphocyten dargestellt.

Wie aus den vielfältigen Funktionen der aktivierten Lymphocyten zu ersehen ist, sind nicht nur die cellulären und humoralen Immunvorgänge eng miteinander verknüpft, sondern es bestehen auch intensive Wechselwirkungen mit den Zellarten, die bei der unspezifischen Abwehr eine Rolle spielen. Obwohl das spezifische Immunsystem differenzierter und phylogenetisch jünger ist als die unspezifischen Abwehrmechanismen, ist es nicht in der Lage, Mangelzustände oder Defekte in dem weniger spezialisierten System auszugleichen.

Erythrocyten

Die Erythrocytopoese läuft grundsätzlich ähnlich wie die Granulocytopoese ab.

Unter dem Einfluß von Erythropoetin, einem in Abhängigkeit vom Sauerstoffpartialdruck des Nierengewebes gebildeten Glykoprotein, wird die Vorläuferzelle der Erythropoese (s. Tabelle 10, S. 17) zur Differenzierung angeregt.

Zu den teilungsfähigen Zellen der Erythropoese im Teilungs- und Reifungsspeicher gehören die Proerythroblasten, Makroblasten, basophilen und polychromatischen Normoblasten, während die oxyphilen Normoblasten und Reticulocyten, die sich nicht mehr teilen können, den Reifungs- und Reservespeicher bilden.

Die kernhaltigen Zellen der roten Reihe in den verschiedenen Entwicklungsstadien (s. Abb. 14, S. 83) - mit Ausnahme der reifen Normoblasten - sind ebenso wie die Erythrocyten nur passiv beweglich. Bei den reifen Normoblasten ist das Cytoplasma in einem kurzen Zwischenstadium (Dauer im Experiment etwa 10 Minuten) zu aktiven Bewegungen fähig; während dieser Phase erfolgt die Ausstoßung des Kerns. In den dadurch entstandenen jungen Erythrocyten - als Reticulocyten bezeichnet - sind zunächst noch Reste des rauhen endoplasmatischen Reticulums nachweisbar, die sich durch spezielle Farbstoffe als sog. Substantia reticulo-granulo-filamentosa darstellen lassen (s. S. 85).

Nach 1 - 2 Tagen treten die Reticulocyten aus dem Knochenmark ins periphere Blut über, wo sie nach weiteren 1 - 2 Tagen die Fähigkeit zur Protein- und Hämoglobinsynthese verlieren und somit zu reifen Erythrocyten werden. Die Zahl der Reticulocyten im peripheren Blut ist ein Maß für die Ausschwemmung von Erythrocyten aus dem Knochenmark.

Thrombocyten

S. Hämostaseologie S. 132.

HÄMATOLOGISCHE UNTERSUCHUNGSMETHODEN

Die hier beschriebenen Verfahren dienen zur Erkennung quantitativer und qualitativer Veränderungen der corpusculären Bestandteile des Blutes.

Gewinnung von Blut für hämatologische Untersuchungen

1. Gewinnung von Capillarblut

Benötigt werden:

    70 proz. Ethanol
    Tupfer
    Sterile Lanzetten zum einmaligen Gebrauch

Ausführung:

    Bei anämischen Patienten oder bei niedriger Hauttemperatur ist die Fingerbeere durch Reiben oder durch Erwärmen in warmem Wasser zu hyperämisieren. Im allgemeinen wird der Ringfinger der linken Hand benutzt, da am Ringfinger die Epidermis meist weniger dick ist als am Zeigefinger.

    Fingerbeere mit 70 proz. Ethanol gut abreiben,
    abwarten, bis die Haut getrocknet ist.
    Mit einer sterilen Lanzette ausreichend tief (2 - 3 mm) einstechen,
    den ersten austretenden Bluttropfen mit einem <u>trockenen</u> Tupfer abwischen.
    Danach möglichst das spontan aus der Einstichstelle austretende Blut zur
    Untersuchung verwenden; starkes Drücken der Fingerbeere vermeiden!
    Nach der Blutentnahme Einstichstelle mit einem Tupfer verschließen.

Fehlerquellen:

    Starkes Drücken der Fingerbeere bewirkt eine Verdünnung des zu entnehmenden Blutes durch Gewebsflüssigkeit; der Fehler kann bis zu 15 % betragen.

Wichtiger Hinweis:

    Bei Patienten mit Abwehrschwäche durch einen Mangel an reifen funktionsfähigen Granulocyten (z. B. bei Agranulocytose, akuter Myelose) sollte möglichst venöses Blut zur Untersuchung verwendet werden, da bei der Entnahme von Capillarblut eine Infektion oft nicht zu vermeiden ist.

2. Gewinnung von venösem Blut

Für hämatologische Untersuchungen ist venöses Blut, das mit dem Dikaliumsalz der Ethylendinitrilotetraessigsäure (EDTA) (etwa 1 mg pro ml Blut) ungerinnbar gemacht wurde, besonders geeignet.

Blut, bei dem die Gerinnung durch Zusatz von Na-citrat oder Na-oxalat verhindert wurde, kann für hämatologische Untersuchungen nicht verwendet werden, da diese Antikoagulantien zu einer erheblichen Schrumpfung der Erythrocyten führen.
Auch Zusatz von Heparin ist nicht empfehlenswert, da hierdurch die Aggregation der Thrombocyten nicht ausreichend verhindert wird.

Benötigt werden:

Glas- oder Kunststoffröhrchen, die EDTA in fein verteilter Form enthalten (im Handel erhältlich)
70 proz. Ethanol
Tupfer
Sterile Kanüle zum einmaligen Gebrauch

Ausführung:

Nach der Punktion einer Vene läßt man einige Milliliter Blut frei in das zuvor beschriftete Röhrchen fließen und kippt das verschlossene Gefäß vorsichtig mehrmals um, so daß sich das Antikoagulans vollständig mit dem Blut mischt; nicht schütteln, Schaumbildung vermeiden (s. S. 7)!

Soll aus dem Röhrchen Blut für hämatologische Untersuchungen entnommen werden, so ist durch sorgfältiges Kippen oder Rotieren der Entnahmegefäße mittels eines Rollenmischers dafür zu sorgen, daß eine gleichmäßige Verteilung der Blutkörperchen erreicht wird.

Fehlerquellen:

Nach der Blutentnahme EDTA nicht durch sofortiges und ausreichendes Kippen der Röhrchen vollständig mit der Probe gemischt, so daß die Bildung von Gerinnseln resultiert; derartig angeronnene Blutproben dürfen nicht verarbeitet werden!

Blutkörperchen vor der Entnahme von Material für Untersuchungszwecke nicht durch erneutes vorsichtiges Schwenken oder Rotieren der Röhrchen gleichmäßig in der Probe verteilt.

Vorteile bei der Verwendung von venösem Blut für hämatologische Untersuchungen:

Das zu analysierende Blut ist nicht durch Gewebsflüssigkeit verdünnt.

Die direkte Blutentnahme am Patienten in Capillarpipetten und die anschließende Verdünnung bereiten dem wenig geübten Untersucher erfahrungsgemäß Schwierigkeiten; die Verdünnung der Proben ist bei Verwendung von ungerinnbar gemachtem venösen Blut wesentlich einfacher.

Da genügend Material zur Verfügung steht, ist es kein Problem, routinemäßig Mehrfachanalysen auszuführen.

Die zu untersuchenden Bestandteile sind in dem entnommenen Blut bei Raumtemperatur in verschlossenen Röhrchen mindestens 24 Stunden haltbar, so daß Kontrolluntersuchungen leicht möglich sind.

LEUKOCYTEN

Leukocytenzählung

Überblick:

Soll die Zahl der Leukocyten im Vollblut bestimmt werden, so sind zunächst die Erythrocyten zu hämolysieren. Zur Zählung selbst eignen sich:

1. Das mikroskopische Zählkammerverfahren und
2. die mechanisierte Bestimmung mit elektronischen Zählgeräten.

1. Zählkammerverfahren

Prinzip:

Vollblut wird mit 3 proz. Essigsäure verdünnt. Durch diese hypotone saure Lösung werden die Erythrocyten lysiert und die Leukocyten fixiert. Anschließend zählt man die Leukocyten in der Zählkammer aus.

Reagens:

3 proz. (v/v) Essigsäure

Benötigt werden:

Pipettenschlauch mit Mundstück und Sicherheitsvorrichtung
Leukocytenpipetten (weiße Perle), für Capillarblutentnahme sterilisiert,
Blockschälchen
Tupfer
NEUBAUER-Zählkammer
Optisch plan geschliffene Deckgläser
Mikroskop, Objektiv 10 : 1, Okular 6 x - 8 x

Ausführung:

Sauberes Blockschälchen mit 3 proz. Essigsäure füllen.
Blutentnahme s. S. 33 und 34.
In die Leukocytenpipette bis zur Marke 0.5 Blut luftblasenfrei aufziehen,
Pipette waagerecht halten,
Blut an der Pipettenspitze mit einem Tupfer vorsichtig außen abwischen,
sofort anschließend bis zur Marke 11 <u>schnell</u> 3 proz. Essigsäure nachziehen.
Hat die aufsteigende Flüssigkeit die Marke 11 erreicht,
Ansaugen unterbrechen,
Pipette waagerecht halten,
Pipettenende mit dem Finger verschließen,
Schlauch entfernen,
Pipette zwischen Daumen und Mittelfinger halten und
Pipetteninhalt durch kräftiges Schütteln mischen.

Im birnenförmigen Teil der Pipette, d. h. zwischen den Marken 1 und 11, befindet sich jetzt eine Mischung von 0,5 Volumteilen Blut und 9,5 Volumteilen 3 proz. Essigsäure. Das zu untersuchende Blut ist somit im Verhältnis 1 + 19, d. h. 1 : 20 verdünnt worden.

Die Zählung der Leukocyten sollte innerhalb einer Stunde nach der Verdünnung des Blutes erfolgen.

Vorbereitung der Zählkammer:

Der optisch plane Boden einer Zählkammer ist mit einem rechtwinkeligen Zählnetz versehen, das aus Linien in definierten Abständen besteht (s. Abb. 2, S. 37). Durch Aufbringen eines optisch plan geschliffenen Deckglases wird über der Bodenfläche ein Raum abgegrenzt (s. Abb. 1 a und 1 b), in dem die Partikelchen mikroskopisch ausgezählt werden.

Abb. 1 a.
Zählkammer
von der Seite
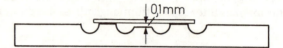

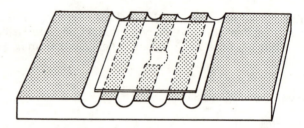
Abb. 1 b.
Zählkammer
von oben

Die zum Befestigen des Deckglases vorgesehenen plan geschliffenen Glasflächen der Kammer leicht anfeuchten und das geschliffene Deckglas so von der Seite her aufschieben, daß auf beiden Flächen NEWTON'sche Ringe sichtbar werden; dadurch ist gewährleistet, daß sich das Deckglas in reproduzierbarem Abstand zum Boden der Kammer befindet.

Füllen der Zählkammer:

Inhalt der Leukocytenpipette durch mindestens 5 Minuten langes manuelles oder mechanisches Schütteln (Mischgerät) homogen verteilen.
Dann die ersten drei Tropfen des Pipetteninhalts, die praktisch nur aus Verdünnungsflüssigkeit bestehen, verwerfen,
Pipettenspitze dicht am Rand des Deckglases schräg auf den Boden der Zählkammer aufsetzen und
Blutverdünnung vorsichtig in die Zählkammer fließen lassen, bis diese bis zur Überlaufrinne gefüllt ist.
Zellen einige Minuten sedimentieren lassen.

Mikroskopische Auszählung:

Kondensor des Mikroskops nach unten drehen,
Frontlinse des Kondensors (falls möglich) aus dem Strahlengang klappen, abblenden.
Objektiv 10 : 1 in den Strahlengang bringen und die Ebene der Zählkammer einstellen.
Bei dieser Vergrößerung die Leukocyten in den 4 Eckquadraten der NEU-

BAUER-Zählkammer (s. Abb. 2) mäanderförmig auszählen.
Die Zahl der Leukocyten pro Eckquadrat notieren.
Summe der Leukocyten in den 4 Eckquadraten bilden (n).

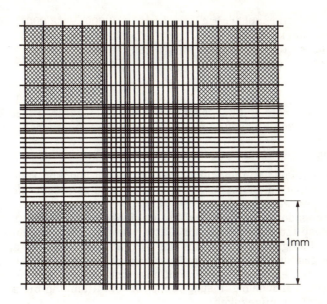

Abb. 2. Zählnetz der NEUBAUER-Kammer

Die Flächen, über denen die Leukocyten gezählt werden, sind schraffiert.

<u>Berechnung:</u>

Fläche   1 Eckquadrat .... $1,0$ mm^2
Höhe   1 Eckquadrat .... $0,1$ mm
Volumen 1 Eckquadrat .... $0,1$ μl
Volumen 4 Eckquadrate ... $0,4$ μl

n = Leukocyten in $0,4$ μl 1 : 20 verdünntem Blut

$n \cdot \dfrac{1,0}{0,4}$ = Leukocyten in 1 μl 1 : 20 verdünntem Blut

$n \cdot \dfrac{1,0}{0,4} \cdot 20$ = Leukocyten in 1 μl unverdünntem Blut

$$\boxed{n \cdot 50 = \text{Leukocyten}/\mu\text{l Blut}}$$

Es sind Doppelbestimmungen auszuführen. Wenn die gefundenen Werte um weniger als 15 % voneinander abweichen (z. B. 6000 und 6800 Leukocyten/μl), so wird der Mittelwert gebildet (im Beispiel $\overline{x}$ = 6400 Leukocyten/μl) und als Ergebnis mitgeteilt. Bei größeren Differenzen ist die Zählung zu wiederholen.

Reproduzierbarkeit:

    Die relative Standardabweichung beträgt etwa 10 %.

Normbereiche:

Säuglinge (altersabhängig)	6 000 - 18 000	Leukocyten/μl Blut
Kinder (altersabhängig)	6 000 - 15 000	" "
Erwachsene (Grundumsatzbedingungen)	4 000 - 10 000	" "
Erwachsene (ambulant)	4 000 - 11 000	" "

Störungen:

    Kernhaltige rote Blutkörperchen werden mitgezählt. Einen Überblick über das Ausmaß dieser Störung ermöglicht die Auswertung eines Ausstrichs (s. S. 45).

Fehlerquellen:

    Bei Verwendung von ungerinnbar gemachtem venösen Blut: Vor Füllen der Capillarpipetten Blutprobe nicht ausreichend gemischt oder angeronnene Proben verwendet.
    Bei Verwendung von Capillarblut: Gerinnselbildung nicht vermieden.
    Pipettenspitze außen nicht sorgfältig von anhaftendem Blut gereinigt.
    3 proz. Essigsäure direkt aus der Vorratsflasche in die mit Blut gefüllte Pipette gesaugt, dadurch die Verdünnungslösung verunreinigt.
    Nasse Pipetten oder Pipetten mit abgestoßenen Spitzen verwendet.
    Blut bzw. Verdünnungslösung nicht vorschriftsmäßig bis zur Marke oder nicht luftblasenfrei aufgezogen.
    Pipetteninhalt nicht ausreichend gemischt.
    Reine Verdünnungslösung aus dem Capillarteil der Pipette nicht vollständig verworfen.
    Feuchte Zählkammer verwendet.
    Deckglas nicht vorschriftsmäßig befestigt, sondern nur aufgelegt; Höhe der Zählkammer daher größer als 0,1 mm.
    Unsauberes Deckglas benutzt (z. B. Fingerabdrücke nicht entfernt).
    Zählkammer nicht luftblasenfrei oder nicht ausreichend beschickt.
    Zu viel Suspension in die Kammer gefüllt, dadurch Deckglas abgehoben.
    Leukocyten nicht ausreichend sedimentiert.
    Strömung in der Zählkammer durch nicht horizontale Lage.
    Zahl der Leukocyten in der Kammer nicht korrekt ermittelt.
    Ergebnis falsch berechnet bzw. falschen Berechnungsfaktor benutzt.

Besonderheiten:

    Liegt eine Leukocytopenie vor, d. h., wurden in den 4 Eckquadraten weniger als 80 Zellen gefunden, so füllt man eine weitere Kammer, zählt deren 4 Eckquadrate ebenfalls aus und addiert die in beiden Kammern ermittelten Zahlen. Das Volumen, in dem die Leukocyten gezählt wurden, beträgt dann 0,8 μl, so daß die Berechnung sich ändert in

$$n \cdot 25 = \text{Leukocyten}/\mu l \text{ Blut}$$

Bei ausgeprägter Leukocytose zieht man das Blut in einer Erythrocytenpipette bis zur Marke 1 auf, verdünnt mit 3 proz. Essigsäure bis zur Marke 101 und zählt wiederum die 4 Eckquadrate der Kammer aus. Da die Verdünnung 1 : 100 (und nicht 1 : 20) beträgt, wird die Leukocytenzahl berechnet nach

$$n \cdot 50 \cdot 5 = n \cdot 250 = \text{Leukocyten}/\mu l \text{ Blut}$$

2. Verfahren mit elektronischen Zählgeräten

Prinzip der elektronischen Zellzählung:

Blutkörperchen haben im Vergleich zu verdünnten Elektrolytlösungen nur eine sehr geringe Leitfähigkeit für den elektrischen Strom. Diese Eigenschaft läßt sich zur Zählung der Blutkörperchen ausnutzen.

Eine geeignete Meßanordnung ist in Abb. 3 dargestellt.

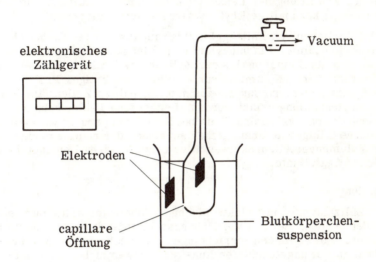

Abb. 3. Schematische Darstellung eines elektronischen Zählgeräts

Das zu untersuchende Blut wird mit einer auf pH 7,4 gepufferten isotonen Kochsalzlösung verdünnt. Der Verdünnungsschritt erfolgt bei vollmechanisierten Blutkörperchenzählgeräten intern, so daß die Proben dem Gerät ohne Vorbehandlung zugeführt werden können.
In die verdünnte Zellsuspension taucht die äußere Elektrode eines Stromkreises ein. Über eine capillare Öffnung steht die Flüssigkeit mit dem inneren Elektrodenraum in Verbindung. Wird die Blutkörperchensuspension durch diese Capillare hindurchgesaugt, so ergibt jedes durchtretende Partikelchen eine Widerstandsänderung, deren Größe seinem Volumen proportional ist; diese Impulse werden elektronisch gezählt.

Zählung der Leukocyten:

Soll in einer Blutprobe die Zählung der Leukocyten erfolgen, so werden zunächst die Erythrocyten in dem verdünnten Blut durch Zusatz von oberflächenaktiven Substanzen (z. B. Saponinlösung) hämolysiert.

Reproduzierbarkeit:

Neben der Arbeitserleichterung ist die mit elektronischen Zählgeräten erreichbare Genauigkeit hervorzuheben.
Die Reproduzierbarkeit einer Zellzählung ist vor allem von der Anzahl der gezählten Partikelchen abhängig (vgl. Erythrocytenzählung S. 69). Da mit

elektronischen Zählgeräten bei einer Probe, die 10 000 Leukocyten/μl Blut enthält, je nach apparativer Ausrüstung in der Meßzeit tatsächlich mindestens 5 000 Leukocyten gezählt werden, ist diese Bestimmungsmethode wesentlich exakter als das Zählkammerverfahren.
Die relative Standardabweichung beträgt etwa 2 %.

Störungen:

Das Zählverfahren ist nicht spezifisch für eine bestimmte Zellart, es werden vielmehr alle Partikelchen oberhalb einer einstellbaren Impulshöhe erfaßt. Bei der Ermittlung der Leukocytenzahl werden somit evtl. in der Blutprobe vorhandene kernhaltige Erythrocytenvorstufen mitgezählt.

Beim Vorliegen von Kälteagglutininen im Plasma (z. B. bei chronisch lymphatischer Leukämie, Plasmocytom u. a.) ist darauf zu achten, daß die Blutprobe von der Entnahme bis zur Zellzählung in einem Wasserbad von 37 °C aufbewahrt wird. Kommt es zur Abkühlung derartiger Proben, agglutinieren die Erythrocyten, so daß die zusammengeballten Zellen fälschlich bei der Leukocytenzählung erfaßt werden. Der gleiche Fehler kann auch auf der Anwesenheit von Agglutininen, die bei Körpertemperatur wirksam sind, beruhen. Moderne Zählgeräte ermöglichen auf Grund der routinemäßigen Darstellung der Volumenverteilungskurven aller corpusculären Bestandteile das Erkennen solcher Agglutinate.

Fehlerquellen:

Für Zellzählungen mit elektronischen Zählgeräten sollte nur venöses Blut verwendet werden. Bei den Verdünnungsschritten ist es erforderlich, die Pipettenspitzen bzw. Ansaugvorrichtungen von mechanischen Verdünnungsgeräten gründlich mit angefeuchteten Kunststoffschwämmchen zu säubern. Benutzt man für diesen Zweck Zellstofftupfer, so kommt es durch Verunreinigungen mit Zellstoffpartikelchen zu fehlerhaften Ergebnissen und durch Verstopfen der Capillare zu Störungen im Gerät.

Von entscheidender Bedeutung für die Zuverlässigkeit der Ergebnisse ist, daß die verwendete Verdünnungslösung frei von störenden Partikelchen ist; sie muß daher mehrfach täglich auf ihre Reinheit kontrolliert werden (Zählung ohne Zugabe von Blut). Alle verwendeten Gefäße und Reagentien sind staubfrei aufzubewahren.

Der pH-Wert der Verdünnungslösung ist häufig zu kontrollieren, da es bei Abweichungen von pH 7,4 zu Volumenveränderungen an den Blutkörperchen kommen kann.

Die Verdünnungslösung muß isoton sein, da sonst Fehler - insbesondere bei der Bestimmung des Erythrocytenvolumens (s. S. 75) und des daraus zu errechnenden Hämatokritwertes (s. S. 72) - auftreten.

Wird das verdünnte Blut nicht ausreichend mit Saponinlösung oder anderen oberflächenaktiven Substanzen gemischt, ist die Lyse der Erythrocyten unvollständig und es resultieren durch Verklumpungen fälschlich zu hohe Leukocytenwerte.

Blutkörperchen sedimentieren in einer verdünnten Probe relativ schnell, so daß es bei teilmechanisierter Arbeitsweise erforderlich ist, die Zellsuspension unmittelbar vor der Zählung erneut sorgfältig zu mischen.

Durch täglich mindestens einmal durchgeführte Untersuchungen an Kontrollblut ist zu prüfen, ob das verwendete Zählgerät noch korrekt kalibriert ist.

Leukocytenmorphologie

Zahlreiche diagnostisch wichtige Informationen lassen sich nur durch die eingehende mikroskopische Beurteilung der Zellen im gefärbten Blutausstrich gewinnen. Dabei werden die geformten Bestandteile des Blutes auf Grund ihrer Morphologie und ihres Verhaltens gegenüber Farbstoffen nach Herkunft und Reifestadium unterschieden; im allgemeinen differenziert man 100 Leukocyten und beurteilt im gleichen Arbeitsgang die Erythrocyten hinsichtlich Größe, Form, Hämoglobingehalt, Anfärbbarkeit und Einlagerungen.

Anfertigung von Blutausstrichen

1. Aus Capillarblut

Benötigt werden:

    Saubere Objektträger (entfettet, staubfrei)
    Optisch plan geschliffene Deckgläser, 2 - 4 mm schmaler als die Objektträger

Ausführung:

    Blutentnahme s. S. 33.
    Objektträger bereitlegen (nur an den Kanten anfassen!).
    Mit dem Rand eines geschliffenen Deckglases einen kleinen Bluttropfen von der Fingerbeere aufnehmen (s. Abb. 4 a),
    Objektträger mit Daumen und Zeigefinger der linken Hand an der linken Schmalseite halten,
    geschliffenes Deckglas mit dem an der Unterseite hängenden Bluttropfen etwa 1 cm vom rechten Objektträgerrand entfernt in spitzem Winkel aufsetzen (s. Abb. 4 b),
    warten, bis sich der Bluttropfen an der Deckglaskante ausgebreitet hat,
    Deckglas in spitzem Winkel (ca. 45°) gleichmäßig und nicht zu langsam auf dem Objektträger nach links führen, so daß der Bluttropfen ausgestrichen wird.

Je kleiner der Ausstrichwinkel ist, desto dünner werden die Ausstriche!

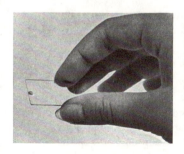
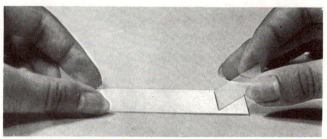

Abb. 4 a   Abb. 4 b

Abb. 4. Herstellung eines Objektträgerausstrichs

Der Ausstrich soll in der Längsrichtung höchstens 3/4 des Objektträgers bedecken und an den Längsseiten einen etwa 1 - 2 mm breiten Rand freilassen (vgl. Abb. 5, S. 44).

Präparat an der Luft (vor Fliegen geschützt) trocknen lassen,
mit Bleistift im dicken Teil der Schicht beschriften (Name, Datum, evtl. Probennummer).

Fehlerquellen:

Lücken im Ausstrich (z. B. bei Verwendung nicht ausreichend entfetteter oder mit Fingerabdrücken versehener Objektträger).
Blut nicht dünn genug ausgestrichen, dadurch Bildung von stechapfelförmigen Erythrocyten (s. S. 78).
Blut nicht gleichmäßig und in einem Zuge ausgestrichen, so daß Stufen erkennbar sind.
Ausstrich nicht randfrei.
Präparate nicht mit Bleistift beschriftet und daher nach der Färbung nicht mehr zu identifizieren (Signierung mit Fettstift oder Kugelschreiber wird durch die alkoholischen Farblösungen ausgewaschen).

2. Aus venösem Blut

Zur Anfertigung von Blutausstrichen ist Venenblut, das mit dem Dikaliumsalz der Ethylendinitrilotetraessigsäure (EDTA) ungerinnbar gemacht wurde, geeignet (s. S. 8).

Benötigt werden:

Saubere Objektträger (entfettet, staubfrei)
Optisch plan geschliffene Deckgläser, 2 - 4 mm schmaler als die Objektträger
Mikropipetten (Glaspipetten oder Kolbenpipetten (Volumen ca. 3 μl) mit Kunststoffspitzen)

Ausführung:

Blutentnahme s. S. 34.
Zellen in der Blutprobe durch Kippen oder Rotieren der Röhrchen auf einem Rollenmischer sorgfältig homogen resuspendieren.
Etwa 3 μl Blut auf einen sauberen Objektträger aufbringen und mit einem plan geschliffenen Deckglas - wie unter Verwendung von Capillarblut (s. S. 41) beschrieben - ausstreichen.

Zur Trocknung und Beschriftung der Präparate s. oben unter Capillarblut.

Fehlerquellen:

Bewahrt man das venöse Blut länger als 2 - 3 Stunden auf, so kommt es zu Veränderungen an den Leukocyten (Vacuolenbildung, Kernpyknose u. a.). Daher sind Blutproben möglichst innerhalb weniger Stunden nach Entnahme auszustreichen.

Weitere Fehlerquellen s. Anfertigung von Blutausstrichen aus Capillarblut (s. oben).

Färbung von Blutausstrichen

Zur Färbung von Blutausstrichen werden Substanzen verwendet, die man nach Paul EHRLICH in saure (z. B. Eosin) und basische Farbstoffe (z. B. Methylenblau, Azur I und II) einteilt. Eine optimale Differenzierung der Zellen und Zellorganellen ergibt die panoptische Färbung nach PAPPENHEIM.

Panoptische Färbung nach PAPPENHEIM

Reagentien:
1. MAY-GRÜNWALD-Lösung
   enthält eosinsaures Methylenblau in Methanol : Glycerin (2 : 1)
2. GIEMSA-Lösung (Stammlösung)
   enthält Azur II sowie eosinsaures Azur II in Methanol : Glycerin (1 : 1)
3. Aqua bidest. (muß etwa neutral reagieren)
4. GIEMSA-Gebrauchslösung (1/2 Stunde verwendbar)
   1 Volumteil GIEMSA-Stammlösung mit 20 Volumteilen Aqua bidest. mischen

Benötigt wird:

Färbebank

Ausführung:

Ausstrich waagerecht auf die Färbebank legen und mit MAY-GRÜNWALD-Lösung bedecken,
Farblösung 3 Minuten lang einwirken lassen,
Objektträger kurz mit Aqua bidest. abspülen,
3 Minuten mit Aqua bidest. bedeckt stehen lassen,
Ausstrich erneut mit Aqua bidest. abspülen,
Aqua bidest. abkippen und anschließend
15 Minuten lang mit GIEMSA-Gebrauchslösung färben,
Präparat von der Seite her kräftig mit Aqua bidest. abspülen (Farblösung nicht abkippen!),
Ausstrich schrägstehend an der Luft trocknen lassen,
Unterseite des Objektträgers mit Ethanol oder Methanol (nicht mit Salzsäure-Alkohol!) von Farbniederschlägen reinigen.

Fehlerquellen:

Die Farbstoffe fallen an der Oberfläche der GIEMSA-Gebrauchslösung metallisch glänzend aus. Falls die Farblösung abgekippt statt mit Aqua bidest. von der Seite her abgespült wird, finden sich daher dichte Farbniederschläge im Präparat. Sind trotz vorschriftsmäßiger Arbeitsweise Farbpartikelchen im Ausstrich enthalten, so kann dies durch eine Ausfällung der Farbstoffe in den übersättigten Lösungen bedingt sein. Da die Niederschläge die Auswertung erschweren, sind in derartigen Fällen die Lösungen vor Gebrauch zu filtrieren. Die Färbung wird rotstichig, wenn das benutzte Aqua bidest. sauer statt neutral reagiert oder wenn die Raumluft Salzsäuredämpfe (z. B. aus HCl-Alkohol) enthält. Ein Blaustich der Präparate zeigt sich, wenn alkalisch reagierendes Aqua bidest. verwendet wird. Zur Behebung dieser Störung empfiehlt es sich, das Wasser mit Phosphatpuffer auf einen pH-Wert von etwa 7 einzustellen.

Differenzieren von Blutausstrichen

Benötigt werden:

Mikroskop, Ölimmersionsobjektiv, Okular 6 x - 8 x
Immersionsöl
Xylol, Tupfer

Prinzip:

Auf Grund ihrer Morphologie und ihrer Anfärbbarkeit lassen sich die Leukocyten in verschiedene Arten einteilen. Bei der mikroskopischen Betrachtung des Ausstrichs werden die Zellen einzeln nach Größe, Kern-Plasma-Relation, Kernform und -struktur, Cytoplasmafarbe und -granulierung klassifiziert (s. Abb. 7 - 9 und zugehörige Erläuterungen). Nur bei genauer Kenntnis und folgerichtiger Anwendung dieser Kriterien sind Blutausstriche reproduzierbar auszuwerten.

Die unterschiedliche Anfärbung verschiedener Zellen und Zellstrukturen beruht unter anderem auf der unterschiedlichen Affinität der Farbstoffe zu den in der Zelle vorhandenen makromolekularen Substanzen. So färben sich die DNS des Kerns, die RNS der Nucleoli und die RNS des cytoplasmatischen Raums mit basischen Farbstoffen (Methylenblau, Azur II) an, während die Proteine des Cytoplasmas und das Hämoglobin mit sauren Farbstoffen (Eosin) reagieren.

Ausführung:

Ausstrich auf den Kreuztisch des Mikroskops legen,
Kondensor am Mikroskop nach oben drehen, Frontlinse (falls möglich) in den Strahlengang klappen.
Zunächst Objektiv 10 : 1 einschwenken. Mit dieser Vergrößerung gelingt es meist sehr leicht, die Ebene des Ausstrichs einzustellen und die Beschaffenheit des Präparats zu beurteilen.
Ist die Präparatebene gefunden, auf den dünnen Teil des Ausstrichs (Auslauf) einen kleinen Tropfen Immersionsöl bringen,
das Objektiv 100 : 1 in den Strahlengang schwenken, in den Öltropfen tauchen und zur Scharfeinstellung noch vorsichtig an der Mikrometerschraube drehen.
Vorsicht: Trockenobjektive 40 : 1 und 10 : 1 nicht mit Öl verunreinigen!

Beim Ausstreichen des Blutes auf den Objektträger verteilen sich die Leukocyten nicht gleichmäßig; am Rand des Ausstrichs finden sich vermehrt größere weiße Blutkörperchen (Granulocyten, Monocyten), in der Mitte gehäuft kleinere Zellen (Lymphocyten). Es ist daher notwendig, das Präparat mäanderförmig - wie in nachstehender Weise gezeigt (s. Abb. 5) - zu durchmustern.

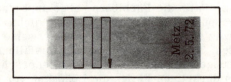

Abb. 5. Objektträgerausstrich, mäanderförmige Auswertung

Es werden 100 Leukocyten differenziert, und zwar nur in den Bereichen des Ausstrichs, in denen die Erythrocyten <u>nebeneinander</u> liegen.

Wenn kein mechanisches Zählgerät zur Verfügung steht, empfiehlt es sich, die differenzierten Zellen in ein Schema einzutragen (s. Abb. 6).

Stabkernige			ı			ı					2
Segmentkernige	⊮ı	ⅠⅠⅠⅠ	⊮ı	⊮	⊮ⅠⅠ	⊮ı	⊮	⊮ı	⊮ⅠⅠⅠ	⊮ı		59
Eosinophile			ı								1
Basophile					ı						1
Monocyten	ı			ⅠⅠ				ı	ı		5
Lymphocyten	ⅠⅠⅠ	⊮ı	ⅠⅠⅠ	ⅠⅠ	ⅠⅠⅠ	ⅠⅠⅠ	⊮	ⅠⅠⅠ	ı	ⅠⅠⅠ	32

Abb. 6. Schema zur Differenzierung von Leukocyten

In jede senkrechte Spalte werden 10 Zellen notiert. Wenn 100 Leukocyten differenziert sind, werden die Zellen gleicher Zellart addiert.

Das oben abgebildete Schema erleichtert nicht nur die Auszählung von 100 Leukocyten, sondern es gibt auch einen Überblick über die Verteilung der Zellen im Ausstrich. Ist sie nicht annähernd gleichmäßig, so sind weitere 100 Leukocyten (möglichst in einem zweiten Präparat) auszuwerten.

Neben der Differenzierung der Leukocyten muß in jedem Ausstrich das rote Blutbild beurteilt werden (s. S. 78 - 81).
Treten kernhaltige Erythrocytenvorstufen auf (s. S. 83), ist deren Zahl pro 100 weiße Blutkörperchen anzugeben.

<u>Fehlerquellen:</u>

Wird in einem Teil des Ausstrichs differenziert, in dem die Erythrocyten nicht einzeln nebeneinander liegen, so ist die Beurteilung der Leukocyten und insbesondere der Erythrocyten erschwert.

Wird das Präparat nicht nach Vorschrift mäanderförmig (s. Abb. 5, S. 44), sondern z. B. in der Mitte längs, d. h. in Richtung des Ausstreichens, differenziert, so werden fälschlich zu viel Lymphocyten und zu wenig Granulocyten gefunden. Bei einer vorwiegenden Durchmusterung der Randbezirke ergibt sich ein zu hoher Prozentsatz an Granulocyten und Monocyten.

Enthält der Ausstrich Farbniederschläge, so kann meist nicht entschieden werden, ob bei den neutrophilen Granulocyten eine toxische Granulation (s. S. 92) bzw. ob bei den Erythrocyten eine basophile Tüpfelung (s. Abb. 13, S. 80) vorliegt oder nicht.

Tabelle 15.

Reife Leukocyten

Zellart	Zellgröße und Durchmesser	Kern	Cytoplasma	
			Grundfarbe	Granula
stabkerniger neutrophiler Granulocyt	mittelgroß (um 15 μm)	stabförmig, rotviolett gefärbt; grobe Chromatinstruktur	oxyphil (rosa)	ganz fein, braunviolett gefärbt; z. T. nicht dargestellt
segmentkerniger neutrophiler Granulocyt	mittelgroß (um 15 μm)	segmentiert, meist 3 - 4 Segmente, rotviolett gefärbt; grobe Chromatinstruktur	oxyphil (rosa)	ganz fein, braunviolett gefärbt; z. T. nicht dargestellt
eosinophiler Granulocyt	mittelgroß (um 16 μm)	stabförmig oder segmentiert (meist 2 Segmente), rotviolett gefärbt; grobe Chromatinstruktur	oxyphil (rosa)	zahlreiche eosinophile (rotgelbe), gleichgroße, bläschenförmige Granula, lassen den Kern frei
basophiler Granulocyt	mittelgroß (um 14 μm)	vielgestaltig, eingestülpt, rotviolett gefärbt; grobe Chromatinstruktur	oxyphil (rosa)	meist zahlreiche, verschieden große, kugelförmige, basophil (blauviolett) gefärbte Granula, liegen auch über dem Kern

stabkernige neutrophile Granulocyten

segmentkernige neutrophile Granulocyten

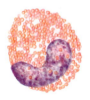

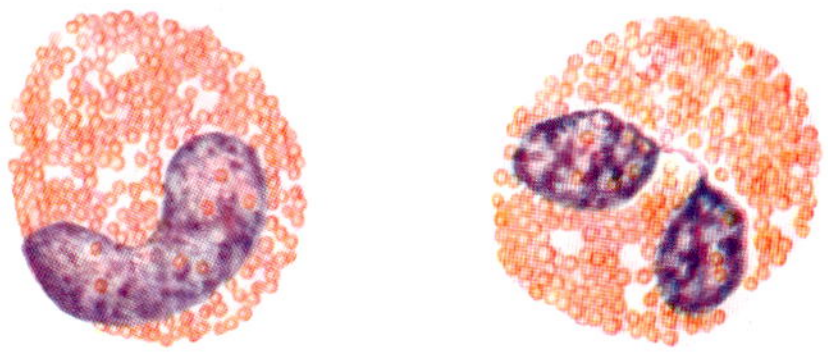

eosinophile Granulocyten

basophile Granulocyten

Abb. 7. Reife Leukocyten (panoptische Färbung)
(modifiziert nach BEGEMANN und RASTETTER, 1987)

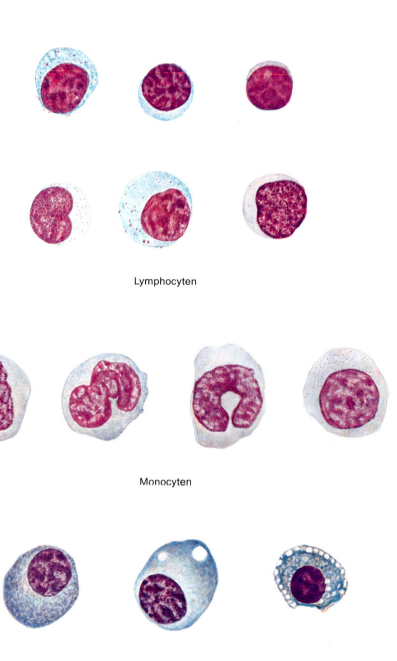

Abb. 8. Reife Leukocyten (panoptische Färbung)
(modifiziert nach BEGEMANN und RASTETTER, 1987)

Tabelle 16.

Reife Leukocyten

Zellart	Zellgröße und Durchmesser	Kern	Cytoplasma	
			Grundfarbe	Granula
Lymphocyt	klein (um 12 μm)	rund oder seltener leicht eingebuchtet, rotviolett gefärbt; dichtes, mäßig feines Chromatinnetz	klarblau	fehlen meist; in etwa 20 % vereinzelt feine, scharf begrenzte, violette Granula mit hellem Hof sichtbar
Monocyt	groß (16-20 μm), oft nicht rund, sondern unregelmäßig begrenzt	gelappt, eingebuchtet oder stabförmig, blaß rotviolett gefärbt; feine Chromatinstruktur	taubenblau bis grau	sehr fein, in dichten Wolken liegend, violett gefärbt; können auch fehlen
Plasmazelle	mittelgroß bis groß (14-20 μm)	rund, meist exzentrisch gelegen, rotviolett gefärbt; sehr grobes Chromatingerüst, z. T. radspeichenartig	tiefblau, perinucleäre Aufhellung, bei älteren Zellen zahlreiche Vacuolen vorhanden	fehlen

Reproduzierbarkeit:

Die Differenzierung von 100 Leukocyten stellt einen Kompromiß dar zwischen der für ein exaktes Ergebnis notwendigen Zellzahl und dem vertretbaren technischen Aufwand.

Bedenkt man, daß sich bei einer Konzentration von 10 000 Leukocyten pro μl und einem Blutvolumen von 5 Litern etwa 50 Milliarden Leukocyten im peripheren Blut befinden, so wird klar, daß der Rückschluß von 100 differenzierten Zellen auf die Zusammensetzung der gesamten Leukocytenpopulation mit erheblichen - aber unvermeidbaren - Fehlern belastet ist.

Die Größe dieser Fehler ist abhängig von der Zahl der beim Differenzieren gefundenen Zellen einer Zellart. Auf Grund statistischer Berechnungen lassen sich für jede ermittelte Zellzahl Vertrauensbereiche angeben, in denen der tatsächliche Anteil der betreffenden Leukocyten liegt (s. Tabelle 17).

Tabelle 17. Vertrauensbereiche für den tatsächlichen Anteil der Leukocyten im peripheren Blut bei einer Differenzierung von 100 Leukocyten im Blutausstrich

Ermittelter Prozentsatz der Zellen einer Zellart	Vertrauensbereich (95 % - Grenzen)
0	0 - 3
1	0 - 5
2	0 - 6
3	1 - 8
4	1 - 9
5	2 - 10
10	4 - 16
15	8 - 23
20	12 - 28
25	16 - 34
30	21 - 39
35	26 - 44
40	30 - 50
45	35 - 55
50	40 - 60
60	50 - 70
70	61 - 79
80	72 - 88
90	84 - 96

Differenziert man statt 100 Zellen 200 Leukocyten, so werden die Vertrauensbereiche lediglich um etwa 1/3 enger.

Tabelle 18.

Normbereiche der Leukocyten im peripheren Blut

Zellart	Erwachsene (Grundumsatzbedingungen)		Kinder (altersabhängig)		Säuglinge (altersabhängig)	
Leukocyten/µl Blut	4000 - 10000		6000 - 15000		6000 - 18000	
	rel. %	abs. /µl	rel. %	abs. /µl	rel. %	abs. /µl
neutrophile Stabkernige	3 - 5	- 500	3 - 6	- 900	0 - 8	- 1500
neutrophile Segmentkernige	50 - 70	2000 - 7000	25 - 60	1500 - 9000	17 - 60	1000 - 9000
Eosinophile	2 - 4	- 400	1 - 5	- 600	1 - 5	- 800
Basophile	0 - 1	- 100	0 - 1	- 200	0 - 1	- 200
Monocyten	2 - 8	- 800	1 - 6	- 1000	1 - 11	100 - 2000
Lymphocyten	25 - 40	1000 - 4000	25 - 50	1500 - 7500	20 - 70	3000 - 12000

Tabelle 19.

Unreife Vorstufen der Granulocyten

Zellart	Zellgröße und Durchmesser	Kern	Kern-Plasma-Relation	Cytoplasma	
				Grundfarbe	Granula
Myeloblast	mittelgroß (um 15 μm)	rund, rotviolett gefärbt; zartes, lockeres, netzförmiges Chromatingerüst, meist 2 - 5 scharf begrenzte Nucleolen	großer Kern, schmaler Plasmasaum	mittel- bis tiefblau, in der perinucleären Zone meist heller; häufig Cytoplasmaausziehungen	fehlen immer; sehr selten AUER-Stäbchen (s. S. 99) sichtbar
Paramyeloblast	meist größer	Kern vielgestaltig			
Mikromyeloblast	sehr klein				
Promyelocyt	sehr groß (um 20 - 25 μm)	rund bis leicht oval, rotviolett gefärbt; Chromatin etwas gröber als beim Myeloblasten, große Nucleolen noch vorhanden, aber weniger gut abgegrenzt	Kern etwa gleich groß wie beim Myeloblasten, Plasma stark vermehrt	basophil	zahlreiche rotviolette Granula (Reifungsgranula), lassen meist den Cytoplasmabereich gegenüber der späteren Kerneinschnürung frei; selten AUER-Stäbchen (s. S. 99) vorhanden
Myelocyt neutrophiler eosinophiler basophiler	mittelgroß bis groß (um 18 - 20 μm)	rund bis oval, rotviolett gefärbt; Chromatinstruktur bereits gröber, keine Nucleolen mehr	verändert in Richtung reife Granulocyten	unreifer Myelocyt: noch leicht basophil reifer Myelocyt: oxyphil	beginnende Differenzierung der Granula (Funktionsgranula) in: neutrophil eosinophil basophil
Jugendlicher (Metamyelocyt) neutrophiler eosinophiler basophiler	mittelgroß bis groß (um 15 - 20 μm)	Kern kleiner, eingebuchtet bis nierenförmig, rotviolett gefärbt; grobe Chromatinstruktur	verändert in Richtung reife Granulocyten	oxyphil	neutrophil eosinophil basophil

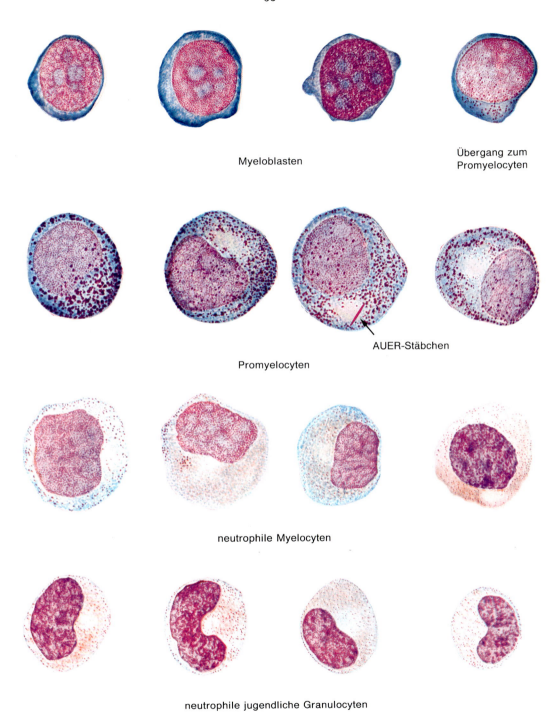

Abb. 9. Unreife Granulocyten (panoptische Färbung)
(modifiziert nach BEGEMANN und RASTETTER, 1987)

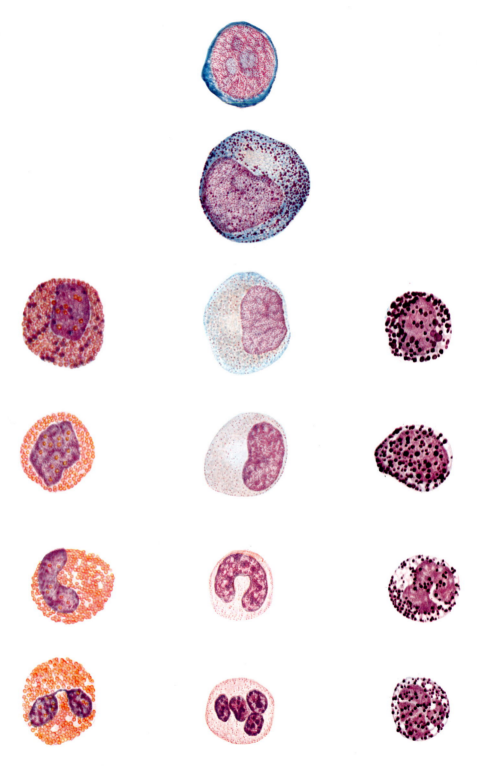

Abb. 10. Granulocytopoese (panoptische Färbung)
(modifiziert nach BEGEMANN und RASTETTER, 1987)

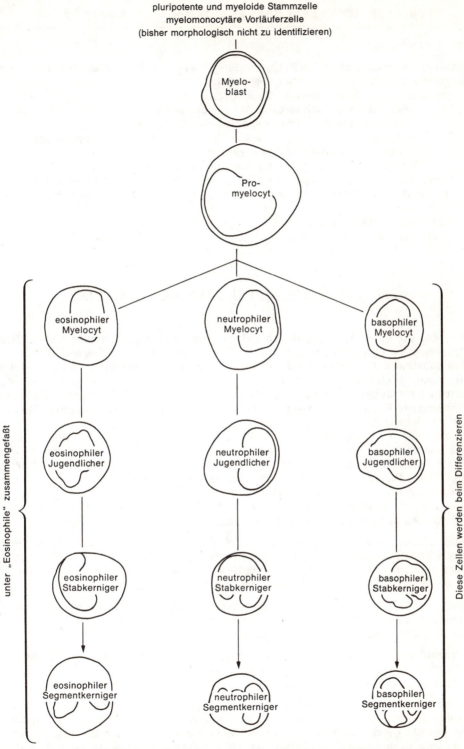

Bei jeder der Zellarten ist die Zellreifung ein kontinuierlicher Prozeß; man muß sich darüber im klaren sein, daß jede Einteilung in Reifungsstadien in gewissen Grenzen willkürlich ist. Dadurch sind gelegentliche Schwierigkeiten bei der Einordnung einer Zelle in ein bestimmtes Reifungsstadium nicht zu vermeiden.

Spezielle Untersuchungsverfahren an Leukocyten

Bei zahlreichen diagnostischen Fragestellungen ergeben Spezialuntersuchungen aufschlußreiche Informationen, so zum Beispiel:
  Cytochemische Reaktionen in Leukocyten
    Nachweis der Aktivität der Myeloperoxydase
    Nachweis der Aktivität unspezifischer Esterasen
    Nachweis der Aktivität der alkalischen Neutrophilenphosphatase
    Nachweis von Polysacchariden und Glykogen
    Nachweis der Aktivität der sauren Leukocytenphosphatase
  Immunologischer Nachweis von Oberflächenstrukturen auf Leukocyten
  Immunologische Bestimmung der terminalen Desoxyribonucleotidyl-Transferase
  Chromosomenanalysen
  Nachweis von L. E.-Zellen

Cytochemische Reaktionen in Leukocyten

Reaktionen, die einer Katalyse durch Zellenzyme unterliegen, lassen sich in Blutausstrichen dann erfassen und halbquantitativ auswerten, wenn das aus einem spezifischen Substrat entstandene Produkt direkt oder in einer Indikatorreaktion sichtbar gemacht und am Ort seiner Entstehung ausgefällt werden kann. Auf Grund der erkennbaren Farbniederschläge ist es möglich, Enzyme innerhalb einer Zelle zu lokalisieren und die Zellen anhand nachweisbarer bzw. fehlender Enzymaktivitäten zu charakterisieren.

Die Darstellung von enzymatischen Reaktionen in Leukocyten hängt von zahlreichen schwer kontrollierbaren Einflüssen ab, so daß die Ergebnisse weniger gut reproduzierbar sind als z. B. photometrische Messungen von Enzymaktivitäten in Körperflüssigkeiten. Daher sind in jeder Analysenserie negative Kontrollen (Ausstriche, in denen die Enzyme durch Hitze inaktiviert wurden; Inkubation der Präparate mit Pufferlösung ohne Substrat) und positive Kontrollen (Blutausstriche von Gesunden oder Patienten mit gesicherter Diagnose) mitzuführen.

Auch der Nachweis diagnostisch wichtiger Zellbestandteile, wie z. B. Glykogen, ist durch Zusatz geeigneter chemischer Substanzen, die mit dem nachzuweisenden Stoff ein gefärbtes Produkt ergeben, möglich. Ebenso wie bei der Lokalisation von Enzymen sind hierbei die Reaktionsbedingungen streng einzuhalten.

Um einen evtl. Einfluß von Ethylendinitrilotetraessigsäure (EDTA) auf die Reaktionsabläufe auszuschließen, ist für cytochemische Verfahren die Anfertigung von Blutausstrichen durch Entnahme von Capillarblut zu empfehlen.

Die Durchführung cytochemischer Reaktionen ist wegen des erheblichen Arbeitsaufwands nur dann angezeigt, wenn eine klare Fragestellung vorliegt und wenn die zu erwartenden Ergebnisse differentialdiagnostisch tatsächlich weiterführen.

In jedem Fall ist es erforderlich, sich vor der Auswertung cytochemischer Präparate anhand eines nach PAPPENHEIM gefärbten Ausstrichs darüber zu informieren, welche bereits morphologisch identifizierbaren Leukocytenarten im Blut des Patienten vorkommen und in welchem Umfange nicht differenzierbare Zellen vorhanden sind. Nur so sind Fehlinterpretationen cytochemischer Reaktionen zu vermeiden.

Nachweis der Myeloperoxydase

Prinzip:

Myeloperoxydase katalysiert die Oxydation geeigneter Substrate - z. B. 3-Amino-9-Ethylcarbazol - durch Wasserstoffperoxid.

Nach kurzer Fixation in ethanolischer Formaldehydlösung werden die Ausstriche in der Wasserstoffperoxid-haltigen Substratlösung inkubiert. Es kommt dabei in den Myeloperoxydase-positiven Zellen zur Bildung eines unlöslichen rotbraunen Farbstoffs, der am Ort der Enzymaktivität ausfällt.

Die Zellkerne werden mit saurem Hämatoxylin gegengefärbt.

$$3\text{-Amino-9-Ethylcarbazol} + H_2O_2 \xrightarrow{\text{Myeloperoxydase}} \text{rotbraunes Reaktionsprodukt}$$

Beurteilung der Ergebnisse:

<u>Myeloperoxydase-positiv</u> reagieren
    <u>reife Myeloblasten</u>
        Der Enzymnachweis in Myeloblasten weist darauf hin, daß sich die Zellen im Reifungsstadium zum Promyelocyten hin befinden. In diesen Zellen sind bereits enzymhaltige Organellen vorhanden, die sich jedoch mit der Färbung nach PAPPENHEIM noch nicht als Granula darstellen.
    Promyelocyten, Myelocyten und die weiteren Reifungsstadien der Granulocyten (meist mit Ausnahme der Basophilen) sowie
    ein kleiner Teil (unter 25 %) der Monocyten.

<u>Myeloperoxydase-negativ</u> reagieren
    unreife Myeloblasten,
    <u>Lymphoblasten und Lymphocyten</u> und
    der größere Teil (über 75 %) der Monocyten.

Die Myeloperoxydasereaktion dient vor allem zur Differenzierung von Leukosen mit uniformen Zellbildern:

akute myeloische Leukämie	= Myeloperoxydase ∅ - +++
	Ein negativer Befund schließt mithin eine akute Myelose nicht aus!
akute undifferenzierte Leukämie	= Myeloperoxydase ∅
akute und chronisch lymphatische Leukämie	= Myeloperoxydase ∅

Hinweis:

Mit Sudanschwarz B, einem hydrophoben, lipophilen Farbstoff, lassen sich lipidhaltige Zellstrukturen anfärben. Die Ergebnisse der Färbung entsprechen in ihrer diagnostischen Aussage weitgehend denjenigen der Myeloperoxydase-Reaktion und ergeben somit keine zusätzlichen Informationen.

Nachweis unspezifischer Esterasen

Prinzip:

Die beiden unspezifischen Esterasen α-Naphthylacetat-Esterase und Naphthol-Anilinsulfat-D-Chloracetat-Esterase, die differentialdiagnostische Bedeutung besitzen, katalysieren folgende hydrolytische Reaktionen:

1. α-Naphthylacetat + H_2O $\xrightarrow{\alpha\text{-Naphthylacetat-Esterase}}$ α-Naphthol + Essigsäure

   α-Naphthol + Fast Blue RR-Salz $\longrightarrow$ blauer Azofarbstoff

2. Naphthol-Anilinsulfat-D-Chloracetat + H_2O $\xrightarrow{\text{Naphthol-Anilinsulfat-D-Chloracetat-Esterase}}$ Naphthol-Anilinsulfat-D + Chloressigsäure

   Naphthol-Anilinsulfat-D + Fast Corinth V-Salz $\longrightarrow$ roter Azofarbstoff

Nach Fixation in ethanolischer Formaldehydlösung werden die Präparate hintereinander in den beiden genannten Diazoniumsalz-haltigen Substratlösungen inkubiert, so daß in einem Präparat beide Enzyme beurteilbar sind. Der blau bzw. rot gefärbte Azofarbstoff bildet jeweils am Ort der Enzymaktivität entsprechende Niederschläge.

Eine Anfärbung der Zellkerne erfolgt mit saurer Hämatoxylinlösung o. a. Kernfarbstoffen.

Beurteilung der Ergebnisse:

α-Naphthylacetat-Esterase findet sich in hoher Aktivität in Monocyten und ihren Vorstufen.
In diesen Zellen ist das Enzym durch Zusatz von Natriumfluorid hemmbar.

α-Naphthol-Anilinsulfat-D-Chloracetat-Esterase findet sich in allen Zellen der neutrophilen Reihe, nachweisbar ab den reifen Myeloblasten.

Der Nachweis der beiden Enzyme dient daher zur Differenzierung zwischen akuten myeloischen und monocytären Leukämien.

	α-Naphthylacetat-Esterase	Naphthol-Anilinsulfat-D-Chloracetat-Esterase
akute myeloische Leukämie	∅ - (+)	∅ - +++ (je nach Reifestadium)
monocytäre Leukämie	+++ (durch NaF hemmbar)	∅ - (+)
myelomonocytäre Leukämie	+++	+++

Nachweis der alkalischen Neutrophilenphosphatase

Prinzip:

Eine Phosphatase mit pH-Optimum im alkalischen pH-Bereich, die in kleinen Granula lokalisiert ist, läßt sich in neutrophilen Granulocyten frühestens im Reifestadium der Stabkernigen nachweisen und wird daher als alkalische Neutrophilenphosphatase bezeichnet.

Das Enzym katalysiert die Hydrolyse von Phosphatestern. Nach Fixation in methanolischer Formaldehydlösung erfolgt die Inkubation der Ausstriche in einer auf pH 9,4 gepufferten Substratlösung von α-Naphthylphosphat und einem Diazoniumsalz (Variaminblausalz B).
Das durch die Enzymaktivität freigesetzte α-Naphthol ergibt mit dem Diazoniumsalz ein gelbbraunes Reaktionsprodukt, das sich in den reifen Neutrophilen in Form feiner gelbbrauner Körnchen niederschlägt. Die Konzentration dieses wasserunlöslichen Azofarbstoffs ist in gewissen Grenzen der lokalisiert vorhandenen Enzymaktivität proportional.

Die Zellkerne werden mit Hämalaun gegengefärbt.

$$\alpha\text{-Naphthylphosphat} + H_2O \xrightarrow{\text{alkalische Phosphatase}} \alpha\text{-Naphthol} + \text{Phosphorsäure}$$

$$\alpha\text{-Naphthol} + \text{Variaminblausalz B} \longrightarrow \text{gelbbrauner Azofarbstoff}$$

Auswertung:

Die Beurteilung der Präparate erfolgt, indem das Ausmaß der Farbniederschläge in 100 neutrophilen stab- und segmentkernigen Granulocyten abgeschätzt wird.

Liegt eine Linksverschiebung im Differentialblutbild vor, ist bei der Beurteilung der Aktivität der Neutrophilenphosphatase darauf zu achten, daß das normalerweise vorhandene Verhältnis von Stab- zu Segmentkernigen (ca. 1 : 9) durch eine Auswahl von Zellen etwa konstant gehalten wird, da sonst die Ergebnisse durch die geringere Enzymaktivität in den Stabkernigen verfälscht werden können.

Je nach Vorhandensein bzw. Intensität des gelbbraun bis braunschwarz gefärbten Reaktionsprodukts lassen sich die Zellen den Aktivitätsstufen 0 - 5 zuordnen:

    0 = keine Reaktion

    1 = erkennbare Farbniederschläge

    2 = deutlich erkennbare Farbniederschläge

    3 = starke Farbniederschläge,
        Niederschlags-freie Cytoplasmabereiche noch vorhanden

    4 = sehr starke Farbniederschläge im gesamten Cytoplasma,
        der Zellkern ist noch gut abgrenzbar

    5 = homogene Ausfüllung der Zelle mit schwärzlichen Farbstoffpräcipitaten,
        auch der Zellkern ist größtenteils mit Niederschlägen bedeckt

Zur Ermittlung der sog. Aktivitätszahl der alkalischen Neutrophilenphosphatase multipliziert man die Zahl der in jeder Aktivitätsstufe gefundenen Zellen mit dem Zahlenwert dieser Stufe und summiert die Ergebnisse (s. Beispiel).

Beispiel einer Berechnung der Aktivitätszahl:

Aktivitäts-stufe	gefundene Neutrophile	Ergebnis
0	10	0
1	18	18
2	20	40
3	31	93
4	14	56
5	7	35
Aktivitätszahl = 242		

<u>Normbereich:</u>

Beim Gesunden finden sich Aktivitätszahlen zwischen 10 und 100, die aus den Aktivitätsstufen 0 - 2 resultieren.

<u>Beurteilung der Ergebnisse:</u>

Keine oder stark verminderte Enzymaktivitäten finden sich bei:
Chronischer Myelose
Dieser Reaktionsausfall findet sich bereits in einem Stadium, in dem die übrigen Befunde (s. S. 101 ff.) noch nicht charakteristisch verändert sind.
Virusinfektionen

Stark erhöhte Enzymaktivitäten sind nachweisbar bei:
Osteomyelosklerose
Polycythaemia vera
Akuten bakteriellen Entzündungsprozessen

Die Abschätzung der Aktivität der alkalischen Neutrophilenphosphatase eignet sich daher besonders
zur Frühdiagnose einer chronischen Myelose und
zur Differenzierung zwischen chronisch myeloischer Leukämie und Osteomyelosklerose.

Nachweis von Polysacchariden und Glykogen
mit der Perjodsäure-SCHIFF-Reaktion (PAS-Reaktion)

Prinzip:

Perjodsäure oxydiert Polysaccharide; die entstehenden Aldehydgruppen reagieren mit SCHIFF-Reagens (Pararosanilin = fuchsinschwefelige Säure = Leukofuchsin) unter Bildung des roten Farbstoffes Fuchsin.

Um Glykogen von anderen Kohlenhydrat-haltigen Substanzen unterscheiden zu können, wird ein zweiter Ausstrich vor dem Färbegang mit α-Amylase inkubiert. Hierdurch wird Glykogen zu niedermolekularen Spaltprodukten, die durch die Zellmembran diffundieren, abgebaut, während die übrigen, vor allem in Bindung an Proteine vorliegenden Kohlenhydrate (z. B. in Glykoproteinen), nicht angegriffen werden.

Hat es sich bei der zunächst positiven PAS-Reaktion ausschließlich um dargestelltes Glykogen gehandelt, wird das Ergebnis nach enzymatischer Vorbehandlung mit α-Amylase negativ ausfallen.

Hämatoxylin dient zur Gegenfärbung der Zellkerne.

Polysaccharide + Perjodsäure ⟶ Aldehyde

Aldehyde + SCHIFF-Reagens ⟶ roter Farbstoff (= Fuchsin)

Beurteilung der Ergebnisse:

Eine diffus positive Reaktion hat - da in allen Zellen des hämatopoetischen Systems möglich - keine Aussagekraft.

Differentialdiagnostisch von Bedeutung ist das Vorkommen von Glykogen in Form grober Schollen in Lymphoblasten.

Wird diese grobschollig positive Reaktion vor der Behandlung der Ausstriche mit α-Amylase in mehr als 10 % der vorherrschenden Zellart gefunden und erweist sich die dargestellte Substanz als α-Amylase-empfindlich, so spricht dies - unter der Voraussetzung, daß keine Myeloperoxydase-Aktivität nachweisbar ist - für das Vorliegen einer akuten lymphatischen Leukämie.

Ein negativer Befund schließt eine akute Lymphadenose jedoch nicht aus (z. B. eine Erkrankung vom Typ L_3 oder bestimmte Formen vom Typ L_2 (s. S. 97)).

Nachweis der sauren Leukocytenphosphatase

Prinzip:

Die saure Phosphatase ist ein lysosomales Enzym, das sich in geringer Aktivität in allen Leukocyten findet.

Sie katalysiert die Hydrolyse von Naphthol-Anilinsulfat-BI-Phosphat, wobei das pH-Optimum der Reaktion um pH 5,2 liegt. Das entstandene Produkt Naphthol-Anilinsulfat-BI wird mit dem Diazoniumsalz Fast Garnet GBC zu einem unlöslichen roten Azofarbstoff gekoppelt, der am Ort der Enzymaktivität ausfällt.

Die Färbung der Zellkerne erfolgt durch Hämatoxylin.

$$\text{Naphthol-Anilinsulfat-BI-Phosphat} + H_2O \xrightarrow{\text{saure Leukocytenphosphatase}} \text{Naphthol-Anilinsulfat-BI} + \text{Phosphorsäure}$$

$$\text{Naphthol-Anilinsulfat-BI} + \text{Fast Garnet GBC-Salz} \longrightarrow \text{roter Azofarbstoff}$$

In einem getrennten Färbegang wird die Reaktion in Gegenwart von Natriumtartrat ausgeführt.

Beurteilung der Ergebnisse:

Eine Indikation zum Nachweis des Enzyms ist die Abgrenzung von T-Lymphoblasten bei akuten Lymphadenosen und sog. Haarzellen bei Haarzell-Leukämie (einer lymphoproliferativen Erkrankung mit relativ günstiger Prognose (s. Lehrbücher der Hämatologie)).

Beide Zellarten reagieren stark positiv, die Aktivität in Haarzellen ist jedoch resistent gegen Natriumtartrat.

Eingehende Arbeitsvorschriften und Interpretationen der Ergebnisse von cytochemischen Reaktionen s. Lehrbücher der Hämatologie.

Die widersprüchlichen Angaben in zahlreichen Publikationen zum Ausfall cytochemischer Reaktionen sind damit zu erklären, daß die Färbungen schwer zu standardisieren sind. Ferner ist die Beurteilung der dargestellten Reaktionsprodukte nicht frei von subjektiven Faktoren, besonders dann, wenn weitere Befunde des Patienten bereits bekannt sind. Schließlich ist zu berücksichtigen, daß in jedem Präparat neben der pathologischen Zellinie in ganz unterschiedlichem Umfange auch immer Zellen der normalen Hämatopoese vorhanden sind, die entsprechend positive oder negative Reaktionsausfälle zeigen können, deren Unterscheidung von den leukämisch transformierten Leukocyten in cytochemischen Präparaten jedoch sehr schwierig sein kann.

Die in den Zellen nachgewiesenen Substanzen bzw. Enzyme sind normale Zellbestandteile und ihr Nachweis ist somit nicht spezifisch für bestimmte Erkrankungen des blutbildenden Systems. Wenn cytochemische Verfahren dennoch zur Differentialdiagnose hämatologischer Erkrankungen herangezogen werden, so deshalb, weil das Vorhandensein, die Intensität und Lokalisation von Reaktionsprodukten bzw. ihr Fehlen Rückschlüsse auf die Herkunft leukämischer Zellen erlauben.

Immunologischer Nachweis
von Oberflächenstrukturen der Leukocyten

Die durch Bindung von monoclonalen Antikörpern darstellbaren Strukturen auf Leukocyten ermöglichen die Zuordnung von Zellen zu bestimmten Zellinien.

Bisher spielt nur der Nachweis spezifischer Glykoproteine bzw. Immunglobuline auf Lymphocyten zur Differenzierung akuter (s. S. 97) und chronisch lymphatischer Leukämien diagnostisch eine Rolle.

Immunologische Bestimmung
der terminalen Desoxyribonucleotidyl-Transferase

Ist dieses Enzym, das Oligonucleotidketten in Gegenwart von Desoxy-ATP verlängert, in Kernen von Leukämiezellen in hoher Aktivität nachweisbar, so spricht dies für das Vorliegen einer akuten Lymphadenose. Ein negativer Befund schließt eine akute lymphatische Leukämie jedoch nicht aus. So fehlt die Enzymaktivität in B-Lymphoblasten und sehr unreifen T-Zellen.

Auch bei einigen malignen Lymphomen finden sich erhöhte Aktivitäten der terminalen Desoxyribonucleotidyl-Transferase. Ebenso ist bei etwa 20 % der Patienten mit chronisch myeloischer Leukämie in den während des sog. Blastenschubs auftretenden Zellen (s. S. 101) die Enzymaktivität meßbar.

Der Nachweis des Enzyms erfolgt mit Hilfe spezifischer Antikörper, die mit einem Fluorescenzfarbstoff markiert sind.

Nachweis von Chromosomenanomalien

Seit langem bekannt ist eine Chromosomenveränderung (sog. Philadelphia-Chromosom, Ph^1) bei chronischer Myelose. Es handelt sich hierbei um die Translokation der langen Arme von Chromosom 22 (meist auf Chromosom 9).

Für eine akute Promyelocytenleukämie ist eine Translokation der langen Arme von Chromosom 15 auf 17 charakteristisch.

Zahlreiche andere Anomalien sind in etwa 50 % der akuten Leukämien zu finden. Ob sie Ursache oder Folge der Erkrankung sind, ist unklar.

Bestimmung von Lysozym

Dieses Enzym wird bei akuten Leukämien, die der monocytären Reihe zuzuordnen sind, aus den leukämisch veränderten Zellen frei und findet sich daher in stark erhöhter Aktivität in Serum und Urin.

Nachweis von L. E.-Zellen

Überblick:

Beim Lupus erythematodes (L. E.) findet sich neben zahlreichen antinucleären Antikörpern auch ein Auto-Antikörper mit einer Aktivität gegen doppelsträngige DNS von Granulocyten (sog. L. E. - Faktor) im Blut. Ferner sind Auto-Antikörper, die gegen das Cytoplasma von Neutrophilen gerichtet sind, nachweisbar.
Durch Antigen-Antikörper-Reaktionen kommt es bei dieser Erkrankung unter anderem zum gesteigerten Abbau von Granulocyten und somit fast immer zu einer Neutropenie.

Prinzip:

Der in vivo wirksame Mechanismus der Auto-Antikörper gegen DNS läßt sich auch in vitro nachweisen:

Frisch entnommenes Patientenblut wird durch Schütteln mit Glasperlen defibriniert. Dabei werden die Zellen mechanisch so stark alteriert, daß die Kerne der Neutrophilen teilweise freiliegen.
Zur Entfernung des Fibrins wird das Blut durch 2 - 3 Lagen Gaze filtriert.
Das Filtrat wird 60 Minuten bei 37 $^{\circ}$C in englumigen Röhrchen inkubiert. Nach Zentrifugation wird der Überstand vorsichtig abgesaugt, aus der Leukocytenschicht werden Ausstriche angefertigt und nach PAPPENHEIM gefärbt.

Während der Inkubation kommt es durch die Antigen-Antikörper-Reaktion zur Umwandlung des Kernchromatins in eine homogene Masse, die wiederum von noch vorhandenen funktionsfähigen Granulocyten phagocytiert wird. Im gefärbten Ausstrich stellen sich diese sog. L. E. - Zellen durch große, homogene, mäßig rotviolett gefärbte Einschlüsse - das FEULGEN-positive veränderte Kernmaterial - mit ganz randständig gelegenen Kernsegmenten dar.

Damit bei ausgeprägter Neutropenie genügend Granulocytenkerne als Substrat für den L. E. - Faktor bzw. Zellen zur Phagocytose zur Verfügung stehen, ist es angezeigt, der Patientenprobe blutgruppengleiches Blut eines gesunden Probanden zuzusetzen.

Störung:

Durch die mechanische Schädigung der Zellen finden sich gehäuft deformierte Zell- bzw. Kernreste im Präparat, die teilweise auch von Monocyten phagocytiert werden können. Eine Unterscheidung von L. E. - Zellen ist nur dem geübten Untersucher möglich.

Beurteilung der Ergebnisse:

L. E. - Zellen sind bei etwa 80 % der Patienten mit systemischem Lupus erythematodes nachweisbar.
Das Phänomen ist nicht streng spezifisch; in seltenen Fällen wird es auch bei anderen Kollagenerkrankungen und bei rheumatoider Arthritis gefunden.

Hinweis:

Zusätzlich stehen zum Nachweis von Auto-Antikörpern gegen DNS immunologische Methoden (Radioimmunoassays, Enzymimmunoassays) zur Verfügung (s. S. 405). Auch die mit diesen Verfahren nachgewiesenen Auto-Antikörper sind nicht spezifisch für einen Lupus erythematodes.

ERYTHROCYTEN

Erythropoese s. S. 32.

Die wichtigsten Aufgaben der Erythrocyten sind der Transport von Sauerstoff aus der Lunge in die Gewebe und der Abtransport von Kohlendioxid aus den Geweben in die Lunge. Zur gesamten Pufferkapazität des Vollbluts trägt Oxyhämoglobin etwa 35 % bei, das in den Erythrocyten enthaltene Bicarbonat etwa 18 %.

Die roten Blutkörperchen enthalten keinen Zellkern, keine Mitochondrien und kein endoplasmatisches Reticulum mehr. Im Vergleich zu den übrigen Körperzellen ist daher der Stoffwechsel der Erythrocyten sehr gering und der eigene Sauerstoffverbrauch auf ein Minimum reduziert.

Das Hämoglobin stellt 32 - 36 % des Frischgewichts der Erythrocyten, etwa 90 % ihres Trockengewichts und etwa 97 % ihres Proteingehalts dar. Außer Hämoglobin enthalten die Erythrocyten vor allem Strukturproteine, die Enzyme der Glykolyse und des Pentosephosphat-Cyclus, Carboanhydrase und Hämiglobinreductase. Zur Aufrechterhaltung der Struktur und des Stoffwechsels der Erythrocyten wird Energie in Form von ATP benötigt, das durch glykolytischen Abbau von Glucose zu Lactat bereitgestellt wird.

Die Hämoglobinsynthese (Einzelheiten s. Lehrbücher der Biochemie) findet überwiegend in den kernhaltigen Erythrocytenvorstufen und zu etwa 20 % in den Reticulocyten statt.

Eine Hämoglobin-Untereinheit besteht aus einer Hämgruppe - dem rot gefärbten Protoporphyrin 9 mit einem Atom zweiwertigem Eisen - sowie dem Proteinanteil Globin. Das Eisenatom ist koordinativ an den Stickstoff der Pyrrolringe des Protoporphyrins und an 2 Histidinreste der Globinkette gebunden.

Ein Hämoglobinmolekül setzt sich aus 4 Untereinheiten zusammen. Die Eisenatome der 4 Hämgruppen liegen jeweils an der Oberfläche des Moleküls und sind dadurch für den molekularen Sauerstoff leicht zugänglich. Außerdem ist durch die Hantelform der Erythrocyten der Austausch von Sauerstoff und Kohlendioxid außerordentlich erleichtert; die Diffusionsstrecke beträgt maximal 1,8 μm.

Sowohl im oxygenierten wie im desoxygenierten Hämoglobin ist das Eisen zweiwertig; wird es z. B. durch Oxydationsmittel - wie Kaliumhexacyanoferrat(III) - zum dreiwertigen Eisen oxydiert, so entsteht Hämiglobin (Methämoglobin), das nicht mehr in der Lage ist, molekularen Sauerstoff zu binden.

Nach der Struktur des Proteinanteils lassen sich zahlreiche Hämoglobine unterscheiden. Beim Gesunden kommen vier verschiedene Peptidketten vor: sog. α-, β-, γ- und δ-Ketten. 96 - 98 % des Hämoglobins beim Erwachsenen stellen HbA_1, das sich aus zwei α- und zwei β-Ketten zusammensetzt ($\alpha_2 \beta_2$), dar. Der Rest besteht aus HbA_2 ($\alpha_2 \delta_2$). Daneben lassen sich Spuren von HbF ($\alpha_2 \gamma_2$) nachweisen, das beim Embryo den Hauptanteil, bei der Geburt noch etwa 60 - 80 % des gesamten Hämoglobins umfaßt.

Von den zahlreichen pathologischen Varianten des Hämoglobins soll hier nur das HbS erwähnt werden, das aus zwei α- und zwei β^S-Ketten besteht; letztere unterscheiden sich von normalen β-Ketten dadurch, daß der Glutaminsäurerest in Stellung 6 durch Valin ersetzt ist. Dadurch ist nicht nur die Aminosäuresequenz, sondern auch die räumliche Struktur des Proteins verändert.

Nachweis von HbS s. S. 81.

Hämoglobinkonzentration im Vollblut

Überblick:

Die Bestimmung der Konzentration des Hämoglobins (Hb) im Vollblut nach Umwandlung in das außerordentlich stabile Cyanhämiglobin hat sich heute allgemein durchgesetzt. Alle übrigen Verfahren (subjektiver Farbvergleich des aus Hämoglobin gebildeten Häminchlorids nach SAHLI, Bestimmung als Oxyhämoglobin u. a.) sind abzulehnen und werden daher hier nicht beschrieben.

Prinzip:

Durch Kaliumhexacyanoferrat(III) wird das Hämoglobin (Fe^{II}) zu Hämiglobin (Fe^{III}) (Methämoglobin) oxydiert und dieses durch Kaliumcyanid in Cyanhämiglobin (Cyanmethämoglobin) überführt, das bei 540 nm eine für die Hämoglobinbestimmung geeignete Absorptionsbande zeigt. Durch Zusatz eines Detergens (z. B. Sterox) läßt sich die Reaktion so beschleunigen, daß die photometrische Messung bereits nach wenigen Minuten erfolgen kann.

Reagens:

Transformationslösung
   0,200 g $K_3Fe(CN)_6$
   0,050 g KCN
   0,140 g KH_2PO_4
   0,5 ml Sterox
   Aqua bidest. ad 1000 ml

Der pH-Wert der Lösung muß um pH 7 liegen, da im stark sauren pH-Bereich giftiges HCN in die Raumluft entweicht. Außerdem kann dadurch die CN^--Konzentration soweit abnehmen, daß nicht mehr das gesamte Hämoglobin in die Cyanverbindung umgewandelt wird. Als Folge werden fälschlich zu niedrige Hämoglobinkonzentrationen ermittelt.

Die Transformationslösung darf wegen ihres Gehalts an KCN nur mit Sicherheitspipetten, Pipettierhilfen, Dispensern o. ä. abgemessen werden!

Benötigt werden:

Pipettenschlauch mit Mundstück und Sicherheitsvorrichtung
Hb-Pipetten (SAHLI-Pipetten), für Capillarblutentnahme sterilisiert
Tupfer
Reagensgläser mit je 5,0 ml Transformationslösung
Spektrallinienphotometer (s. S. 206), Filter Hg 546 nm
Küvetten von 1 cm Schichtdicke

Ausführung:

Gewinnung von Capillar- bzw. venösem Blut s. S. 33 und 34.

In eine SAHLI-Pipette bis zur Marke 20 (= 20 μl) Blut luftblasenfrei aufziehen,
Pipette waagerecht halten,
Blut an der Pipettenspitze mit einem Tupfer sorgfältig außen abwischen,
abgemessene Blutmenge in 5,0 ml Transformationslösung ausblasen,
Pipette mehrmals mit der Transformationslösung durchspülen, bis keine Blutspuren mehr in der Pipette vorhanden sind,
Ansatz sofort kräftig schütteln und mindestens 5 Minuten stehen lassen.

Photometrische Messung:

Spektrallinienphotometer, Filter Hg 546 nm, Küvetten von 1 cm Schichtdicke.

Wenn ein Küvettenfehler ausgeschlossen wurde (beide zur photometrischen Messung benötigten Küvetten zeigen mit Aqua bidest. gefüllt die gleiche Extinktion), können die Proben gegen Transformationslösung abgelesen werden.

Liegt ein Küvettenfehler vor, muß die Messung der Extinktionen des Reagens und der Probenansätze in der gleichen Küvette gegen eine zweite, mit Aqua bidest. gefüllte Küvette erfolgen. Von der Extinktion der Hauptwerte ist dann diejenige, die für die Transformationslösung ermittelt wurde, abzuziehen.

Berechnung:

$$\text{abgelesene Extinktion bzw. } \Delta E_{(546\,nm)} \cdot 36{,}8 = \text{g Hämoglobin/dl Blut}$$

Es sind Doppelbestimmungen auszuführen. Wenn die Resultate um nicht mehr als 0,4 g Hämoglobin/dl voneinander abweichen (dies entspricht nur einer Extinktionsdifferenz von 0,011 !), so wird der Mittelwert gebildet und als Ergebnis mitgeteilt. Bei größeren Differenzen ist die Bestimmung zu wiederholen.

Ableitung des Berechnungsfaktors anhand des mikromolaren Extinktionskoeffizienten für Cyanhämiglobin:

Unter dem mikromolaren Extinktionskoeffizienten versteht man die Extinktion einer Lösung, die 1 μmol Substanz im Milliliter Lösung enthält.

Der mikromolare Extinktionskoeffizient des Cyanhämiglobins beträgt bei 546 nm $\epsilon = 44{,}0$.
Demnach zeigt eine Lösung von 1 μmol Cyanhämiglobin/ml eine Extinktion von 44,0.

Da die Hämoglobinkonzentration im Vollblut allgemein mit der Dimension g/dl angegeben wird, muß das Molekulargewicht des Hämoglobins bei der Berechnung Berücksichtigung finden; es beträgt auf Grund seiner Aminosäurezusammensetzung 64 456.
1 μmol Hämoglobin entspricht daher 64,5 mg Hämoglobin.

Folglich gilt: Eine Lösung von   1 μmol Hämoglobin/ml
               enthält   64,5 mg Hämoglobin/ml und
               zeigt bei 546 nm eine   Extinktion von 44,0.

Ein Berechnungsfaktor stellt die Konzentration der zu bestimmenden Substanz bei einer Extinktion von 1,000 dar.

Einer Extinktion von 44,0 entspricht eine Konzentration von 64,5 mg Hämoglobin/ml,

einer Extinktion von 1,0 entspricht eine Konzentration von $\frac{64{,}5}{44{,}0}$ mg Hämoglobin/ml

$$= \frac{64{,}5}{44{,}0} \text{ g/l} = \frac{6{,}45}{44{,}0} \text{ g Hämoglobin/dl}$$

Das Blut wird bei der Hämoglobinbestimmung mit Transformationslösung 1 + 250 (d. h. 1 : 251) verdünnt; diese Verdünnung ist bei der Berechnung zu berücksichtigen:

$$\frac{6,45 \cdot 251}{44,0} = 36,8$$

Normbereiche:

Männer 14,0 - 17,5 g Hämoglobin/dl Blut
Frauen 12,0 - 15,5 g Hämoglobin/dl Blut

Störungen:

Die Transformationslösung ist lichtempfindlich und muß daher in einer braunen Flasche aufbewahrt werden.

Erhöhte Leukocytenzahlen im Vollblut führen zu einer Trübung des Testansatzes, so daß fälschlich zu hohe Extinktionen und damit Hämoglobinkonzentrationen (bis zu 1 g Hb/dl) ermittelt werden. Daher ist der Ansatz bei Leukocytenwerten über 30 000/µl Blut vor der photometrischen Messung zu zentrifugieren.

Bei einer starken Vermehrung der Immunglobuline vom Typ IgM (z. B. bei Morbus WALDENSTRÖM, chronischer Lymphadenose, chronisch aggressiver Hepatitis, Lebercirrhose u. a.) kommt es zu einer deutlichen Trübung des Ansatzes, so daß eine photometrische Auswertung nicht möglich ist. Nur durch hochtouriges Zentrifugieren lassen sich die ausgefällten Immunglobuline sedimentieren; der klare Überstand kann dann photometrisch gemessen werden.

Eine ausgeprägte Hypertriglyceridämie - erkennbar an dem milchigen Aussehen des Plasmas nach Sedimentation der Blutkörperchen - führt ebenfalls zu einer starken Trübung des Ansatzes. Da sich diese Störung durch Zentrifugation nicht beseitigen läßt, ist eine Messung der durch das Cyanhämiglobin bedingten Lichtabsorption nicht möglich (Fehler durch Lichtstreuung bei der photometrischen Messung trüber Lösungen s. S. 210). Unter diesen Umständen muß auf eine Bestimmung der Hämoglobinkonzentration im Vollblut verzichtet werden, lediglich der Hämatokritwert und die Erythrocytenzahl sind störungsfrei auswertbar.

Fehlerquellen:

Bei Verwendung von ungerinnbar gemachtem venösen Blut: Vor Füllen der Capillarpipetten Blutprobe nicht ausreichend resuspendiert.
Bei Verwendung von Capillarblut: Gerinnselbildung nicht vermieden oder durch zu starkes Drücken im Bereich der Entnahmestelle Blut erheblich mit Gewebsflüssigkeit verdünnt.
Nasse Pipetten oder Pipetten mit zu großer Toleranz bzw. mit abgestoßenen Spitzen verwendet.
Blut nicht vorschriftsmäßig bis zur Marke oder nicht luftblasenfrei in die Pipette aufgezogen.
Pipettenspitze außen nicht vollständig von Blut gereinigt.
Pipette nicht ausreichend mit Transformationslösung nachgespült.
Ansatz nicht sorgfältig durch Schütteln gemischt.
Hämoglobin nicht vollständig in Cyanhämiglobin umgewandelt, da die CN^--Konzentration der Transformationslösung zu niedrig war (s. Reagens S. 66).
Photometrische Messung vor Ablauf der vorgeschriebenen Reaktionszeit ausgeführt.
Beim Photometrieren falsches Filter benutzt.
Küvettenfehler nicht ausgeschlossen bzw. nicht berücksichtigt.
Trübungen im Ansatz nicht erkannt.
Falschen Berechnungsfaktor benutzt bzw. Ergebnis falsch ermittelt.

Erythrocytenzählung

<u>Überblick:</u>

Zur Ermittlung der Erythrocytenzahl im Vollblut werden folgende Verfahren angewandt:

1. Die mikroskopische Auszählung in Zählkammern nach vorheriger Verdünnung des Blutes und
2. die Bestimmung mit elektronischen Zählgeräten.

Versuche, die Erythrocytenzahl auf Grund der Trübung einer verdünnten Erythrocytensuspension photometrisch oder nephelometrisch zu bestimmen, haben nicht zu exakten und reproduzierbaren Ergebnissen geführt.

1. Zählkammerverfahren

<u>Bewertung:</u>

Die mikroskopische Auszählung von Erythrocyten in Zählkammern ist außerordentlich schlecht reproduzierbar.

In Tabelle 20 sind die Ergebnisse einer Erythrocytenzählung mit dem Zählkammerverfahren an einer Blutprobe mit einer tatsächlichen Erythrocytenzahl von 5,0 Mill./μl (ermittelt mit elektronischen Zählgeräten, s. S. 39) in Abhängigkeit von der in der Kammer theoretisch zu zählenden Erythrocyten angegeben.

Tabelle 20. Vertrauensbereiche bei der Erythrocytenzählung in Zählkammern

	Tatsächlich vorliegende Zahl an Erythrocyten (Mittelwert aus elektronischen Zellzählungen)	Zahl der theoretisch in der Zählkammer zu zählenden Erythrocyten	Ergebnisse des Zählkammerverfahrens 95%-Grenzen
Einfachbestimmung	5,0 Mill./μl	500	4,2 - 5,8 Mill./μl
Doppelbestimmung	5,0 Mill./μl	1000	4,45 - 5,55 Mill./μl

Die schlechte Reproduzierbarkeit des Verfahrens ist dadurch bedingt, daß die Blutproben infolge der hohen Erythrocytenzahl im Vollblut sehr stark verdünnt werden müssen, das Volumen, in dem die Zellen gezählt werden, sehr klein ist und daß die Zählung vor allem dem ungeübten Untersucher wegen der dichten Lagerung der Blutkörperchen erhebliche Schwierigkeiten bereitet.

Die routinemäßige Anwendung des Zählkammerverfahrens ist auch wegen des hohen Arbeitsaufwandes nicht mehr vertretbar.

Steht im Laboratorium kein elektronisches Zählgerät zur Verfügung, sollte auf die Zählung der Erythrocyten verzichtet werden und lediglich eine Interpretation von Hämoglobinkonzentration im Vollblut und/oder Hämatokritwert erfolgen. Dies ist insbesondere auch deshalb angezeigt, weil auf Grund fehlerhafter Erythrocytenzählungen automatisch die errechneten Größen MCH (s. S. 73) und MCV (s. S. 76) unzuverlässig sind.

2. Verfahren mit elektronischen Zählgeräten

Prinzip:

Die Erythrocyten werden auf Grund ihrer sehr geringen Leitfähigkeit nach dem auf S. 39 beschriebenen Prinzip gezählt.

Reproduzierbarkeit:

Neben der Vereinfachung des Arbeitsablaufs ist die mit elektronischen Zählgeräten erreichbare Genauigkeit hervorzuheben. Bei einer Blutprobe, die 5,0 Mill. Erythrocyten/μl enthält, werden in der Meßzeit tatsächlich ca. 20 000 Blutkörperchen gezählt (vgl. Tabelle 20, Zählkammerverfahren, S. 69, bei dem nur 500 bzw. 1000 Zellen als Berechnungsgrundlage dienen).

Die relative Standardabweichung beträgt bei der elektronischen Erythrocytenzählung etwa 2 %.

Normbereiche:

    Männer 4,3 - 5,6 Mill. Erythrocyten/μl Blut
    Frauen 3,9 - 5,0 Mill. Erythrocyten/μl Blut

Störungen:

Die Zählung mit elektronisch arbeitenden Geräten ist nicht spezifisch für eine bestimmte Zellart, es werden vielmehr alle Partikelchen oberhalb einer einstellbaren Impulshöhe erfaßt.

Die Arbeitsbedingungen sind bei der Ermittlung der Erythrocytenzahl im Vollblut so gewählt, daß die in der Probe vorhandenen Leukocyten mitgezählt werden. Dieser Fehler spielt jedoch nur bei Patienten mit stark erhöhten Leukocytenwerten (über 50 000/μl Blut) eine Rolle. Es wäre durchaus möglich, die Impulsschwelle so einzustellen, daß die relativ großen Leukocyten die Zählung nicht beeinflussen. Dies würde jedoch bedeuten, daß alle in der Probe vorhandenen Reticulocyten (s. S. 85), die vom Volumen her mit Leukocyten vergleichbar sind und unter pathologischen Bedingungen stark vermehrt sein können, bei der Erythrocytenzählung nicht erfaßt werden.

Beim Vorliegen von Kälteagglutininen im Plasma (z. B. bei chronisch lymphatischer Leukämie, Plasmocytom u. a.) ist darauf zu achten, daß die Blutprobe von der Entnahme bis zur Zellzählung in einem Wasserbad von 37 °C aufbewahrt wird. Kommt es zur Abkühlung derartiger Proben, agglutinieren die Erythrocyten, so daß fälschlich zu niedrige Zellzahlen ermittelt werden. Der gleiche Fehler kann auch auf der Anwesenheit von Agglutininen, die bei Körpertemperatur wirksam sind, beruhen. Moderne Zählgeräte ermöglichen auf Grund der routinemäßigen Darstellung der Volumenverteilungskurven aller corpusculären Bestandteile das Erkennen solcher Agglutinate.

Fehlerquellen:

    S. Leukocytenzählung S. 40.

Hämatokritwert

Der Hämatokritwert gibt den Volumenanteil der Erythrocyten in Prozent des Vollbluts an.

Prinzip:

Ungerinnbar gemachtes Blut wird so lange zentrifugiert, bis keine weitere Sedimentation der Blutkörperchen mehr erfolgt. Zwischen den Erythrocyten befinden sich dann noch maximal 2 % Plasma. Dieses Plasmavolumen geht fälschlicherweise in den Hämatokrit ein.

Benötigt werden:

Heparinisierte Glascapillaren, Durchmesser etwa 1 mm, Länge etwa 75 mm
Bunsenbrenner oder Spezialkitt zum Verschließen der Capillaren
Mikro-Hämatokritzentrifuge
Auswertgerät

Ausführung:

Blutentnahme s. S. 33 und 34.
Zwei heparinisierte Glascapillaren (Doppelbestimmung) werden zu je etwa 3/4 mit Blut gefüllt. Wird das Blut aus der Fingerbeere entnommen, so hält man die Capillare waagerecht an den Bluttropfen, so daß das Blut spontan in die Capillare fließt.
Das blutfreie Ende der Capillare wird über einer Flamme unter Drehbewegungen zugeschmolzen oder mit Spezialkitt verschlossen. Dabei ist darauf zu achten, daß die Verschlußmasse eine waagerechte Fläche bildet.
Anschließend zentrifugiert man das Blut etwa 5 Minuten bei 10 000 - 20 000 g.

Auswertung:

Der Hämatokrit wird mit Hilfe eines Auswertgeräts bestimmt (s. Abb. 11).

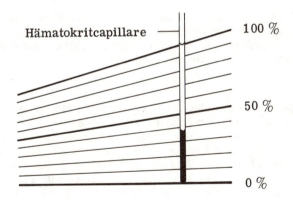

Abb. 11. Schematische Darstellung der Auswertung einer Hämatokritbestimmung

Man stellt das untere Ende der Blutsäule (am verschlossenen Ende der Capillare) auf 0 % und den oberen Rand der Plasmasäule auf 100 % ein; der Hämatokritwert wird dann am oberen Ende der Erythrocytensäule in % abgelesen.

Wenn die Ergebnisse der Doppelbestimmungen um einen Hämatokritwert von nicht mehr als 2 % voneinander abweichen (z. B. 40 % und 42 % Hämatokrit), wird der Mittelwert gebildet. Bei größeren Differenzen ist die Bestimmung zu wiederholen.

Reproduzierbarkeit:

Die relative Standardabweichung beträgt etwa 2 %.

Normbereiche:

    Männer 42 - 50 %
    Frauen 37 - 45 %

Fehlerquellen:

Bei Verwendung von ungerinnbar gemachtem venösen Blut ist streng darauf zu achten, daß die Blutprobe vor dem Füllen der Capillaren sorgfältig gemischt wird.

Erfolgt bei der Gewinnung von Capillarblut ein zu starkes Drücken im Bereich der Entnahmestelle, so enthält die gewonnene Probe einen erheblichen Anteil Gewebsflüssigkeit; die Hämatokritwerte sind daher fälschlich zu niedrig.

Ist die Erythrocytenschicht am verschlossenen Ende der Capillare nicht durch eine waagerechte Fläche begrenzt, resultiert eine fehlerhafte Ablesung.

Sind die Capillaren zu weniger als 2/3 mit Blut gefüllt, ergibt sich eine stark verminderte Ablesegenauigkeit.

Wird das Blut nicht lange oder nicht hochtourig genug zentrifugiert, so ergeben sich zu hohe Hämatokritwerte. Zur Kontrolle kann eine nochmalige Zentrifugation erfolgen; der Hämatokrit darf danach nicht niedriger liegen.

Ist bei undichtem Verschluß der Capillare ein Teil des Blutes ausgelaufen, muß die Bestimmung wiederholt werden.

Bei stark erhöhter Leukocytenzahl findet sich nach dem Zentrifugieren zwischen Erythrocyten und Plasma eine deutlich abgrenzbare, gelblich gefärbte Schicht von Leukocyten. Es ist darauf zu achten, daß das obere Ende der Erythrocytensäule zur Auswertung dient.

Besonderheit:

Bei einigen elektronischen Zählgeräten wird eine dem Hämatokrit weitgehend entsprechende Größe errechnet, indem neben der Zählung der roten Blutkörperchen in einer definierten Menge verdünnten Blutes auch die durch die Erythrocyten ausgelösten Impulse, die ihrem jeweiligen Volumen proportional sind, summiert werden. Aus der ermittelten Zellzahl und dem gemessenen mittleren corpusculären Erythrocytenvolumen läßt sich nach der auf S. 76 für das MCV beschriebenen Formel ebenso der Hämatokritwert errechnen.
In das Ergebnis gehen auch die Leukocyten mit ihrem Volumen (s. S. 70) ein. Bei Blutproben mit normalem Gehalt an weißen Blutkörperchen ergibt sich hierdurch kein signifikanter Fehler. Ist die Zahl der Leukocyten jedoch stark erhöht, wird ein fälschlich zu hohes durchschnittliches Erythrocytenvolumen gefunden und somit ein zu hoher Hämatokrit errechnet. In diesen Fällen ist der Hämatokritwert ausschließlich durch Zentrifugation zu bestimmen.

Hämoglobingehalt der Erythrocyten

Überblick:

Aus dem Hämoglobingehalt des einzelnen Erythrocyten ergeben sich diagnostisch wichtige Informationen. Es bestehen folgende Möglichkeiten, ihn zu ermitteln bzw. abzuschätzen.

1. Quantitatives Verfahren

   Es wird der durchschnittliche Hämoglobingehalt der Erythrocyten (Hb_E, MCH = mittleres corpusculäres Hämoglobin) errechnet. Das Ergebnis läßt sich zahlenmäßig ausdrücken; da es nur einen Mittelwert darstellt, ist keine Aussage über die Spannweite des Hämoglobingehalts verschiedener Erythrocyten möglich.

2. Qualitatives Verfahren

   Durch mikroskopische Betrachtung werden die Erythrocyten im gefärbten Blutausstrich einzeln nach ihrem Farbstoffgehalt beurteilt. Das Ergebnis läßt sich nicht zahlenmäßig ausdrücken, es können jedoch Unterschiede zwischen den einzelnen Erythrocyten abgeschätzt und beschrieben werden (s. S. 78 - 81).

MCH, Hb_E

MCH = mittleres corpusculäres Hämoglobin =

Hb_E = mittlerer Hämoglobingehalt des einzelnen Erythrocyten

Berechnung:

Das MCH läßt sich aus der Hämoglobinkonzentration und der Erythrocytenzahl pro µl Blut wie folgt berechnen:

$$\text{MCH (pg)} = \frac{\mu g \text{ Hämoglobin in 1 } \mu l \text{ Blut}}{\text{Erythrocytenzahl in 1 } \mu l \text{ Blut}}$$

vereinfacht:

$$\text{MCH (pg)} = \frac{\text{Hämoglobin (in g/dl)} \cdot 10}{\text{Erythrocytenzahl (in Mill. /} \mu l \text{)}}$$

Rechenbeispiel:

Erythrocyten = $5 \cdot 10^6 / \mu l$ Blut
Hämoglobin = 16,0 g/dl Blut

Maßeinheiten: 1 g = 10^3 mg
　　　　　　　　 = 10^6 µg
　　　　　　　　 = 10^9 ng
　　　　　　　　 = 10^{12} pg

$$\text{Hämoglobin} = 16 \text{ g/dl Blut}$$
$$= 160 \text{ g/l } ''$$
$$= 160 \text{ mg/ml } ''$$
$$= 160 \text{ µg/µl } ''$$

$$\text{MCH} = \frac{\text{µg Hämoglobin in 1 µl Blut}}{\text{Erythrocyten in 1 µl Blut}}$$

$$\text{MCH} = \frac{160}{5 \cdot 10^6} \text{ µg} = \frac{32}{10^6} \text{ µg} = \frac{32}{10^3} \text{ ng} = 32 \text{ pg}$$

Normbereich:

28 - 34 pg (normochrom)

Veränderungen mit einem MCH unter 28 pg werden als hypochrom, solche mit einem MCH über 34 pg als hyperchrom bezeichnet.

In normalen Erythrocyten sind die Hämoglobinmoleküle so angeordnet, daß der Hämoglobingehalt bei unverändertem Zellvolumen nicht mehr erhöht werden kann; ein MCH-Wert von über 34 pg kann daher nur durch Anwesenheit größerer Zellen bedingt sein. Ist das MCH vermindert, so sagt dieses Ergebnis zunächst nichts über die Zellgröße aus.

Reproduzierbarkeit:

Bei der Interpretation des MCH-Wertes sind die Fehlerbreiten der Methoden zu berücksichtigen, mit denen Hämoglobinkonzentration und Erythrocytenzahl ermittelt wurden, da die Fehler beider Verfahren in die MCH-Berechnung eingehen. Dies soll an folgendem Beispiel verdeutlicht werden.

In einer Blutprobe wurden gefunden:

$$4,6 \text{ und } 5,0 \cdot 10^6 \text{ Erythrocyten/µl}$$
$$13,2 \text{ und } 13,6 \text{ g Hämoglobin/dl}$$

Bei diesen Differenzen ist es noch zulässig, jeweils einen Mittelwert zu bilden. Es ergibt sich ein MCH von:

$$\frac{13,4 \cdot 10}{4,8} = 28 \text{ pg}$$

Will man sich einen Überblick über die Fehlerbreite verschaffen, mit der dieses Ergebnis belastet ist, so sollte mit den Einzelwerten gerechnet werden:

$$\frac{13,2 \cdot 10}{5,0} = 26 \text{ pg} \quad \text{bzw.} \quad \frac{13,6 \cdot 10}{4,6} = 30 \text{ pg}$$

Aus den Daten lassen sich zwei Schlußfolgerungen ableiten:

1. Es ist nicht sinnvoll, das MCH mit Nachkommastellen anzugeben, da dies auf Grund der Fehlerbreite der Messungen bzw. Zählungen nicht gerechtfertigt ist.
2. Wird die Erythrocytenzahl durch Zählung in der Kammer ermittelt, so sind auf Grund der schlechten Reproduzierbarkeit dieses Verfahrens (s. S. 69) nur grobe Abweichungen des MCH von der Norm diagnostisch zu bewerten.

Volumen bzw. Durchmesser der Erythrocyten

Überblick:

Das Volumen bzw. der Durchmesser der Erythrocyten dient zur Differenzierung von Anämien. Folgende Verfahren stehen zur Verfügung:

1. **Berechnung des mittleren Erythrocytenvolumens (MCV)**

   Das durchschnittliche Volumen des einzelnen Erythrocyten (mittleres corpusculäres Volumen, MCV) wird aus dem Hämatokritwert und der Erythrocytenzahl errechnet (s. S. 76). Da die sich ergebende Zahl einen Durchschnittswert darstellt, sagt sie nichts über die Streubreite der Erythrocytenvolumina aus.

2. **Bestimmung des Volumens der einzelnen Erythrocyten**

   Mit geeigneten elektronischen Zählgeräten läßt sich das Volumen der einzelnen Erythrocyten dadurch ermitteln, daß die durch einen Erythrocyten bedingte Widerstandsänderung und damit der ausgelöste Impuls vom Erythrocytenvolumen abhängt.

3. **Messung der Erythrocytendurchmesser nach PRICE-JONES**

   Bei diesem Verfahren werden die Durchmesser von mindestens 500 Erythrocyten mit Hilfe eines Meßokulars mikroskopisch ausgemessen. Stellt man die Ergebnisse graphisch dar, indem man die Häufigkeit in Abhängigkeit vom Zelldurchmesser aufträgt, so ergibt sich beim Gesunden eine typische Verteilungskurve mit einem Gipfel bei etwa 7,2 μm und einer Spannweite von etwa 6,0 - 8,5 μm.

   Bei der Ausmessung ist zu berücksichtigen, daß die Erythrocyten durch die Fixation vor der Anfärbung schrumpfen und daß bei der Einordnung asymmetrischer Zellen Schwierigkeiten auftreten.

   Die Ermittlung der Erythrocytendurchmesser nach PRICE-JONES ist lediglich zur Abgrenzung eines hereditären hämolytischen Ikterus, der durch das Auftreten von Kugelzellen (Sphärocyten, s. S. 79) charakterisiert ist, von nichtsphärocytären hämolytischen Anämien sinnvoll. Kugelzellen sind dadurch gekennzeichnet, daß ihr Durchmesser auf etwa 6 μm vermindert und ihre Dicke auf etwa 3,5 μm erhöht ist. Daher ergeben sich bei der Bestimmung des MCV meist annähernd normale Werte, während der Gipfel der PRICE-JONES-Kurve im Vergleich zur Norm zu kleineren Zelldurchmessern hin verschoben ist.

   Liegen bei einem Patienten mit hereditärem hämolytischen Ikterus neben Kugelzellen auch Normocyten im peripheren Blut vor, so kann eine zweigipfelige Kurve resultieren.

4. **Mikroskopische Beurteilung der Erythrocyten**

   Die Beurteilung der einzelnen Erythrocyten nach Größe, Form, Hämoglobingehalt, Anfärbbarkeit und Einschlüssen wird routinemäßig bei jeder Differenzierung eines Blutausstrichs (s. S. 78 - 81) vorgenommen. Bei ausreichender Übung des Untersuchers lassen sich pathologische Veränderungen nicht nur qualitativ erfassen, sondern es können auch weitgehend reproduzierbar halbquantitative Angaben gemacht werden.

MCV

MCV = mittleres corpusculäres Volumen (mittleres Erythrocytenvolumen)

Berechnung:

Das MCV läßt sich aus dem Hämatokritwert und der Erythrocytenzahl pro µl Blut berechnen:

$$\text{MCV (fl)} = \frac{\text{Volumanteil der Erythrocyten}/\mu l \text{ Blut}}{\text{Erythrocytenzahl}/\mu l \text{ Blut}}$$

vereinfacht:

$$\boxed{\text{MCV (fl)} = \frac{\text{Hämatokrit (in \%)} \cdot 10}{\text{Erythrocyten (in Mill. }/\mu l)}}$$

Rechenbeispiel:

Erythrocyten = $5 \cdot 10^6 / \mu l$ Blut
Hämatokrit = 44 %

Ein Hämatokritwert von 44 % besagt, daß die in 1 µl Vollblut enthaltenen Erythrocyten ein Volumen von 0,44 µl einnehmen.
In 1 µl Blut entsprechen $5,0 \cdot 10^6$ Erythrocyten einem Volumen von 0,44 µl.

Maßeinheiten:
$$1 \; \mu l = 10^9 \; \text{fl}$$
$$0,44 \; \mu l = 0,44 \cdot 10^9 \; \text{fl}$$
$$= 440 \cdot 10^6 \; \text{fl}$$

Das Volumen eines Erythrocyten ist daher:

$$\frac{440 \cdot 10^6 \; \text{fl}}{5 \cdot 10^6} = 88 \; \text{fl}$$

Daraus ergibt sich (s. auch obige Formel):

$$\text{MCV} = \frac{44 \cdot 10}{5} = 88 \; \text{fl}$$

Normbereich:

83 - 103 fl

Besonderheit:

Wie bereits auf S. 72 erwähnt, wird mit Hilfe einiger elektronischer Zählgeräte das Volumen einzelner Erythrocyten dadurch ermittelt, daß die dem Zellvolumen proportionalen Meßsignale registriert werden. Da die Zählung der Zellen nicht spezifisch ist, gehen auch die Leukocyten in die gewonnenen Daten ein. Bei Blutproben mit annähernd normalen Leukocytenwerten ergeben sich hierdurch keine signifikanten Fehler. Ist die Zahl der Leukocyten im peripheren Blut jedoch stark erhöht, wird ein fälschlich zu hohes MCV gefunden (und damit auch ein entsprechend fehlerhafter Hämatokritwert errechnet (s. S. 72)).

Hämoglobinkonzentration in den Erythrocyten

Überblick:

Aus dem Hämatokritwert und der Hämoglobinkonzentration des Vollbluts läßt sich die mittlere corpusculäre Hämoglobinkonzentration errechnen. Sie dient zur Diagnostik hypochromer Anämien.

Sind bei einer hypochromen Anämie der durchschnittliche Hämoglobingehalt des einzelnen Erythrocyten (MCH) und das mittlere corpusculäre Volumen (MCV) gleichzeitig vermindert, so kann die durchschnittliche Hämoglobinkonzentration in den Erythrocyten (MCHC) innerhalb des Normbereichs liegen; eine erniedrigte mittlere Hämoglobinkonzentration ist durch ein herabgesetztes MCH bei normalem oder weniger stark vermindertem mittleren Erythrocytenvolumen bedingt.

Bei hyperchromen Anämien ist die durchschnittliche Hämoglobinkonzentration in den Erythrocyten nicht erhöht, da die Anordnung der Hämoglobinmoleküle in einem definierten Zellvolumen nicht über die Norm ansteigen kann.

MCHC

MCHC = mittlere corpusculäre Hämoglobinkonzentration

Berechnung:

$$\text{MCHC} = \frac{\text{Hämoglobinkonzentration in g/dl Blut}}{\text{Volumen der Erythrocyten als Bruchteil } \left(\frac{\text{HK}}{100}\right)}$$

$$\text{MCHC} = \frac{\text{Hb}}{\frac{\text{HK}}{100}}$$

vereinfacht:

$$\boxed{\text{MCHC (g Hb/dl Erythrocyten)} = \frac{\text{Hb} \cdot 100}{\text{HK}}}$$

Rechenbeispiel:

Hämoglobin = 16,0 g/dl Blut = 160 g/l Blut
Hämatokrit = 47 % = 0,47 l Erythrocyten/l Blut

Ein Hämatokritwert von 47 % besagt, daß die in 1 l Vollblut enthaltenen Erythrocyten ein Volumen von 0,47 l einnehmen.

$$\text{MCHC} = \frac{160}{0,47} = 340 \text{ g Hb/l Erythrocyten} = 34 \text{ g Hb/dl Erythrocyten}$$

Normbereich:

32 - 36 g Hb/dl Erythrocyten

Tabelle 21.

Erythrocytenmorphologie

Normocyten	Normal große Erythrocyten mit normalem Hämoglobingehalt (Durchmesser im fixierten Blutausstrich um 7,2 μm, Bereich 6,0 - 8,5 μm).
Stechapfelformen	Artefiziell bedingt: Bei zu dicken Ausstrichen wird den Erythrocyten während des langsamen Trockenvorgangs durch den osmotischen Druck der im Plasma konzentrierten Salze Wasser entzogen, so daß sie schrumpfen und zahlreiche Ausziehungen zeigen.
Mikrocyten	Zelldurchmesser und -dicke sind im Vergleich zu Normocyten vermindert, der Hämoglobingehalt ist herabgesetzt, Mikrocyten erscheinen dementsprechend weniger intensiv gefärbt. Vorkommen: Vor allem bei Eisenmangelanämie.
Anulocyten	Erythrocyten, deren Hämoglobingehalt so stark herabgesetzt ist, daß sie im Zentrum praktisch nicht gefärbt erscheinen. Vorkommen: Besonders häufig bei Eisenmangelanämie.
Makrocyten	Erythrocyten mit einem Durchmesser über 9 μm, die eine normale oder eine verminderte mittlere corpusculäre Hämoglobinkonzentration (MCHC) zeigen. Vorkommen: Insbesondere bei Alkoholabusus und Leberschaden. Auch Reticulocyten sind größer als Normocyten.
Megalocyten	Sehr große ovale Erythrocyten mit normaler Hämoglobinkonzentration (MCHC), erhöhtem MCV und erhöhtem MCH. Sie stellen die reifen Endstadien einer eigenen Entwicklungsreihe dar, deren unreifste Zellen, die Promegaloblasten, sich durch ihre Größe (20 - 25 μm) und durch den sehr fein strukturierten Kern von Proerythroblasten unterscheiden. Beim Erwachsenen treten Megalocyten bei den megaloblastischen Anämien, z. B. bei der Perniciosa (s. Abb. 20, S. 114) auf.
Sphärocyten (Kugelzellen)	Kugelzellen sind gegenüber Normocyten durch verminderten Durchmesser und erhöhte Zelldicke charakterisiert. Die Funktion der Membran der Kugelzellen ist so verändert, daß diese Erythrocyten in der Milz beschleunigt hämolysiert werden (s. S. 117). Die Zellen sind auch gegenüber osmotischen und mechanischen Einflüssen weniger resistent als Normocyten. Vorkommen: Vor allem beim hereditären hämolytischen Ikterus; bei dieser Erkrankung kann die durchschnittliche Lebensdauer der Erythrocyten bis auf ca. 10 Tage verkürzt sein.
Elliptocyten (Ovalocyten)	Elliptisch geformte Erythrocyten, die sich bei Elliptocytose (dominant erblich) finden. Meist handelt es sich um eine harmlose Anomalie, selten ist die Lebenszeit dieser Elliptocyten herabgesetzt, so daß eine Anämie resultiert. Beim Gesunden können maximal 10 % Elliptocyten vorkommen.

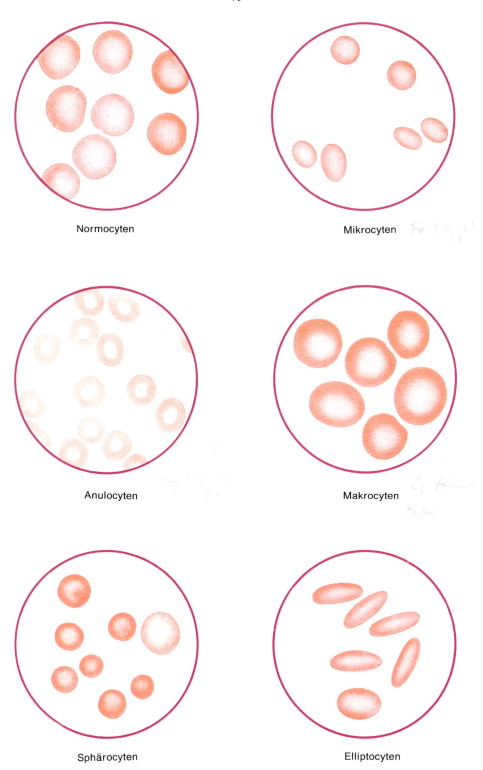

Abb. 12. Erythrocytenmorphologie (panoptische Färbung)
(modifiziert nach BEGEMANN und RASTETTER, 1987)

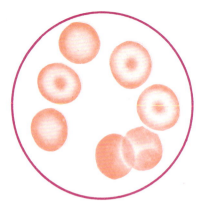
Target-Zellen

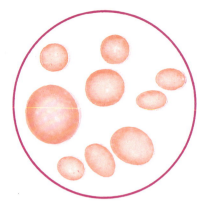
Anisocytose

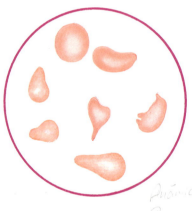
Poikilocytose

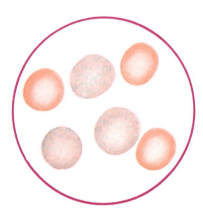
Polychromasie

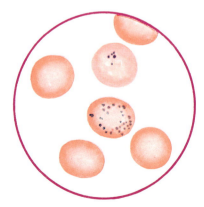
basophile Tüpfelung

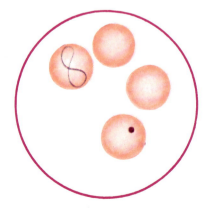
JOLLY-Körperchen
CABOT'scher Ring

Abb. 13. Erythrocytenmorphologie (panoptische Färbung)
(modifiziert nach BEGEMANN und RASTETTER, 1987)

Fortsetzung Tabelle 21.

Target-Zellen (Schießscheiben-, Kokardenzellen)	Normal große, aber abnorm dünne Erythrocyten; Rand und Zentrum sind Hb-reich, dazwischen liegt eine weniger gefärbte Zone. Vorkommen: Bei Thalassämien (s. S. 115), hypochromen Anämien, nach Milzexstirpation, vereinzelt auch beim Gesunden.
Anisocytose	Die Größenverteilung der Erythrocytendurchmesser im fixierten Präparat weicht stark von der Norm (6,0 - 8,5 μm) ab. Vorkommen: Bei jeder ausgeprägten Anämie.
Poikilocytose	Bei schweren Anämien sind die Erythrocyten mechanisch weniger resistent, so daß sie beim Ausstreichen des Blutes leicht zu birnen- oder keulenförmigen Gebilden verformt werden, die teilweise auch Erythrocytenfragmente darstellen. Vorkommen: Bei jeder ausgeprägten Anämie, insbesondere bei Perniciosa.
Polychromasie	Es finden sich im Blut Erythrocyten, bei denen Kern- und Plasmareifung nicht parallel zueinander abgelaufen sind; der Kern ist bereits ausgestoßen, das Plasma enthält jedoch noch größere Mengen RNS, so daß es sich - wie bei polychromatischen Normoblasten (s. S. 82) - mit basischen Farbstoffen anfärbt. Vorkommen: Bei beschleunigter Ausschwemmung von Erythrocyten (Reticulocyten) aus dem Knochenmark, bei Bleiintoxikation.
basophile Tüpfelung	Im Gegensatz zur Polychromasie ist hier die RNS in den Erythrocyten nicht gleichmäßig verteilt, sondern zu kleinen Körnchen (wahrscheinlich Ansammlungen von Ribosomen) verdichtet. Normalerweise findet man bis zu 4 basophil getüpfelte Erythrocyten auf 10 000 Erythrocyten. Vorkommen: Eine starke Vermehrung ist typisch für eine Bleivergiftung (Blei hemmt u. a. den Abbau von RNS).
JOLLY-Körperchen	Es handelt sich um rotviolett gefärbte Kernreste, in denen mit der FEULGEN-Reaktion DNS nachgewiesen werden kann. Vorkommen: Obligat nach Milzexstirpation, häufig bei überstürzter Ausschwemmung von Erythrocyten aus dem Knochenmark.
CABOT'sche Ringe	Basophile Ring- oder Schleifenformen (vermutlich Reste der Kernmembran) in Erythrocyten. Vorkommen: Bei schweren Anämien.
Sichelzellen (Drepanocyten)	Die Drepanocytose (Synthese von β^S-Ketten im Hämoglobinmolekül an Stelle der β-Ketten) ist eine dominant erbliche Anomalie. Zellen, die HbS enthalten, lassen sich im Differentialblutbild nicht von normalen Erythrocyten unterscheiden. HbS ist jedoch im Gegensatz zu HbA bei niedrigem Sauerstoffpartialdruck schwer löslich. Bewahrt man ungerinnbar gemachtes Blut eines HbS-Trägers unter Luftabschluß bei 37 °C auf, so sinkt der Sauerstoffgehalt in der Probe so stark ab, daß das HbS in den Erythrocyten ausfällt und die Zellen Sichelform annehmen.

Tabelle 22.

Erythrocytenvorstufen

Zellart	Zellgröße	Kern	Cytoplasmafarbe
Proerythroblast (wird praktisch nie ins periphere Blut ausgeschwemmt)	18 - 22 μm	relativ groß, annähernd rund; feinmaschiges Chromatingerüst (aber gröber strukturiert als bei Myeloblasten), häufig mehrere unscharf begrenzte Nucleolen	stark basophil (durch hohen Gehalt an RNS bedingt)
Makroblast	14 - 18 μm	rund, gröbere Struktur des Chromatins, oft radspeichenförmig, keine Nucleolen mehr	basophil (durch Gehalt an RNS bedingt)
basophiler Normoblast	10 - 14 μm	rund, dichte Chromatinstruktur, Radspeichenform	basophil mit geringgradiger roter Komponente (durch Hämoglobin bedingt)
polychromatischer Normoblast	8 - 12 μm	rund, pyknotisch, Radspeichenform	noch leicht basophil, aber bereits stärkere Rotfärbung durch Hämoglobineinlagerung
oxyphiler Normoblast	7 - 10 μm	rund, stark pyknotisch, Radspeichenform	oxyphil (wie bei reifen Erythrocyten)
Normocyt	um 7,2 μm	ausgestoßen	oxyphil

pluripotente und myeloide Stammzelle
Vorläuferzelle der Erythropoese
(bisher morphologisch nicht zu identifizieren)

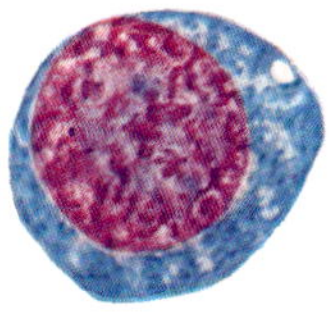

Proerythroblast

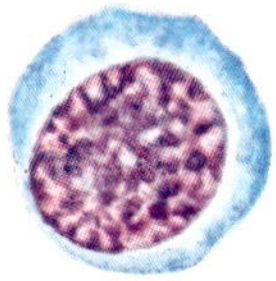

Makroblast

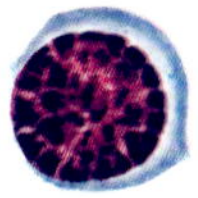

basophiler Normoblast

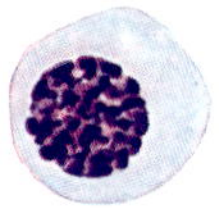

polychromatischer Normoblast

oxyphiler Normoblast

Normocyt

Abb. 14. Unreife Erythrocytenvorstufen (panoptische Färbung)
(modifiziert nach BEGEMANN und RASTETTER, 1987)

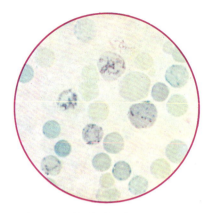
Reticulocyten

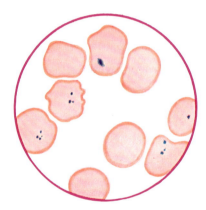
Siderocyten

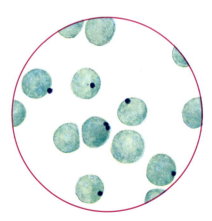
HEINZ'sche Innenkörper

Abb. 15. Spezialfärbungen an Erythrocyten
(modifiziert nach BEGEMANN und RASTETTER, 1987)

Spezialfärbungen an Erythrocyten

Eine Reihe diagnostisch bedeutsamer Strukturen in den Erythrocyten werden nur durch Anwendung von Spezialfärbungen darstellbar.

Reticulocyten

Überblick:

In den frisch aus dem Knochenmark ausgeschwemmten kernlosen roten Blutkörperchen, den sog. Reticulocyten (s. Abb. 15, S. 84), läßt sich durch Färbung mit Brillantkresylblau ein feines, z. T. mit Granula besetztes Netzwerk - als Substantia reticulo-granulo-filamentosa bezeichnet - darstellen. Es handelt sich hierbei um ausgefällte Reste des rauhen endoplasmatischen Reticulums.

Prinzip:

Capillarblut oder ungerinnbar gemachtes Venenblut wird mit Brillantkresylblau-Lösung gemischt; während der folgenden Inkubation nehmen die Reticulocyten den Farbstoff auf. Da die Zellen vorher nicht fixiert werden, spricht man auch von einer sog. Supravitalfärbung. Die Bezeichnung bedeutet jedoch nicht, daß die Zellen nach dem Färbevorgang noch lebensfähig sind.

Reagens:

Brillantkresylblau-Lösung (1 proz. (w/v) in physiologischer Kochsalzlösung)

Benötigt werden:

Kleine Kunststoffröhrchen mit Stopfen
Capillarpipetten, 0,1 ml, bzw. Kolbenpipette mit Kunststoffspitzen
Saubere Objektträger (entfettet, staubfrei)
Optisch plan geschliffene Deckgläser
Mikroskop, Ölimmersionsobjektiv, Okular 6 x - 8 x
Immersionsöl
Tupfer, Xylol

Ausführung:

Blutentnahme s. S. 33 und 34.

In ein kleines Kunststoffröhrchen
0,1 ml Brillantkresylblau-Lösung geben,
0,1 ml Blut zufügen.
Röhrchen verschließen,
Inhalt sofort gut mischen und
15 Minuten bei Zimmertemperatur stehen lassen;
erneut mischen,
dünne Objektträgerausstriche anfertigen (s. Herstellung von Blutausstrichen S. 41 und 42),
Präparate mindestens 30 Minuten an der Luft trocknen lassen.

Mikroskopische Zählung:

Zur Einstellung der Präparatebene s. Differenzieren von Blutausstrichen S. 44.

Zur Vereinfachung der Zählung wird das Gesichtsfeld dadurch verkleinert, daß eine quadratische Blende in das Okular eingelegt wird.
Es darf nur in den Teilen des Ausstrichs gezählt werden, in denen die Erythrocyten nebeneinander liegen.

Pro Gesichtsfeld werden alle roten Blutkörperchen (also auch die Reticulocyten) gezählt und notiert. Anschließend wird im gleichen Ausschnitt die Zahl der Reticulocyten ermittelt.
An verschiedenen Stellen des Präparats sind so 1000 Erythrocyten auszuzählen und die Reticulocyten in ‰ anzugeben.
Aus diesem Ergebnis und der Zahl der Erythrocyten pro μl Blut läßt sich die absolute Reticulocytenzahl pro μl Blut berechnen.

Normbereich:

8 - 20 ‰ Reticulocyten
30 000 - 100 000 Reticulocyten/μl Blut

Beurteilung der Ergebnisse:

Erhöhte Reticulocytenzahlen im peripheren Blut sind Zeichen einer gesteigerten Erythropoese.
Bei gehemmter Funktion des Knochenmarks ist die Zahl der Reticulocyten vermindert.

Fehlerquellen:

Mikrometerschraube nicht sorgfältig bedient, dadurch Reticulocyten übersehen.
Erythrocytenzahl falsch ermittelt.
Gesichtsfelder nicht zufällig, sondern nach dem Vorhandensein von Reticulocyten ausgesucht.
Farbniederschläge im Präparat, dadurch Erythrocyten nicht sicher von Reticulocyten zu unterscheiden.

Siderocyten

Überblick:

Das zur Hämoglobinsynthese benötigte Eisen wird überwiegend von Makrophagen des RES, die gealterte Erythrocyten abbauen, zur Verfügung gestellt. Nur ein geringer Teil des Eisens stammt direkt aus der Nahrung und wird im Plasma an Transferrin gebunden transportiert. Bei einem über die Norm gesteigerten Eisenbedarf erfolgt die Freisetzung aus den Eisenspeichern des RES.

Im Knochenmark wird das Eisen an kernhaltige Erythrocytenvorstufen und in geringem Umfang auch an Reticulocyten abgegeben. In diesen Zellen kann es zunächst in das Innere einer Proteinhülle, dem sog. Apoferritin, gelangen und dort nach Oxydation als Fe^{III} in Form von Ferritin (= eisenbeladenes Apoferritin, s. S. 366) im Cytoplasma gespeichert werden. Bei Bedarf ist eine rasche Reduktion und Freisetzung von Fe^{II} aus der Apoferritinhülle gewährleistet. Aggregate von Ferritinpartikeln lassen sich durch die Berliner Blau-Reaktion (s. S. 87) mikroskopisch darstellen.

Im Reifungsstadium der Reticulocyten werden nur noch geringe Mengen Eisen zur Hämsynthese benötigt. Die Zellen schleusen daher das überschüssige Ferritin aktiv aus dem Cytoplasma aus. Das darin enthaltene Eisen wird wiederum von Makrophagen aufgenommen und steht den unreifen Erythrocytenvorstufen erneut zur Verfügung.

Prinzip:

Das Nachweisverfahren beruht darauf, daß das im Ferritin enthaltene dreiwertige Eisen mit Kaliumhexacyanoferrat (II) unter Bildung von Ferri-Ferrocyanid (Berliner Blau) reagiert. Die Ferritinaggregate stellen sich in Form von 0,5 - 1 μm großen blauen Granula (Siderosomen) dar (s. Abb. 15, S. 84).

Auch Hämosiderin, das aus teilweise lysosomal abgebauten Ferritinaggregaten besteht, wird durch die Berliner Blau-Reaktion lichtmikroskopisch sichtbar.

Beurteilung der Ergebnisse:

Siderosomen lassen sich in 20 - 50 % der Erythrocytenvorstufen des normalen Knochenmarks nachweisen; die Siderosomen-haltigen Erythroblasten werden als Sideroblasten bezeichnet.

Aus den ins periphere Blut gelangten Siderosomen-haltigen Reticulocyten werden die Ferritinkörner in der Milz entfernt, so daß sich normalerweise im Blut nur 0 - 3 ‰ Siderosomen-haltige Erythrocyten (= Siderocyten) finden.

Erhöht ist der Anteil von Sideroblasten im Knochenmark bzw. von Siderocyten im peripheren Blut bei:
    Eisenverwertungsstörungen infolge einer stark reduzierten Erythropoese
        Perniciosa
        aplastische Anämien
        u. a.

    Hämsynthesestörungen
        sideroblastische Anämien (s. S. 115)
        Bleiintoxikation
            Charakteristisch für diese Erkrankungen ist ferner die Eiseneinlagerung in Mitochondrien, die ringförmig um den Kern angeordnet sind. Zellen mit derartigen Eisenablagerungen werden als Ringsideroblasten bezeichnet. Bei sideroblastischen Anämien beträgt ihr Anteil im Knochenmark über 50 %.

    Hämoglobinsynthesestörungen
        Thalassämien
        u. a.

    Splenektomie
        Ursache hierfür ist die fehlende Entfernung der Siderosomen aus den jungen Reticulocyten (s. oben).

    Erkrankungen mit stark erhöhten Reticulocytenzahlen
        Durch das vermehrte Auftreten von Siderosomen-haltigen Zellen ist die Elimination der Ferritinpartikelchen in der Milz verzögert.

Eine Verminderung der Sideroblasten im Knochenmark ist ein Zeichen von Eisenmangel.
Das Fehlen von Siderocyten im peripheren Blut läßt sich auf Grund ihres schon bei Gesunden sehr seltenen Vorkommens differentialdiagnostisch nicht interpretieren.

HEINZ'sche Innenkörper

Prinzip:

Die sog. HEINZ'schen Innenkörper bestehen aus denaturiertem Hämoglobin oder Methämoglobin (Hämiglobin).

Nach der Färbung nicht fixierter Blutausstriche mit Nilblau oder dem auch zur Reticulocytenzählung (s. S. 85) verwendeten Brillantkresylblau stellen sie sich als 1 - 2 μm große, runde, blaugefärbte, randständig gelegene Einschlüsse in den Erythrocyten dar (s. Abb. 15, S. 84).

Beurteilung der Ergebnisse:

Zur Bildung HEINZ'scher Innenkörper kommt es vor allem bei Patienten mit hereditären Enzymdefekten im Glutathion- bzw. Glucosestoffwechsel der Erythrocyten.

Der häufigste Mangel betrifft die Glucose-6-Phosphat-Dehydrogenase. Infolge der verminderten Enzymaktivität wird nur wenig NADPH zur Reduktion von Glutathion bereitgestellt, so daß die in den Erythrocyten entstehenden Peroxide nicht vollständig entgiftet werden und somit eine Denaturierung des Hämoglobins bewirken können.

Die Träger des Enzymdefekts zeigen spontan meist keine klinischen Symptome. Durch exogene Auslöser wie
    Favabohnen (Favismus),
    Antimalariamittel,
    Sulfonamide,
    Analgetika
    u. a.,
die eine Zunahme von denaturiertem Hämoglobin in den Erythrocyten bewirken, kann es zu schweren Hämolysen kommen.
Ursache hierfür ist die reduzierte Verformbarkeit der HEINZ'schen Innenkörper-haltigen Zellen und der beschleunigte Abbau im RES.

Auch bei den toxisch bedingten Methämoglobinämien, die vor allem durch
    Nitrite,
    Nitroverbindungen,
    Anilin
    u. a.
induziert werden, sind HEINZ'sche Innenkörper nachweisbar.

Bei diesem Krankheitsbild steht die Cyanose des Patienten ganz im Vordergrund. Sekundär kommt es ebenso wie bei den angeborenen Enzymdefekten im Glutathion- bzw. Glucosestoffwechsel der Erythrocyten zur Denaturierung des Methämoglobins und zu hämolytischen Krisen.

WICHTIGSTE VERÄNDERUNGEN DES BLUTBILDES

Reaktive Veränderungen des weißen Blutbildes

Veränderungen der Gesamtzahl der Leukocyten pro µl Blut

Leukocytose = Vermehrung der Leukocyten über 10 000 (bei ambulanten Probanden über 11 000) pro µl Blut. Meist werden Zellzahlen zwischen 11 000 und 30 000 (in seltenen Fällen bis 100 000) pro µl Blut gefunden.

Vorkommen:
- Schwere körperliche Arbeit, Leistungssport
- Streßsituationen
- Gravidität
- Akuter Blutverlust
- Bei den meisten bakteriellen Infektionskrankheiten, insbesondere Sepsis
- Lokalisierte bakterielle bzw. eitrige Entzündungen
    - (z. B. Abszesse, Appendicitis, Erysipel, Peritonitis u. a.)
- Gewebsnekrosen
    - (z. B. Herzinfarkt, Pankreatitis, Verbrennungen u. a.)
- Tumoren
- Stoffwechselentgleisungen
    - (z. B. Coma diabeticum, Urämie u. a.)
- Überfunktion von Nebennierenrinde bzw. -mark und Schilddrüse
- u. a.

Leukopenie = Verminderung der Leukocyten unter 4 000 pro µl Blut

Vorkommen:
- Virusinfektionen
- Bei einigen bakteriellen Infektionskrankheiten
    - (z. B. Typhus, Paratyphus, M. BANG, Maltafieber u. a.)
- Miliartuberkulose
- Zahlreiche Erkrankungen durch Parasiten oder Protozoen
- Knochenmarkinsuffizienz
- Hypersplenismus (Milzvergrößerung mit vorzeitigem Abbau von Zellen)
- Therapie mit Cytostatika, Immunsuppressiva, ionisierenden Strahlen
- Lupus erythematodes
- Vorstadien myeloischer Leukämien
- u. a.

Veränderungen der Relation der verschiedenen Leukocytenarten

Abweichungen von der beim Gesunden vorliegenden Verteilung können bei normaler, erhöhter oder verminderter Gesamtleukocytenzahl beobachtet werden.

Diagnostisch von Bedeutung ist nicht nur der ermittelte prozentuale Anteil einer bestimmten Leukocytenart, sondern vor allem die absolute Zahl dieser Zellen pro µl Blut.
So liegt z. B. ein relativer Anteil der segmentkernigen neutrophilen Granulocyten im Differentialblutbild von 70 % an der oberen Grenze des Normbereichs. Bei einer Gesamtleukocytenzahl von 20 000 pro µl Blut ist die absolute Zahl dieser Zellen mit 14 000 pro µl jedoch deutlich erhöht.
Andererseits entsprechen 60 % Lymphocyten im Differentialblutbild zwar einer relativen Lymphocytose, der absolute Wert bei einer Gesamtleukocytenzahl von 3 500 pro µl liegt jedoch mit 2 100 Lymphocyten pro µl Blut im Normbereich.

Neutrophilie = Vermehrung der Neutrophilen

    Vorkommen:
        Eine Neutrophilie ist meist die Ursache einer Leukocytose, dementsprechend wird sie bei allen unter Leukocytose aufgeführten Zuständen bzw. Erkrankungen beobachtet (s. S. 89).
        Häufig ist eine Neutrophilie mit einer Linksverschiebung (s. S. 92) und/oder toxischen Granulation (s. S. 92) kombiniert.

Neutropenie = Verminderung der Neutrophilen

    Vorkommen:
        Eine Neutropenie ist meist die Ursache einer Leukocytopenie (s. S. 89).

Agranulocytose = völliges oder fast völliges Fehlen der Neutrophilen im Blut

    Vorkommen:
        Nach Einwirkung zahlreicher Pharmaka oder chemischer Substanzen, die das Knochenmark schädigen können
            (z. B. Phenylbutazon, Phenothiazine, Antibiotika, Sulfonamide, Thyreostatika, Tuberkulostatika, Barbiturate, Cytostatika u. a.)
        Autoimmunerkrankungen
            (z. B. Lupus erythematodes)

Eosinophilie = Vermehrung der Eosinophilen

    Vorkommen:
        Allergische Erkrankungen
            (z. B. Asthma bronchiale, Arzneimittel- oder Nahrungsmittelallergie)
        Parasitäre Erkrankungen
            (z. B. Wurmbefall, Trichinose u. a.)
        Chronische Myelose
        Polycythaemia vera
        M. ADDISON
        Lymphogranulomatose (bei ca. 30 % der Patienten)
        Panarteriitis nodosa
        Endokarditis LÖFFLER
        u. a.

Eosinopenie = Verminderung der Eosinophilen
(evtl. bis zum fast völligen Fehlen)

> Vorkommen:
>> Akutes Stadium der meisten bakteriell bedingten Infektionskrankheiten
>>> insbesondere Typhus
(das Wiederauftreten der Eosinophilen wird als "Morgenröte der Genesung" bezeichnet)
>>
>> M. CUSHING bzw. CUSHING-Syndrom
>> Corticosteroidtherapie, ACTH-Gabe
>> Streßsituationen
>> u. a.

Basophilie = Vermehrung der Basophilen

> Vorkommen:
>> Chronische Myelose
>> Polycythaemia vera
>> u. a.

Monocytose = Vermehrung der Monocyten

> Vorkommen:
>> "Überwindungsphase" im Verlauf bakterieller Infektionskrankheiten
>> u. a.

Lymphocytose = Vermehrung der Lymphocyten

> Vorkommen:
>> "Heilphase" im späten Stadium akuter bakterieller Infektionskrankheiten
>> Viruserkrankungen
>>> (z. B. Masern, Windpocken, Röteln (auch vermehrt Plasmazellen nachweisbar!), Cytomegalie, Hepatitis, Viruspneumonie, Parotitis epidemica u. a.)
>>
>> Bei einigen bakteriellen Infektionskrankheiten
>>> (z. B. Tuberkulose, M. BANG, Maltafieber u. a.)
>>>> exzessive Vermehrung bei Keuchhusten
>>>>> (bei Kindern werden Werte bis zu 100 000 Lymphocyten/μl Blut beobachtet)
>>
>> u. a.

> Merke:
>> Beim Erwachsenen besteht bei einer wiederholt beobachteten absoluten Lymphocytose der Verdacht auf das Vorliegen einer chronisch lymphatischen Leukämie!

Lymphocytopenie = Verminderung der Lymphocyten

> Vorkommen:
>> M. HODGKIN u. a. maligne Lymphome
>> Lymphabflußstörungen
>>> (z. B. bei Chylothorax)
>>
>> M. CUSHING bzw. CUSHING-Syndrom
>> Corticosteroidtherapie
>> Therapie mit Cytostatika, Immunsuppressiva, ionisierenden Strahlen
>> u. a.

Linksverschiebung

Unter Linksverschiebung versteht man eine vermehrte Ausschwemmung von stabkernigen und jugendlichen Granulocyten - gelegentlich auch einigen Myelocyten - aus dem Knochenmark ins periphere Blut.

Vorkommen:

Meist bei Erkrankungen, die zu einer Leukocytose bzw. Neutrophilie führen.

Es werden jedoch auch Linksverschiebungen ohne Leukocytose beobachtet (ebenso, wie Leukocytosen nicht obligat mit Linksverschiebungen einhergehen müssen!).

Wichtiger Hinweis:

Die PELGER-HUËT'sche Kernanomalie darf nicht mit einer Linksverschiebung verwechselt werden. Diese autosomal dominant vererbte harmlose Anomalie, die keine Funktionsstörung zur Folge hat, betrifft vorwiegend die Granulocyten, insbesondere die Neutrophilen. Etwa die Hälfte der neutrophilen Granulocyten erscheint unsegmentiert und ähnelt somit normalen Stabkernigen. Die restlichen Zellen weisen meist 2 brückenförmig verbundene Segmente auf. Im Gegensatz zu den normalen Granulocyten sind die Kerne beim PELGER-HUËT plumper, kleiner und pyknotischer.

Toxische Granulation

In den Granula der reifen neutrophilen Granulocyten konnten Hydrolasen mit einem Aktivitätsmaximum im sauren pH-Bereich nachgewiesen werden, so daß diese Granula als Lysosomen zu bezeichnen sind.

Werden die Vorstufen der neutrophilen Granulocyten während ihrer Reifung im Knochenmark durch toxische Substanzen - z. B. Bestandteile aus Bakterien oder Tumorzellen, Arzneimittel u. a. - geschädigt, so können diese Organellen in den reifen Neutrophilen vermehrt und vergröbert auftreten; ein derartiger Befund wird als toxische Granulation bezeichnet.

Vorkommen:

Infektionskrankheiten
Tumoren
Arzneimittelüberempfindlichkeit
u. a.

Wichtiger Hinweis:

Sehr grobe, dichtgelagerte und bläulich wirkende Granula in den neutrophilen Granulocyten, z. T. auch in Eosinophilen, die dann schwer von basophilen Granulocyten zu unterscheiden sind, finden sich bei der seltenen erblichen ALDER'schen Granulationsanomalie, so daß für den ungeübten Untersucher Verwechslungen mit einer toxischen Granulation möglich sind.
Die Anomalie ist auffällig häufig mit einer Dysostosis multiplex (Gargoylismus) kombiniert.

Infektiöse Mononucleose, PFEIFFER'sches Drüsenfieber

Diese durch das EPSTEIN-BARR-Virus hervorgerufene Erkrankung, die vor allem bei Jugendlichen auftritt, wird vorwiegend durch infektiösen Speichel übertragen. Das Virus befällt B-Lymphocyten und wird in deren Genom eingebaut.

Zunächst kommt es bei dieser Erkrankung zur Entzündung des lymphatischen Gewebes im Rachenraum (fieberhafte Angina), später sind generalisierte Lymphknotenschwellungen und eine Milzvergrößerung zu beobachten. Weiterhin ist das Auftreten einer Hepatitis mit Erhöhung der Aktivitäten der Transaminasen im Serum möglich.

Im Blutbild ist meist eine Leukocytose von 10 000 - 30 000 Leukocyten pro μl Blut mit starker Lymphocytose nachweisbar. Außerdem treten im peripheren Blut Zellen auf, die sich morphologisch als Übergangsformen zwischen Lymphocyten und Monocyten darstellen. Sie werden aus den erkrankten lymphatischen Organen ausgeschwemmt.

Diese monocytoiden Lymphocyten (auch als Lympho-Monocyten, atypische Lymphocyten bezeichnet) (s. Abb. 16, S. 109) sind größer als Lymphocyten, ihr Kern ist rund oder nierenförmig, jedoch nicht so vielgestaltig wie bei typischen Monocyten; das hellblau angefärbte Cytoplasma ist stark vermehrt und enthält nicht selten Vacuolen. Häufig finden sich Azurgranula mit hellen Höfen.

Die monocytoiden Lymphocyten werden im Differenzierungsschema in einer eigenen Rubrik gesondert von Lymphocyten und Monocyten gezählt.

Bei den im peripheren Blut auftretenden atypischen Zellen handelt es sich z. T. um transformierte B-Lymphocyten, die das Virusgenom enthalten, zum anderen um T8-Suppressor- und cytotoxische T8-Lymphocyten (s. S. 25 und 26), die gegen die stark proliferierenden B-Zellen gerichtet sind und diese eliminieren.
Wahrscheinlich kommt es bei einem Immundefekt der T8-Lymphocyten zur malignen Entartung der Virus-infizierten B-Lymphocyten und zur Entstehung eines BURKITT-Lymphoms (s. Lehrbücher der Pathologie).

Die Diagnose einer infektiösen Mononucleose läßt sich durch den Nachweis spezifischer IgM- bzw. IgG-Antikörper sichern.

Vorkommen monocytoider Lymphocyten bei anderen Infektionen

In geringem Umfang treten Zellen, die den bei der infektiösen Mononucleose beschriebenen atypischen Lymphocyten morphologisch ähnlich sind, auch bei anderen Erkrankungen, beispielsweise bei

    Virusinfektionen
        (z. B. Cytomegalie, Röteln, Herpes simplex, Adenoviren u. a.),
    parasitären Erkrankungen
        (z. B. Malaria, Toxoplasmose u. a.)
    u. a.

im peripheren Blut auf.
Das Ausmaß dieser Veränderungen ist auf dem Befund zu vermerken.

Leukämien (Leukosen)

Im Gegensatz zu den bisher beschriebenen reaktiven Veränderungen handelt es sich bei den Leukämien (Leukosen) um eigenständige neoplastische Erkrankungen der hämatopoetischen Gewebe. Erst wenn mehr als 10^9 pathologische Zellen im Organismus vorhanden sind, wird diese Systemerkrankung diagnostizierbar.

Entstehung der Leukämien

Bei der Entstehung von Leukosen gilt die Beteiligung folgender Faktoren als gesichert:
  Genetische Prädisposition
    deutlich erhöhte Konkordanz der Erkrankung bei eineiigen Zwillingen
    etwa 20 fach gesteigertes Leukämierisiko bei Mongoloiden
  Ionisierende Strahlen (dosisabhängig)
  Chemische Substanzen
    z. B. Benzol, Alkylantien

Hingegen ist die Virusätiologie beim Menschen bisher nicht bewiesen. Insbesondere gibt es bis heute keinen Anhalt für eine Erkrankung durch Ansteckung, auch nicht diaplazentar oder durch Blutübertragungen.

Angriffspunkte der Leukämie-erzeugenden Agentien sind die hämatopoetischen Stammzellen, die determinierten Vorläuferzellen oder unreife teilungsfähige, aber bereits differenzierte Zellen.

Bei den akuten myeloischen Leukämien ist die Ursache der Erkrankung im Bereich der myeloischen Stammzelle oder der myelomonocytären Vorläuferzelle zu suchen. Die leukämischen Myeloblasten sind so verändert, daß sie die Fähigkeit verloren haben, die normalen Teilungsschritte zu durchlaufen und auszureifen. Infolge der malignen Transformation erlangen sie jedoch die Eigenschaft, sich selbst zu erneuern, so daß sie im Organismus akkumulieren.

Bei der chronisch myeloischen Leukämie trifft der Defekt die myeloide Stammzelle. Die Zellen des leukämischen Clons können sich zwar noch teilen und weiter ausreifen, sind allerdings nicht voll funktionsfähig. So wird z. B. bei den Granulocyten eine verminderte Emigrations- und Phagocytosefähigkeit beobachtet. Außerdem unterliegt die Proliferation der teilungsfähigen Leukämiezellen nicht mehr der normalen Regulation.

Die akute lymphatische Leukämie beruht auf einer malignen Transformation von Stammzellen oder lymphatischen Vorläuferzellen. Die Reifung der pathologischen Zellclone kann auf den verschiedensten Stufen arretiert sein.

Als Ursache der chronisch lymphatischen Leukämie wird eine maligne Veränderung von Stammzellen, lymphoiden Vorläuferzellen oder reifen Lymphocyten diskutiert.

Anhäufung von Leukämiezellen im Organismus

Das Auftreten der unreifen myeloischen Leukämiezellen im peripheren Blut beruht darauf, daß die pathologisch veränderten Stamm- bzw. Vorläuferzellen aus dem Knochenmark ins Blut gelangen, sich von dort aus in den embryonalen extramedullären Blutbildungsstätten und zahlreichen Geweben ansiedeln und proliferieren. Die daraus hervorgehenden Zellen können infolge der fehlenden Endothelschranke in die Peripherie ausgeschwemmt werden.

Die enorme Ansammlung der Leukämiezellen in den Geweben, die im Knochenmark eine zunehmende Verdrängung der normalen Hämatopoese mit entsprechenden klinischen Symptomen (Abwehrschwäche bzw. Antikörpermangel, Thrombocytopenie, Anämie) zur Folge hat, beruht vor allem darauf, daß die leukämischen Stammzellen bzw. pathologischen Lymphocytenclone unkontrolliert proliferieren.

Im Gegensatz zu früheren Annahmen ist bei den Leukosen die Zellproliferation in einer definierten Zeit nicht gesteigert, sondern vermindert. Generationszeit und Mitosedauer sind meist verlängert. Charakteristisch für Leukämiezellen ist ferner, daß sie, bevor sie sich wieder teilen, sehr lange in der G_0-Phase verweilen können. Dies ist deshalb von Bedeutung, da sie während der G_0-Phase therapeutisch besonders schwer zugänglich sind.

Je nach Art der Leukämie ist auch eine z. T. stark verlängerte Lebensdauer und eine erhöhte Halbwertszeit im peripheren Blut für die Erhöhung der Zellzahl verantwortlich.

Hinweise zur Diagnostik von Leukämien

Eine so folgenschwere Diagnose wie diejenige einer Leukämie kann nur auf Grund der zusammenfassenden Bewertung
     des klinischen Bildes,
       der Untersuchungsergebnisse von peripherem Blut und Knochenmark sowie
         cytochemischer, immunologischer u. a. Spezialuntersuchungen
gestellt werden.

Die letztgenannten Verfahren sind bezüglich der technischen Ausführung bisher kaum zu standardisieren und die Interpretation der Ergebnisse ist äußerst schwierig, vor allem auch deshalb, weil nicht nur qualitative Veränderungen erfaßt werden müssen, sondern häufig quantitative Aussagen zu treffen sind. Die Untersuchung von Knochenmark und die Beurteilung spezieller Methoden und ihrer Ergebnisse sollte daher Spezialisten vorbehalten bleiben.

An der enormen Verantwortung des nicht spezialisierten Arztes und seiner Mitarbeiter hat sich hierdurch jedoch nichts geändert. Nach wie vor ist es unerläßlich, daß das Differenzieren peripherer Blutausstriche so sicher beherrscht werden muß, daß jede Auffälligkeit erkannt und folgerichtig interpretiert wird.

Je frühzeitiger nämlich die Diagnosestellung bei einer Leukämie erfolgt, desto größer ist die Aussicht, dem Patienten über einen längeren Zeitraum ein weitgehend beschwerdefreies Leben zu ermöglichen.

Im folgenden sind neben der Einteilung der Leukosen typische Blutbilder von Patienten mit den am häufigsten vorkommenden Leukämieformen beschrieben.
Einzelheiten zur Klinik und Angaben zur Therapie der Erkrankungen s. Lehrbücher der Hämatologie sowie der Inneren Medizin und Kinderheilkunde.

Einteilung der Leukämien

Folgende Gesichtspunkte dienen zur Abgrenzung der verschiedenen Leukämieformen:

1. **Klinischer Verlauf**
   akut
       meist bei unreifen Zellformen
   chronisch
       meist bei reifen bzw. reiferen Zellformen

2. **Zahl der Leukämiezellen im peripheren Blut**
   leukämischer Verlauf
       Zahl der Zellen im Blut stark erhöht (bis ca. 300 000/μl)
   subleukämischer Verlauf
       wenig Leukämiezellen in der Peripherie, Gesamtleukocytenzahl pro μl Blut daher normal oder nur leicht erhöht
   aleukämischer Verlauf
       Leukämiezellen nicht im peripheren Blut, sondern nur im Knochenmark nachweisbar

3. **Betroffenes Organsystem**
   vom Knochenmark ausgehend
   vom lymphatischen System ausgehend

4. **Morphologie**

5. **Cytochemische Kriterien**

6. **Immunologische Merkmale**
   zur Unterteilung der Zellen des lymphatischen Systems in Subpopulationen

Einteilung der akuten Leukämien

Eine allgemein anerkannte Nomenklatur zur Charakterisierung bzw. Einteilung der akuten Leukosen hat sich bisher nicht durchgesetzt. Die von verschiedenen Arbeitsgruppen vorgeschlagenen Klassifikationen unterscheiden sich dadurch, daß morphologische, cytochemische und/oder immunologische Eigenschaften der Zellen als Grundlage für eine Zuordnung dienen.

FAB-Klassifikation

Diese sog. French-American-British-Klassifikation orientiert sich nach morphologischen und cytochemischen Kriterien und unterscheidet derzeit zwischen 7 bzw. 8 Gruppen akuter myeloischer und 3 Formen akuter lymphatischer Leukämien.

M_0 = akute undifferenzierte Leukämie
M_1 = unreife Myeloblastenleukämie
M_2 = reife Myeloblastenleukämie
M_3 = Promyelocytenleukämie
M_4 = myelomonocytäre Leukämie
M_{5a} = unreife Monocytenleukämie

M_{5b} = reife Monocytenleukämie

M_6 = Erythroleukämie

L_1 = akute lymphatische Leukämie
    uniforme, kleine Zellen;
    vorwiegend bei Kindern

L_2 = akute lymphatische Leukämie
    vielgestaltige, große Zellen mit Nucleolen;
    vorwiegend bei Erwachsenen

L_3 = akute lymphatische Leukämie vom BURKITT-Typ
    Zellen weisen im Cytoplasma häufig Vacuolen auf;
    kommt sehr selten vor

<u>Einteilung nach cytochemischen Kriterien</u>

Eine Klassifikation nach rein cytochemischen Merkmalen der Zellen führt zu folgender Einteilung der akuten Leukämien:

    Undifferenzierter Typ (cytochemische Reaktionen $\emptyset$)
    = Stammzellen-Leukämie

    Peroxydase-Typ (Zellen Myeloperoxydase +)
    = Myeloblasten- bzw. Promyelocytenleukämie

    Esterase-Typ (Zellen Esterase +)
    = Monocytenleukämie

    Peroxydase-Esterase-Typ (Zellen Myeloperoxydase und Esterase +)
    = myelomonocytäre Leukämie

    PAS-Typ (Zellen grobgranulär PAS +, sonstige Reaktionen $\emptyset$)
    = Lymphoblastenleukämie

<u>Einteilung der akuten lymphatischen Leukämien nach immunologischen Kriterien</u>

Durch den Nachweis bzw. das Fehlen von bestimmten Oberflächenstrukturen auf Lymphoblasten
    "common"-ALL-Antigen (c-ALL-Antigen),
    T-Lymphocyten-Antigenen,
    Receptoren für Schafserythrocyten auf T-Lymphocyten,
    Oberflächenimmunglobulinen und
    Histokompatibilitätsantigenen der Klasse II
lassen sich die akuten Lymphadenosen in folgende Untergruppen einteilen:

    common-ALL (c-ALL) = c-ALL-Antigen +
                          HLA-Antigene der Klasse II +

                            Immunglobuline im Cytoplasma nachweisbar
                            (daher auch als prä-B-ALL bezeichnet)

    T-ALL   = Receptoren für Schafserythrocyten +
                            T-Lymphocyten-Antigene +

    B-ALL   = Oberflächenimmunglobuline +
                            HLA-Antigene der Klasse II +

    Null-ALL   = HLA-Antigene der Klasse II +

    Mischformen (c/T-ALL, c/B-ALL) sind beschrieben.

Merke: Bei akuten myeloischen Leukämien ist die Unterteilung auf Grund immunologischer Merkmale bisher diagnostisch nicht von Bedeutung.

<u>Herkömmliche Einteilung</u>

Da biochemische und immunologische Untersuchungen zur malignen Transformation von Leukocyten ständig neue Erkenntnisse liefern, ist zu erwarten, daß an den bisherigen Schemata zur Einteilung von Leukämien auch in Zukunft Veränderungen vorgenommen werden müssen. Somit erscheint es gerechtfertigt, das seit Jahrzehnten in den Kliniken bewährte Grundgerüst einer Einteilung in

> akute Myelose (akute myeloische Leukämie),
> akute Lymphadenose (akute lymphatische Leukämie),
> undifferenzierte Leukämie,
> Promyelocytenleukämie,
> Monocytenleukämie und
> seltene Leukämieformen
> > (Eosinophilen-, Basophilen-, Megakaryocyten-, Erythroleukämie)

derzeit beizubehalten.

Auf Grund der erwähnten Klassifikationen und den jeweils zugrunde liegenden Gesichtspunkten sind Überschneidungen unvermeidlich.
So stellen beispielsweise Leukämien vom Typ L_1 und L_2 (nach FAB) zum überwiegenden Teil immunologisch c-ALL-Formen dar. Etwa 25 % erweisen sich als T-ALL, nur sehr wenige als B-ALL oder Null-ALL. Erkrankungen des Typs L_3 entsprechen fast ausschließlich einer B-ALL.
Weiterhin ist zu berücksichtigen, daß die chronischen und akuten lymphatischen Leukämien auf Grund der Kieler Klassifikation (s. Lehrbücher der Pathologie) den Non-Hodgkin-Lymphomen zugeordnet werden.

Die sehr differenzierte Unterteilung der akuten Leukämien hat nur in wenigen Fällen wesentliche Fortschritte bezüglich Prognose und Therapie erbracht.

Die Angaben verschiedener Autoren zu Verlauf und Lebenserwartung bei verschiedenen Leukosen differieren erheblich. Dies ist auch dadurch bedingt, daß die Prognose nicht nur durch die Zellart, sondern auch durch die Zahl der Leukämiezellen im peripheren Blut (niedrige Zellzahlen erweisen sich meist als günstiger) und den Zeitpunkt der Therapie beeinflußt wird.

Von entscheidender Bedeutung ist derzeit nur die Abgrenzung der akuten Lymphadenose von den akuten Leukosen des myeloischen Systems. Durch eingreifende therapeutische Maßnahmen sind heute bei bestimmten Formen akuter lymphatischer Leukämien echte Heilungen möglich (s. Lehrbücher der Kinderheilkunde und der Inneren Medizin).

<u>Einteilung der chronischen Leukämien</u>

Bei den chronischen Verlaufsformen existieren nur 2 Krankheitsbilder:

> Chronische Myelose (chronisch myeloische Leukämie)
> Chronische Lymphadenose (chronisch lymphatische Leukämie)

Akute Myelose (akute myeloische Leukämie)   *AML*

Blutbild:

Die Gesamtzahl der Leukocyten im peripheren Blut kann bei akuter Myelose mehr oder weniger stark erhöht sein (über 100 000/µl), im Normbereich liegen oder Werte unter 4 000/µl aufweisen.

Im Differentialblutbild (s. Abb. 17, S. 110) finden sich neben reifen Granulocyten, Lymphocyten und Monocyten mehr oder weniger zahlreich (bis zu 90 %) uniforme Blasten. Sie können morphologisch den normalerweise im Knochenmark vorkommenden Myeloblasten sehr ähneln, jedoch auch in Größe, Form und Struktur der Kerne sowie der Nucleoli starke Abweichungen von der Norm zeigen (Paramyeloblasten, Mikromyeloblasten).
Je nach Reifungsstadium der Zellen sind vereinzelt die für Promyelocyten typischen azurophilen Granula nachweisbar. Das Auftreten von sog. AUER-Stäbchen - zusammengelagerten azurophilen Granula, die sich in Form von 2 - 3 µm langen Nadeln im Cytoplasma darstellen (s. Abb. 9, S. 53) - ist zwar selten, der Nachweis jedoch beweisend für die Abstammung der Zellen aus der myeloischen Reihe. Somit kommt den AUER-Stäbchen zur Abgrenzung einer akuten Myelose von einer akuten Lymphadenose erhebliche differentialdiagnostische Bedeutung zu.
Die für Myeloblasten typischen Plasmaausziehungen, die beim Ausstreichen des Blutes entstehen - im Gegensatz dazu werden die Lymphocyten bei der chronischen Lymphadenose im Ausstrich häufig vollständig zerstört -, können auch bei den leukämischen Myeloblasten beobachtet werden.
Charakteristisch ist, daß sich in der Peripherie neben den Blasten und reifen Granulocyten keine Zwischenstufen, insbesondere keine Myelocyten und Jugendlichen, finden. Diese Beobachtung wird als Hiatus leucaemicus bezeichnet.
Häufig sind kernhaltige Erythrocytenvorstufen im peripheren Blut vorhanden. Meist zeigt das rote Blutbild Zeichen einer Anämie und es besteht fast regelmäßig eine ausgeprägte Thrombocytopenie.

Cytochemische Reaktionen:

Differentialdiagnostisch von Bedeutung ist der Nachweis von Myeloperoxydase in reifen Myeloblasten (s. S. 57), da sich dieses Enzym in undifferenzierten und lymphatischen Blasten nicht findet. Unreife Myeloblasten sind jedoch ebenfalls Myeloperoxydase-negativ.

Klinische Symptomatik:

Die Erkrankung beginnt meist im mittleren Lebensalter mit uncharakteristischen Beschwerden, die häufig als grippaler Infekt gedeutet werden. Neben Müdigkeit, Fieber und Infektionen (z. B. mit Candida albicans) werden oft Nasen- oder Zahnfleischblutungen beobachtet.

Der Verlauf der Erkrankung wird durch die zunehmende Anämie (hypoxämische Organschäden, Atemnot), Thrombocytopenie (Petechien, Blutungen in innere Organe, besonders Retina und ZNS) und das Fehlen von funktionsfähigen neutrophilen Granulocyten (Infektionen, Ulcerationen, Nekrosen u. a.) bestimmt. Nicht selten kommt es durch einen Mangel an F XIII, der durch Enzyme aus den leukämischen Zellen abgebaut wird, zu massiven Blutungen (z. B. nach stumpfen Traumen ins Gehirn).

Organinfiltrationen, insbesondere Vergrößerung von Lymphknoten, Leber und Milz sind möglich, stehen bei der akuten Myelose aber nicht im Vordergrund.

Akute Lymphadenose (akute lymphatische Leukämie)

Blutbild:

Die Leukocytenzahlen schwanken bei der akuten Lymphadenose von Patient zu Patient erheblich.

Lymphoblasten sind im Differentialblutbild auf Grund ihrer Morphologie und ihres Färbeverhaltens meist nicht mit Sicherheit von Myeloblasten zu unterscheiden, so daß eine Abgrenzung der akuten Lymphadenose von der akuten Myelose durch rein morphologische Kriterien nicht möglich ist. Das Fehlen von Azurgranula oder AUER-Stäbchen in Lymphoblasten hat differentialdiagnostisch begrenzte Bedeutung, da diese Strukturen auch in leukämischen Myeloblasten nur selten vorkommen.

Erst, wenn unreife Zellen anhand cytochemischer und immunologischer Kriterien eindeutig den Lymphoblasten zugeordnet werden können, ist die morphologische Differenzierung in die Formen L_1, L_2 oder L_3 (nach FAB), auf die hier nicht näher eingegangen werden soll, gerechtfertigt (s. S. 97). Keinesfalls darf das mikroskopische Bild allein zur Diagnose herangezogen werden.

Cytochemische Reaktionen:

Aussagekraft besitzen eine grobschollige positive PAS-Reaktion, die empfindlich gegenüber α-Amylase ist (s. S. 61), und der stark positive Ausfall der Aktivität der sauren Phosphatase, die nach Zugabe von Natriumtartrat nicht mehr nachweisbar ist (s. S. 62).

Immunologische Merkmale:

Durch den Nachweis bestimmter Oberflächenstrukturen (s. S. 97) lassen sich die Blasten des lymphatischen Systems identifizieren und klassifizieren. Eine hohe Aktivität der terminalen Desoxyribonucleotidyl-Transferase (s. S. 63) in den Zellkernen spricht für das Vorliegen einer akuten Lymphadenose.

Klinische Symptomatik:

Akute lymphatische Leukämien kommen vor allem bei Kindern vor. Im Erwachsenenalter sind etwa 10 % der akuten Leukosen lymphatischen Ursprungs.

Ähnlich wie bei der akuten Myelose beginnt die akute Lymphadenose sehr uncharakteristisch. Kinder klagen häufig über Knochen- und Gelenkschmerzen. Sie sind durch die Hyperplasie des mit Leukämiezellen durchsetzten Marks und den intraossären Druck sowie durch Osteolysen bedingt. Lymphknotenschwellungen, oft generalisiert und das Mediastinum einschließend, sowie eine Vergrößerung von Milz und Leber sind bei Kindern fast regelmäßig nachweisbar.
Eine leukämische Infiltration von Meningen, Gehirn und Rückenmark findet sich bei etwa einem Drittel der Patienten.
Das Terminalstadium ist neben den Symptomen durch die Organinfiltrationen auch durch die Verdrängung des normalen blutbildenden Marks (Blutungen, Abwehrschwäche, Anämie) bestimmt.

Prognose:

Die c-ALL - morphologisch etwa gleich häufig dem L_1- und L_2-Typ entsprechend der FAB-Klassifikation zuzuordnen - ist bei Kindern und Erwachsenen die häufigste Form der akuten lymphatischen Leukämie und weist auch die beste Prognose auf. Hohe Überlebenschancen sind vor allem dann zu erwarten, wenn der Patient ein geringes Lebensalter aufweist, die Leukocytenzahl im peripheren Blut sehr niedrig liegt und die Therapie frühzeitig erfolgt.

Einen ungünstigeren Verlauf zeigen die seltener vorkommende Null-ALL und T-ALL. Eine Rarität mit einer Überlebensdauer von wenigen Monaten stellt die B-ALL (L_3-Form vom BURKITT-Typ, eine leukämische Variante des BURKITT-Lymphoms) dar.

Wird die morphologische Seite als Kriterium für prognostische Aussagen herangezogen, so scheint bei Leukämien vom Typ L_1 (FAB-Klassifikation) die beste Chance für ein langes Überleben zu bestehen.

Chronische Myelose (chronisch myeloische Leukämie)

Blutbild:

Bei der chronischen Myelose ist die Zahl der Leukocyten im peripheren Blut im allgemeinen stark erhöht (bis 500 000/µl).

Im Differentialblutbild sind die Granulocyten und ihre Vorstufen stark vermehrt; es finden sich alle Reifungsstadien vom Myeloblasten bis zum reifen Granulocyten. Meist überwiegen Myelocyten und Jugendliche, während Myeloblasten nur ca. 2 - 5 % der Leukocyten des peripheren Blutes darstellen. Diagnostisch bedeutsam ist ferner die Vermehrung der Eosinophilen (meist 5 - 10 %) und der Basophilen (meist 5 - 15 %), zumal sie sehr frühzeitig beobachtet wird.
Die absolute Zahl der Lymphocyten und Monocyten liegt im Normbereich.
Oft treten kernhaltige Erythrocytenvorstufen im peripheren Blut auf.
Zu Beginn der Erkrankung wird häufig eine Vermehrung der Thrombocyten beobachtet.
In Abb. 19, S. 112, ist ein typischer Ausschnitt aus dem Blutbild eines Patienten mit chronisch myeloischer Leukämie dargestellt.

Die leukämischen Zellen lassen sich morphologisch nicht von denjenigen der normalen Hämatopoese unterscheiden, sind zumindest z. T. funktionsfähig, zeigen jedoch eine erhöhte Lebensdauer und Verweildauer im peripheren Blut, so daß eine Ansammlung der pathologischen Zellen in der Blutbahn und im gesamten Organismus resultiert.

Im Verlauf der Erkrankung kommt es zu einer starken Vermehrung von Blasten, dem sog. Blastenschub, der sich häufig als therapierefraktär erweist. Diese Blasten zeigen bei ca. 25 % der Patienten eine erhöhte Aktivität an terminaler Desoxyribonucleotidyl-Transferase, also eines Enzyms, das ansonsten ein Charakteristikum von T-Lymphoblasten darstellt (s. S. 63). Teilweise haben die neu auftretenden Zellen auch ein monocytäres Aussehen oder erscheinen völlig undifferenziert. Wahrscheinlich beruht dies darauf, daß es durch weitere Mutationen zur Bildung neuer Zellclone von höherem Malignitätsgrad kommt. Da sich die Zellen bei der chronisch myeloischen Leukämie von der myeloiden Stammzelle ableiten, wird verständlich, warum durch geringgradige genetische Veränderungen noch unreifere corpusculäre Elemente (ähnlich den pluripotenten Stammzellen) auftreten, die die Bildung von Zellen mit lymphatischen Eigenschaften ermöglichen.
Das Blutbild ähnelt im Blastenschub demjenigen von akuten Leukosen.

Chromosomenaberration:

Bei etwa 95 % der Patienten mit chronischer Myelose ist in den Chromosomen der teilungsfähigen Granulocyten und Erythrocytenvorstufen sowie den Megakaryocyten eine Chromosomenaberration nachweisbar. Es findet sich eine Translokation der langen Arme von Chromosom 22, meist auf Chromosom 9. Als Ursachen für diese erworbene Anomalie sind bisher nur ionisierende Strahlen sowie Benzol gesichert. Vermutlich wird durch die Noxen zunächst eine einzige Stammzelle pathologisch transformiert, aus dieser entwickelt sich dann ein Zellclon, der unkontrolliert proliferiert.

Das modifizierte Chromosom 22 - als Philadelphia-Chromosom bezeichnet - eignet sich zur Frühdiagnose einer chronischen Myelose, da die Veränderung schon Jahre vor der klinischen Manifestation der Erkrankung nachweisbar ist. Außerdem ist das Philadelphia-Chromosom während des gesamten Krankheitsverlaufs, also auch in den im Rahmen des sog. Blastenschubs auftretenden Zellen, unbeeinflußt von der Therapie existent.

Es muß derzeit offen bleiben, ob es sich bei den etwa 5 % beschriebenen Philadelphia-Chromosom-negativen Erkrankungen tatsächlich um chronisch myeloische Leukämien handelt oder ob die negativen Ergebnisse dadurch bedingt sind, daß die Chromosomenanalysen an Zellen ausgeführt wurden, die nicht dem pathologischen Zellclon zuzuordnen waren.

Cytochemische Reaktionen:

Cytochemisch ist bei der chronischen Myelose - auch bereits im Frühstadium - eine starke Verminderung der Aktivität der alkalischen Neutrophilenphosphatase (s. S. 59) zu beobachten. Dieser Befund ist differentialdiagnostisch von Bedeutung, da bei der Osteomyelosklerose (s. S. 107) zwar ein der chronischen Myelose vergleichbares Blutbild vorliegen kann, jedoch stets stark erhöhte Aktivitäten des Enzyms gefunden werden.

Klinische Symptomatik:

Die chronische Myelose ist eine über Jahre schleichend verlaufende Erkrankung des mittleren Lebensalters (zur seltenen juvenilen Form der chronisch myeloischen Leukämie s. Lehrbücher der Kinderheilkunde).
Das klinische Bild wird zunächst durch den enormen Anstieg der medullären und extramedullären Hämatopoese bestimmt.
Charakteristisch sind eine stark vergrößerte Milz und eine Hepatomegalie. Hierdurch sind die unspezifischen Oberbauchbeschwerden der Patienten bedingt. Als Komplikation wird nicht selten eine Milzruptur beobachtet.
Typisch sind weiterhin als Folge der Expansion des Knochenmarks Schmerzen besonders im Bereich des Sternums und der Unterschenkel.
Seltener kommt es zur leukämischen Infiltration von Lymphknoten, Haut und ZNS oder zu Knochendestruktionen.
Bei stark erhöhten Thrombocytenzahlen ist mit thrombotischen Gefäßverschlüssen (Milzinfarkt, Zentralvenenthrombose der Retina, Priapismus u. a.) zu rechnen.
Aus dem stark erhöhten Zellumsatz und der cytostatischen Therapie resultiert ein Anstieg der Harnsäure im Serum mit arthritischen Beschwerden.
Im Anfangsstadium der Erkrankung besteht meist keine Abwehrschwäche und nur eine gering ausgeprägte Anämie.
Vermutlich therapiebedingt kommt es bei etwa einem Drittel der Patienten zu einer Markfibrose mit Anämie, Granulocytopenie und Thrombocytopenie.
Während des Blastenschubs entwickelt sich zunehmend ein der akuten Myelose ähnliches Krankheitsbild mit Blutungen, Abwehrschwäche und Anämie.

Chronische Lymphadenose (chronisch lymphatische Leukämie)

Blutbild:

Patienten mit chronischer Lymphadenose zeigen meist Gesamtleukocytenzahlen zwischen 20 000 und 200 000/μl Blut, subleukämische Verlaufsformen werden selten beobachtet.

Im Differentialblutbild (s. Abb. 18, S. 111) ist der Prozentsatz der Lymphocyten außerordentlich stark erhöht (60 - 99 %). Morphologisch entsprechen sie den bei Gesunden vorkommenden kleinen Lymphocyten; auffällig ist, daß Azurgranula nur in etwa 1 % dieser Zellen nachweisbar sind.
Häufig wird ein größerer Teil der Lymphocyten beim Anfertigen des Ausstrichs - vermutlich auf Grund verminderter mechanischer Resistenz - zerstört, so daß sich zahlreiche gefärbte Zell- bzw. Kernreste, die bei dieser Erkrankung als GUMPRECHT'sche Kernschatten bezeichnet werden, im Blutbild finden.

Die Diagnose einer chronischen Lymphadenose muß durch die Untersuchung von Knochenmark gesichert werden. Während in diesem Gewebe normalerweise nur wenige B-Zellen sowie Lymphocyten als Bestandteile von Lymphfollikeln und im Rahmen der Durchströmung mit peripherem Blut vorkommen, ist das gesamte Knochenmark bei chronischer Lymphadenose stark mit Lymphocyten durchsetzt.

Immunologische Merkmale:

Bei den auftretenden Zellen handelt es sich fast immer um B-Lymphocyten monoclonalen Ursprungs, die immunologisch inkompetent sind, sich nicht in Plasmazellen transformieren können und die durch eine stark verlängerte Lebensdauer charakterisiert sind.
Nur in etwa 1 - 2 % der Erkrankungen, die besonders rasch progredient verlaufen und meist jüngere Patienten betreffen, sind die leukämischen Zellen als Abkömmlinge von T-Lymphocyten beschrieben worden.

Klinische Symptomatik:

Die chronische Lymphadenose, die nach der Kieler Klassifikation zu den Non-Hodgkin-Lymphomen niedrigen Malignitätsgrades gezählt wird, tritt im höheren Lebensalter auf und zeigt ein langsames Fortschreiten; Verläufe von über 20 Jahren sind bekannt.
Lange Zeit ist das Allgemeinbefinden der Patienten nicht gestört.
Zunehmend kommt es durch die Vermehrung der Lymphocyten zu mäßig ausgeprägten Lymphknotenschwellungen, meist generalisiert auftretend. Durch den Druck der Lymphknoten auf die umgebenden Gewebe ergeben sich entsprechende Beschwerden (z. B. Verdauungsstörungen, Verlegung von Bronchien, Neuralgien u. a.).
Milz und meist auch die Leber sind vergrößert.
Häufig klagen die Patienten über Pruritus. Eine knotige Infiltration der Haut mit leukämischen Zellen (z. B. Facies leontina) wird jedoch selten beobachtet.
Durch zunehmende Verdrängung der immunkompetenten B-Lymphocyten resultiert eine Verminderung der Immunglobuline aller Klassen.
Andererseits werden - wenn auch sehr selten - Paraproteine vom Typ IgM gefunden.
Bei etwa 10 % der Patienten tritt eine autoimmunhämolytische Anämie auf, selten ist eine immunologisch bedingte Thrombocytopenie nachzuweisen.
Der letale Ausgang der Erkrankung wird meist durch die Immundefizienz bestimmt, weniger häufig durch die hämatopoetische Insuffizienz auf Grund der Knochenmarkinfiltration mit leukämischen Zellen.

Promyelocytenleukämie

Blutbild:

Der vorherrschende Zelltyp entspricht morphologisch weitgehend den Promyelocyten. Stärkere Unterschiede in der Größe der Zellen sowie der Kern-Plasma-Relation werden beobachtet.

Klinische Symptomatik:

Das Krankheitsbild verläuft ähnlich wie das der akuten Myelose.

Die Promyelocytenleukämie weist jedoch eine besonders ungünstige Prognose auf. Häufig ist eine Verbrauchskoagulopathie, die auf die Freisetzung von Aktivatoren der Gerinnung und Fibrinolyse aus den pathologischen Zellen zurückzuführen ist, zu beobachten.

Monocytenleukämie

Blutbild:

Die auftretenden leukämischen Zellen ähneln zwar Monocyten, können aber bezüglich Größe, Kernform und -struktur sowie Plasmafarbe außerordentlich variieren.

Cytochemische Reaktionen:

Die Diagnose wird durch den Nachweis der hohen Aktivität der Zellen an α-Naphthylacetat-Esterase, die durch Natriumfluorid hemmbar ist, gesichert (s. S. 58).

Klinisch-chemischer Befund:

Lysozym, das aus den leukämisch veränderten Zellen freigesetzt wird, läßt sich in hohen Aktivitäten in Serum und Harn nachweisen.

Klinische Symptomatik:

Auffällig ist bei der prognostisch ungünstigen Monocytenleukämie die massive Infiltration der Organe mit Leukämiezellen.
Häufig wird ein Befall der Meningen und der Haut, bei etwa 30 % der Patienten eine Hypertrophie der Gingiva beobachtet.
Blutungen infolge von Störungen des plasmatischen Gerinnungssystems treten bei der Monocytenleukämie ebenfalls in vielen Fällen auf.

Seltene Leukämieformen

Die Eosinophilen-, Basophilen-, Megakaryocyten- und Erythroleukämie kommen nur mit außerordentlich niedriger Prävalenz vor und werden daher im Rahmen dieser Einführung nicht beschrieben.
Hierzu s. Lehrbücher der Hämatologie und Inneren Medizin.

Plasmocytom (multiples Myelom)
Plasmazell-Leukämie

Ätiologie:

Diese neoplastische Erkrankung eines aktivierten B-Lymphocyten- bzw. Plasmazellclons, die im höheren Lebensalter auftritt, wird den Non-Hodgkin-Lymphomen von niedrigem Malignitätsgrad zugeordnet. Die Ätiologie der Erkrankung ist bisher nicht bekannt.

Blutbild:

Im Anfangsstadium sind - ausgenommen etwa 1 - 2 % primäre Plasmazell-Leukämien - die Gesamtleukocytenzahl im peripheren Blut und das Differentialblutbild unauffällig.
Meist kommt es erst in sehr fortgeschrittenen Stadien zu einer Ausschwemmung von atypischen Plasmazellen in das periphere Blut, so daß dann von einer Plasmazell-Leukämie gesprochen werden kann.

Die Diagnose eines Plasmocytoms wird durch die Untersuchung von Knochenmark gestellt. Das Mark ist bei dieser Erkrankung herdförmig oder diffus mit Plasmazellen durchsetzt. Die Zellen zeigen verschiedene Reifungsstadien und zahlreiche Atypien (mehrere Kerne, auffällig viele Vacuolen, azurophile Granula, nadelförmige kristalline Einschlüsse, unreife Kernstrukturen mit Nucleoli, gehäuft Mitosen). Morphologisch sind die Plasmazellen nicht sicher von den bei reaktiven Veränderungen zu beobachtenden Zellen zu unterscheiden. Für das Vorliegen eines Plasmocytoms spricht das Auftreten der Plasmazellen in Form von sog. "Nestern".

Charakteristische Befunde:

Die Diagnose eines Plasmocytoms muß stets anhand immunologischer, klinisch-chemischer und röntgenologischer Befunde gesichert werden.

Die von dem pathologischen Plasmazellclon sezernierten monoclonalen - d. h. einheitlichen - Immunglobuline gehören bei etwa zwei Drittel der Patienten der Klasse IgG an, weniger häufig stellen sie IgA und sehr selten IgD oder IgE dar.
Die monoclonalen Immunglobuline sind in Elektrophorese-Diagrammen als schmale Gipfel meist im Bereich der γ-Globuline, seltener in der β-Fraktion, zu erkennen (s. Abb. 38, S. 269).

In etwa 60 % der Fälle sezernieren die Plasmazellen zusätzlich zu den kompletten Immunglobulinen isolierte L-Ketten (Kappa- oder Lambda-Ketten), die als sog. BENCE-JONES-Proteine in Serum und Harn (s. S. 353 bzw. S. 427) nachweisbar sind.
Eine alleinige Sekretion von L-Ketten tritt bei 10 - 20 % der Erkrankten auf (sog. BENCE-JONES-Plasmocytom).

Ferner wird vereinzelt bei Patienten mit Plasmocytom eine Synthese von Kälteagglutininen beobachtet (Geldrollenbildung der Erythrocyten bei Temperaturen unter 37 °C).

Schließlich sei die extreme Beschleunigung der Blutkörperchen-Senkungs-Geschwindigkeit (ausgenommen bei BENCE-JONES-Plasmocytomen (s. oben)) erwähnt.

Außerdem setzen die pathologischen Plasmazellen einen Faktor frei, der

Osteoklasten aktiviert, so daß es zu umschriebenen Osteolysen (selten einer Osteoporose) kommt. Besonders häufig sind Schädel ("Schrotschußschädel"), Sternum, Rippen, Wirbelsäule und Becken betroffen, erst später siedeln sich die Plasmazellen in den Extremitäten an.
Aus dem vermehrten Knochenabbau resultiert eine Hypercalcämie.

Klinische Symptomatik:

Zunächst stehen beim Patienten uncharakteristische Beschwerden (Müdigkeit, Gewichtsabnahme u. a.) sowie Knochenschmerzen im Vordergrund. Als Folge der Osteolysen kann es zu Spontanfrakturen kommen.

Durch Ablagerung von Immunglobulinen in den Nierentubuli tritt zunehmend eine Einschränkung der Nierenfunktion auf.

Da die sezernierten Immunglobuline keine Abwehrfunktion erfüllen können und die normalen Plasmazellen zunehmend verdrängt werden, kommt es im weiteren Verlauf der Erkrankung zu einem Antikörpermangel mit Infektanfälligkeit. Zeichen einer Knochenmarksinsuffizienz (schwere Anämie, Thrombocytopenie und Leukopenie) durch Verdrängung des normalen Marks treten relativ spät auf.

Die Prognose der Erkrankung ist ungünstig.

Differentialdiagnose:

Das multiple Myelom muß von benignen monoclonalen Gammopathien, die in höherem Lebensalter zu beobachten sind, abgegrenzt werden.

Ferner ist die Unterscheidung von einem M. WALDENSTRÖM von Bedeutung. Bei dieser Erkrankung - ebenfalls einem Non-Hodgkin-Lymphom, das von B-Lymphocyten ausgeht, - sezerniert ein maligne transformierter Zellclon, der morphologisch Lymphocyten und Plasmazellen ähnelt, ein monoclonales Immunglobulin der Klasse IgM.
Das klinische Bild des M. WALDENSTRÖM ähnelt demjenigen des Plasmocytoms.
Osteolytische Herde und Nierenfunktionsstörungen sind jedoch selten.
Dafür kommt es häufig durch die Bindung von IgM an Thrombocyten zu hämorrhagischen Diathesen und durch die hohe Viscosität des Blutes zu Zirkulationsstörungen (Sehstörungen, neurologische Symptome, RAYNAUD-Phänomen u. a.).
Lymphknotenschwellungen und eine Milzvergrößerung sind meist nachweisbar. Insgesamt weist der M. WALDENSTRÖM eine bessere Prognose als das Plasmocytom auf.

Myeloproliferative Erkrankungen

Zu den myeloproliferativen Erkrankungen werden im allgemeinen die Osteomyelosklerose, die Polycythaemia vera und die primäre (essentielle) Thrombocythämie gezählt.

Osteomyelosklerose

Ätiologie:

Bei der Osteomyelosklerose handelt es sich um eine ätiologisch unklare Erkrankung des höheren Lebensalters, die vermutlich die Stammzellen des Knochenmarks betrifft. Durch die Stammzellproliferation kommt es generalisiert, d. h. auch in Leber und Milz, zur Blutbildung. Außerdem wird von den pathologisch veränderten Megakaryocyten ein Wachstumsfaktor für Fibroblasten sezerniert, so daß zunehmend eine Fibrose des Knochenmarks mit Verödung der Markräume resultiert und die extramedulläre Blutbildung dominiert.

Blutbild:

Das Differentialblutbild entspricht weitgehend demjenigen bei chronischer Myelose.
Zu Beginn der Erkrankung ist meist eine ausgeprägte Thrombocytose nachweisbar.

Klinische Symptomatik:

Das klinische Bild ist weitgehend durch die Folgen der massiven Splenomegalie und der Markfibrose gekennzeichnet.

Differentialdiagnose:

Zur Abgrenzung der Osteomyelosklerose von einer chronischen Myelose sind der Nachweis einer erhöhten Aktivität der alkalischen Neutrophilenphosphatase (s. S. 59) und das Fehlen des Philadelphia-Chromosoms (s. S. 102) von Bedeutung.

Polycythaemia vera

Ätiologie:

Vermutlich ist diese Erkrankung, die erst im höheren Lebensalter auftritt, durch das unkontrollierte Wachstum eines pathologisch veränderten Clons pluripotenter Stammzellen bedingt.

Blutbild:

Durch die gesteigerte Produktion der Hämatopoese in Knochenmark und extramedullären Bildungsstätten kommt es zum Anstieg von Erythrocyten, Granulocyten - insbesondere auch der Eosinophilen und Basophilen - sowie der Thrombocyten in der Peripherie.

Im Differentialblutbild finden sich unreife Vorstufen der weißen und roten Blutkörperchen, so daß das Ergebnis der Auswertung eines Blutausstrichs von demjenigen einer chronischen Myelose nicht zu unterscheiden ist.

Klinische Symptomatik:

Regelmäßig besteht auf Grund der extramedullären Blutbildung eine Spleno- und Hepatomegalie.
Infolge der vermehrten Zellmasse und des dadurch erhöhten Blutvolumens ist bei einer Polycythaemia vera nicht selten eine Hypertonie zu beobachten.
Vielfach liegt eine hämorrhagische Diathese vor, die auf Funktionsstörungen der Thrombocyten zurückzuführen ist.
Aus dem gesteigerten Zellumsatz resultiert ein hoher Harnsäurespiegel mit entsprechenden Ablagerungen und Entzündungen in den Geweben.

Differentialdiagnose:

Die Abgrenzung von einer chronischen Myelose ist vor allem durch die Erythrocytenzahl im peripheren Blut, die bei der Polycythaemia vera meist sehr stark erhöht ist, möglich.
Zur Unterscheidung dient ferner die alkalische Neutrophilenphosphatase (s. S. 59), die bei einer Polycythämie stets erhöhte Aktivitätsindices aufweist.

Im Gegensatz zu einer Polyglobulie (s. S. 127) ist bei der Polycythaemia vera die arterielle Sauerstoffsättigung des Blutes normal, der Erythropoetinspiegel liegt ebenfalls im Normbereich oder ist erniedrigt.

Merke:
Da die Erkrankung in ihrem Verlauf - möglicherweise auch durch therapeutische Maßnahmen bedingt - in eine Osteomyelosklerose, eine chronische Myelose oder eine akute Leukämie übergehen kann, ergeben sich differentialdiagnostisch erhebliche Probleme.

Idiopathische (essentielle) Thrombocythämie

Ätiologie:

Die Ätiologie dieser Erkrankung, die mit einer gesteigerten Proliferation der Megakaryocyten einhergeht, ist unklar.

Blutbild:

Im peripheren Blut ist die Zahl der Thrombocyten meist auf über 1 Mill. /μl erhöht.
Typisch ist weiterhin eine Anisocytose der Plättchen, d. h. das gleichzeitige Vorkommen normaler und sehr großer Thrombocyten (sog. Riesenplättchen).
Das Differentialblutbild zeigt ansonsten keine Auffälligkeiten.

Klinische Symptomatik:

Infolge einer gestörten Funktion der vermehrt vorhandenen Thrombocyten stehen rezidivierende Blutungen im Vordergrund.
Thrombosen werden trotz der erhöhten Plättchenzahl selten beobachtet.

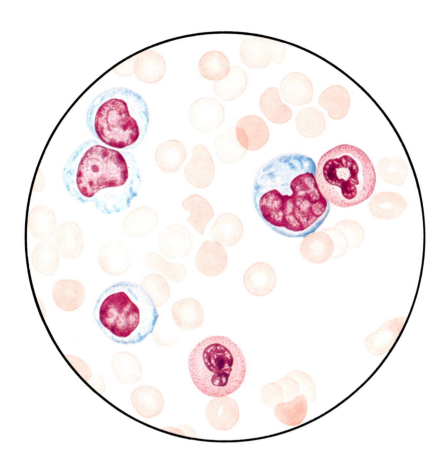

**Abb. 16. Infektiöse Mononucleose (PFEIFFER'sches Drüsenfieber)
Peripheres Blut (panoptische Färbung)**
(modifiziert nach BEGEMANN und RASTETTER, 1987)

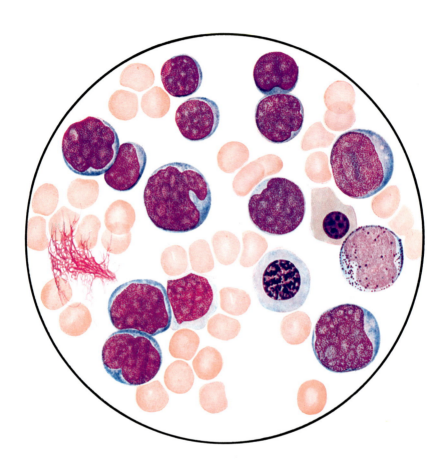

**Abb. 17. Akute Myelose
Peripheres Blut (panoptische Färbung)**
(modifiziert nach BEGEMANN und RASTETTER, 1987)

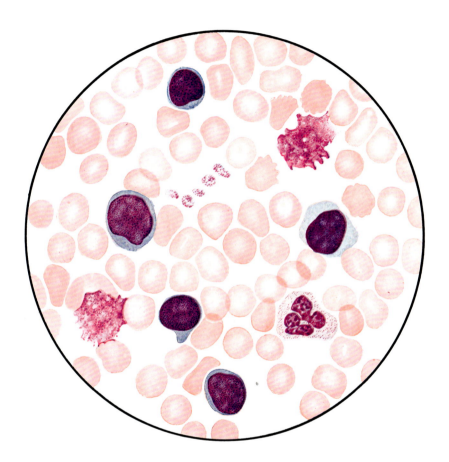

**Abb. 18. Chronische Lymphadenose
Peripheres Blut (panoptische Färbung)**
(modifiziert nach BEGEMANN und RASTETTER, 1987)

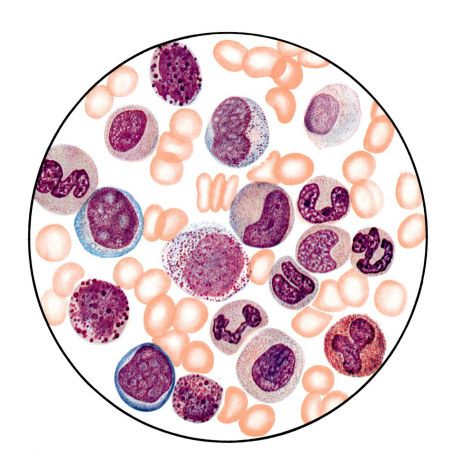

**Abb. 19. Chronische Myelose
Peripheres Blut (panoptische Färbung)**
(modifiziert nach BEGEMANN und RASTETTER, 1987)

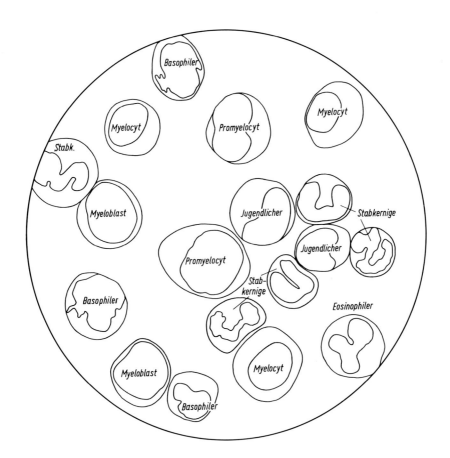

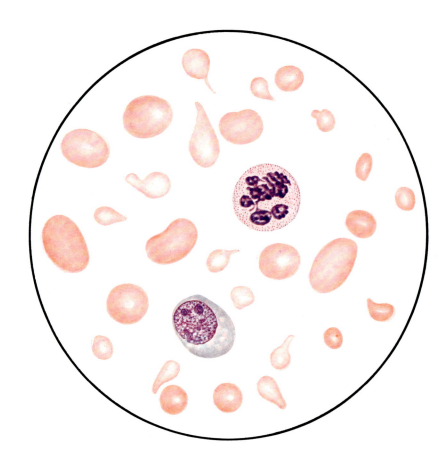

**Abb. 20. Perniziöse Anämie
Peripheres Blut (panoptische Färbung)**
(modifiziert nach BEGEMANN und RASTETTER, 1987)

Anämien

Eine Verminderung der Hämoglobinkonzentration im Vollblut auf Werte unterhalb des Normbereichs wird als Anämie bezeichnet.

Ätiologie der Anämien

I. <u>Anämien durch eine Störung der Erythropoese</u>

   1. <u>Infolge einer eingeschränkten Häm- bzw. Hämoglobinsynthese</u>

      a. <u>Eisenmangelanämie</u> (ca. 3/4 aller Anämien)

         Ursache:
            Ständige Eisenverluste
                gastrointestinale Blutungen
                verstärkte Menstruation
            Gesteigerter Bedarf an Eisen
                Wachstumsperioden
                Gravidität, Lactation
            Mangelhafte Eisenresorption
                beschleunigte Passage nach Magenresektion
                Malabsorption
            Unzureichende Eisenzufuhr
                physiologisch zwischen dem 6. und 24. Lebensmonat
                durch einseitige Ernährung
                    (vegetarische Kost, Süßigkeiten, Ziegenmilch)

      b. <u>Sideroblastische Anämien</u>

         Durch gestörte Hämsynthese infolge einer verminderten Bildung von Protoporphyrinvorstufen, einem Mangel an Hämsynthase, Vitamin B_6 u. a.

         Ursache:
            Angeboren
            Erworben
                idiopathisch
                Bleiintoxikation
                    Blei hemmt die Porphyrinsynthese auf mehreren Stufen, insbesondere die Porphobilinogen-Synthase und den Einbau von Eisen; außerdem wirkt es toxisch auf die Zellen, so daß es zur vorzeitigen Lyse von Erythrocyten kommt.
                Alkohol
                Medikamente
                chronisch entzündliche und neoplastische Erkrankungen

      c. <u>Thalassämien</u> (autosomal dominant vererbt)

         Ursache:
            Verminderte oder fehlende Produktion von β-Ketten
            (β-Thalassämie)

Verminderte oder fehlende Produktion von α-Ketten
(α-Thalassämie)

   d. <u>Sichelzellanämie</u> (bei Homocygoten; autosomal dominant vererbt)

   Ursache:
   Bildung von HbS (s. S. 65)

2. <u>Infolge einer Störung der DNS-Synthese und der Erythrocytenreifung</u>

   a. <u>Durch Vitamin B_{12}-Mangel</u>

   Vitamin B_{12} wird normalerweise im unteren Ileum in Gegenwart des von den Parietalzellen der Magenschleimhaut parallel zu den Wasserstoffionen sezernierten Intrinsicfaktors resorbiert, an die Glykoproteine Transcobalamin I und II gebunden und in der Leber sowie schnell proliferierenden Geweben (z. B. Knochenmark) gespeichert.

   Ursache:
   Mangelernährung (sehr selten)
   Fehlen des Intrinsicfaktors infolge einer durch Auto-Antikörper bedingten chronisch-atrophischen Gastritis
       Merke: Liegt diese Ursache vor, wird die megaloblastische Anämie als Perniciosa bezeichnet!
   Zustand nach Magenresektion
   Ileumresektion, M. CROHN mit Befall des Ileums
   Malabsorptionssyndrom
       (Cöliakie bzw. Sprue, schwere Enteritiden)
   Fischbandwurmbefall

   b. <u>Durch Folsäure-Mangel</u>

   Folsäure wird beim Gesunden nach Abspaltung von Glutaminsäure im Duodenum und Jejunum resorbiert.

   Ursache:
   Mangelernährung
       Alkoholiker
       einseitige Kost ohne Vegetabilien
   Erhöhter Bedarf
       vermehrte Erythrocytenproduktion
           (z. B. hämolytische Anämien)
       Hämodialyse-Patienten
       Schwangerschaft
   Malabsorptionssyndrom
   Störung der Dekonjugation
       durch Ovulationshemmer
       durch Antiepileptika
   Therapie mit Folsäure-Antagonisten

3. <u>Infolge verminderter Knochenmarkfunktion</u>

   a. <u>Aplastische Anämie</u>

   Das blutbildende Mark wird zunehmend durch Fettgewebe ersetzt; Granulocyto- und Thrombocytopoese sind zu Beginn der Erkrankung meist nur wenig betroffen, später kommt es zur Pancytopenie (Panmyelopathie).

Ursache:
    Selten angeboren
    Idiopathisch (ca. 60 %)
    Toxisch bedingt
        (z. B. durch Benzol, Gold, Chloramphenicol, Phenyl-butazon, Sulfonamide, Hydantoine u. a.)
    Cytostatikatherapie
    Ionisierende Strahlen
    Markverdrängung durch Leukosen oder Osteomyelosklerose
    Nach Infektionskrankheiten (z. B. Hepatitis, Tuberkulose)

b. <u>Infekt-, Tumoranämie</u>

Ursache:
    Gestörte Abgabe von Eisen aus den Makrophagen des RES ins Plasma; auch therapeutisch zugeführtes Eisen wird im RES abgelagert.

c. <u>Renale Anämie</u>

Ursache:
    Erythropoetinmangel (wesentlicher Faktor)
    Knochenmarkschädigung durch harnpflichtige Substanzen
    Leichte Hämolyse durch Stoffwechseldefekte der Erythrocyten
    Blutverluste

II. <u>Anämien durch gesteigerten Erythrocytenabbau (hämolytische Anämien)</u>

1. Auf Grund von Membrandefekten

    a. <u>Hereditärer hämolytischer Ikterus</u> (autosomal dominant vererbt)

    Ursache:
        Durch einen Defekt in der Erythrocytenmembran steigt die Na^+-Konzentration in den Zellen an. Der daraus resultierende Wassereinstrom bewirkt eine Formveränderung und damit eine längere Verweildauer der Erythrocyten in der Milz. Da der erhöhte Energiebedarf zur Eliminierung des Natriums infolge der niedrigen Glucosekonzentration in den Milzsinus nicht gedeckt werden kann, kommt es zur beschleunigten Lyse der Sphärocyten.

    b. <u>Paroxysmale nächtliche Hämoglobinurie</u> (MARCHIAFAVA)

    Ursache:
        Ein Membrandefekt bewirkt, daß die Zellen leicht durch Complement lysiert werden. Bei niedrigen pH-Werten des Blutes, z. B. einem Anstieg des pCO_2 im Schlaf, ist die Lyse besonders ausgeprägt (dunkler Morgenurin infolge Hämoglobinurie).

2. Durch erythrocytäre Enzymopathien

    a. <u>Glucose-6-Phosphat-Dehydrogenase-Mangel</u> (X-chromosomal vererbt)

    Die hämolytische Anämie wird erst durch exogene Einflüsse manifest (s. S. 88).

b. Pyruvatkinase-Mangel

c. Hexokinase-Mangel (FANCONI)

u. a.

3. Durch extracorpusculäre Faktoren

   a. Immunologisch bedingt

      Ursache:
         Iso-Antikörper
            z. B. Morbus hämolyticus neonatorum, Transfusionszwischenfall
         Auto-Antikörper (meist inkomplette Wärme-(IgG)-Antikörper)
            idiopathisch (ca. 50 %)
            chronisch lymphatische Leukämie
            Lupus erythematodes
            Infektionskrankheiten (bes. mit Viren und Mykoplasmen)
            chronische Entzündungen (z. B. Colitis ulcerosa)
         Durch Pharmaka induziert
            α-Methyldopa
            hohe Dosen Penicillin
            Streptomycin
            u. a.

   b. Toxisch bedingt

      Ursache:
         Benzol, Anilin, Blei, Arsen u. a.
         Bakterielle Toxine (bei schwerer Sepsis)
         Tierische Toxine (z. B. Schlangen- und Spinnengifte)
         Pflanzliche Gifte (z. B. Saponine)

   c. Parasiten (z. B. Malaria)

   d. Mechanisch bedingt

      Ursache:
         Künstliche Herzklappen
         Marschhämoglobinurie
            (vermutlich mechanisch bedingte Lyse von Erythrocyten in Gefäßen im Bereich der Fußsohlen)

   e. Thermisch bedingt

      Ursache:
         Verbrennungen

III. Anämien durch Blutverluste

   a. Akute Blutungen

   b. Chronische Blutungen

Einteilung der Anämien

1. Auf Grund des durchschnittlichen Hämoglobingehalts des einzelnen Erythrocyten (MCH, s. S. 73) lassen sich die Anämien in drei Gruppen einteilen:

   Hypochrome Anämien

   > Die Erythrocyten enthalten im Durchschnitt weniger Hämoglobin als normalerweise, d. h., die Hämoglobinkonzentration im Vollblut ist stärker herabgesetzt als die Erythrocytenzahl pro µl Blut. Das MCH kann bis auf 15 pg, die MCHC (s. S. 77) bis auf etwa 24 g/dl Erythrocyten vermindert sein.

   > Differentialdiagnostisch kommen in Betracht:
   > Eisenmangel
   > Eisenverwertungsstörungen (selten)
   > Thalassämien o. a. Hämoglobinopathien

   Hyperchrome Anämien

   > Die Zahl der Erythrocyten ist stärker vermindert als die Hämoglobinkonzentration im Blut. Die Erythrocyten enthalten durchschnittlich mehr Hämoglobin als Normocyten; das ist nur möglich, da das Volumen der Erythrocyten zunimmt. Das MCV (s. S. 76) kann bis auf etwa 150 fl, das MCH bis auf etwa 50 pg erhöht sein. Die MCHC liegt im Normbereich.

   > Differentialdiagnostisch kommen in Betracht:
   > Megaloblastische Anämien
   > Schwere Lebererkrankungen

   Normochrome Anämien

   > Der Hämoglobingehalt des einzelnen Erythrocyten liegt im Normbereich, die Hämoglobinkonzentration des Vollbluts und die Erythrocytenzahl pro µl Blut sind proportional zueinander vermindert.

   > Differentialdiagnostisch kommen in Betracht:
   > Aplastische Anämien
   > Hämolytische Anämien
   > Akuter Blutverlust

2. Je nach Auftreten der Erkrankung wird unterschieden zwischen:

   Angeborenen Anämien

   Erworbenen Anämien

3. Ferner wird bei der Einteilung der Anämien die Ätiologie der Erkrankung und/oder die Morphologie der Erythrocyten berücksichtigt:
   z. B. Infekt-, Tumoranämie
   z. B. megaloblastische Anämie
   z. B. Kugelzellanämie
   u. a.

Klinische Symptomatik der Anämien

Eingehende Darstellungen s. Lehrbücher der Hämatologie und Inneren Medizin.

Allgemeine Symptome

Sie sind durch die Anämie bzw. den Sauerstoffmangel selbst bedingt.

Blässe von Schleimhäuten und Haut,
Müdigkeit, Konzentrationsschwäche,
Kältegefühl,
Inappetenz, Blähungen, Aufstoßen,
Ohrensausen, Kopfschmerzen, cerebrale ischämische Attacken,
Atemnot, pectanginöse Beschwerden

Spezifische Symptome

Sie sind z. T. dadurch bedingt, daß der zugrundeliegende Mangel bzw. Defekt nicht nur die Erythropoese betrifft.

z. B. bei Eisenmangelanämie

Mundwinkelrhagaden, trockene Haut, strohiges Haar,
brüchige, flache Nägel mit Längs- oder Querrillen,
atrophische, blasse Zunge,
Dysphagie durch Atrophie der Oesophagusschleimhaut

z. B. bei Perniciosa

Subikterus durch die Steigerung der ineffektiven Erythropoese
  (normalerweise werden nur etwa 10 % der gebildeten Erythrocytenvorstufen bereits im Knochenmark wieder abgebaut),
atrophische, rote Zunge, Zungenbrennen,
uncharakteristische gastrointestinale Beschwerden,
funiculäre Spinalerkrankung durch Schwund der Markscheiden,
evtl. Vitiligo

z. B. bei Sichelzellanämie

gehäuft Mikroembolien mit Infarkten (bes. in Knochen, Lunge, Milz) bei Aufenthalt in großen Höhen
  (durch den niedrigen Sauerstoffpartialdruck kommt es intravasal zur Sichelbildung der Erythrocyten)

z. B. bei akuter hämolytischer Krise
(beispielsweise bei Glucose-6-Phosphat-Dehydrogenase-Mangel nach Einwirkung einer auslösenden Noxe (s. S. 88))

zunehmender Ikterus,
bierbrauner Urin, Rückenschmerzen (durch Hämoglobinurie),
kolikartige Oberbauchbeschwerden (infolge Milzschwellung),
Fieber, Schüttelfrost,
Kollapsneigung, Schockgefahr,
evtl. Anurie,
evtl. Verbrauchskoagulopathie

Untersuchungsverfahren zur Differenzierung von Anämien

Tabelle 23. Hinweise zur Indikation von Untersuchungen, die zur Differentialdiagnostik von Anämien Anwendung finden

Verfahren	Indikation bzw. Aussagekraft des Verfahrens
Hämoglobinkonzentration, Erythrocytenzahl, Hämatokrit, MCH, MCV, MCHC	Die Ergebnisse ermöglichen die Unterscheidung von hyper-, hypo- bzw. normochromen Anämien sowie von makro-, mikro- bzw. normocytären Anämien.
Differentialblutbild	Neben uncharakteristischen Merkmalen einer ausgeprägten Anämie (Anisocytose, Poikilocytose) sind spezifische morphologische Veränderungen der Erythrocyten zu erkennen: Anulocyten, Targetzellen, Megalocyten, Kugelzellen, Elliptocyten, basophile Tüpfelung, JOLLY-Körperchen u. a. Ferner werden das Auftreten einer Polychromasie (als Hinweis einer erhöhten Reticulocytenzahl im peripheren Blut), kernhaltiger Erythrocytenvorstufen, einer Thrombocytopenie und Veränderungen an Granulocyten (z. B. bei megaloblastischen Anämien) sichtbar.
Leukocytenzahl Thrombocytenzahl	Die im Rahmen von Leukosen auftretenden Anämien und Thrombocytopenien werden diagnostizierbar. Veränderungen auf Grund eines Vitamin B_{12}- oder Folsäuremangels sowie einer gestörten Knochenmarkfunktion, bei der die gesamte Hämatopoese betroffen sein kann, sind zu ersehen. Nach akuten Blutverlusten ist ein Anstieg der Leukocyten und Thrombocyten zu beobachten.
Reticulocytenzahl	Verminderte Reticulocytenwerte im peripheren Blut deuten darauf, daß zu wenig funktionsfähiges Knochenmark vorhanden ist, oder Bausteine zur Bildung von Erythrocyten fehlen (z. B. Eisen, Vitamin B_{12}, Folsäure, Protoporphyrin 9 u. a.). Erhöhte Reticulocytenzahlen finden sich bei vermehrtem Bedarf an Erythrocyten in der Peripherie (z. B. im Rahmen hämolytischer Anämien oder akuter Blutungen). Die Reticulocytenzahl dient auch zur Therapiekontrolle; ein Anstieg im peripheren Blut ist zu beobachten: 7 - 10 Tage nach oraler Gabe von Eisen, 2 - 3 Tage nach Gabe von Vitamin B_{12} oder Folsäure.
Eisen im Serum	Der Eisenspiegel im Serum ist abhängig von der Aufnahme mit der Nahrung und kann außerdem im Rahmen von akuten Infekten durch die Abwanderung von Eisen ins RES innerhalb von Tagen stark abfallen. Er ist kein direktes Maß für die Eisenvorräte des Organismus. Gespeichert wird das Eisen im Körper in den Zellen des RES in Form von Ferritin und Hämosiderin (s. S. 86).

Fortsetzung Tabelle 23.

Verfahren	Indikation bzw. Aussagekraft des Verfahrens
Ferritin im Serum	Der Ferritinspiegel im Serum korreliert - ausgenommen bei Lebererkrankungen, Zuständen mit Verschiebung des Eisens in das RES sowie einer Reihe von Malignomen (s. S. 366) - weitgehend mit den Eisenvorräten im Organismus. Verminderte Eisen- und Ferritinspiegel im Serum zeigen einen Eisenmangel an. Erhöhte Konzentrationen für Eisen und Ferritin sprechen für eine Eisenüberladung (Ursachen s. S. 366), lassen jedoch ohne zusätzliche Befunde keine Aussagen über die Erythropoese zu.
Siderocyten	Erhöhte Werte sind ein Hinweis auf eine Störung der Eisenverwertung, der Häm- bzw. Hämoglobinsynthese. Anamnestisch ist eine Milzexstirpation auszuschließen (s. S. 87).
LDH und α-HBDH im Serum, Gesamtbilirubin und indirektes Bilirubin im Serum, Haptoglobin im Serum, Hämoglobin im Urin	Alle genannten Verfahren dienen zum Nachweis einer gesteigerten Hämolyse. LDH, α-HBDH (= Isoenzyme LDH_1 und LDH_2) und Hämoglobin werden bei Lyse aus den Erythrocyten freigesetzt. Bei intravasaler Hämolyse kommt es zur Bindung des freien Hämoglobins an das Haptoglobin im Plasma. Der Komplex wird von Makrophagen aufgenommen und das Häm zu Bilirubin abgebaut. Im Serum resultiert entsprechend dem Ausmaß der Hämolyse ein Abfall des Haptoglobinspiegels und ein Anstieg von indirektem Bilirubin, das von den Leberzellen nicht mehr vollständig aufgenommen werden kann. Bei massiver Hämolyse, d. h. bei einer Steigerung des Hämoglobinanfalls auf das 3 - 4 fache der Norm, ist das Haptoglobin nicht mehr in der Lage, alles anfallende Hämoglobin zu binden, so daß es zur Ausscheidung von freiem Hämoglobin im Urin kommt. Bei extravasaler Hämolyse (z. B. innerhalb des Knochenmarks) wird das anfallende Hämoglobin direkt von den Makrophagen des Gewebes aufgenommen, nach Abspaltung der Globinketten und des Eisens aus den Porphyrinringen entsteht ebenfalls Bilirubin. Zum Abfall von Haptoglobin im Serum und einer Hämoglobinurie kommt es nur, wenn die Phagocytosekapazität der Makrophagen überschritten wird.
Knochenmarkpunktion	Hyper-, Hypo- oder Aplasie der Erythropoese sowie der Nachweis von Megaloblasten (megaloblastische Anämie) und Ringsideroblasten (nach Darstellung mit der Berliner Blau-Reaktion (s. S. 87)) stellen wesentliche Befunde dar.
PRICE-JONES-Kurve	Bei hereditärem hämolytischen Ikterus ist der Gipfel der Kurve zu kleineren Zelldurchmessern verschoben oder es zeigen sich zwei Gipfel (s. S. 75).

Fortsetzung Tabelle 23.

Verfahren	Indikation bzw. Aussagekraft des Verfahrens

Vitamin B_{12}- und Folsäurekonzentration im Serum, Gastroskopie mit Schleimhautbiopsie, Nachweis von Auto-Antikörpern gegen Parietalzellen und Intrinsicfaktor, SCHILLING-Test	Die Untersuchungen sind angezeigt bei Verdacht auf eine megaloblastische Anämie (s. S. 116).
	Die Ergebnisse des SCHILLING-Tests sind nur bei normaler Nierenfunktion verwertbar.
	Beim SCHILLING-Test wird per os zunächst radioaktiv markiertes Vitamin B_{12} gegeben. 2 Stunden später injiziert man i. m. oder s. c. eine hohe Ausschwemmdosis unmarkierten Cobalamins.
	Im 24-Stunden-Urin wird die Radioaktivität gemessen. Der Test wird unter gleichzeitiger Gabe von Intrinsicfaktor per os wiederholt.
	Ausfall der Testergebnisse:
	Bei Perniciosa (Mangel an Intrinsicfaktor)
	    1. Test: gemessene Radioaktivität vermindert
	    2. Test: Ergebnis im Normbereich
	Bei Folsäuremangel
	    1. Test: Ergebnis im Normbereich
	Bei Malabsorption
	    1. Test: gemessene Radioaktivität vermindert
	    2. Test: gemessene Radioaktivität vermindert
	Merke: Der SCHILLING-Test stellt bei Vitamin B_{12}-Mangel gleichzeitig eine Therapie dar und muß daher stets am Ende aller differentialdiagnostischen Erwägungen stehen!

osmotische Resistenz	vermindert bei hereditärem hämolytischen Ikterus erhöht bei Thalassämien
Nachweis von HbF bzw. HbS, Hb-Elektrophorese	Die Verfahren dienen zur Diagnostik von Thalassämien, Sichelzellanämien und zahlreichen weiteren abnormen Hämoglobinarten.
δ-Aminolävulinsäure im Harn, Blei in Serum und Harn	Bei Bleiintoxikation finden sich erhöhte Konzentrationen an δ-Aminolävulinsäure im Harn sowie an Blei in Serum und Harn.
Nachweis von HEINZ'schen Innenkörpern, G-6-PDH-Aktivität in Erythrocyten, Methämoglobin im Vollblut	Bei Verdacht auf hereditäre Enzymdefekte der Erythrocyten (den Glutathion- bzw. Glucosestoffwechsel betreffend) oder bei toxischen Methämoglobinämien ist der Nachweis von Einschlußkörpern bzw. des Enzymdefekts oder die Bestimmung der Konzentration an Methämoglobin im Vollblut angezeigt.
direkter und indirekter COOMBS-Test	Erfaßt werden Iso- und Auto-Antikörper gegen Erythrocyten.
Erythrocytenlebensdauer	Nach Injektion von ^{51}Cr-markierten Erythrocyten können die durchschnittliche Halbwertszeit der Zellen im Blut und der Ort des (beschleunigten) Abbaus bestimmt werden.

Tabelle 24.

Charakteristische Befundkonstellationen bei Anämien

Anämie verursacht durch	Hb	Erythrocyten/μl und Morphologie	MCH	MCV	MCHC	Reticulocyten/μl	Weitere Befunde
I. Störung der Erythropoese							
1. Störung der Häm- bzw. Hämoglobinsynthese							
Eisenmangel	↓	↓ Mikrocyten Anulocyten	↓↓	↓	↓	↓	Ferritin ↓ (Frühsymptom!) Eisen im Serum ↓
Bleivergiftung (sideroblastische Anämie mit hämolytischer Komponente)	↓	↓ basophile Tüpfelung Polychromasie	n/↓	n/↓	n/↑	↑	δ-Aminolävulinsäure im Harn ↑ Blei in Serum und Harn ↑ Eisen im Serum ↑ Ringsideroblasten im Knochenmark Zeichen gesteigerter Hämolyse (↑) - ↑↑ (s. Tabelle 23, S. 122)
β-Thalassaemia minor	↓	↓ ↓/↑ Targetzellen	↓↓	↓	n/↓	n/↑	HbA2 ↑, HbF n - ↑ Eisen im Serum ↑ osmotische Resistenz ↑
2. Störung der Erythrocytenreifung							
megaloblastische Anämie (Vit. B12- bzw. Folsäuremangel) (s. Abb. 20, S. 114)	↓	↓ ↓↓ Megalocyten Poikilocytose	↑	↑	n	↓	evtl. Leuko- und Thrombocytopenie übersegmentierte Neutrophile Megaloblasten, Riesenstäbe LDH ↑↑↑, α-HBDH ↑↑, ind. Bilirubin ↑ Eisen im Serum ↑ Vit. B12 bzw. Folsäure im Serum ↓ evtl. Gastroskopie, SCHILLING-Test
3. Verminderte Knochenmarkfunktion							
Infektanämie Tumoranämie	↓	↓	n/↓	n/↓	n/↓	↓	Eisen im Serum ↓ Ferritin im Serum n/↑

Fortsetzung Tabelle 24.

Anämie verursacht durch	Hb	Erythrocyten/μl und Morphologie	MCH	MCV	MCHC	Reticulocyten/μl	Weitere Befunde
aplastische Anämie	↓	↓	n	n	n	↓↓	Eisen im Serum ↑ Knochenmark "leer"
II. gesteigerter Erythrocytenabbau (hämolytische Anämien)							
hereditärer hämolytischer Ikterus	n/↓	n/↓ Sphärocyten Polychromasie	n	n	n	↑↑	Zeichen einer gesteigerten Hämolyse (s. Tabelle 23, S. 122); Gallensteine? PRICE-JONES-Kurve (s. S. 75) osmotische Resistenz ↓
hämolytische Krise bei G-6-PDH-Mangel und exogener Noxe	↓	↓ Polychromasie	n	n	n	↑	Zeichen einer gesteigerten Hämolyse (s. Tabelle 23, S. 122) HEINZ' sche Innenkörper + G-6-PDH in Erythrocyten ↓
Auto-Antikörper	↓	↓ Polychromasie	n	n	n	↑	Zeichen einer gesteigerten Hämolyse (s. Tabelle 23, S. 122) COOMBS-Test +
III. Blutverlust							
akute Blutung	n	n	n	n	n	n	Blutvolumen ↓ Granulocytose, Thrombocytose
einige Stunden bis Tage nach akuter Blutung	↓	↓ Polychromasie	n	n	n	nach 24-48 Std. ↑	
chronische Blutung	↓	↓	↓↓	↓	meist ↓	↑/n	bei längerer Dauer Entwicklung einer Eisenmangelanämie

Zeichenerklärung: n = Werte im Normbereich; ↓ vermindert; ↓↓ stark vermindert; ↑ erhöht; ↑↑ stark erhöht

Morphologische Veränderungen der Erythrocyten, wie sie bei jeder ausgeprägten Anämie auftreten können (s. Tabelle 21, S. 78 ff.), sind nicht erwähnt.
Eingehende Darstellungen s. Lehrbücher der Hämatologie und Inneren Medizin.

Die in Tabelle 24 zusammengestellten Befundkonstellationen können lediglich eine grobe Hilfe bei der Interpretation von Patientendaten darstellen. Dies beruht darauf, daß in einer schematischen Darstellung das Stadium und die Schwere der Erkrankung keine Berücksichtigung finden können. Kompliziert wird die Bewertung von Ergebnissen auch dadurch, daß bei Patienten oft mehrere Krankheiten vorliegen, die das Ausmaß eines pathologischen Befundes verstärken oder verschleiern. Als Beispiel sei das Vorkommen einer Eisenmangelanämie bei gleichzeitiger Hämolyse infolge künstlicher Herzklappen genannt. Auch therapeutische Maßnahmen können typische Befundkonstellationen wesentlich verändern. So kommt es beispielsweise bei der Therapie einer Perniciosa mit Cobalamin oder nach Gabe von Erythropoetin bei renal bedingter Anämie initial auf Grund des plötzlich enorm gesteigerten Bedarfs an Eisen häufig zu einem Eisenmangel.

Ein wesentlicher Teil der bei Anämien resultierenden Ergebnisse - insbesondere für MCH, MCV, MCHC, Reticulocytenzahl und Eisen - ist aus pathophysiologischen Zusammenhängen ableitbar. Dies soll an einigen Beispielen erläutert werden:

1. Beim Eisenmangel kann nur unzureichend Häm und damit auch Hämoglobin synthetisiert werden; folglich enthält der einzelne Erythrocyt weniger Hämoglobin als im Normalfall (MCH ↓). Als Anpassung an das nur beschränkt zur Verfügung stehende Hämoglobin drosselt der Organismus die Erythrocytenproduktion (Erythrocyten, Reticulocyten ↓) und bildet kleinere Zellen (MCV ↓). Die vorhandenen roten Blutkörperchen enthalten zwar auf Grund des Eisenmangels weniger Hämoglobin, jedoch keine pathologischen Bestandteile oder Strukturen, so daß sie normal überleben und somit keine Zeichen einer gesteigerten Hämolyse zu erwarten sind (LDH, α-HBDH, indirektes Bilirubin, Haptoglobin im Normbereich).

2. Bei einem Mangel an Vitamin B_{12} ist keine regelrechte DNS-Synthese und Kernreifung möglich. Die Hämoglobinsynthese in der Zelle hingegen läuft unabhängig von der Vitaminkonzentration ungehindert ab. Die Anämie beruht also primär darauf, daß die Produktion von Erythrocyten gestört ist (Erythrocyten, Reticulocyten ↓). Einzelne Zellen können zwar nicht dichter mit Hämoglobin beladen werden als im Normalfall (MCHC normal), kompensatorisch aber ist der Organismus in der Lage, größere Zellen zu bilden, in denen entsprechend mehr Hämoglobin untergebracht werden kann (MCV ↑, MCH ↑).
Durch die pathologisch veränderte DNS-Synthese der Megaloblasten ist ein erheblicher Teil der Zellen nicht zur Reifung und zum Überleben fähig und geht daher bereits im Knochenmark wieder zugrunde (gesteigerte ineffektive Erythropoese). Als Zeichen des vermehrten Zelluntergangs finden sich erhöhte Werte für LDH, α-HBDH und indirektes Bilirubin. Das Eisen aus den vorzeitig lysierten Zellen kann erneut für die Erythropoese verwendet werden. Infolge der sekundär reduzierten Hämoglobinbildung ist der Bedarf an Eisen jedoch gering (Eisen im Serum normal - ↑).

3. Bei akuten hämolytischen Krisen werden primär regelrecht gestaltete Erythrocyten intra- oder extravasal abgebaut. Im Vordergrund stehen daher die Hämolysezeichen (LDH, α-HBDH, indirektes Bilirubin ↑, Abfall des Haptoglobins und evtl. Hämoglobinurie bei intravasaler Hämolyse). Der Verlust an roten Blutkörperchen wird vom Knochenmark mit einer maximal auf das 10 fache zu steigernden Produktion (Reticulocyten ↑) von Normocyten (MCH, MCV, MCHC im Normbereich) beantwortet. Dauer und Ausmaß der Erkrankung entscheiden darüber, ob es zu einer ausgeprägten Anämie kommt und ob der Verbrauch von Eisen aus den Speichern des RES - die durch die nur in geringem Umfang zu steigernde Resorption aus dem Darm nicht kurzfristig aufgefüllt werden können - die Bildung von normochromen Erythrocyten limitiert.

Polyglobulie

Ätiologie:

Bei Patienten mit einer Polyglobulie liegt eine Steigerung der Erythropoese vor.

Als Ursache kommen folgende Zustände bzw. Erkrankungen, die alle mit einem erhöhten Erythropoetinspiegel einhergehen, in Betracht:
Sauerstoffmangel bei Aufenthalt in großen Höhen,
Herz- und Lungenerkrankungen,
Methämoglobinämien,
Hämoglobinopathien,
Nierenarterienstenose,
evtl. polycystische Nierendegeneration,
selten paraneoplastisches Syndrom
(z. B. bei Hypernephrom, Kleinhirntumoren, Nebennierenrindenadenomen u. a.)

Blutbild:

Die Erythrocytenzahl und Hämoglobinkonzentration im Vollblut sowie der Hämatokritwert sind bei Patienten mit Polyglobulie pathologisch erhöht. Hingegen liegen die Werte für Leukocyten und Thrombocyten im peripheren Blut im Normbereich.
Das Differentialblutbild ist unauffällig.

Klinische Symptomatik:

Die Patienten zeigen eine Rötung von Gesicht, Akren und Schleimhäuten; bei Sauerstoffmangel besteht eine Lippencyanose.
Häufig kommt es infolge der starken Blutfüllung der Gefäße und Capillaren zu Hautbrennen, Kopfschmerzen, Schwindel oder Ohrensausen.
Oft ist eine Polyglobulie durch das erhöhte Erythrocyten- bzw. Blutvolumen mit einer Hypertonie verknüpft.
Typische Komplikationen, die auf der erhöhten Blutviscosität beruhen, sind Thrombosen, Herz- oder Hirninfarkte sowie Ulcera im Magen-Darm-Kanal als Folge von Mikrozirkulationsstörungen.

Differentialdiagnose:

Vorgetäuscht werden kann eine Polyglobulie durch eine massive Dehydratation des Patienten (z. B. bei ungenügender Flüssigkeitszufuhr oder schweren Diarrhoen).

Zur Unterscheidung der Polyglobulie von einer Polycythaemia vera dienen neben dem für die myeloproliferative Erkrankung charakteristischen Differentialblutbild (s. S. 107) folgende Untersuchungsergebnisse:
Zahl der Leukocyten und Thrombocyten pro μl Blut
bei Polyglobulie im Normbereich
bei Polycythämie erhöht
Erythropoetinspiegel im Serum
bei Polyglobulie erhöht
bei Polycythämie normal oder vermindert
Sauerstoffsättigung des peripheren Blutes
bei Polyglobulie in der Regel vermindert
bei Polycythämie im Normbereich

Literaturhinweise

BEGEMANN, H.: Praktische Hämatologie, 9. Aufl.
Stuttgart, New York: Thieme 1989.

BEGEMANN, H., RASTETTER, J.: Atlas der klinischen Hämatologie, 4. Aufl.
Berlin, Heidelberg, New York: Springer 1987.

BEGEMANN, H., RASTETTER, J. (Hrsg.): Klinische Hämatologie, 3. Aufl.
Stuttgart, New York: Thieme 1986.

BESSIS, M.: Living Blood Cells and their Ultrastructure.
Berlin, Heidelberg, New York: Springer 1973.

HOFFBRAND, A.V., PETTIT, J.E.: Grundlagen der Hämatologie.
Darmstadt: Steinkopff 1986.

HUBER, H., PASTNER, D., GABL, F.: Hämatologie und Immunhämatologie, 2. Aufl.
Berlin, Heidelberg, New York: Springer 1983.

ROSE, N.R., FRIEDMAN, H., FAHEY, J.L. (Eds.): Manual of Clinical Laboratory Immunology, 3rd ed.
Washington: American Society for Microbiology 1986.

SIEGENTHALER, W., KAUFMANN, W., HORNBOSTEL, H., WALLER, H.D. (Hrsg.): Lehrbuch der Inneren Medizin, 2. Aufl.
Stuttgart, New York: Thieme 1987.

THOMAS, L.: Immunsystem.
In: GREILING, H., GRESSNER, A.M. (Hrsg.): Lehrbuch der Klinischen Chemie und Pathobiochemie, S. 747 ff.
Stuttgart, New York: Schattauer 1987.

VORLAENDER, K.O. (Hrsg.): Immunologie, 2. Aufl.
Stuttgart, New York: Thieme 1983.

WILLIAMS, W.J., BEUTLER, E., ERSLEV, A.J., LICHTMAN, M.A. (Eds.): Hematology, 3rd ed.
New York: McGraw-Hill 1983.

WINTROBE, M.M., LEE, G.R., BOGGS, D.R., BITHELL, T.C., FOERSTER, J., ATHENS, J.W., LUKENS, J.N.: Clinical Hematology, 8th ed.
Philadelphia: Lea and Febiger 1982.

HÄMOSTASEOLOGIE

HÄMOSTASEMECHANISMEN

An der Blutstillung (Hämostase) sind beteiligt:

1. Die Gefäßwand,
2. die Thrombocyten und
3. die im Plasma und in der interstitiellen Flüssigkeit vorkommenden gerinnungsfördernd und gerinnungshemmend wirkenden Stoffe.

Die drei Systeme ergänzen sich gegenseitig, keines ist jedoch in der Lage, Funktionsausfälle in einem der anderen zu kompensieren.

Ähnlich wie in der oben erwähnten Reihenfolge sind die Hämostasemechanismen in der Phylogenese entwickelt worden: Zur Verengung der betroffenen Gefäße als einfachster Form der Hämostase traten im weiteren Verlauf der Entwicklung die Thrombocyten und die plasmatischen Gerinnungsfaktoren hinzu.

Nach einer Schädigung oder Verletzung des Gefäßsystems werden die folgenden stark ineinandergreifenden Mechanismen im Organismus wirksam:

1. Die Reaktionen der Blutgefäße umfassen die reflektorische Kontraktion der glatten Muskelzellen in Arterien und Arteriolen sowie die Freisetzung vasokonstriktorisch wirksamer Substanzen.

2. Durch Adhäsion und Aggregation von Thrombocyten kommt es zur Bildung eines hämostatischen Pfropfs.
Ein aus intakten Gefäßendothelien freigesetztes Prostaglandinderivat (= Prostacyclin) verhindert die Anlagerung von Blutplättchen im Bereich regelrecht erhaltener Gefäßabschnitte und begrenzt somit die Hämostasemechanismen auf den Ort der Schädigung.

3. Als Endprodukt der plasmatischen Gerinnung, die ein außerordentlich komplexes System von Reaktionsabläufen darstellt, bei denen zahlreiche Aktivatoren und Inhibitoren regulierend wirksam sind, entsteht ein dreidimensionales Netzwerk aus Fibrin.

Die Anwesenheit und Funktionsfähigkeit aller an der Hämostase beteiligten Komponenten ist nicht nur zum Wundverschluß, sondern auch zur Aufrechterhaltung der regelrechten Funktion der Gefäßwände erforderlich. Liegt in einem der Systeme ein erheblicher Mangel oder Defekt vor, so kann es spontan oder nach banalen Traumen, die beim Gesunden keinerlei Folgen haben, zum Austritt von Blut aus den Gefäßen - insbesondere im Bereich der Capillaren - kommen.

Übersicht über den Ablauf der Hämostase

Bei der Blutstillung greifen vasculäre, thrombocytäre und plasmatische Komponenten außerordentlich stark ineinander und bilden dadurch eine funktionelle Einheit. In vivo ist eine Abgrenzung der beteiligten Systeme nicht möglich.

Der komplexe Ablauf der Hämostase ist bisher nicht in allen Einzelheiten geklärt. Die heutigen Vorstellungen über die Blutstillung lassen sich stark vereinfacht wie folgt zusammenfassen:

Die nach einer Verletzung zunächst ausgelöste Konstriktion der Blutgefäße ist bereits auf S. 129 dargestellt.

Im Bereich der Läsion lagern sich an die unphysiologischen Oberflächen - z. B. an freiliegendes Kollagen oder Mikrofibrillen - intakte Thrombocyten an und breiten sich unter Bildung cytoplasmatischer Pseudopodien aus. Für diese Adhäsion ist die Anwesenheit des sog. von WILLEBRAND-Faktors erforderlich, der den hochmolekularen Anteil eines Komplexes mit Faktor VIII darstellt (s. S. 133). Der von den Thrombocyten synthetisierte und ins Plasma abgegebene v. WILLEBRAND-Faktor lagert sich einerseits an einen Receptor der Thrombocyten (Glykoprotein I), zum anderen an das Kollagen an, so daß er sozusagen ein Bindeglied zwischen den Blutplättchen und der verletzten Gefäßwand darstellt.

Nach der Adhäsion der Thrombocyten an die lädierten Oberflächen kommt es zur Aggregation der Plättchen, d. h. zu ihrer gegenseitigen Aneinanderlagerung. Die Aggregation ist ein energieabhängiger Vorgang, der unter Verbrauch von ATP abläuft und außerdem die Anwesenheit von Calciumionen und Fibrinogen erfordert. Das Fibrinogen - entweder aus dem Plasma stammend oder aus Speichergranula der Thrombocyten an die Oberfläche der Plättchen transportiert - wird an spezifische Receptoren (Glykoprotein II b/III a) gebunden und ermöglicht so die Verbindung der einzelnen Thrombocyten untereinander.

Als Folge der Aggregation kommt es zur Freisetzung zahlreicher biologisch wirksamer Substanzen aus den verschiedenen Granula oder dem Cytoplasma der Blutplättchen. Diese sog. Freisetzungsreaktion, auch als viscöse Metamorphose bezeichnet, ist irreversibel.

Zu den wichtigsten verfügbar werdenden Mediatoren zählen:

ADP
Plättchen-aktivierender Faktor
>Beide Substanzen steigern die Adhäsion und Aggregation der Thrombocyten.

Thromboxan A_2
>Hierbei handelt es sich um einen Prostaglandinabkömmling, der aus Arachidonsäure, die Bestandteil der Phospholipide der Plättchenmembran ist, synthetisiert wird.
>
>Thromboxan A_2 zeigt eine starke vasokonstriktorische Wirkung, fördert die ADP-Freisetzung und somit die Thrombocytenaggregation und Freisetzungsreaktion.

Serotonin
Catecholamine
  Diese Mediatoren bewirken eine Engstellung der Blutgefäße.

Plättchenfaktor 3
  Der Faktor stellt ein Gemisch aus Phospholipiden dar, das von der
  Innenseite der Zellmembran an die Oberfläche verlagert und somit verfügbar wird. Er ist zur Mitwirkung bei der Auslösung der plasmatischen
  Gerinnung auf endogenem Wege (s. unten) befähigt.

  Alle weiteren aus den Thrombocyten freigesetzten Sekretionsprodukte sowie
  ihre detaillierten Wechselwirkungen sollen der Übersichtlichkeit halber keine
  Erwähnung finden (hierzu s. Lehrbücher der Hämostaseologie).

Als Folge der irreversiblen morphologischen, biochemischen und funktionellen Veränderungen sind die Blutplättchen zu einer dichten Masse zusammengelagert und
bilden den sog. hämostatischen Pfropf, der den primären Wundverschluß darstellt.

Parallel zur provisorischen Blutstillung durch die Thrombocyten erfolgt die Aktivierung des plasmatischen Gerinnungssystems, die auf zwei verschiedenen Wegen -
dem exogenen und dem endogenen - eingeleitet werden kann.

Aus dem verletzten Gewebe wird der sog. Gewebefaktor III, der aus Phospholipiden
und einem Protein besteht, frei. Die Substanz ist in allen Zellen vorhanden, so daß
Mangelzustände nicht auftreten können. Gewebefaktor III ist in der Lage, das exogene Gerinnungssystem (s. S. 136) innerhalb von Sekunden in Gang zu setzen. Das
dabei als Zwischenprodukt entstehende Thrombin kann an Receptoren der Thrombocyten (Glykoprotein I b/V) gebunden werden, die Aggregation und viscöse Metamorphose von Blutplättchen fördern und zum anderen das an die Zellen gebundene Fibrinogen in Fibrin umwandeln, so daß eine Verfestigung des Thrombocytenpfropfs
resultiert.

Die Auslösung der plasmatischen Gerinnung auf endogenem Wege ist an die Verfügbarkeit von Plättchenfaktor 3 und die sog. Kontaktaktivierung von Faktor XII und
XI am freiliegenden subendothelialen Gewebe gebunden. Plättchenfaktor 3 stellt sozusagen eine Matrix dar, auf der in Gegenwart von Calciumionen die weiteren an
der endogenen plasmatischen Gerinnung beteiligten Faktoren aktiviert werden (s. S.
137).

Als Endprodukt der Gerinnung durchsetzt Fibrin den lockeren Thrombocytenpfropf
und bewirkt dadurch eine weitere Abdichtung der lädierten Gefäße.

Das entstandene Fibringerinnsel wird schließlich nach Einwanderung von Zellen und
der Bildung kollagener Fasern durch Narbengewebe ersetzt bzw. intravasal auf
Grund der Wirkung des fibrinolytischen Systems (s. S. 140) wieder aufgelöst.

Der aktivierte Faktor XII kann neben seiner Wirkung in der Anfangsphase des gerinnungsfördernden Systems auch bestimmte Mechanismen der Fibrinolyse (s. S.
140) in Gang setzen, so daß mit der Einleitung der Bildung von Fibrin also bereits
für dessen späteren Abbau gesorgt wird.

Da Plättchenfaktor 3 und Gewebefaktor III nur dort verfügbar werden, wo Thrombocyten aggregieren bzw. Gewebe geschädigt worden ist, bleibt die plasmatische Gerinnung normalerweise auf die nächste Umgebung der verletzten Zellstrukturen beschränkt.

Thrombocyten

Im Knochenmark reifen Megakaryoblasten (durch Kernteilungen ohne Zellteilung) zu Megakaryocyten heran, aus deren Cytoplasma sich die Blutplättchen abschnüren. Elektronenmikroskopisch können im Plasma reifer Megakaryocyten Membranen nachgewiesen werden, die umschriebene Bezirke des Plasmas voneinander trennen. Die so veränderten Megakaryocyten lagern sich vom Mark her an das Sinusendothel an. Protoplasmaausläufer schieben sich durch Endothellücken in das Sinuslumen vor. Durch das strömende Blut werden dann die reifen Thrombocyten losgelöst.

Die Blutplättchen finden sich in Form von Spindeln oder Scheiben mit einem Durchmesser von 2 - 4 μm, einer Dicke von etwa 0,6 - 1 μm und glatter oder undulierender Oberfläche im Blut. In Venenblut, das mit dem Dikaliumsalz der Ethylendinitrilotetraessigsäure (EDTA) (s. S. 8) ungerinnbar gemacht wurde, liegen sie meist in Kugelform vor.

Thrombocyten enthalten sämtliche Enzyme der Glykolyse, des Pentosephosphat-Shunts und der Atmungskette. Der größte Teil des für den Zellstoffwechsel benötigten ATP wird durch Abbau von Glucose bereitgestellt; geringe Mengen stammen aus der oxydativen Phosphorylierung. Als Reservekohlenhydrat dient Glykogen.

In spezifischen Granula wird u. a. ADP, das die Aggregation der Thrombocyten auslöst, sowie Serotonin (5-Hydroxytryptamin), das nach Freisetzung zu einer lokalen Vasokonstriktion führt, gespeichert. Die Plättchen verfügen außerdem über die Enzyme zur Synthese von Prostaglandinderivaten aus Arachidonsäure. Die wichtigste dieser Substanzen stellt das Thromboxan A_2 dar, das vasokonstriktorisch und aggregationsfördernd wirkt. Der gerinnungsphysiologisch aktive Anteil der in der Thrombocytenmembran lokalisierten Phospholipide wird als Plättchenfaktor 3 bezeichnet.

An der Oberfläche der Thrombocyten sind Plasmaproteine und Gerinnungsfaktoren adsorbiert (sog. plasmatische Atmosphäre). Die hämostaseologisch wirksamen Faktoren stammen zum Teil aus dem Plasma oder werden nach ihrer Synthese in den Plättchen an deren Außenseite transportiert.

Neben den ABO-Blutgruppenmerkmalen und den HLA-Antigenen tragen die Thrombocyten spezifische antigene Strukturen.

Weiterhin nehmen die Thrombocyten an den Abwehrvorgängen des Organismus teil. Mikroorganismen und Antigen-Antikörper-Komplexe können nach Adsorption an die Oberfläche von den Plättchen phagocytiert werden. Auch in diesem Rahmen kann es zur Auslösung einer viscösen Metamorphose kommen; hierdurch ist die nicht selten zu beobachtende Thrombocytopenie bei Immunreaktionen zu erklären.

Für den regelrechten Ablauf der Hämostasemechanismen ist nicht nur eine genügende Zahl von Thrombocyten erforderlich, auch Struktur und biochemische Funktionsfähigkeit der Plättchen spielen eine wesentliche Rolle. Bei normaler Plättchenfunktion sind etwa 30 000 Thrombocyten/μl Blut noch für die Blutstillung ausreichend. Eine enge Korrelation zwischen dem Abfall der Plättchenzahl und einer drohenden Blutung besteht nicht, da frisch aus dem Knochenmark ausgeschwemmte Thrombocyten hämostaseologisch besonders effektiv sind.

In der Milz werden bis zu 30 % der funktionsfähigen Plättchen gespeichert. Ein Austausch mit den zirkulierenden Thrombocyten ist gegeben. Auf entsprechende Reize (z. B. akuten Blutverlust) kommt es zur Ausschwemmung in die Blutbahn.

Die Halbwertszeit der Thrombocyten im peripheren Blut beträgt etwa 10 Tage. Die Plättchen werden vor allem im RES von Milz und Leber abgebaut.

Gerinnungsfördernde Mechanismen

Der physiologische Gerinnungsablauf stellt eine Reihe komplexer, z. T. enzymatischer Reaktionen dar, die an die Anwesenheit bestimmter Gerinnungsfaktoren gebunden sind.

Plasmatische Gerinnungsfaktoren

Tabelle 25. An der plasmatischen Gerinnung beteiligte Faktoren

Gerinnungs-faktoren	Gebräuchliche Synonyma	Verminderung, Fehlen oder qualitativer Defekt eines Faktors	Hämorrha-gische Diathese
Faktor I	Fibrinogen	Hypo-, Afibrinogenämie, Dysfibrinogenämie (qualitative Veränderung)	+
Faktor II	Prothrombin	Hypoprothrombinämie	+
Faktor III	Gewebefaktor III	immer vorhanden	∅
Faktor IV	Calciumionen	immer vorhanden	∅
Faktor V	Proaccelerin	Hypoproaccelerinämie, Parahämophilie	+
Faktor VII	Proconvertin	Hypoproconvertinämie	+
Faktor VIII-Komplex	niedermolekularer gerinnungsaktiver Faktor VIII	Hämophilie A	+
	hochmolekularer von WILLEBRAND-Faktor	von WILLEBRAND-Syndrom	+
Faktor IX	CHRISTMAS-Faktor	Hämophilie B	+
Faktor X	STUART-PROWER-Faktor	STUART-PROWER-Faktor-Mangel	+
Faktor XI	Plasma-Thromboplastin-Antecedent (PTA), ROSENTHAL-Faktor	PTA-Mangel	+
Faktor XII	HAGEMAN-Faktor	HAGEMAN-Faktor-Mangel	∅
Faktor XIII	Fibrin-stabilisierender Faktor (FSF), Plasma-Protransglutaminase	Mangel an Fibrin-stabilisierendem Faktor	Nachblutungen, gestörte Wundheilung
Präkallikrein	FLETCHER-Faktor	Präkallikrein-Mangel	∅
hochmolekulares Kininogen	FITZGERALD-Faktor	Mangel an hochmolekularem Kininogen	∅

Damit die Gerinnung normal ablaufen kann, müssen alle beteiligten Faktoren (s. Tabelle 25, S. 133) in ausreichender Menge vorhanden sein. Ist die Konzentration bzw. Aktivität eines Faktors vermindert, so laufen alle nachgeschalteten Reaktionen verlangsamt ab und die Bildung des Fibringerinnsels ist verzögert. Der Mangel eines Faktors ist durch einen Überschuß anderer Faktoren nicht zu kompensieren.

Mit biochemischen Methoden konnte nachgewiesen werden, daß die Synthese von Fibrinogen und der Vitamin K-abhängigen Faktoren (s. Tabelle 26) in der Leber erfolgt. Wahrscheinlich ist die Leber auch die Bildungsstätte für die übrigen Faktoren, ausgenommen den von WILLEBRAND-Faktor, der in Thrombocyten synthetisiert wird, sowie den gerinnungsaktiven Teil des Faktors VIII, dessen Ursprungsort bisher allerdings nicht bekannt ist.

In diesem Rahmen soll eine Diskussion der Frage, ob einige in den Thrombocyten nachweisbare Gerinnungsfaktoren (z. B. Fibrinogen, Faktor V, VIII und XIII) dort auch gebildet werden und ob die gespeicherten Faktoren mit denjenigen im Plasma identisch sind, unterbleiben.

In Tabelle 26 sind einige wichtige Eigenschaften der an der Hämostase beteiligten plasmatischen Faktoren zusammengestellt.

Tabelle 26. Klinisch relevante Merkmale der Gerinnungsfaktoren

Faktor	Synthese Vit. K-abhängig	Lagerungs-stabilität bei + 4 °C	Vorkommen im	
			Plasma	Serum
I	-	stabil	+	-
II	+	stabil	+	(+)
V	-	labil	+	-
VII	+	stabil	+	+
VIII	-	labil	+	-
IX	+	stabil	+	+
X	+	stabil	+	+
XI	-	stabil	+	+
XII	-	stabil	+	+
XIII	-	stabil	+	-

Der Wirkungsmechanismus von Vitamin K bei der Synthese der Faktoren II, VII, IX und X ist aufgeklärt.
Die genannten Proteine enthalten im Bereich ihres N-terminalen Endes eine Reihe von Glutaminsäureresten, die durch ein von Vitamin K abhängiges Enzymsystem in γ-Stellung carboxyliert werden. Durch die zusätzlichen COOH-Gruppen zeigen die Faktoren eine hohe Affinität zu Calciumionen, über die sie sich an Phospholipid-haltige Strukturen binden können. In Abwesenheit von Vitamin K kann die Carboxylierung nicht stattfinden, so daß diese Formen der Proteine, auch als PIVKA (protein induced by vitamin K absence) bezeichnet, infolge ihrer mangelnden Fähigkeit zur Bindung an Calcium gerinnungsphysiologisch unwirksam sind. Den PIVKA-Faktoren wird sogar ein antikoagulatorischer Effekt zugesprochen.

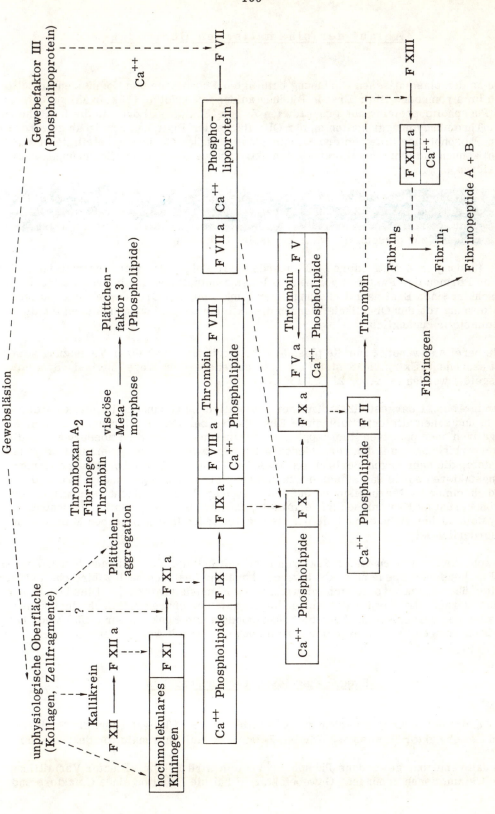

Abb. 21. Schematische Darstellung des Gerinnungsablaufs

Ablauf der plasmatischen Gerinnung

Die an der plasmatischen Gerinnung beteiligten Proenzyme und Cofaktoren zirkulieren im strömenden Blut. Erst in Bindung an das Subendothel (Faktor XII und XI), an Phospholipoproteine aus geschädigten Zellen (Faktor VII) oder an die im Rahmen der Thrombocytenaggregation an der Oberfläche der Plättchen verfügbar gewordenen Phospholipide (alle weiteren an der plasmatischen Gerinnung beteiligten Faktoren) können die einzelnen Komponenten aktiviert werden und den Gerinnungsablauf auslösen.

Da die genannten Oberflächenstrukturen immer nur dann verfügbar sind, wenn Läsionen im Bereich von Gefäßen und Geweben vorliegen, ist eine generalisierte Gerinnung trotz der im gesamten Gefäßsystem anwesenden Faktoren normalerweise ausgeschlossen (zur disseminierten intravasalen Gerinnung s. S. 177).

Die Bindung an Zellstrukturen hat außerdem zur Folge, daß einige enzymatisch wirksame Formen der Faktoren vor den im Plasma enthaltenen Inhibitoren weitgehend geschützt sind. Erst nach Erfüllung ihrer Funktionen am Ort des Bedarfs und ihrer Entfernung von der Oberfläche werden die aktivierten Gerinnungsfaktoren für die Hemmstoffe zugänglich.

Wie bereits erwähnt, kann die plasmatische Gerinnung nach einer Verletzung sowohl auf exogenem (Extrinsic-System) als auch auf endogenem Wege (Intrinsic-System) ausgelöst werden (s. Abb. 21, S. 135).

Der in Abb. 21 dargestellte Ablauf der plasmatischen Gerinnung ist stark vereinfacht und schematisiert. Zahlreiche Einzelheiten bei den Aktivierungsschritten, die negativen oder positiven Rückkopplungsmechanismen vieler Reaktionsprodukte, die Querverbindungen auf den verschiedenen Ebenen zwischen endogenem und exogenem System, die sehr engen Beziehungen zwischen Gefäßen, Thrombocyten und Gerinnungsfaktoren sowie das ständige Zusammenspiel zwischen gerinnungsfördernden und -hemmenden Mechanismen sind nicht erwähnt. Nur so scheint es möglich, ein Grundgerüst an Kenntnissen zu vermitteln, das für die Interpretation gerinnungsphysiologischer Befunde und die daraus abzuleitenden therapeutischen Maßnahmen erforderlich ist.

Obwohl die Strukturen vieler Faktoren ermittelt und die Mechanismen ihrer Wirkung auf molekularer Ebene aufgeklärt werden konnten, bestehen noch zahlreiche Unklarheiten über die in vivo tatsächlich wirksamen Hämostasevorgänge. Dies beruht vor allem darauf, daß das für den Ablauf im Organismus charakteristische Ineinandergreifen der verschiedenen Systeme, insbesondere die Funktion der Gefäßwand, bei Untersuchungen in vitro experimentell nicht exakt erfaßt werden kann.

Exogen ausgelöster Gerinnungsablauf

Der exogene Gerinnungsmechanismus (s. Abb. 21, S. 135) erfordert die Freisetzung von Gewebefaktor III aus geschädigten Zellen und läuft innerhalb von Sekunden ab.

An das verfügbar gewordene Phospholipoprotein wird Faktor VII unter Vermittlung von Calciumionen gebunden. Gewebefaktor III hat die Funktion eines Cofaktors und macht es möglich, daß Faktor VII gerinnungsphysiologisch wirksam wird. Faktor VII a stellt den Faktor X-Aktivator des exogenen Systems dar.

Die weiteren Reaktionsschritte, d. h. die gemeinsame Endstrecke der plasmatischen Gerinnung, ist im Rahmen des endogen ausgelösten Ablaufs beschrieben. Es ist zu berücksichtigen, daß die Matrix zur Komplexbildung und damit zur Aktivierung von Faktor X und II auf dem exogenen Weg durch den Phospholipidanteil des Gewebefaktors III gebildet wird.

<u>Endogen ausgelöster Gerinnungsablauf</u>

Voraussetzung zur Einleitung der Gerinnung auf endogenem Wege (s. Abb. 21, S. 135), die innerhalb von Minuten abläuft, ist die Anwesenheit funktionsfähiger Thrombocyten in ausreichender Zahl und die Verfügbarkeit von Plättchenfaktor 3 im Rahmen der Aggregation von Thrombocyten (s. S. 131).

Parallel zur viscösen Metamorphose der Blutplättchen erfolgt die Aktivierung von Faktor XII durch den Kontakt mit unphysiologischen Oberflächen (z. B. freiliegendem Kollagen). Der zunächst autokatalytisch ablaufende Vorgang wird im weiteren Verlauf durch Kallikrein stark beschleunigt. Kallikrein ist ein proteolytisch wirksames Enzym, das aus Präkallikrein unter dem Einfluß von aktiviertem Faktor XII gebildet wird. Das hochmolekulare Kininogen stellt eine Ausgangssubstanz für die Synthese vasoaktiv wirksamer Gewebshormone - der sog. Kinine - dar. Im Gerinnungsablauf vermittelt es die Adsorption von Präkallikrein und Faktor XI an das freiliegende Kollagen. In Bindung an die unphysiologische Oberfläche kann Faktor XII a den Faktor XI aktivieren.

Es wird diskutiert, ob Faktor XI auch unter Umgehung des HAGEMAN-Faktors direkt durch den Kontakt mit Kollagen, Zellfragmenten oder Phospholipiden aus Thrombocyten in die enzymatisch wirksame Form überführt werden kann. Diese Möglichkeit, die Fibrinbildung in Gang zu setzen, würde erklären, warum ein Mangel an Faktor XII, Präkallikrein oder hochmolekularem Kininogen keine hämorrhagische Diathese zur Folge hat.

Die Kontaktaktivierung wird dadurch beendet, daß Kallikrein den Faktor XII a nach Erfüllung seiner Funktionen zu einer enzymatisch unwirksamen Form abbaut und daß Faktor XI a das hochmolekulare Kininogen, das als Bindeglied zwischen Faktor XI und dem freiliegenden Kollagen dient, hydrolytisch spaltet. Damit wird Faktor XI a freigesetzt und steht für die weiteren, an der Thrombocytenmembran ablaufenden Vorgänge zur Verfügung.

Faktor XI a wandelt Faktor IX, der über Calciumionen an die Phospholipide der Plättchenmembran gebunden ist, in seine enzymatisch aktive Form um.

Auf der nächsten Stufe der kaskadenartigen Reaktionsfolge bildet Faktor IX a zusammen mit Faktor VIII a den Faktor X-Aktivator des Intrinsic-Systems. Faktor VIII a entsteht dadurch, daß Spuren Thrombin, die innerhalb von Sekunden auf dem exogenen Weg entstanden sind, auf die Vorstufe des Proteins wirken. Der koagulatorisch wirksame Teil des Faktor VIII-Komplexes (s. S. 133) ist auch nach seiner Aktivierung selbst nicht enzymatisch aktiv, sondern wirkt als Cofaktor, d. h., er beschleunigt die durch Faktor IX a ausgelöste Umwandlung von Faktor X, der ebenfalls über Calciumionen an Phospholipidstrukturen gebunden ist, in seine wirksame Form.

Beim nächsten Aktivierungsschritt, der auch durch den exogen entstandenen Faktor X-Aktivator ausgelöst werden kann, ist wiederum die Anwesenheit eines Cofaktors - des durch Thrombin aus seiner Vorstufe entstandenen Faktors V a - erforderlich. Faktor X a ist zusammen mit Faktor V a in der Lage, Prothrombin, das ebenso wie alle anderen in Abhängigkeit von Vitamin K synthetisierten Gerinnungsfaktoren (s. Tabelle 26, S. 134) über Calciumionen an Phospholipide gebunden ist, in Thrombin (= Faktor II a) umzuwandeln.

Unter der Einwirkung von Thrombin wird Fibrinogen durch Abspaltung der Fibrinopeptide A und B zu monomerem Fibrin umgesetzt, das spontan zu langen Fibrinketten polymerisiert.

Jeweils 2 Fibrinketten lagern sich zu einem Doppelstrang zusammen. Dieses sog. Fibrin$_s$ (= soluble), das in vitro noch in Monochloressigsäure löslich ist, wird unter der Einwirkung des durch Thrombin aktivierten Faktors XIII in Gegenwart von Calciumionen quervernetzt. Das resultierende Fibrin$_i$ (= insoluble) stellt ein stabiles dreidimensionales Netzwerk dar, das in Monochloressigsäure nicht mehr löslich ist.

Verbleib der Faktoren nach Ablauf der Gerinnung

Da die Mechanismen der Hämostase physiologischerweise auf den Ort des Bedarfs beschränkt bleiben, sind quantitative Veränderungen der Faktoren nach dem Ablauf einer lokal begrenzten Blutstillung nicht zu erfassen. Aussagen über den Verbleib der beteiligten plasmatischen Komponenten sind daher nur auf Grund von Untersuchungen in vitro möglich (s. Tabelle 26, S. 134).

Nach Abschluß des Gerinnungsvorgangs - z. B. nach Entnahme einer Blutprobe ohne Zusatz von Antikoagulans - ist das Substrat Fibrinogen vollständig in Fibrin umgesetzt. Die Faktoren V und VIII sind infolge des proteolytischen Abbaus durch Protein C (s. S. 139) ebenfalls im Serum nicht mehr enthalten. Faktor XIII wird vermutlich an Fibrinmonomere und Fibrin gebunden und dadurch inaktiviert.

Über 75 % des ursprünglich im Plasma vorhandenen Prothrombins werden zu Thrombin umgewandelt, das wiederum einer Neutralisation durch Antithrombin III unterliegt.

Die Faktoren VII, IX, X, XI und XII sind auch im Serum noch nachweisbar. Offensichtlich ist die Bindung dieser letztgenannten Komponenten an die Phospholipide bzw. das Phospholipoprotein reversibel und die Faktoren stellen keine Substrate für die im Blut vorhandenen proteolytisch wirksamen Hemmstoffe der Gerinnung dar.

Gerinnungshemmende Mechanismen

Eine Hemmung des Gerinnungsablaufs ist durch die Inaktivierung gerinnungsfördernder Faktoren möglich. Nachfolgend sind die wichtigsten Inhibitoren bzw. gerinnungshemmenden Mechanismen beschrieben.

Antithrombin III

Antithrombin III, ein Plasmaprotein, hemmt vor allem die Aktivitäten von Thrombin und Faktor X a, in geringerem Umfang auch diejenigen weiterer Serinproteasen (Faktor IX a, XI a, XII a und VII a).

Der Inaktivierungsvorgang, d. h. eine Komplexbildung zwischen Antithrombin III und seinen Substraten, läuft sehr langsam ab. Körpereigenes (aus den Granula der basophilen Granulocyten oder zahlreichen Geweben stammendes) und exogen zugeführtes Heparin wirkt als Cofaktor von Antithrombin III, so daß die Komplexbildung mit den Proteasen in Anwesenheit von Heparin stark beschleunigt ist. Die an den Inhibitor gebundenen Gerinnungsfaktoren sind nicht mehr fähig, ihre spezifischen Substrate anzugreifen.

Protein C

Protein C ist ein in Abhängigkeit von Vitamin K in der Leber gebildeter Plasmafaktor. Nach seiner Aktivierung (s. unten) ist er in der Lage, sich über Calciumionen an die Phospholipide der Plättchenmembran zu binden und dort Faktor V a und VIII a proteolytisch zu spalten.

An Thrombomodulin, ein an der Membran der Endothelien verfügbares Protein, lagert sich Thrombin an. In Bindung an diesen Receptor ist Thrombin in der Lage, Protein C in seine aktive Form umzuwandeln. Die enzymatische Aktivität von Protein C a wird durch das ebenfalls in Abhängigkeit von Vitamin K synthetisierte Protein S, das eine Cofaktorfunktion ausübt, stark beschleunigt.

Da Thrombin in Bindung an Thrombomodulin nicht mehr fähig ist, Thrombocyten zur Aggregation zu bringen, Faktor V und VIII zu aktivieren und Fibrinogen proteolytisch zu spalten, wird neben der Bildung von aktivem Protein C zusätzlich eine Gerinnungshemmung erreicht.

Zur Freisetzung von Gewebsplasminogenaktivator durch Protein C s. S. 141.

Clearance durch das RES

Im RES, vor allem in den KUPFFER'schen Sternzellen der Leber, können gerinnungsaktive Faktoren bzw. Faktor-Inhibitor-Komplexe abgebaut werden.

Fibrinolytisches System

Mit der Bildung des durch den Faktor XIII kovalent vernetzten Fibrins ist der Gerinnungsprozeß abgeschlossen. Der durch die Verletzung entstandene Defekt ist damit provisorisch repariert. Ein endgültiger Verschluß erfolgt durch das Einsprossen von Fibroblasten, die die Fibrinfasern als Leitschiene benutzen, um ein dauerhaftes Netz aus Kollagenfasern zu bilden. Das funktionslos gewordene Fibringerüst wird durch die Protease Plasmin abgebaut. Ebenso können intravasal abgelagerte Thromben durch Plasmin enzymatisch lysiert werden. Die Fibrinolyse ist also normalerweise nur dort aktiviert, wo zuvor Fibrin entstanden ist (zur primären Hyperfibrinolyse s. S. 177).

Aktivierung der Fibrinolysemechanismen

Plasmin, das proteolytisch wirksame Enzym der Fibrinolyse, entsteht aus der inaktiven Vorstufe Plasminogen durch die Einwirkung verschiedener Aktivatoren. Das Zymogen, das in der Leber gebildet wird, ist im Plasma und in der interstitiellen Flüssigkeit vorhanden. Die vier Möglichkeiten der Aktivierung von Plasminogen sind in Abb. 22 schematisch dargestellt.

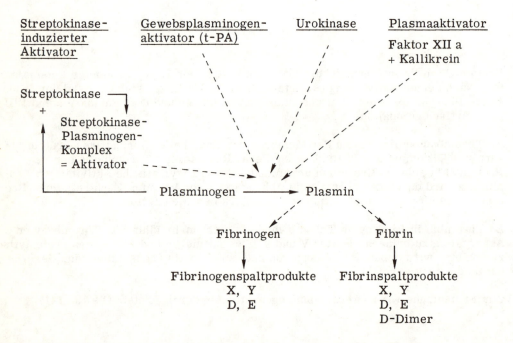

Abb. 22. Schematische Darstellung der Fibrinolysemechanismen

Die Umwandlung von Plasminogen in die wirksame Protease erfolgt bevorzugt, wenn das Proenzym an Fibrin adsorbiert ist. In dieser Bindung ist die Spaltungsgeschwindigkeit, mit der Plasminogen durch die Aktivatoren der Fibrinolyse umgesetzt wird, besonders hoch. Dies bedeutet, daß die Lysemechanismen normalerweise auf Orte, an denen eine Gerinnselbildung stattgefunden hat, begrenzt bleiben.

Der plasmatische Aktivator besteht aus dem aktivierten Faktor XII und Kallikrein. Da Plasmin andererseits Faktor XII in die wirksame Form überführen kann, erfolgt über den HAGEMAN-Faktor eine Kopplung und Steuerung von Gerinnung und Fibrinolyse.

Der Gewebsplasminogenaktivator (tissue plasminogen activator, t-PA) wird von Endothelzellen, vor allem in Lunge, Nebenniere, Uterus, Placenta, Prostata u. a. gebildet. Er kann durch Thrombin - ein bei der plasmatischen Gerinnung entstehendes Produkt - und Protein C, zu dessen Aktivierung Faktor II a erforderlich ist (s. S. 139), freigesetzt werden. Thrombin stellt somit ebenfalls ein Bindeglied zwischen Gerinnung und Fibrinolyse dar.

Als weiterer Aktivator des fibrinolytisch wirksamen Systems wird Urokinase, ein Sekretionsprodukt der Tubuluszellen, in den Harn abgegeben. Urokinase kann im Gegensatz zu Streptokinase Plasminogen direkt zu Plasmin aktivieren.

Eine Sonderform der Plasminbildung ist die sog. 2-Phasen-Aktivierung, wie sie durch Streptokinase aus β-hämolysierenden Streptokokken induziert wird. Bei dieser Reaktion bildet sich zuerst ein Komplex aus Streptokinase und Plasminogen, der Aktivatorcharakter besitzt. In einer zweiten Reaktion aktiviert dieser Komplex dann Plasminogen zu Plasmin.

Wirkung von Plasmin

Plasmin spaltet nicht nur Fibrin, sondern auch Fibrinogen.
Bei der Proteolyse des Fibrins entstehen zunächst die hochmolekularen Fibrinspaltprodukte X und Y, durch weiteren Abbau die niedermolekularen Fibrinfragmente D und E sowie ein Dimer von Spaltprodukt D.
Der Abbau von Fibrinogen führt zum Auftreten von hochmolekularen Fibrinogenspaltprodukten X und Y sowie den niedermolekularen Fibrinogenbruchstücken D und E. Im Gegensatz zur Lyse von quervernetztem Fibrin tritt bei der Proteolyse von Fibrinogen kein D-Dimer auf.

Klinisch sind die Spaltprodukte X und Y besonders wichtig. Sie werden an die Enden der entstehenden Fibrinmonomere (s. S. 138) angelagert und machen so eine Verlängerung der Fibrinketten, d. h. die spontane Polymerisation der regelrecht gebildeten Monomere unmöglich. Durch diesen sog. Fibrinkettenabbruch ist - je nach Konzentration der Spaltprodukte - nur noch die Entstehung eines instabilen Fibringerüsts möglich, oder es kann überhaupt keine Gerinnselbildung mehr stattfinden. Außerdem hemmen die Fibrin- und Fibrinogenspaltprodukte die Aktivität von Thrombin und somit auch indirekt die Plättchenaggregation und die Aktivierung der Faktoren V und VIII. Von klinischer Bedeutung ist ferner der Nachweis von D-Dimeren, da diese Bruchstücke nur aus quervernetztem Fibrin stammen können und somit also nicht bei primärer Hyperfibrinolyse (s. S. 177) auftreten.

Weitere Substrate für Plasmin stellen vor allem die Faktoren V und VIII dar, so daß diese Proteine auch bei primärer Hyperfibrinolyse abgebaut werden können und nicht mehr als Cofaktoren der plasmatischen Gerinnung zur Verfügung stehen.

Fibrinolysehemmende Mechanismen

Ähnlich wie das Gerinnungspotential wird auch das Fibrinolysesystem durch Hemmstoffe kontrolliert. Diese Substanzen inhibieren entweder die Aktivierung von Plasminogen oder die Wirkung von bereits gebildetem Plasmin.

Plasminogenaktivator-Inhibitoren

Die von den Endothelzellen synthetisierten Proteine regulieren die Umwandlung von Plasminogen in Plasmin und verhindern so eine das notwendige Maß überschreitende Lyse von Fibrin bzw. Fibrinogen.

α_2-Antiplasmin, α_2-Makroglobulin

Diese beiden Proteine stellen die wichtigsten Hemmstoffe für Plasmin dar. In die Zirkulation gelangte aktive Protease wird von den Inhibitoren sofort gebunden, so daß im Blut normalerweise kein freies Plasmin vorhanden ist und daher unter physiologischen Bedingungen ein Abbau von Fibrinogen oder anderen Substanzen verhindert wird.

Im Rahmen der Bildung eines Gerinnsels wird Plasminogen in das entstehende Fibringerüst eingelagert und dort in Bindung an Fibrin in die proteolytisch wirksame Form überführt. Während die Aktivatoren der Fibrinolyse das adsorbierte Plasminogen erreichen können, sind die Inhibitoren nicht in der Lage, das im Fibringerüst befindliche Plasmin zu hemmen. Somit ist durch die im Netzwerk gebundene aktivierte Protease eine Lyse des Gerinnsels von innen her möglich.

Clearance durch das RES

Ebenso wie gerinnungsaktive Komponenten können auch fibrinolytisch wirksame Substanzen im RES abgebaut werden.

STÖRUNGEN DER HÄMOSTASE

Jedes der gerinnungsfördernden und -hemmenden Systeme kann in seiner Funktion gestört sein. Daraus resultiert entweder eine abnorme Blutungsbereitschaft - als hämorrhagische Diathese bezeichnet - oder eine Neigung zu Thrombosen.

Hämorrhagische Diathesen

Je nach Lokalisation der Störung werden unterschieden:
1. Vasculäre Blutungsübel, sog. <u>Vasopathien,</u>
   die durch eine erhöhte Durchlässigkeit der Gefäßwände bedingt sind
2. Hämorrhagische Diathesen auf Grund von <u>Thrombocytopenien und/oder -pathien</u>
3. <u>Koagulopathien,</u> d. h. Störungen der Blutgerinnungs- und Fibrinolysemechanismen

Weiterhin sollte differenziert werden zwischen:
1. <u>Bildungsstörungen</u>

   ungenügende Nachlieferung aus den Bildungsstätten
   > Beispiel: Thrombocytopenie bei Knochenmarkinsuffizienz, Mangel an Gerinnungsfaktoren bei verminderter Vitamin K-Zufuhr oder schweren Lebererkrankungen u. a.

   Synthese abnormer Gerinnungsfaktoren
   > Beispiel: Bildung von Proteinen, die sich immunologisch nicht von normalen Faktoren unterscheiden, funktionell jedoch inaktiv sind.

2. <u>Umsatzstörungen</u>

   d. h. Störungen des normalen Gleichgewichts zwischen Bildung und Verbrauch bzw. Abbau von Thrombocyten, gerinnungsaktiven oder fibrinolytisch wirksamen Faktoren
   > Beispiel: Thrombocytopenie im Rahmen von Immunvorgängen, beschleunigter Umsatz zahlreicher Gerinnungsfaktoren bei Verbrauchskoagulopathie oder Abbau von Fibrinogen und anderen Komponenten nach Aktivierung der Fibrinolysemechanismen infolge einer verstärkten Freisetzung von Gewebsplasminogenaktivator im Rahmen operativer Eingriffe.

Ferner ist zu unterscheiden zwischen:
1. <u>Angeborenen</u> Schäden
2. <u>Erworbenen</u> Defekten

Thrombosen

Auch ohne Verletzung der Kontinuität der Blutgefäße kann es zu einer intravasalen Gerinnung (Thrombose) kommen. Hierbei spielen folgende Mechanismen eine Rolle:

1. <u>Schädigung der Gefäßintima</u>

    Durch arteriosklerotische Plaques, entzündliche Veränderungen u. a. kommt es zur Adhäsion von Thrombocyten sowie zu einer verminderten Freisetzung von Prostacyclin (s. S. 129), Thrombomodulin (s. S. 139) und Gewebsplasminogenaktivator (s. S. 141) aus den Gefäßendothelien.

2. <u>Erhöhung der Thrombocytenzahl</u>

    Ein passagerer Anstieg findet sich nach Splenektomie, Operationen oder akuten Blutverlusten; extrem erhöhte Werte können bei myeloproliferativen Erkrankungen auftreten.

3. <u>Störung der Thrombocytenfunktion</u>

    Eine gesteigerte Adhäsivität am Endothel begünstigt die Thrombenbildung.

4. <u>Erhöhung der Blutviscosität</u>

    Durch Exsiccose, Polyglobulie, Polycythaemia vera, Anstieg der Fibrinogenkonzentration im Plasma infolge akuter Entzündungen, M. WALDENSTRÖM mit Vermehrung der Immunglobuline vom Typ IgM u. a.

5. <u>Verminderung der Strömungsgeschwindigkeit des Blutes</u>

    Bei Immobilisation, Herzinsuffizienz, ausgeprägten Varicen u. a. werden aktivierte Gerinnungsfaktoren verzögert abgebaut und die plasmatischen Inhibitoren gelangen durch die Stase nicht rechtzeitig an den Ort des Bedarfs.

6. <u>Mangel an gerinnungshemmenden Faktoren</u>

    Antithrombin III-Mangel
    angeboren
    nach Einnahme von Ovulationshemmern
    bei nephrotischem Syndrom
    bei schweren Lebererkrankungen

    Protein C-Mangel
    angeboren
    bei schweren Lebererkrankungen
    bei Vitamin K-Mangel

7. <u>Verminderung der fibrinolytischen Aktivität</u>

    Faktor XII-Mangel
    angeboren

    Plasminogen-Mangel
    angeboren

HÄMOSTASEOLOGISCHE UNTERSUCHUNGSMETHODEN

Verfahren zur Erfassung von Vasopathien

Subaquale Blutungszeit nach MARX

Prinzip:

Nach Hyperämisierung einer Fingerbeere sticht man mit einer sterilen Impflanzette etwa 3 - 4 mm tief ein und taucht den Finger in ein sterilisiertes Becherglas mit Wasser von etwa 37 °C. Beim Austritt des ersten Bluttropfens wird eine Stoppuhr in Gang gesetzt. Das Blut fließt fadenförmig aus der Wunde in die Flüssigkeit. Das plötzliche Abreißen des Blutfädchens stellt das Ende der Blutungszeit dar; diese Zeit wird gestoppt.
Beim Gesunden beträgt die Blutungszeit bis zu 5 Minuten.

Beurteilung der Ergebnisse:

Die Blutungszeit hängt von der Reaktion der Gefäße, der Zahl und Funktion der Thrombocyten sowie der Anwesenheit des von WILLEBRAND-Faktors ab. Liegen die letztgenannten Parameter im Normbereich, spricht eine verlängerte Blutungszeit für das Vorliegen einer Vasopathie.
Die plasmatischen Gerinnungsfaktoren werden mit der Blutungszeit nicht erfaßt.

RUMPEL-LEEDE-Test und Saugglockentest

Prinzip:

Beim RUMPEL-LEEDE-Test wird dem Patienten eine Blutdruckmanschette um den Oberarm gelegt und 5 Minuten lang ein Druck aufrechterhalten, der 10 mm Hg über dem diastolischen Blutdruck liegt. Beim Saugglockentest wendet man mit Hilfe einer kleinen Saugglocke im Hautbereich unterhalb der Clavicula einen gegenüber dem normalen Luftdruck um etwa 200 mm Hg verminderten Druck an. Nach Entfernen der Manschette bzw. der Saugglocke werden die entsprechenden Bereiche auf das Vorliegen von Petechien untersucht.
Bei etwa 10 % gesunder Probanden finden sich vereinzelt Blutpunkte im Bereich der Stauung bzw. des Unterdrucks. Das Auftreten zahlreicher deutlich erkennbarer Petechien wird als positiver Testausfall angesehen.

Beurteilung der Ergebnisse:

Entsprechend der Blutungszeit (s. oben).

Verfahren zur Erfassung thrombocytär bedingter hämorrhagischer Diathesen

Thrombocytär bedingte hämorrhagische Diathesen können durch Verminderung der Zahl der Thrombocyten (Thrombocytopenie) oder durch Störungen der Funktion der Plättchen (Thrombocytopathie) verursacht sein.

Thrombocytenzahl

Überblick:

Zur Ermittlung der Zahl der Thrombocyten im Vollblut eignen sich:

1. Die direkte Zählung in der Zählkammer nach Lyse der Erythrocyten,
2. die Zählung mittels elektronischer Zählgeräte und
3. das indirekte Verfahren nach FONIO.

Da es bei der Gewinnung von Capillarblut leicht zur Aggregation der Plättchen kommt, ist zur Thrombocytenzählung Venenblut zu verwenden, das mit dem Dikaliumsalz der Ethylendinitrilotetraessigsäure (EDTA) ungerinnbar gemacht wurde. In sehr seltenen Fällen kommt es auch bei ordnungsgemäßer Entnahmetechnik in Anwesenheit dieses Antikoagulans zur Zusammenlagerung von Plättchen, ohne daß die Ursache hierfür bisher geklärt werden konnte. In derartigen Fällen muß Natriumcitratlösung zur Gerinnungshemmung verwandt werden.

1. Thrombocytenzählung in der Zählkammer

Prinzip:

Vollblut wird mit einer geeigneten hypotonen Lösung verdünnt. Nach Lyse der Erythrocyten werden die Thrombocyten in der Zählkammer mit Hilfe eines Phasenkontrastmikroskops ausgezählt.

Reagens:

2 proz. (w/v) Lösung von Procain in 0,2 proz. (w/v) NaCl-Lösung (bei + 4 $^{\circ}$C aufbewahren) oder 1 proz. (w/v) wäßrige Ammoniumoxalatlösung

Benötigt werden:

Kleine Kunststoffröhrchen mit Stopfen
Stabpipetten, 2 ml
Kolbenpipette, 100 μl, mit Kunststoffspitzen
Tupfer
Sorgfältig gereinigte NEUBAUER-Zählkammer
Optisch plan geschliffene Deckgläser
Feuchte Kammer
Phasenkontrastmikroskop, Objektiv 40 : 1, Okular 6 x - 8 x

Ausführung:

In ein kleines Kunststoffröhrchen 1,9 ml Reagens (s. oben) pipettieren, mit einer Kolbenpipette 100 μl ungerinnbar gemachtes Venenblut zufügen,

Röhrchen mit einem Kunststoffstopfen verschließen und Inhalt sofort mischen.
Ansatz etwa 30 Minuten im Kühlschrank aufbewahren, damit die Erythrocyten
vollständig lysieren.

Vorbereitung und Füllen der Zählkammer:

Vorbereitung der NEUBAUER-Zählkammer s. Leukocytenzählung S. 36.
Ansatz im Kunststoffröhrchen durch Kippen sorgfältig mischen,
verdünnte Probe mit der Kolbenpipette in eine Kunststoffspitze ansaugen,
Pipettenspitze dicht am Rand des Deckglases schräg auf den Boden der Zähl-
kammer aufsetzen und soviel Thrombocytensuspension vorsichtig in die Zähl-
kammer fließen lassen, bis diese bis zur Überlaufrinne gefüllt ist.
Die beschickte NEUBAUER-Kammer waagerecht in eine feuchte Kammer legen,
Thrombocyten 15 - 30 Minuten sedimentieren lassen.

Mikroskopische Auszählung:

Im Phasenkontrastmikroskop erscheinen die Thrombocyten als kleine, runde,
grau-schwarze Punkte bzw. Scheibchen, die geringe Eigenbewegungen zeigen
und häufig von einem hellen Hof umgeben sind.
Es werden die Thrombocyten in 5 Gruppenquadraten zu je 16 Kleinstquadraten
ausgezählt. Günstig ist es, die 4 Gruppenquadrate an den Ecken und ein weiteres Quadrat in der Mitte des in Kleinstquadrate unterteilten Bereichs der
Zählkammer zu zählen (s. Abb. 23 a, S. 148).
Die Zahl der Thrombocyten pro Gruppenquadrat wird notiert und die Summe
der Thrombocyten in den 5 Gruppenquadraten gebildet (n).

Berechnung:

Fläche 1 Kleinstquadrat .... $1/400$ mm^2
Höhe 1 Kleinstquadrat .... $1/10$ mm
Volumen 1 Kleinstquadrat .... $1/4000$ μl
Volumen 1 Gruppenquadrat .... $1/250$ μl
Volumen 5 Gruppenquadrate .... $1/50 = 0,02$ μl

n = Thrombocyten in 0,02 μl 1 : 20 verdünntem Blut

$n \cdot \frac{1,0}{0,02}$ = Thrombocyten in 1 μl 1 : 20 verdünntem Blut

$n \cdot \frac{1,0}{0,02} \cdot 20$ = Thrombocyten in 1 μl unverdünntem Blut

$$\boxed{n \cdot 1000 = \text{Thrombocyten}/\mu\text{l Blut}}$$

Es sind Doppelbestimmungen auszuführen. Wenn die gefundenen Werte um
nicht mehr als 15 % voneinander abweichen (z. B. 200 000 und 230 000 Throm-
bocyten/μl Blut), so wird der Mittelwert gebildet ($\bar{x}$ = 215 000 Thrombocyten/
μl Blut) und als Ergebnis mitgeteilt. Bei größeren Abweichungen ist die Zählung zu wiederholen.

Reproduzierbarkeit:

Die relative Standardabweichung beträgt bei Werten im Normbereich ca. 5 %.

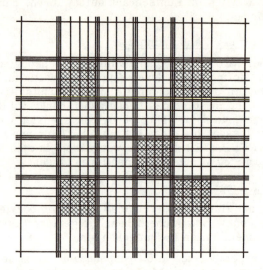

Abb. 23 a. Ausschnitt des Zählnetzes der NEUBAUER-Kammer

Die 5 Gruppenquadrate, über denen die Thrombocyten gezählt werden, sind schraffiert.

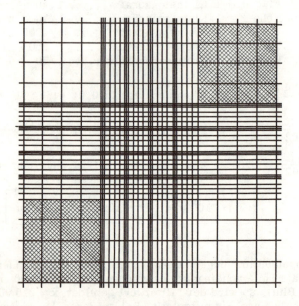

Abb. 23 b. Zählnetz der NEUBAUER-Kammer

Die 2 Eckquadrate, über denen die Thrombocyten bei Thrombocytopenie gezählt werden, sind schraffiert.

Normbereich:

    150 000 - 400 000 Thrombocyten/μl Blut

Störungen:

    In Blutproben von Patienten mit akuter Leukämie können Bruchstücke von leukämischen Zellen auftreten, die bei der Auszählung nicht von Thrombocyten zu unterscheiden sind, so daß fälschlich zu hohe Ergebnisse ermittelt werden.

Fehlerquellen:

    Vor dem Verdünnen der Probe Blut nicht ausreichend gemischt.
    Feine Gerinnsel in der Blutprobe übersehen.
    Glasröhrchen bzw. -pipetten zur Blutverdünnung verwendet, so daß Thrombocyten an den benetzbaren Flächen haften bleiben und der Zählung entgehen.
    Volumina nicht korrekt abgemessen.
    Ansatz nicht lange genug inkubiert, dadurch Lyse der Erythrocyten unvollständig und Auszählung gestört.
    Feuchte Zählkammer benutzt.
    Deckglas nicht vorschriftsmäßig befestigt, sondern nur aufgelegt; Höhe der Zählkammer daher größer als 0,1 mm.
    Unsauberes Deckglas verwendet (z. B. Fingerabdrücke nicht entfernt).
    Zählkammer nicht luftblasenfrei oder nicht ausreichend beschickt.
    Zuviel Suspension in die Kammer gefüllt, dadurch Deckglas abgehoben.
    Strömung in der Zählkammer durch nicht horizontale Lage.
    Thrombocyten nicht ausreichend sedimentiert, dadurch Zählung erschwert.
    Plättchenaggregate, die durch unzulängliche Mischung des Blutes mit dem Antikoagulans entstehen, mitgezählt.
    Zahl der Thrombocyten in der Zählkammer nicht korrekt ermittelt.
    Ergebnis falsch berechnet bzw. falschen Berechnungsfaktor benutzt.

Besonderheiten:

    Liegt die ermittelte Thrombocytenzahl unter 50 000/μl Blut, d. h., wurden weniger als 50 Plättchen gefunden, so ist die Zählung in der angegebenen Form mit zu großen Fehlern behaftet. In diesen Fällen sind nicht 5 Gruppenquadrate, sondern 2 Eckquadrate (s. Abb. 23 b, S. 148) mit einem Volumen von je 0,1 μl auszuzählen.

    Die Berechnung ändert sich wie folgt:

        Fläche   1 Eckquadrat 1   mm^2
        Höhe   1 Eckquadrat .... 0,1 mm
        Volumen 1 Eckquadrat .... 0,1 μl
        Volumen 2 Eckquadrate .... 0,2 μl

$$n = \text{Thrombocyten in } 0{,}2\ \mu\text{l } 1:20 \text{ verdünntem Blut}$$

$$n \cdot \frac{1{,}0}{0{,}2} = \text{Thrombocyten in } 1\ \mu\text{l } 1:20 \text{ verdünntem Blut}$$

$$n \cdot \frac{1{,}0}{0{,}2} \cdot 20 = \text{Thrombocyten in } 1\ \mu\text{l unverdünntem Blut}$$

$$n \cdot 100 = \text{Thrombocyten}/\mu\text{l Blut}$$

2. Verfahren mit elektronischen Zählgeräten

Prinzip:

Die Thrombocyten werden auf Grund ihrer sehr geringen Leitfähigkeit nach dem auf S. 39 beschriebenen Prinzip gezählt.

Derzeit finden Geräte Verwendung, die in stark verdünntem Blut ohne Lyse der Erythrocyten alle Partikelchen mit einem Volumen zwischen 3 und 30 fl erfassen. Bei einer Blutprobe mit einem Thrombocytengehalt von 250 000/μl werden in der Meßzeit tatsächlich etwa 1500 Plättchen gezählt. Die Ergebnisse sind bis zu einem unteren Grenzwert von etwa 50 000 Thrombocyten/μl Blut hinreichend zuverlässig.

Bei speziell für die Ermittlung von Thrombocyten ausgelegten Geräten werden stets 1 % der tatsächlich in der Probe enthaltenen Plättchen gezählt. Sind weniger als 75 000 Thrombocyten im Mikroliter Patientenblut vorhanden, so kann die Meßzeit auf das Doppelte verlängert werden. Hierdurch wird der zuverlässige Arbeitsbereich bis auf etwa 20 000 Thrombocyten/μl Blut ausgedehnt.

Bei Plättchenzahlen unterhalb der je nach Gerät geltenden Grenzwerte muß die Thrombocytenzählung in der Kammer erfolgen (s. S. 149).

Reproduzierbarkeit:

Die relative Standardabweichung beträgt bei Werten im Normbereich ca. 3 %.

Normbereich:

150 000 - 400 000 Thrombocyten/μl Blut

Fehlerquellen:

Blutprobe nicht ausreichend gemischt oder feine Gerinnsel übersehen.

Wegen der geringen Größe der Thrombocyten ist die Reinheit der Verdünnungslösung mehrfach täglich zu kontrollieren. Dies ist möglich, indem die Impulsrate des Reagens ohne Zusatz von Blut gemessen wird.

Durch die Untersuchung von Kontrollproben ist zu überprüfen, ob das verwendete Zählgerät korrekt kalibriert ist oder ob Nachjustierungen vorgenommen werden müssen.

3. Thrombocytenzählung nach FONIO

Steht kein Phasenkontrastmikroskop und kein elektronisches Zählgerät zur Verfügung, so kann die Zahl der Thrombocyten auch auf indirektem Wege abgeschätzt werden.

Prinzip:

In einem sehr dünnen, nach PAPPENHEIM gefärbten Blutausstrich werden die Plättchen in Relation zu den Erythrocyten gezählt. Unter Berücksichtigung der Zahl der Erythrocyten pro μl Blut läßt sich die absolute Thrombocytenzahl im Vollblut ermitteln.

Ausführung:

Herstellung von dünnen Blutausstrichen s. S. 41.

Die Färbung der Präparate erfolgt nach dem für Differentialblutbilder beschriebenen Verfahren (s. S. 43).
Sollen in dem Ausstrich nur die Thrombocyten gezählt werden, so empfiehlt sich zur besseren Darstellung der Blutplättchen eine auf das 2 - 3 fache der üblichen Zeit verlängerte Färbung mit GIEMSA-Gebrauchslösung (s. S. 43).

Mikroskopische Auszählung:

Zunächst ist der Ausstrich mit dem Objektiv 40 : 1 auf das Vorhandensein von aggregierten Thrombocyten zu prüfen. Liegen solche Aggregate vor, so ist das Präparat zur Zählung der Thrombocyten nicht geeignet.

Zur Vereinfachung der Auswertung legt man in das Okular eine kleine quadratische Blende ein. Die Zählung erfolgt mit dem Ölimmersionsobjektiv 100 : 1.

Pro Gesichtsfeld werden alle Erythrocyten gezählt. Ebenso sind die im gleichen Ausschnitt vorhandenen Thrombocyten zu ermitteln.

An verschiedenen Stellen des Ausstrichs werden insgesamt 1000 Erythrocyten ausgezählt und die gefundenen Thrombocyten summiert. Diese relative Thrombocytenzahl (Thrombocyten pro 1000 Erythrocyten = ‰ Thrombocyten) geht in die weitere Berechnung ein.

Berechnung:

Zur Berechnung der Thrombocyten pro µl Blut muß die Erythrocytenzahl im Vollblut bekannt sein (z. B. Bestimmung mittels elektronischer Zählgeräte). Die Anzahl der Thrombocyten pro µl Blut wird wie folgt berechnet:

$$‰ \text{ Thrombocyten} \cdot \frac{\text{Erythrocytenzahl}/\mu\text{l Blut}}{1000} = \text{Thrombocyten}/\mu\text{l Blut}$$

Reproduzierbarkeit:

Die relative Standardabweichung beträgt etwa 20 %.

Normbereich:

150 000 - 400 000 Thrombocyten/µl Blut

Fehlerquellen:

Feine Gerinnsel in der Blutprobe - durch fehlerhafte Entnahmetechnik bedingt (s. S. 157) - übersehen.

Farbniederschläge im Präparat nicht von Thrombocyten unterschieden.
Gesichtsfelder bei der mikroskopischen Auswertung nicht zufällig gewählt, sondern nach dem Vorhandensein von Thrombocyten ausgesucht.
Erythrocyten und/oder Blutplättchen nicht korrekt gezählt.
Thrombocytenzahl pro µl Blut falsch berechnet.

Beurteilung des Verfahrens:

Dadurch, daß nur wenige Thrombocyten auf 1000 Erythrocyten vorhanden sind (beim Gesunden etwa 30 - 60), zeigt die Methode eine erhebliche Streuung der Ergebnisse. Daher sollten nur grobe Abweichungen von der Norm, d. h. eine starke Thrombocytopenie oder Thrombocytose, diagnostisch bewertet werden.

Beurteilung der Thrombocytenfunktion

Ein Anhalt für die Thrombocytenfunktion läßt sich aus dem Thrombelastogramm (s. S. 159 und 160) sowie der Recalcifizierungszeit (s. S. 161) gewinnen. Genauere Aussagen über die Funktion der Plättchen erlauben insbesondere Verfahren zur Prüfung der Thrombocytenadhäsion und -aggregation. Wegen des technischen Aufwands und der zur reproduzierbaren Auswertung erforderlichen Erfahrung sind diese Untersuchungen bisher Speziallaboratorien vorbehalten.

Adhäsion (Retention) der Thrombocyten

Prinzip:

Die Adhäsion der Plättchen an unphysiologische Oberflächen wird dadurch geprüft, daß thrombocytenreiches Plasma durch eine Säule mit Glasperlen definierter Größe und Oberfläche filtriert wird. Zur Ermittlung der Plättchenzahl in der Probe vor und nach Passage entlang den Fremdoberflächen dient die Zählung mittels elektronischer Zählgeräte oder der Zählkammer.

Da mit dem Verfahren nicht nur die Adhäsion der Thrombocyten erfaßt wird, sondern auch ihre Fähigkeit zur Aggregation, sollte für die ablaufenden Vorgänge der Begriff Retention verwendet werden.

Beurteilung der Ergebnisse:

Normalerweise sind nur etwa 10 % der ursprünglich vorhandenen Thrombocyten im Eluat enthalten.
Eine verminderte Thrombocytenretention findet sich
    bei angeborenen Thrombocytopathien (z. B. GLANZMANN-NAEGELI),
    beim von WILLEBRAND-Syndrom (s. S. 181) und
    bei erworbenen Thrombocytopathien (z. B. Urämie, Paraproteinämie).

Aggregation der Thrombocyten

Prinzip:

Die in vivo ablaufende Aggregation der Plättchen läßt sich in vitro durch Zugabe von ADP oder Ristocetin - einem Antibiotikum - zu thrombocytenreichem Plasma auslösen. Die Reaktion kann photometrisch verfolgt werden, da die entstehenden Aggregate das von der Lichtquelle des Photometers ausgehende Licht weniger stark streuen als die ursprünglich einzeln im Plasma vorliegenden Plättchen. Die Abnahme des Meßsignals ist ein Maß für die Aggregationsfähigkeit der Thrombocyten.

Beurteilung der Ergebnisse:

Von diagnostischer Bedeutung sind die Reaktionsausfälle beim von WILLEBRAND-Syndrom (s. S. 181). Beim Fehlen des von WILLEBRAND-Faktors ist die Aggregation der Plättchen in vitro
    bei Zusatz von ADP normal,
    bei Zusatz von Ristocetin stark verzögert.
Pathologische Ergebnisse finden sich weiterhin bei angeborenen und erworbenen Thrombocytopathien sowie nach Einnahme von Thrombocytenaggregationshemmern (z. B. Acetylsalicylsäure).

Verfahren zur Erfassung von Koagulopathien

Hämostasestörungen können auf einem Defekt im gerinnungsfördernden System - also der Fibrinbildung - oder auf einer Störung der Fibrinolysemechanismen beruhen.

Überblick über die Untersuchungsmethoden
zur Erfassung und Lokalisation von Störungen im Gerinnungsablauf

Zum besseren Verständnis bzw. für die Interpretation der Untersuchungsergebnisse erscheint es günstig, das Gerinnungsschema in der folgenden stark verkürzten Form darzustellen und den Gerinnungsablauf in Phasen einzuteilen (s. Tabelle 27).

Tabelle 27. Stark vereinfachtes Gerinnungsschema

Phasen	Endogenes System (Intrinsic-System)	Exogenes System (Extrinsic-System)
Vorphase	Plättchenfaktor 3	Gewebefaktor III
1. Phase	Präkallikrein hochmolekulares Kininogen Faktor XII, XI, IX, VIII	Faktor VII
1. Phase	Bildung von Faktor X-Aktivator ||
2. Phase	Faktor X, V ||
2. Phase	Bildung von Prothrombin-Aktivator ||
2. Phase	Faktor II ||
2. Phase	Bildung von Thrombin ||
3. Phase	Faktor I ||
3. Phase	Bildung von Fibrin ||

Die Untersuchungsmethoden lassen sich einteilen in:

Globalteste

Sie geben Aufschluß darüber, ob die zur Fibrinbildung führenden Reaktionen normal ablaufen oder ob ein Defekt vorliegt. Die meisten Globalteste sind relativ unempfindlich, d. h., es werden nur schwere Gerinnungsstörungen erfaßt.

Phasenteste

Mit diesen Verfahren kann ein Defekt in einer der Phasen des Gerinnungssystems (s. oben) lokalisiert werden.

Faktorenteste

Die Versuchsbedingungen sind so gewählt, daß eine quantitative Bestimmung der Aktivität bzw. Konzentration einzelner Faktoren möglich ist.

Voraussetzungen zur Erzielung
zuverlässiger gerinnungsphysiologischer Untersuchungsergebnisse

Gerinnungsphysiologische Teste liefern nur unter Einhaltung bestimmter Voraussetzungen diagnostisch verwertbare Ergebnisse.

Unbedingt erforderlich sind:

Korrekte Verdünnung des Blutes mit einem Antikoagulans

Für fast alle gerinnungsphysiologischen Untersuchungen muß das Blut durch Zusatz eines Antikoagulans ungerinnbar gemacht werden.

Für die meisten Verfahren wird ein Mischungsverhältnis von 9 Volumteilen Venenblut und 1 Volumteil 3,8 proz. (w/v) Natriumcitratlösung verwendet.

Für spezielle Untersuchungen sind andere Volumenverhältnisse zu beachten. Außerdem ist vereinzelt der Zusatz inhibitorisch wirkender Substanzen erforderlich (z. B. zur Bestimmung der Fibrinogenkonzentration im Plasma oder dem Nachweis von Fibrinogen- bzw. Fibrinspaltprodukten im Serum bei bestehender Hyperfibrinolyse (s. S. 173)).

Heparin ist als Antikoagulans bei Gerinnungsanalysen unbrauchbar, da es als Cofaktor von Antithrombin III wirkt.

Das Dikaliumsalz der Ethylendinitrilotetraessigsäure (EDTA) kann zwar als Komplexbildner für Calciumionen bei der Entnahme von Blutproben zur Thrombocytenzählung verwendet werden, nicht aber zur Ausführung von Testverfahren im Rahmen der Diagnostik von Koagulopathien. Durch Zusatz von EDTA zum Untersuchungsmaterial wird die Stabilität der Faktoren V und VIII beeinträchtigt und außerdem die Polymerisation der Fibrinmonomere gehemmt, so daß fälschlich verlängerte Reaktionszeiten resultieren.

Regelrechte Blutentnahme

Die Probengewinnung sollte möglichst beim nüchternen Patienten unter Grundumsatzbedingungen erfolgen.

Soll in einem Gerinnungstest das Intrinsic-System oder einer der daran beteiligten Faktoren überprüft werden, darf keinesfalls Gewebefaktor III in das Blut gelangen. Nach Einstich in die Vene müssen daher die ersten Bluttropfen verworfen werden.

Zur Blutentnahme wird Antikoagulanslösung in Einmal-Kunststoffspritzen vorgelegt und Venenblut vorsichtig ohne Schaumbildung angesaugt. Ist das vorgeschriebene Blutvolumen aspiriert und die Spritze entfernt, zieht man sofort den Stempel zurück und mischt den Inhalt mit der vorhandenen Luftblase durch mehrmaliges Neigen der Spritze. Vorsicht, nicht stark schütteln!

Bei der Mischung des Blutes mit der Antikoagulanslösung ist zu berücksichtigen, daß nur die nicht-corpusculären Bestandteile verdünnt werden. So ist die Verdünnung des Plasmas bei sehr niedrigem Hämatokrit weniger stark als bei normalem Gehalt an corpusculären Elementen. Im Einzelfall ergeben sich hierdurch erhebliche Abweichungen von den üblichen Volumenverhältnissen. Der resultierende Fehler kann durch Vorlage angepaßter Mengen Antikoagulans ausgeglichen werden.
Beispielsweise erfordert eine Blutprobe mit einem Hämatokritwert von 20 % den Zusatz von 1,4 ml 3,8 proz. (w/v) Natriumcitratlösung auf ein Endvolu-

men von 10 ml, während bei Patienten mit einem Hämatokrit von 60 % nur 0,75 ml Antikoagulanslösung vorgelegt und mit 9,25 ml Blut gemischt werden sollten.

Transport des Blutes in speziellen Entnahmeröhrchen

Das Blut ist nach der Entnahme vorsichtig (Schaumbildung vermeiden!) in spezielle, für Gerinnungsanalysen vorgesehene Zentrifugenröhrchen umzufüllen. Es handelt sich hierbei meist um Einmal-Kunststoffröhrchen oder silikonisierte Glasgefäße.

Die Blutproben sollten nach der Gewinnung umgehend ins Laboratorium gebracht werden.

Kontrolle des Untersuchungsmaterials auf das Vorhandensein von Gerinnseln

Wird das Blut nicht sofort nach der Entnahme sorgfältig mit dem Antikoagulans gemischt, so kann es zur Bildung von feinen Gerinnseln und damit zum Verbrauch von Gerinnungsfaktoren kommen. Daher ist jede zu analysierende Blutprobe - z.B. durch Kippen des Röhrchens - darauf zu prüfen, ob sie frei von Fibrinfäden ist.

Gewinnung von Plasma

Die eingesandten Proben sollten möglichst innerhalb 1 Stunde nach der Blutentnahme zentrifugiert werden, damit keine gerinnungsaktiven Substanzen aus den Erythrocyten ins Plasma gelangen.

Im allgemeinen wird für gerinnungsphysiologische Teste thrombocytenarmes Plasma benötigt; es ist daher eine Zentrifugation von 15 Minuten bei ca. 2000 g (das entspricht bei den üblichen Laborzentrifugen etwa 4000 Umdrehungen pro Minute) erforderlich.

In einigen Fällen, z.B. bei der Recalcifizierungszeit, muß plättchenreiches Plasma analysiert werden. Es ist dadurch zu gewinnen, daß entweder die Probe sehr kurz bei niedriger Tourenzahl (ca. 500 Umdrehungen pro Minute) zentrifugiert oder die spontane Sedimentation der Erythrocyten abgewartet wird.

Das überstehende Plasma ist z.B. mit Kunststoffpipetten zum einmaligen Gebrauch in Einmal-Kunststoffröhrchen oder silikonisierte Glasgefäße abzupipettieren und bis zur Verarbeitung bei Kühlschranktemperatur aufzubewahren.

Verwendung von geeigneten Glasgeräten und Pipetten

Da das Silikonisieren (Ausspülen der Glassachen in einer Lösung von 2 g Silikonöl in 100 ml Chloroform und anschließendes Einbrennen des Silikonfilms 3 Stunden bei 250 ^{O}C) nach den Reinigungsvorgängen wiederholt werden muß, empfiehlt sich die Verwendung von Einmal-Kunststoffröhrchen zur Blutentnahme und Aufbewahrung des Plasmas.

Für die Testansätze werden im allgemeinen nichtsilikonisierte Glaswaren verwendet. Die von den Reagentien-Herstellern angegebenen Zeiten zur Vorinkubation gelten - wenn nicht anders vermerkt - für unbehandelte Glasoberflächen. Stark zerkratzte Glasröhrchen sollten für Gerinnungsanalysen nicht benutzt werden.

Es dürfen nur Pipetten Verwendung finden, deren Inhalt rasch und vollständig entleert werden kann, da sonst der Beginn der zu messenden Reaktion nicht hinreichend definierbar ist.

Ausführung der Teste innerhalb einer begrenzten Zeit nach der Blutentnahme

Die Analyse von Blutproben sollte innerhalb weniger Stunden nach der Entnahme erfolgen. Exakte Zeitspannen, in denen gerinnungsphysiologische Untersuchungen durchzuführen sind, können nicht angegeben werden, da die Haltbarkeit einzelner Faktoren stark von den im Patientenblut ablaufenden Vorgängen und von therapeutischen Maßnahmen abhängt.

Einhaltung der von den Reagentien-Herstellern gelieferten Vorschriften zur Durchführung der Testansätze

Die den Reagentien beiliegenden Anweisungen sollten streng eingehalten werden. So kann beispielsweise eine zu kurze Vorinkubation eines Testgemisches eine unzureichende Aktivierung der Faktoren zur Folge haben, eine zu lange Inkubation zu einem Abbau von gerinnungswirksamen Proteinen führen.

Temperierung der Testansätze

Da viele Gerinnungsfaktoren als Enzyme charakterisiert werden konnten, ist bei der Messung ihrer Aktivität eine definierte Reaktionstemperatur einzuhalten. Die Testverfahren sind auf 37 ^{O}C standardisiert.

Ermittlung des Gerinnungseintritts

Das Prinzip der meisten gerinnungsphysiologischen Teste beruht darauf, daß man den Zeitpunkt bestimmt, zu dem Fibrin in Form eines Gerinnsels nachweisbar wird, gemessen vom Zeitpunkt der Blutentnahme oder - wenn decalcifizierte Proben untersucht werden - vom Zeitpunkt der Calciumzugabe ab.

Das Auftreten von Fibringerinnseln im Ansatz wird durch "Häkeln" mit Platinösen oder durch Kippen der Röhrchen über einem Spiegel festgestellt.

Außerdem stehen Koagulometer zur Verfügung, die zur Ausführung zahlreicher Gerinnungsanalysen (z. B. PTT, QUICK-Test, Thrombinzeit u. a.) geeignet sind und zuverlässige Resultate liefern. Die mechanisierte Arbeitsweise beruht auf zwei verschiedenen Prinzipien. Zum einen wird durch das Auftreten von Fibringerinnseln der Stromkreis zwischen zwei Elektroden, von denen sich eine zuvor ständig im Ansatz auf und ab bewegt hat, geschlossen. Bei Verwendung von Kugelkoagulometern ist der Endpunkt der Reaktion dadurch zu ermitteln, daß eine zunächst starr in der Lösung liegende Stahlkugel durch sich bildende Fibrinfäden mitgerissen wird und hierdurch der vorhandene magnetische Sensor ein Signal auslöst.

Gerinnungsphysiologische Untersuchungen sind mindestens als Doppelanalysen, besser als Dreifachbestimmungen auszuführen.

Auswertung der Messungen

Bei vielen gerinnungsphysiologischen Testverfahren erfolgt die Auswertung der Meßergebnisse über Bezugskurven. Zur Erstellung derartiger Kurven dient Mischplasma von etwa 10 offenbar gesunden männlichen Probanden. Einzelheiten s. QUICK-Test S. 163.

Für jede neue Charge von Reagentien sind erneut Bezugswerte zu ermitteln.

Da geringfügige Unterschiede in der Technik (z. B. Start der Reaktion, in Gang setzen einer Stoppuhr, Erkennen des Fibringerinnsels) einen erheblichen Einfluß auf die Ergebnisse haben, ist die Auswertung anhand nicht selbst erstellter Bezugskurven abzulehnen.

Fehlerquellen bei gerinnungsphysiologischen Untersuchungsverfahren

Fehler bei der Probengewinnung:

Falsches Antikoagulans verwendet.
Vorgeschriebenes Mischungsverhältnis des Blutes mit der Natriumcitratlösung nicht eingehalten.
Bei extremem Hämatokritwert Volumenanteile von Antikoagulans und Blut nicht angepaßt.
Probe bei bestehender Hyperfibrinolyse nicht mit einem Plasmininhibitor versetzt.
Blutprobe mit Gewebefaktor III verunreinigt.
Lyse von Erythrocyten durch zu starkes Aspirieren bei der Probengewinnung oder durch unvorsichtiges Ausspritzen des Blutes in die Entnahmeröhrchen.
Untersuchungsmaterial unzureichend mit dem Antikoagulans gemischt, dadurch Bildung von Gerinnseln und Verbrauch von Gerinnungsfaktoren induziert.
Blut zu stark geschüttelt, somit Schaumbildung und Denaturierung von Gerinnungsproteinen bewirkt.
Zur Blutentnahme unsaubere Röhrchen oder unsilikonisierte Gefäße verwendet.
Probe nicht auf die Anwesenheit von Gerinnseln geprüft oder Fibrinfäden übersehen.

Fehler bei der Analytik:

Plasma nicht innerhalb kurzer Zeit von den corpusculären Bestandteilen abgetrennt.
Probe nicht vorschriftsmäßig zentrifugiert, d. h. kein plättchenarmes bzw. -reiches Plasma gewonnen.
Hämolytisches Untersuchungsmaterial analysiert.
Unsaubere Glasgefäße und/oder Pipetten (die z. B. Spuren von Thrombin oder Detergentien enthalten) verwendet.
Pipetten benutzt, die sich nicht schnell genug vollständig entleeren lassen.
Reagentien nicht nach Vorschrift aufgelöst oder gemischt.
Angesetzte Gebrauchslösungen zu lange aufbewahrt.
Mit Mikroorganismen verunreinigte Calciumchloridlösung benutzt.
Reagentien und/oder Plasma nicht exakt abgemessen.
Lösungen an die Wand und nicht auf den Boden der Röhrchen pipettiert, daher unzureichende Mischung der Ansätze und Reaktionsbeginn nicht exakt feststellbar.
Evtl. erforderliche Vorinkubation nicht berücksichtigt.
Reagentien nicht auf 37 °C vortemperiert.
Reaktionstemperatur von 37 °C nicht eingehalten.
Start und Ende der Reaktion (Gerinnselbildung) auf Grund mangelnder Übung nicht reproduzierbar erfaßt.
Platinösen bzw. Elektroden oder Stahlkugeln von Koagulometern nicht ausreichend gereinigt.
Mittelwert aus Doppelbestimmungen gebildet, obwohl die gemessenen Reaktionszeiten Abweichungen von mehr als 0,4 Sekunden zeigten.
Ergebnisse über eine nicht selbst erstellte Bezugskurve ermittelt (spielt vor allem bei manueller Arbeitsweise eine große Rolle).
Aktivität aus einer Bezugsgeraden oder Wertetabelle falsch abgelesen.
Keine Kontrollproben analysiert oder beim Nichterreichen der Sollwerte die erforderlichen Maßnahmen (Wiederholung der Kontrollen und der Analysenserie mit frisch aufgelösten Referenzplasmen und Reagentien) unterlassen.

Globalteste zur Erfassung von Gerinnungsstörungen

Thrombelastogramm (TEG) nach HARTERT

Prinzip:

Beim Thrombelastographen befindet sich in einer auf 37 °C thermostatisierten Küvette ein stählerner Stift, der mittels eines Torsionsdrahtes im Gerät fixiert ist (s. Abb. 24). An dieser Vorrichtung ist ein kleiner Spiegel befestigt, der das Licht einer Glühlampe auf einen Film, der kontinuierlich transportiert wird, reflektiert. Durch einen Motor wird die Küvette langsam um ihre Achse hin- und herbewegt. Eine Auslenkung von 4° 45' erfolgt in 3,5 Sekunden; anschließend bleibt die Küvette jeweils 1 Sekunde stehen.

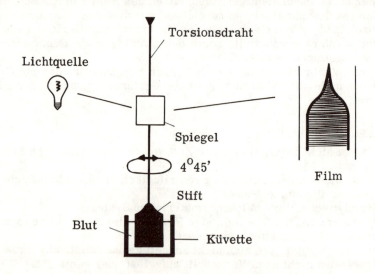

Abb. 24. Schematische Darstellung eines Thrombelastographen

Das zu untersuchende Blut (Nativblut oder recalcifiziertes Citratblut) wird in den freien Raum zwischen Küvette und Stift gefüllt und mit einer Schicht Paraffinöl gegen Austrocknung geschützt. Solange sich zwischen der Küvettenwand und dem Stift noch keine Fibrinfasern gebildet haben, wird die Rotation der Küvette nicht auf den Stift und daher auch nicht über den Spiegel auf den Film weitergeleitet, so daß sich nur eine gerade Linie auf dem lichtempfindlichen Material darstellt. Sobald jedoch die ersten Fibrinfasern auftreten und die Küvette mit dem Stift verbinden, wird die Bewegung der Küvette auf den Film projiziert. Da der Ansatz bei maximaler Auslenkung jeweils 1 Sekunde lang angehalten wird, stellen sich diese Endpunkte auf dem Film deutlich dar. Der Filmtransport erfolgt mit einer Geschwindigkeit von 2 mm/min, so daß die Aufzeichnungen in der Endstellung zusammenhängende Linien ergeben.

Das entstandene Diagramm beschreibt den gesamten Gerinnungsvorgang einschließlich Retraktion und Fibrinolyse. Es wird als Thrombelastogramm (s. Abb. 25, S. 159 und 160) bezeichnet. Daraus ist die Zeit bis zum Gerinnungseintritt (r) zu ersehen, die Geschwindigkeit der einsetzenden Fibrinbildung (k), die maximale Thrombuselastizität (ma) und die beginnende Lyse.

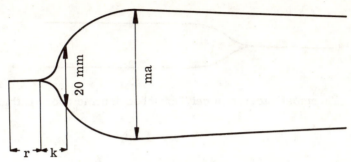

Normales Thrombelastogramm

r = Reaktionszeit
k = Thrombusbildungszeit
ma = Maximalamplitude

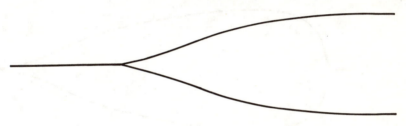

Thrombelastogramm bei Hämophilie

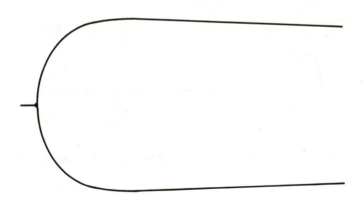

Thrombelastogramm bei Thrombocythämie

Abb. 25. Charakteristische Thrombelastogramme

Fortsetzung Abb. 25.

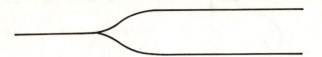

Thrombelastogramm bei Thrombocytopenie oder -pathie

Thrombelastogramm bei Afibrinogenämie

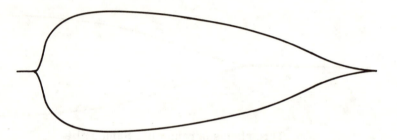

Thrombelastogramm bei leichter Hyperfibrinolyse

Thrombelastogramm bei schwerer Hyperfibrinolyse

Beurteilung der Ergebnisse:

Das TEG gibt einen Überblick über die Thrombocytenzahl und -funktion, den von WILLEBRAND-Faktor, sowie über den Ablauf der Mechanismen der endogenen Gerinnung (ausgenommen Faktor XIII) und der Fibrinolyse.

Plasma-Recalcifizierungszeit

Prinzip:

Thrombocytenreiches Plasma wird in Glasröhrchen im Wasserbad bei 37 °C durch Zusatz von Calciumionen zur Gerinnung gebracht (recalcifiziert). Die Zeit vom Zusatz der Calciumchloridlösung bis zum Auftreten eines Fibringerinnsels wird als Recalcifizierungszeit bezeichnet.

Normbereich:

80 - 120 Sekunden

Beurteilung der Ergebnisse:

Die Recalcifizierungszeit liefert eine Aussage über den gesamten endogenen Ablauf der Gerinnung einschließlich der Plättchenzahl und -funktion, sowie den von WILLEBRAND-Faktor, Präkallikrein und hochmolekulares Kininogen.

Nicht erfaßt wird ein Mangel an Faktor VII, der ja im endogenen Gerinnungsablauf nicht beteiligt ist. Ebenso zeigt der Test wie alle übrigen Verfahren, bei denen die Bildung eines Fibringerinnsels den Endpunkt der Reaktion darstellt, einen Mangel an Faktor XIII nicht an.

Bei der Recalcifizierungszeit handelt es sich um einen relativ unempfindlichen Test, der erst dann eindeutig pathologisch ausfällt, wenn ein Faktor in seiner Aktivität auf weniger als 30 % vermindert ist bzw. die Thrombocyten in ihrer Zahl und/oder Funktion erheblich von der Norm abweichen.

Störungen:

Nach therapeutischer Gabe von Heparin und in Anwesenheit von Fibrin- bzw. Fibrinogenspaltprodukten im Rahmen einer Hyperfibrinolyse oder fibrinolytischen Therapie ergeben sich verlängerte Recalcifizierungszeiten.

Aktivierte Partielle Thromboplastinzeit (PTT)

Prinzip:

Der endogene Gerinnungsablauf kann in vitro nicht nur durch Plättchenfaktor 3, ein Phospholipid aus menschlichen Thrombocyten, eingeleitet werden, sondern auch durch Phospholipide anderer Herkunft (z. B. Kaninchenhirn, Sojabohnen u. a.), die die wirksamen Bestandteile von PTT-Reagentien darstellen. Den im Handel erhältlichen Präparaten ist zur Beschleunigung des Reaktionsablaufs eine Oberflächen-aktive Substanz - z. B. Kaolin, Kieselgur u. a. - zugesetzt.

Citratplasma wird mit einem Überschuß an PTT-Reagens und Calciumchloridlösung versetzt. Der Zeitpunkt der Fibrinbildung stellt den Endpunkt der Reaktion dar.

Normbereich:

unter 40 Sekunden (je nach verwendetem Reagens)

Beurteilung der Ergebnisse:

Die PTT hängt von der Aktivität bzw. Konzentration aller am endogenen Gerinnungssystem beteiligten plasmatischen Komponenten (Präkallikrein, hochmolekulares Kininogen, Faktor XII, XI, IX, VIII, X, V, II und I) ab und ist daher als Suchtest zum Ausschluß oder Nachweis eines Faktorenmangels geeignet.

Da das PTT-Reagens einen Ersatz für Plättchenfaktor 3 darstellt, werden die Ergebnisse des Tests durch Zahl und Funktion der Thrombocyten nicht beeinflußt.

Das Verfahren ist relativ unempfindlich. Erst bei Abfall der Aktivität eines Faktors auf etwa 40 - 50 % sind pathologische Ergebnisse zu beobachten.

Störungen:

Nach therapeutischer Gabe von Heparin und in Anwesenheit von Fibrin- bzw. Fibrinogenspaltprodukten im Rahmen einer Hyperfibrinolyse oder fibrinolytischen Therapie ergeben sich verlängerte Partielle Thromboplastinzeiten.

QUICK-Test (Thromboplastinzeitbestimmung)

Prinzip:

Citratplasma wird mit einem Überschuß an sog. Thromboplastin und Calciumionen versetzt. Bei den Thromboplastinreagentien handelt es sich um Phospholipoproteine aus Kaninchenhirn, Placenta u. a. Organen. Sie stellen ein Äquivalent für menschlichen Gewebefaktor III dar.

Die Zeit vom Zusatz des Reagens bis zum Auftreten eines Fibringerinnsels im Ansatz entspricht der sog. Thromboplastinzeit. Eine Bezugsgerade, die mit verdünntem Plasma von Gesunden erstellt wurde (s. S. 163), dient zur Umrechnung der gemessenen Zeit in Prozent der normalerweise vorhandenen Aktivität.

Normbereich:

70 - 100 %

Beurteilung der Ergebnisse:

Der QUICK-Wert hängt von der Aktivität der Faktoren VII, X, V und II sowie der Konzentration an Fibrinogen im untersuchten Plasma ab.

Gewebefaktor III ist im menschlichen Organismus ubiquitär vorhanden, so daß keine Mangelzustände vorkommen. Mit dem QUICK-Test werden daher alle möglicherweise fehlenden Gerinnungsfaktoren des Extrinsic-Systems erfaßt.

Die Empfindlichkeit des Verfahrens gegenüber einem Fibrinogenmangel ist sehr gering. Erst bei einem Abfall der Konzentration an Faktor I auf etwa 50 mg/dl Plasma ergeben sich stark pathologische QUICK-Werte.

Störungen:

Nach therapeutischer Gabe von Heparin und in Anwesenheit von Fibrin- bzw. Fibrinogenspaltprodukten im Rahmen einer Hyperfibrinolyse oder fibrinolytischen Therapie ergeben sich verlängerte Thromboplastinzeiten bzw. erniedrigte QUICK-Werte.

Fehlerquellen:

Die bei gerinnungsphysiologischen Verfahren allgemein gültigen Fehlerquellen sind auf S. 157 dargestellt.

Im Zusammenhang mit der Thromboplastinzeitbestimmung sei nochmals erwähnt, daß insbesondere bei manueller Arbeitsweise jeder Untersucher seine eigene Bezugskurve erstellen muß. Geschieht dies nicht, so kann auf Grund der minimal abweichenden Meßzeiten vor allem nicht mehr mit Sicherheit zwischen normalen und pathologischen Ergebnissen unterschieden werden.

Da die Dosierung der Vitamin K-Antagonisten (s. S. 182) praktisch ausschließlich von den Ergebnissen des QUICK-Werts abhängig gemacht wird, ist es besonders wichtig, daß die Befunde absolut zuverlässig sind. In jeder Serie müssen daher Kontrollproben mit verschieden hohen Aktivitäten der im Test erfaßten Faktoren analysiert werden. Nur wenn die Meßwerte innerhalb des Kontrollbereichs (s. S. 498) liegen, ist es zu verantworten, an Patientenproben gewonnene Analysendaten zu interpretieren.

Besonderheiten:

Thromboplastinpräparationen werden aus verschiedenen Organen hergestellt (s. S. 162). Je nach ihrer Herkunft unterscheiden sie sich in ihren Eigenschaften. Vor allem zeigen die Reagentien eine Verminderung der Faktoren VII, X und II nicht mit der gleichen Empfindlichkeit an. Weiterhin ergeben sich je nach verwendeten Präparaten unterschiedlich steile Bezugsgeraden.
Durch die Auswertung der Daten anhand selbst erstellter Referenzkurven lassen sich zwar bei fehlerfreier Analytik reproduzierbare Ergebnisse ermitteln, dennoch ist die Vergleichbarkeit der Befunde bei Verwendung verschiedener Thromboplastinpräparationen mit abweichender Empfindlichkeit gegenüber den Faktoren VII, X und II nicht in jedem Fall gewährleistet. Eine Standardisierung der Reagentien wäre daher dringend erforderlich.

Erstellung einer Bezugsgeraden:

Man entnimmt mindestens 10 gesunden nüchternen männlichen Probanden Blut, das mit Natriumcitratlösung ungerinnbar gemacht wird (1 Volumteil 3, 8 proz. (w/v) Antikoagulanslösung und 9 Volumteile Venenblut). In allen aus den Blutproben gewonnenen Plasmen wird zunächst die Thromboplastinzeit gemessen, damit Proben mit verminderter Aktivität der im QUICK-Test erfaßten Gerinnungsfaktoren erkannt und ausgesondert werden können.
Aus aliquoten Volumina der einzelnen Plasmen wird ein Pool gebildet und dessen Aktivität gleich 100 % gesetzt. Aus dem Mischplasma ist mit physiologischer Kochsalzlösung eine Serie von Verdünnungen anzusetzen, in denen jeweils durch mindestens vier Messungen die Thromboplastinzeit bestimmt wird.

Da bei der Verdünnung des Plasmas mit NaCl-Lösung alle Gerinnungsfaktoren, also auch das Fibrinogen, in ihren Konzentrationen entsprechend reduziert werden, ist in den stark verdünnten Ansätzen der Endpunkt, d. h. das Auftreten des Fibringerinnsels, oft nur schlecht zu erfassen.

Trägt man die an den Plasmaverdünnungen ermittelten Thromboplastinzeiten in einem normalen Koordinatennetz gegen die Prozentzahlen auf, so resultiert eine Hyperbel. Auch in einem doppelt-logarithmischen Raster ergibt sich keine geradlinige Beziehung zwischen den gemessenen Zeiten und den Aktivitäten der analysierten Plasmaverdünnungen. Verwendet man jedoch den Reziprokwert des Prozentgehalts und die Thromboplastinzeit in Sekunden im einfachen Koordinatensystem, so lassen sich die Punkte zu einer Geraden verbinden (s. Abb. 26, S. 164).

Abweichungen sind beim 10 %-Wert aus den oben genannten Gründen möglich.

Der Vorteil dieser Darstellung liegt darin, daß technische Fehler erkennbar sind, da sie zu Punkten führen, durch die sich keine Linie legen läßt.

Die Auswertung der gemessenen Thromboplastinzeiten wird wesentlich erleichtert, wenn man aus der Bezugsgeraden eine Tabelle errechnet, aus der direkt die den Sekunden entsprechenden Aktivitäten in Prozent der Norm entnommen werden können.

In Tabelle 28 sind die zur Erstellung einer Bezugskurve empfehlenswerten Plasmaverdünnungen und die sich ergebenden Reziprokwerte des jeweiligen Plasmagehalts aufgeführt. Abb. 26 stellt eine typische QUICK-Bezugsgerade dar.

Tabelle 28. Plasmaverdünnungen zur Erstellung einer QUICK-Bezugsgeraden und errechnete Reziprokwerte

% (v/v) Plasma	$\frac{1}{\%}$	Ermittelte Sekunden
100	0,010	...
80	0,0125	...
60	0,0167	...
40	0,025	...
33,3	0,030	...
25	0,040	...
16,7	0,060	...
10	0,100	...

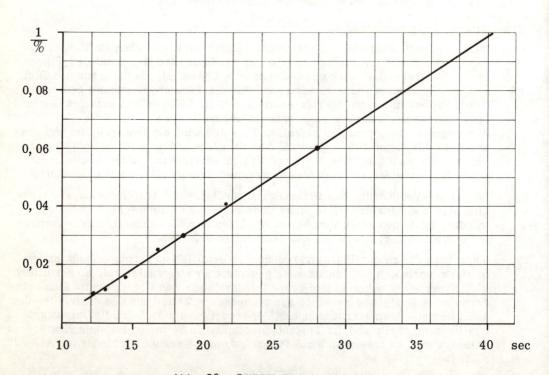

Abb. 26. QUICK-Bezugsgerade

Phasenteste zur Lokalisation von Gerinnungsstörungen

Thrombinzeit

Der Test dient zur Erfassung der 3. Gerinnungsphase (s. Tabelle 27, S. 153).

Prinzip:
    Citratplasma läßt sich durch Thrombinlösung bekannter Aktivität zur Gerinnung bringen. Die Zeit von der Zugabe des Thrombins bis zur Bildung des Gerinnsels wird gestoppt und als Thrombinzeit bezeichnet.

Normbereich:
    Gerinnungseintritt nach 10 - 15 Sekunden (die Zeit ist abhängig von der im Test verwendeten Thrombinkonzentration).

Beurteilung der Ergebnisse:
    Eine Verlängerung der Thrombinzeit findet sich bei:
        Starker Hypo- bis Afibrinogenämie
            angeboren
            erworben
                bei Verbrauchskoagulopathie
                bei Hyperfibrinolyse
        Dysfibrinogenämie
            angeboren
        Heparintherapie
        Vorliegen hochmolekularer Fibrin- und Fibrinogenspaltprodukte, die die Fibrinpolymerisation hemmen
            primäre oder sekundäre Hyperfibrinolyse
            fibrinolytische Therapie

Störungen:
    Durch die Anwesenheit von Paraproteinen kann die Polymerisation von Fibrinmonomeren gehemmt sein, so daß verlängerte Thrombinzeiten gemessen werden.

Schlangengiftzeit

Der Test dient zur Erfassung der 3. Gerinnungsphase (s. Tabelle 27, S. 153).

Prinzip:
    Aus verschiedenen Schlangengiften lassen sich Thrombin-ähnliche Endopeptidasen isolieren, die jedoch im Gegensatz zu Thrombin aus dem Fibrinogenmolekül nur das Peptid A (s. S. 138) abspalten. Die gebildeten atypischen Fibrinmonomere aggregieren in der gleichen Weise wie diejenigen, die durch die Wirkung des Thrombins entstanden sind.

    Antithrombin III ist nicht in der Lage, die Schlangengift-Endopeptidasen zu hemmen. Somit kann auch Heparin, das als Cofaktor von Antithrombin III wirkt, die Schlangengiftzeit nicht beeinflussen.

Normbereich:

Gerinnungseintritt innerhalb von 20 Sekunden (die Zeit ist abhängig vom verwendeten Präparat).

Beurteilung der Ergebnisse:

Die Schlangengiftzeit unterscheidet sich von der Thrombinzeit durch die Unempfindlichkeit gegenüber Heparin.

Ebenso wie bei der Thrombinzeit beeinflussen ein Mangel an Fibrinogen und das Auftreten von Fibrin- bzw. Fibrinogenspaltprodukten das Resultat.

QUICK-Test (Thromboplastinzeitbestimmung)

S. S. 162 ff.
Bei normaler Thrombinzeit und normaler PTT dient der Test zur Erfassung der 1. Phase des exogenen Gerinnungsablaufs (s. Tabelle 27, S. 153).

Beurteilung der Ergebnisse:

Pathologischer QUICK-Test, normale Thrombinzeit:
Ein Mangel an Faktor VII und/oder X, V, II ist möglich.

Pathologischer QUICK-Test, normale Thrombinzeit, normale PTT:
Es liegt ein Mangel an Faktor VII vor.

Pathologischer QUICK-Test, normale Thrombinzeit, pathologische PTT:
Das Fehlen von Fibrinogen und ein isolierter Mangel an Faktor VII sind bei dieser Befundkonstellation ausgeschlossen.
Kombinierte Mangelzustände im Intrinsic- und Extrinsic-System (z. B. Mangel an Faktor VII und IX) oder Defekte im Bereich der gemeinsamen Endstrecke kommen in Frage.

Aktivierte Partielle Thromboplastinzeit (PTT)

S. S. 161.
Bei normalem QUICK-Wert ist der Test zur Erfassung der 1. endogenen Gerinnungsphase (s. Tabelle 27, S. 153) geeignet.

Beurteilung der Ergebnisse:

Pathologische PTT, normaler QUICK-Test:
Ein Mangel an Präkallikrein, hochmolekularem Kininogen, Faktor XII und/oder XI, IX, VIII kommt in Frage.

Pathologische PTT, pathologischer QUICK-Test, normale Thrombinzeit:
Siehe 3. Befundkonstellation unter QUICK-Test (s. oben);
das Fehlen von Fibrinogen und ein isolierter Mangel an Faktor VII sind ausgeschlossen, kombinierte Mangelzustände in den beiden Systemen sowie Defekte im Bereich der gemeinsamen Endstrecke kommen in Frage.

Faktorenteste zur Erfassung
einzelner an der Gerinnung beteiligter Komponenten

Quantitative Bestimmung von Gerinnungsfaktoren

Prinzip:

Die Bestimmungsverfahren für die Faktoren XII, XI, IX, VIII, VII, X, V und II beruhen jeweils auf dem gleichen Prinzip: In einem geeigneten Testsystem sind alle Faktoren mit Ausnahme des zu untersuchenden im Überschuß vorhanden. Plasmen, in denen nur ein Faktor fehlt, werden als Mangelplasmen bezeichnet. Derartige Reagentien können entweder von Patienten mit schwerem isolierten Faktorenmangel (z. B. schwerer Hämophilie A) gewonnen oder durch spezifische Elimination eines Gerinnungsfaktors aus Mischplasma (z. B. durch Immunadsorption) hergestellt werden.

Um den Einfluß der in der Probe vorhandenen Inhibitoren der Gerinnung auszuschalten und die Empfindlichkeit der Testverfahren zu erhöhen, muß das zu untersuchende Plasma stark verdünnt werden (1 : 5 bis 1 : 10). Nach Zusatz des Untersuchungsmaterials zu einem Mangelplasma und dem Start der Reaktion durch Plättchenfaktor 3 (PTT-Reagens zur Bestimmung von Faktor XII, XI, IX und VIII) oder Gewebefaktor III (Thromboplastin zur Bestimmung von Faktor VII, X, V und II) hängt die Zeit bis zur Bildung eines Fibringerinnsels ausschließlich von der Konzentration des im Mangelplasma nicht enthaltenen Faktors ab. Ist der zu analysierende Bestandteil in der Patientenprobe nur in sehr niedriger Aktivität vorhanden, dauert es lange, bis ein Fibrinnetz entsteht; liegt der zu untersuchende Faktor in ausreichender Menge vor, ergeben sich relativ kurze Meßzeiten.

Mit verdünntem Mischplasma von Gesunden wird eine Bezugskurve erstellt. Trägt man die gemessenen Zeiten auf doppelt-logarithmischem Papier gegen den Prozentgehalt auf, so ergibt sich nicht bei allen Verfahren eine Gerade.

Die ermittelten Kurven dienen zur Bestimmung der Aktivität des zu analysierenden Faktors im Patientenplasma.

Beurteilung der Ergebnisse:

Die für die quantitativen Bestimmungsverfahren erarbeiteten Bezugskurven verlaufen sehr flach. Dies bedeutet, daß geringe Unterschiede in den bis zum Gerinnungseintritt gemessenen Zeiten erhebliche Differenzen in den ermittelten Aktivitäten zur Folge haben.

Hinzu kommt, daß die bei gesunden Probanden gefundenen Werte stark schwanken können; z. B. bei Faktor VIII zwischen 60 und 200 %. Somit ist die Definition eines Plasmapools als Aktivität von 100 % mit großen Unsicherheiten behaftet.

Der auf dem Gebiet der Hämostaseologie Unerfahrene sollte sich daher, bevor er an Patientenproben gewonnene Ergebnisse interpretiert, die den Daten zugrundeliegenden Eichkurven ansehen und sich zusätzlich über die Problematik der Standardisierung im klaren sein. Erst dann wird er eine Entscheidung darüber fällen können, ob er beispielsweise bei einer einmalig ermittelten Aktivität von 50 % Faktor VIII tatsächlich die folgenschwere Diagnose "Konduktorin" stellen darf.

Bestimmung der Fibrinogenkonzentration im Plasma

1. Chemische Methoden

Prinzip:

Das im Plasma enthaltene Fibrinogen wird durch einen Überschuß an Calciumchlorid-haltiger Thrombinlösung in Fibrin$_s$ umgewandelt. Durch Waschen des Fibringerinnsels in Kochsalzlösung und Aqua bidest. werden die im Plasma vorhandenen Proteine entfernt. Nach Auflösen des Gerinnsels in Natronlauge o. ä. erfolgt die Bestimmung des Fibrins
auf Grund der Absorption des Proteins bei 280 nm (s. S. 262),
mit Biuretreagens (s. S. 261),
mit dem Phenolreagens nach FOLIN und CIOCALTEU oder
auf Grund des nach KJELDAHL bestimmten Stickstoffgehalts (s. S. 262).

Normbereich:

200 - 400 mg Fibrinogen/dl Plasma

Störungen:

Die bei Hyperfibrinolyse im Plasma vorliegenden Fibrin- bzw. Fibrinogenspaltprodukte X und Y hemmen die Polymerisation der Fibrinmonomere zu langen Ketten (s. S. 141). Die verbleibenden Monomere gehen beim Waschen des Gerinnsels verloren, so daß die ermittelten Fibrinogenkonzentrationen fälschlich zu niedrig liegen.

Enthält das zu untersuchende Plasma im Rahmen einer Hyperfibrinolyse freies Plasmin, so treten Störungen durch die auch in vitro ablaufende Fibrinogenolyse auf. Durch Zusatz von Aprotinin zum Patientenblut (s. S. 173) kann die Plasminaktivität gehemmt werden.

Da die Fibrinogenkonzentration im Plasma bei akuten Entzündungen stark ansteigen kann, ist es möglich, daß ursprünglich niedrige Spiegel an Faktor I verschleiert werden.

2. Methode nach CLAUSS

Prinzip:

Bei dem Verfahren handelt es sich um eine modifizierte Thrombinzeitbestimmung. Durch den Einsatz von 1 + 9 verdünntem Plasma ist die Wirkung der physiologischerweise vorhandenen Inhibitoren der Gerinnung praktisch zu vernachlässigen, so daß die Zeit vom Zusatz der Thrombinlösung bis zum Auftreten des Fibringerinnsels nur noch von der Fibrinogenkonzentration abhängt. Eine Bezugskurve ist mit Verdünnungen von Plasma aufzustellen, dessen Fibrinogengehalt mit chemischen Verfahren ermittelt wurde.

Normbereich:

200 - 400 mg Fibrinogen/dl Plasma

Störungen:

Die Methode wird durch therapeutisch zugeführtes Heparin, das als Cofaktor von Antithrombin III die Thrombinwirkung hemmt, gestört.

Ebenso interferieren die Fibrin- bzw. Fibrinogenspaltprodukte X und Y, da sie die Polymerisation von Fibrinmonomeren verzögern bzw. verhindern.

In beiden Fällen ergeben sich verlängerte Meßzeiten, so daß fälschlich zu niedrige Fibrinogenkonzentrationen resultieren.

3. Hitzefibrinfällung nach SCHULZ

Prinzip:

Das Blut wird bei der Entnahme im Verhältnis 4 + 1 mit 3,8 proz. (w/v) Natriumcitratlösung verdünnt. Erhitzt man das gewonnene Plasma in graduierten Spezialröhrchen (NISSEL-Röhrchen) 10 Minuten lang im Wasserbad bei 56 °C, so wird das Fibrinogen als sog. Hitzefibrin ausgefällt. Aus der Höhe des Niederschlags nach 15 Minuten langem Zentrifugieren bei etwa 2000 g (bzw. ca. 4000 Umdrehungen pro Minute) kann die Fibrinogenkonzentration im Plasma abgeschätzt werden.

Normbereich:

200 - 400 mg/dl Plasma

Störungen:

Die hochmolekularen Fibrin- bzw. Fibrinogenspaltprodukte X und Y sowie BENCE-JONES-Proteine (s. S. 427) fallen bei 56 °C ebenfalls aus und täuschen eine fälschlich zu hohe Fibrinogenkonzentration vor.

Beurteilung der verschiedenen Methoden zur Bestimmung der Fibrinogenkonzentration

Die Ergebnisse aller genannten Verfahren zeigen nur dann eine befriedigende Korrelation, wenn keine Heparintherapie erfolgt und keine Hyperfibrinolyse vorliegt. Die zu erwartenden Abweichungen in Anwesenheit des Antikoagulans oder von hochmolekularen Spaltprodukten X und Y sind in Tabelle 29 zusammengestellt.

Tabelle 29. Einfluß von Heparin und Fibrin- bzw. Fibrinogenspaltprodukten auf die Verfahren zur Bestimmung der Fibrinogenkonzentration

	Chemische Methoden	Methode nach CLAUSS	Methode nach SCHULZ
Heparintherapie	keine Störung	keine Störung bis Werte zu niedrig	keine Störung
Hyperfibrinolyse	Werte zu niedrig	Werte zu niedrig	Werte zu hoch

Bestimmung der Aktivität von Faktor XIII

1. Prüfung der Löslichkeit des gebildeten Fibrins in Monochloressigsäure

Prinzip:

Zunächst wird eine geometrische Verdünnungsreihe des Patientenplasmas (1 : 5, 1 : 10, 1 : 20, 1 : 40) hergestellt und mit Faktor XIII-freiem Fibrinogen versetzt.

Durch Zusatz von Thrombin- und Calciumchloridlösung wird das Fibrinogen im Ansatz zur Gerinnung gebracht und der Faktor XIII aktiviert. Während der anschließenden Inkubation (10 Minuten bei 37 °C) erfolgt in Abhängigkeit von der Aktivität des Fibrin-stabilisierenden Faktors eine Quervernetzung der Fibrinketten.

Nach Zusatz von Monochloressigsäure kann das regelrecht stabilisierte $Fibrin_i$ durch Schütteln der Röhrchen nicht mehr zerstört werden, während das bei fehlender Aktivität von Faktor XIII vorliegende $Fibrin_s$ durch das Lösungsmittel resuspendiert werden kann.

Normbereich:

Bei normaler Faktor XIII-Aktivität liegt in den Ansätzen mit 1 : 5, 1 : 10 und 1 : 20 verdünntem Patientenplasma ausschließlich in Monochloressigsäure unlösliches $Fibrin_i$ vor.

Beurteilung der Ergebnisse:

Findet sich in den genannten Verdünnungen nach Zusatz von Monochloressigsäure kein Fibringerinnsel mehr, so ist die Faktor XIII-Aktivität der zu untersuchenden Patientenprobe stark vermindert.

2. Immunologische Verfahren

Prinzip:

Mit Antiseren läßt sich der Faktor XIII immunologisch erfassen.

Beurteilung der Ergebnisse:

Das Verfahren ist zwar spezifisch, erlaubt jedoch nur eine grobe Abschätzung der Faktor XIII-Aktivität in der zu untersuchenden Probe.

3. Chemische Verfahren

Prinzip:

Den Methoden liegt die Messung des Einbaus von Cadaverin - einem biogenen Amin - durch Faktor XIII in geeignete Proteine (z. B. Casein) zugrunde.

Beurteilung der Ergebnisse:

Mit chemischen Verfahren wird die Aktivität von Faktor XIII spezifisch und quantitativ erfaßt.

Nachweis von Hemmkörpern gegen Gerinnungsfaktoren

Überblick:

Der pathologische Ausfall eines Gerinnungstests kann nicht nur auf einer verminderten Aktivität eines Faktors, sondern auch auf der Anwesenheit eines Hemmkörpers beruhen.

Bei schweren hereditären Koagulopathien muß der in seiner Aktivität extrem verminderte Faktor meist regelmäßig substituiert werden. Durch wiederholte parenterale Zufuhr des gerinnungsaktiven Proteins kommt es bei etwa 10 % der Patienten zur Bildung spezifischer Antikörper, die die Aktivität von weiterhin therapeutisch appliziertem Faktor hemmen.

Hemmkörper können sich im Prinzip gegen jeden Gerinnungsfaktor bilden. Da jedoch den meisten angeborenen Defekten ein Mangel an Faktor VIII, IX oder dem von WILLEBRAND-Faktor zugrundeliegt, richten sich Hemmkörper auch am häufigsten gegen die genannten Komponenten.

Durch das Vorliegen plasmatischer Antikörper wird weder der Schweregrad der Erkrankung, noch das Auftreten von Blutungen beeinflußt. Die Problematik besteht darin, daß eine weitere Substitution des fehlenden Faktors keinen therapeutischen Effekt mehr zeigt, so daß andere Behandlungsformen angewandt werden müssen (s. Lehrbücher der Inneren Medizin).

Ohne weitere parenterale Zufuhr des antigen wirkenden Faktors sind die spezifischen Antikörper im allgemeinen nach Ablauf von 6 - 18 Monaten nicht mehr nachweisbar.

Prinzip:

Der Nachweis von Hemmkörpern erfolgt im Plasmatauschversuch.

Kann eine stark pathologische Partielle Thromboplastinzeit durch Zusatz von 1/5 Volumen Plasma eines Gesunden zu 4/5 Volumen Patientenplasma normalisiert werden, so handelt es sich bei dem vorliegenden Defekt um einen echten Faktorenmangel. Tritt keine Normalisierung ein, so spricht dieser Befund für das Vorliegen eines Hemmkörpers.

Beurteilung der Ergebnisse:

Beispiel 1:

Patientenplasma	PTT stark pathologisch
Normalplasma	PTT im Normbereich
Tauschversuch	PTT normalisiert

Es erfolgte eine Normalisierung des Wertes, mithin handelt es sich beim Patienten um einen echten Faktorenmangel.

Beispiel 2:

Patientenplasma	PTT stark pathologisch
Normalplasma	PTT im Normbereich
Tauschversuch	PTT stark pathologisch

Es erfolgte keine Normalisierung des Wertes, demzufolge liegt ein Hemmkörper im Patientenplasma vor.

Bestimmung gerinnungshemmender Faktoren

Bestimmung von Antithrombin III

Prinzip:

Stark verdünntes Plasma wird mit einem Überschuß an Thrombin versetzt. Diese Endopeptidase bildet in einer sehr langsam ablaufenden Reaktion mit dem in der Probe enthaltenen Antithrombin III einen Komplex. Der Vorgang wird durch Zugabe des Cofaktors Heparin zum Test erheblich beschleunigt. In Abhängigkeit von der Antithrombin III-Konzentration des Plasmas wird mehr oder weniger viel des zugefügten Thrombins gebunden. Die Menge des im Ansatz verbleibenden freien Enzyms ist somit ein indirektes Maß für den Antithrombin III-Spiegel in der Patientenprobe.
Nur freies Thrombin ist in der Lage, ein im Test verwendetes synthetisches Substrat - z. B. Tosyl-Glycyl-Prolyl-Arginin-p-Nitroanilid - zu spalten. Die Entstehung des gelbgefärbten Produkts p-Nitroanilin kann kontinuierlich durch die photometrische Messung der Extinktionszunahme bei 405 nm verfolgt werden. Zur Berechnung der Ergebnisse dient eine Bezugsgerade, die mit Verdünnungen aus Mischplasma gesunder Probanden erstellt wurde.

Normbereich:

80 - 120 %

Beurteilung der Ergebnisse:

Bei Patienten mit einer Verminderung der Antithrombin III-Konzentration auf Werte unter 70 % treten gehäuft Thrombosen auf; liegt der Spiegel unter 50 % der Norm, werden fast regelmäßig thrombotische Ereignisse beobachtet.

Bestimmung von Protein C

Prinzip:

Das im verdünnten Patientenplasma enthaltene Protein C wird durch Zusatz eines Schlangengifts aktiviert.
Im Testansatz mischt man die vorbehandelte Probe mit einem Protein C-freien Mangelplasma und startet den Gerinnungsablauf auf dem endogenen Weg mit PTT-Reagens und Calciumionen. Je höher die Aktivität im zu untersuchenden Plasma ist, desto mehr Faktor VIII und V können während des Reaktionsverlaufs durch Protein C abgebaut werden. In Abhängigkeit von der Protein C-Aktivität ergeben sich mithin bis zum Eintritt der Fibrinbildung mehr oder weniger stark verlängerte Meßzeiten.
Bei jeder Serie von Bestimmungen ist mit Verdünnungen von Protein C-Standardplasmen eine Bezugskurve zu erstellen.

Normbereich:

60 - 140 %

Beurteilung der Ergebnisse:

Entsprechend einem Mangel an Antithrombin III liegt auch bei Patienten mit einer verminderten Protein C-Aktivität ein erhöhtes Thromboserisiko vor.

Untersuchungsverfahren zur Erfassung der fibrinolytischen Aktivität

Beobachtung der Spontanlyse

Prinzip:
    S. S. 179.

Thrombelastogramm

Prinzip:
    S. Abb. 25, S. 160.

Fibrinogenkonzentration im Plasma

Prinzip:

Zur Beurteilung der fibrinolytischen Aktivität ist die Fibrinogenkonzentration im Plasma deshalb von Bedeutung, da Plasmin nicht nur den enzymatischen Abbau von Fibrin bewirkt (Fibrinolyse), sondern neben anderen Gerinnungsfaktoren vor allem auch Fibrinogen proteolytisch spaltet (Fibrinogenolyse).

Blutentnahme bei gesteigerter fibrinolytischer Aktivität:

Bei spontaner oder therapeutischer Hyperfibrinolyse baut das in einer entnommenen Blutprobe enthaltene freie Plasmin Fibrinogen auch in vitro ab. Die Plasminaktivität muß somit vom Zeitpunkt der Blutentnahme ab gehemmt werden. Aprotinin, ein Proteaseninhibitor tierischen Ursprungs, ist für diesen Zweck geeignet.

Bei der Blutentnahme werden daher z. B. zur Erzielung eines Volumenverhältnisses von 9 + 1 in einer Spritze 0,8 ml 3,8 proz. (w/v) Natriumcitratlösung vorgelegt und 9 ml Blut aspiriert. Sofort nach Mischung mit dem Antikoagulans ist der Spritzeninhalt in ein Röhrchen, das 0,2 ml Aprotininlösung (20 000 KIE pro ml) enthält, zu überführen und die Probe erneut vorsichtig zu mischen. Entsprechend müssen die Volumina bei einer erforderlichen Blutverdünnung von 4 + 1 (z. B. für das Verfahren nach SCHULZ) variiert werden.

Euglobulin-Lyse-Zeit

Prinzip:

Blut wird bei der Entnahme im Verhältnis 4 + 1 mit 3,8 proz. (w/v) Natriumcitratlösung versetzt.
Verdünnt man das gewonnene Plasma bei 0 $^\circ$C (Eiswasser) mit schwacher Essigsäure, so fallen bei pH 5,0 - 5,5 die sog. Euglobuline aus. In dem abzentrifugierten Niederschlag finden sich Fibrinogen, Plasminogen, Plasminogen-Aktivatoren und evtl. vorhandenes freies Plasmin, während die Inhibitoren der Fibrinolyse in Lösung bleiben.
Der Überstand wird vollständig verworfen und der Niederschlag nach Auflösen in Puffer mit Thrombin zur Gerinnung gebracht. Die Zeit, die das aus dem Plasminogen durch die Aktivatoren gebildete Plasmin benötigt, um das entstandene Gerinnsel bei 37 $^\circ$C zu lysieren, bezeichnet man als Euglobulin-Lyse-Zeit.

Normbereich:

    Lyse des Gerinnsels nach 2 - 12 Stunden.

Beurteilung der Ergebnisse:

    Bei schwerer Hyperfibrinolyse erfolgt die Auflösung des Gerinnsels innerhalb einer Stunde oder weniger Minuten.

Störungen:

    Bei sehr stark ausgeprägter Hyperfibrinolyse kann Fibrinogen, das ebenso wie Fibrin ein Substrat für Plasmin darstellt, im Plasma so extrem vermindert sein, daß nach Zusatz von Thrombin zum Testansatz keine Gerinnselbildung eintritt. Die Euglobulin-Lyse-Zeit ist unter diesen Umständen zwar nicht zu bestimmen, der Sachverhalt an sich weist jedoch bereits darauf hin, daß die Fibrinolyse maximal gesteigert ist.

Indirekter Nachweis von Fibrin- bzw. Fibrinogenspaltprodukten

1. Thrombinzeit

Prinzip:

    S. S. 165.

Beurteilung der Ergebnisse:

    Bei einer bestehenden Hyperfibrinolyse ist die Thrombinzeit verlängert.

    Dieser Befund ergibt sich dadurch, daß zum einen Fibrinogen durch Plasmin abgebaut wird (Hemmung der Plasminaktivität in vitro durch Zusatz von Aprotinin (s. S. 173)) und andererseits die Spaltprodukte X und Y die Gerinnung hemmen. Die Thrombinzeit erlaubt daher keine Differenzierung zwischen einem Mangel an Fibrinogen und dem Auftreten von hochmolekularen Spaltprodukten.

    Wie bereits beschrieben, führt auch die Anwesenheit von Heparin zu einer verzögerten Gerinnselbildung.

2. Schlangengiftzeit

Prinzip:

    S. S. 165.

Beurteilung der Ergebnisse:

    Ebenso wie bei der Thrombinzeit können mit diesem Verfahren die Fibrin- bzw. Fibrinogenspaltprodukte nicht spezifisch nachgewiesen werden, sondern nur indirekt auf Grund ihrer aggregationshemmenden Wirkung auf Fibrinmonomere, d. h. einer Verzögerung der Gerinnselbildung.

    Während auch die bei Hyperfibrinolyse verminderte Fibrinogenkonzentration im zu untersuchenden Plasma (s. Thrombinzeit) die Schlangengiftzeit beeinflußt, wird die Meßzeit durch evtl. in der Probe enthaltenes Heparin nicht verlängert.

Immunologischer Nachweis von Fibrin- bzw. Fibrinogenspaltprodukten

Prinzip:

Damit das im Rahmen einer Hyperfibrinolyse evtl. im Plasma vorhandene freie Plasmin nach der Entnahme von Blut in vitro nicht mehr wirksam werden kann, muß die Probe sofort mit einem Fibrinolyseinhibitor (z. B. 0,2 ml Aprotininlösung (20 000 KIE pro ml) auf 10 ml Venenblut) versetzt werden (s. S. 173). Durch Zugabe von Thrombin zu dem aus Nativblut gewonnenen Serum ist dafür zu sorgen, daß möglicherweise vorhandene Spuren von Fibrinogen, wie sie insbesondere unter Heparintherapie vorliegen können, vollständig zur Gerinnung gebracht werden und somit keine Interferenz mit dem Testverfahren auftritt.

Als Reagens zum Nachweis der Fibrin- bzw. Fibrinogenspaltprodukte im gewonnenen Serum dienen Latexpartikel, die mit einem Antikörper gegen die Fragmente X, Y, D und E beschichtet sind. Enthält das Patientenserum die genannten Bruchstücke, so kommt es zur Agglutination der Latexsuspension. In Abwesenheit von Fibrinogen- bzw. Fibrinspaltprodukten bleiben die Antikörper-tragenden Latexteilchen unverändert erhalten.

Normbereich:

Normalerweise tritt keine Agglutination ein, d. h., die Konzentration an Spaltprodukten liegt unter 2 μg/ml Serum.

Beurteilung der Ergebnisse:

Ein positiver Testausfall kann durch die Anwesenheit von Fibrinogen- und/oder Fibrinspaltprodukten bedingt sein. Das Verfahren erlaubt keine Unterscheidung zwischen den beiden Arten dieser Bruchstücke. Somit kann auch nicht beurteilt werden, ob die erhöhte fibrinolytische Aktivität Folge einer intravasalen Gerinnung mit Fibrinbildung ist (sekundäre Hyperfibrinolyse), oder ob Plasminogen ohne vorherige Fibrinbildung aktiviert worden ist (primäre Hyperfibrinolyse).

Spezifischer immunologischer Nachweis des Fibrinspaltprodukts D-Dimer

Prinzip:

Bei diesem Verfahren werden nur Dimere des Fibrinbruchstücks D (= D-Dimere) erfaßt, die ausschließlich aus bereits in vivo gebildetem quervernetzten Fibrin entstehen können.
Die Spezifität der Reaktion wird durch Verwendung eines monoclonalen Antikörpers gegen D-Dimere erreicht; Latexpartikel dienen als Trägermedium.
Da Fibrinogen und die übrigen Spaltprodukte nicht zu einer Agglutination führen, kann Citratplasma in den Test eingesetzt werden.

Normbereich:

Plasmen von Gesunden zeigen einen negativen Reaktionsausfall, d. h., die Konzentration an D-Dimeren liegt unter 0,2 μg/ml Plasma.

Beurteilung der Ergebnisse:

Das Auftreten von D-Dimeren ist ein sicheres Zeichen für die Lyse von Fibrin, das im Rahmen intravasaler Gerinnungsprozesse (wie Thrombosen, Verbrauchskoagulopathien u. a.) entstanden ist.

EINSATZ HÄMOSTASEOLOGISCHER UNTERSUCHUNGSMETHODE

Wie bereits erwähnt (s. S. 144), können Störungen der Hämostase angeboren oder erworben sein und auf krankhaften Veränderungen im Bereich der Gefäße, der Thrombocyten oder der plasmatischen Gerinnung bzw. Fibrinolyse beruhen. Sind Blutplättchen oder Plasmafaktoren betroffen, ist außerdem zwischen Bildungs- und Umsatzstörungen zu unterscheiden.

Die folgenden Beispiele sollen deutlich machen, daß die Hämostaseologie in vielen Bereichen der praktischen Medizin eine wichtige Rolle spielt.

Bei Patienten mit manifester hämorrhagischer Diathese ist die Ursache der Blutung zu ermitteln, da nur bei bekannter Ätiologie eine erfolgreiche Substitutionstherapie oder andere Maßnahmen eingeleitet werden können.
Nicht selten sind Patienten zu beobachten, bei denen einzelne Mechanismen der Blutstillung eine erhebliche Störung aufweisen, ohne daß diese Defekte spontan zu manifesten hämorrhagischen Diathesen führen. Unter geringen Belastungen, die beim Gesunden ohne sichtbare Folgen bleiben, kann es jedoch zu langdauernden Blutungen kommen (z. B. Hämorrhagien nach Zahnextraktion bzw. Hämarthrosen nach banalen Traumen bei Hämophilen). Es ist daher notwendig, vor diagnostischen oder therapeutischen Maßnahmen (z. B. Laparoskopie, Organpunktionen bzw. operativen Eingriffen u. a.) das Hämostasepotential zu ermitteln, um eine entsprechende Behandlung, z. B. eine vorherige Substitutionstherapie, vornehmen zu können.
Schließlich muß auch eine Antikoagulantientherapie regelmäßig mit geeigneten Verfahren kontrolliert werden. Dabei richtet sich die Auswahl der Methoden nach den angewandten Pharmaka und ihren Angriffspunkten im Gerinnungssystem.

Je nachdem, ob akut eine Diagnose gestellt werden muß, ein nicht bedrohliches Krankheitsbild durch eingehende Untersuchungen differentialdiagnostisch zu klären ist oder ob eine Antikoagulantientherapie überwacht werden soll, sind unterschiedliche Analysenverfahren auszuwählen.
So genügt es im akuten Notfall meist, Global- und Phasenteste anzuwenden, um eine Entscheidung über die Therapie zu ermöglichen. Diese Teste können relativ unempfindlich sein; es ist ausreichend, wenn sie erhebliche Abweichungen gegenüber der Norm sicher anzeigen, da eine akute hämorrhagische Diathese nur durch eine ausgeprägte Störung der Hämostasemechanismen verursacht sein kann.
Andererseits ist es beispielsweise bei der Kontrolle der Therapie mit Vitamin K-Antagonisten infolge des engen therapeutischen Bereichs notwendig, ausreichend empfindliche Testverfahren einzusetzen. Ist das Hämostasepotential nicht optimal gesenkt, so können entweder Blutungen auftreten oder der Behandlungseffekt bleibt aus. Es muß also bei der Bestimmung des QUICK-Werts möglich sein, sicher zwischen 10 und 15 % der Norm zu unterscheiden.

Im folgenden können nur einige aus therapeutischen Gründen besonders wichtige Fragestellungen näher erörtert werden.

1. Auf welchem Defekt beruht eine manifeste hämorrhagische Diathese?

Der Blutungstyp kann nur einen groben Anhalt für die Ursache einer hämorrhagischen Diathese geben. So sind Störungen im Bereich der Gefäße und der Plättchen durch Petechien (= stecknadelkopfgroße Blutpunkte) gekennzeichnet, während bei Koagulopathien flächenhafte Hämorrhagien auftreten. Da schwere Thrombocytopenien zu Sugillationen und Hämatomen führen können und andererseits auch das von WILLEBRAND-Syndrom (s. S. 181) Zeichen beider Blutungstypen aufweist, ist in jedem Fall eine Klärung durch Analysen im Laboratorium erforderlich.

Bei der genannten Fragestellung sind Untersuchungsverfahren anzuwenden, die möglichst schnell die Lokalisation des Defekts in einem der an der Hämostase beteiligten Systeme erlaubt. Nur bei Kenntnis der Ursache kann eine kausale Therapie eingeleitet werden. Nach Überwindung der akuten Phase ist es notwendig, das Ausmaß der Störung durch die Ausführung empfindlicher Testverfahren zu ermitteln.

2. Liegt eine Verbrauchsreaktion und/oder eine Hyperfibrinolyse vor?

Verbrauchsreaktion bzw. Verbrauchskoagulopathie

Unter physiologischen Bedingungen bleibt die Gerinnung auf den Ort des Bedarfs begrenzt. Bei bestimmten Krankheitsbildern (z. B. Schockzuständen, Sepsis (insbesondere Meningokokkensepsis), ausgedehnten Verbrennungen, Organnekrosen, massiven Hämolysen, Operationen mit extracorporalem Kreislauf, Tumoren, Promyelocytenleukämie, Stoffwechselentgleisungen, Schlangenbiß, Eklampsie, Fruchtwasserembolie u. a.) kann es jedoch generalisiert zur Bildung von Mikrogerinnseln kommen (diffuse intravasale Gerinnung). Da bei diesem Prozeß Thrombocyten und insbesondere Fibrinogen und die Faktoren V und VIII verbraucht werden, spricht man auch von einer Verbrauchsreaktion. Eine disseminierte intravasculäre Gerinnung kann
    lokal zu Störungen der Mikrozirkulation und dadurch zur Einschränkung der Funktion der betroffenen Organe führen (z. B. WATERHOUSE-FRIDERICHSEN-Syndrom durch beidseitige Nebennierenrindennekrose, akutes Nierenversagen), generalisiert einen Kreislaufschock auslösen und
    sich als hämorrhagische Diathese (Verbrauchskoagulopathie) manifestieren.
Im Rahmen einer Verbrauchskoagulopathie kommt es reaktiv zur Aktivierung der Fibrinolysemechanismen, so daß eine sekundäre Hyperfibrinolyse resultieren kann.

Primäre Hyperfibrinolyse

Bei Operationen an Organen, die reich an Aktivatoren der Fibrinolyse sind (z. B. Prostata, Uterus, Lunge, Niere u. a.), können so große Mengen Gewebsaktivator in die Blutbahn eingeschwemmt werden, daß eine pathologisch gesteigerte Plasminaktivität resultiert, die zu einer primären Hyperfibrinolyse führt. Neben Fibrinogen werden vor allem die Faktoren V und VIII durch Plasmin proteolytisch abgebaut. Hierdurch kann es - ebenso wie bei der diffusen intravasalen Gerinnung - zu einer hämorrhagischen Diathese kommen.

Auch ein angeborener Mangel an α_2-Antiplasmin kann Ursache einer schweren primären Hyperfibrinolyse sein.

Differenzierung zwischen Verbrauchskoagulopathie und primärer Hyperfibrinolyse

Verbrauchskoagulopathie und primäre Hyperfibrinolyse können zu klinisch sehr ähnlichen Krankheitsbildern führen; wegen der unterschiedlichen Therapie ist jedoch eine eingehende Diagnostik erforderlich. Erschwert wird die Differenzierung dadurch, daß eine Verbrauchskoagulopathie meist eine sekundäre Hyperfibrinolyse zur Folge hat.

In Tabelle 30 sind die Testverfahren, die sich zur Erfassung der beiden Syndrome eignen, zusammengestellt. Die größte differentialdiagnostische Bedeutung haben eine verminderte Thrombocytenzahl und der Nachweis von D-Dimeren. Beide Testergebnisse sind an einen intravasalen Gerinnungsablauf gebunden.

Tabelle 30. Hämostaseologische Teste zur Diagnostik einer Verbrauchskoagulopathie oder Hyperfibrinolyse

Verfahren	Verbrauchs-koagulopathie	Primäre Hyperfibrinolyse
Thrombocytenzahl	vermindert	im Normbereich
TEG	Mischform aus Thrombocytopenie und Koagulopathie	Hyperfibrinolyse-TEG (s. Abb. 25, S. 160)
Fibrinogenkonzentration	vermindert	vermindert
Faktor V, Faktor VIII	stark vermindert	vermindert
Euglobulin-Lyse-Zeit	anfangs normal	stark verkürzt
Fibrin- bzw. Fibrinogenspaltprodukte	anfangs nicht nachweisbar	stark positiv
D-Dimer	nachweisbar	nicht nachweisbar

Im Anfangsstadium verlaufen die genannten Krankheitsbilder häufig schleichend. Da die Prognose wesentlich vom Zeitpunkt des Therapiebeginns beeinflußt wird, sollten insbesondere bei Verdacht auf das Vorliegen einer Verbrauchskoagulopathie regelmäßig Verlaufskontrollen der Thrombocytenzahl und der Fibrinogenkonzentration im Plasma vorgenommen werden. Aufgrund der weiten Normbereiche sind nicht nur die absoluten Werte, sondern vor allem Veränderungen im Sinne eines Verbrauchs diagnostisch von Bedeutung.

In der Notfalldiagnostik einer Verbrauchskoagulopathie und/oder Hyperfibrinolyse hat sich der sog. Clot observation test, der als Suchtest am Krankenbett ausgeführt werden kann, bewährt.

Clot observation test

Benötigt werden:

    Glasröhrchen (ca. 10 ml Inhalt)
    Unmittelbar vor der Ausführung des Tests entnommenes Nativblut

Ausführung:

ca. 5 ml Nativblut

15 Min. stehen lassen

Gerinnselbildung   keine Gerinnselbildung

kein bedrohlicher Mangel an Fibrinogen, Gerinnungsfaktoren und Thrombocyten   bedrohlicher Mangel an Fibrinogen und/oder Gerinnungsfaktoren und/oder Thrombocyten

| kein Anhalt für Verbrauchskoagulopathie | Anhalt für Verbrauchskoagulopathie und/oder Hyperfibrinolyse |

45 Min. stehen lassen   Klärung erforderlich (s. S. 178)

keine Lyse   Lyse (spontan oder nach Schütteln)

| kein Anhalt für bedrohliche Hyperfibrinolyse | bedrohliche Hyperfibrinolyse |

Bei weiter bestehendem klinischen Verdacht sind entsprechende Verlaufskontrollen angezeigt.

3. Ist der Patient durch eine latente hämorrhagische Diathese gefährdet?

Eine latente hämorrhagische Diathese liegt vor, wenn Patienten spontan keine Blutungen zeigen, sondern lediglich nach geringfügigen Traumen, diagnostischen bzw. therapeutischen Eingriffen oder anderen Belastungen.
Meist ergibt bereits die sorgfältig erhobene Familien- und Eigenanamnese einen Hinweis auf eine abnorme Blutungsbereitschaft. Es ist insbesondere zu erfragen, ob gehäuft blaue Flecken, Nasen- und Zahnfleischbluten, ein verlangsamter Verschluß kleiner Wunden oder Menorrhagien beobachtet werden.
Beim körperlichen Befund geben Hämatome an mechanisch kaum belasteten Stellen sowie das Vorliegen von Petechien an Haut und Schleimhäuten wertvolle Hinweise. Auch wenn sich bei der Blutdruckmessung im gestauten Bereich Extravasate zeigen, muß stets eine eingehende hämostaseologische Diagnostik erfolgen.

Läßt man die Antikoagulantientherapie außer acht, so verteilen sich die Störungen der Hämostase wie folgt:

  Etwa 2/3 Thrombocytopenien bzw. Plättchenfunktionsstörungen
  Etwa 1/3 Koagulopathien
  Etwa 5 % von WILLEBRAND-Syndrom
  Sehr selten Vasopathien

Ursächlich kommen für die Hämostasestörungen in Frage:

Thrombocytopenien

  selten angeboren
    FANCONI-Syndrom, WISKOTT-ALDRICH-Syndrom u. a.

  meist erworben
    Bildungsstörungen
      Verdrängung des blutbildenden Knochenmarks (ca. 40 %)
        Leukämien, Panmyelopathie, Carcinose u. a.
    Stoffwechselstörungen
      Vitamin B_{12}-Mangel, Vitamin C-Mangel
    toxische Knochenmarkschädigung
      Medikamente, Alkohol u. a.
      ionisierende Strahlen
    Umsatzstörungen
      immunologisch bedingt
        Auto-Antikörper bei M. WERLHOF (ca. 30 %)
        nach Transfusionen
        durch Antigen-Antikörper-Komplexe
      mechanisch bedingt
        extracorporaler Kreislauf, Dialyse, künstliche Herzklappen
      nach Infektionen (meist septischen Zuständen)
      im Rahmen einer Verbrauchskoagulopathie

Thrombocytopathien

  angeboren
    Thrombasthenie GLANZMANN-NAEGELI
      (Membrandefekt mit einem Mangel an Receptoren für Fibrinogen)
    gestörte Verfügbarkeit von Plättchenfaktor 3

Fehlen bestimmter Speichergranula
  Störung der Synthese von Thromboxan A_2 (s. S. 130)

erworben
  Medikamente
    Acetylsalicylsäure
      (hemmt bei geringer Dosierung (bis ca. 200 mg/die) die Synthese von Thromboxan A_2)
    Dextran
  Stoffwechselstörungen
    Urämie
    Diabetes mellitus
    chronische Lebererkrankungen
  myeloproliferative Erkrankungen (s. S. 107)
  Leukämien
  monoclonale Gammopathien (insbesondere M. WALDENSTRÖM)

Isolierter Faktorenmangel bzw. Fehlbildung eines bestimmten Faktors

  immer angeboren
    Hämophilien kommen mit einer Häufigkeit von ca. 1 : 10 000 vor.
    80 - 90 % dieser Patienten leiden an Hämophilie A, der Rest an Hämophilie B.
    Alle übrigen Koagulopathien sind extrem selten.
    Das Fehlen von Faktor XIII führt vor allem zu Nachblutungen und Wundheilungsstörungen.
    Ein Mangel an Präkallikrein, hochmolekularem Kininogen und Faktor XII hat keine hämorrhagische Diathese zur Folge.

    Zwar treten bei isolierten Defekten evtl. Blutungen an bestimmten Prädilektionsstellen auf (z. B. Gelenkblutungen bei Hämophilen), keinesfalls darf jedoch aus der Art der Hämorrhagie allein auf die Ursache der Erkrankung geschlossen werden.

Kombinierte Faktorenmangelzustände

  sehr selten angeboren

  meist erworben
    gestörte Synthese der Faktoren VII, IX, X und II bei Vitamin K-Mangel
    schwere Leberfunktionsstörungen

von WILLEBRAND-Syndrom

  angeboren (autosomal dominant vererbt)
    Bei diesem Krankheitsbild kann es infolge des Mangels an von WILLEBRAND-Faktor nicht zur regelrechten Adhäsion der Thrombocyten an unphysiologischen Oberflächen kommen (s. S. 130). Die Verminderung des hochmolekularen Anteils des Faktor VIII-Komplexes hat zur Folge, daß die Trägersubstanz für das niedermolekulare Protein mit koagulatorischer Wirkung nicht zur Verfügung steht und somit auch der plasmatische Gerinnungsablauf durch den sekundär bedingten Faktor VIII-Mangel gestört ist.
    Dadurch, daß die regelrecht gebildeten Plättchen ihre Wirkung nicht entfalten können und gleichzeitig ein der Hämophilie A entsprechender Gerinnungsdefekt vorliegt, kommt es in Abhängigkeit vom Ausmaß der Stö-

rung zu Mischformen einer hämorrhagischen Diathese.
Der Schweregrad der Erkrankung, die mit einer Prävalenz von etwa
1 : 10 000 auftritt, schwankt außerordentlich stark. Oft wird das Syndrom erst im Rahmen von operativen Eingriffen u. a. auf Grund sich manifestierender Blutungen diagnostiziert.

<u>Vasculär bedingte hämorrhagische Diathesen</u>

    angeboren (sehr selten)
        M. OSLER-RENDU (umschriebene Gefäßwandschwächen)

    erworben
        Entzündungen
        entzündlich allergische Reaktionen (z. B. SCHÖNLEIN-HENOCH)
        postinfektiös
        Vitamin C-Mangel
        hormonell bedingt (z. B. M. CUSHING)

Teste zur Erfassung latenter hämorrhagischer Diathesen müssen spezifisch und ausreichend empfindlich sein sowie zu reproduzierbaren quantitativen Ergebnissen führen, damit über eine evtl. erforderliche prophylaktische oder therapeutische Maßnahme entschieden werden kann.

4. Ist eine Therapie mit Antikoagulantien optimal eingestellt?

Kontrolle der Therapie mit Vitamin K-Antagonisten

Verabreicht man Cumarinderivate per os, so wird die in der Leber ablaufende Carboxylierung von Glutaminsäureresten der Faktoren VII, IX, X und II, die an die Anwesenheit von Vitamin K gebunden ist, kompetitiv gehemmt. Nach wenigen Tagen ist die Aktivität dieser Faktoren im strömenden Blut und damit dessen Gerinnungsfähigkeit herabgesetzt.

Zur Kontrolle der Therapie mit Vitamin K-Antagonisten dient im allgemeinen der QUICK-Test, mit dem aus der Gruppe der in Abhängigkeit von Vitamin K synthetisierten Proteine die Faktoren VII, X und II erfaßt werden. Das therapeutische Optimum liegt bei einem QUICK-Wert von 15 - 25 % der Norm.

Treten trotz optimaler Einstellung Blutungen auf, so können diese, vorausgesetzt, das Ergebnis wurde korrekt erstellt, durch eine besonders starke Herabsetzung der Aktivität von Faktor IX bedingt sein, der in Anwesenheit von Vitamin K gebildet, im QUICK-Test aber nicht erfaßt wird.

Bei Überdosierung, d. h. bei QUICK-Werten unter 10 %, können Blutungen - insbesondere aus dem Urogenitaltrakt oder ins ZNS - auftreten. Therapeutisch ist in diesen Fällen die Substitution der Faktoren VII, IX, X und II indiziert. Von der intravenösen Gabe von Vitamin K ist abzusehen, da hierdurch eine unkontrollierbare Synthese der verminderten Gerinnungsfaktoren einsetzt. Unter diesen Bedingungen besteht eine erhöhte Thrombosebereitschaft.

Nicht jede Blutung <u>unter</u> Cumarinen muß eine Blutung <u>durch</u> Cumarine sein!

Werden andererseits die Vitamin K-Antagonisten nicht ausreichend dosiert oder nicht regelmäßig eingenommen, so ist die Hemmung der plasmatischen Gerinnung nicht mehr optimal gewährleistet. Schon bei QUICK-Werten zwischen 30 und 40 % besteht das gleiche Thromboserisiko wie bei einem nicht mit Antikoagulantien behandelten Patienten.

Eine Beeinflussung der Wirkung von Vitamin K-Antagonisten ist möglich durch:

Gestörte Leberfunktion

Ist die Leberfunktion schon vor Beginn der Therapie mit Vitamin K-Antagonisten beeinträchtigt, so müssen geringere Dosen des Pharmakons verabfolgt werden als bei Patienten ohne Leberschaden.
In jedem Fall ist es erforderlich, einen Ausgangs-QUICK-Wert zu bestimmen.

Nahrungszufuhr

Auf Grund des kompetitiven Wirkungsmechanismus ist es verständlich, daß die Wirkung der Vitamin K-Antagonisten durch erhöhte Zufuhr von Vitamin K (z. B. mit Spinat, Blumenkohl u. a.) abgeschwächt werden kann.

Einnahme von Medikamenten

Eine Reihe von Pharmaka beeinflußt die Therapie mit Vitamin K-Antagonisten, ohne daß der Wirkungsmechanismus in jedem Fall bekannt wäre.

Durch die folgenden Medikamente wird der Effekt der Vitamin K-Antagonisten gehemmt, so daß deren Dosierung erhöht werden muß:
    Vitamin K-haltige Substanzen, Nebennierenrindensteroide, Barbiturate, Tranquilizer, Griseofulvin u. a.

Eine verstärkte Wirkung der Vitamin K-Antagonisten, die eine Reduktion der Dosis erfordert, verursachen:
    Phenylbutazon, Salicylsäure, Salicylamid, anabol wirksame Steroide, Antibiotika (z. B. Tetracycline, Chloramphenicol, Neomycin), Jod, Thyroxin, Hydergin, Ronicol, Clofibrat, Allopurinol u. a.

Kontrolle der Therapie mit Heparin

Heparin ist als Cofaktor von Antithrombin III wirksam, so daß als Folge der herabgesetzten Aktivität von Thrombin die Aggregation der Thrombocyten, die Aktivierung der Cofaktoren V und VIII sowie die Umwandlung von Fibrinogen in Fibrin verzögert ablaufen.

Nach intravenöser Zufuhr ist Heparin sofort wirksam. Ein großer Teil der injizierten Substanz wird zunächst an die Endothelzellen gebunden, so daß der Plasmaspiegel in den ersten Minuten stark abfällt. Nach dieser Initialphase ist die Halbwertszeit des intravasal applizierten Heparins kurz (abhängig von der Dosierung 30 Minuten bis 2 Stunden). Daher wird die antithrombotische Therapie mit einer hohen Dosis begonnen und anschließend durch Dauerinfusion ein therapeutisch wirksamer Spiegel aufrechterhalten.
Injiziert man Heparin subcutan, so tritt die Wirkung nach etwa 1 bis 2 Stunden ein und hält - je nach applizierter Menge - 12 bis 24 Stunden an.
Eine Heparintherapie ist durch die Messung der Partiellen Thromboplastinzeit oder

der Thrombinzeit zu kontrollieren. Die PTT sollte auf das Doppelte und die Thrombinzeit auf das 2 - 3 fache der oberen Normgrenze verlängert sein.

Kontrolle der Therapie mit Inhibitoren der Plättchenfunktion

Die regelrechte Funktion der Thrombocyten im Rahmen der Hämostase kann durch zahlreiche Pharmaka, denen unterschiedliche Wirkungsmechanismen zugrundeliegen, gehemmt werden. Hier soll lediglich die am häufigsten angewandte Therapie mit Acetylsalicylsäure erwähnt werden.

Das Medikament hemmt die Synthese von Thromboxan A_2 in den Thrombocyten (s. S. 130) und somit die Aggregation und Freisetzungsreaktion der Plättchen.

Mit ausreichend empfindlichen Methoden kann zwar die verminderte Bildung des Prostaglandinderivats nachgewiesen werden, für eine Therapiekontrolle ist die Durchführung derartiger Verfahren jedoch zu aufwendig. Als Anhalt für eine effektive Therapie dient eine über die obere Normgrenze verlängerte Blutungszeit.

Im allgemeinen wird bei einer Gabe von 100 - 200 mg Acetylsalicylsäure pro Tag eine ausreichende antikoagulatorische Wirkung erzielt; eine Therapiekontrolle ist bei dieser Dosierung nicht erforderlich.

5. Ist eine fibrinolytische Therapie unter Kontrolle?

Das fibrinolytische System kann therapeutisch durch Urokinase, Gewebsplasminogenaktivator (t-PA) oder Streptokinase aktiviert werden (s. Abb. 22, S. 140). Hierdurch ist häufig eine erfolgreiche Lyse frischer thrombotischer Gefäßverschlüsse (z. B. auch an den Coronarien) möglich.

Da bisher kein zuverlässiger Routinetest für die spezifische quantitative Ermittlung der Plasminaktivität im Plasma entwickelt werden konnte, ist man bei der Kontrolle einer fibrinolytischen Therapie auf die Bestimmung der Thrombin- bzw. Schlangengiftzeit, der Fibrinogenkonzentration im Plasma und die Beurteilung des Thrombelastogramms angewiesen.

Wertvolle Aussagen liefert auch der QUICK-Test, mit dem der Plasmin-bedingte Abfall von Fibrinogen und Faktor V sowie das Auftreten von Fibrinogenspaltprodukten erfaßt wird. Bei einem Abfall der QUICK-Werte auf etwa 15 - 10 % der Norm ist die Gefahr einer Blutung gegeben und die Gabe von Aprotinin (s. unten) in Erwägung zu ziehen.

Eine wesentliche Komplikation bei der Anwendung von Fibrinolytika stellt die Blutung aus intramuskulären Injektionsstellen dar. Es sei daher auch an dieser Stelle erwähnt, daß bei der notfallmäßigen Versorgung von Patienten Medikamente (z. B. Schmerzmittel) keinesfalls i. m. appliziert werden dürfen!

6. Ist eine antifibrinolytische Therapie wirksam?

Hemmstoffe der Fibrinolyse stellen Aprotinin, ϵ-Aminocapronsäure, trans-4-(Aminomethyl)-cyclohexancarbonsäure (trans-AMCHA) u. a. dar.

Während Aprotinin die Aktivierung von Plasminogen und die Wirkung von Plasmin hemmt, verhindern die letztgenannten Substanzen nur die Umwandlung des Proenzyms Plasminogen in die aktive Protease. Entsprechend ist Aprotinin nach intravenöser Gabe unmittelbar wirksam, während der Therapieeffekt von ϵ-Aminocapronsäure und AMCHA erst nach 1 - 2 Stunden einsetzt.

Antifibrinolytika finden bei folgenden Situationen therapeutische Anwendung:
    Als Antidot bei einer überschießenden fibrinolytischen Therapie und
    bei primärer oder sekundärer Hyperfibrinolyse.

Ebenso wie bei der fibrinolytischen Behandlung steht auch bei der Anwendung von Fibrinolysehemmstoffen kein zuverlässiger Test für eine Kontrolle der Therapie zur Verfügung.
Thrombin- bzw. Schlangengiftzeit, Fibrinogenkonzentration im Plasma und das TEG geben nur einen groben Anhalt über den Aktivierungszustand der Fibrinolyse und damit indirekt über die Effektivität der selten durchzuführenden inhibitorischen Maßnahmen.

7. Besteht bei einem Patienten eine Venenthrombose?

Bei der Klärung der Frage, ob eine Thromboseneigung oder eine manifeste Thrombose vorliegt, spielen Bestimmungen der Aktivitäten gerinnungsfördernder Faktoren keine Rolle.

Werden an Patientenplasmen bei verschiedenen Testverfahren gegenüber der Norm verkürzte Zeiten bis zur Bildung eines Fibringerinnsels gemessen, so kann dies als Zeichen einer beginnenden intravasalen Aktivierung der Gerinnung im Sinne einer Verbrauchsreaktion interpretiert werden, keinesfalls jedoch als Hinweis auf eine einsetzende lokalisierte Thrombose.

Gesichert ist derzeit, daß bei Patienten mit einem Mangel an Antithrombin III, Protein C bzw. Plasminogen gehäuft thrombotische Ereignisse auftreten.
Wahrscheinlich stellt auch eine verminderte Aktivität von Faktor XII ein erhöhtes Thromboserisiko dar.

Der Nachweis einer herabgesetzten Konzentration eines der genannten Proteine ergibt jedoch lediglich einen Hinweis auf die Gefährdung bei den Betroffenen, ist aber kein Zeichen dafür, daß zum Zeitpunkt der Untersuchung eine manifeste Thrombose vorliegt.

Literaturhinweise

BANG, N.U., BELLER, F.K., DEUTSCH, E., MAMMEN, E.F.: Thrombosis and Bleeding Disorders.
Stuttgart: Thieme 1971.

BIGGS, R. (Ed.): Human Blood Coagulation, Haemostasis and Thrombosis, 3rd ed.
Oxford: Blackwell Scientific Publications 1984.

BRINKHOUS, K.M., HEMKER, H.C. (Eds.): Handbook of Hemophilia.
Amsterdam: Excerpta Medica Foundation 1975.

COLMAN, R.W., HIRSH, J., MARDER, V.J., SALZMAN, E.W. (Eds.): Hemostasis and Thrombosis, 2nd ed.
Philadelphia: J.B. Lippincott Company 1987.

HARKER, L.A., ZIMMERMANN, T.S. (Eds.): Measurements of Platelet Function.
Edinburgh, London, Melbourne, New York: Churchill Livingstone 1983.

HARPER, T.A.: Laboratory Guide to Disordered Haemostasis.
London: Butterworth 1970.

HEENE, D.L., HEINRICH, D., MATTHIAS, F.R., MUELLER-ECKHARDT, C.:
Hämorrhagische Diathesen.
In: BEGEMANN, H., RASTETTER, J. (Hrsg.): Klinische Hämatologie, 3. Aufl.
Stuttgart, New York: Thieme 1986.

HEMKER, H.C. (Ed.): Handbook of Synthetic Substrates for the Coagulation and Fibrinolytic System.
Boston, Den Haag, Dordrecht, Lancaster: M. Nijhoff Publ. 1983.

LECHNER, K.: Blutgerinnungsstörungen.
Berlin, Heidelberg, New York, Tokyo: Springer 1982.

SPAETHE, R.: Hämostase.
München: AHS Deutschland 1984.

KLINISCHE CHEMIE

Richtlinien für die Arbeit

im klinisch-chemischen Laboratorium

Chemikalien

Alle in der klinisch-chemischen Analytik verwendeten Chemikalien müssen einen definierten Reinheitsgrad aufweisen. Die maximalen Konzentrationen der noch im Präparat enthaltenen Verunreinigungen sind vom Hersteller anzugeben, der auch die Garantie übernehmen muß, daß diese Konzentrationen nicht überschritten werden. Chemikalien von derartiger Qualität sind im allgemeinen durch den Zusatz "zur Analyse" gekennzeichnet. Reagentien, die die Bezeichnung "kristallisiert", "rein", "reinst" o. ä. tragen, ohne daß exakte Angaben über den Gehalt an Verunreinigungen vorliegen, sind für analytische Zwecke nicht geeignet.

Standardsubstanzen und Standardlösungen

Bei zahlreichen klinisch-chemischen Verfahren wird die unbekannte Konzentration der zu bestimmenden Substanz im Untersuchungsmaterial dadurch errechnet, daß die an den Proben gewonnenen Meßwerte auf Daten bezogen werden, die an Standardlösungen ermittelt wurden. Zur Herstellung derartiger Referenzlösungen sind sog. primäre Standardsubstanzen, die einen Reinheitsgrad von 99,9 - 100 % aufweisen, zu verwenden.

Chemikalien, die zur Herstellung von Standardlösungen benutzt werden sollen, sind vor der Einwaage bis zur Gewichtskonstanz zu trocknen. Hierzu dienen Exsiccatoren und bei erforderlichen höheren Temperaturen heizbare Exsiccatoren oder Trockenpistolen.

Wasser, Säuren, Laugen, Lösungsmittel u. a.

Einfach destilliertes Wasser ist für analytische Zwecke unbrauchbar. Hierfür ist nur frisches bidestilliertes oder demineralisiertes Wasser geeignet. Letztgenanntes ist jedoch nicht steril und enthält häufig neutrale organische Bestandteile aus den zur Entsalzung benutzten Ionenaustauschern, so daß das Wachstum von Bakterien u. a. begünstigt wird.

Für spezielle Analysenverfahren, z. B. die Bestimmung von Spurenelementen, muß Reinstwasser Verwendung finden, das sich durch umgekehrte Osmose herstellen läßt.

Aqua bidest. nimmt durch Kontakt mit Luft Kohlendioxid auf, das zu Kohlensäure hydratisiert wird, die wiederum in Wasserstoff- und Bicarbonationen dissoziiert. Dadurch reagiert das Wasser schwach sauer. Wird z. B. zur Herstellung verdünnter Normallösungen kohlensäurefreies Aqua bidest. benötigt, so ist es durch Aufkochen von CO_2 zu befreien; nach dem Erhitzen ist der Zutritt von Kohlendioxid durch ein Natronkalkrohr zu verhindern.

Konzentrierte Schwefelsäure ist außerordentlich hygroskopisch, so daß ihre Konzentration bei längerem Stehen an der Luft bzw. mehrfachem Öffnen der Flasche schnell abnimmt.

Salzsäure sollte nur in Form einer Lösung mit nicht mehr als 25 % (w/w) HCl vorrätig gehalten werden. Bewahrt man rauchende Salzsäure, die etwa 37 % (w/w) HCl enthält, im Laboratorium auf, läßt sich eine ständige Verunreinigung der Raumluft mit gasförmiger Salzsäure nicht vermeiden, so daß sehr empfindliche Meßgeräte leicht beschädigt oder Färbevorgänge gestört werden können.

Konzentrierte Ammoniaklösung und konzentrierte Salpetersäure sind nur in einem gut belüfteten Abzug zu lagern.

Verdünnte Laugen nehmen beim Stehen an der Luft Kohlendioxid auf, so daß ihr Titer abfällt. Schwache Alkalilösungen sind daher stets gut verschlossen aufzubewahren; evtl. ist eine Überschichtung mit Stickstoff angezeigt.

In 0,1 N und 1,0 N Natronlauge können bestimmte Pilzarten wachsen; derartig verunreinigte Lösungen dürfen nicht verwendet werden.

Brennbare organische Lösungsmittel sind möglichst nur in geringen Mengen und ausschließlich in Stahlschränken zu lagern. Besondere Vorsicht ist im Umgang mit Ether (Diethylether) geboten, der sehr leicht verdampft und mit Luft explosive Gemische bildet. Ether sollte daher bei Analysenverfahren möglichst durch andere geeignete Lösungsmittel ersetzt werden.

Herstellung von Lösungen

Standardsubstanzen sind mit einer Genauigkeit von 0,1 % einzuwiegen, Standardlösungen mit einer maximalen Impräzision von 1 % herzustellen.

Beispiel:
    Soll eine Standardlösung von 100,0 mg Harnstoff/dl angesetzt werden, so muß die Einwaage zwischen 99,9 und 100,1 mg liegen, die Konzentration der fertigen Lösung zwischen 99 und 101 mg/dl.

Vor allem bei schwer löslichen Substanzen empfiehlt es sich, zum Ansetzen von Reagentien einen Magnetrührer und teflonbeschichtete Magnetstäbchen zu verwenden.

Aufbewahrung von Lösungen

Zur Aufbewahrung von Lösungen sind vor allem Flaschen aus Duran- oder Pyrexglas geeignet. In Gefäßen aus einfachem Glas dürfen nur Lösungen gelagert werden, bei denen eine Verunreinigung durch Bestandteile des Glases (z. B. Natrium) nicht stört.

Konzentrierte Laugen greifen die Oberflächen von Glas an, so daß diese aufgerauht werden und Substanzen aus dem Glas in die Flüssigkeit gelangen. Auf Grund der veränderten Beschaffenheit sind derartige Glasgeräte für analytische Arbeiten nicht mehr verwendbar.

Verdünnte Laugen dürfen nicht in Flaschen mit eingeschliffenem Glasstopfen (z. B. Meßkolben) aufbewahrt werden, da sich die beiden Schliffe durch Alkali miteinander verbinden. Für Laugen sind daher Kunststoffflaschen zu empfehlen.

In vielen Fällen sind zur Aufbewahrung von Reagentien Polyethylengefäße mit
Schraubverschluß geeignet.
Hierbei muß berücksichtigt werden, daß dieser Kunststoff in gewissem Umfang für
Wasserdampf durchlässig ist.
Da das Material im Gegensatz zu Glas undurchsichtig ist, können Veränderungen des
Inhalts, beispielsweise das Wachstum von Mikroorganismen, nur schwer festgestellt
werden.
Außerdem sind Kunststoffgefäße von vielen Substanzen - z. B. Farbstoffen - nicht
mehr vollständig zu reinigen, so daß sie stets nur für die gleichen Lösungen Verwendung finden dürfen.
Polyethylen ist nicht beständig gegen Oxydationsmittel wie Wasserstoffperoxid,
Kaliumpermanganat- oder Jodlösung sowie gegen chlorierte Kohlenwasserstoffe
(Chloroform u. a.), so daß entsprechende Flaschen zur Aufbewahrung dieser Flüssigkeiten nicht geeignet sind.

Einige Reagentien verändern sich in ihrer Zusammensetzung durch Kontakt mit dem
Sauerstoff oder Kohlendioxid der Raumluft. Sie sind daher in vollständig gefüllten
Flaschen aufzubewahren. Es kann notwendig sein, eine größere Menge angesetzter
Reagenslösung in mehrere kleine Flaschen abzufüllen, deren Inhalt dann jeweils nach
dem Öffnen umgehend zu verbrauchen ist.

Zahlreiche Flüssigkeiten - vor allem Puffer- und Substratlösungen - sind ideale
Nährböden für Bakterien. Sie sind daher im Kühlschrank aufzubewahren. Vor Gebrauch müssen sie auf Zimmertemperatur gebracht werden, da sich sonst beim Abmessen der Volumina erhebliche Fehler ergeben können.

Manche hochkonzentrierten Lösungen sind bei Raumtemperatur zu lagern, da die
gelösten Substanzen in der Kälte auskristallisieren.

Haltbarkeit von Lösungen

Die Haltbarkeit von Lösungen unter definierten Bedingungen - insbesondere in Abhängigkeit von der Temperatur - sollte grundsätzlich bei der Beschreibung einer
Methode mitgeteilt werden. Auch vor dem Verfallsdatum können jedoch Veränderungen der Zusammensetzung auftreten, so daß im Zweifelsfall Kontrollanalysen ausgeführt werden müssen.

Frisch angesetzte Reagentien sind stets durch Untersuchungen von Standardlösungen
und Kontrollproben zu überprüfen. Auch vergleichende Bestimmungen mit älteren
und neu hergestellten Lösungen erweisen sich als nützlich. Zu verschiedenen Zeitpunkten angesetzte Reagentien dürfen keinesfalls gemischt werden.

Grundsätzlich ist die für eine Serie von Analysen benötigte Menge Reagens- oder
Standardlösung aus der Vorratsflasche in ein geeignetes Gefäß (z. B. Einmal-Kunststoffröhrchen bzw. Meßzylinder) abzugießen; die Flüssigkeit ist hieraus in die Ansätze zu pipettieren. Nicht benötigte Reste der abgefüllten Reagentien werden verworfen. Dadurch läßt sich die Gefahr einer Verunreinigung von Lösungen wesentlich
herabsetzen und ihre Stabilität erhöhen.

Konzentrierte Lösungen sind oft besser haltbar als stark verdünnte, so daß es in
manchen Fällen angezeigt ist, aus einer hochprozentigen Stammlösung täglich die
erforderlichen Verdünnungen anzusetzen.

Reagens- und Standardlösungen sind stets gut verschlossen aufzubewahren, da es
sonst durch Verdunstung von Wasser zu Konzentrationserhöhungen kommt.

Waagen und Wägungen

Es ist zu unterscheiden zwischen Präzisionswaagen mit einer Höchstlast von etwa 2000 g und einer Genauigkeit von ± 0,1 g sowie Analysenwaagen mit einer Belastbarkeit von 100 bis 200 g und einer Reproduzierbarkeit von ± 0,1 mg bis ± 0,01 mg.

Erschütterungsfreies Aufstellen der Waagen auf einem speziellen Wägetisch ist in jedem Fall empfehlenswert. Im übrigen ist darauf zu achten, daß Waagen nur dort untergebracht werden dürfen, wo sie vor plötzlichen Temperaturschwankungen, Feuchtigkeit und Zugluft geschützt sind. Für die Richtigkeit der Wägung ist eine korrekte Nivellierung der Waage und die exakte Einstellung des Nullpunkts entscheidend.

Sollen geringe Substanzmengen eingewogen werden, so sind die Wägeschälchen mit Pinzetten anzufassen, da Spuren von Feuchtigkeit durch die Berührung mit den Händen an die Gefäße gelangen und die Wägung verfälschen können.

Bei allen verwendeten Geräten, wie Bechergläsern, Wägeschälchen, Spateln u. a., ist auf peinlichste Sauberkeit zu achten.

Wird die Wägung nicht ausreichend schnell vorgenommen, ziehen hygroskopische Substanzen während der Einwaage Wasser an, so daß es nicht möglich ist, die tatsächlich erforderliche Menge abzuwiegen.

pH-Meter und ihre Bedienung

Bei zahlreichen Bestimmungsverfahren, vor allem bei enzymatischen Analysen, ist der Meßwert von der Wasserstoffionenkonzentration des Ansatzes abhängig. Reproduzierbare Ergebnisse sind daher nur zu erzielen, wenn der pH-Wert der Lösungen exakt eingestellt wird.

Im klinisch-chemischen Laboratorium finden zur pH-Messung nur Präzisions-pH-Meter mit Glas- und Kalomelelektroden Verwendung (s. S. 328 ff.). Zur Kalibrierung eines pH-Meters dienen Pufferlösungen, deren pH-Wert wegen der speziellen Eigenschaften von Glaselektroden nahe demjenigen der einzustellenden Lösung liegen sollte. Dabei ist jedoch zu beachten, daß alkalische Puffer bei längerem Stehen Kohlendioxid aus der Luft aufnehmen, so daß der pH-Wert absinkt. Für die Kalibration eignen sich im allgemeinen ein Phosphatpuffer von pH 6,88 und ein Standard-Acetatpuffer mit einem pH-Wert von 4,66. Pufferlösungen für den alkalischen Bereich dürfen nur Verwendung finden, wenn sie in verschlossenen Ampullen zum einmaligen Gebrauch abgefüllt sind oder wenn sie nach Öffnen der Vorratsflasche durch Überschichten mit Stickstoff vor dem Eindringen von Kohlendioxid geschützt werden.
Da der pH-Wert von der Temperatur abhängt, sind die zur Eichung benutzten Puffer und die Meßlösungen stets auf die gleiche Temperatur zu bringen.

Die sachgerechte Behandlung der Elektroden ist ausschlaggebend für die Zuverlässigkeit und Reproduzierbarkeit der Meßergebnisse. Neue oder längere Zeit trocken gelagerte Glaselektroden sind vor Gebrauch etwa 4 Stunden in 0,1 N HCl zu stellen, so daß die für Wasserstoffionen empfindliche Glasmembran ausreichend quellen kann. Sie müssen anschließend sorgfältig mit Wasser abgespült und in Aqua bidest. aufbewahrt werden. Zwischen mehreren Messungen sind Glaselektroden gründlich mit bidestilliertem Wasser zu reinigen, außerdem ist dafür zu sorgen, daß die Membran nicht austrocknet. Störende Proteinniederschläge, die sich beim häufigen Eintauchen in eiweißhaltige Flüssigkeiten ablagern, können dadurch entfernt werden, daß man die Glaselektrode einige Stunden in Salzsäure-Pepsin-Lösung stellt und anschließend gut wässert.

Als Referenzelektroden dienen Kalomelelektroden, die meist mit gesättigter Kaliumchloridlösung gefüllt sind, d. h., sie müssen stets einige KCl-Kristalle enthalten. Zwischen dem Innenraum der Elektrode und der zu messenden Lösung besteht über einen porösen Keramikstift eine leitende Verbindung. Durch dieses Diaphragma wird eine Vermischung der Flüssigkeiten verhindert.

Das Keramikmaterial ist stets sorgfältig zu reinigen. Auch hier können sich Proteine niederschlagen, so daß die elektrische Verbindung zwischen den Flüssigkeitsräumen nicht mehr gewährleistet ist. Das Eiweiß kann durch eine etwa 10 Minuten lange Behandlung mit konzentrierter Ameisensäure entfernt werden, anschließend ist längere Zeit mit schwacher Pufferlösung und Aqua bidest. nachzuwaschen.

Damit ein Eindringen von Meßlösung in die Elektrode vermieden wird, muß sich bei der pH-Messung der Spiegel der KCl-Lösung in der Elektrode immer über demjenigen der zu messenden Flüssigkeit befinden.

Zur Einstellung eines pH-Werts sind nur die in der betreffenden Arbeitsvorschrift angegebenen Säuren oder Laugen zu verwenden, da es durch andere zugeführte Ionen (z. B. Sulfationen, die mit Ca^{++} einen Niederschlag von Calciumsulfat ergeben) zu Störungen kommen kann.

Glasgeräte

Glasgeräte dürfen für analytische Arbeiten nur verwendet werden, wenn sie sauber und trocken sind. Insbesondere müssen sie frei von Leitungswasserrückständen, Proteinniederschlägen und Resten von Detergentien, Chromschwefelsäure o. ä. sein. Eine sachgerechte Reinigung von Glasgeräten ist nur möglich, wenn diese sofort nach Gebrauch vollständig in Leitungswasser eingeweicht werden. Zur Entfernung von Proteinen eignen sich spezielle Reinigungsmittel, die dem Wasser zuzusetzen sind. Für zahlreiche Zwecke, vor allem zum Säubern von Pipetten, ist Chromschwefelsäure nach wie vor nicht zu entbehren.

Glaspipetten sind sofort nach Gebrauch in ausreichend großen, mit Wasser gefüllten Kunststoff-Standzylindern einzuweichen. Hierbei ist eine Beschädigung der Spitzen durch Auslegen der Behälter mit Gaze zu vermeiden. Wird zum Nachspülen der mit Chromschwefelsäure gereinigten Pipetten eine nach dem Heberprinzip arbeitende Pipettenspüle benutzt, müssen die Pipettenspitzen nach oben zeigen, da nur so ein regelrechtes Durchspülen der Lumina gewährleistet ist.

Alle Glasgeräte sind ausreichend mit Aqua bidest. nachzuspülen. Anschließend werden sie in sauberen, mit Gaze ausgelegten Drahtkörben im Trockenschrank bei 80 - 110 °C getrocknet. Pipetten, die zur Blutentnahme am Patienten Verwendung finden, wie etwa Pipetten für hämatologische Untersuchungen oder zur Blutzuckerbestimmung, sind 2 Stunden bei 180 °C zu sterilisieren, damit bei der Blutentnahme keine Krankheitserreger übertragen werden.

Kunststoffartikel

Der Herstellungspreis für Kunststoffmaterialien wie Reagensröhrchen, Stopfen, Spitzen für Kolbenpipetten, Uringefäße, Stuhlröhrchen u. a. liegt so niedrig, daß die genannten Artikel nach einmaligem Gebrauch verworfen werden können. Sie sind im

allgemeinen frei von Substanzen, die die Analytik stören. Sollen Kunststoffgefäße für spezielle Untersuchungsverfahren (z. B. zur Bestimmung der Konzentration von Eisen oder anderen Spurenelementen) Verwendung finden, so ist vorher zu prüfen, ob sie mit dem betreffenden Stoff kontaminiert sind. Dies kann dadurch geschehen, daß man z. B. etwa 10 - 20 Röhrchen nacheinander mit einigen Millilitern Aqua bidest. durchspült und die Spülflüssigkeit entsprechend einer Probe analysiert.
Alle Kunststoffartikel sind staubfrei zu lagern.

Durch die Benutzung von Einmalgefäßen ergeben sich nicht nur erhebliche Vereinfachungen im Arbeitsablauf, sondern es werden auch Fehler durch nicht ausreichend gereinigte Glassachen ausgeschaltet. Weiterhin ist die Infektionsgefahr für das Personal stark herabgesetzt.

<u>Volumenmeßgeräte</u>

<u>Meßkolben</u>

Meßkolben dienen zum Ansetzen von Standard- und Reagenslösungen. Zur Herstellung von Standards sind amtlich geeichte Kolben zu verwenden.

Es ist zu berücksichtigen, daß Meßkolben so geeicht sind, daß die darin enthaltene Flüssigkeit eine Temperatur von 20 $^\circ$C zeigen muß.
Exaktes Auffüllen bis zur Marke darf nur mit Pipetten erfolgen, nicht aber mit Spritzflaschen! Zur Vermeidung von Parallaxefehlern ist der Meniscus der Flüssigkeit dabei in Augenhöhe zu halten.

<u>Meßzylinder</u>

Es sei in diesem Zusammenhang darauf hingewiesen, daß Meßzylinder <u>keine</u> Volumenmeßgeräte sind. Mit ihnen können Volumina nur grob abgeschätzt werden.

<u>Glaspipetten</u>

Vollpipetten sind für analytische Arbeiten nur dann geeignet, wenn sie eine amtliche Eichmarke tragen. Fehler durch nicht reproduzierbares Verbleiben von Restflüssigkeit in der Pipettenspitze lassen sich dadurch vermeiden, daß Pipetten verwendet werden, bei denen sich das abzumessende Volumen zwischen zwei Markierungen befindet. Insbesondere für die Herstellung von Standardlösungen und zum Auflösen lyophilisierter Kontrollproben sind ausschließlich derartige Vollpipetten mit zwei Eichmarken zu benutzen.

Die Größe der für einen bestimmten Zweck verwendeten Meßpipetten richtet sich nach dem abzumessenden Volumen. Sollen z. B. 1, 5 ml pipettiert werden, so ist hierfür eine 2 ml-Meßpipette zu verwenden und nicht etwa eine von 10 ml Inhalt.

Da beim Auslaufen von Flüssigkeit aus einer Pipette in Abhängigkeit von der Viscosität der abzumessenden Substanz unterschiedliche Mengen in der Spitze zurückbleiben, ist eine reproduzierbare Entleerung von Pipetten kaum möglich. Wesentlich exakter lassen sich Volumina dadurch abmessen, daß man jeweils Lösung bis zur Marke Null aufzieht und sie dann bis zur entsprechenden zweiten Markierung ablaufen läßt.

Flüssigkeitsreste, die sich außen an der Pipette befinden, sind sorgfältig mit nicht fasernden Papiertüchern o. ä. abzuwischen; dabei darf jedoch keine Flüssigkeit aus der Spitze abgesaugt werden.

Das direkte Pipettieren mit dem Mund ist wegen der Infektions- und Unfallgefahr nach den Bestimmungen der Berufsgenossenschaft nicht erlaubt, so daß entsprechende Pipettierhilfen zu verwenden sind.

Da grobe Fehler - z. B. in der Beschriftung - bei der Herstellung von Volumenmeßgeräten beobachtet wurden, ist jede neue Lieferung von Pipetten auf den tatsächlichen Inhalt zu kontrollieren.

Kolbenpipetten

Pipetten, die nach dem Kolbenprinzip arbeiten, finden heute im Laboratorium häufig Verwendung. Bei diesen Kolbenpipetten wird die abzumessende Flüssigkeit in eine auswechselbare Kunststoffspitze eingesaugt, aus der sie anschließend in das zur weiteren Analytik bestimmte Gefäß entleert werden kann. Das zu pipettierende Volumen ist durch den Hubraum eines Kolbens bestimmt, der sich - ähnlich dem Stempel einer Spritze - in einem Präzisions-Glas- oder Kunststoffzylinder auf- und abbewegt.

Die zum Pipettieren erforderlichen Kunststoffspitzen sind für Wasser und Lösungen geringer Viscosität praktisch nicht benetzbar, d. h., es bleibt beim Ausblasen weniger als 1 % des angesaugten Volumens in den Spitzen zurück. Sollen dagegen viscöse Flüssigkeiten (wie z. B. Serum oder Plasma) pipettiert werden, so ist es trotz Einhaltung einer definierten Wartezeit von 3 Sekunden beim Entleeren nicht zu vermeiden, daß etwa 2 - 3 % des Inhalts in der Spitze verbleiben. Deshalb ist vor allem beim Abmessen von Körperflüssigkeiten - wie in den zugehörigen Arbeitsanleitungen beschrieben - die Kunststoffspitze jeweils mit dem zu pipettierenden Material vorzuspülen. Da in der Spitze stets annähernd die gleiche Probenmenge zurückbleibt, entspricht die beim zweiten Pipettiervorgang ausgeblasene Flüssigkeit dem Pipettenvolumen.

Für jede Probe ist jeweils eine neue Spitze zu verwenden, da sich sonst - je nach Art der Bestimmung - erhebliche Verschleppungsfehler ergeben können.

Als Beispiel sei die Bestimmung der Aktivität der Glutamat-Pyruvat-Transaminase im Serum erwähnt:
    Auf eine zu untersuchende Probe mit einer Aktivität von 1000 U/l folgt eine
    zweite von 10 U/l. Bleiben 2 % des pipettierten Volumens in der Spitze zurück,
    wird durch die Verschleppung von Serum beim zweiten Patienten eine um
    20 U/l zu hohe Enzymaktivität gemessen, d. h. 30 U/l.
    Der Fehler beträgt mithin + 200 %!

Reagens-Dosiereinheiten, Dispenser

Sind größere Untersuchungsserien anzusetzen, so besteht bei manueller Arbeitsweise - auch unter Verwendung von Kolbenpipetten - die Gefahr der Ermüdung des Untersuchers. Daher ist es empfehlenswert, die Reagentien mit Dosiereinheiten bzw. Dispensern abzumessen. Bei diesen Geräten kann eine kontinuierliche oder eine diskontinuierliche Veränderung des zu pipettierenden Volumens erfolgen. Dosierer mit vorgegebenen Flüssigkeitsmengen sind zu bevorzugen, da bei diesen Geräten nicht nach jeder Veränderung der Einstellung eine Kontrolle des abzumessenden Volumens notwendig ist.

Probe-Reagens-Dosiereinheiten, Dilutoren

Für das Pipettieren der Probe und einer zur analytischen Reaktion benötigten Lösung in einem Arbeitsgang wurden Geräte entwickelt, bei denen ein definiertes Volumen angesaugt und mit dem Reagens in ein geeignetes Gefäß ausgespült wird. Diese Dosierer bzw. Dilutoren sind zur Rationalisierung der Laboratoriumsarbeit besonders geeignet.

Kalibrierung von Volumenmeßgeräten

Bei der Verwendung einer Kolbenpipette sind nur dann zuverlässige Ergebnisse zu erzielen, wenn genau nach Anweisung gearbeitet und die Pipette außerordentlich sorgfältig gepflegt wird. Sie ist stets in senkrechter Stellung aufzubewahren und niemals - ob mit oder ohne Spitze - auf den Labortisch zu legen. Durch vorsichtiges langsames Einsaugen in die Kunststoffspitze wird vermieden, daß Flüssigkeit in das Innere der Pipette gelangt. Sollte dies durch unsachgemäße Bedienung doch der Fall sein, ist die Pipette nach Vorschrift auseinander zu nehmen, zu reinigen und der Kolben zu fetten. Nach dem Zusammensetzen muß das abzumessende Volumen kontrolliert werden.

Die Kalibrierung von Volumenmeßgeräten kann erfolgen:

1. Gravimetrisch

Hierzu wird eine Analysenwaage benötigt. Zum Abwiegen der pipettierten Flüssigkeit dient ein verschließbares Glas- oder Kunststoffgefäß.

Man mißt mit dem zu prüfenden Gerät 20 mal das eingestellte Volumen unter Verwendung von Aqua bidest. ab und ermittelt jeweils das Gewicht der Wassermenge durch Wägung.

Aus den Meßwerten wird der Mittelwert errechnet. Liegt dieser innerhalb ± 1 % vom Sollwert, so ist die Pipette verwendbar bzw. die Einstellung korrekt. Bei größeren Abweichungen muß die Pipette erneut gereinigt werden; evtl. nicht mehr voll funktionsfähige Teile sind zu ersetzen. Bei Dispensern und Dilutoren ist die Kalibrierung solange zu korrigieren, bis das Ergebnis innerhalb der oben genannten Grenzen liegt.

Das Verfahren ist für Volumina über 50 μl geeignet.

Die Temperatur kann während des Wägevorgangs im allgemeinen vernachlässigt werden, da Aqua bidest. bei Raumtemperatur nur eine um etwa 0,15 % geringere Dichte als Wasser von + 4 °C zeigt.

2. Photometrisch

Hierbei werden geeignete gefärbte Lösungen wie Pikrinsäure oder Phenolrot in niedriger Konzentration einmal mit geeichten Vollpipetten abgemessen und verdünnt, zum anderen mit der zu prüfenden Kolbenpipette bzw. der Dosiereinheit.

Soll beispielsweise eine 10 μl-Kolbenpipette auf ihren Inhalt kontrolliert werden, sind mit Pikrinsäure- oder Phenolrotlösung Bezugsverdünnungen herzustellen, indem man 5 oder mehr amtlich geeichte 100 ml-Meßkolben mit 0,1 N Natronlauge (bei Pikrinsäure kann auch Aqua bidest. Verwendung finden) bis zur Marke auffüllt und jeweils 1,0 ml Farbstofflösung mit amtlich geeichten Vollpipetten zugibt. Der Inhalt der Kolben ist durch Umschütteln sorgfältig zu mischen.

Zum Vergleich wird in mindestens 10 Einmal-Kunststoffröhrchen mit einer amtlich geeichten Vollpipette jeweils 1,0 ml 0,1 N Natronlauge (bzw. bei der Benutzung von Pikrinsäure auch Aqua bidest.) vorgelegt und mit der zu prüfenden Kolbenpipette 10 μl Farbstofflösung zugesetzt.

Die Extinktionen sämtlicher Ansätze werden photometrisch gemessen; die Wellenlänge der Meßstrahlung ist so zu wählen, daß sich zuverlässig ablesbare Werte ergeben (z. B. bei Pikrinsäure die Hg-Linien 405 oder 436 nm; bei Phenolrot die Hg-Linien 546 oder 578 nm). Stimmen die Extinktionen ausreichend genau überein, errechnet man die Mittelwerte für die Bezugsverdünnungen und die Mikroansätze. Bei zu großer Streuung sind die Analysen zu wiederholen.

Aus den Differenzen der Mittelwerte läßt sich die prozentuale Abweichung des Volumens der 10 µl-Pipette errechnen. Beträgt der Unterschied zum Sollwert mehr als 2 %, so ist die Kolbenpipette auseinander zu nehmen, zu reinigen und das Volumen erneut zu überprüfen.

Vorbereitung des Untersuchungsmaterials

Gewinnung von Serum

Serum sollte grundsätzlich nur dann für klinisch-chemische Analysen verwendet werden, wenn es frei von makroskopisch sichtbarer Hämolyse ist. Verfälschungen der Analysenergebnisse durch den Austritt von Erythrocyteninhaltsstoffen sind auf S. 7 zusammengestellt. Auch bei Verfahren, die nicht direkt durch Hämoglobin oder andere Zellbestandteile gestört werden, sollte hämolytisches Serum keine Verwendung finden, da Hämolyse häufig auf eine Verunreinigung des Materials mit Detergentien, Aqua bidest. (nicht vollständig trockene Röhrchen benutzt!) u. ä. zurückzuführen ist.

Kann in dringenden Fällen keine erneute Blutentnahme erfolgen, so sollten die Analysen, die nicht direkt einer Störung durch Hämolyse unterliegen, zwar ausgeführt werden, bei der Übermittlung der Ergebnisse ist jedoch unbedingt zu vermerken, daß das untersuchte Material hämolytisch war.

Frisch entnommenes Blut sollte in Glasröhrchen mindestens 30 Minuten - vor Sonnenlicht und direkter Wärmeeinwirkung geschützt - stehen bleiben, so daß die Spontangerinnung vollständig ablaufen kann. Meist wird eine solche Zeitspanne für den Transport des Untersuchungsguts benötigt, so daß die Proben in geronnenem Zustand im Laboratorium eintreffen. Der Blutkuchen ist vorsichtig mit einem sauberen, zum einmaligen Gebrauch bestimmten Kunststoff- oder Holzstäbchen von der Innenwand des Glases zu lösen; keinesfalls darf dabei in dem geronnenen Blut gerührt werden. Anschließend wird die Probe mindestens 5 Minuten bei ca. 2000 g zentrifugiert. Bei den gebräuchlichen Laborzentrifugen entspricht dies etwa 4000 Umdrehungen pro Minute. Werden keine Röhrchen mit Trenngel zur Blutentnahme verwendet (s. S. 6), so ist das überstehende Serum in ein sauberes, beschriftetes Gefäß umzufüllen. Die Probe wird nochmals 5 Minuten zentrifugiert, um evtl. vereinzelt darin enthaltene Erythrocyten zu sedimentieren. Schließlich gießt man den partikelfreien Überstand erneut in ein beschriftetes Röhrchen ab.

Trotz des Kontakts mit Glasoberflächen gerinnt Blut von Patienten, die Heparin oder Vitamin K-Antagonisten erhalten haben, nur verzögert oder unvollständig, so daß es auch nach sachgemäßem Abzentrifugieren noch zur Bildung von Fibringerinnseln in der Probe kommen kann. In solchen Fällen sollte das Untersuchungsmaterial nach längerem Stehen erneut (evtl. mehrfach) zentrifugiert werden.

Feine, z. T. mit dem Auge kaum sichtbare Fibringerinnsel stören überall dort, wo sie den freien Durchfluß von Flüssigkeiten behindern oder blockieren, wie z. B. beim Pipettieren oder Ansaugen in mechanisierten Analysengeräten. Außerdem ergeben sich bei photometrischen Verfahren ohne Enteiweißung Fehler durch die Lichtstreuung an Fibrinfäden.

Eine durch Lipämie bedingte Trübung des Serums stört bei all den Methoden, bei denen nicht enteiweißt wird und somit die Lipoproteine im Ansatz verbleiben. Proben, die eine ausgeprägte Hyperlipoproteinämie zeigen, dürfen daher nur nach Entfernung der Lipide durch Ausschütteln mit Frigen untersucht werden.

Gewinnung von Plasma

Soll für klinisch-chemische Analysen Plasma verwendet werden, so empfiehlt es sich, die Antikoagulantien bei der Blutentnahme in fester Form zuzugeben, so daß kein Volumenfehler auftritt. Entsprechend präparierte Röhrchen sind im Handel erhältlich.

Es ist nochmals darauf hinzuweisen, daß es keine gerinnungshemmende Substanz gibt, die für alle klinisch-chemischen Methoden geeignet ist. Für die einzelnen Verfahren darf nur Plasma verwendet werden, das keine Antikoagulantien enthält, die das Analysenergebnis verfälschen. Einzelheiten s. S. 8.

Plasma bleibt auch nach längerem Zentrifugieren stets leicht getrübt, so daß photometrische Messungen bei Verwendung von Plasma gestört werden können.

Ausführung von klinisch-chemischen Bestimmungen

Allgemeine Gesichtspunkte zum Betrieb und zur Wartung von Meßgeräten u. a.

Damit Meß- und andere Geräte ihre Funktion optimal erfüllen können, ist dafür zu sorgen, daß sie mit konstanter Spannung und ausreichender Erdung betrieben werden. Lichtquellen, Filter, Blenden, Photozellen, Thermostaten, Elektroden und andere wichtige Bauteile sind regelmäßig zu kontrollieren und bei Bedarf instandzusetzen oder auszutauschen. Derartige Maßnahmen sind schriftlich festzuhalten, damit eine evtl. zu einem späteren Zeitpunkt notwendige Fehlersuche erleichtert wird.

Arbeitsvorschriften

Für jede Bestimmungsmethode sind eingehende Vorschriften auszuarbeiten, die detaillierte Angaben über folgende Punkte enthalten müssen:

    Prinzip des Verfahrens
    Optimale Reaktionsbedingungen
    Spezifität der Methode
    Probenahme
    Haltbarkeit des zu untersuchenden Bestandteils in der Probe
    Erforderliche Geräte
    Benötigte Reagentien und deren Reinheit
    Herstellung und Haltbarkeit der Lösungen
    Durchführung der Bestimmung
    Berechnung der Ergebnisse
    Reproduzierbarkeit des Verfahrens
    Störungen der Methodik
    Fehlerquellen bei der Analytik
    Normbereiche
    Literaturhinweise

Es ist verständlich, daß diese zahlreichen Einzelheiten nicht mündlich übermittelt werden können.

Volumina von Bestimmungsansätzen

Bei den in der Literatur beschriebenen Analysenverfahren sollte der Testansatz nur proportional zur Originalvorschrift variiert (z. B. halbiert, verdoppelt) werden. Sonstige Modifikationen sind nur dann erlaubt, wenn auf Grund eingehender experimenteller Arbeiten an Leerwerten, Standardlösungen, Kontrollproben und Analysenmaterial nachgewiesen wurde, daß die Reaktion unverändert abläuft und die gleichen Ergebnisse erhalten werden.

Die Tendenz der letzten Jahre geht dahin, die Probenvolumina stark zu reduzieren. Dies ist dann berechtigt, wenn nur geringe Mengen Untersuchungsmaterial - wie z. B. in Kinderkliniken - zur Verfügung stehen. Andererseits hat sich gezeigt, daß die Präzision der Analysenergebnisse bei Verwendung sehr kleiner Volumina (5 - 20 µl) wesentlich geringer ist, als wenn größere Probemengen zu pipettieren sind. Im allgemeinen sollten bei manueller Arbeitsweise zwischen 50 und 500 µl Untersuchungsmaterial in den Test eingesetzt werden.

Es ist günstig, sich bei der Wahl der Ansatzmengen auch nach dem Fassungsvermögen der Küvetten zu richten (s. S. 208). Zur Füllung von 1 cm-Halbmikroküvetten ist etwa 1 ml Meßlösung erforderlich, für 1 cm-Normalküvetten werden 2 - 3 ml benötigt.

Die Bedeutung einer sinnvollen Auswahl der Volumina für die Zuverlässigkeit der Analysenergebnisse soll durch zwei Beispiele belegt werden:

> Gelangt durch mangelhafte Reinigung der Außenwand einer Pipettenspitze zusätzlich 1 µl Untersuchungsmaterial in den Ansatz, so führt dies bei einem Probevolumen von 10 µl zu einem Fehler von 10 %, bei einem solchen von 100 µl dagegen nur zu einem Fehler von 1 %.

> Auch die üblicherweise verwendeten Halbmikroküvetten lassen sich ohne Schwierigkeiten durch Eingießen der Meßlösung aus Kunststoffröhrchen füllen. Für einen Ansatz mit einem Endvolumen von 0,3 ml sind nicht nur spezielle Mikrogefäße erforderlich, vielmehr muß auch die Meßlösung mit einer Pipette in eine Küvette mit sehr engem Lumen (2 mm) gebracht werden. Der Arbeitsaufwand ist hierdurch erheblich gesteigert und die Fehlermöglichkeiten nehmen zu.

Protokollierung

Die Arbeit im Laboratorium kann nur dann zuverlässig und rationell ausgeführt werden, wenn für jede Methode geeignete Arbeitslisten vorliegen, auf denen sämtliche Meßwerte, auch diejenigen von Leerwerten, Standardlösungen und Kontrollproben, und die an den Proben beobachteten Besonderheiten (z. B. Hämolyse, Lipämie) zu dokumentieren sind. Durch diese umfassende Protokollierung läßt sich ein Überblick über Einzelheiten der Analytik gewinnen und das Zustandekommen der Ergebnisse ist auch nach längerer Zeit noch rekonstruierbar.

Hinweise zur Ausführung von Untersuchungsserien

Damit bei größeren Serien die Gefahr einer Verwechslung der Ansätze vermieden wird, sind alle Röhrchen sorgfältig und eindeutig zu beschriften. Durch überlegte Anordnung und regelmäßiges Umsetzen der Röhrchen nach jedem Arbeitsschritt lassen sich zweifache Pipettierungen in das gleiche Gefäß und andere grobe Fehler eliminieren.

Mischen von Bestimmungsansätzen

Es muß nachdrücklich darauf hingewiesen werden, daß alle Ansätze nach jeder Zugabe von Reagens sorgfältig zu mischen sind. Bei den für klinisch-chemische Bestimmungen allgemein gebräuchlichen Röhrchen (Durchmesser 16 mm, Höhe 100 mm) genügt bei Verwendung der üblichen Volumina (1 - 3 ml) hierzu meist einfaches Schütteln der nicht verschlossenen Gefäße von Hand. Zum ausreichenden Mischen von Enteiweißungsansätzen und stark viscösen Lösungen sind spezielle Geräte (Rüttler, Mixer) zu bevorzugen.

Inkubationszeit und Inkubationstemperatur

Die bei den einzelnen Bestimmungsverfahren, insbesondere bei Enzymaktivitätsmessungen angegebenen Inkubationstemperaturen und -zeiten sind genau einzuhalten. Bei nicht enzymatischen Analysen dürfen diese Bedingungen nur dann verändert werden, wenn durch Untersuchungen an Leerwerten, Standardlösungen, Kontrollproben und Probenmaterial nachgewiesen werden konnte, daß es durch die Modifikation nicht zur Verfälschung der Ergebnisse kommt.

Zur Temperierung von Ansätzen dienen thermostatisierte Wasserbäder, deren Temperatur mit einem Kontaktthermometer zu regeln und mit einem geeichten Kontrollthermometer zu messen ist. Luft ist wegen ihrer extrem geringen Wärmeleitfähigkeit zur Temperierung in der klinisch-chemischen Analytik nicht geeignet.
Bei der Verwendung temperierbarer Küvettenhalter muß die Meßtemperatur in der Küvette - und nicht nur diejenige im zugehörigen Wasserbad - kontrolliert werden. Infolge langer Schlauchsysteme kann es zu einem Wärmeverlust kommen, ebenso ist daran zu denken, daß durch verunreinigtes Thermostatwasser das Durchflußsystem der Küvettenhalterung verstopfen kann (z. B. durch Kalkablagerungen, Algen, Zellstoffpartikel u. a.).

Auswertung

Die Messung der fertigen Ansätze kann nach den verschiedensten physikalischen Prinzipien erfolgen. Einzelheiten zur Ausführung sind bei den Angaben zur Methodik erwähnt.

Aus den Meßwerten lassen sich die Substratkonzentrationen, Enzymaktivitäten u. a. errechnen. Auch hierauf wird später eingegangen.

Es sei insbesondere darauf hingewiesen, daß alle quantitativen Ergebnisse nur mit einer Genauigkeit angegeben werden dürfen, die durch die Reproduzierbarkeit und Richtigkeit der Methode vorgegeben ist.

Folgendes Beispiel soll dies verdeutlichen:
Auch bei der Benutzung hochwertiger Photometer ist die Ablesegenauigkeit begrenzt. So kann beispielsweise zwischen Extinktionen von 0,100 bzw. 0,101 nicht sicher unterschieden werden. Entsprechend ist bei der manuellen Arbeitsweise zur Messung von Enzymaktivitäten bei den ermittelten Extinktionsdifferenzen pro Minute keine bessere Auflösung als 3 Nachkommastellen zu erzielen. Dies bedeutet bei der Bestimmung der Transaminasen auf Grund des zu verwendenden Berechnungsfaktors von 1765, daß bei einem durchschnittlichen ΔE/min von 0,011 eine errechnete Aktivität von 19,4 U/l und bei einem ΔE/min von 0,012 ein Zahlenwert von 21,2 U/l resultiert. Aus diesen Daten ergibt sich, daß die Angabe der Aktivitäten mit Nachkommastellen nicht gerechtfertigt ist; die Ergebnisse im genannten Beispiel sind daher auf 19 bzw. 21 U/l zu runden. Die Werte dokumentieren außerdem, daß die Interpretation der Resultate stets unter Berücksichtigung der Fehlerbreite der Methode zu erfolgen hat. In Anbetracht einer oberen Grenze des Normbereichs bei der Glutamat-Pyruvat-Transaminase für Frauen von 19 U/l wird deutlich, daß die Bewertung der Daten als normal oder pathologisch ohne die zum Teil verbreitete Zahlengläubigkeit vorgenommen werden muß.

In diesem Zusammenhang sei auch an den Ausspruch von GAUSS erinnert: "Der Mangel an mathematischer Bildung gibt sich durch nichts so auffallend zu erkennen wie durch maßlose Schärfe im Zahlenrechnen."

Klinisch-chemische Analytik

Die meisten der im klinisch-chemischen Laboratorium untersuchten Proben (Körperflüssigkeiten u. a.) stellen Gemische der verschiedenartigsten Substanzen dar. Wenn die Konzentration eines einzelnen Stoffes in einem solchen Gemisch bestimmt werden soll, so kann die Analyse oft nicht direkt und spezifisch in dem unveränderten Material vorgenommen werden. Häufig sind zunächst Trennverfahren anzuwenden, durch die die gesuchten Bestandteile isoliert oder störende Substanzen entfernt werden können.

Trennverfahren

1. Trennung auf Grund unterschiedlicher spezifischer Gewichte

    z. B.: Trennung von Plasma und corpusculären Bestandteilen des Blutes durch Zentrifugation

2. Trennung auf Grund verschiedener Molekulargewichte

    z. B.: Sedimentation von Plasmaproteinen in der Ultrazentrifuge,
    Trennung der Immunglobuline IgG und IgM durch Gelchromatographie

3. Trennung auf Grund verschiedener Teilchengrößen

    z. B.: Entfernung ausgefällter Proteine durch Filtration,
    Trennung niedermolekularer Substanzen von Proteinen durch Dialyse

4. Trennung auf Grund verschiedener Ladungszustände

    z. B.: Chromatographie von Aminosäuren an Kunstharzen,
    Trennung der im Harn enthaltenen Porphyrinvorstufen δ-Aminolävulinsäure und Porphobilinogen an Ionenaustauschern

5. Trennung im elektrischen Feld auf Grund unterschiedlicher Ladung und Teilchengröße

    z. B.: Auftrennung der Serumproteine im elektrischen Feld (Elektrophorese)

6. Trennung auf Grund unterschiedlicher Löslichkeit in verschiedenen Lösungsmitteln

    z. B.: Extraktion von Lipiden, Steroiden, Pharmaka u. a. sowie deren Metaboliten aus Serum und Harn,
    Verteilungschromatographie zum Nachweis bestimmter Aminosäuren

7. Trennung auf Grund verschiedener chemischer Eigenschaften

    z. B.: Entfernung von Proteinen aus dem Serum durch Fällung mit Trichloressigsäure, Perchlorsäure o. ä.

8. Trennung auf Grund immunologischer Reaktionen

    z. B.: Bindung eines zu bestimmenden Antigens an spezifische Antikörper und Entfernung aller anderen Substanzen durch Waschvorgänge

Quantitative Analysenverfahren

Bei jeder klinisch-chemischen Analyse werden - entweder direkt oder im Anschluß an Trennverfahren - Methoden zur quantitativen Erfassung eines einzigen im Untersuchungsmaterial enthaltenen Stoffes angewandt.

Diese Methoden lassen sich nach den zur Messung der Substanzen verwendeten physikalischen Prinzipien, ihrer Zugehörigkeit zu verschiedenen Stoffklassen, nach diagnostischen Fragestellungen oder anderen Gesichtspunkten unterscheiden. Keine dieser Einteilungen kann konsequent durchgeführt werden; Überschneidungen lassen sich nicht vermeiden.

In der folgenden Übersicht sind die Analysenprinzipien entsprechend ihrer praktischen Bedeutung aufgeführt:

    Absorptionsphotometrie (Photometrie)
    Emissionsphotometrie (Flammenphotometrie)
    Elektrolytbestimmungen mit ionenselektiven Elektroden
    Atomabsorptionsphotometrie
    Fluorimetrie
    Coulometrie
    Titrimetrie
    pH-Messung und Blutgasanalysen
    Klinisch-chemische Verfahren auf immunologischer Grundlage

Da zur Durchführung der Analysen nach den genannten Meßprinzipien zahlreiche Geräte im Handel verfügbar sind, die sich durch ihre Konstruktion und erforderliche Bedienung unterscheiden, erscheint es nicht sinnvoll, im Rahmen dieser Einführung detaillierte Gebrauchsanweisungen aufzuführen. Die richtige und zuverlässige Arbeit mit einem Meßgerät ist ohnehin nur in der Praxis durch ständige Übung zu erlernen. Hier kann lediglich in Grundzügen auf die verschiedenen Analysenprinzipien und ihre Anwendungsbereiche eingegangen werden.

Da die Methoden zur quantitativen Bestimmung diagnostisch wichtiger Bestandteile bisher nicht standardisiert sind, erscheint auch die Mitteilung eingehender Arbeitsvorschriften nicht angezeigt. Es werden daher nur die gebräuchlichsten Verfahren kurz beschrieben und ihre Vor- und Nachteile gegeneinander abgewogen.

ABSORPTIONSPHOTOMETRIE (PHOTOMETRIE)

In der klinischen Chemie spielen die photometrischen Bestimmungsverfahren bei weitem die wichtigste Rolle.

Grundlagen der Absorptionsphotometrie

Im folgenden soll nur eine kurze Wiederholung des Stoffgebiets erfolgen. Eingehende Darstellungen zur Absorptionsphotometrie s. Lehrbücher der Physik und Biochemie.

Photometrie

Photometrie heißt "Lichtmessung". Bei der Absorptionsphotometrie wird die Lichtabsorption oder Lichtschwächung gemessen, die das Ergebnis einer Wechselwirkung zwischen Licht einer geeigneten Wellenlänge und der zu bestimmenden gelösten Substanz ist.

Licht

Unter "sichtbarem Licht" versteht man einen begrenzten Bereich des elektromagnetischen Wellenspektrums. Dieser Bereich umfaßt Strahlung mit Wellenlängen zwischen 400 und 760 nm. Das uns umgebende Licht stellt eine Mischung von Strahlen aller dieser Wellenlängen dar (polychromatisches Licht, kontinuierliches Spektrum), die insgesamt die Farbe "weiß" ergeben. Zerlegt

Tabelle 31. Zusammenhang zwischen Farben und Wellenlängen der sichtbaren Strahlung

Farbe	Wellenlänge
violett	400 - 450 nm
blau	450 - 500 nm
grün	500 - 570 nm
gelb	570 - 590 nm
orange	590 - 620 nm
rot	620 - 760 nm

man weißes Licht durch geeignete optische Anordnungen (s. S. 205), so erhält man "farbiges Licht", das jeweils einem bestimmten Wellenlängenbereich entspricht (s. Tabelle 31, S. 201).

An den Bereich des sichtbaren Lichts schließt sich unterhalb von 400 nm eine kurzwelligere, energiereichere ultraviolette Strahlung und oberhalb von 760 nm eine langwelligere, energieärmere infrarote Strahlung (Wärmestrahlung) an. Diese beiden Strahlenarten lassen sich nicht mit dem Auge, sondern nur mit geeigneten Meßanordnungen erfassen.

Wechselwirkungen zwischen Licht und absorbierenden Substanzen

Strahlt man Licht durch eine mit einer gefärbten Lösung gefüllte Küvette, so wird ein Teil des Lichts zurückgehalten (absorbiert) und ein Teil durchgelassen (transmittiert). Eine geringe Reflexion von Licht an den Küvettenflächen und die Lichtabsorption durch das Küvettenglas können, wenn die Messung gegen eine mit Wasser gefüllte Küvette gleicher optischer Eigenschaften erfolgt, vernachlässigt werden.

Jede Substanz absorbiert auf Grund ihrer chemischen Struktur Licht bestimmter, genau definierter Wellenbereiche. Diese Absorption beruht darauf, daß die Moleküle bzw. gewisse Atomgruppen innerhalb der Moleküle durch Aufnahme von Strahlungsenergie in einen energiereicheren "angeregten" Zustand versetzt werden. Die bei der Anregung aufgenommene Energie wird dann meist in Form von Wärme, seltener in Form sichtbarer Strahlung, die immer energieärmer (langwelliger) als das eingestrahlte Licht ist, wieder abgegeben. Ist letzteres der Fall, spricht man von Fluorescenz (s. S. 322 ff.). Absorption und Fluorescenz stellen charakteristische Eigenschaften bestimmter Substanzen oder - bei komplizierteren Molekülen - bestimmter chemischer Strukturen dar.

Findet die Absorption von Strahlung im ultravioletten oder im infraroten Bereich statt, erscheint die Substanz dem menschlichen Auge farblos.
Absorbiert ein Stoff im gesamten Bereich des sichtbaren Lichts, wirkt er je nach Stärke der Absorption grau bis schwarz. Wird aus dem farbigen Spektrum nur Licht eines bestimmten Wellenbereichs absorbiert (sog. Absorptionsbande), zeigt die betreffende Substanz eine Farbe, und zwar die Komplementärfarbe zum Wellenlängenbereich maximaler Absorption. So erscheint beispielsweise eine Lösung rot, weil sie im Bereich des grünen Lichts absorbiert und die durchgelassene Strahlung die Komplementärfarbe "rot" ergibt.

Die Absorption von Strahlung durch eine Substanz hängt von deren Struktur ab, so daß Stoffe häufig anhand ihrer Absorptionsspektren identifiziert werden können (qualitative Aussage). Als Beispiele seien das Cyanhämiglobin (s. S. 66) und das reduzierte Nicotinamid-Adenin-Dinucleotid (NADH) (s. S. 217) genannt.

Je höher die Konzentration der absorbierenden Moleküle ist, desto größer ist die Farbintensität der Lösung und desto mehr Licht wird absorbiert.
Soll die Konzentration einer Substanz bestimmt werden (quantitative Aussage), mißt man die Lichtabsorption oder Lichtschwächung, die durch die Substanz verursacht wird. Zur Messung wird Licht jener Wellenbereiche benutzt, die besonders stark und möglichst spezifisch absorbiert werden. Eine rotgefärbte Lösung absorbiert maximal grünes Licht, daher ist zur Photometrie roter Flüssigkeiten eine Meßstrahlung mit einer Wellenlänge zwischen 500 und 570 nm zu verwenden.

Prinzip der photometrischen Messung

Die in der zu messenden Lösung enthaltenen Moleküle absorbieren einen Teil des eingestrahlten Lichts. Diese Absorption kann nicht direkt ermittelt werden; es ist nur möglich, die Intensitäten des einfallenden und des durchgelassenen (nicht absorbierten) Lichts zu messen.

$I_O \longrightarrow$ | Küvette | $\longrightarrow I$

Der Quotient aus den Intensitäten des durchgelassenen (I) und des einfallenden Lichts (I_O) wird als Transmissionsgrad (T) bezeichnet:

$$T = \frac{I}{I_O} \quad \text{(dieser Wert kann maximal 1 sein)}$$

Multipliziert man das Resultat mit 100, so erhält man den Transmissionsgrad in %: T %.

Aus der Definition geht hervor, daß der Transmissionsgrad mit steigender Konzentration der gelösten Substanz immer kleiner wird; er ist mithin der Konzentration nicht direkt proportional.

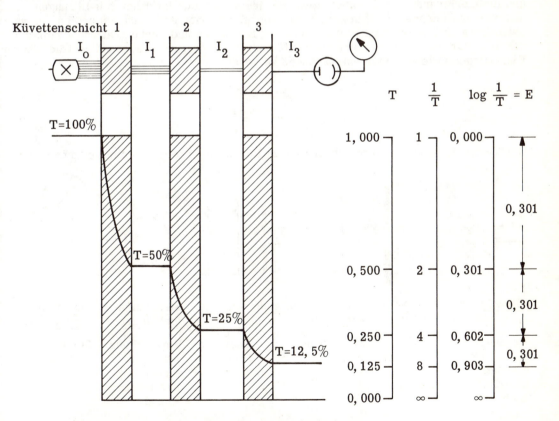

Abb. 27. Schematische Darstellung der Lichtschwächung durch eine absorbierende Lösung

Das eingestrahlte Lichtbündel trifft nacheinander auf Moleküle des gelösten Stoffes, die jeweils einen konstanten Bruchteil des noch vorhandenen Lichts absorbieren. Die Vorgänge sind in Abb. 27, S. 203, dargestellt; dabei ist die Meßlösung in Richtung des Lichtwegs in einzelne Schichten zerlegt gedacht. In jeder dieser Schichten nimmt die Lichtintensität um den gleichen Bruchteil des jeweils eingestrahlten Lichts ab. Es ergibt sich eine logarithmische Abhängigkeit, die als Extinktion (E) definiert wird.

$$E = -\log T = \log \frac{1}{T} = \log \frac{I_0}{I}$$

Die Extinktion ist eine dimensionslose Größe. Mißt man bei einer definierten Wellenlänge, d. h. mit monochromatischem Licht, so besteht zwischen Extinktion und Konzentration sowie zwischen Extinktion und Schichtdicke eine direkte Proportionalität:

LAMBERT-BEER-BOUGUER'sches Gesetz: $E = \epsilon \cdot c \cdot d$

Hierbei bedeuten:
- E   Extinktion
- ϵ spezifischer molarer Extinktionskoeffizient (cm^2/mol)
- c   Konzentration (mol/cm^3)
- d   Schichtdicke (cm)

Das LAMBERT-BEER-BOUGUER'sche Gesetz gilt nur für monochromatisches Licht und für stark verdünnte Flüssigkeiten. Bei jeder Methode ist daher mit Lösungen, die den zu bestimmenden Stoff in steigenden Konzentrationen enthalten, zu prüfen, in welchem Bereich die Proportionalität zwischen Extinktion und Konzentration gewährleistet ist. Nur innerhalb dieser Spannweite darf gearbeitet werden. Ansätze, die höhere Extinktionen ergeben, sind entsprechend zu verdünnen.

Photometer

Geräte zur Messung der Lichtabsorption in Lösungen werden Photometer genannt.

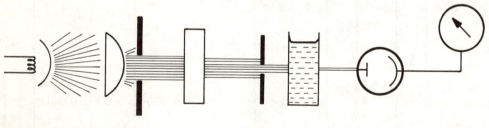

Strahlungs-quelle	Optik + Blende	Licht-zerlegung	Blende	Küvette	Strahlungs-empfänger	Galvano-meter
kontinuier- liches oder diskonti- nuierliches Licht	punktför- mige Licht- quelle, Parallel- strahlung	Filter oder Monochro- mator		Analysen- lösung	Umwandlung von Licht- energie in elektrische Energie	Meßwert- anzeige

Abb. 28. Schematische Darstellung eines Photometers mit seinen wesentlichen Bauelementen

Die gebräuchlichen Photometer unterscheiden sich vor allem in der Art der Strahlungsquelle und der Lichtzerlegung. Als Strahlungsempfänger werden im allgemeinen Hochvacuum-Photozellen oder Sekundär-Elektronen-Vervielfacher verwendet.

Tabelle 32. Charakteristika verschiedener Photometertypen

Photometer	Strahlungsquellen	Lichtzerlegung	Meßlicht
Spektralphotometer	für den sichtbaren Bereich: Wolframlampe für den UV-Bereich: H_2- bzw. D_2-Lampe	Prisma oder Gitter Quarzprisma (oder Gitter)	monochromatisch (bei ausreichend kleiner Spaltbreite)
Spektrallinienphotometer	Hg-Dampflampe Cd-Dampflampe	Glas- oder Interferenzfilter	monochromatisch
Filterphotometer	Wolframlampe	Glas- oder Interferenzfilter	z. T. nicht monochromatisch

Spektralphotometer

Bei Spektralphotometern kann die Wellenlänge des zur Messung benutzten Lichts kontinuierlich verändert werden. Dies setzt voraus, daß als Lichtquelle ein Kontinuumstrahler verwendet wird: Eine Wolframlampe für den sichtbaren Bereich, eine Wasserstoff- oder Deuteriumlampe für den ultravioletten Bereich des Spektrums. Die kontinuierliche Strahlung wird durch ein Prisma (s. Abb. 29) oder Gitter zerlegt. Mit Hilfe einer Spaltblende lassen sich die gewünschten Wellenlängen isolieren.

Vorteil:
    Es kann mit Strahlung jeder Wellenlänge, insbesondere auch im ultravioletten Bereich gemessen werden.

Nachteile:
    Die geringe Lichtintensität erfordert eine hohe Verstärkung des Meßsignals. Die Anschaffungskosten sind hoch.

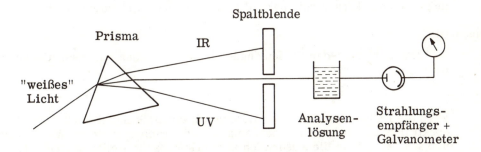

Abb. 29. Lichtzerlegung durch ein Prisma

Spektrallinienphotometer

Als Lichtquelle dient bei diesem Photometertyp eine Quecksilber- bzw. Cadmiumdampflampe. Werden diese Elemente unter definierten Bedingungen erhitzt, so verdampfen sie und senden bestimmte Linien (s. Tabelle 33), also ein diskontinuierliches Spektrum aus. Mit geeigneten Filtern werden die Spektrallinien bzw. Gruppen dieser Linien isoliert.

Tabelle 33. Emissionslinien von Quecksilber- und Cadmiumdampflampen

Hg (nm)	Cd (nm)
313	
	326
334 / 335	
365 / 366	
404 / 407	
435 / 436	
	468
	480
492	
	509
546	
577 / 579	
623	
	644
691	
772	
1014	

Vorteile:

    Hohe Lichtintensität, vor allem für ultraviolette Strahlung und im kurzwelligen Bereich des sichtbaren Spektrums (s. Abb. 30, S. 207).
    Sehr gute Monochromasie.
    Fehler, die bei Spektralphotometern durch Dejustierung des Monochromators möglich sind, können bei Spektrallinienphotometern nicht auftreten.

Nachteil:

    Es kann nicht bei jeder Wellenlänge, also nicht immer im Absorptionsmaximum gemessen werden.

Merke:

    Wird die Lichtabsorption einer Lösung mit einem Spektrallinien- und einem Spektralphotometer mit monochromatischer Strahlung gleicher Wellenlänge gemessen, so erfolgt die Absorption in vergleichbarer Weise, so daß übereinstimmende Extinktionen resultieren.

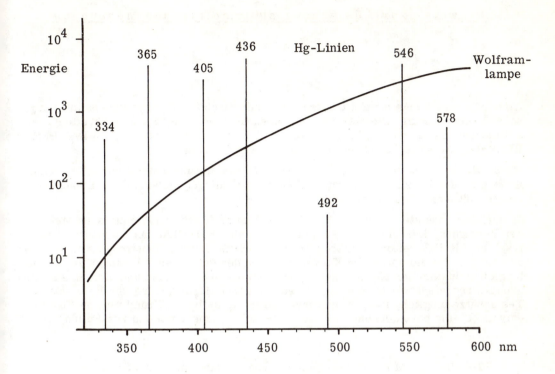

Abb. 30. Lichtemission einer Quecksilber- und einer Wolframlampe

Filterphotometer

Bei einfachen Filterphotometern mit Glühlampen und Glasfiltern ist der zur Messung verwendete Wellenbereich im Verhältnis zur Absorptionskurve der zu analysierenden Substanz häufig so breit, daß das LAMBERT-BEER-BOUGUER'sche Gesetz keine Gültigkeit hat und somit auch der spezifische molare Extinktionskoeffizient ϵ nicht zu definieren ist.
Die Meßsignale können somit auch nicht unter Berücksichtigung dieses Koeffizienten, des Molekulargewichts der zu analysierenden Substanz und der Testbedingungen in Metabolitkonzentrationen (s. S. 212) bzw. Enzymaktivitäten (s. S. 280) umgerechnet werden. Für jedes Verfahren muß daher eine Bezugskurve erstellt werden, die auf Grund der zur Messung verwendeten nicht-monochromatischen Strahlung meist stark gekrümmt verläuft.
Filterphotometer mit den erwähnten Eigenschaften sollten in klinisch-chemischen Laboratorien keine Verwendung finden.

Wird bei Filterphotometern als Meßstrahlung ein schmales Wellenbündel durch Interferenzfilter isoliert, so zeigt die Analyse von Verdünnungen der zu bestimmenden Substanz häufig, daß das LAMBERT-BEER-BOUGUER'sche Gesetz trotz der Verwendung nicht streng monochromatischen Lichts Gültigkeit hat. Werden mit einer derartigen Meßanordnung Extinktionen gefunden, die den mit Spektral- bzw. Spektrallinienphotometern ermittelten entsprechen, so können diese Filterphotometer in der klinisch-chemischen Analytik eingesetzt werden.

Hinweise zur Ausführung photometrischer Messungen

Küvetten

Allgemein haben sich heute Küvetten mit quadratischem oder rechteckigem Querschnitt durchgesetzt. Die Messung in runden Gefäßen ("Reagensglasküvetten") ist abzulehnen, da für diese Küvetten keine definierte Schichtdicke ("d" im LAMBERT-BEER-BOUGUER'schen Gesetz) angegeben werden kann.

Meist wird ein Lichtweg von 1 cm verwendet, nur in Ausnahmefällen (sehr geringe Konzentration der zu bestimmenden Substanz, niedriger molarer Extinktionskoeffizient) mißt man mit 2 cm Schichtdicke.

Je nach Methode stehen unterschiedliche Volumina für die photometrische Messung zur Verfügung. Das Volumen der Meßlösung spielt vor allem bei enzymatischen Analysen eine Rolle, bei denen teure Coenzyme, Hilfsenzyme, Substrate u. a. verwendet werden. Da die optimalen Konzentrationen der genannten Substanzen zur Erzielung einer maximalen Reaktionsgeschwindigkeit festgelegt sind und nicht aus Kostengründen reduziert werden dürfen, ist es nur durch Herabsetzung der Volumina der Testansätze möglich, Reagentien einzusparen. Aus diesem Grund wurden Küvetten entwickelt, die bei gleichem Lichtweg unterschiedliche Volumina zur Füllung benötigen.

Tabelle 34. Mindest-Füllvolumina von Küvetten mit 1 cm Schichtdicke

Lichte Breite	Mindest-Füllvolumen
10 mm	2,0 ml
4 mm	0,7 ml
2 mm	0,3 ml

Durch entsprechend kleine Blenden ist dafür zu sorgen, daß das einfallende Licht nur durch die optischen Flächen der Küvette und durch die zu messende Lösung tritt, nicht aber durch die Seitenwände oder durch die Luftschicht oberhalb des eingefüllten Volumens. Daher muß zur Ermittlung der Lichtabsorption ein Photometer benutzt werden, bei dem die Empfindlichkeit der Meßanordnung soweit gesteigert werden kann, daß auch bei starker Einengung des auf die Photozelle fallenden Lichts eine Extinktion von Null eingestellt werden kann.

Je nach Wellenlänge der zur Messung verwendeten Strahlung sind Küvetten zu benutzen, deren optische Flächen aus entsprechend durchlässigem Material bestehen (s. Tabelle 35).

Tabelle 35. Erforderliche Küvetten zur Messung bei verschiedenen Wellenlängen

Meßstrahlung	Küvettenmaterial
über 360 nm	Normalglas
über 310 nm	optisches Spezialglas
unter 310 nm	Quarzküvetten

Da Glas auch im Bereich sichtbaren Lichts geringgradig absorbiert und außerdem Reflexionen an den optischen Flächen auftreten, kann die Meßlösung in einer Küvette nur gegen eine gleichartige, mit Wasser gefüllte Küvette (sog. Vergleichsküvette) photometriert werden.

Die optischen Flächen der Küvetten sind peinlichst sauber zu halten. Zur Reinigung werden die Küvetten zunächst mit Wasser, anschließend mehrfach mit Aqua bidest. gespült. Nach längerem Gebrauch empfiehlt es sich, konzentrierte Schwefelsäure einzufüllen und diese nach einigen Stunden mit reichlich Leitungswasser sowie Aqua bidest. zu entfernen. Chromschwefelsäure ist zum Reinigen nicht geeignet, da Spuren Dichromat an die Küvettenoberflächen adsorbiert werden können, so daß es zur Störung der photometrischen Messung im ultravioletten Bereich des Spektrums kommt.

Mit Schwefelsäure gesäuberte Küvetten laufen beim Ausgießen von Flüssigkeit und beim kurzfristigen Abtropfen auf einer saugfähigen Unterlage fast vollständig aus, so daß nur bei sehr hohen Konzentrationsunterschieden aufeinanderfolgender Proben ein Zwischenspülen mit der zu photometrierenden Lösung erforderlich ist.

Küvetten sollten nie mit Ether oder Aceton gespült und hierdurch gleichzeitig getrocknet werden, da diese Lösungsmittel meist geringe Spuren Fett enthalten, die sich auf den Küvettenflächen niederschlagen können und diese daher unbenetzbar machen.

Beim Ablesen größerer Serien hat es sich bewährt, nach der photometrischen Messung den Küvetteninhalt mit einem spitz ausgezogenen - relativ starren - Kunststoffschlauch mittels Wasserstrahlpumpe von oben auszusaugen. Die Ecken der Küvetten können bei diesem Verfahren ausreichend entleert werden, so daß der Verschleppungsfehler vernachlässigbar klein ist.

Bei Verwendung von Absaugküvetten, die über einen Einfülltrichter gefüllt werden, muß auf jeden Fall zwischen der Ablesung verschiedener Proben ein Vorspülen mit der Meßlösung erfolgen. Es sind daher höhere Endvolumina der Ansätze erforderlich, so daß eine Verteuerung der Analysen resultiert.
Wegen der relativ hohen Anschaffungskosten von Absaugküvetten stehen im allgemeinen nicht für jedes Bestimmungsverfahren gesonderte Küvetten zur Verfügung. Werden die Küvetten und Trichter zwischen der photometrischen Messung einzelner Analysenserien nicht ausreichend gereinigt, kann dies zu groben Fehlern Anlaß geben. Wurde beispielsweise die Aktivität der Glutamat-Pyruvat-Transaminase in einer Probe ermittelt, so finden sich hohe Konzentrationen Lactat-Dehydrogenase in der Küvette. Erfolgt anschließend ohne ausreichende Reinigung in dem gleichen Gefäß die Bestimmung der Aktivität der Lactat-Dehydrogenase im Serum, so wird das in der Küvette verbliebene Hilfsenzym mitgemessen. Außerdem ist die Überprüfung der Nullpunkteinstellung des Photometers aufwendiger als bei der Messung gegen eine zweite, mit Aqua bidest. gefüllte normale Küvette, so daß im allgemeinen diese Kontrolle wegen des Zeitbedarfs häufig unterbleibt und somit eine Drift der Anzeige nicht erkannt wird.

Zum Abtrocknen der Außenflächen der Küvetten ist nur sauberes Spezialpapier oder -leder geeignet.

Küvetten dürfen lediglich an den angerauhten Seitenflächen angefaßt werden. Allein durch Fingerabdrücke an den optischen Flächen kann eine Verfälschung der Extinktion um 0,020 resultieren. Im Routinebetrieb lassen sich bei häufigem Gebrauch oft mechanische Beschädigungen (Kratzer), die zu erheblichen Extinktionsdifferenzen zwischen verschiedenen Küvetten führen können, nicht vermeiden. Zur Prüfung einer evtl. abweichenden Absorption werden die Küvetten daher mit Wasser gefüllt und gegeneinander gemessen. Ergibt sich kein Extinktionsunterschied, so ist kein "Küvettenfehler" vorhanden. Differenzen zwischen zwei Küvetten können eine Extinktion von 0,020 erreichen, ohne daß die optischen Flächen auffällig zerkratzt erscheinen.

Meßlösungen

<u>Nur völlig klare Lösungen dürfen photometriert werden!</u>
Ist die zu messende Lösung trüb, so wird einfallendes Licht nicht nur von den Molekülen absorbiert, sondern auch an den Partikelchen gestreut. Da die Meßanordnung das Streulicht nicht erfaßt, ergeben sich fälschlich zu hohe Extinktionen.

Bedienung eines Spektrallinienphotometers

Nach Einschalten des Photometers ist zunächst einige Minuten zu warten, bis die Strahlungsintensität der Lichtquelle nicht mehr weiter zunimmt. Bei gesperrtem Lichtweg wird die Anzeigemarke auf Transmission "0" eingestellt. Anschließend setzt man das vorgeschriebene Filter und eine mit Aqua bidest. (s. unten) bzw. dem Leerwert (s. S. 211) gefüllte Küvette in den Strahlengang, gibt den Lichtweg frei und justiert die Anzeige mit den Verstärkungsreglern auf Extinktion "0". Dann wird eine zweite Küvette mit der Meßlösung in den Strahlengang gebracht und deren Extinktion an der Extinktionsskala abgelesen.

Ausführung der Messungen

1. Messung aller Ansätze gegen Aqua bidest.

Reagentien-Leerwerte, Standard- und Analysenansätze werden gegen eine zweite, mit Aqua bidest. gefüllte Küvette abgelesen.
Vor der Berechnung der Ergebnisse wird die Extinktion des Reagentien-Leerwerts von der Extinktion des Standards bzw. der Analyse abgezogen. Die sich ergebenden Extinktionsdifferenzen ($\triangle$E) werden in die Berechnungsformel eingesetzt.

Beispiel 1

    Beide Küvetten zeigen mit Aqua bidest. gefüllt die gleiche Extinktion, es liegt also <u>kein Küvettenfehler</u> vor.

Extinktionen der Reagentien-Leerwerte:	0,005; 0,007	$\bar{x}$ = 0,006
Extinktionen der Standardansätze:	0,150; 0,154	$\bar{x}$ = 0,152
Extinktionen der Analysenansätze:	0,210; 0,203	$\bar{x}$ = 0,206

Standard	0,152	Analyse	0,206
− Reagentien-Leerwert	0,006	− Reagentien-Leerwert	0,006
$\triangle E_{Standard}$	0,146	$\triangle E_{Analyse}$	0,200

Beispiel 2

    Zwischen beiden – mit Aqua bidest. gefüllten – Küvetten besteht eine Extinktionsdifferenz von 0,020; der <u>Küvettenfehler beträgt also 0,020</u>.

    Es werden die gleichen Meßlösungen wie in Beispiel 1 photometriert.

Extinktionen der Reagentien-Leerwerte: 0,025; 0,027 $\bar{x}$ = 0,026
Extinktionen der Standardansätze: 0,170; 0,174 $\bar{x}$ = 0,172
Extinktionen der Analysenansätze: 0,230; 0,223 $\bar{x}$ = 0,226

Standard	0,172		Analyse	0,226
- Reagentien-Leerwert	0,026		- Reagentien-Leerwert	0,026
$\Delta E_{Standard}$	0,146		$\Delta E_{Analyse}$	0,200

Wie die beiden Beispiele zeigen, hat ein <u>Küvettenfehler bei diesem Ableseverfahren keinen Einfluß auf das Ergebnis!</u>

Achtet man jedoch trotzdem darauf, daß kein Küvettenfehler vorliegt, so geben die gegen bidest. Wasser abgelesenen absoluten Extinktionen der Reagentien-Leerwerte in gewissen Grenzen Hinweise auf evtl. Verunreinigungen der verwendeten Lösungen oder eine fehlerhafte Arbeitsweise.

Der Nachteil dieses Vorgehens besteht in einer geringgradig vermehrten Rechenarbeit.

<u>Hinweis:</u>

Ist außer einem Reagentien-Leerwert noch ein Serum-Leerwert o. ä. abzuziehen, so muß auch beim Ablesen gegen eine mit Aqua bidest. gefüllte Küvette ein Küvettenfehler ausgeschlossen sein, da sich sonst durch zweimalige Subtraktion eine falsche Extinktionsdifferenz ergibt.

<u>Beispiel</u>

Eisenbestimmung im Serum ohne Enteiweißung

Küvettenfehler 0,000			Küvettenfehler 0,020	
Analyse	0,120		Analyse	0,140
- Reagentien-Leerwert	0,010		- Reagentien-Leerwert	0,030
- Serum-Leerwert	0,050		- Serum-Leerwert	0,070
$\Delta E_{Analyse}$	0,060		$\Delta E_{Analyse}$	0,040

2. <u>Messung von Standard- und Analysenansätzen gegen einen Reagentien-Leerwert</u>

<u>Bei diesem Verfahren muß ein Küvettenfehler ausgeschlossen sein!</u>

Nicht erkannte Küvettenfehler verfälschen die Ergebnisse einer ganzen Bestimmungsserie. Besonders bei niedrigen Extinktionen, d. h. bei allen Methoden mit unzureichender Empfindlichkeit, können dadurch sehr hohe prozentuale Fehler auftreten (z. B. bei der Bestimmung von Creatinin, Kupfer, Bilirubin u. a.).

Nachteilig ist, daß Veränderungen der Reagentien nicht so leicht erkannt werden wie bei der Ablesung aller Ansätze gegen Aqua bidest.; außerdem kann nur <u>ein</u> Leerwert berücksichtigt werden.
Ein Vorteil ist in der geringeren Rechenarbeit zu sehen.

Auswertung der Meßergebnisse

1. Über den spezifischen molaren bzw. mikromolaren Extinktionskoeffizienten

Der spezifische molare bzw. mikromolare Extinktionskoeffizient ist eine für eine definierte Substanz und eine bestimmte Wellenlänge charakteristische Größe, die ein Maß für die Lichtabsorption durch diese Substanz darstellt.

Der Extinktionskoeffizient errechnet sich nach folgender Gleichung (s. S. 204):

$$\epsilon = \frac{E}{c \cdot d}$$

Die Konzentration kann verschieden angegeben sein. Dementsprechend unterscheiden wir:

Angabe der Konzentration in   mol/ml = molarer Extinktionskoeffizient (ϵ_{mol})
"   "   mmol/ml = millimolarer   "   (ϵ_{mmol})
"   "   µmol/ml = mikromolarer   "   ($\epsilon_{\mu mol}$)

Der mikromolare Extinktionskoeffizient stellt also die Extinktion einer Lösung von 1 Mikromol Substanz pro Milliliter dar.

Für den <u>mikromolaren Extinktionskoeffizienten</u> ergibt sich folgende <u>Dimension</u>:
In die Berechnungsformel werden eingesetzt:

E   (Extinktion)   = dimensionslose Größe
d   (Schichtdicke) = cm
c   (Konzentration) = µmol/ml Meßlösung (= $\mu mol/cm^3$)

$$\epsilon_{\mu mol} = \frac{E}{c \cdot d} \left[\frac{1}{\frac{\mu mol}{cm^3} \cdot cm} \right] \text{entspr.} \left[\frac{cm^3}{\mu mol \cdot cm} \right] \text{entspr.} \left[\frac{cm^2}{\mu mol} \right]$$

Zahlreiche Substanzen (z. B. Glucose, Pyruvat, Lactat u. a.) werden enzymatisch bestimmt, wobei eine dem zu bestimmenden Substrat stöchiometrisch äquivalente Menge Coenzym (NADH oder NADPH) verbraucht oder gebildet wird. Aus dem ermittelten ΔE berechnet man den Umsatz an Coenzym - und damit an Substrat - in µmol.

Die <u>Konzentration in der Meßlösung</u> errechnet sich nach:

$$c = \frac{\Delta E}{\epsilon_{\mu mol} \cdot d} \quad [\mu mol/ml \text{ Meßlösung}]$$

Zur Ermittlung der <u>Konzentration des gesuchten Bestandteils in der Probe</u> sind das Volumen der Meßlösung und das Probevolumen zu berücksichtigen.

Die Berechnung der Konzentration in der Probe erfolgt daher nach der Formel:

$$c = \frac{\Delta E \cdot V}{\epsilon_{\mu mol} \cdot d \cdot v} \quad [\mu mol/ml \text{ Probe}]$$

Hierbei bedeuten: V Volumen der Meßlösung
v Volumen der in den Test eingesetzten Probe

Ist die Probe vor der Analyse enteiweißt worden, so ist diese Verdünnung durch einen Faktor (F) zu korrigieren, der sich aus dem Quotienten

$$F = \frac{\text{Probevolumen + Volumen des Enteiweißungsmittels}}{\text{Probevolumen}}$$

ergibt.

$$c = \frac{\Delta E \cdot V \cdot F}{\epsilon_{\mu mol} \cdot d \cdot v} \quad [\mu mol/ml \text{ Probe vor Enteiweißung}]$$

In der Klinik werden die Konzentrationen vieler Substanzen jedoch nicht in µmol/ml, sondern in mg/dl angegeben. Zur Umrechnung benötigt man das Molekulargewicht der betreffenden Substanz.

Die Formel zur Berechnung der Substratkonzentration in mg/dl lautet dann:

$$c = \frac{\Delta E \cdot V \cdot F \cdot MG \cdot 100}{\epsilon_{\mu mol} \cdot d \cdot v \cdot 1000} \quad [mg/dl \text{ Probe vor Enteiweißung}]$$

Die Umrechnungsfaktoren sind wie folgt begründet:
· 100 = Umrechnung von 1 ml auf 1 dl
· 1000 = Umrechnung von µg auf mg

$$\boxed{c = \frac{\Delta E \cdot V \cdot F \cdot MG}{\epsilon_{\mu mol} \cdot d \cdot v \cdot 10} \quad [mg/dl \text{ Probe vor Enteiweißung}]}$$

<u>Vorteil dieses Berechnungsverfahrens:</u>
Vorteilhaft ist, daß die unvermeidlichen Fehler bei der Analyse von Standardlösungen nicht die Ergebnisse einer ganzen Analysenserie verfälschen.

<u>Nachteile dieses Berechnungsverfahrens:</u>
Es darf nur dann über den spezifischen mikromolaren Extinktionskoeffizienten ausgewertet werden, wenn die Meßstrahlung monochromatisch ist und in ihrer Wellenlänge mit derjenigen übereinstimmt, bei der das ϵ ermittelt wurde.

Da die Volumina von Probe- und Meßlösung in die Berechnung eingehen, sind alle Volumenmeßgeräte exakt zu kalibrieren.

2. Über mitgeführte Standardlösungen

Bei zahlreichen Verfahren ermittelt man die Konzentration der zu bestimmenden Substanz im Untersuchungsmaterial anhand einer gleichzeitig analysierten Lösung bekannter Konzentration, die als Standardlösung bezeichnet wird. Zur Herstellung solcher Standards eignen sich nur Substanzen mit garantiert sehr niedrigem Gehalt an Verunreinigungen (s. S. 187); sie sind bis zur Gewichtskonstanz zu trocknen, auf $\pm 0,1\,\%$ genau einzuwiegen, in bidest. Wasser u. a. zu lösen und in amtlich geeichten Meßkolben auf das vorgeschriebene Volumen aufzufüllen. Diese Standardlösungen werden dann in gleicher Weise wie die Proben analysiert.

Es verhalten sich:

Konzentration der Analysenlösung (unbekannt) : Extinktion der Analysenlösung (meßbar) = Konzentration der Standardlösung (bekannt) : Extinktion der Standardlösung (meßbar)

Daraus ergibt sich zur Ermittlung der <u>Konzentration der Substanz im Analysengut</u> folgende Berechnungsformel:

$$\text{Konzentration Analysenlösung} = \frac{\text{Konzentration Standardlösung} \cdot \text{Extinktion Analysenlösung}}{\text{Extinktion Standardlösung}}$$

<u>Vorteile dieses Berechnungsverfahrens:</u>

Alle Arbeitsschritte, bei denen Standardlösungen und Proben mit dem gleichen Volumenmeßgerät (Kolbenpipette, Dilutor u. a.) abgemessen werden, brauchen nicht mit absolut kalibrierten Geräten ausgeführt zu werden, da sich geringe Volumenfehler bei der Analyse durch die Berechnung ausgleichen. Weicht beispielsweise der Inhalt der zum Pipettieren von Standardlösungen und Proben verwendeten Pipette um - 5 % vom vorgeschriebenen Wert ab, so liegen die Extinktionen aller Ansätze um 5 % zu niedrig (die durch die Volumenänderung des Gesamtansatzes bedingte Extinktionsänderung soll hier unberücksichtigt bleiben, da sie bei diesem Berechnungsverfahren ebenfalls kompensiert wird). Die Extinktion der Analysenlösung (im Zähler der Berechnungsformel) und die Extinktion der Standardlösung (im Nenner) werden proportional zueinander vermindert, so daß der Quotient und damit das Ergebnis gleichbleiben.

<u>Nachteile dieses Berechnungsverfahrens:</u>

Standardlösungen entsprechen in vielen Eigenschaften, z. B. in der Zusammensetzung (bei Serum vor allem im Proteingehalt, bei nicht wasserlöslichen Substanzen wie z. B. Cholesterin im Lösungsmittel, in der Viscosität u. a.) nicht den zu untersuchenden Proben. Allein durch diese Unterschiede können sich erhebliche Störungen ergeben. Außerdem gehen alle Fehler, die bei der Herstellung und Analyse der Standardlösungen gemacht wurden, in die Auswertung der an den Proben gewonnenen Meßdaten ein.
Bei einigen Methoden ist das Berechnungsverfahren jedoch nicht zu umgehen, da die zur Bestimmung einer Substanz dienende Reaktion nicht zu einem definierten Produkt führt, d. h. Struktur und Extinktionskoeffizient nicht angegeben werden können. Weiterhin ist die Ermittlung der Ergebnisse über Standardlösungen immer dann erforderlich, wenn Temperatur, Lichteinflüsse, Alter der Reagentien u. a. eine Farbentwicklung stark beeinflussen.

PHOTOMETRISCHE BESTIMMUNGSVERFAHREN

Photometrische Methoden lassen sich einteilen in
    Verfahren zur Bestimmung von Metabolitkonzentrationen und
    Verfahren zur Bestimmung von Enzymaktivitäten

I. PHOTOMETRISCHE METHODEN ZUR BESTIMMUNG VON METABOLITKONZENTRATIONEN

Grundlagen der Methodik

1. Direkte Messung absorbierender Substanzen

Wenn eine Substanz auf Grund ihrer Struktur Licht einer definierten Wellenlänge absorbiert, kann ihre Konzentration direkt photometrisch ermittelt werden.

Da die zu untersuchenden Körperflüssigkeiten jedoch neben der zu analysierenden Substanz fast immer andere störende Verbindungen enthalten, ist eine direkte Photometrie nur in seltenen Fällen möglich. So kann die Bilirubinkonzentration im Plasma ausschließlich bei Neugeborenen durch die Lichtabsorption des gelb gefärbten Metaboliten bei 450 nm bestimmt werden. Im späteren Lebensalter ist dies nicht mehr möglich, da zahlreiche Stoffe, insbesondere die Carotine, mit der Messung interferieren. Ähnlich verhält es sich mit der Bestimmung von Proteinen auf Grund ihrer Absorption bei 280 nm. Die direkte Photometrie kann nur an gereinigten Präparaten, nicht aber an Seren erfolgen.

2. Messung nach chemischer Umsetzung

Zur Bestimmung der Konzentration von Metaboliten auf Grund chemischer Reaktionen bestehen folgende Möglichkeiten:
    a. Die Substanzen werden in farbige Produkte umgewandelt (z. B. Bildung eines violett gefärbten Komplexes durch Anlagerung von Kupferionen an die Peptidbindungen von Proteinen).

b. Die zu bestimmenden Substanzen setzen geeignete Reagentien zu gefärbten Produkten um (z. B. Bildung eines blauen Farbstoffs aus Tetramethylbenzidin und Wasserstoffperoxid durch Hämoglobin).

Trotz intensiver Bemühungen ist es bisher nur bei einem Teil der Reaktionen gelungen, eine definierte chemische Reaktionsgleichung zu formulieren und die Struktur des gebildeten Farbstoffs exakt zu ermitteln. Außerdem erfolgen viele dieser chemischen Umsetzungen nicht spezifisch, da neben der gesuchten Substanz ähnlich aufgebaute Verbindungen, vor allem auch Pharmaka, mitreagieren. Zur Zeit beruht jedoch nach wie vor ein Teil der klinisch-chemischen Untersuchungsverfahren auf dem genannten Prinzip, da bisher nur diejenigen Substanzen spezifisch erfaßt werden können, für deren enzymatische Umwandlung geeignete Enzympräparationen zur Verfügung stehen.

3. Messung nach enzymatischer Umsetzung

Voraussetzung für die Bestimmung der Konzentration eines Metaboliten auf enzymatischem Wege ist, daß sich die gesuchte Substanz mit Hilfe eines Enzyms quantitativ in ein definiertes Produkt umwandeln läßt. Die Spezifität eines solchen Bestimmungsverfahrens beruht auf der Spezifität des zur Umsetzung verwendeten Enzyms.

In komplizierten biologischen Gemischen, wie z. B. Serum, bieten enzymatische Methoden oft die einzige Möglichkeit zu einer praktikablen und spezifischen Substratbestimmung (z. B. Ermittlung der Konzentration von Pyruvat und Lactat). Eine Enteiweißung erübrigt sich meist, so daß eine wesentliche Fehlerquelle entfällt.

Als Meßgröße dienen bei enzymatischen Verfahren:

a. Die Abnahme der Extinktion durch Umwandlung einer absorbierenden Substanz in ein nicht absorbierendes Produkt (z. B. Abbau der Harnsäure durch Uricase zu Allantoin, CO_2 und H_2O_2).

b. Die Lichtabsorption durch das nach enzymatischer Umsetzung entstehende Produkt selbst oder eine durch geeignete Reagentien daraus gebildete gefärbte Verbindung (z. B. Spaltung des Harnstoffs durch Urease, Messung des dabei freigesetzten Ammoniaks mit der Reaktion nach BERTHELOT).

c. Der Verbrauch oder die Bildung von NADH oder NADPH, die an der Reaktion selbst oder einer mit dieser gekoppelten Indikatorreaktion beteiligt sind (z. B. Bestimmung von Pyruvat mit Lactat-Dehydrogenase bzw. der Glucosekonzentration mit Hilfe von Hexokinase und Glucose-6-Phosphat-Dehydrogenase).

Die Absorptionsspektren der reduzierten und der oxydierten Form des Nicotinamid-Adenin-Dinucleotids sind in Abb. 31, S. 217, dargestellt.
Einzelheiten hierzu s. Lehrbücher der Biochemie.

Es sei lediglich nochmals darauf hingewiesen, daß die reduzierten Nucleotide NADH und NADPH im nahen Ultraviolett mit einem Maximum bei 339 nm stark absorbieren, während die oxydierten Formen NAD und NADP in diesem Bereich keine Extinktion zeigen. Steht ein Spektralphotometer zur Verfügung, so kann im Absorptionsmaximum bei 339 nm gemessen werden. Für Routinebestimmungen sind Spektrallinienphotometer mit Hg-Lampen, d. h. mit einer intensiven monochromatischen Meßstrahlung von 365 nm, besonders geeignet. Die Lichtabsorption des NADH bzw. NADPH ist zwar bei 365 nm auf etwa die Hälfte des Maximums reduziert, die spezifischen mikromolaren Extinktionskoeffizienten liegen jedoch auch bei 365 nm mit 3,4 (25 °C) für NADH bzw. 3,5 (25 °C) für NADPH noch so hoch, daß auf dieser Grundlage außerordentlich empfindliche Meßverfahren ausgearbeitet wurden. Die Analysen können außerdem bei der Liniengruppe 334/335 nm erfolgen, die allerdings nur eine relativ geringe Intensität zeigt, so daß an die Stabilität der Meßanordnung besondere Anforderungen gestellt werden. Bei dieser Wellenlänge absorbieren NADH und NADPH nur um etwa 2 % schwächer als im Maximum bei 339 nm.

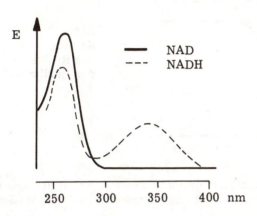

Abb. 31.
Absorptionsspektren von NAD und NADH

Beispiele für Bestimmungsverfahren, bei denen die enzymatische Reaktion unter Verbrauch oder Bildung von NADH abläuft:

$$\text{Pyruvat} + \text{NADH} + \text{H}^+ \xrightarrow{\text{Lactat-Dehydrogenase (LDH)}} \text{Lactat} + \text{NAD}^+$$

Das Gleichgewicht der Reaktion liegt weit auf der rechten Seite, so daß im Gleichgewichtszustand bei pH 7,6 praktisch nur Lactat vorliegt. Pyruvat läßt sich demnach mit diesem Verfahren leicht bestimmen. Der Ablauf der Meßreaktion ist in Abb. 32 dargestellt.

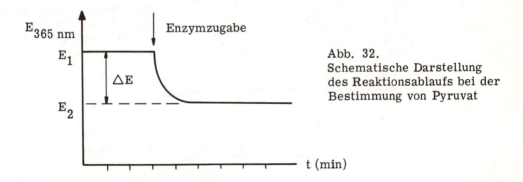

Abb. 32.
Schematische Darstellung des Reaktionsablaufs bei der Bestimmung von Pyruvat

Will man Lactat messen (s. Abb. 33, S. 218), so ist es notwendig, die Reaktionsprodukte - nämlich Pyruvat und Protonen - ständig aus dem Gleichgewicht zu entfernen. Dies gelingt durch Zugabe von Hydrazin, das Pyruvat als Hydrazon abfängt, und durch ein alkalisches Milieu von pH 9,5:

$$\text{L-(+)-Lactat} + \text{NAD}^+ + \text{Hydrazin} \xrightarrow{\text{LDH}} \text{Pyruvat-Hydrazon} + \text{NADH} + \text{H}^+ + \text{H}_2\text{O}$$

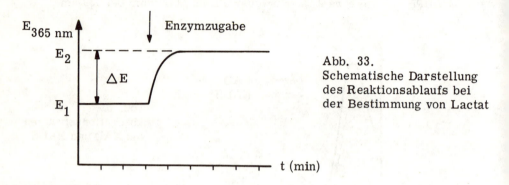

Abb. 33. Schematische Darstellung des Reaktionsablaufs bei der Bestimmung von Lactat

Beispiele für zusammengesetzte optische Teste s. unter Bestimmung der Konzentration von Glucose (s. S. 226) und Harnstoff (s. S. 245) im Serum.

Ist die Ausgangsextinktion des NADH enthaltenden Testansatzes vor Zugabe des Enzyms nicht konstant, sondern nimmt sie ständig ab (sog. "Leerschleich") und erreicht auch nach Ablauf der enzymatischen Reaktion keinen Endwert, muß zur Auswertung eine Extrapolation vorgenommen werden. Hierzu schließt man aus mehreren Messungen nach Abschluß der enzymatischen Umsetzung auf die Extinktion zum Zeitpunkt der Enzymzugabe und erhält so das ΔE, das der Konzentration der zu bestimmenden Substanz entspricht (s. Abb. 34).

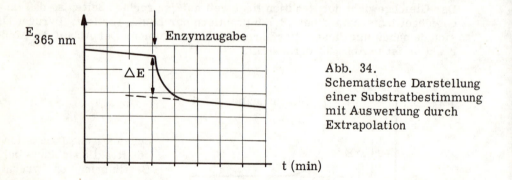

Abb. 34. Schematische Darstellung einer Substratbestimmung mit Auswertung durch Extrapolation

Berechnung von Metabolitkonzentrationen

Die Berechnung erfolgt, soweit der spezifische mikromolare Extinktionskoeffizient der gemessenen Substanz bekannt ist, anhand der auf S. 213 angegebenen Formel, in allen anderen Fällen über mitgeführte Standardlösungen (s. S. 214).

Diagnostisch wichtige Metabolite

Bilirubin

Überblick:

Bilirubin entsteht überwiegend durch den Abbau des Hämoglobins, der vor allem im RES von Milz, Leber und Knochenmark, bei Blutungen ins Gewebe jedoch auch in allen übrigen Strukturen des Organismus erfolgt. Ein geringer Teil des Gallenfarbstoffs stammt aus dem Metabolismus der Hämproteine (Myoglobin, Cytochrome, Eisenporphyrinenzyme).

Hämanteil des Hämoglobins und der Hämproteine $\xrightarrow{\text{Häm-Oxygenase} \atop O_2, \text{ NADPH}}$ Biliverdin $\xrightarrow{\text{Biliverdin-Reductase} \atop \text{NADPH}}$ Bilirubin

Die oxydative Öffnung des Porphyrinrings der Hämgruppen erfolgt unter Verbrauch von NADPH durch die in den Mikrosomen lokalisierte Häm-Oxygenase. Das entstandene Biliverdin wird durch die ebenfalls NADPH-abhängige Biliverdin-Reductase im Cytoplasma zu Bilirubin umgesetzt, das in die Blutbahn übertritt. Der im Plasma transportierte Gallenfarbstoff ist auf Grund seiner geringen Wasserlöslichkeit relativ fest an Albumin gebunden. Mit dem Blut in die Leber gelangtes Bilirubin wird zunächst in den DISSE'schen Räumen vom Protein abgekoppelt, in die Hepatocyten aufgenommen und durch die mikrosomale Uridindiphosphat-Glucuronyl-Transferase mit Glucuronsäure konjugiert. Die wichtigsten Eigenschaften des "freien" (d. h. nicht an Glucuronsäure gebundenen) und des konjugierten Bilirubins sind in Tabelle 36 zusammengefaßt.

Tabelle 36. Charakterisierung von "freiem" und glucuronidiertem Bilirubin

Eigenschaften und Vorkommen	Unkonjugiertes = "freies" Bilirubin = indirektes Bilirubin	Bilirubin-Diglucuronid = direktes Bilirubin
Wasserlöslichkeit	sehr schlecht	sehr gut
Ausscheidung über die Nieren	nicht möglich	möglich
beim Gesunden im Serum im Harn	+ ∅	Spuren vorgetäuscht ∅
bei Erkrankungen mit Hämolyse im Serum im Harn	++ ∅	Spuren vorgetäuscht ∅
bei parenchymatösem, intra- oder posthepatischem Ikterus im Serum im Harn	(+) - ++ ∅	+ - +++ + - +++
Bildung eines roten Azofarbstoffs mit diazotierter Sulfanilsäure	"indirekt", d. h. erst nach Zusatz von Coffein, Methanol u. a.	"direkt", d. h. ohne Zusatz eines Accelerators

Das gebildete Bilirubin-Diglucuronid sowie geringe Mengen Monoglucuronid werden durch die Gallencapillaren und die Gallenwege in den Darm ausgeschieden. Im Darmlumen entsteht aus dem konjugierten Farbstoff durch Abspaltung der Glucuronsäure erneut freies Bilirubin. Durch die Darmbakterien erfolgt eine Reduktion des Pigments zu mehreren farblosen Tetrapyrrolen, insbesondere zu Uro- und Stercobilinogen. Durch spontane Oxydation bilden sich die gelb gefärbten Verbindungen Urobilin und Stercobilin. Ein Teil der Tetrapyrrole kann aus dem Verdauungstrakt wieder resorbiert werden. Die Ausscheidung der rückresorbierten Substanzen erfolgt erneut über die Leber und Galle in den Darm (enterohepatischer Kreislauf) und in geringem Umfang durch die Nieren in den Harn (s. Urobilinogennachweis S. 433).

Je nach Störung im Bilirubinstoffwechsel lassen sich folgende Ikterusformen unterscheiden:

1. Physiologischer Neugeborenen-Ikterus
   Da das Uridindiphosphat-Glucuronyl-Transferase-System beim Neugeborenen noch nicht voll aktiv ist, übersteigen die durch den Abbau von HbF aus den fetalen Erythrocyten anfallenden großen Mengen Bilirubin die Kapazität dieses Enzymsystems, so daß ein Anstieg des indirekt reagierenden Bilirubins resultiert.

2. Morbus haemolyticus neonatorum
   Bei dieser meist auf einer Rhesusfaktor-Inkompatibilität beruhenden Störung kann der Bilirubinspiegel im Blut so hoch ansteigen, daß es durch Ablagerung des indirekt reagierenden Bilirubins zu Schädigungen von Kerngebieten des Hirnstamms kommt (Kernikterus).

3. Prähepatischer, hämolytischer Ikterus
   Werden Erythrocyten bei hämolytischen Erkrankungen gehäuft oder beschleunigt abgebaut, so entsteht entsprechend mehr Bilirubin, das von den Leberzellen auch bei normaler Funktion nicht mehr vollständig aufgenommen und mit Glucuronsäure umgesetzt werden kann. Daher ist die Konzentration des "freien" indirekt reagierenden Bilirubins im Serum bis auf etwa 3 mg/dl erhöht.

4. Parenchymatöser Ikterus
   Geschädigte Leberzellen (z. B. im Rahmen einer Hepatitis) können nicht mehr die gesamte Menge des anfallenden Bilirubins an Glucuronsäure binden. Außerdem wird ein Teil des bereits konjugierten Bilirubins nicht in die Gallencapillaren sezerniert, sondern über die Sinusoide wieder ins Blut abgegeben. Im Serum findet sich überwiegend direkt reagierendes glucuronidiertes Bilirubin, das auch mit dem Harn ausgeschieden wird.

5. Posthepatischer Ikterus (Verschlußikterus)
   Dieser Ikterusform liegt ein Verschluß der abführenden Gallengänge durch Steine, einen Tumor oder eine Entzündung im Bereich der Papilla VATERI u. a. zu Grunde. Das von den primär nicht geschädigten Leberzellen aufgenommene Bilirubin wird an Glucuronsäure gebunden, dieses konjugierte Bilirubin kann jedoch durch die Verlegung der Gallenwege nicht in den Darm abfließen, so daß es zu einem Rückstau ins Blut kommt. Bei dem im Serum nachweisbaren Bilirubin handelt es sich überwiegend um die direkt reagierende Form, die über die Nieren ausgeschieden werden kann.

Zu den hereditären Störungen (Anstieg des indirekten Bilirubins bei M. MEULENGRACHT, CRIGLER-NAJJAR- und ARIAS-Syndrom; Erhöhung des Bilirubin-Diglucuronids bei DUBIN-JOHNSON-, ROTOR-Syndrom und der idiopathischen Cholestase) s. Lehrbücher der Kinderheilkunde und der Inneren Medizin.

Bestimmung der Bilirubinkonzentration im Serum

1. Direkte Messung

Prinzip:

Die direkte Bestimmung des Bilirubingehalts auf Grund der Gelbfärbung von verdünntem Plasma ist nur beim Neugeborenen möglich, da schon nach wenigen Lebenstagen durch die zunehmende Konzentration von Carotinen im Plasma fälschlich zu hohe Bilirubinspiegel ermittelt werden. Störungen durch die oft unvermeidliche Hämolyse bei der Blutentnahme im Neugeborenenalter sind durch Messungen bei zwei verschiedenen Wellenlängen zu eliminieren.

2. Bestimmung als Azobilirubin

Prinzip:

Mit diazotierter p-Aminobenzolsulfonsäure (Sulfanilsäure) ergibt Bilirubin einen Azofarbstoff, der Indikatoreigenschaften hat. In neutraler Lösung zeigt er eine rote, im alkalischen Bereich eine blaue Farbe. Das konjugierte Bilirubin wird direkt an das Diazoniumsalz gekuppelt, das freie Bilirubin reagiert nur in Anwesenheit eines Accelerators (z. B. Coffein, Methanol u. a. (s. Tabelle 36, S. 219)).

Gesamtbilirubin

Bei der Bestimmung des Gesamtbilirubins wird der rote Azofarbstoff durch Zusatz von alkalischer FEHLING II-Lösung in das blau gefärbte Azobilirubin überführt. Die Intensität der entstehenden blauen Farbe kann auch in Gegenwart von gelb gefärbten Substanzen, wie Carotinen, bei 578 nm selektiv photometrisch bestimmt werden.

Direkt reagierendes, glucuronidiertes Bilirubin

Die Kupplung des Bilirubin-Diglucuronids mit diazotierter Sulfanilsäure erfolgt nach dem oben beschriebenen Prinzip ohne Zusatz eines Accelerators. Da nach Alkalisieren mit FEHLING II-Lösung ein erheblicher Teil des freien Bilirubins mitreagieren würde, mißt man den roten Azofarbstoff direkt bei 546 nm.

Mit einer sehr empfindlichen Isotopen-Verdünnungsmethode konnte nachgewiesen werden, daß Serum des Gesunden kein konjugiertes Bilirubin, sondern lediglich geringe Konzentrationen des freien Gallenfarbstoffs enthält. Damit ist auch erklärt, daß der Harn gesunder Probanden frei von direkt reagierendem Bilirubin-Diglucuronid ist.

Wird die Kupplungsreaktion mit diazotierter Sulfanilsäure in Abwesenheit eines Accelerators an einem Normalserum ausgeführt, so reagiert ein geringer Anteil des freien, indirekten Bilirubins unter Bildung des typischen Azofarbstoffs, d. h., es wird direkt reagierendes Bilirubin in niedrigen Konzentrationen (bis zu 0,3 mg/dl) vorgetäuscht.

Daher ist es nicht sinnvoll, die direkte Reaktion an Seren auszuführen, deren Bilirubinkonzentration im Normbereich liegt. Vielmehr sollte die Bestimmung des direkt reagierenden Gallenfarbstoffs erst ab einer Konzentration des Gesamtbilirubins von etwa 2 - 3 mg/dl erfolgen.

Indirekt reagierendes, freies Bilirubin

Die Konzentration des freien Bilirubins kann aus der Differenz zwischen Gesamtbilirubin und konjugiertem Bilirubin errechnet werden.

<u>Spezifität:</u>

Von den im Serum des Gesunden vorkommenden körpereigenen Substanzen gibt nur Bilirubin einen roten Azofarbstoff.

Bei Urämie findet sich im Serum ein Indoxylderivat, das mit diazotierter Sulfanilsäure unter Bildung eines braunen Farbstoffs reagiert. Hierdurch werden bei der photometrischen Messung zu hohe Extinktionen ermittelt. Da der Fehler nicht zu korrigieren ist, können sich bei niereninsuffizienten Patienten fälschlich zu hohe Bilirubinkonzentrationen ergeben.

<u>Berechnung:</u>

Da Bilirubin nur in stark alkalischem Milieu oder in Anwesenheit von Albumin löslich und außerdem sehr lichtempfindlich ist, sind Standardlösungen schwer herstellbar. Weiterhin ist das gelöste Pigment nicht lagerungsstabil, so daß nicht in jeder Analysenserie Standardlösungen mitgeführt werden können. Da die Reaktion bei Einhaltung definierter Bedingungen reproduzierbar abläuft, erfolgt die Berechnung der Ergebnisse über einen Faktor, der unter Verwendung eines internationalen Standardpräparats ermittelt wurde.

<u>Normbereich:</u>

Gesamtbilirubin
 bis 1,4 mg/dl Serum

Direkt reagierendes Bilirubin
 Durch das Bestimmungsverfahren werden bis zu 0,3 mg/dl Serum vorgetäuscht.

<u>Störungen:</u>

Bei Einwirkung von Licht (vor allem Sonnen- und UV-Licht, aber auch gewöhnlichem Tageslicht) wird Bilirubin zu Produkten oxydiert, die mit der Bestimmungsreaktion nicht erfaßt werden, so daß die gefundenen Werte fälschlich zu niedrig liegen. Schon nach 2 Stunden langer Aufbewahrung von Serum in direktem Sonnenlicht ergeben bis zu 50 % des unkonjugierten Bilirubins keinen Azofarbstoff mehr.
Unter Lichtabschluß ist Bilirubin im Serum bei Raumtemperatur mindestens 8 Stunden, im Kühlschrank mindestens 24 Stunden haltbar.

Da Hämoglobin die Kupplungsreaktion hemmt, werden an hämolytischen Seren fälschlich zu niedrige Werte gemessen.

Unspezifische Farbreaktionen mit diazotierter Sulfanilsäure, d. h. eine Rotfärbung, die auch nach Alkalisieren bestehen bleibt, zeigen sich nach Medikation von Antibiotika (Tetracycline, Chloramphenicol, Erythromycin u. a.), p-Aminosalicylsäure, Neuroleptika u. a., so daß es nicht mehr möglich ist, das Bilirubin in diesen Patientenseren selektiv zu bestimmen. Das Ergebnis der photometrischen Messung darf bei atypischen Färbungen keinesfalls in Bilirubinkonzentrationen umgerechnet werden.

Zu den unspezifischen Reaktionsausfällen bei Urämikern (Braunfärbung durch Indoxylderivate) s. unter Spezifität.

Glucose

Überblick:

Die Aufnahme von Glucose aus dem Blut in die Zellen erfolgt:

1. In Fett- und Muskelgewebe praktisch nur in Anwesenheit ausreichender Mengen Insulin, das nach Zufuhr von Glucose aus den B-Zellen der LANGERHANS' schen Inseln des endokrinen Pankreas ausgeschüttet wird,

2. in alle anderen Zellen (trotz des häufigen Vorhandenseins von Insulinreceptoren) auch ohne Mitwirkung des Hormons.

In den Geweben wird aus der aufgenommenen Glucose intracellulär zunächst Glucose-6-Phosphat gebildet (ubiquitär durch Hexokinase, in den Leberzellen auch durch Glucokinase). Die phosphorylierte Form des Kohlenhydrats kann je nach Menge der zugeführten Glucose und des Bedarfs an Stoffwechselprodukten in den Geweben im wesentlichen wie folgt umgesetzt werden:

1. Glykolytischer Abbau zu Lactat oder Kohlendioxid und Wasser
   Auf dem EMBDEN-MEYERHOF-Weg entsteht zunächst Pyruvat, das entweder anaerob zu Lactat reduziert oder aerob über den Citratcyclus und die Atmungskette in CO_2 und H_2O umgewandelt werden kann.

   Folge:
   Gewinnung von ATP
   Rückgewinnung von Glucose aus Lactat in der Leber
   (Ausscheidung von Lactat mit dem Harn bei intensiver Muskelarbeit, da die Aufnahmekapazität der Leber für Milchsäure überschritten wird!)

2. Oxydation der Glucose im Pentose-Phosphat-Cyclus (vor allem in Erythrocyten, Leber und Fettgewebe)

   Folge:
   Bildung von NADPH
   Entstehung von Ribose-5-Phosphat (das zur Synthese von RNS und DNS dient)

3. Bildung von Glykogen (vor allem in Leber und Muskulatur, auch in allen anderen Zellen ausgenommen den Erythrocyten)

   Folge:
   Dieses Polysaccharid, das ausschließlich aus Glucose besteht, ist im Gegensatz zu dem Monosaccharid osmotisch nicht wirksam. Aus dieser Speicherform kann bei Bedarf kurzfristig wieder Glucose verfügbar werden.

4. Synthese von Fettsäuren und Triglyceriden (vor allem in Leber und Fettgewebe)

   Folge:
   Die beim Glucoseabbau aus Acetyl-CoA synthetisierten und zu Triglyceriden veresterten Fettsäuren stellen vor allem bei länger dauerndem Hungerzustand ein Substrat zur Rückgewinnung von Glucose dar.

Der Organismus deckt seinen Bedarf an ca. 200 g Glucose pro 24 Stunden durch:

1. Aufnahme mit der Nahrung

2. Abbau von Glykogen aus der Leber (im Hungerzustand auch aus der Muskulatur)

3. Gluconeogenese, d. h. die Neubildung von Glucose aus Pyruvat, Lactat, Oxalacetat, Malat und glucoplastischen Aminosäuren

Neben ihrer Aufgabe als Energielieferant stellt Glucose auch die Ausgangssubstanz für zahlreiche im Organismus benötigte Substanzen dar:

    Aminozucker
        (Bausteine der Glykoproteine, sauren Mucopolysaccharide, Glykolipide u. a.)
    Neuraminsäure
        (Bestandteil zahlreicher Proteine)
    Glucuronsäure
        (Bindung an diese Substanz führt zur Wasserlöslichkeit von einigen Stoffen)
    andere Monosaccharide
        (z. B. Galaktose, Mannose, Fructose)
    u. a.

Die Regulation des Glucosestoffwechsels und zahlreicher anderer Reaktionsabläufe im Organismus ist an die Anwesenheit ausreichender Mengen Insulin gebunden.

Insulin fördert
    den Einstrom von Glucose in Fett- und Muskelzellen,
    die Aufnahme von Aminosäuren und Kalium in die Gewebe und
    die Synthese von Glykogen, Triglyceriden, Proteinen und Nucleinsäuren
    (ohne Insulin ist kein Wachstum möglich!).

Insulin hemmt
    den Abbau von Glykogen, Triglyceriden und Proteinen sowie
    die Gluconeogenese und die Ketogenese in der Leber.

An der Aufrechterhaltung eines relativ konstanten Glucosespiegels im Blut sind neben Insulin folgende Hormone, die alle zu einer Erhöhung des Blutzuckers führen, beteiligt:

    Glukagon (aus den A-Zellen des Pankreas)
    Adrenalin
    Glucocorticosteroide
    Thyroxin
    Wachstumshormon

Bei länger anhaltenden Hungerperioden, d. h. nach vollständigem Verbrauch der Glykogenreserven des Körpers, kann der Bedarf an lebensnotwendiger Glucose auf folgende Weise gedeckt werden:

1. Abbau von Fettgewebe
    Das bei der hydrolytischen Spaltung der Triglyceride entstehende Glycerin wird in die Gluconeogenese eingeschleust. Die freigesetzten Fettsäuren dienen als Energiequelle (Abbau zu Acetyl-CoA, das im Citratcyclus weiter umgesetzt wird). In der Leber werden aus den anfallenden Fettsäuren über Acetoacetyl-CoA Ketonkörper (Acetoacetat, β-Hydroxybutyrat) gebildet, die vor allem in den Stoffwechsel von Skelettmuskula-

tur und ZNS eingehen. Bei hoher Konzentration der Säuren im Blut erfolgt ihre Ausscheidung mit dem Harn (s. S. 430).

2. Abbau von Muskulatur
   Aus den verfügbar werdenden glucoplastischen Aminosäuren ist die Synthese von Glucose über Oxalacetat möglich.

Auch unter extremer Mangelernährung ist durch diese Mechanismen die Versorgung des ZNS, der Erythrocyten und des Herzmuskels mit Glucose weitgehend gesichert.

Beim manifesten Diabetes mellitus ist der insulinabhängige Einstrom von Glucose in Fett- und Muskelzellen sowie derjenige von Aminosäuren und Kalium gestört. Vereinfacht ausgedrückt bedeutet dies für die Gewebe einen "Hungerzustand". Damit sind auch die wesentlichen Stoffwechselveränderungen bei der genannten Erkrankung zu erklären:
   Hyperglykämie und Glucosurie (mit Polyurie)
   Abbau von Fett- und Muskelgewebe mit entsprechendem Gewichtsverlust
   Ketoacidose, Ketonurie
   Kaliummangel in den Zellen bei erhöhter Kaliumkonzentration im Serum

Einzelheiten zum Stoffwechsel der Glucose s. Lehrbücher der Biochemie.

Bestimmung der Glucosekonzentration im Blut

Überblick:

Zur Bestimmung der Glucosekonzentration im Vollblut finden heute ausschließlich die folgenden enzymatischen Methoden Anwendung:
1. Enzymatisches Verfahren mit Hexokinase und Glucose-6-Phosphat-Dehydrogenase (UV-Test)
2. Enzymatisches Verfahren mit Glucose-Dehydrogenase (UV-Test)
3. Enzymatisches Verfahren mit Glucose-Oxydase (Farbtest)
4. Orientierende Bestimmung mit Teststreifen

Blutentnahme:

Capillarblut

Gewinnung von Capillarblut s. S. 33.
Das abgenommene Blut wird sofort in die Enteiweißungslösung pipettiert und die Pipette sorgfältig ausgespült.

Venenblut

Da die Glykolyse in den Erythrocyten auch in vitro weiter abläuft, muß venöses Blut nicht nur mit einem Antikoagulans (z. B. Natriumoxalat oder dem Dikaliumsalz der Ethylendinitrilotetraessigsäure (EDTA) in einer Konzentration von ca. 1 mg pro ml Blut), sondern auch mit einem Glykolysehemmstoff (z. B. Natriumfluorid in einer Konzentration von ca. 1 mg pro ml Blut) versetzt werden.
Unter diesen Bedingungen bleibt die Glucosekonzentration im Venenblut bei Raumtemperatur etwa 12 Stunden und im Kühlschrank mindestens 48 Stunden lang unverändert erhalten.

Zeitpunkt der Blutentnahme:

    Bei Verdacht auf das Vorliegen eines Diabetes mellitus
        Nüchtern-Blutzucker
        1 - 2 Stunden nach kohlenhydratreicher Mahlzeit

    Zur Kontrolle einer Therapie bei Diabetikern
        Nüchtern-Blutzucker
        jeweils ca. 2 Stunden nach Mahlzeiten

1. Enzymatisches Verfahren mit Hexokinase und Glucose-6-Phosphat-Dehydrogenase
(UV-Test)

Prinzip:

Entsprechend dem Prinzip der enzymatischen Bestimmung von Substratkonzentrationen (s. S. 216) läßt sich Glucose in einer gekoppelten Reaktion wie folgt messen:
Durch Hexokinase wird der Metabolit zunächst phosphoryliert und das gebildete Glucose-6-Phosphat in einer nachgeschalteten Indikatorreaktion durch Glucose-6-Phosphat-Dehydrogenase (G-6-PDH) dehydriert. Die dabei gebildete Menge NADPH ist aus der Extinktionszunahme bei 365 nm zu errechnen und entspricht stöchiometrisch der umgesetzten Glucose.

$$\text{D-Glucose} + \text{ATP} \xrightarrow[\text{Mg}^{++}]{\text{Hexokinase}} \text{D-Glucose-6-Phosphat} + \text{ADP}$$

$$\text{D-Glucose-6-Phosphat} + \text{NADP}^+ \xrightarrow{\text{G-6-PDH}} \text{D-Gluconolacton-6-Phosphat} + \text{NADPH} + \text{H}^+$$

Spezifität:

Die Methode ist nur in Abwesenheit von Glucose-6-Phosphat streng spezifisch für D-Glucose. Die Spezifität beruht auf der Reinheit der verwendeten Hilfsenzyme.

Glucose-6-Phosphat findet sich in sehr geringer Konzentration in den Erythrocyten und wird daher bei der Analyse von Vollblut mitgemessen. Hierdurch ergeben sich maximal um 1,5 mg/dl fälschlich zu hohe Glucosekonzentrationen; der Fehler ist mithin zu vernachlässigen.
Plasma ist frei von Glucose-6-Phosphat.

Berechnung:

Die Berechnung der Glucosekonzentration erfolgt über den spezifischen mikromolaren Extinktionskoeffizienten des NADPH.

Normbereiche bei Verwendung von Capillarblut:

    Nach 12 stündiger Nahrungskarenz
        60 - 100 mg/dl

    1 - 2 Stunden nach Mahlzeiten
        unter 140 mg/dl

In arteriellem und in Capillarblut, das überwiegend arterielles Blut darstellt, finden sich höhere Glucosekonzentrationen als im Venenblut. Der Unterschied beträgt beim Nüchternen etwa 10 mg/dl, nach Glucosezufuhr ca. 20 mg/dl.

Interpretation der Ergebnisse:

Bei einmalig ermittelten Resultaten, die unterhalb den genannten oberen Normgrenzen liegen, ist das Bestehen eines Diabetes mellitus unwahrscheinlich, jedoch nicht ausgeschlossen.

Da neben Glukagon auch Adrenalin, Glucocorticosteroide, Thyroxin und Wachstumshormon zu einem Anstieg des Blutzuckers führen, sind bei der Interpretation erhöhter Glucosewerte stets pathologische Spiegel der genannten Hormone - sei es im Rahmen von Erkrankungen oder therapeutischen Maßnahmen - als Ursache einer diabetischen Stoffwechsellage mit in Erwägung zu ziehen.

Da die normale Glucosekonzentration im Blut auch nach Hungerperioden weitgehend aufrecht erhalten werden kann (s. S. 224), ist bei ausgeprägter Hypoglykämie, die nicht auf einer therapiebedingten Überdosierung von Insulin oder oralen Antidiabetika beruht, in erster Linie an folgende Erkrankungen zu denken:

Insulin-produzierende Tumoren (auch als paraneoplastisches Syndrom)
Weitgehendes Fehlen der den Blutzucker erhöhenden Hormone
(z. B. bei Nebennierenrinden- oder Hypophysenvorderlappeninsuffizienz, Myxödem)
Angeborene Störungen im Kohlenhydratstoffwechsel mit Hypoglykämien
(insbesondere Glykogenosen (s. Lehrbücher der Kinderheilkunde))

Kriterien zur Einstellung der Blutzuckerwerte bei Diabetikern:

S. Lehrbücher der Inneren Medizin sowie der Kinder- und Frauenheilkunde.

Wichtiger Hinweis:

Einen guten Überblick über die Stoffwechsellage eines Patienten mit Diabetes mellitus während eines längeren Zeitraums gibt die Bestimmung des glykosylierten Hämoglobins HbA_{1c}. Dieses Derivat entsteht in Abhängigkeit von der Glucosekonzentration im Plasma durch Anlagerung von Glucose an die β-Ketten von HbA_1.

Beim Gesunden liegen weniger als 8 % des HbA_1 in glykosylierter Form vor, entsprechende Werte weisen somit auch auf eine optimale Diabeteseinstellung hin. Ein HbA_{1c}-Anteil von über 12 % spricht für eine unzulängliche Glucosestoffwechselsituation.

Auf Grund der langen Lebensdauer der Erythrocyten spiegeln die Ergebnisse die Blutzuckerkonzentrationen während einer Zeitspanne von etwa 8 - 12 Wochen vor der Probenahme wider.

Störungen ergeben sich bei hämolytischen Erkrankungen, bei Hämoglobinopathien und bei Niereninsuffizienz.

Da die Bestimmung Speziallaboratorien vorbehalten ist, werden die chromatographischen Nachweisverfahren hier nicht beschrieben.

Störungen:

Sind die verwendeten Hilfsenzyme nicht ausreichend rein, ergeben sich fehlerhafte Resultate. Durch 6-Phosphogluconat-Dehydrogenase wird 6-Phosphogluconat weiter umgesetzt und zusätzlich NADPH gebildet, so daß fälschlich zu hohe Glucosekonzentrationen ermittelt werden. Verunreinigungen mit Enzymen, die NADPH verbrauchen (sog. NADPH-Oxydasen), führen zu falsch niedrigen Ergebnissen.

Trichloressigsäure hemmt die Glucose-6-Phosphat-Dehydrogenase, so daß bei diesem Bestimmungsverfahren nicht mit der entsprechenden Lösung, sondern nur mit Perchlorsäure enteiweißt werden darf.

2. Enzymatisches Verfahren mit Glucose-Dehydrogenase
(UV-Test)

Prinzip:

β-D-Glucose wird durch Glucose-Dehydrogenase (Gluc-DH) zu D-Gluconolacton umgesetzt; dabei entsteht aus NAD eine stöchiometrische Menge NADH. Die spontan nur langsam ablaufende Umwandlung der ebenfalls im Blut vorhandenen α-D-Glucose in die β-Form wird durch Zugabe von Mutarotase zum Testansatz stark beschleunigt. Da das gebildete D-Gluconolacton mit Wasser spontan D-Gluconsäure bildet, wird es ständig aus dem Gleichgewicht der Reaktion entfernt, so daß die Umsetzung der Glucose in der Probe quantitativ erfolgt.

$$\alpha\text{-D-Glucose} \xrightarrow{\text{Mutarotase}} \beta\text{-D-Glucose}$$

$$\beta\text{-D-Glucose} + NAD^+ \xrightarrow{\text{Gluc-DH}} \text{D-Gluconolacton} + NADH + H^+$$

$$\text{D-Gluconolacton} + H_2O \longrightarrow \text{D-Gluconat} + H^+$$

Spezifität:

Glucose-Dehydrogenase reagiert auch mit einer Reihe anderer Zucker, wie 2-Desoxy-D-Glucose, 2-Amino-2-Desoxy-D-Glucose, D-Mannose, D-Xylose u. a.
Da keines der genannten Kohlenhydrate - ausgenommen D-Xylose bei Belastungstests (s. unten) - im Blut vorkommt, wird mit der Methode D-Glucose spezifisch erfaßt.

Berechnung:

Die Ergebnisse werden über den spezifischen mikromolaren Extinktionskoeffizienten des NADH berechnet.

Normbereiche und Beurteilung der Ergebnisse:

S. Verfahren mit Hexokinase/Glucose-6-Phosphat-Dehydrogenase S. 226.

Störungen:

Die beim Xylose-Toleranztest (s. S. 483) oral verabfolgte D-Xylose wird je nach Funktionszustand der Dünndarmschleimhaut resorbiert und gelangt dadurch ins Blut, so daß bei der Bestimmung der Glucosekonzentration mit dem beschriebenen Verfahren fälschlich mehr oder weniger stark erhöhte Werte ermittelt werden.

3. Enzymatisches Verfahren mit Glucose-Oxydase
(Farbtest)

Prinzip:

Durch das Enzym Glucose-Oxydase (GOD) wird β-D-Glucose zu Gluconolacton oxydiert. Dabei entsteht eine stöchiometrisch äquivalente Menge H_2O_2. Das gebildete Wasserstoffperoxid wird durch Peroxydase (POD) mit Phenol und 4-Aminophenazon zu einem stabilen roten Farbstoff umgesetzt, dessen Extinktion im Bereich zwischen 470 - 550 nm photometrisch gemessen wird.

Im Plasma stehen etwa 2/3 β-D-Glucose mit 1/3 α-D-Glucose im Gleichgewicht. In dem Maß, in dem β-D-Glucose zu D-Gluconolacton umgesetzt wird, bildet sich aus α-D-Glucose die β-Form spontan nach, so daß die in der Blutprobe vorhandene Glucose vollständig erfaßt wird.

$$\beta\text{-D-Glucose} + H_2O + O_2 \xrightarrow{GOD} \text{D-Gluconolacton} + H_2O_2$$

$$2\,H_2O_2 + \text{Phenol} + \text{4-Aminophenazon} \xrightarrow{POD} \text{roter Farbstoff} + 4\,H_2O$$

$$\alpha\text{-D-Glucose} \xrightarrow{\text{spontan}} \beta\text{-D-Glucose}$$

Spezifität:

Glucose-Oxydase reagiert auch mit 2-Desoxy-D-Glucose, D-Mannose sowie methylierten und fluorierten Derivaten der Glucose, die jedoch im Plasma nicht vorkommen, so daß die Methode bei der Analyse von Vollblut spezifisch für D-Glucose ist.

Berechnung:

Die Menge des gebildeten Farbstoffs ist unter Einhaltung definierter Reaktionsbedingungen in einem weiten Konzentrationsbereich der umgesetzten Glucose direkt proportional. Da die Präparationen der Glucose-Oxydase jedoch meist mit Katalase verunreinigt sind, besteht keine stöchiometrische Beziehung zwischen der Farbstoff- und Glucosekonzentration. Dies beruht darauf, daß Wasserstoffperoxid durch Katalase zu H_2O und O_2 abgebaut werden kann, ohne daß sich eine entsprechende Menge des roten Farbstoffs bildet.

Die Berechnung der Glucosekonzentration im Vollblut erfolgt daher über Standardlösungen, die in jeder Meßreihe mitzuführen sind. Inkubationszeit und -temperatur müssen für Leerwerte, Standardansätze und Analysen genau gleich gehalten werden.

Normbereiche und Beurteilung der Ergebnisse:

S. Verfahren mit Hexokinase/Glucose-6-Phosphat-Dehydrogenase S. 226.

Störungen:

Enteiweißt man die Blutproben mit Perchlorsäure oder Trichloressigsäure, so kommt es zur Lyse der Erythrocyten. Das in ihnen enthaltene Glutathion wird dadurch frei und verbraucht einen Teil des gebildeten Wasserstoffperoxids, so daß sich fälschlich zu niedrige Glucosekonzentrationen ergeben. Bei der Enteiweißung mit isotoner Uranylacetatlösung bleibt die Struktur der Erythrocyten erhalten und die Interferenz durch die Inhaltsstoffe der roten Blutkörperchen tritt nicht auf.

Das zum Enteiweißen benutzte Uranylacetat stört, sobald es in den Bestimmungsansatz gelangt.
Bei der Analyse proteinreicher Proben, wie Vollblut oder Serum, wird das Enteiweißungsmittel mit dem Protein ausgefällt, so daß der Überstand frei von Uranylacetat ist.
Anders verhält es sich bei der Verwendung wäßriger Standardlösungen oder eiweißarmer Körperflüssigkeiten, wie Liquor, Urin u. a. In derartigen Ansätzen werden die Uranylionen nicht bzw. nicht vollständig präcipitiert, so daß sie in den Test gelangen und mit dem im Reagens enthaltenen Phosphatpuffer einen Niederschlag von Uranylphosphat ergeben.
Aus diesem Grund müssen bei dem Verfahren Standardlösungen mit Aqua bidest. verdünnt werden. Bei der Analyse von Liquor oder Urin ist mit Perchlorsäure zu enteiweißen.

Hohe Ascorbinsäurekonzentrationen, wie sie nach i. v. Injektion von Vitamin C erreicht werden (über 5 mg/dl Blut), führen durch Verbrauch von Wasserstoffperoxid zu fälschlich erniedrigten Glucosekonzentrationen.
Nach oraler Zufuhr von 1 g Vitamin C über Tage ist eine derartige Störung nicht zu beobachten.

Wird der Glykolysehemmstoff Natriumfluorid dem Vollblut in zu hohen Konzentrationen (über 3 mg/ml) zugesetzt, so ergeben sich fälschlich zu hohe Glucosewerte. Dies beruht auf einer Trübung des Testansatzes.

4. Orientierende Bestimmung mit Teststreifen

Prinzip:

Zur Schätzung der Glucosekonzentration im Vollblut, vor allem zur Entscheidung, ob eine Hypo-, Normo- oder Hyperglykämie vorliegt, eignen sich Teststreifen, auf denen Glucose-Oxydase, Peroxydase, ein Wasserstoffdonator (meist o-Tolidin) und Puffersubstanzen aufgetragen sind.

Ausführung:

Die Reaktionszone wird mit einem Tropfen Capillarblut vollständig bedeckt. Nach einer genau definierten Zeit spült man das Blut mit Aqua bidest. kräftig ab, vergleicht entsprechend den Angaben der Hersteller die entstandene Farbe mit einer Bezugsskala und schätzt die Glucosekonzentration.

Störungen:

Die Teststreifen sind in gut verschlossenen Gefäßen aufzubewahren, in denen sich ein Trockenmittel befindet. Beachtet man diese Vorschrift nicht, so werden die Enzyme auf dem Trägermaterial inaktiviert, so daß die enzymatische Reaktion nicht in der vorgesehenen Weise abläuft und fälschlich stark verminderte Glucosekonzentrationen gefunden werden.

Glucose-Toleranz-Test

Überblick:

Beim Stoffwechselgesunden wird nach Zufuhr von Glucose aus den B-Zellen der LANGERHANS'schen Inseln des Pankreas Insulin ausgeschüttet, das die Aufnahme des Kohlenhydrats in Fett- und Muskelzellen ermöglicht. Außerdem werden durch die Inkretion des Hormons zahlreiche Stoffwechselvorgänge gefördert bzw. gehemmt (zur Insulinwirkung s. S. 224), so daß es physiologischerweise auch nach Gabe größerer Mengen Glucose nur zu einer geringgradigen Erhöhung der Glucosekonzentration im peripheren Blut kommt. Eine Glucosurie tritt nicht auf.

Im Gegensatz zu Gesunden ist das endokrine Pankreas bei Patienten mit Diabetes mellitus nicht in der Lage, ausreichend Insulin zu sezernieren. Beim juvenilen Diabetiker besteht ein echter Insulinmangel. In der Pathogenese des Diabetes mellitus des Erwachsenen, der mit einer Adipositas einhergeht, spielt die verminderte Ansprechbarkeit der Peripherie auf Insulin eine entscheidende Rolle. Hierdurch kommt es zunächst zu einem relativen Hormondefizit, erst nach längerer Krankheitsdauer zu einer Reduktion der Insulininkretion. Die Glucoseaufnahme in das Fett- und Muskelgewebe ist bei einem manifesten Diabetes mellitus vermindert. Hieraus resultieren die auf S. 225 beschriebenen Veränderungen im Stoffwechsel.

Ein manifester Diabetes mellitus wird an einem erhöhten Nüchtern-Blutzucker, hohen Glucosekonzentrationen nach Mahlzeiten sowie einer Ausscheidung von Glucose und evtl. Aceton mit dem Harn erkannt. Eine weitere Funktionsdiagnostik erübrigt sich.

Besteht auf Grund der Familienanamnese oder sonstiger Hinweise trotz normaler Glucosespiegel im Blut der Verdacht auf das Vorliegen einer Störung des Kohlenhydratstoffwechsels, ist die Ausführung eines Glucose-Toleranz-Tests als Funktionsprüfung des endokrinen Pankreas angezeigt. Fällt das Ergebnis pathologisch aus, liegt eine verminderte Glucosetoleranz vor. Bei den Betroffenen ist das Risiko, an einem Diabetes mellitus zu erkranken, deutlich erhöht.

1. Oraler Glucose-Toleranz-Test

Vorbereitung des Patienten:

Die Reaktion der Insulin-produzierenden B-Zellen des Pankreas auf orale Gabe von Glucose ist abhängig vom Kohlenhydratgehalt der Nahrung, die während der Tage vor Ausführung des Tests zugeführt wurde. Damit bei der Funktionsprobe reproduzierbare Resultate erzielt werden, erhält der Patient vor der Glucosebelastung 3 Tage lang eine Diät mit mindestens 250 g Kohlenhydraten pro 24 Stunden. Wird diese Vorbedingung nicht eingehalten, so können falsch pathologische Ergebnisse die Folge sein.

Alle Medikamente, die die Glucosetoleranz beeinflussen, insbesondere sämtliche Hormonpräparate, vor allem Glucocorticosteroide, weiterhin Diuretika, Antihypertensiva u. a. sind, soweit ärztlich vertretbar, mindestens 3 Tage vor der Untersuchung abzusetzen.

Ausführung:

Zunächst wird eine Harnprobe auf Glucose und Aceton untersucht.

Beim Nachweis von Glucose im Spontanurin erübrigt sich die Durchführung des Funktionstests, da dieser Befund für das Vorliegen eines manifesten Diabetes mellitus spricht. Zur seltenen renalen Glucosurie s. S. 429.
Eine Ausscheidung von Aceton zeigt, daß die vor der Untersuchung erforderliche Kohlenhydratzufuhr nicht erfolgte, so daß die Glucosebelastung ebenfalls nicht ausgeführt werden darf.

Vorausgesetzt, daß eine 12 stündige Nahrungskarenz eingehalten wurde, erfolgt zunächst die Bestimmung des Nüchtern-Blutzuckers. Anschließend erhält der Patient (75 oder) 100 g Glucose in etwa 400 ml Wasser gelöst. Die Glucoselösung muß innerhalb von 5 Minuten getrunken werden. Da die orale Gabe der stark hypertonen Glucoselösung nicht selten zu Übelkeit und Erbrechen führt, ist stattdessen die Verabfolgung eines besser verträglichen Glucose-Maltose-Oligosaccharid-Gemischs möglich. Die Ergebnisse nach Zufuhr des handelsüblichen Präparats entsprechen denjenigen nach einer Belastung mit Glucose. Da die Resorption beim liegenden Patienten infolge der verzögerten Magenentleerung verlangsamt sein kann, ist die Untersuchung im Sitzen auszuführen.

60 und 120 Minuten nach der oralen Zufuhr des Kohlenhydrats wird erneut die Blutzuckerkonzentration bestimmt. Außerdem ist nach Abschluß des Tests wiederum eine Harnprobe auf Glucose zu untersuchen.

<u>Beurteilung der Ergebnisse bei der Analyse von Capillarblut:</u>

Tabelle 37. Interpretation der beim oralen Glucose-Toleranz-Test ermittelten Blutzuckerwerte

	Nüchtern (mg/dl)	60 Minuten nach 100 g Glucose oral (mg/dl)	120 Minuten nach 100 g Glucose oral (mg/dl)
Normbereich	unter 100	unter 160	unter 120
Grenzbereich	100 - 130	160 - 220	120 - 150
pathologischer Bereich	über 130	über 220	über 150

<u>Störungen:</u>

Bei folgenden Zuständen bzw. Erkrankungen ist das Ergebnis einer oralen Glucosebelastung nicht eindeutig zu interpretieren:
Erhöhtes Körpergewicht (mehr als 20 % über dem Idealgewicht)
Gravidität
Schilddrüsenerkrankungen
Nach Operationen oder Traumen (Anstieg der Nebennierenrindenhormone)
Längerdauernde Bettlägerigkeit

<u>Kontraindikationen:</u>

Manifester Diabetes mellitus
Abmagerungskuren, Acetonurie ohne Glucosurie ("Hunger-Aceton")
Erkrankungen im Bereich des Magen-Darm-Kanals, die zu Störungen der Motorik und/oder der Resorption führen
Fieberhafte Erkrankungen
Lebererkrankungen (z. B. Hepatitis)

2. Intravenöser Glucose-Toleranz-Test

Verabreicht man eine definierte Menge Glucose intravenös, so wird der Einfluß von Resorptionsvorgängen ausgeschaltet und die Ergebnisse des Funktionstests sind besser reproduzierbar als nach oraler Belastung. Bei Störungen im Bereich des Magen-Darm-Kanals ist daher nur die Durchführung eines intravenösen Glucose-Toleranz-Tests sinnvoll.

<u>Vorbereitung des Patienten:</u>
S. oraler Glucose-Toleranz-Test S. 231.

<u>Ausführung:</u>
S. oraler Glucose-Toleranz-Test S. 231 und 232.
Nach Bestimmung des Nüchtern-Blutzuckers spritzt man 0,5 g Glucose pro kg Körpergewicht in 2 - 5 Minuten intravenös. Ist die Hälfte der Glucoselösung injiziert, wird eine Stoppuhr in Gang gesetzt. Nach 10, 20, 30, 40, 50 und 60 Minuten erfolgen Blutentnahmen zur Ermittlung der Glucosekonzentration.

<u>Auswertung:</u>
Ist die zugeführte Glucose wenige Minuten nach der Injektion gleichmäßig im Blut verteilt, so folgt eine Eliminationsphase, die sich durch die Gleichung

$$c_t = c_o \cdot e^{-kt}$$

beschreiben läßt.

Hierbei bedeuten:
- c_t Glucosekonzentration zur Zeit t
- c_o auf t = 0 extrapolierte Glucosekonzentration
- e Basis der natürlichen Logarithmen
- k Glucose-Assimilationskoeffizient
- t Zeit nach Injektion der Glucose

Trägt man die gefundenen Blutzuckerwerte in ein Koordinatennetz mit logarithmisch geteilter Ordinate ein, so erhält man eine geradlinige Abnahme der Glucosekonzentration, bis der Nüchternwert annähernd wieder erreicht ist.

Zur Bestimmung des Glucose-Assimilationskoeffizienten k ermittelt man zunächst graphisch die Halbwertszeit der injizierten Glucose (s. Abb. 35, S. 234). Hierzu verbindet man die aufgetragenen Blutzuckerwerte zu einer Geraden, die man bis zur Ordinate verlängert. Am Schnittpunkt dieser Geraden mit der Ordinate läßt sich die Glucosekonzentration zur Zeit t = 0 ablesen (in Abb. 35, S. 234, Ordinatenpunkt c_o). Dieser Wert wird durch 2 dividiert und die errechnete Zahl an der Ordinate aufgesucht ($c_o/2$). Durch diesen Punkt zieht man eine Parallele zur Abszisse bis zur eingezeichneten Geraden. Die Senkrechte vom Schnittpunkt A aus ergibt auf der Abszisse die Halbwertszeit t/2.

Aus der Halbwertszeit ist der Assimilationskoeffizient k nach folgender Formel zu berechnen:

$$k = \frac{\ln 2}{t/2} = \frac{0,693}{t/2}$$

Nach CONARD multipliziert man den erhaltenen Wert mit 100. Dieses Ergebnis wird als Befund mitgeteilt.

Nüchtern-Blutzucker	80 mg Glucose/dl
10 Minuten nach Glucoseinjektion	250 mg Glucose/dl
20 " "	175 mg "
30 " "	150 mg "
40 " "	120 mg "
50 " "	100 mg "
60 " "	85 mg "

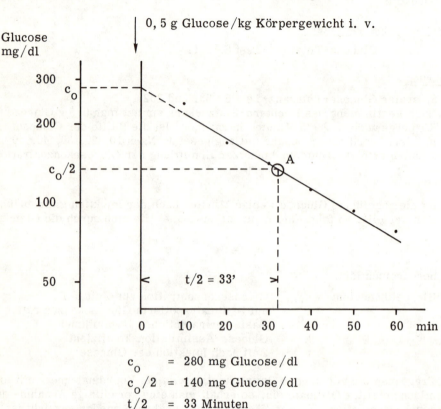

c_o = 280 mg Glucose/dl
$c_o/2$ = 140 mg Glucose/dl
$t/2$ = 33 Minuten

Nach CONARD: $k = \dfrac{0,693}{33} = 0,021 \cdot 100 = 2,1$

Abb. 35. Auswertung eines intravenösen Glucose-Toleranz-Tests

Interpretation der Ergebnisse bei Analyse von Capillarblut:

k = 1,2 - 2,2 Normbereich
k = 1,0 - 1,2 Grenzbereich
k = unter 1,0 pathologisch: Diabetes mellitus
k = über 2,2 pathologisch: Hyperinsulinismus

Störungen und Kontraindikationen:

S. oraler Glucose-Toleranz-Test S. 232 (ausgenommen Erkrankungen im Bereich des Magen-Darm-Kanals und Resorptionsstörungen).

Lipoproteine

Überblick:

Da die verschiedenen im Plasma vorkommenden Lipide praktisch nicht wasserlöslich sind, werden sie in Bindung an spezifische Proteine transportiert. Die lipidfreien Proteinkomponenten werden als Apolipoproteine bezeichnet. Derzeit erfolgt ihre Einteilung in 5 Hauptgruppen (A, B, C, D und E) sowie mehrere Subfraktionen. Bei den Lipoproteinen lassen sich 4 Klassen (Chylomikronen, prä-β-, β- und α-Lipoproteine) abgrenzen, die teilweise wiederum keine einheitliche Zusammensetzung zeigen. Die wesentlichen Bestandteile der verschiedenen Lipoproteine stellen neben dem Proteinanteil Triglyceride, freies und verestertes Cholesterin sowie Phospholipide dar.

In Tabelle 38 ist der durchschnittliche prozentuale Gehalt der Fraktionen an den einzelnen Komponenten dargestellt.

Tabelle 38. Wesentliche Eigenschaften und mittlere Zusammensetzung der Lipoproteine im Serum oder Plasma

	Chylomikronen	Prä-β-Lipoproteine	β-Lipoproteine	α-Lipoproteine
elektrophoretische Beweglichkeit	keine	prä-β (= α_2) (zw. β und α)	β	α (= α_1)
Bezeichnung auf Grund der Dichte (Ultrazentrifugation)	Chylomikronen (zur VLDL-Fraktion gehörend)	Very Low Density Lipoproteine (= VLDL)	Low Density Lipoproteine (= LDL)	High Density Lipoproteine (= HDL)
mittlere Konzentration der hydratisierten Lipoproteine bei nüchternen gesunden Probanden (mg/dl)	∅	150	350	300
verantwortlich für die Trübung von Serum bzw. Plasma	+++	+	∅	∅
Proteinanteil (%)	2	10	25	50
Anteil an Triglyceriden (%)	90	55	10	7
Anteil an freiem und verestertem Cholesterin (%)	4	15	45	18
Anteil an Phospholipiden (%)	4	20	20	25

Merke: Da die Einteilung der Lipoproteine einmal auf Grund ihrer elektrischen Ladung und zum anderen nach dem spezifischen Gewicht - also sehr unterschiedlicher Eigenschaften - erfolgt, sind die Fraktionen nicht ganz identisch.

Bestimmung der Lipoproteine im Serum

Überblick:

Zur Bestimmung von Lipoproteinen stehen zwei grundsätzlich verschiedene Methoden zur Verfügung:

1. Die elektrophoretische Trennung der Lipoproteine und
2. eine Differenzierung der Lipoproteine auf Grund ihrer unterschiedlichen Dichte.

Vorbereitung des Patienten:

Voraussetzung zur Erzielung diagnostisch aussagekräftiger Ergebnisse ist eine 12 stündige Nahrungskarenz vor der Blutentnahme.
Zur Unterscheidung von fett- bzw. kohlenhydratinduzierten Hyperlipoproteinämien muß über mindestens 8 Tage eine definierte Diät (s. Lehrbücher der Inneren Medizin) eingehalten werden.

Beurteilung der Ergebnisse:

Das Verfahren dient zur Unterscheidung der verschiedenen Hyperlipoproteinämien (Einteilung nach FREDRICKSON s. Lehrbücher der Inneren Medizin). Typ III läßt sich meist nur durch Ultrazentrifugation (s. unten) diagnostizieren.

1. Lipoproteinelektrophorese

Prinzip:

Die Lipoproteine lassen sich auf Grund ihrer unterschiedlichen Wanderungsgeschwindigkeit im elektrischen Feld trennen; als Trägermedium wird Agarosegel bevorzugt. Die Darstellung der Fraktionen mit Fettfarbstoffen ermöglicht eine qualitative Aussage. Nach einer Präcipitation der Lipoproteine im Gel mit Polyanionen (z. B. Dextransulfat) und Calciumchlorid können sie auf Grund ihrer Lichtschwächung annähernd quantitativ bestimmt werden.

2. Ultrazentrifugation

Prinzip:

Auf Grund ihrer unterschiedlichen Dichte lassen sich die Lipoproteine durch Ultrazentrifugation trennen. Chylomikronen gelangen dabei infolge ihres niedrigen spezifischen Gewichts an die Oberfläche des Serums. Um eine Flotation der übrigen Lipoproteine zu erreichen, wird die Dichte des Untersuchungsmaterials durch Zusatz von Salzen (z. B. Kaliumbromid) schrittweise erhöht, so daß die übrigen Lipoproteine bei weiteren Zentrifugationen nacheinander in die oberste Schicht gelangen und abpipettiert werden können.

Die Fraktionen lassen sich in der Reihenfolge Very Low Density-, Low Density- und High Density-Lipoproteine gewinnen. In dem isolierten Material wird jeweils die Cholesterinkonzentration quantitativ ermittelt. Da die verschiedenen Lipoproteine keine konstante Zusammensetzung zeigen und nur ein Durchschnittswert des Cholesterinanteils angegeben werden kann, unterbleibt eine Umrechnung in die Konzentrationen der einzelnen zu bestimmenden Komponenten. Die Ergebnisse werden daher als VLDL-, LDL- und HDL-Cholesterin angegeben.

Cholesterin

Überblick:

Etwa 75 - 80 % des im Serum enthaltenen Cholesterins werden endogen in Leber und Darmschleimhaut aus Acetyl-CoA synthetisiert, der Rest stammt aus der aufgenommenen Nahrung.
Das exogen zugeführte Cholesterin kann nur in Gegenwart ausreichender Mengen Gallensäuren resorbiert werden. Zusammen mit dem in der Darmwand gebildeten Cholesterin wird es in Chylomikronen eingebaut und gelangt über die Lymphe und das Blut in die Leber.

Das gesamte verfügbare Cholesterin kann im Organismus auf verschiedenen Wegen in den Stoffwechsel eingeschleust werden:

1. Über das Blutplasma erreicht es die Zellen, in denen es
   einen wichtigen Bestandteil der Zellmembran darstellt,
   als Substrat zur Synthese der Steroidhormone Verwendung findet und
   im ZNS und den peripheren Nerven zur Myelinbildung dient.
2. Cholesterin stellt die Ausgangssubstanz zur Bildung von Gallensäuren dar,
   die zur Resorption von Fettsäuren, Monoglyceriden, Cholesterin, fettlöslichen Vitaminen, Carotinen u. a. und
   zur Aktivierung der Pankreaslipase erforderlich sind.
3. In der Haut erfolgt durch UV-Licht eine Umwandlung in eine Vorstufe von Vitamin D_3.
4. Durch die Galle wird ein Teil des Cholesterins in den Darm ausgeschieden; eine erneute Rückresorption ist möglich (enterohepatischer Kreislauf).

Die Regulation des Cholesterinspiegels im Plasma ist bisher nicht in allen Einzelheiten geklärt. Gesichert scheint, daß die Resorption im Darm ein Maximum nicht überschreiten kann. Die endogene Synthese läßt sich offensichtlich nur in sehr geringem Umfang durch die Menge des exogen zugeführten Cholesterins beeinflussen.
Die Aktivität des Enzymsystems, das in der Leber die Cholesterinsynthese bewirkt, wird vermutlich durch die LDL-Konzentration im Plasma reguliert. Ebenso scheint ein hormoneller Einfluß vorzuliegen: Insulin erhöht die Synthese, während das im Hungerzustand vermehrt ausgeschüttete Glukagon die Cholesterinbildung drosselt.
Indirekt beeinflußt die Gallensäurekonzentration im Darm den Cholesterinspiegel, da bei einem Mangel an diesen Emulgatoren (z. B. unter Therapie mit Cholestyramin) vermehrt Gallensäuren aus Cholesterin gebildet werden.

Im Serum kommt Cholesterin in freier Form und mit Fettsäuren verestert (Cholesterinester) vor. Das Verhältnis dieser beiden Sterine hängt vor allem von der Leberfunktion ab. Für die getrennte Bestimmung beider Cholesterinfraktionen besteht keine Indikation.

Erhöhte Cholesterinkonzentrationen im Serum finden sich (oft in Verbindung mit hohen Triglyceridwerten) bei:

Primären Hyperlipoproteinämien
(Einteilung nach FREDRICKSON s. Lehrbücher der Inneren Medizin)

Sekundären Hyperlipoproteinämien
Adipositas

Diabetes mellitus
nephrotisches Syndrom
Hypothyreose
Cholestase
primäre biliäre Cirrhose
u. a.

Erniedrigte Cholesterinkonzentrationen im Serum kommen vor bei:

Angeborenen Stoffwechselstörungen
BASSEN-KORNZWEIG-Syndrom, TANGIER-Krankheit
Hyperthyreose

Bestimmung der Cholesterinkonzentration im Serum

Überblick:

Zur Bestimmung der Cholesterinkonzentration im Serum stehen heute spezifische enzymatische Verfahren zur Verfügung. Die früher verwendeten Methoden, die ohne oder nach Enteiweißung auf der chemischen Umsetzung des Sterins basierten, sollten wegen ihrer Unspezifität und des meist nicht definierten Reaktionsablaufs keine Anwendung mehr finden.

Enzymatisches Bestimmungsverfahren mit Cholesterin-Oxydase

Prinzip:

Nach enzymatischer Hydrolyse der in der Probe enthaltenen Cholesterinester mittels einer spezifischen Esterase wird das gesamte Sterin durch Cholesterin-Oxydase zu Δ^4-Cholestenon oxydiert. Das dabei entstehende Wasserstoffperoxid ergibt mit Phenol und 4-Aminophenazon unter der katalytischen Wirkung von Peroxydase einen roten Farbstoff, dessen Intensität der vorhandenen Menge Cholesterin direkt proportional ist. Die Extinktion des gefärbten Produkts kann bei Wellenlängen zwischen 470 - 550 nm photometrisch bestimmt werden. Der Testansatz enthält geeignete Detergentien, die die freigesetzten Fettsäuren in Lösung halten und somit Trübungen verhindern.

$$\text{Cholesterin} + O_2 \xrightarrow{\text{Cholesterin-Oxydase}} \Delta^4\text{-Cholestenon} + H_2O_2$$

$$2\,H_2O_2 + \text{Phenol} + \text{4-Aminophenazon} \xrightarrow{\text{Peroxydase}} \text{roter Farbstoff} + 4\,H_2O$$

Spezifität:

Cholesterin-Oxydase setzt auch andere Sterine (z. B. Sitosterin) sowie Steroide (z. B. Epiandrosteron, Dehydroepiandrosteron u. a.) um. Da die genannten Substanzen im Serum physiologischerweise nur in sehr geringen Konzentrationen vorkommen, ist die Methode als spezifisch für Cholesterin anzusehen.

Nach therapeutischer Gabe von Sitosterin ist mit Interferenzen zu rechnen.

Berechnung:

Die Auswertung erfolgt über den spezifischen mikromolaren Extinktionskoeffizienten des gebildeten roten Farbstoffs.

Normbereiche:

Die Normbereiche der Cholesterinkonzentration im Serum sind vom Alter abhängig. An ausreichend großen Gruppen offenbar gesunder Probanden wurden die folgenden 95 %-Bereiche ermittelt, die zur Interpretation der Ergebnisse dienen können:

    unter 25 Jahre = 120 - 230 mg Gesamtcholesterin/dl Serum
    25 - 40 Jahre = 140 - 280 mg "   "
    40 - 60 Jahre = 160 - 300 mg "   "
    über 60 Jahre = 170 - 310 mg "   "

Der häufig erwähnte Geschlechtsunterschied erscheint fraglich. Von einigen Autoren wird bei jüngeren Frauen ein niedrigerer Cholesterinspiegel (um ca. 20 - 30 mg/dl) als bei gleichaltrigen Männern postuliert, der auf hormonellen Einflüssen beruhen soll. Nach der Menopause werden umgekehrte Verhältnisse beschrieben. Eine kritische Einstellung gegenüber diesen Angaben erscheint aus folgenden Gründen angebracht: Zum einen fehlen in den entsprechenden Publikationen Hinweise darauf, daß in den an ambulanten Probanden durchgeführten Untersuchungen die Eßgewohnheiten über einen längeren Zeitraum bzw. kurz vor der Probenahme, das Körpergewicht und die Leberfunktion sowie die Körperlage bei der Blutentnahme Berücksichtigung gefunden haben. Außerdem ist bei der Interpretation von Abweichungen der Cholesterinkonzentration in der Größenordnung um 20 - 30 mg/dl zu beachten, daß allein die Streuung ($\bar{x} \pm 2s$) der Analysenergebnisse auf Grund des üblicherweise mit etwa 5 % angegebenen Variationskoeffizienten von Tag zu Tag bei einem Cholesteringehalt von 300 mg/dl Serum den Bereich von 270 - 330 mg/dl umfaßt.

Beurteilung der Ergebnisse:

Auch bei Werten innerhalb des Normbereichs nimmt das Risiko, an einer Arteriosklerose zu erkranken, mit der Höhe der Cholesterinkonzentration im Serum zu. Die durch Lipoproteine verursachten atheromatösen Gefäßveränderungen beruhen im wesentlichen auf dem hohen Cholesterinanteil (s. Tabelle 38, S. 235) der vermehrt im Serum enthaltenen Lipoproteine geringer Dichte (s. LDL-Cholesterin S. 240). In gewissen Grenzen korrelieren die Konzentrationen von gesamtem und LDL-Cholesterin, so daß zunächst stets die Bestimmung der Gesamtcholesterinkonzentration im Serum angezeigt ist. Zur Entscheidung der Frage, ob ein Patient einer weiteren Diagnostik oder einer Therapie unterzogen werden soll, können folgende Gesichtspunkte dienen:

    Gesamtcholesterin unter 220 mg/dl Serum
        keine Indikation zur LDL-Bestimmung oder Therapie
    Gesamtcholesterin 220 - 280 mg/dl Serum
        Bestimmung des LDL-Cholesterins erforderlich (s. S. 240)
    Gesamtcholesterin über 280 mg/dl Serum
        Therapie zur Senkung des Cholesterinspiegels angezeigt

Störungen:

Obwohl Bilirubin und Hämoglobin bei der verwendeten Meßwellenlänge Licht absorbieren, kommt es bis zu Konzentrationen von 10 mg Bilirubin bzw. 50 mg Hb/dl Serum - also einer deutlich erkennbaren Rotfärbung - infolge des sehr niedrigen Probevolumens im Testansatz nicht zu einer relevanten Interferenz.

Bei höheren Konzentrationen an Bilirubin und Hämoglobin sowie bei ausgeprägter Hyperlipoproteinämie ist ein Proben-Leerwert, der keine Cholesterin-Oxydase enthält, zur Vermeidung fälschlich erhöhter Cholesterinwerte anzusetzen.

Low Density-Lipoprotein (LDL)-Cholesterin

Prinzip:

Die Low Density-Lipoproteine des Serums fallen nach Zusatz von Citrat-gepufferter Heparinlösung an ihrem isoelektrischen Punkt bei pH $5,12 \pm 0,02$ aus. Nach Abzentrifugieren des Präcipitats finden sich die Very Low Density- und die High Density-Lipoproteine im Überstand. Ihre Cholesterinkonzentration läßt sich mit dem enzymatischen Verfahren (s. S. 238) bestimmen.

Aus der Differenz zwischen der Konzentration des Gesamtcholesterins und derjenigen der Very Low Density- und High Density-Lipoproteine ist der Gehalt der Probe an Low Density-Lipoprotein (LDL)-Cholesterin zu ermitteln.

Berechnung:

Die photometrisch gemessenen Extinktionen, die dem Gehalt des Serums an Very Low Density- und High Density-Lipoproteinen entsprechen, werden mit Hilfe des spezifischen mikromolaren Extinktionskoeffizienten des entstandenen roten Farbstoffs ausgewertet.

Zur Ermittlung der Konzentration des LDL-Cholesterins dient die Formel:

$$\frac{\text{Gesamtcholesterin} - \text{Cholesterin im Überstand (= Very Low Density- und High Density-Lipoprotein-Cholesterin)}}{= \text{Low Density Lipoprotein-Cholesterin}}$$

Normbereiche:

Die erstellten Normbereiche sind - entsprechend dem Gesamtcholesterinspiegel - altersabhängig:

unter 25 Jahre = 60 - 160 mg LDL-Cholesterin/dl Serum
25 - 40 Jahre = 70 - 190 mg "   "
40 - 60 Jahre = 80 - 220 mg "   "
über 60 Jahre = 90 - 230 mg "   "

Beurteilung der Ergebnisse:

Auch bei Werten innerhalb des Normbereichs nimmt das Risiko, an einer Arteriosklerose zu erkranken, mit steigendem LDH-Cholesterinspiegel zu. Nach den bisher vorliegenden Untersuchungen kann die Interpretation der Ergebnisse auf Grund folgender Daten vorgenommen werden:

LDL-Cholesterin unter 150 mg/dl Serum
    Risiko nicht erhöht
LDL-Cholesterin 150 - 190 mg/dl Serum
    Risiko vermutlich erhöht
LDL-Cholesterin über 190 mg/dl Serum
    Risiko stark erhöht

Störungen:

Einfrieren und Wiederauftauen von Serum führt zur Ausfällung eines Teils der Very Low Density-Lipoproteine, so daß fälschlich erhöhte LDL-Cholesterinwerte ermittelt werden.
Ähnliche Effekte ergeben sich, wenn Serum länger als 2 Tage bei Kühlschranktemperatur aufbewahrt wird.

High Density-Lipoprotein (HDL)-Cholesterin

Prinzip:

Lipoproteine, die Apolipoprotein B enthalten, d. h. Very Low Density- und Low Density-Lipoproteine (VLDL und LDL) sowie Chylomikronen (falls in der Probe vorhanden), lassen sich durch Zugabe von Polyanionen (z. B. Phosphorwolframsäure, Heparin oder Dextransulfat 500) und zweiwertigen Kationen (z. B. Magnesium- bzw. Manganchlorid) zum Serum ausfällen. Die High Density-Lipoproteine bleiben unter diesen Bedingungen in Lösung, so daß ihr Cholesteringehalt nach Abzentrifugieren des Präcipitats mit dem enzymatischen Bestimmungsverfahren unter Verwendung von Cholesterin-Oxydase und Peroxydase (s. S. 238) selektiv gemessen werden kann.

Berechnung:

Die Auswertung der Ergebnisse erfolgt mit Hilfe des spezifischen mikromolaren Extinktionskoeffizienten des gebildeten Farbstoffs nach der auf S. 213 angegebenen Formel.

Normbereich:

30 - 80 mg HDL-Cholesterin/dl Serum

Beurteilung der Ergebnisse:

Zahlreiche Studien ergeben Hinweise darauf, daß die Lipoproteine hoher Dichte (HDL) einen Schutzfaktor gegen arteriosklerotisch bedingte Gefäßerkrankungen darstellen.

Zur Abschätzung des Risikos, atheromatöse Veränderungen zu entwickeln, können folgende Richtwerte gelten:

HDL-Cholesterin über 70 mg/dl Serum
  Risiko nicht erhöht
HDL-Cholesterin 40 - 70 mg/dl Serum
  Risiko vermutlich erhöht
HDL-Cholesterin unter 40 mg/dl Serum
  Risiko stark erhöht

Bei der Interpretation der an Patientenproben ermittelten Daten ist zu berücksichtigen, daß durch die niedrige Konzentration an HDL-Cholesterin im Serum und zahlreichen Reaktionsschritten bei der Analytik die Streuung der Ergebnisse hoch ist. Wird ein Variationskoeffizient von ca. 10 % zugrundegelegt, umfaßt beispielsweise der $\bar{x} \pm 2$ s-Bereich bei einer HDL-Konzentration von 40 mg/dl bereits Werte zwischen 32 und 48 mg HDL/dl.
Daher sollten auch die in der Literatur häufig publizierten Mitteilungen zu einer Geschlechts- und Altersabhängigkeit des High Density-Lipoprotein-Cholesterins kritisch betrachtet werden.

Störungen:

Bei Seren mit Triglyceridkonzentrationen über 1000 mg/dl fallen die Apolipoprotein B-haltigen Lipoproteine unter den genannten Bedingungen nicht vollständig aus, so daß sich nach Zentrifugation trübe Überstände ergeben. Derartige Seren sind entsprechend ihrem Gehalt an Triglyceriden mit physiologischer Kochsalzlösung verdünnt in den Test einzusetzen.

Triglyceride (Neutralfette)

Überblick:

Die mit der Nahrung aufgenommenen Neutralfette werden im Lumen des Darmkanals durch die Pankreaslipase in Anwesenheit von Gallensäuren zu 2-Monoacylglyceriden und freien Fettsäuren hydrolysiert. Nach Resorption der entstandenen Produkte erfolgt in den Mucosazellen des Dünndarms eine Resynthese zu Triglyceriden, die in Chylomikronen eingebaut und über die Lymphgefäße in die Blutbahn abgegeben werden.

Der Abbau der Chylomikronen, die zu etwa 90 % aus Triglyceriden bestehen, erfolgt mit Hilfe der Lipoproteinlipase, die sich in Endothelzellen, insbesondere von Fettgewebe, Lunge, Skelett- und Herzmuskulatur findet. Aktiviert wird das Enzym durch das in den Chylomikronen enthaltene Apolipoprotein C-II. Die unter Einwirkung der Lipoproteinlipase aus den Neutralfetten freigesetzten Fettsäuren werden überwiegend von den Fettzellen aufgenommen, dort erneut zu Triglyceriden aufgebaut und in dieser Form als Energiequelle gespeichert. Das Glycerin dient als Baustein in der Gluconeogenese.
Triglycerid-haltige Chylomikronenreste können von der Leber aufgenommen und dort ebenfalls zu Glycerin und Fettsäuren hydrolysiert werden. Auch in den Hepatocyten erfolgt eine Resynthese zu Neutralfetten, die in Form von prä-β-Lipoproteinen in das Plasma gelangen und deren Fettsäureanteile ebenfalls wieder zur Energiegewinnung der Zellen (vor allem der Muskulatur) zur Verfügung stehen.

Erhöhte Triglyceridkonzentrationen im Serum finden sich (häufig in Verbindung mit hohen Cholesterinspiegeln) bei:

    Primären Hyperlipoproteinämien
        (Einteilung nach FREDRICKSON s. Lehrbücher der Inneren Medizin)

    Sekundären Hyperlipoproteinämien
        Adipositas
        Diabetes mellitus
        nephrotisches Syndrom
        chronische Niereninsuffizienz
        Alkoholabusus (ZIEVE-Syndrom)
        akute Pankreatitis
        u. a.

Bestimmung der Triglyceridkonzentration im Serum

Überblick:

Zur Bestimmung der Triglyceridkonzentration dienen derzeit nur enzymatische Verfahren, die auf der Messung des durch hydrolytische Spaltung entstehenden Glycerins basieren.

Vorbereitung des Patienten:

Da die Neutralfettkonzentration im Serum nach Nahrungszufuhr, insbesondere durch fettreiche Mahlzeiten stark ansteigt, ist es zur Erzielung reproduzierbarer Ergebnisse unbedingt erforderlich, daß ausschließlich Blutproben analysiert werden, deren Entnahme nach mindestens 12 stündiger Nahrungskarenz erfolgte. Ebenso ist infolge der Bindung der Triglyceride an Apolipoproteine die Körperlage des Patienten bei der Probengewinnung zu berücksichtigen (s. S. 3).

Enzymatisches Bestimmungsverfahren über Glycerin

Prinzip:

Die im Serum enthaltenen Triglyceride werden enzymatisch durch Lipase und Esterase gespalten. Bei der Phosphorylierung des freigesetzten Glycerins mit ATP entsteht unter der Einwirkung von Glycerokinase eine stöchiometrisch äquivalente Menge ADP. Diese wird in Gegenwart von Phospho-Enol-Pyruvat (PEP) und Pyruvatkinase wieder zu ATP umgesetzt. Das bei diesem Reaktionsschritt gebildete Pyruvat läßt sich unter Verbrauch von NADH quantitativ in Lactat umwandeln. Als Hilfsenzym dient Lactat-Dehydrogenase (LDH). Meßgröße ist die Extinktionsabnahme bei 365 bzw. 339 nm (s. S. 216).

$$\text{Triglycerid} + 3\,H_2O \xrightarrow{\text{Lipase, Esterase}} \text{Glycerin} + 3\ \text{Fettsäuren}$$

$$\text{Glycerin} + \text{ATP} \xrightarrow{\text{Glycerokinase}} \text{Glycerin-3-Phosphat} + \text{ADP}$$

$$\text{ADP} + \text{Phospho-Enol-Pyruvat (PEP)} \xrightarrow{\text{Pyruvatkinase}} \text{ATP} + \text{Pyruvat}$$

$$\text{Pyruvat} + \text{NADH} + H^+ \xrightarrow{\text{Lactat-Dehydrogenase}} \text{Lactat} + NAD^+$$

Spezifität:

Im Serum enthaltenes freies Glycerin wird mitbestimmt. Da im allgemeinen der Ansatz eines Proben-Leerwerts ohne Lipase und Esterase unterbleibt, liegen die ermittelten Triglyceridkonzentrationen in der Regel um etwa 10 mg/dl fälschlich zu hoch. Der Fehler findet keine Berücksichtigung, zumal er auch in die erstellten Normbereiche mit eingeht.
Zu Hyperglycerinämien s. unter Störungen S. 244.

Mono- und Diglyceride werden mit dem Verfahren ebenfalls erfaßt. Ihre Konzentration im Serum entspricht durchschnittlich etwa 6 - 8 % des errechneten Triglyceridgehalts. Eine Korrektur der Werte ist nicht möglich.

Dihydroxyaceton und L(-)-Glycerinaldehyd werden durch Glycerokinase unter ATP-Verbrauch phosphoryliert. Da diese Substanzen jedoch im Blut nicht vorkommen, ist eine Interferenz ausgeschlossen.

Eine Vorinkubation der Ansätze ohne Glycerokinase dient zur Reduktion des im Serum enthaltenen Pyruvats durch das Hilfsenzym Lactat-Dehydrogenase.

Berechnung:

Die Berechnung der Glycerinkonzentration erfolgt über den spezifischen mikromolaren Extinktionskoeffizienten von NADH.
Unter der Annahme eines mittleren Molekulargewichts von 885 kann die Konzentration der Triglyceride aus dem gemessenen Glyceringehalt des Serums ermittelt werden.

Normbereiche:

Die Normbereiche sind von Alter, Gewicht und körperlicher Aktivität abhängig. Zahlreiche Autoren beschreiben Unterschiede zwischen den Geschlechtern, wobei für Männer höhere Werte angegeben werden. Unberücksichtigt bleibt in diesen Studien vor allem der Alkoholkonsum der Probanden, der wiederum ursächlich für einen Anstieg der Triglyceridkonzentrationen im Serum verantwortlich sein kann. Weitere Gesichtspunkte s. unter Cholesterinbestimmung S. 239.

Als Anhaltspunkte für die Interpretation von Ergebnissen an Patientenseren können die folgenden Daten ($\bar{x} \pm 2$ s-Bereich) dienen:

                unter 25 Jahre = unter 200 mg Triglyceride/dl Serum
                25 - 40 Jahre   = unter 240 mg "   "
                40 - 60 Jahre   = unter 280 mg "   "
                über 60 Jahre   = unter 300 mg "   "

Beurteilung der Ergebnisse:

Es wird derzeit angenommen, daß die Triglyceridkonzentration im Plasma wenig oder keinen Einfluß auf Gefäßveränderungen im Sinne einer Arteriosklerose hat.
Durch diätetische Maßnahmen oder die Behandlung der Grunderkrankung kann meist eine Senkung der Werte erreicht werden.
Eine Indikation zur medikamentösen Therapie besteht nur in sehr seltenen Fällen (s. Lehrbücher der Inneren Medizin).

Störungen:

Nach intravenöser Applikation von Heparin kommt es zu einer stark erhöhten Freisetzung der Lipoproteinlipase aus den Capillarendothelien. Dadurch werden in der Blutbahn vorhandene Triglyceride in Fettsäuren und freies Glycerin gespalten, die wiederum in den Stoffwechsel eingehen (s. S. 242). Somit spiegeln Blutproben, die nach i. v. Gabe von Heparin entnommen wurden, nicht die ursprünglich im Plasma des Patienten vorhandenen Triglyceridkonzentrationen wider.

Mit einem Anstieg des freien Glycerins im Serum und somit fälschlich zu hohen Triglyceridwerten ist bei Patienten zu rechnen, deren Ernährung intravenös mit Glycerin-haltigen Infusionslösungen erfolgt. Der Fehler kann durch den Ansatz eines Proben-Leerwerts ohne Lipase und Esterase eliminiert werden.

Bei der sehr selten vorkommenden familiären Hyperglycerinämie ergeben sich durch den hohen Gehalt an freiem Glycerin im Serum fälschlich extrem hohe Triglyceridkonzentrationen. Durch die Analyse eines Proben-Leerwerts kann der Fehler ebenfalls ausgeschaltet werden. Ein wesentlicher Hinweis auf das Vorliegen dieses Krankheitsbildes ergibt sich aus der Diskrepanz zwischen dem klar aussehenden Serum und den enorm erhöhten Werten für Neutralfette. Da die Trübung und der Triglyceridgehalt des Serums annähernd parallel gehen, ist der Vergleich der gefundenen Werte mit dem optischen Aspekt der Probe als Plausibilitätskontrolle geeignet.

Stark getrübte Seren, die ohnehin hohe Triglyceridkonzentrationen enthalten, können auf Grund der Messung im UV-Bereich nur nach Verdünnung mit physiologischer Kochsalzlösung in den Test eingesetzt werden.

Bei der Untersuchung von Proben mit hohem Bilirubingehalt sowie hämolytischen Seren zeigen sich keine Störungen des Reaktionsablaufs.

Harnstoff

Überblick:

Harnstoff ist das wesentliche Endprodukt des Eiweißstoffwechsels. Die Synthese aus Ammoniak und Kohlendioxid läuft überwiegend in der Leber ab (Harnstoffcyclus s. Lehrbücher der Biochemie). Die Ausscheidung erfolgt durch glomeruläre Filtration über die Nieren. Je nach Urinmenge diffundieren 30 - 60 % des filtrierten Harnstoffs durch die Tubuluszellen in die peritubuläre Flüssigkeit und von dort in die Blutcapillaren zurück.
Die Harnstoffkonzentration im Serum ist daher abhängig:
    Von der Nierenfunktion,
    der Nierendurchblutung (Verminderung z. B. bei Herzinsuffizienz),
    vom Harnvolumen (z. B. vermehrte Rückresorption bei Exsiccose) und
    von der Proteinzufuhr mit der Nahrung bzw. dem Eiweißkatabolismus.

Bestimmung der Harnstoffkonzentration im Serum

Überblick:

Die gebräuchlichsten Verfahren sind:

1. Die enzymatische Hydrolyse des Harnstoffs durch Urease und die Bestimmung des entstandenen Ammoniaks mittels NADH-abhängiger Glutamat-Dehydrogenase (UV-Test),
2. die Umsetzung des nach enzymatischer Hydrolyse aus Harnstoff gebildeten Ammoniaks mit der Reaktion nach BERTHELOT (Farbtest) und
3. die orientierende Bestimmung mit Teststreifen.

1. Enzymatisches Verfahren mit Urease und Glutamat-Dehydrogenase
(UV-Test)

Prinzip:

Harnstoff wird durch Urease in Ammoniak und Kohlendioxid gespalten. Das entstandene NH_3 läßt sich in einer durch Glutamat-Dehydrogenase katalysierten Reaktion bestimmen, indem aus 2-Ketoglutarat unter Verbrauch von NADH eine äquivalente Menge L-Glutamat gebildet wird. Meßgröße ist die Abnahme der Extinktion bei 365 bzw. 339 nm durch die Oxydation des NADH zu NAD^+.

$$CO(NH_2)_2 + H_2O \xrightarrow{\text{Urease}} 2\,NH_3 + CO_2$$

$$2\,NH_3 + 2\text{ 2-Ketoglutarat} + 2\,NADH + 2\,H^+ \xrightarrow{\text{Glutamat-Dehydrogenase}}$$

$$2\,\text{L-Glutamat} + 2\,NAD^+ + 2\,H_2O$$

Spezifität:

Die Hydrolyse des Harnstoffs durch Urease zu Ammoniak erfolgt spezifisch.

Im Serum kommt Ammoniak nur in sehr geringer Konzentration vor (beim Gesunden bis zu 150 µg/dl, bei Patienten mit Lebererkrankungen bis etwa 300 µg/dl), so daß diese Fehlerquelle unberücksichtigt bleiben kann.

Berechnung:

Die Berechnung erfolgt über den spezifischen mikromolaren Extinktionskoeffizienten von NADH.

Die Ergebnisse können in mg Harnstoff/dl oder in mg Harnstoff-N/dl Serum angegeben werden. Da 1 Mol Harnstoff (60,06 g) 2 Mol Stickstoff (28,02 g) enthält, dient zur Umrechnung von Harnstoff-N in Harnstoff die Formel:

$$\text{Harnstoff-N (mg/dl)} \cdot 2,14 = \text{Harnstoff (mg/dl)}$$

Normbereich:

Der Normbereich ist von der Proteinzufuhr abhängig:

Proteinzufuhr ca. 0,5 g/kg Körpergewicht in 24 Stunden
  6 - 12 mg Harnstoff-N/dl Serum (= 13 - 26 mg Harnstoff/dl Serum)
Proteinzufuhr ca. 1,5 g/kg Körpergewicht in 24 Stunden
  11 - 24 mg Harnstoff-N/dl Serum (= 24 - 51 mg Harnstoff/dl Serum)
Proteinzufuhr ca. 2,5 g/kg Körpergewicht in 24 Stunden
  14 - 28 mg Harnstoff-N/dl Serum (= 30 - 60 mg Harnstoff/dl Serum)

Störungen:

Ammoniak aus der Raumluft, z. B. durch offen stehende Reagensflaschen oder Zigarettenrauch, wird mitbestimmt, so daß sich fälschlich zu hohe Werte ergeben.

Spuren von Schwermetallionen hemmen Urease (ein SH-Enzym).

Soll die Analyse von Plasmen erfolgen, darf kein Ammoniumheparinat als Antikoagulans Verwendung finden.

2. Enzymatische Hydrolyse und Bestimmung des entstandenen Ammoniaks nach BERTHELOT
(Farbtest)

Prinzip:

Harnstoff wird durch Urease in Ammoniak und Kohlendioxid gespalten. Das entstandene NH_3 gibt mit Phenol (Vorsicht: giftig!) und Hypochlorit in Anwesenheit von Natriumnitroprussid als Katalysator einen blauen Farbstoff, dessen Intensität in einem bestimmten Bereich der Ammoniak- und damit der Harnstoffkonzentration proportional ist und dessen Extinktion photometrisch gemessen werden kann.

Die Methode ist außerordentlich empfindlich, so daß der Einsatz sehr geringer Serummengen erfolgen muß. Eine Enteiweißung ist nicht erforderlich.

$$CO(NH_2)_2 + H_2O \xrightarrow{\text{Urease}} 2\,NH_3 + CO_2$$

$$NH_3 + \text{Phenol} + \text{Hypochlorit} \xrightarrow{\text{Na-Nitroprussid}} \text{blauer Farbstoff}$$

Spezifität:

S. enzymatisches Verfahren mit Glutamat-Dehydrogenase S. 245.

Berechnung:

Die Farbentwicklung ist abhängig von der Temperatur und den Konzentrationen an Phenol und aktivem Chlor, so daß in jeder Analysenserie Standardlösungen mitzuführen sind, deren Extinktionen als Berechnungsgrundlage dienen.
Die Ergebnisse können in mg Harnstoff/dl oder in mg Harnstoff-N/dl Serum angegeben werden. Zur Umrechnung s. enzymatisches Verfahren S. 246.

Normbereich:

S. enzymatisches Verfahren mit Glutamat-Dehydrogenase S. 246.

Störungen:

Bei der Farbentwicklung kann Ammoniak aus Raumluft oder bidest. Wasser mitreagieren, so daß fälschlich zu hohe Harnstoffkonzentrationen resultieren.

Urease (ein SH-Enzym) wird durch Spuren von Schwermetallionen gehemmt.

Bei der Analyse von Plasma ist darauf zu achten, daß Ammoniumheparinat als Gerinnungshemmstoff keine Verwendung findet.

Fehlerquellen:

Da die in die Enzymreaktion eingesetzten Volumina sehr gering sind, andererseits wegen des hohen Endvolumens (meist 10 ml) im allgemeinen große Reagensröhrchen zum Ansatz verwendet werden müssen, ist darauf zu achten, daß das Serum sehr sorgfältig mit der Ureaselösung gemischt wird.

Auf Grund des niedrigen Probevolumens sind Standardlösungen und Seren bzw. Serumverdünnungen mit derselben Kolbenpipette zu pipettieren. Dabei ist zu beachten, daß die Pipettenspitzen mit der jeweils abzumessenden Lösung bzw. Probe vorgespült werden müssen.

3. Orientierende Bestimmung mit Teststreifen

Prinzip:

Die Harnstoffkonzentration im Serum kann mit Hilfe eines Teststreifens abgeschätzt werden. In Spezialröhrchen wird eine definierte Menge Probe pipettiert und der Teil des Teststreifens, der gepufferte Urease enthält, in das Serum getaucht. Durch das Enzym wird Harnstoff in Ammoniak und Kohlendioxid gespalten. Das gebildete NH_3 wird durch Alkali freigesetzt und diffundiert durch die den Teststreifen umgebende Luftschicht in eine Indikatorzone, die sich je nach Intensität der Ammoniakbildung mehr oder weniger weit verfärbt. Eine Kunststoffschicht verhindert das Aufsteigen von Serum in den Bereich der Indikatorzone.

Spezifität, Normbereiche und Störungen:

S. enzymatisches Verfahren mit Glutamat-Dehydrogenase S. 246.

Fehlerquellen:

Teststreifen nicht gut verschlossen oder nicht in Anwesenheit eines Trockenmittels aufbewahrt bzw. nicht bei Kühlschranktemperatur gelagert.

Wird die Indikatorzone durch Serum, das sich an der Wand des Röhrchens befindet, benetzt, so ist der Test nicht auswertbar.

Creatinin

Überblick:

Creatinin stellt ein Endprodukt des Muskelstoffwechsels dar, dessen Ausscheidung mit dem Harn in einer etwa konstanten Beziehung zur Muskelmasse erfolgt. Die Substanz wird glomerulär filtriert und beim Gesunden tubulär weder sezerniert noch rückresorbiert. Bei eingeschränkter Glomerulusfunktion kann Creatinin auch durch die Tubuluszellen eliminiert werden, so daß erst bei einer Einschränkung der glomerulären Filtration auf unter 50 % der Norm pathologische Creatininkonzentrationen im Serum meßbar sind.

Bestimmung der Creatininkonzentration im Serum

Überblick:

Zur Ermittlung des Creatininspiegels finden folgende Methoden Anwendung:
1. Das Verfahren mit alkalischer Pikratlösung ohne Enteiweißung und
2. das enzymatische Verfahren über Creatin und Sarcosin.

1. Verfahren mit alkalischer Pikratlösung ohne Enteiweißung

Prinzip:

Creatinin bildet mit alkalischer Pikratlösung einen roten Farbkomplex (JAFFE-Reaktion). Unter geeigneten Reaktionsbedingungen kann die Entstehung dieses Komplexes direkt photometrisch verfolgt werden.
Serum wird zunächst mit stark alkalischer Pufferlösung versetzt und 5 Minuten vorinkubiert. Auf diese Weise läßt sich eine Störung durch niedrige Konzentrationen von Bilirubin vermeiden, da der Gallenfarbstoff in alkalischem Milieu zu Produkten oxydiert wird, die nicht mit der Messung interferieren. Nach Zugabe von Pikrinsäurelösung zum Ansatz beginnt die Farbentwicklung, die als Extinktionszunahme bei 492 nm während ca. 5 Minuten nach Start der Reaktion gemessen wird. Es ist eine so niedrige Pikrinsäurekonzentration zu wählen, daß die Serumproteine nicht ausfallen.
Da die Reaktionsgeschwindigkeit temperaturabhängig ist, muß bei konstanter Temperatur (thermostatisierter Küvettenhalter!) gearbeitet werden.

Spezifität:

Die sog. Pseudocreatinine (z. B. Pyruvat, 2-Ketoglutarat, Acetoacetat u. a.) reagieren erst nach Ablauf von etwa 10 Minuten mit Pikratlösung unter Bildung störender Farbstoffe.

Berechnung:

Da die Intensität des entstehenden Farbkomplexes stark von der Temperatur und den übrigen Reaktionsbedingungen abhängig ist, wird die Creatininkonzentration in den Proben über mitgeführte Standardlösungen berechnet.

Normbereiche:

Männer 0,6 - 1,2 mg Creatinin/dl Serum
Frauen 0,5 - 1,0 mg Creatinin/dl Serum

Störungen:

Unter den beschriebenen Bedingungen (Vorinkubation des Serums in alkalischem Milieu) ist eine Störung durch Bilirubin bis zu einer Konzentration von etwa 3 mg/dl Serum ausgeschaltet. Bei höheren Bilirubinkonzentrationen ist die Interferenz auf diese Weise nicht vollständig zu eliminieren, so daß fälschlich zu niedrige Creatininwerte (ca. 0,06 mg Creatinin pro mg Bilirubin) resultieren. Entfernt man aus stark ikterischen Proben die Proteine und damit auch den Gallenfarbstoff durch Ultrafiltration, so läßt sich die Creatininkonzentration im farblosen Filtrat störungsfrei bestimmen.

Antibiotika aus der Gruppe der Cephalosporine reagieren mit alkalischer Pikratlösung unter Bildung interferierender Farbstoffe, so daß sich fälschlich erhöhte Creatininspiegel ergeben.

2. Enzymatisches Verfahren über Creatin und Sarcosin

Prinzip:

Die erste Reaktion des vierstufigen Tests besteht in der Umwandlung von Creatinin durch Creatininase in Creatin. Im nächsten, durch Creatinase katalysierten Schritt wird Creatin zu Sarcosin (= Methylglycin) und Harnstoff hydrolysiert. Aus der Oxydation des Sarcosins durch Sarcosin-Oxydase ergibt sich eine der Creatininkonzentration äquivalente Menge Wasserstoffperoxid, das mit einem Phenolderivat und 4-Aminophenazon unter Einwirkung von Peroxydase einen roten Farbstoff bildet. Die gemessene Extinktion des entstandenen Produkts ist der umgesetzten Menge an Creatinin direkt proportional. Störungen durch gefärbte Serumbestandteile werden mittels eines Proben-Leerwerts eliminiert.

$$\text{Creatinin} + H_2O \xrightarrow{\text{Creatininase}} \text{Creatin}$$

$$\text{Creatin} + H_2O \xrightarrow{\text{Creatinase}} \text{Sarcosin} + \text{Harnstoff}$$

$$\text{Sarcosin} + H_2O + O_2 \xrightarrow{\text{Sarcosin-Oxydase}} \text{Formaldehyd} + \text{Glycin} + H_2O_2$$

$$H_2O_2 + \text{Phenolderivat} + \text{4-Aminophenazon} \xrightarrow{\text{Peroxydase}} \text{roter Farbstoff} + 2\,H_2O$$

Spezifität:

Mit der Methode wird Creatinin spezifisch erfaßt.

Berechnung:

Die Berechnung der Ergebnisse erfolgt über mitgeführte Standardlösungen.

Normbereiche:

S. Verfahren mit alkalischer Pikratlösung S. 248.

Störungen:

Bei Seren, die Bilirubin in einer Konzentration von über 5 mg/dl enthalten, ergeben sich fälschlich zu niedrige Creatininkonzentrationen. Der Fehler beträgt pro mg Bilirubin etwa 0,1 mg Creatinin/dl Serum. Durch Ultrafiltration kann der Gallenfarbstoff entfernt und das Creatinin störungsfrei bestimmt werden.

Harnsäure

Überblick:

Beim Menschen stellt Harnsäure das Endprodukt des Purinstoffwechsels dar. Der Harnsäurebestand des Organismus stammt aus dem Abbau der endogenen Purinbasen (RNS und DNS) sowie den mit der Nahrung zugeführten Purinen. Etwa 80 % der Harnsäure werden über die Nieren, ca. 20 % über den Gastrointestinaltrakt ausgeschieden. Renal wird die Harnsäure zunächst glomerulär filtriert, zu etwa 95 % im proximalen Tubulussystem rückresorbiert und in den distalen Nierentubuli erneut sezerniert.

Erhöhte Harnsäurekonzentrationen im Serum finden sich bei:

Primärer Gicht
Beim Erwachsenen ist das Krankheitsbild meist Folge einer verminderten Ausscheidung, selten einer vermehrten Bildung von Harnsäure; es wird ein gehäuftes familiäres Auftreten beobachtet. Beim selten vorkommenden angeborenen LESCH-NYHAN-Syndrom ist ein Enzymdefekt bekannt.

Sekundären Hyperurikämien
vermehrte Harnsäurebildung durch erhöhten Anfall von Purinen
bei Leukämien, Polycythaemia vera, Tumorzerfall u. a.
verminderte Ausscheidung von Harnsäure
bei Nierenerkrankungen
bei Ketoacidosen (Anstieg bis 20 mg/dl)
z. B. Diabetes mellitus, Fastenkuren
bei erhöhter Lactatkonzentration im Serum
z. B. durch Muskelarbeit oder Alkoholabusus
durch Saluretika
hoher Puringehalt der Nahrung

Stark verminderte Harnsäurespiegel finden sich bei angeborenen Enzymdefekten.

Harnsäure kommt im Plasma fast ausschließlich in Form des Mono-Natriumurats vor. In einer auf pH 7,4 gepufferten physiologischen Kochsalzlösung sind bei 37 °C maximal 8,8 mg des Salzes pro dl löslich. Im Organismus können weitere, zum Teil erhebliche Mengen Mono-Natriumurat in Bindung an Serumproteine vorliegen. Daher ist es verständlich, daß erst bei Serum-Harnsäurekonzentrationen über 9 mg/dl regelmäßig Symptome durch Ausfall und Ablagerung von Harnsäure in den Geweben auftreten.

Bestimmung der Harnsäurekonzentration im Serum

Überblick:

Zur Bestimmung eignen sich:

1. Die direkte Messung des Harnsäureabbaus durch Uricase im UV-Bereich und
2. die enzymatische Spaltung der Harnsäure und die anschließende Bestimmung des gebildeten Wasserstoffperoxids.

Vorbereitung des Patienten:

Die Messung der Harnsäurekonzentration im Serum ergibt erst nach 3 tägiger Verabreichung einer purinarmen Kost diagnostisch verwertbare Resultate.

1. Enzymatisches Verfahren mit Uricase (UV-Test)

Prinzip:

Harnsäure absorbiert stark im UV-Bereich, das Absorptionsmaximum liegt bei 293 nm. Durch Uricase wird Harnsäure zu Allantoin, Kohlendioxid und Wasserstoffperoxid umgesetzt.

Da die entstandenen Reaktionsprodukte bei 293 nm keine Lichtabsorption zeigen, kann die Harnsäurekonzentration direkt aus der Differenz der Extinktionen des Ansatzes vor Zugabe der Uricase und nach Ablauf der Umsetzung berechnet werden. Zur Messung bei der genannten Wellenlänge ist ein Spektralphotometer erforderlich; es sind Quarzküvetten zu verwenden.

$$\text{Harnsäure} + 2\,H_2O + O_2 \xrightarrow{\text{Uricase}} \text{Allantoin} + CO_2 + H_2O_2$$

Spezifität:

Die Methode ist weitgehend spezifisch für Harnsäure. 6-Thioharnsäure, die bei der Therapie mit 6-Mercaptopurin im Serum auftreten kann, wird nur langsam umgesetzt.

Berechnung:

Die Harnsäurekonzentration im analysierten Serum wird über den spezifischen mikromolaren Extinktionskoeffizienten der Harnsäure berechnet.

Normbereiche:

Als Anhaltspunkte für die Interpretation können gelten:

Männer 2,2 - 7,8 mg Harnsäure/dl Serum
Frauen 2,0 - 6,5 mg Harnsäure/dl Serum

Störungen:

Ascorbinsäure absorbiert ebenfalls bei 293 nm. Bei einem pH-Wert von 9,5, bei dem die Uricasereaktion optimal abläuft, wird Ascorbinsäure durch den in der Lösung enthaltenen Sauerstoff oxydiert, so daß ein Serum-Leerwert ohne Uricase angesetzt werden muß. Hierdurch lassen sich fälschlich zu hohe Ergebnisse vermeiden.

Uricase ist zwecks besserer Haltbarkeit meist in 50 proz. (v/v) Glycerin gelöst. Da die Zugabe von Glycerin zum Ansatz zu einer Extinktionsabnahme führt, ist auch der Serum-Leerwert mit dem gleichen Volumen 50 proz. (v/v) Glycerinlösung zu versetzen.

Die im Serum enthaltenen Proteine zeigen auf Grund ihres Gehalts an Tyrosin, Tryptophan und Phenylalanin eine starke Absorptionsbande im Bereich von 275 - 295 nm, so daß nur sehr geringe Volumina Serum in den Test eingesetzt werden können. Die durch die Harnsäureoxydation bedingten Extinktionsdifferenzen sind im Verhältnis zur Absorption der Proteine relativ gering; daher ist eine außerordentlich exakte Arbeitsweise erforderlich. Die Ausführung von Dreifachanalysen hat sich bewährt. Es empfiehlt sich, die notwendige Verdünnung des Serums mit Puffer zunächst in _einem_ Ansatz vorzunehmen und daraus aliquote Teile für die Bestimmungen und die zugehörigen Proben-Leerwerte zu verwenden.

In den Test kann nur Serum eingesetzt werden. Plasma ist zur Analyse nicht geeignet, da es stets eine leichte Trübung zeigt, so daß die photometrische Messung gestört wird. Außerdem verlangsamen Antikoagulantien wie Natriumoxalat oder Kalium-EDTA die enzymatische Umsetzung der Harnsäure durch Uricase.

Uricase wird durch reduzierend wirkende Metallkomplexbildner sowie durch Formaldehyd, das als Konservierungsmittel in Standardlösungen enthalten sein kann, gehemmt.

Fehlerquellen:

Zwischen den einzelnen Ansätzen sind die Quarzküvetten sehr gut (am besten mit konzentrierter Schwefelsäure und großen Mengen Wasser bzw. Aqua bidest.) zu reinigen, damit keine Spuren von Uricase in die Leerwerte gelangen.

2. Enzymatisches Verfahren mit Uricase und Peroxydase

Prinzip:

Die in der Probe enthaltene Harnsäure wird durch Uricase zu Allantoin, Kohlendioxid und Wasserstoffperoxid umgesetzt. Das entstandene H_2O_2 bildet mit einem Phenolderivat und 4-Aminophenazon einen roten Farbstoff, dessen Intensität der Harnsäurekonzentration im analysierten Serum proportional ist. Die Extinktion der Ansätze wird bei 546 nm photometrisch gemessen.

$$\text{Harnsäure} + 2\,H_2O + O_2 \xrightarrow{\text{Uricase}} \text{Allantoin} + CO_2 + H_2O_2$$

$$H_2O_2 + \text{Phenolderivat} + \text{4-Aminophenazon} \xrightarrow{\text{Peroxydase}} \text{roter Farbstoff} + 2\,H_2O$$

Spezifität:

Mit der Methode wird die Harnsäurekonzentration im Serum spezifisch erfaßt.

Berechnung:

Die Auswertung der an den zu analysierenden Proben gewonnenen Meßsignale erfolgt über die an Standardlösungen ermittelten Daten.

Normbereiche:

Zur Interpretation dienen die für den UV-Test angegebenen Bereiche (s. S. 251).

Störungen:

Ascorbinsäure stört in den Konzentrationen, die nach oraler Gabe von 1 g des Vitamins pro Tag im Serum erreicht werden, nicht.

An stark ikterischen Proben ergeben sich fälschlich zu niedrige Harnsäurespiegel. Pro 10 mg Bilirubin/dl beträgt der Fehler etwa 0,3 mg Harnsäure/dl Serum.

Bei lipämischen Seren ist ein Proben-Leerwert ohne Uricase anzusetzen, dessen Extinktion bei der Berechnung Berücksichtigung finden muß.

Eisen

Überblick:

Das im Organismus vorhandene Eisen findet sich anteilmäßig in folgenden Substanzen:

    Hämoglobin (ca. 70 %)
    Ferritin und Hämosiderin (ca. 25 %)
    Myoglobin (ca. 4 %)
    Eisenhaltige Enzyme (ca. 1 %)
    Transferrin (ca. 0,1 %)

Der tägliche Bedarf an Eisen beträgt etwa 1 mg; bei menstruierenden Frauen und in der Schwangerschaft werden ca. 2 - 3 mg benötigt.

Die Resorption des mit der Nahrung zugeführten Eisens erfolgt im Duodenum und proximalen Jejunum. Normalerweise werden etwa 10 % des Nahrungseisens aufgenommen. Bei erheblichem Bedarf kann der resorbierte Anteil auf 20 - 30 % ansteigen.

Folgende Faktoren begünstigen die Eisenresorption:
    Aufnahme in Form anorganischer Salze
    Saurer pH-Wert
    Anwesenheit von Reduktionsmitteln (z. B. Vitamin C u. a.)
    Eisenmangel bzw. erhöhter Bedarf

Die Resorption ist gehemmt bei:
    Zufuhr organischer Eisenverbindungen
    Stark herabgesetzter Salzsäureproduktion des Magens
    Einnahme eisenbindender Substanzen (z. B. Antacida, Phosphate u. a.)
    Ausreichenden Vorräten an Speichereisen

Die Aufnahme des Eisens erfolgt in zweiwertiger Form und wird durch die Zellen der Darmschleimhaut reguliert. In den Mucosazellen läuft wiederum die Oxydation des Metalls zu dreiwertigem Eisen ab. Ein Teil des Fe(III) gelangt in das Pfortaderblut und bindet sich dort an Transferrin. Das restliche Eisen wird in den Enterocyten in Form von Ferritin gespeichert. Bei akutem Bedarf kann dieses Reserveeisen mobilisiert und in den Kreislauf abgegeben werden. Im Zusammenhang mit der Zellabstoßung im Rahmen der Regeneration des Epithels geht das vom Organismus nicht benötigte Speichereisen in das Darmlumen über und wird ausgeschieden.

Transferrin, ein in der Leber synthetisiertes β-Globulin, das sich in der Blutbahn und im Extravasalraum findet, kann pro Molekül maximal 2 Atome Fe(III) binden. Normalerweise ist die Bindungskapazität des Transportproteins nur zu etwa einem Drittel genutzt. Ca. 60 % des Transferrins sind eisenfrei. Die Abgabe erfolgt an alle Zellen mit Bedarf an Eisen, insbesondere an die Erythrocytenvorstufen und Reticulocyten des Knochenmarks.

Der Transferrinspiegel im Serum läßt sich mit immunologischen Methoden spezifisch messen. Zur Feststellung eines Eisenmangels oder einer Eisenüberladung des Organismus ergibt die Bestimmung des Transferrins jedoch keine Informationen, die über diejenigen hinausgehen, die mit der zuverlässigen Ermittlung der Eisen- (s. S. 254) und Ferritinkonzentration im Serum (s. S. 366) gewonnen werden können. Daher wird das Verfahren im Rahmen dieser Einführung auch nicht beschrieben.

Bestimmung der Eisenkonzentration im Serum

Überblick:

Das im Serum vorhandene an Transferrin gebundene dreiwertige Eisen kann nicht direkt gemessen werden, da die Verfahren zur Bestimmung von Fe(III)-Ionen nicht empfindlich genug sind.
Zur Ermittlung der Eisenkonzentration im Serum wird die dreiwertige Form des Metalls durch ein Reduktionsmittel (z. B. Ascorbinsäure) in Fe(II) umgewandelt. Das zweiwertige Eisen läßt sich mit chemischen Verfahren, die auf der Komplexbildung mit geeigneten Chelatoren beruhen, bestimmen.

Folgende Methoden haben sich bewährt:

1. Das Verfahren ohne Enteiweißung mit Bathophenanthrolin-Disulfonat,
2. das Verfahren nach Enteiweißung mit Bathophenanthrolin-Disulfonat und
3. die Bestimmung ohne Enteiweißung mit Ferrozin.

Da bei der letztgenannten Methode nur geringe Probevolumina erforderlich sind, sollte das Verfahren dann angewandt werden, wenn die Entnahme einiger Milliliter Blut Probleme bereitet, wie z. B. in Kinderkliniken. Die allgemeine Durchführung der Analysen mit Ferrozin ist nicht zu empfehlen, da sich insbesondere bei geringen Eisenkonzentrationen sehr niedrige Meßsignale ergeben, so daß die Streuung der Ergebnisse beträchtlich sein kann. Daher wird das Verfahren hier auch nicht näher beschrieben.

Wichtiger Hinweis:

Serum enthält infolge der Gerinnungsvorgänge und der Retraktion stets geringe Mengen Hämoglobin. Da mit der Atomabsorptionsphotometrie neben dem an Transferrin gebundenen Eisen auch das im Blutfarbstoff enthaltene Schwermetall erfaßt wird, ist diese Methode zur Bestimmung der Eisenkonzentration im Serum nicht geeignet.
Größenordnungsmäßig finden sich in Seren 10 - 20 mg Hb/dl. Da 1 mg Hämoglobin 3,4 μg Eisen enthält, werden mit der Atomabsorptionsphotometrie Werte ermittelt, die fälschlich um 35 - 70 μg Eisen/dl zu hoch liegen.

1. Verfahren ohne Enteiweißung mit Bathophenanthrolin-Disulfonat

Prinzip:

Durch Zusatz von Ascorbinsäure zu Serum wird das an Transferrin gebundene dreiwertige Eisen zur zweiwertigen Form reduziert. Da die Affinität von Bathophenanthrolin-Disulfonat zu Eisen(II)-Ionen größer ist als diejenige des Metalls zu seinem Transportprotein, läßt sich das Eisen im schwach sauren pH-Bereich auch ohne Denaturierung des Transferrins von diesem abtrennen und quantitativ bestimmen. Der Komplexbildner ergibt mit zweiwertigem Eisen einen roten Farbkomplex mit hohem spezifischen mikromolaren Extinktionskoeffizienten.

$$Fe^{+++} \xrightarrow{\text{Ascorbinsäure}} Fe^{++}$$

$$Fe^{++} + \text{Bathophenanthrolin-Disulfonat} \longrightarrow \text{roter Farbkomplex}$$

Auf Grund der Anwesenheit zahlreicher gefärbter Substanzen im Serum ist es erforderlich, außer Reagentien-Leerwerten auch jeweils Proben-Leerwerte anzusetzen. Diese Ansätze enthalten keinen Komplexbildner.

Die photometrische Messung erfolgt bei 546 nm. Es sei nochmals darauf hingewiesen, daß bei der Ablesung auf Grund der Notwendigkeit von zwei verschiedenen Leerwerten ein Küvettenfehler ausgeschlossen sein muß (s. Rechenbeispiel S. 211). Die um die Leerwerte korrigierten Extinktionen sind der Eisenkonzentration im Serum in einem weiten Bereich direkt proportional.

Spezifität:

Die Bestimmung ist spezifisch für das im Serum enthaltene und an Transferrin gebundene Eisen. Das Fe im Hämoglobin wird unter den beschriebenen Reaktionsbedingungen nicht aus dem Porphyringerüst herausgelöst.

Berechnung:

Da das Eisen stöchiometrisch reagiert, erfolgt die Berechnung der Ergebnisse über den spezifischen mikromolaren Extinktionskoeffizienten des gebildeten Farbkomplexes (s. S. 213).

Normbereiche:

Die Serumeisenkonzentration hängt stark vom Zeitpunkt der Blutentnahme ab. Morgens werden die höchsten, abends die niedrigsten Werte gefunden. Damit die Ergebnisse vergleichbar sind, sollten nur Proben Verwendung finden, die morgens beim nüchternen, liegenden Probanden entnommen wurden. Unter diesen standardisierten Bedingungen gelten folgende Normbereiche:

Männer 60 - 160 μg Eisen/dl Serum
Frauen 50 - 140 μg Eisen/dl Serum

Beurteilung der Ergebnisse:

Die im Serum meßbaren Eisenkonzentrationen lassen nicht in jedem Fall Rückschlüsse auf die Fe-Vorräte des Organismus zu. So kann es z. B. bei Infekten oder Tumoren zur Abwanderung des Eisens ins RES kommen, aus dem es nicht regelrecht mobilisierbar ist. Dadurch resultiert trotz gefüllter Speicher eine niedrige Eisenkonzentration im Serum und es steht nicht genügend Eisen, insbesondere für die Erythropoese, zur Verfügung. Andererseits sind bei Lebererkrankungen in Anwesenheit normaler Eisenvorräte erhöhte Serumspiegel zu beobachten, da Eisen aus den geschädigten Leberzellen ins Blut abgegeben wird.

Die Interpretation der Ergebnisse sollte daher nur im Zusammenhang mit anderen Daten, vor allem dem Ferritinspiegel im Serum, der Hämoglobinkonzentration im Vollblut und bekannten klinischen Diagnosen erfolgen. So ist beispielsweise bei nephrotischem Syndrom oder exsudativer Gastroenteropathie im Rahmen des massiven Proteinverlusts auch die Ausscheidung von Transferrin und damit von Eisen erhöht. Die Verteilungsstörungen bei akuten oder chronischen Infekten sowie Neoplasmen wurden bereits erwähnt (s. oben).

Ein erhöhter Eisenspiegel im Serum kann Folge einer Überladung des Organismus mit Eisen sein, z. B. im Rahmen einer Hämochromatose, bei der die Resorption nicht entsprechend dem Bedarf kontrolliert wird, oder bei Hämosiderosen infolge sideroblastischer Anämien, Thalassämien, gehäufter Transfusionen u. a. Wie oben bereits dargestellt, können hohe Eisenkonzentrationen im Serum jedoch auch durch Lebererkrankungen bedingt sein.

Störungen:

Die wichtigste Ursache falscher Ergebnisse ist die Kontamination von Leerwerten, Standard- oder Bestimmungsansätzen mit Eisen durch verunreinigte Kanülen, Spritzen, Transportgefäße, Volumenmeßgeräte sowie Aqua bidest. oder Reagentien. Bei Verwendung von Einmalartikeln lassen sich derartige Verunreinigungen weitgehend vermeiden. Jede Charge der Kunststoffgeräte ist auf Eisenspuren zu kontrollieren (Vorgehen s. S. 192) und staubfrei zu lagern.

Leicht hämolytische Seren können mit dem Verfahren analysiert werden (s. S. 255 unter Spezifität). Starke Hämolyse stört, da das Hämoglobin im schwach sauren pH-Bereich ausfällt, so daß Trübungen des Testansatzes resultieren.

Plasma, das mit Salzen der Ethylendinitrilotetraessigsäure (EDTA) ungerinnbar gemacht wurde, ist nicht zur Analyse geeignet, da EDTA mit Eisen einen festen Komplex bildet, der keine Farbreaktion ermöglicht.

Bilirubin stört die Bestimmung nicht, da die Lichtabsorption durch das Pigment in gleicher Weise den Proben-Leerwert betrifft.

Da Trübungen die photometrische Messung stören, dürfen stark lipämische Seren nur nach Enteiweißung (s. unten) analysiert werden. Eine Trübung der Ansätze läßt sich bei anikterischen Proben an der Höhe der Extinktionen der Serum-Leerwerte erkennen; beträgt sie mehr als 0,200, so ist zu enteiweißen.

2. Verfahren mit Enteiweißung

Prinzip:

Da die Affinität des dreiwertigen Eisens zum Transferrin sehr groß ist, muß das Eisen vor der Enteiweißung vom Transportprotein abgelöst werden. Dies erfolgt durch Zusatz von 1 N Salzsäure, die gleichzeitig das Transferrin und andere Serumproteine denaturiert.
Als Enteiweißungsmittel dient Trichloressigsäure. In dem durch Zentrifugation gewonnenen klaren Überstand wird das dreiwertige Eisen in Anwesenheit eines Reduktionsmittels in die zweiwertige Form umgewandelt, die mit Bathophenanthrolin-Disulfonat (s. S. 254) einen roten Farbkomplex bildet.

Spezifität:

Mit der Methode wird Eisen in Abwesenheit von Hämoglobin spezifisch bestimmt.

Berechnung und Normbereiche:

S. Verfahren ohne Enteiweißung S. 255.

Störungen:

Zur Ablösung des Eisens vom Transferrin muß das Serum mindestens 30 Minuten mit 1 N HCl inkubiert werden. Anderenfalls bleibt ein Teil des Metalls am Transportprotein gebunden, so daß sich fälschlich zu niedrige Fe-Spiegel ergeben.

Hämolytisches Serum darf mit diesem Verfahren nicht analysiert werden, da das Eisen durch die Denaturierung des Hämoglobins im Testansatz aus dem Porphyringerüst freigesetzt und daher mitbestimmt wird.

Da die Lipoproteine bei der Enteiweißung ausfallen, ergibt sich auch bei der Analyse stark lipämischer Seren kein Fehler. Die Bestimmung der Eisenkonzentration in derartig getrübten Proben stellt somit die wesentliche Indikation zur Anwendung des Verfahrens dar.

Phosphat

<u>Überblick:</u>

Neben Phosphorsäureestern und Phospholipiden enthält das Serum anorganisches Phosphat, das bei pH-Werten des Blutes um 7,4 größtenteils als sekundäres Phosphat vorliegt, ein geringer Anteil stellt die primäre Form dar.

An der gesamten Pufferkapazität des Blutes ist das System $H_2PO_4^-/HPO_4^{--}$ nur zu etwa 2 % beteiligt.

Die Phosphatkonzentration im Serum ist abhängig von:

1. Der Zufuhr mit der Nahrung,
2. der Resorption aus dem Darm,
3. dem Einstrom in die Zellen und Gewebe (vor allem in Knochen) sowie
4. der Ausscheidung mit dem Urin.

In den Nieren wird Phosphat glomerulär filtriert und anschließend von den Zellen der proximalen Tubuli größtenteils rückresorbiert. In den distalen Tubulusabschnitten findet eine geringe Exkretion von Phosphat statt.

Die Phosphatausscheidung und damit langfristig der Phosphatbestand des Organismus wird im wesentlichen durch das in den Nebenschilddrüsen gebildete Parathormon gesteuert. Die Ausschüttung des Hormons erfolgt in Abhängigkeit von der Calciumkonzentration im Plasma. Niedrige Calciumspiegel fördern die Inkretion von Parathormon, während die Funktion der Epithelkörperchen bei hohen Calciumwerten gedrosselt ist. Parathormon hemmt die Rückresorption von Phosphat in der Niere und steigert somit dessen Elimination.

Phosphat- und Calciumstoffwechsel sind außerordentlich eng miteinander verknüpft. Es bestehen teils synergistische, teils gegensinnige Wirkungen von Parathormon, dem in der Niere gebildeten 1,25-Dihydroxycholecalciferol und dem aus den C-Zellen der Schilddrüse stammenden Calcitonin. Alle genannten Hormone stellen primär Regulatoren des Calciumhaushalts (s. S. 313) dar und beeinflussen sekundär den Phosphatspiegel. Daher sollten die Serumkonzentration und die Ausscheidung von Phosphat über die Nieren nur in Zusammenhang mit den entsprechenden für Calcium gemessenen Größen interpretiert werden.

Erhöhte Phosphatkonzentrationen im Serum finden sich bei:

    Kindern und Jugendlichen
        Da etwa 80 % des im Körper vorhandenen Phosphats in den Knochen abgelagert sind, wird verständlich, daß der Bedarf im Wachstumsalter gesteigert ist und somit auch erhöhte Phosphatspiegel im Serum nachweisbar sind.
    Hypoparathyreoidismus
    Chronischer Niereninsuffizienz
    Vitamin D-Intoxikation im Rahmen therapeutischer Maßnahmen
    Erkrankungen mit vermehrtem Knochenabbau
        (z. B. bei Plasmocytom, multiplen Knochenmetastasen u. a.)
    Akromegalie
    u. a.

Verminderte Phosphatspiegel im Serum werden bei folgenden Erkrankungen beobachtet:

> Primärem Hyperparathyreoidismus
> Malabsorptionssyndrom
> Vitamin D-Mangel (Rachitis, Osteomalacie)
> Primärer Vitamin D-resistenter Rachitis (Phosphatdiabetes)
> Primär renal-tubulärer Acidose (DEBRE-DETONI-FANCONI-Syndrom)
> u. a.

Bestimmung der Phosphatkonzentration im Serum

Überblick:

Zur Bestimmung des Phosphatspiegels im Serum stehen folgende Reaktionsmechanismen zur Verfügung:

1. Chemische Verfahren, die auf der Umsetzung von Phosphat mit Molybdat und einer anschließenden Indikatorreaktion beruhen, und
2. enzymatische Methoden mit Phosphorylierung geeigneter Substrate und Umsetzung der entstandenen Produkte.

Wegen der Zuverlässigkeit der mit chemischen Verfahren erzielbaren Resultate haben die enzymatischen Teste bisher in der Routinediagnostik keine Anwendung gefunden, so daß sie hier nicht beschrieben werden.

Vorbereitung des Patienten:

Der Phosphatgehalt des Serums steigt mit der Nahrungszufuhr signifikant an, so daß nur Proben verarbeitet werden dürfen, die 12 Stunden nach der letzten Mahlzeit entnommen wurden.

Bestimmungsverfahren mit der Molybdänblau-Reaktion

Prinzip:

Serum ist zunächst mit Trichloressigsäure zu enteiweißen.

Nach Zusatz von Molybdat zum proteinfreien klaren Überstand bildet sich Phosphomolybdat, das durch geeignete Reduktionsmittel zu kolloidalem Molybdänblau reduziert wird. Die Lichtabsorption der entstandenen blauen Farbe läßt sich photometrisch bestimmen; sie ist dem Phosphatgehalt der Probe in einem weiten Bereich direkt proportional.

$$\text{Phosphat} + \text{Molybdat} \longrightarrow \text{Phosphomolybdat}$$

$$\text{Phosphomolybdat} + \text{Reduktionsmittel} \longrightarrow \text{Molybdänblau}$$

Spezifität:

Unter den Reaktionsbedingungen wird Creatinphosphat in Creatin und Phosphat gespalten.
Da Serum jedoch kein Creatinphosphat enthält, wird mit dem Verfahren das anorganische Phosphat in Blutproben spezifisch erfaßt.

Berechnung:

Bei exakter Einhaltung der Reaktionsbedingungen und Verwendung eines stabilen Reduktionsmittels können die Ergebnisse über einen Faktor berechnet werden, der aus den Meßwerten von Standardlösungen ermittelt wurde.

Die Angabe der Phosphatkonzentration erfolgt in mmol/l oder - bei Umrechnung auf den Phosphorgehalt der Ionen - in mg P/dl.

Normbereiche:

Erwachsene
2,6 - 4,5 mg P/dl Serum (0,8 - 1,5 mmol Phosphat/l Serum)

Kinder und Jugendliche
4,0 - 7,0 mg P/dl Serum (1,3 - 2,3 mmol Phosphat/l Serum)

Störungen:

Serum bzw. Plasma sind spätestens 2 Stunden nach der Probenahme von den Erythrocyten abzutrennen, da es sonst zur Umverteilung der Phosphatester aus den roten Blutkörperchen in die flüssige Phase kommt.

Hämolytische Seren dürfen nicht verarbeitet werden. Die bei der Lyse von Erythrocyten freiwerdenden Phosphatester können durch die im Serum vorkommenden Phosphatasen gespalten werden, so daß sich fälschlich zu hohe Phosphatwerte ergeben.

Mannit, das zur Anregung einer osmotischen Diurese oder als Zuckerersatzstoff Anwendung findet, kann sich in Form eines Komplexes an Phosphomolybdat binden, so daß nach Zusatz des Reduktionsmittels kein Molybdänblau entsteht und somit fälschlich zu niedrige Phosphatkonzentrationen im Serum ermittelt werden.

Serumproteine (Gesamteiweiß)

Überblick:

Serum bzw. Plasma enthält eine große Zahl verschiedener Proteine mit unterschiedlichen Eigenschaften und Aufgaben.

Das Serumalbumin dient zur Aufrechterhaltung des kolloidosmotischen Drucks, zum Transport freier Fettsäuren, schwer wasserlöslicher Verbindungen (z. B. Bilirubin, Hormone, Pharmaka u. a.) sowie einiger hydrophiler Substanzen (z. B. Calcium, Harnsäure u. a.) im Plasma.

Lipoproteine ermöglichen den Transport von Triglyceriden und Cholesterin.

Spezielle Transportproteine finden sich im Serum für Eisen (Transferrin), Kupfer (Coeruloplasmin), Hämoglobin (Haptoglobin), Thyroxin (Präalbumin und Thyroxin-bindendes Globulin), Cortisol (Transcortin), Retinol (Retinol-bindendes Protein), Vitamin B_{12} (Transcobalamine) u. a.

Die meisten an der Gerinnung und Fibrinolyse beteiligten Faktoren sowie die Komponenten des Complementsystems konnten als Eiweiße identifiziert werden.

Die humoralen Antikörper (Immunglobuline) stellen Proteine dar.

Schließlich sind in diesem Zusammenhang die Serumenzyme, Enzyminhibitoren (α_1-Antitrypsin, α_1-Antichymotrypsin, α_2-Makroglobulin, Antithrombin III u. a.) und die Proteohormone (Insulin, ACTH, Parathormon, Hypophysenvorderlappenhormone u. a.) zu erwähnen.

Mit den üblichen Proteinbestimmungsverfahren werden alle im Serum enthaltenen Eiweißkörper erfaßt. Die Summe der Proteine bezeichnet man als "Gesamteiweiß". Bei der Interpretation der Daten ist zu berücksichtigen, daß diese Größe nur eine summarische Aussage erlaubt.

Erniedrigte Konzentrationen an Gesamteiweiß im Serum finden sich bei:

    Verminderter Proteinsynthese
        schwere Mangelernährung
        Malabsorptionssyndrom (Cöliakie, Sprue)
        schwerer Leberparenchymschaden (z. B. Lebercirrhose)
        Antikörper-Mangel-Syndrom
        neoplastische Erkrankungen in fortgeschrittenen Stadien
        angeborene Analbuminämie (sehr selten)

    Vermehrtem Proteinverlust
        über den Magen-Darm-Kanal
            exsudative Gastroenteropathie
            M. CROHN, Colitis ulcerosa
            gastro- oder duodeno-colische Fisteln
            M. WHIPPLE
        über die Nieren
            insbesondere bei nephrotischem Syndrom
        ausgedehnte Verbrennungen
        Erkrankungen mit Ascites

Eine Erhöhung der Gesamteiweißkonzentration im Serum ist zu beobachten bei:
    Schwerer Exsiccose
    Monoclonalen Gammopathien
        Plasmocytom, M. WALDENSTRÖM, selten Schwerkettenkrankheit

Bestimmung der Gesamteiweißkonzentration im Serum

Überblick:

Zur Ermittlung der Proteinkonzentration im Serum stehen zur Verfügung:

1. Die Komplexbildung mit Kupferionen (Biuretmethode),
2. die Messung der Absorption von UV-Licht und
3. die Bestimmung über den Stickstoffgehalt der Eiweißkörper nach KJELDAHL.

1. Biuretmethode

Prinzip:

Das Verfahren beruht auf der Anlagerung von zweiwertigen Kupferionen im alkalischen Milieu an die Peptidbindungen der Proteine. Im sog. Biuretreagens werden die Cu^{++}-Ionen durch Tartrat komplex in Lösung gehalten. Die Intensität der entstehenden violetten Farbe ist der Zahl der Peptidbindungen und damit der Proteinkonzentration in einem weiten Bereich proportional. Das Extinktionsmaximum liegt bei 540 nm.
Die übrigen stickstoffhaltigen Verbindungen des Serums (Harnstoff, Harnsäure, Aminosäuren u. a.) geben mit Kupferionen keine Farbe.

Spezifität:

Die Methode erfaßt spezifisch Peptidbindungen, so daß alle Peptide und Proteine reagieren. Da die Serumkonzentration niedermolekularer Peptide im Vergleich zur Proteinkonzentration sehr gering ist, kann das Verfahren als spezifisch für Proteine angesehen werden.

Berechnung:

Wenn die vorgeschriebenen Reaktionsbedingungen streng eingehalten werden, kann die Berechnung über einen Faktor erfolgen, der durch die Analyse von Serumalbumin als Standardsubstanz ermittelt wurde.

Normbereich:

6,2 - 8,0 g Protein/dl Serum

In Plasmen werden - je nach Fibrinogenkonzentration - höhere Werte gefunden.

Störungen:

Bei ikterischen, geringgradig hämolytischen oder lipämischen Seren kann die Bestimmung ausgeführt werden, wenn ein Proben-Leerwert in gleicher Weise wie der Bestimmungsansatz, jedoch in Abwesenheit von Kupfersulfat (Leerwert-Reagens) angesetzt wird.
Bei stark hämolytischen Seren ist keine vollständige Korrektur möglich, da der Globinanteil des in der Probe enthaltenen roten Blutfarbstoffs mitgemessen wird und einen zu hohen Eiweißgehalt des Serums vortäuscht.
Stark lipämische Proben können nicht direkt untersucht werden; vor der Farbreaktion sind die Proteine durch Zusatz organischer Lösungsmittel auszufällen und dadurch von den Lipiden zu trennen. Der Proteinniederschlag wird direkt in Biuretreagens aufgelöst und der Ansatz photometrisch gemessen.

Die Körperhaltung bei der Blutentnahme hat einen wesentlichen Einfluß auf die Ergebnisse (hierzu s. S. 3).

2. Bestimmung auf Grund der Absorption der Proteine im UV-Bereich

Prinzip:

Die Absorption der Proteine bei 280 nm ist durch deren Gehalt an aromatischen Aminosäuren, vor allem Tyrosin und Tryptophan, bedingt. Da die Konzentrationen dieser Aminosäuren bei den verschiedenen Proteinen sehr unterschiedlich sind, werden die photometrisch bestimmten Extinktionen mit einem mittleren Faktor, der an stark verdünnten Seren von Gesunden durch Vergleich mit einer anderen Methode ermittelt wurde, in Proteinkonzentrationen umgerechnet.

Störungen:

Ist die Eiweißzusammensetzung der Probe wesentlich verändert, hat der an Normalseren ermittelte Berechnungsfaktor keine Gültigkeit mehr, so daß die Ergebnisse verfälscht werden.

Das Verfahren ist sehr störanfällig, da sich bei der photometrischen Messung im UV-Bereich durch leichte Trübungen oder Hämolyse der stark verdünnten Seren erhebliche Fehler ergeben. Die Methode sollte daher vor allem zur Bestimmung des Proteingehalts gereinigter Präparationen Anwendung finden.

3. Bestimmung auf Grund des Stickstoffgehalts der Proteine nach KJELDAHL

Prinzip:

Obwohl es sich hierbei nicht um ein photometrisches Verfahren handelt, soll die Methode in diesem Zusammenhang besprochen werden. Allgemeines zur Titrimetrie s. S. 327.

Bei der Veraschung mit konzentrierter Schwefelsäure, der als Katalysator Selendioxid zugesetzt ist, werden alle Bestandteile der Proteine mit Ausnahme des Stickstoffs in ihre höchste Oxydationsstufe überführt: Kohlenstoff in Kohlendioxid, Wasserstoff in Wasser, Schwefel in Sulfat. Der Stickstoff bleibt in Form von Ammoniumionen in der Lösung.
Durch Alkalisieren des Ansatzes läßt sich Ammoniak freisetzen und in eine Säure bekannter Konzentration überdestillieren.
Der nicht verbrauchte Säureanteil wird zurücktitriert. Die neutralisierte Säuremenge entspricht dem gebildeten NH_3, aus dem sich der Stickstoffgehalt der Probe errechnen läßt.
Zur Umrechnung des Protein-N-Gehalts in die Konzentration an Gesamteiweiß dient ein Faktor, für den in der Literatur Werte zwischen 6,09 und 6,54 angegeben werden.

Störungen:

Im Serum sind geringe Mengen Stickstoff (beim Gesunden 10 - 25 mg/dl) in Form von Harnstoff, Creatinin, Harnsäure, Aminosäuren u. a. enthalten. Dieser Nicht-Eiweiß-Stickstoff wird mitbestimmt. Auf Grund der geringen Konzentration der genannten Substanzen erfolgt im allgemeinen keine Korrektur.

Wegen des technischen Aufwands ist das Verfahren zur routinemäßigen Gesamteiweißbestimmung praktisch nicht mehr in Gebrauch. Es ist jedoch sinnvoll, die Reinheit von Proteinpräparaten (z. B. von kristallisiertem Serumalbumin), die als Standardsubstanzen dienen sollen, mittels der Stickstoffbestimmung zu überprüfen.

Eiweißfraktionen des Serums

Überblick:

Im Serum finden sich zahlreiche Proteine, die sich in ihrem Aufbau aus Eiweiß-, Kohlenhydrat- und/oder Lipidanteilen, in ihrer Aminosäurezusammensetzung, in ihren physikalischen und funktionellen Eigenschaften u. ä. unterscheiden. Da alle Proteine mit den üblichen Eiweißbestimmungsverfahren (z. B. der Biuretreaktion) erfaßt werden, ist die spezifische Messung eines einzelnen Proteins mit chemischen Methoden ohne vorherige Isolierung nicht möglich.

Mit Hilfe eines physikalischen Trennverfahrens - der Wanderung im elektrischen Feld auf geeignetem Trägermaterial (s. unten) - können die Proteine in Serum und Liquor sowie nach Anreicherung auch im Harn in einzelne Fraktionen unterteilt werden. Nach Fixation der Eiweißanteile ist eine Anfärbung mit Proteinfarbstoffen möglich. Die relative Verteilung der Eiweißkörper läßt sich so photometrisch bestimmen.

Durch diese grobe Differenzierung der Proteine ergeben sich bereits entscheidende diagnostische Hinweise, die aus der Bestimmung der Gesamteiweißkonzentration allein nicht zu gewinnen sind.

Elektrophorese

Überblick:

Unter Elektrophorese versteht man allgemein die Wanderung von geladenen Teilchen im elektrischen Feld. Im engeren Sinn bezeichnet man damit Verfahren zur quantitativen Bestimmung der Relationen der verschiedenen Proteinfraktionen in Körperflüssigkeiten. Neben der physikalischen Trennung der Eiweiße auf Grund ihrer unterschiedlichen Ladung u. a. wird hierbei die Anfärbung der Proteinfraktionen und die photometrische Auswertung eingeschlossen.

Infolge ihres amphoteren Charakters können die Proteine in Abhängigkeit vom pH-Wert der sie umgebenden Lösung als Anionen oder als Kationen auftreten. An seinem isoelektrischen Punkt trägt ein Protein die gleiche Zahl negativer wie positiver Ladungen, es verhält sich somit elektrisch neutral. Bei diesem pH-Wert wandert das Eiweißmolekül im elektrischen Feld nicht.

Da alle Serumproteine mehr Mono-Amino-Dicarbonsäuren (Asparaginsäure, Glutaminsäure) als basische Aminosäuren (Arginin, Lysin, Histidin) enthalten, liegen ihre isoelektrischen Punkte im schwach sauren pH-Bereich:

Albumin	pH 4,6
Proteine der α-Globulin-Fraktion	etwa pH 4,8
Proteine der β-Globulin-Fraktion	etwa pH 5,2
Proteine der γ-Globulin-Fraktion	etwa pH 6,4

Oberhalb dieser pH-Werte sind alle Serumproteine negativ geladen.
Bei pH 8,6 trägt das Albumin die größte negative Überschußladung und wandert im elektrischen Feld am weitesten in Richtung Anode, die γ-Globuline mit der geringsten negativen Nettoladung zeigen die kürzeste Wanderungsstrecke.

Die Beweglichkeit eines Proteins im elektrischen Feld hängt nicht nur von seiner Ladung, sondern auch von der Größe und Form des Moleküls sowie den Versuchsbedingungen (pH-Wert und Ionenstärke des Puffers, Feldstärke, Temperatur u. a.) ab. Die Wanderungsgeschwindigkeit ist direkt proportional der angelegten Spannung und der Ladung und umgekehrt proportional dem Radius der Teilchen.

Die Trennung der Serumproteine im elektrischen Feld stellt also eine Differenzierung auf Grund unterschiedlicher physikalischer Eigenschaften dar. Aus der gleichen Wanderungsgeschwindigkeit kann daher nicht auf chemische Einheitlichkeit geschlossen werden. Während das Serumalbumin eine homogene Substanz darstellt, sind die übrigen abtrennbaren Fraktionen (α_1-, α_2-, β- und γ-Globuline) durch zufällige, jedoch reproduzierbare Überlagerung verschiedener Proteine mit ähnlichen physikalischen Eigenschaften entstanden. In Tabelle 39 sind die wesentlichen Bestandteile der einzelnen Globulinfraktionen zusammengestellt.

Tabelle 39. Wichtige Proteine, die bei der Serumelektrophorese im Bereich der Globulinfraktionen wandern

Lokalisation im Bereich von	Wesentliche Substanzen
α_1-Globulinen	α_1-Antitrypsin α_1-Antichymotrypsin saures α_1-Glykoprotein α_1-Lipoproteine (HDL)
zwischen α_1- und α_2-Globulinen	Thyroxin-bindendes Globulin Inter-α-Trypsininhibitor
α_2-Globulinen	Haptoglobin α_2-Makroglobulin Coeruloplasmin Retinol-bindendes Protein
zwischen α_2- und β-Globulinen	prä-β-Lipoproteine (VLDL)
β-Globulinen	Transferrin Hämopexin β_2-Mikroglobulin β-Lipoproteine (LDL) Complement-Komponenten
zwischen β- und γ-Globulinen	IgM
γ-Globulinen	IgG, IgA, IgD, IgE

Prinzip:

Als Trägermaterial zur Durchführung von Elektrophoresen dienen heute fast ausschließlich Folien aus acetylierter Cellulose (allgemein als Cellulose-Acetat-Folien bezeichnet). Sie haben gegenüber dem früher verwendeten Filterpapier erhebliche Vorteile: Vor allem adsorbiert die Folie kein Protein, die Trennung der Fraktionen ist schon nach kurzer Trennzeit wesentlich schärfer, die Anfärbung erfolgt schneller und die Entfärbung des Trägers ist vollständiger als bei Papier.

Durchführung von Serumelektrophoresen auf Cellulose-Acetat-Folien:

Genaue Arbeitsanleitungen zur praktischen Durchführung von Serumelektrophoresen werden von den Herstellerfirmen zu den entsprechenden Systemen mitgeliefert. In diesem Rahmen erfolgt nur die Darstellung der wesentlichen Schritte.

Zunächst wird die verwendete Folie mit Pufferlösung getränkt und der Streifen in die Elektrophoresekammer eingelegt (s. Abb. 36).

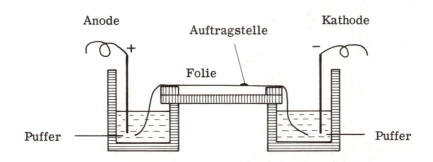

Abb. 36. Schematische Darstellung einer Elektrophoresekammer

Nach Auftragen des Serums (etwa 0,25 μl) erfolgt die Trennung der Proteine durch das Anlegen einer definierten Spannung (meist 250 V) über einen festgelegten Zeitraum.
Anschließend wird der Streifen ohne vorheriges Trocknen in ein Färbebad gebracht, in dem nicht nur die Färbung, sondern gleichzeitig auch die Denaturierung und damit die Fixation der Proteine an die Folie erfolgt.
Nach der Färbung (meist finden Amidoschwarz 10 B oder Ponceau-Rot als Farbstoffe Verwendung) erscheinen Proteine und Folie gleichmäßig blau bzw. rot.
In Entfärbebädern (Methanol : Eisessig 9 : 1) muß daher der Farbstoff vom Trägermaterial entfernt werden.
Ist der Folienuntergrund völlig farblos, wird der Streifen auf einen Objektträger aufgezogen und mit einer Walze luftblasenfrei angedrückt.
Nach dem Einlegen in ein Transparenzbad (Dioxan : Isobutanol 7 : 3) ist die Folie durchsichtig und kann daher anschließend bei etwa 95 $^{\circ}$C auf dem Objektträger fixiert werden.

Photometrische Auswertung der Elektrophorese-Diagramme:

Der Objektträger mit dem transparenten Elektrophoresestreifen wird in das Auswertgerät eingelegt, in dem die Folie mit gleichmäßigem Vorschub zwischen einer stabilisierten Lichtquelle und einer Photozelle durchgezogen wird. Die Registrierung der Extinktion erfolgt kontinuierlich, so daß sich das typische Elektrophorese-Diagramm mit 5 verschiedenen Proteinfraktionen

$$\text{Albumin, } \alpha_1\text{-, } \alpha_2\text{-, } \beta\text{- und } \gamma\text{-Globuline}$$

darstellt.
Gleichzeitig wird das Integral ermittelt und in Form von bestimmten Markierungen registriert (s. Abb. 37, S. 266).

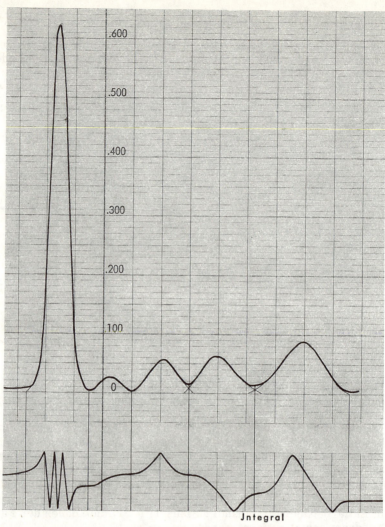

Abb. 37. Photometrische Auswertung eines Elektrophorese-Diagramms: Extinktionskurve und zugehörige Integralaufzeichnung

Rechnerische Auswertung des oben abgebildeten Diagramms:

Fraktion	Integral-einheiten	rel. %
Albumin	57,6	60,3
α_1-Globuline	2,2	2,3
α_2-Globuline	7,5	7,9
β-Globuline	9,1	9,5
γ-Globuline	19,1	20,0
	Summe 95,5	Summe 100 %

Berechnung der Verteilung der Serumproteine:

Zur Auswertung wird in das Diagramm die Basislinie eingetragen und für jede Fraktion - beginnend beim Albumin - eine GAUSS' sche Kurve eingezeichnet. Dabei ist darauf zu achten, daß die GAUSS' schen Kurven symmetrisch sind und daß die durch diese Kurven unter den Extinktionsminima abgegrenzten Flächen gleich groß sind (s. Abb. 37, S. 266).

Durch die Schnittpunkte der eingezeichneten Kurvenanteile wird jeweils eine Senkrechte zur Basislinie bis in den Bereich der Integralmarken gezeichnet. Anschließend werden die den verschiedenen Fraktionen entsprechenden Markierungen abgezählt. Deren Summe wird gleich 100 % gesetzt und der relative Anteil jeder der 5 Proteinfraktionen aus der Zahl der Integralmarken pro Fraktion errechnet (s. S. 266).

Zur Umrechnung der Relativ-Prozente (rel. %) in g/dl Serum benötigt man den Gesamteiweißgehalt des Serums (Bestimmungsverfahren s. S. 261).

Beispiel: Gesamteiweiß 7,0 g/dl Serum

Fraktion	rel. %	g/dl
Albumin	60,3	4,22
α_1-Globuline	2,3	0,16
α_2-Globuline	7,9	0,55
β-Globuline	9,5	0,67
γ-Globuline	20,0	1,40
Summe	100 %	7,0 g/dl

Normbereiche:

Die Ergebnisse sind in gewissen Grenzen von der verwendeten Methodik, dem Trägermaterial und dem zur Anfärbung der Proteine benutzten Farbstoff abhängig. Hierdurch erklärt es sich, daß die in der Literatur angegebenen Normbereiche voneinander abweichen.
Als Richtlinien zur Interpretation der bei Anfärbung mit Amidoschwarz 10 B gewonnenen Resultate können folgende Bereiche gelten:

Albumin	55 - 70 rel. %	3,7 - 5,2 g/dl Serum
α_1-Globuline	2 - 5 "	0,1 - 0,4 "
α_2-Globuline	5 - 10 "	0,5 - 1,0 "
β-Globuline	10 - 15 "	0,6 - 1,2 "
γ-Globuline	12 - 20 "	0,6 - 1,6 "

Charakteristische Elektrophorese-Diagramme:

In Abb. 38, S. 268 - 269, sind typische Veränderungen von Elektrophoresen bei bestimmten Krankheitsbildern schematisch dargestellt.

Störungen:

Jede der verschiedenen Eiweißfraktionen gibt mit den Proteinfarbstoffen ein Produkt, das einen unterschiedlichen Extinktionskoeffizienten aufweist. Die Unterschiede sind bei Verwendung von Amidoschwarz 10 B am geringsten.

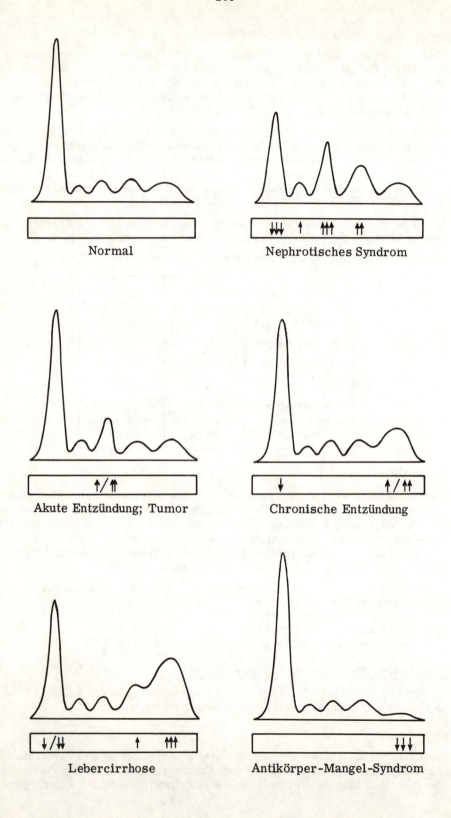

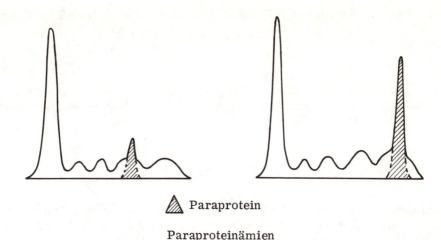

▨ Paraprotein

Paraproteinämien

Abb. 38. Typische Elektrophorese-Diagramme

Ist in der Probe noch Fibrinogen enthalten - z. B. durch eine unvollständige Gerinnung im Rahmen einer Antikoagulantientherapie oder bei Verwendung von Plasma -, so wandert dieser Eiweißkörper zwischen der β- und γ-Globulinfraktion. Eine regelrechte Trennung ist hierdurch nicht möglich.

Fehlerquellen:

Die Ausführung von Elektrophoresen erfordert technisches Geschick und eine ausreichend lange Einarbeitungszeit. Vor allem das sachgemäße Auftragen der sehr geringen Serummengen bereitet dem Anfänger oft große Schwierigkeiten.

Häufige Fehlerursachen sind:
Pufferlösung benutzt, die nicht die richtige Molarität und/oder nicht den vorgeschriebenen pH-Wert zeigt.
Pufferlösung zu häufig verwendet.
Folie nicht vollständig mit Puffer getränkt.
Überschüssige Flüssigkeit nicht ausreichend von der Folie entfernt.
Folie so in die Kammer eingelegt, daß die Enden nicht in die Pufferlösung eintauchen.
Zu viel oder zu wenig Serum bzw. Probe nicht gleichmäßig aufgetragen.
Folie während der Trennung nicht ausreichend gespannt.
Vorgeschriebene Spannung oder optimale Trennzeit nicht eingehalten.
Kammer falsch gepolt.
Färbe- und Entfärbelösung nicht oft genug erneuert, dadurch unzureichende Anfärbung oder unvollständige Entfärbung.
Transparenzbad nicht häufig genug frisch angesetzt, Streifen daher nicht ausreichend durchsichtig.
Transparente Folie beim Aufbringen auf den Objektträger verzogen.
Trägermaterial nicht luftblasenfrei auf das Glas aufgebracht.
Folie nicht ausreichend oder bei zu hoher Temperatur getrocknet.
Elektrophoresestreifen nicht vorschriftsmäßig in das Auswertgerät eingelegt.
Bereich des LAMBERT-BEER-BOUGUER' schen Gesetzes oder Registrierbereich des Meßgeräts bei der photometrischen Auswertung überschritten.
Extinktionskurve oder Integralaufzeichnung nicht korrekt ausgewertet.

II. PHOTOMETRISCHE METHODEN ZUR BESTIMMUNG VON ENZYMAKTIVITÄTEN

Auf die chemische Struktur, ihre Wirkungsweise und Spezifität, sowie die Einteilung bzw. Nomenklatur der Enzyme kann in diesem Rahmen nicht eingegangen werden. Hierzu s. Lehrbücher der Biochemie.

Grundlagen der Enzymdiagnostik

Die Bestimmung von Enzymaktivitäten in Körperflüssigkeiten, wie Serum, Plasma Harn oder Liquor, hat für die Diagnostik und zur Verlaufs- bzw. Therapiekontrolle ganz wesentliche Bedeutung erlangt. Die technischen Voraussetzungen zur Ausführung solcher Messungen sind heute auch in zahlreichen Praxislaboratorien gegeben. Verfahren zur Bestimmung von Enzymaktivitäten in Körperzellen, wie z. B. Erythrocyten, werden bisher nur in Speziallaboratorien ausgeführt.

Die in Serum bzw. Plasma nachweisbaren Enzyme können entweder in vivo im Blut eine physiologische Funktion ausüben, wie beispielsweise die an der Gerinnung beteiligten Enzyme, die Cholinesterase oder Lecithin-Cholesterin-Acyl-Transferase, oder sie haben innerhalb der Blutbahn keine Funktion, d. h., sie stellen Produkte des Zellumsatzes dar (s. Tabelle 40).

Tabelle 40. Enzyme und ihre physiologischen Wirkungsorte

Enzyme	Beispiele	Aktivität im Serum bei Schädigung der Ursprungszellen
mit physiologischer Funktion im Blut	an der Gerinnung und Fibrinolyse beteiligte Faktoren Cholinesterase Lecithin-Cholesterin-Acyl-Transferase	Abfall
Sekretionsprodukte exokriner Drüsen	α-Amylase Pankreaslipase	Anstieg
mit physiologischer Funktion in der Zelle	CK, GOT, GPT, γ-GT, GLDH, LDH, α-HBDH, Phosphatasen	Anstieg

Die Enzymproteine lassen sich chemisch nicht von den übrigen Serumproteinen unterscheiden. Dabei ist zu berücksichtigen, daß die Konzentrationen der einzelnen Enzyme in Körperflüssigkeiten außerordentlich gering sind. Serum des Gesunden enthält etwa 0,1 μg Glutamat-Oxalacetat-Transaminase im Milliliter. Zum Vergleich sei erwähnt, daß die Gesamteiweißkonzentration 60 - 80 mg/ml Serum beträgt, d. h., die Konzentrationen verhalten sich etwa wie 1 : 700 000. Da die Enzymkonzentrationen mithin chemisch nicht direkt ermittelt werden können, berechnet man ihre Aktivität aus der Geschwindigkeit, mit der die Umsetzung eines geeigneten Substrats erfolgt.

Immunologische Methoden finden bisher in der klinischen Enzymologie nur begrenzt Anwendung. Dies beruht darauf, daß die technische Durchführung der spezifischen und quantitativen Bestimmung von Proteinen in derart niedrigen Konzentrationen sehr aufwendig ist.

Enzyme, die intravasal keine physiologische Funktion ausüben, finden sich bei Gesunden nur in sehr niedriger, aber stets meßbarer Aktivität im Serum. Eine Schädigung der Herkunftszellen führt zu einem vermehrten Einstrom der Proteine in den Kreislauf.

Umgekehrt verhält es sich bei den Enzymen, die eine Aufgabe im Plasma erfüllen. Bei einer Funktionsstörung der Syntheseorgane kommt es zu einem Abfall der in der Probe meßbaren Enzymaktivitäten.

Treten erhöhte Aktivitäten von Enzymen im Serum auf, die bevorzugt in einem bestimmten Gewebe vorkommen, so läßt dieser gesteigerte Proteinaustritt Rückschlüsse auf die Lokalisation der Schädigung zu. Beispielsweise findet sich Creatin-Kinase fast ausschließlich in Muskulatur, so daß das Auftreten erhöhter Aktivitäten des Enzyms im Serum auf eine Erkrankung der Herz- oder Skelettmuskulatur hinweist. Läßt sich vermehrt Pankreaslipase im Serum nachweisen, liegt ein Membrandefekt von Acinuszellen der Bauchspeicheldrüse vor.

Werden Aktivitätsanstiege eines Bestandteils der Hauptketten des Stoffwechsels, d. h. eines in allen Zellen vorkommenden Enzyms nachweisbar, ist kein Hinweis auf die Schädigung eines bestimmten Organs gegeben.

Da die pathologische Enzymzusammensetzung im Serum derjenigen des erkrankten Gewebes ähnelt, können aus der Bestimmung mehrerer Bestandteile, d. h. der Ermittlung von sog. Enzymmustern, differentialdiagnostische Rückschlüsse gezogen werden. So enthält z. B. Muskulatur wesentlich mehr Glutamat-Oxalacetat-Transaminase (GOT) als Glutamat-Pyruvat-Transaminase (GPT). In der Leber hingegen kommen beide Enzyme in hoher Aktivität vor. Dementsprechend findet sich nach einem Herzinfarkt ein ausgeprägter Anstieg der GOT im Serum, während die GPT nur geringgradig erhöht ist. Andererseits werden bei einer akuten Hepatitis starke Aktivitätssteigerungen der beiden Transaminasen im Serum beobachtet.

Schließlich sei erwähnt, daß einige Enzyme in multiplen Formen, d. h. als sog. Isoenzyme vorkommen. Isoenzyme besitzen die gleiche oder eine ähnliche Substratspezifität, unterscheiden sich jedoch in chemischen und physikalischen Eigenschaften, im pH-Optimum, in der Affinität zum Substrat und in der Empfindlichkeit gegenüber Inhibitoren und denaturierenden Agentien.

Die Struktur der Isoenzyme ist genetisch bedingt. Entweder setzen sie sich aus 2 oder 4 unterschiedlich aufgebauten Polypeptidketten (Untereinheiten), die nicht covalent gebunden sind, zusammen, oder es handelt sich um strukturell differente Proteine. Aus Untereinheiten bestehen beispielsweise die Isoenzyme der Lactat-Dehydrogenase (s. S. 292) und die der Creatin-Kinase (s. S. 284). Eine unterschiedliche Struktur findet sich z. B. bei der cytoplasmatischen und mitochondrialen Glutamat-Oxalacetat-Transaminase (s. S. 287).

Richtlinien für die Messung von Enzymaktivitäten

Wie bereits betont, kann im allgemeinen nur die Aktivität eines Enzyms, nicht aber dessen Konzentration bestimmt werden. Da Enzymaktivitätsmessungen von wesentlich mehr Variablen abhängen als beispielsweise chemische Reaktionen zur Analyse von Metabolitspiegeln und andererseits eine Auswertung der Meßergebnisse über Standard-Enzympräparationen nicht möglich ist, müssen die Verfahren zur Ermittlung von Enzymaktivitäten besonders streng standardisiert sein. Die Enzymkommission der Internationalen Union für Biochemie hat daher 1961 folgende Reaktionsbedingungen formuliert:

    Optimaler pH-Wert
    Definierte Temperatur (25 $^\circ$C)
    Optimale Substratkonzentration
    Optimale Coenzymkonzentration
    Optimale Konzentrationen an Aktivatoren

Da biologisches Material nicht selten Inhibitoren enthält, ist ferner darauf zu achten, daß deren Konzentrationen im Test möglichst gering sind. Dies erreicht man mit empfindlichen Testverfahren, bei denen nur relativ geringe Probevolumina eingesetzt werden müssen.

Weiterhin wird empfohlen, in allen Fällen, in denen es technisch möglich ist, die Anfangsgeschwindigkeit der enzymatischen Reaktion zu messen.

In der derzeitigen Diskussion über die Einführung einer Meßtemperatur von 37 $^\circ$C spielen ausschließlich kommerzielle Gesichtspunkte eine Rolle. Auf die mit einer solchen Umstellung verbundenen Probleme soll hier nicht im Detail eingegangen werden. Es sei lediglich erwähnt, daß die Affinität der Enzyme zu ihren Substraten bei 37 $^\circ$C im allgemeinen geringer ist als bei 25 $^\circ$C. Dies hat zur Folge, daß höhere Substratkonzentrationen eingesetzt werden müssen. Außerdem sind Reagentien, Hilfsenzyme und Proben längere Zeit vorzutemperieren, wodurch die Gefahr einer Denaturierung von Proteinen gegeben ist. Besonders schwerwiegend für den klinisch tätigen Arzt ist die Tatsache, daß sich die Ergebnisse der einzelnen Enzymaktivitätsmessungen entsprechend ihrem Q_{10}-Wert in ganz unterschiedlicher Weise - um Faktoren zwischen 1, 2 und etwa 4 - ändern.

Die Enzymkommission hat zur Angabe der Aktivität eine auf alle Enzyme anwendbare Standardeinheit definiert:

---

1 Internationale Einheit (U) ist diejenige Enzymaktivität, die unter definierten Bedingungen die Umwandlung von 1 Mikromol Substrat pro Minute katalysiert.

Bei einigen klinisch wichtigen Enzymen ist eine - in den gleichen Empfehlungen gegebene - Erweiterung dieser Definition zu verwenden. Wenn z. B. ein Polysaccharid oder ein Protein als Substrat dient, in dem mehr als eine Bindung angegriffen werden kann, so ist "1 Mikromol Substrat" durch "1 Mikromol der betreffenden freigesetzten Gruppe" zu ersetzen. Beispielsweise gilt bei der Angabe der Aktivität der Pankreaslipase die Menge der aus Triglyceriden freigesetzten Fettsäurereste als Maß des Substratumsatzes.

Die Einheit ist nicht auf ein bestimmtes Volumen bezogen, da eine solche Angabe

z. B. für die Aktivität kristallisierter Enzyme nicht sinnvoll wäre; letztere wird allgemein in U/mg Protein angegeben. Für die klinisch bedeutsamen Enzyme findet die Dimension U/l Serum o. ä. Verwendung.

Zur Messung von Enzymaktivitäten werden nicht selten fertige Reagentienzusammenstellungen benutzt. Im allgemeinen wird vom Hersteller ein Verfallsdatum angegeben, bis zu dem die Reagentien - sachgemäße Aufbewahrung vorausgesetzt - zur enzymatischen Bestimmung verwendet werden können.

Meist werden die Substrate und Puffersubstanzen in trockener Form und die Coenzyme gefriergetrocknet (lyophilisiert) geliefert. In diesem Zustand sind sie bei Kühlschranktemperatur unter Lichtabschluß größtenteils ein Jahr lang haltbar. Lyophilisiertes Material liegt meist in Form feiner Flocken vor, so daß beim Öffnen der Fläschchen und bei der Zugabe von Lösungsmittel darauf zu achten ist, daß keine Substanz verlorengeht. Nach Auflösen mit der vorgeschriebenen Flüssigkeitsmenge ist die Haltbarkeit auf Stunden, Tage oder Wochen begrenzt. Im einzelnen sind bei jedem Verfahren die eingehenden Arbeitsvorschriften zu beachten.

Die Hilfsenzyme stehen im allgemeinen als Suspension der kristallisierten Proteine zur Verfügung. In dieser Form sind sie monatelang haltbar. Einfrieren und Wiederauftauen ist zu vermeiden, da es hierbei zur Inaktivierung der Enzyme kommen kann.

Da die Geschwindigkeit enzymatischer Reaktionen vom pH-Wert im Testansatz abhängt, muß darauf geachtet werden, daß es nicht durch Verunreinigungen (unsaubere Volumenmeßgeräte, Pilz- oder Bakterienwachstum) zu pH-Verschiebungen kommt.

Die häufigste Ursache für fehlerhafte Enzymaktivitätsbestimmungen ist die Nichteinhaltung der vorgeschriebenen Temperatur im Testansatz. Messungen von Enzymaktivitäten dürfen nur durchgeführt werden, wenn ein Umwälzthermostat mit Gegenkühlung zur Verfügung steht, der zur Vorinkubation der Ansätze und zur Thermostatisierung eines temperierbaren Küvettenhalters dient. Schon eine Änderung der Meßtemperatur um 1 $^{\circ}$C bedingt eine Verfälschung des Ergebnisses um durchschnittlich 10 %.

Die Regelung der Temperatur erfolgt im allgemeinen mit Kontaktthermometern. Da diese nicht eichfähig sind, ist das Thermostatwasser mit einem geeichten Kontrollthermometer auf $\pm 0,1$ $^{\circ}$C genau einzustellen. Zwischen dem Wasser des Thermostaten und dem Küvetteninhalt kann ein Temperaturgefälle bestehen, beispielsweise durch sehr lange Schlauchsysteme, so daß zu Beginn der Messungen überprüft werden muß, ob auch der Inhalt der Küvette tatsächlich 25 $^{\circ}$C zeigt.

Puffer- und Substratlösungen werden zur besseren Haltbarkeit im Kühlschrank aufbewahrt. Aus den Vorratsflaschen entnimmt man den Bedarf für eine Analysenserie durch Ausgießen in ein sauberes Gefäß (nicht mit Pipetten!). Da Puffer und Substrate ideale Nährböden darstellen, wird hierdurch die Gefahr einer bakteriellen Besiedlung vermindert. Anschließend sind die Lösungen - ausgenommen die Hilfsenzyme - im Wasserbad auf die vorgeschriebene Meßtemperatur zu bringen.

Bei den käuflichen Reagentienkombinationen, die Substrate, Puffer, Coenzyme, Hilfsenzyme, Aktivatoren u. a. in einem Gefäß enthalten, ist das Lösungsmittel zu temperieren. Außerdem sind auch die Glasflaschen mit den Reagentien auf 25 $^{\circ}$C vorzuwärmen. Wird dies nicht beachtet und Flüssigkeit von 25 $^{\circ}$C in ein kurz zuvor aus dem Kühlschrank entnommenes Reagensfläschchen pipettiert, so wird die für die Messung vorgeschriebene Temperatur nicht erreicht und es ergeben sich fälschlich zu niedrige Enzymaktivitäten.

Die Brauchbarkeit von Lösungen der reduzierten Coenzyme kann anhand ihrer Extinktion bei 365 nm überprüft werden. Im allgemeinen bedingt die Zugabe der vorgeschriebenen Menge NADH oder NADPH bei 1 cm Schichtdicke eine Extinktionszunahme um etwa 0,600. Da auch Serum zahlreiche in diesem Bereich absorbierende Substanzen enthält, würde die Extinktionsmessung in Anwesenheit höherer Konzentrationen der Nucleotide unzuverlässig. Die wesentliche Ursache liegt darin, daß der Gültigkeitsbereich des LAMBERT-BEER-BOUGUER'schen Gesetzes überschritten wird.

Die diagnostisch wichtigen, mit optischen Tests meßbaren Enzyme kommen in jedem Serum in niedriger Aktivität vor, so daß sich stets eine geringe Extinktionsänderung pro Zeiteinheit ergibt. Findet man eine solche Änderung des Meßsignals nicht, kann dies daran liegen, daß das Coenzym - der limitierende Faktor der Bestimmung - vollständig oxydiert (oder - je nach Methodik - reduziert) ist. Dies wird an Seren mit sehr hoher Enzymaktivität beobachtet, bei denen das Coenzym bereits während der kurzen, zum Mischen des Ansatzes und zur Vorbereitung der Messung benötigten Zeit vollständig umgewandelt wurde. Die genannte Situation ist dadurch zu bestätigen, daß erneut NADH (oder NADPH) in die Küvette gegeben, sofort gemischt und die Extinktionsänderung verfolgt wird. Weiterhin ist die Messung mit verdünntem Serum zu wiederholen.

Ferner ist stets daran zu denken, daß geringe Extinktionsänderungen auch durch eine instabile Photometeranzeige bedingt sein können. In dem zuvor beschriebenen Fall, d. h. dem vollständigen Verbrauch von NADH auf Grund extrem erhöhter Enzymaktivitäten, kann dies bedeuten, daß Werte im Bereich der unteren Normgrenze ermittelt werden, obwohl tatsächlich ein Befund vorliegt, der auf einen lebensbedrohlichen Zustand des Patienten hinweist (z. B. Glutamat-Oxalacetat-Transaminase von 5 U/l Serum anstelle von 1000 U/l). Zur Ausschaltung derartiger Fehlbefunde sind daher Angaben zum klinischen Bild bzw. zur Verdachtsdiagnose unerläßlich, damit das medizinisch-technische Personal durch Analyse verdünnter Proben gravierende meßtechnische Fehler erkennen und ausschalten kann.

Inhibitoren für das zu messende Enzym oder für ein Hilfsenzym können auf verschiedene Weise in den Ansatz gelangen.
In seltenen Fällen enthält das Serum selbst Inhibitoren, z. B. Pharmaka oder deren Metabolite. Zur Klärung dieser Frage setzt man verschiedene Verdünnungen der zu untersuchenden Probe ein. Wenn die Ansätze mit stark verdünntem Serum eine höhere Aktivität ergeben als dem Verdünnungsverhältnis entspricht, so weist dieses Ergebnis auf das Vorhandensein von Inhibitoren im Untersuchungsmaterial hin. Inhibitoren können weiterhin mit dem verwendeten Aqua bidest. (Schwermetallspuren!) oder den benutzten Glasgeräten bzw. Rührstäbchen in die Ansätze gelangen. Zum Spülen verwendete Detergentien stellen außerordentlich wirksame Hemmstoffe für viele Enzyme und Hilfsenzyme dar. Alle verwendeten Geräte zum Abmessen der Volumina und zum Ansetzen der Teste müssen peinlichst sauber sein.
Für die Ausführung von Enzymaktivitätsbestimmungen sind Kunststoffgefäße sowie Kunststoffspitzen, wie sie beim Arbeiten mit Kolbenpipetten verwendet werden, zum einmaligen Gebrauch besonders geeignet.

Die im Serum vorkommenden Enzyme, die differentialdiagnostische Bedeutung besitzen, sind - ausgenommen die sauren Phosphatasen (s. S. 296) - sehr lagerungsstabil. Bei Zimmertemperatur ist eine Aufbewahrung über mindestens 12 Stunden möglich. Bei Kühlschranktemperatur kommt es auch in der Regel nach 3 - 4 Tagen zu keinem Aktivitätsverlust.

Grundlagen der Methodik

Bei der Messung von Enzymaktivitäten ist zu unterscheiden zwischen:
  I. Kontinuierlichen Verfahren,
  II. diskontinuierlichen (meist 2-Punkt-Teste) und
  III. Endpunktverfahren.

Bei den kontinuierlichen Verfahren ist die Anfangsgeschwindigkeit der Reaktion direkt zu verfolgen. Diese Methodik ist daher den diskontinuierlichen Messungen überlegen und sollte bevorzugt Anwendung finden.

Der Reaktionsablauf während der Inkubation ist bei den diskontinuierlichen Testen und den Endpunktverfahren nicht zu beobachten. Die Linearität des Substratumsatzes mit der Zeit muß daher gesondert nachgewiesen werden.

Allgemein ist bei jeder Enzymaktivitätsbestimmung der Bereich abzugrenzen, in dem die Reaktionsgeschwindigkeit der Enzymmenge im Ansatz proportional ist. Seren und andere Körperflüssigkeiten mit hoher Aktivität sind so stark zu verdünnen, daß wieder im Proportionalitätsbereich gearbeitet wird.

I. Kontinuierliche Meßverfahren

Überblick:
  1. Unter den kontinuierlichen Verfahren spielen die sog. optischen Teste, bei denen die Oxydation oder Reduktion von Coenzymen an der Absorptionsänderung im nahen Ultraviolett gemessen wird, bei weitem die größte Rolle.
  2. In seltenen Fällen ist ein Produkt der enzymatischen Reaktion gefärbt oder es läßt sich zu einer gefärbten Verbindung umsetzen, so daß eine kontinuierliche Messung der Absorptionszunahme im Bereich des sichtbaren Lichts möglich ist.

1. Optischer Test (nach WARBURG)

Im optischen Test (UV-Test) wird der Unterschied in den Absorptionsspektren von NADH oder NADPH gegenüber NAD bzw. NADP (s. Abb. 31, S. 217) zur kontinuierlichen Messung von Enzymreaktionen genutzt. Der Verbrauch oder die Bildung von NADH und NADPH kann als Extinktionsänderung im Spektralphotometer bei 339 nm, im Spektrallinienphotometer bei 365 bzw. 334 nm direkt verfolgt werden.

Einfacher optischer Test (direkte Messung)

Beispiel:
  Bestimmung der Aktivität der Lactat-Dehydrogenase (LDH) im Serum.
  Das Enzym katalysiert die Reaktion:

$$\text{Pyruvat} + \text{NADH} + \text{H}^+ \xrightleftharpoons{\text{LDH}} \text{Lactat} + \text{NAD}^+$$

Als Substrate dienen Pyruvat und NADH. Meßgröße ist die durch die Oxydation von NADH bedingte Abnahme der Extinktion pro Zeiteinheit.

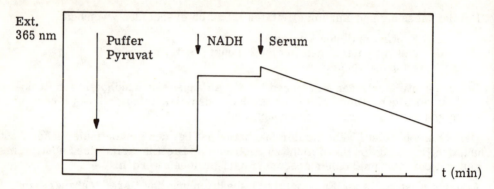

Abb. 39. Einfacher optischer Test
Bestimmung der LDH-Aktivität im Serum
Schematische Darstellung des Reaktionsablaufs

Zusammengesetzter optischer Test mit Indikatorreaktion (indirekte Messung)

Kann der enzymatisch bedingte Substratumsatz nicht direkt verfolgt werden, so läßt er sich häufig mit einer Indikatorreaktion koppeln, an der die Coenzyme NADH oder NADPH beteiligt sind.

Beispiel:

Bestimmung der Aktivität der Glutamat-Oxalacetat-Transaminase (GOT) im Serum.

Das Enzym katalysiert die Reaktion:

$$\text{2-Ketoglutarat} + \text{L-Aspartat} \xrightleftharpoons{\text{GOT}} \text{L-Glutamat} + \text{Oxalacetat}$$

Die GOT wird unter Verwendung von 2-Ketoglutarat und L-Aspartat als Substraten bestimmt. Je höher die Aktivität ist, desto mehr Oxalacetat entsteht pro Zeiteinheit. Oxalacetat kann in einer Indikatorreaktion durch Malat-Dehydrogenase (MDH) unter NADH-Verbrauch zu Malat reduziert werden:

$$\text{Oxalacetat} + \text{NADH} + \text{H}^+ \xrightleftharpoons{\text{MDH}} \text{Malat} + \text{NAD}^+$$

Der Verbrauch an NADH pro Minute ist der gebildeten Menge Oxalacetat äquivalent und damit auch der Aktivität der Glutamat-Oxalacetat-Transaminase.

Die geringe Extinktionsabnahme, die nach Zugabe des NADH beobachtet wird (s. Abb. 40, S. 277), ist auf den Umsatz des im Serum enthaltenen Pyruvats zurückzuführen. Würde diese Reaktion nur durch die Lactat-Dehydrogenase (LDH) des Serums katalysiert, wäre ein sehr langsam verlaufender NADH-Verbrauch und somit eine Störung der Meßreaktion die Folge. Daher fügt man dem Ansatz eine relativ große Menge LDH zu, die ausreicht, um das vorhandene Pyruvat während der Vorinkubation vollständig zu reduzieren.

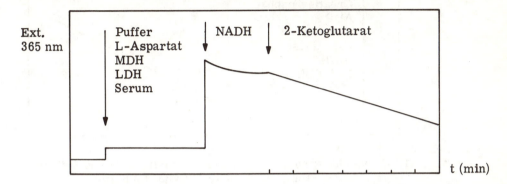

Abb. 40. Zusammengesetzter optischer Test mit Indikatorreaktion
Bestimmung der GOT-Aktivität im Serum
Schematische Darstellung des Reaktionsablaufs

<u>Zusammengesetzter optischer Test mit Hilfs- und Indikatorreaktion</u> (indirekte Messung)

In manchen Fällen läßt sich das durch enzymatische Umsetzung entstandene Produkt nicht direkt mit einer Indikatorreaktion koppeln, vielmehr muß zwischen beide Schritte eine Hilfsreaktion eingeschaltet werden.

<u>Beispiel:</u>

Bestimmung der Aktivität der Creatin-Kinase (CK) im Serum.

Das Enzym katalysiert die Reaktion:

$$\text{Creatinphosphat} + \text{ADP} \xrightleftharpoons{\text{CK}} \text{Creatin} + \text{ATP}$$

In einer Hilfsreaktion dient das gebildete ATP dazu, eine stöchiometrische Menge Glucose zu phosphorylieren:

$$\text{ATP} + \text{D-Glucose} \xrightleftharpoons{\text{Hexokinase}} \text{ADP} + \text{D-Glucose-6-Phosphat}$$

Glucose-6-Phosphat läßt sich in der folgenden Indikatorreaktion mit Glucose-6-Phosphat-Dehydrogenase (G-6-PDH) unter Bildung von NADPH dehydrieren:

$$\text{D-Glucose-6-Phosphat} + \text{NADP}^+ \xrightleftharpoons{\text{G-6-PDH}} \text{6-Phosphogluconat} + \text{NADPH} + \text{H}^+$$

Meßgröße ist die Zunahme der Extinktion durch das gebildete NADPH. Sie entspricht dem Umsatz von Creatinphosphat und damit der in der Probe enthaltenen Enzymaktivität.

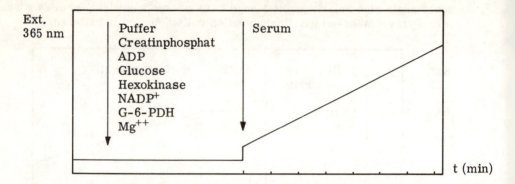

Abb. 41. Zusammengesetzter optischer Test mit Hilfs- und Indikatorreaktion
Bestimmung der CK-Aktivität im Serum
Schematische Darstellung des Reaktionsablaufs

2. <u>Verfahren zur Messung im Bereich des sichtbaren Lichts</u>

<u>Direkte Messung</u>

Ist eines der aus farblosen Substraten entstehenden Reaktionsprodukte gefärbt, kann eine direkte photometrische Messung der Extinktionszunahme erfolgen.

<u>Beispiel:</u>

Bestimmung der Aktivität der alkalischen Phosphatasen (AP) im Serum.

Die Enzyme katalysieren die Reaktion:

$$\text{4-Nitrophenylphosphat} + H_2O \xrightarrow{\text{alkalische Phosphatasen}} \text{4-Nitrophenolat} + \text{Phosphat}$$

Beim pH-Wert der Meßreaktion (um pH 10) liegt das gebildete 4-Nitrophenol praktisch vollständig in Form des gelb gefärbten 4-Nitrophenolats vor. Meßgröße ist die kontinuierliche Extinktionszunahme bei 405 nm pro Zeiteinheit. Sie entspricht der Bildung von 4-Nitrophenol und damit der Enzymaktivität.

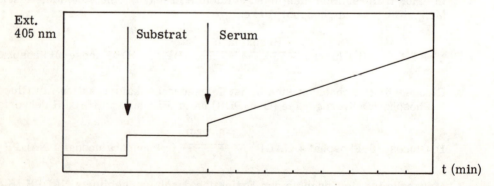

Abb. 42. Kontinuierliche direkte Messung
Bestimmung der Aktivität der alkalischen Phosphatasen
Schematische Darstellung des Reaktionsablaufs

Indirekte Messung

In einigen Fällen absorbiert das aus dem enzymatischen Umsatz hervorgehende Produkt nicht selbst, es läßt sich jedoch stöchiometrisch in eine gefärbte Verbindung überführen, d. h. also indirekt kontinuierlich photometrisch bestimmen.

Beispiel:

Bestimmung der Aktivität der Cholinesterase im Serum.

Zur Reaktionsgleichung s. S. 283. Das Produkt Thiocholin kann nicht direkt erfaßt werden. Es ist jedoch in der Lage, aus einer farblosen Verbindung einen gelb gefärbten Anteil freizusetzen, dessen Absorption kontinuierlich photometrisch meßbar wird.

II. Diskontinuierliche Meßverfahren

Wenn die oben beschriebenen Voraussetzungen zur kontinuierlichen Messung der Reaktion nicht erfüllt sind, muß die Konzentration an Substrat oder Produkt im Testansatz vor und nach einer definierten Inkubationszeit bestimmt werden.

Beispiel:

Bestimmung der Aktivität der sauren Phosphatasen im Serum.

Die Aktivität der sauren Phosphatasen kann bei Inkubation mit 4-Nitrophenylphosphat als Substrat nicht direkt an der Zunahme der Konzentration des Produkts 4-Nitrophenol gemessen werden, da sich die Absorptionskurve dieser Substanz im sauren pH-Bereich nicht von derjenigen des Substrats unterscheidet. Daher inkubiert man eine gepufferte Lösung von 4-Nitrophenylphosphat während einer definierten Zeit mit dem Serum. Durch Alkalisieren des Ansatzes wird das Enzym inaktiviert und das entstandene 4-Nitrophenol gleichzeitig in das gelb gefärbte 4-Nitrophenolat überführt. Außerdem ist ein Leerwert anzusetzen, dem das Serum erst nach Alkalisieren zugefügt wird, so daß die Eigenfarbe der Probe und die Spontanhydrolyse des Substrats Berücksichtigung finden.

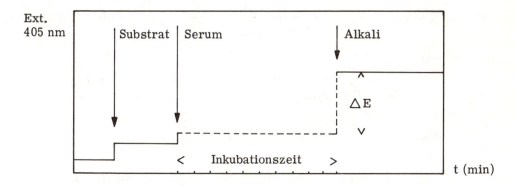

Abb. 43. Diskontinuierliche Messung
Bestimmung der Aktivität der sauren Phosphatasen
Schematische Darstellung des Reaktionsablaufs

III. Endpunktverfahren

Einige enzymatisch katalysierte Reaktionen, beispielsweise die Aktivität des Thrombins gegenüber Fibrinogen, lassen sich nach den bisher beschriebenen Prinzipien nicht messen. Thrombin kann jedoch erfaßt werden, indem man die Zeit ermittelt, die erforderlich ist, um gelöstes Fibrinogen in ein Fibringerinnsel umzuwandeln.

Auswertung der Meßergebnisse

Die Berechnung der Enzymaktivitäten erfolgt über den spezifischen mikromolaren Extinktionskoeffizienten der gemessenen Substanz ($\epsilon_{\mu mol}$) bei der Meßwellenlänge.

Die Konzentration einer Substanz in der Meßlösung errechnet sich nach (vgl. S. 212):

$$c = \frac{\Delta E}{\epsilon_{\mu mol} \cdot d} \quad \left[\mu mol/ml \text{ Meßlösung} \right]$$

Hierbei bedeuten:

- c   Konzentration der Substanz
- ΔE Extinktionsdifferenz zwischen Analysen- und Leerwert bzw. Extinktionsdifferenz durch Verbrauch oder Bildung von NADH oder NADPH
- d   Schichtdicke der Küvette in cm
- $\epsilon_{\mu mol}$ spezifischer mikromolarer Extinktionskoeffizient

Die Enzymaktivität entspricht der Änderung der Konzentration von Substrat oder Produkt während der Meßzeit (t). Meist wird bei einer Enzymaktivitätsbestimmung aus mehreren Messungen das durchschnittliche $\Delta E/1$ Minute ermittelt. Nur bei unempfindlichen und diskontinuierlichen Meßverfahren dient die Extinktionsdifferenz pro 10 Minuten, 30 Minuten u. a. als Maß für die Berechnung.

$$\text{Volumenaktivität} = \frac{\Delta c}{t} = \frac{\Delta E}{t \cdot \epsilon_{\mu mol} \cdot d} \quad \left[\mu mol/min \cdot ml \text{ Meßlösung} \right]$$

Hierbei bedeuten:

- Δc Änderung der Konzentration von Substrat oder Produkt
- t   Meßzeit in Minuten

Ein Substratumsatz von 1 μmol/min entspricht 1 U (s. S. 272):

$$\text{Volumenaktivität} = \frac{\Delta E}{t \cdot \epsilon_{\mu mol} \cdot d} \quad \left[U/ml \text{ Meßlösung} \right]$$

Analog zur Bestimmung von Metabolitkonzentrationen sind das Volumen der Meßlösung und das Probevolumen zu berücksichtigen:

$$\text{Volumenaktivität} = \frac{\Delta E \cdot V}{t \cdot \epsilon_{\mu mol} \cdot d \cdot v} \quad \left[U/ml \text{ Probe} \right]$$

Hierbei bedeuten:

    V   Volumen der Meßlösung
    v   Volumen der in den Test eingesetzten Probe

Verwendet man die Dimension U/ml, so ergeben sich außerordentlich kleine Zahlen. Daher werden die Ergebnisse meist in U/l angegeben, so daß sich folgende Berechnungsformel ergibt:

$$\text{Volumenaktivität} = \frac{\Delta E \cdot V \cdot 1000}{t \cdot \epsilon_{\mu mol} \cdot d \cdot v} \quad \left[U/l \text{ Probe} \right]$$

Wird verdünntes Untersuchungsmaterial in den Test eingesetzt, so ist das Verdünnungsverhältnis bei der Berechnung zu berücksichtigen.

Beispiel:

Berechnung der Aktivität der Glutamat-Oxalacetat-Transaminase im Serum

Folgende Größen sind bekannt:

$\Delta E/t$ (Extinktionsdifferenz während der Meßzeit) = $\bar{x}$ 0,050/1 Minute
$\epsilon_{\mu mol}$ (spezifischer mikromolarer Extinktionskoeffizient für NADH bei 365 nm und 25 °C) = 3,4 $cm^2/\mu mol$
V   (Volumen der Meßlösung) = 3,0 ml
v   (Volumen des Serums im Test) = 0,5 ml
d   (Schichtdicke der Küvette) = 1,0 cm

$$\frac{\Delta E \cdot V \cdot 1000}{t \cdot \epsilon_{\mu mol} \cdot d \cdot v} = \frac{0,050 \cdot 3,0 \cdot 1000}{1 \cdot 3,4 \cdot 1,0 \cdot 0,5} = 88 \text{ U/l Serum}$$

Um die Berechnung zu vereinfachen, ermittelt man aus den Größen, die bei einer Routinemethode festgelegt sind,

    wie V, v, $\epsilon_{\mu mol}$, d, t und dem Faktor 1000,

einen Berechnungsfaktor, mit dem die während der Meßzeit gefundene Extinktionsdifferenz zu multiplizieren ist.

Im obigen Beispiel beträgt dieser Berechnungsfaktor:

$$\frac{3,0 \cdot 1000}{1 \cdot 3,4 \cdot 1,0 \cdot 0,5} = \underline{1765}$$

Diagnostisch wichtige Enzyme im Serum

Cholinesterase

Überblick:

Die Cholinesterase, auch als Serum- oder Pseudocholinesterase bezeichnet, stellt eine Gruppe von Enzymen dar, die in der Leber synthetisiert und ins Plasma sezerniert werden.

Die physiologische Funktion der Cholinesterase ist bisher nicht bekannt. Von klinischer Bedeutung ist, daß das Enzym einige Muskelrelaxantien (z. B. Succinyl-bis-cholin) abbaut.

Wichtig erscheint der Hinweis, daß die Cholinesterase nicht mit der Acetylcholinesterase identisch ist, deren Aufgabe im Abbau des Transmitters Acetylcholin an cholinergen Synapsen besteht.

Erniedrigte Aktivitäten der Cholinesterase finden sich bei:
  Angeborenen Enzymvarianten
    Je nach Störung besteht bei diesen Patienten im Rahmen von Narkosen die Gefahr eines stark verlangsamten Abbaus von Succinylbis-cholin bzw. einer malignen Hyperthermie.
    Daher sollte bei niedrigen Cholinesterasespiegeln im Serum sowie anamnestischen Hinweisen zur Ausschaltung eines Narkosezwischenfalls stets mit Hilfe von Spezialuntersuchungen (Ausmaß der Hemmbarkeit der Cholinesterase durch Dibucain oder Fluorid, s. Lehrbücher der Enzymologie) das Vorliegen einer Enzymvariante ausgeschlossen werden.
    Merke: Auch bei Cholinesterasewerten im Normbereich ist das Vorkommen abnormer Enzyme möglich!
  Gestörter Leberfunktion
    Der Abfall der Enzymaktivität ist Ausdruck einer eingeschränkten Proteinsynthese und korreliert meist mit einer verminderten Albuminkonzentration und einem Abfall der in der Leber synthetisierten Gerinnungsfaktoren.
  Schwerem Eiweißmangel bzw. kataboler Stoffwechselsituation
  Intoxikationen mit
    Alkylphosphaten (z. B. E 600)
    Insektiziden
      Der klinisch bedeutsame Angriffspunkt dieser Substanzen ist die Hemmung der Acetylcholinesterase; der Abfall der Cholinesterase im Serum gibt einen zuverlässigen Anhalt für das Ausmaß der Verminderung der Aktivität der Acetylcholinesterase.
    Knollenblätterpilzen
    chlorierten Kohlenwasserstoffen (z. B. Tetrachlorkohlenstoff)
      Diesen Intoxikationen folgt ein massiver Leberschaden.

Erhöhte Aktivitäten der Cholinesterase kommen vor bei:
  Starken Proteinverlusten
    nephrotisches Syndrom
    exsudative Enteropathie
      Ursache des Aktivitätsanstiegs ist eine kompensatorisch angeregte Proteinsynthese.

Prinzip:

    Cholinesterase katalysiert die Hydrolyse von Estern des Cholins bzw. Thiocholins.

    Bestimmt man die Aktivität des Enzyms im Serum mit S-Butyryl-Thiocholin als Substrat, so läßt sich das Produkt Thiocholin dadurch kontinuierlich messen, daß es aus 5,5'-Dithio-bis-2-Nitrobenzoat stöchiometrische Mengen des gelb gefärbten 5-Mercapto-2-Nitrobenzoats freisetzt. Die Extinktionszunahme ist der pro Zeiteinheit gebildeten Menge Thiocholin und damit der Enzymaktivität proportional.

$$\text{S-Butyryl-Thiocholin} + H_2O \xrightarrow{\text{Cholinesterase}} \text{Thiocholin} + \text{Butyrat}$$

$$\text{Thiocholin} + 5,5'\text{-Dithio-bis-2-Nitrobenzoat} \longrightarrow$$

$$\text{5-Mercapto-2-Nitrobenzoat} + \text{5-Mercaptothiocholin-Nitrobenzoat}$$

Spezifität:

    Bei Verwendung von Butyryl-Thiocholin als Substrat ist das Verfahren spezifisch für Cholinesterase.

    Acetylcholinesterase aus Erythrocyten kann den genannten Ester nicht hydrolysieren.

Berechnung:

    Die Enzymaktivität wird über den spezifischen mikromolaren Extinktionskoeffizienten des 5-Mercapto-2-Nitrobenzoats nach der auf S. 281 angegebenen Formel berechnet.

Normbereich:

    2500 - 7500 U/l Serum

Störungen:

    Eine leichte Hämolyse des Serums stört bei Verwendung von Butyryl-Thiocholin als Substrat nicht.

    Bei Vergiftungen mit bestimmten Alkylphosphaten kann neben Atropin auch Obidoximchlorid als Antidot therapeutisch eingesetzt werden (zur Applikation und Kontraindikation s. Lehrbücher der Toxikologie und der Inneren Medizin). Obidoximchlorid zeigt eine hohe Affinität zu E 600, so daß eine Verdrängung des Alkylphosphats von der Acetylcholinesterase und der Cholinesterase erfolgt. Dabei wird das letztgenannte Enzym bevorzugt reaktiviert, so daß der im Serum meßbare Cholinesterasespiegel keinen Rückschluß mehr auf die Aktivität der Acetylcholinesterase im Gewebe zuläßt. Unter der genannten Therapie werden daher zu hohe Cholinesterasewerte ohne klinisches Korrelat ermittelt.

    Wegen ihrer strukturellen Ähnlichkeit mit dem Substrat stellen quartäre Ammoniumverbindungen Hemmstoffe der Cholinesterase dar. Die genannten Substanzen sind häufig Bestandteile von Desinfektionsmitteln (z. B. Zephirol), so daß insbesondere auch bei der Reinigung der Haut vor der Blutentnahme darauf zu achten ist, daß entsprechende Verbindungen keine Verwendung finden.

    Im übrigen sind die auf S. 272 - 274 aufgeführten Hinweise zu beachten.

Creatin-Kinase (CK)

Überblick:

Creatin-Kinase ist vor allem im Cytoplasma von Herz- und Skelettmuskulatur, sowie im ZNS lokalisiert. Es sind 3 Isoenzyme zu unterscheiden (s. S. 285).

Entsprechend finden sich erhöhte Aktivitäten der Creatin-Kinase im Serum vor allem bei:
- Herzinfarkt (Enzymanstieg nach 4 - 6 Stunden)
- Myokarditis
- Schädigung der Skelettmuskulatur durch
  - schwere körperliche Arbeit, Leistungssport
  - Muskeltraumen
  - intramuskuläre Injektionen von Pharmaka (s. S. 5)
  - epileptische Anfälle
  - maligne Hyperthermie
- Erkrankungen der Skelettmuskulatur
  - insbesondere progressive Muskeldystrophie vom Typ DUCHENNE
    - Merke: Erhöhte Werte sind teilweise auch bei Konduktorinnen meßbar!
  - Myositis
  - Polymyositis
  - Dermatomyositis

Prinzip:

Das Enzym katalysiert die Reaktion:

$$\text{Creatinphosphat} + \text{ADP} \underset{}{\overset{CK}{\rightleftharpoons}} \text{Creatin} + \text{ATP}$$

Hilfsreaktion:

$$\text{ATP} + \text{Glucose} \xrightarrow{\text{Hexokinase}} \text{ADP} + \text{Glucose-6-Phosphat}$$

Indikatorreaktion:

$$\text{Glucose-6-Phosphat} + \text{NADP}^+ \xrightarrow{\text{G-6-PDH}} \text{6-Phosphogluconat} + \text{NADPH} + \text{H}^+$$

Das Enzym wird in vivo und in vitro sehr schnell - innerhalb von Stunden - dadurch inaktiviert, daß eine Oxydation der für die katalytische Wirkung erforderlichen SH-Gruppen stattfindet. Durch Zugabe von SH-Gruppen enthaltenden Reagentien - als optimal wirksam erwies sich Dithioerythrit - kann eine Reaktivierung der CK bewirkt werden.

Meßgröße ist die Zunahme der NADPH-Konzentration pro Zeiteinheit.

Spezifität:

Die Creatin-Kinase wird nicht spezifisch erfaßt, da die im Serum enthaltene Adenylatkinase ADP zu AMP und ATP umsetzt. Durch Zugabe von Inhibitoren (Adenosin-5'-monophosphat und Diadenosinpentaphosphat) kann die Nebenreaktion weitgehend gehemmt werden. Eine vollständige Korrektur ist nur durch Ansatz eines Proben-Leerwerts ohne Creatinphosphat möglich.

Berechnung:

Die Enzymaktivität wird über den spezifischen mikromolaren Extinktionskoeffizienten des NADPH nach der auf S. 281 angegebenen Formel berechnet.

Normbereiche:

Männer bis 80 U/l Serum
Frauen bis 70 U/l Serum

Störungen:

Hämolyse führt zur Freisetzung großer Mengen Adenylatkinase aus den Erythrocyten, daher dürfen stark hämolytische Seren nicht analysiert werden.

Im übrigen sind die auf S. 272 - 274 aufgeführten Hinweise zu beachten.

Creatin-Kinase MB-Isoenzym

Überblick:

Wie bereits erwähnt, kommt die Creatin-Kinase in Form von 3 Isoenzymen vor. Die Isoenzyme stellen Dimere aus je 2 Untereinheiten dar, die entsprechend ihrer bevorzugten Lokalisation als M (Muskulatur) und B (brain) bezeichnet werden. Somit ergeben sich die Formen: CK-MM, CK-MB und CK-BB.

Die Verteilung der Isoenzyme in den Zellen des Organismus erfolgt nicht organspezifisch. Lediglich das ZNS enthält ausschließlich CK-BB.

Die Bestimmung der CK-MB ist differentialdiagnostisch lediglich dadurch von Nutzen, daß die Gesamtaktivität der CK in Herz- und Skelettmuskulatur wesentlich höher liegt als in allen anderen Organen und daß sich die prozentualen Anteile an CK-MB in diesen Geweben unterscheiden. Der Herzmuskel enthält durchschnittlich etwa 20 % CK-MB, der Skelettmuskel nur ca. 3 % der Gesamtaktivität an Creatin-Kinase in Form dieses Isoenzyms.

Prinzip:

Durch Zusatz eines inhibierenden, nicht präcipitierenden Antikörpers gegen die Untereinheit M der Creatin-Kinase zum Serum werden die CK-MM und der M-Anteil der CK-MB vollständig gehemmt, so daß die selektive Bestimmung der Aktivität von B-Untereinheiten nach dem auf S. 284 beschriebenen Prinzip möglich ist.
Da normalerweise im Serum praktisch keine CK-BB vorkommt, entspricht das Meßergebnis dem B-Anteil der CK-MB.

Spezifität:

S. S. 284.
Infolge der niedrigen Aktivität der CK-MB im Serum wirkt sich der Einfluß der Adenylatkinase besonders stark aus. Daher ist der Ansatz eines Proben-Leerwerts ohne Creatinphosphat angezeigt.

Berechnung:

S. S. 281.
Da der Substratumsatz durch die Untereinheiten M und B mit gleicher Geschwindigkeit erfolgt, stellt der B-Anteil 50 % der Aktivität der CK-MB dar.

Somit wird die CK-MB-Aktivität des Serums durch Multiplikation des Meßwerts für CK-B mit dem Faktor 2 ermittelt.

Normbereich:

unter 10 U/l Serum

Wegen dieser niedrigen Aktivität und des geringen Probevolumens im Testansatz sind die Ergebnisse mit einer hohen Fehlerbreite behaftet. Eine Bestimmung des Isoenzyms CK-MB sollte daher erst erfolgen, wenn die Gesamt-CK-Aktivität über 150 U/l liegt. Nur dann ist eine Beurteilung des prozentualen Anteils der CK-MB an der Creatin-Kinase möglich.

Interpretation der Ergebnisse an Seren mit erhöhter Gesamt-CK (über 150 U/l):

Anteil der CK-MB an der Gesamt-CK über 8 %
   Verdacht auf eine Myokardschädigung

Durch die Messung der CK-MB kann somit bei entsprechendem klinischen Bild und erhöhten Werten für die Gesamt-CK zwischen einer Schädigung des Herzmuskels und Enzymanstiegen infolge intramuskulärer Injektionen von Pharmaka mit entsprechendem Austritt von Creatin-Kinase aus Skelettmuskulatur unterschieden werden.

Störungen:

S. S. 285.

Fälschlich erhöhte Werte ergeben sich beim Auftreten von Makro-CK (s. unten).

Makro-Creatin-Kinasen

Überblick:

In seltenen Fällen enthält Serum CK-BB in Bindung an Immunglobuline (Makro-CK-BB = Makro-CK-1).
Das Auftreten dieser Makro-CK-BB hat keinen Krankheitswert.
Hierdurch werden jedoch zu hohe Aktivitäten an Gesamt-CK und CK-MB vorgetäuscht.

Ebenso selten ist das Vorkommen von Aggregaten einer mitochondrialen Creatin-Kinase (Makro-CK-2).
Diese Enzymvariante findet sich gehäuft bei Patienten mit malignen Tumoren. Auch ihr Vorhandensein im Serum führt zu fälschlich erhöhten Werten für die Gesamt-CK und CK-MB.

Bedeutung:

Die Bedeutung der Makro-Creatin-Kinasen besteht derzeit ausschließlich darin, daß in Gegenwart dieser Proteine im Serum falsch hohe Aktivitäten an Creatin-Kinase und CK-MB gemessen werden.

Daher sollte in allen Fällen mit persistierenden mäßig erhöhten CK-Werten und einem CK-MB-Anteil bis zu 25 % bei fehlender klinischer Symptomatik stets an das Vorliegen einer der genannten Enzymvarianten gedacht werden. Eine Klärung ist anhand der Bestimmung des Molekulargewichts und durch elektrophoretische Trennung - evtl. nach radioaktiver Markierung - in Speziallaboratorien möglich.

Glutamat-Oxalacetat-Transaminase (GOT)

Überblick:

Die GOT findet sich in allen Geweben in Form von 2 Isoenzymen, die im Cytoplasma bzw. den Mitochondrien lokalisiert sind. Die höchsten Aktivitäten kommen in Herzmuskel, Leber und Skelettmuskulatur vor.

Dementsprechend finden sich erhöhte Aktivitäten der GOT im Serum bei:
  Herzinfarkt
    Der Enzymanstieg ist nach 4 - 8 Stunden nachweisbar und korreliert mit der Größe des infarzierten Gebiets.
  Erkrankungen der Leber und Gallenwege
    Extrem hohe Aktivitäten finden sich insbesondere bei akuter Hepatitis und toxischem Leberschaden (z. B. durch Tetrachlorkohlenstoff). Mit zunehmendem Schwund an Hepatocyten (z. B. infolge einer Lebercirrhose) werden nur noch geringgradig erhöhte Werte meßbar.
  Erkrankungen der Skelettmuskulatur
    Stark erhöhte Werte liegen bei progressiven Muskeldystrophien vor.

Prinzip:

Das Enzym katalysiert die Reaktion:

$$\text{2-Ketoglutarat} + \text{L-Aspartat} \underset{}{\overset{GOT}{\rightleftharpoons}} \text{L-Glutamat} + \text{Oxalacetat}$$

Das gebildete Oxalacetat wird in der Indikatorreaktion durch Malat-Dehydrogenase (MDH) zu Malat reduziert:

$$\text{Oxalacetat} + \text{NADH} + \text{H}^+ \underset{}{\overset{MDH}{\rightleftharpoons}} \text{Malat} + \text{NAD}^+$$

Meßgröße ist die Abnahme der NADH-Konzentration pro Zeiteinheit.

Spezifität:

Bei ausreichender Reinheit der als Hilfsenzym verwendeten MDH wird die Glutamat-Oxalacetat-Transaminase spezifisch erfaßt.

Berechnung:

Die Berechnung der Enzymaktivität erfolgt über den spezifischen mikromolaren Extinktionskoeffizienten des NADH nach der auf S. 281 genannten Formel.

Normbereiche:

Männer bis 17 U/l Serum
Frauen bis 15 U/l Serum

Störungen:

Damit eine Störung durch das in der Probe enthaltene Pyruvat vermieden wird, setzt man dem Testansatz eine relativ große Menge LDH zu, so daß das serumeigene Pyruvat vor Beginn der Messung der GOT vollständig reduziert ist.

An hämolytischen Seren werden falsch hohe Aktivitäten ermittelt (s. S. 7).

Zur Behandlung stark lipämischer Seren mit Frigen s. S. 195.

Glutamat-Pyruvat-Transaminase (GPT)

Überblick:

Das Enzym ist überwiegend im Cytoplasma der Leberzellen lokalisiert.

Dementsprechend finden sich erhöhte Aktivitäten der GPT im Serum bei:
Erkrankungen der Leber und Gallenwege
    stark erhöhte Aktivitäten
        akute Virushepatitis, toxische Leberschäden (z. B. CCl_4)
    mäßig erhöhte Aktivitäten
        extra- oder intrahepatischer Verschlußikterus, Lebermetastasen, primär biliäre Cirrhose u. a.
    leicht erhöhte Aktivitäten
        häufig nach Medikamenten (z. B. Ovulationshemmern, Antibiotika, Analgetika, Tuberkulostatika, Narkotika u. a.)
Leberstauung im Rahmen primärer Herz- oder Kreislauferkrankungen

Prinzip:

Das Enzym katalysiert die Reaktion:

$$\text{2-Ketoglutarat} + \text{L-Alanin} \xrightleftharpoons{\text{GPT}} \text{L-Glutamat} + \text{Pyruvat}$$

Das gebildete Pyruvat wird in der Indikatorreaktion durch Lactat-Dehydrogenase (LDH) reduziert:

$$\text{Pyruvat} + \text{NADH} + \text{H}^+ \xrightleftharpoons{\text{LDH}} \text{Lactat} + \text{NAD}^+$$

Meßgröße ist die Abnahme der NADH-Konzentration pro Zeiteinheit.

Spezifität:

Bei ausreichender Reinheit der als Hilfsenzym verwendeten LDH wird die Glutamat-Pyruvat-Transaminase spezifisch erfaßt.

Berechnung:

Die Berechnung der Enzymaktivität erfolgt über den spezifischen mikromolaren Extinktionskoeffizienten des NADH nach der auf S. 281 genannten Formel.

Normbereiche:

Männer bis 23 U/l Serum
Frauen bis 19 U/l Serum

Störungen:

Da das im Serum enthaltene Pyruvat durch die als Hilfsenzym im Testansatz vorhandene LDH während einer Vorinkubation vollständig umgesetzt wird, ist eine Störung durch den unspezifischen Verbrauch von NADH ausgeschlossen.

2-Ketoglutarat, NADH und serumeigenes Ammoniak stellen Substrate für die in der Probe enthaltene Glutamat-Dehydrogenase (GLDH) dar. Hierdurch ergibt sich jedoch keine relevante Störung, da selbst bei schwersten Leberschäden mit hohen GLDH-Aktivitäten die NH_3-Konzentration im Blut so niedrig liegt, daß kein signifikanter NADH-Umsatz resultiert.

γ-Glutamyl-Transferase (γ-GT)

Überblick:

Die γ-GT ist vor allem in Nieren, Pankreas und Leber, insbesondere in den Epithelien der intrahepatischen Gallenwege, in hoher Aktivität nachweisbar. Das Enzym ist überwiegend an der Außenseite der Zellmembran lokalisiert. Als physiologische Funktion der γ-GT wird die Regulation der Aufnahme von Aminosäuren in das Zellinnere diskutiert.

Erhöhte Spiegel der γ-GT im Serum finden sich bei:
    Intra- und extrahepatischer Cholestase
    Leberparenchymschäden, Lebercirrhose, Lebermetastasen
    Alkoholabusus (Anstieg hierbei überwiegend durch Enzyminduktion)
    Gabe von Medikamenten
        (z. B. Ovulationshemmer, Antiepileptika, Analgetika u. a.)
    Erkrankungen des Pankreas

    Merke: Bei Nierenerkrankungen gelangt die γ-GT aus den Tubuluszellen in den Harn; erhöhte Serumspiegel sind daher nicht nachweisbar!

Prinzip:

Das Enzym katalysiert die Reaktion:

$$\text{γ-Glutamyl-3-Carboxy-4-Nitroanilid} + \text{Glycylglycin} \underset{}{\overset{\text{γ-GT}}{\rightleftharpoons}} \text{γ-Glutamyl-Glycylglycid} + \text{3-Carboxy-4-Nitroanilin}$$

Das Produkt 3-Carboxy-4-Nitroanilin ist gelb gefärbt (Absorptionsmaximum 400 nm). Die enzymatische Reaktion kann daher durch die kontinuierliche Messung der Extinktionszunahme bei 405 nm verfolgt werden. Das $\triangle E$ pro Zeiteinheit ist der Enzymaktivität in einem weiten Bereich direkt proportional.

Spezifität:

Die Methode ist spezifisch für γ-GT.

Berechnung:

Die Enzymaktivität wird über den spezifischen mikromolaren Extinktionskoeffizienten von 3-Carboxy-4-Nitroanilin berechnet (s. S. 281).

Normbereiche:

    Männer bis 28 U/l Serum
    Frauen bis 18 U/l Serum

Störungen:

Die Puffer-Substrat-Lösung darf nicht über längere Zeit bei Zimmertemperatur aufbewahrt werden, da es hierdurch zur Hydrolyse des Glycylglycins kommt. Das entstehende freie Glycin hemmt die Enzymreaktion.

Die Analyse von hämolytischen Seren (über 50 mg Hb/dl) führt zu fälschlich erniedrigten Werten, da durch die starke Absorption des Hämoglobins bei 405 nm das LAMBERT-BEER-BOUGUER'sche Gesetz keine Gültigkeit mehr hat.

Zur Behandlung stark lipämischer Seren mit Frigen s. S. 195.

Glutamat-Dehydrogenase (GLDH)

Überblick:

Die höchsten Aktivitäten der GLDH finden sich in der Leber. Innerhalb der Hepatocyten ist das Enzym ausschließlich in den Mitochondrien lokalisiert. Die physiologische Aufgabe der GLDH besteht in der Bereitstellung von Ammoniak aus Glutamat für die Harnstoffsynthese. Andererseits wird NH_3 durch das Enzym in Form von Glutamat gebunden und dadurch entgiftet.

Erhöhte Aktivitäten der GLDH im Serum finden sich bei:
    Schweren Leberzellschäden mit Läsion der Mitochondrienmembranen

Prinzip:

Das Enzym katalysiert die Reaktion:

$$2\text{-Ketoglutarat} + NADH + NH_4^+ \xrightleftharpoons{\text{GLDH}} \text{L-Glutamat} + NAD^+ + H_2O$$

Zunächst wird der Ansatz ohne 2-Ketoglutarat inkubiert. Bei einigen Seren beobachtet man unter diesen Bedingungen eine unspezifische Extinktionsabnahme. Ist diese Extinktionsdifferenz pro Zeiteinheit konstant meßbar, so wird sie später vom Meßergebnis abgezogen. Anschließend startet man die Enzymreaktion mit 2-Ketoglutarat. ADP dient als Aktivator. Da die GLDH-Aktivität beim Gesunden sehr gering ist, wird die Extinktionsabnahme 10 Minuten lang registriert. Meßgröße ist die Abnahme der NADH-Konzentration pro Zeiteinheit.

Spezifität:

Unter den genannten Bedingungen ist die Methode spezifisch für GLDH.

Berechnung:

Die Enzymaktivität wird über den spezifischen mikromolaren Extinktionskoeffizienten des NADH nach der auf S. 281 angegebenen Formel berechnet.

Normbereiche:

Männer bis 4 U/l Serum
Frauen bis 3 U/l Serum

Störungen:

Die Genauigkeit, mit der die GLDH bestimmt werden kann, ist - vor allem bei den geringen Aktivitäten im Normbereich - außerordentlich begrenzt.
Bei einer Enzymaktivität von 1 U/l beträgt die gemessene Extinktionsdifferenz bei 365 nm nur 0,005/10 Minuten. Andererseits garantieren die Hersteller von Spektrallinienphotometern nur eine Konstanz der Extinktion von 0,002/10 Minuten. Allein diese Instabilität kann die Ergebnisse schon um 0,4 U/l verfälschen. Es hat daher keinen Sinn, die gefundenen Aktivitäten mit Nachkommastellen anzugeben.

Bei schwerer kataboler Stoffwechsellage kann die Pyruvatkonzentration im Serum so hoch ansteigen, daß das NADH im Testansatz vor Start der Enzymreaktion vollständig verbraucht ist. Durch erneuten Zusatz von NADH ist diese Extremsituation zu erkennen.

Zur Behandlung stark lipämischer Seren mit Frigen s. S. 195.

Lactat-Dehydrogenase (LDH)

Überblick:

Lactat-Dehydrogenase kommt in allen Geweben vor. Das Enzym ist im Cytoplasma lokalisiert. Die höchsten Aktivitäten finden sich in Niere, Herz- und Skelettmuskulatur sowie der Leber. Erhebliche Konzentrationen sind auch in Erythrocyten, Thrombocyten und Leukocyten nachweisbar.

Erhöhte Aktivitäten der LDH im Serum kommen vor bei:
   Herzerkrankungen
      insbesondere Herzinfarkt (Enzymanstieg nach 6 - 12 Stunden)
   Skelettmuskelerkrankungen
      (Werte im allgemeinen nicht so stark erhöht wie diejenigen der CK!)
   Erkrankungen der Leber und Gallenwege
   Gesteigertem Erythrocytenabbau
      (z. B. hämolytische Anämien, perniziöse Anämie (Werte über
      3000 U/l sind pathognomonisch!), künstliche Herzklappen u. a.)
   Thrombocytosen und Thrombocythämien (s. unter Störungen)
   Leukämien, einigen malignen Lymphomen
   Patienten mit malignen Tumoren (in ca. 30 %)

   Merke: Bei Nierenerkrankungen gelangt die LDH aus den Tubuluszellen
      in den Harn, so daß keine erhöhten Serumspiegel resultieren.

Zu den LDH-Isoenzymen und ihrer Zusammensetzung s. S. 292.

Prinzip:

Das Enzym katalysiert die Reaktion:

$$\text{Pyruvat} + \text{NADH} + \text{H}^+ \xrightleftharpoons{\text{LDH}} \text{Lactat} + \text{NAD}^+$$

Meßgröße ist die Abnahme der NADH-Konzentration. Dieser Abfall verläuft in vielen Fällen nur wenige Minuten lang geradlinig, so daß nach dem Start der Reaktion mit Serum möglichst schnell mit der Messung zu beginnen ist.

Spezifität:

Die Methode ist spezifisch für LDH.

Berechnung:

Die Enzymaktivität wird über den spezifischen mikromolaren Extinktionskoeffizienten des NADH nach der auf S. 281 angegebenen Formel berechnet.

Normbereich:

bis 240 U/l Serum

Da Thrombocyten und Erythrocyten hohe Aktivitäten LDH enthalten, die bei der viscösen Metamorphose der Plättchen bzw. während der Retraktion des Gerinnsels aus den Erythrocyten freiwerden, finden sich im Serum durchschnittlich um 20 - 30 U/l höhere LDH-Werte als im Plasma.

Störungen:

Hämolytische Seren dürfen nicht analysiert werden (s. oben).
Bei erhöhten Thrombocytenzahlen ist Heparin-haltiges Plasma zu untersuchen.

LDH 1 und 2 - Isoenzyme
("α-Hydroxybutyrat-Dehydrogenase" (α-HBDH))

Überblick:

Die Lactat-Dehydrogenase der meisten Organe läßt sich elektrophoretisch oder chromatographisch in 5 Fraktionen trennen, die verschiedene Kombinationen aus je 4 Untereinheiten darstellen. Nach ihrer Herkunft werden die Monomere als "H" (Herz) und "M" (Skelett-Muskulatur) bezeichnet.

Für die im elektrischen Feld bei pH 8,5 am schnellsten wandernde Fraktion LDH 1 (die elektrophoretische Beweglichkeit in Agargel entspricht etwa derjenigen des Albumins) ergab sich die Zusammensetzung H_4, für die langsamste Fraktion LDH 5 (praktisch keine Wanderung im elektrischen Feld) die Struktur M_4. Zwischen den genannten Fraktionen liegen die Isoenzyme LDH 2 = H_3M, LDH 3 = H_2M_2 und LDH 4 = HM_3.
Jedes Organ zeigt ein typisches Verteilungsmuster der LDH-Isoenzyme.

Die Isoenzyme LDH 1 und 2 finden sich vorwiegend in:
    Herzmuskulatur
    Erythrocyten

Das Isoenzym LDH 5 ist vor allem lokalisiert in:
    Leber
    Skelettmuskulatur

Prinzip:

Die Isoenzyme LDH 1 und 2 - auch als "α-Hydroxybutyrat-Dehydrogenase" bezeichnet - setzen nicht nur Pyruvat, sondern auch α-Ketobutyrat um, so daß ihre Aktivität weitgehend selektiv gemessen werden kann.

Die genannten Isoenzyme katalysieren die Reaktion:

$$\alpha\text{-Ketobutyrat} + NADH + H^+ \underset{}{\overset{\alpha\text{-HBDH}}{\rightleftharpoons}} \alpha\text{-Hydroxybutyrat} + NAD^+$$

Meßgröße ist die Abnahme der NADH-Konzentration pro Zeiteinheit.

Spezifität:

Auch die anderen LDH-Isoenzyme reduzieren α-Ketobutyrat, jedoch mit sehr geringer Geschwindigkeit, so daß die Ergebnisse annähernd dem Gehalt der Probe an LDH 1 und 2 entsprechen.

Berechnung:

Die Enzymaktivität wird über den spezifischen mikromolaren Extinktionskoeffizienten des NADH nach der auf S. 281 angegebenen Formel berechnet.

Normbereich:
    bis 140 U/l Serum

Störungen:

Hämolytische Seren dürfen nicht analysiert werden, da sich durch den hohen Gehalt der Erythrocyten an α-HBDH fälschlich pathologische Werte ergeben.

Phosphatasen

Entsprechend den pH-Bereichen ihrer Wirkungsoptima werden "alkalische" und "saure" Phosphatasen unterschieden.

Alkalische Phosphatasen

Überblick:

Phosphatester-spaltende Enzyme mit einem pH-Optimum im alkalischen Bereich kommen in zahlreichen Geweben vor. Die höchsten Aktivitäten finden sich in Dünndarmschleimhaut, Knochen, Leber bzw. Gallenwegen, Placenta und in den Tubulusepithelien der Nieren.

Die alkalischen Phosphatasen kommen im Organismus in Form von 3 Isoenzymen vor. Dünndarmschleimhaut und Placenta enthalten jeweils ein charakteristisches Enzym, während die dritte Form in allen anderen genannten Zellen lokalisiert ist.

Das in Knochen, Leber und Niere vorkommende Isoenzym weist eine einheitliche Proteinstruktur auf, unterscheidet sich jedoch von Organ zu Organ durch den Kohlenhydratanteil. Somit wird die Trennung der verschiedenen Formen dieses Isoenzyms möglich (z. B. im elektrischen Feld oder infolge der unterschiedlichen Hitzestabilität).

Erhöhte Aktivitäten der alkalischen Phosphatasen im Serum finden sich bei:

Kindern und Jugendlichen während der Wachstumsperioden

Knochenerkrankungen (vor allem mit vermehrter Osteoblastentätigkeit)
- Ostitis deformans (M. PAGET)
- Osteosarkom
- multiple Knochenmetastasen
- Rachitis, Osteomalacie
- primärer und sekundärer Hyperparathyreoidismus

Leber- und Gallenwegserkrankungen
- stark erhöhte Aktivitäten
  - intra- und extrahepatischer Verschluß
  - Lebermetastasen mit intrahepatischer Stauung
- mäßig erhöhte Aktivitäten
  - akute Hepatitis
  - Leberparenchymschädigungen anderer Genese

Tumorpatienten (selten als paraneoplastisches Symptom)
Schwangerschaft (letztes Trimenon)
Gabe von Medikamenten
(z. B. Antiepileptika, Analgetika, Neuroleptika, Sulfonylharnstoffderivate, Antidepressiva, Halothan u. a.)

Merke: Bei Erkrankungen der Nieren geht das Enzym aus dem Bürstensaum der Tubuluszellen in den Harn über, so daß es nicht zu einem Anstieg der Enzymaktivität im Serum kommt.

Da der Anteil des intestinalen Isoenzyms an der Gesamtaktivität der alkalischen Phosphatasen in Proben, die nach 12 stündiger

Nahrungskarenz gewonnen wurden, sehr gering ist (unter 10 %), werden bei Erkrankungen der Dünndarmschleimhaut meist keine erhöhten Enzymspiegel meßbar.

Prinzip:

Die Enzyme katalysieren die Reaktion:

$$\text{4-Nitrophenylphosphat} + H_2O \xrightarrow{\text{alkalische Phosphatasen}} \text{4-Nitrophenolat} + \text{Phosphat}$$

Serum wird direkt in der Küvette mit Substratlösung inkubiert, das entstehende 4-Nitrophenol liegt beim pH-Wert des Testansatzes (um pH 10) praktisch vollständig als gelb gefärbtes 4-Nitrophenolat vor. Die Zunahme der Extinktion bei 405 nm pro Zeiteinheit ist der Enzymaktivität in einem weiten Bereich direkt proportional.

Das für die katalytische Wirkung notwendige Zink ist fest an das Enzymprotein gebunden, während die zur Erzielung einer maximalen Reaktionsgeschwindigkeit erforderlichen Magnesiumionen zum Testansatz zugegeben werden müssen.

Die verschiedenen Isoenzyme zeigen gegenüber 4-Nitrophenylphosphat weitgehend die gleiche spezifische Aktivität.

Spezifität:

Mit der Methode werden die alkalischen Phosphatasen spezifisch erfaßt.

Berechnung:

Die Enzymaktivität wird über den spezifischen mikromolaren Extinktionskoeffizienten des 4-Nitrophenolats nach der auf S. 281 angegebenen Formel berechnet.

Normbereiche:

Erwachsene	bis 190 U/l Serum
Jugendliche (15 - 17 Jahre)	bis 300 U/l Serum
Kinder bis zu 15 Jahren	bis 400 U/l Serum

Störungen:

Ebenso wie die Creatin-Kinase kann auch die alkalische Phosphatase in sehr seltenen Fällen in Bindung an Immunglobuline im Serum auftreten.
Diese Makro-Form der alkalischen Phosphatase, für die bisher kein Hinweis auf einen Krankheitswert gefunden wurde, führt zu einem Anstieg der gemessenen katalytischen Aktivität. Auf Grund des breiten Normbereichs wird hierdurch die obere Normgrenze allerdings nicht regelmäßig überschritten.

Wegen der sehr geringen Probevolumina im Testansatz ergeben sich bei der Analyse von hämolytischen, ikterischen und lipämischen Seren keine Interferenzen mit der photometrischen Messung.

Da die enzymatische Katalyse an die Anwesenheit von Zink- und Magnesiumionen gebunden ist, dürfen keine Antikoagulantien Verwendung finden, die die genannten Metalle in Form von Komplexen binden (z. B. kein EDTA, Natriumcitrat u. a.).

Im übrigen sind die auf S. 272 - 274 zusammengestellten Hinweise zur Messung von Enzymaktivitäten zu beachten.

Saure Phosphatasen

Überblick:

Enzyme, die Phosphatester optimal im schwach sauren pH-Bereich (um pH 4, 8) hydrolysieren, kommen in fast allen Zellen, in der weitaus höchsten Konzentration jedoch in der Prostata vor.
Außerdem ist von Bedeutung, daß auch Thrombocyten und Erythrocyten erhebliche Aktivitäten aufweisen, die im Rahmen der viscösen Metamorphose der Plättchen bzw. der Retraktion des Blutgerinnsels in das Serum gelangen.
Ebenso sind Leukocyten reich an sauren Phosphatasen.

Bisher konnte kein Substrat gefunden werden, das spezifisch durch die saure Phosphatase der Prostata gespalten wird. Alle verwendeten Phosphatester stellen gleichzeitig auch Substrate für die Phosphatasen aus anderen Organen bzw. aus Erythrocyten, Thrombocyten und/oder Leukocyten dar, wobei die einzelnen Substanzen durch die verschiedenen Enzyme mit unterschiedlicher Geschwindigkeit umgesetzt werden.

Die Bestimmung der Aktivität aller im Serum enthaltenen Isoenzyme der sauren Phosphatase kann in einem Zweipunkt-Test mit 4-Nitrophenylphosphat als Substrat ausgeführt werden (s. S. 279).

Durch Zusatz von Tartrat zum Testansatz läßt sich ein erheblicher Teil der Phosphatasen hemmen. Zu diesen Tartrat-labilen Enzymen zählen in erster Linie die Prostata- und Thrombocyten-Phosphatase. Mißt man die katalytische Wirkung der sauren Phosphatester-Hydrolasen ohne und mit Inhibitor im Ansatz, so entspricht die Differenz der Meßergebnisse der Aktivität der durch Tartrat hemmbaren sauren Phosphatasen.

Pathologische Resultate werden mit diesem Verfahren bei Patienten mit einem Prostata-Carcinom im allgemeinen erst dann erzielt, wenn bereits Metastasen vorliegen, so daß die Bestimmung der gesamten und der Tartrat-labilen sauren Phosphatasen nicht zur Diagnostik bzw. Früherkennung eines malignen Prostatatumors geeignet ist.

In den letzten Jahren konnte eine Methode mit höherer Spezifität zur Erfassung der sauren Prostata-Phosphatase entwickelt werden. Das Verfahren beruht darauf, daß das Enzym an spezifische Antikörper gebunden und dadurch von den übrigen Proteinen abgetrennt wird. Die Messung des isolierten Enzyms erfolgt auf Grund der Hydrolyse des Substrats 4-Nitrophenylphosphat.

Dieser Test zeigt bei einer geringen Zahl der Patienten mit Prostata-Carcinom bereits in einem Stadium erhöhte Aktivitäten, in dem noch keine Metastasierung erfolgt ist.

Wegen der größeren Empfindlichkeit und Aussagekraft der Ergebnisse sollte derzeit ausschließlich dieses Verfahren (neben einem verfügbaren Radio- oder Enzymimmunoassay, s. S. 399) Anwendung finden, so daß auch hier nur diese Methode beschrieben wird.

Außer zur Diagnostik maligner Prostataerkrankungen sowie im Rahmen der Verlaufs- und Therapiekontrolle dieser Malignome besteht keine Indikation für die Messung der sauren Phosphatasen im Serum.

Prinzip:

Serum wird in Plastikröhrchen, deren Innenwand mit spezifischen Antikörpern gegen saure Prostata-Phosphatase beschichtet ist, etwa 24 Stunden bei Raumtemperatur inkubiert. Danach sind die Proben abzugießen und die nicht gebundenen Substanzen durch Waschen zu entfernen.

Das an den Antikörper fixierte Enzym ist katalytisch wirksam, so daß seine Aktivität am Umsatz des Substrats 4-Nitrophenylphosphat in einem Zweipunkt-Test gemessen werden kann. Nach zweistündiger Inkubation bei 25 °C erfolgt durch Zugabe von Alkali die Umwandlung des entstandenen farblosen Produkts in das gelb gefärbte 4-Nitrophenolat, dessen Extinktion bei 405 nm photometrisch ermittelt werden kann.

Zur Berücksichtigung der Spontanhydrolyse des Substrats dient ein Reagentien-Leerwert.

Spezifität:

Neben dem Isoenzym aus der Prostata binden die Antikörper auch saure Phosphatase aus Leukocyten, insbesondere diejenige aus Granulocyten. Dieser Enzymanteil ist jedoch bei Gesunden so gering, daß sich keine signifikante Interferenz ergibt.

Berechnung:

Die Berechnung erfolgt über mitgeführte Enzymstandards.
Zur Mitteilung der Ergebnisse dient nicht die Aktivität, sondern die Konzentration des Enzyms (μg saure Phosphatasen/l Serum).

Normbereich:

bis 0,8 μg/l Serum

Störungen:

Die Aktivität aller sauren Phosphatasen im Serum nimmt bei Zimmertemperatur und im Kühlschrank schnell ab. Können die Proben nicht sofort verarbeitet werden, läßt sich die Haltbarkeit durch Ansäuern auf einen pH-Wert von etwa 5,5 - z. B. durch Zusatz von 10 μl 20 proz. (v/v) Essigsäure pro ml Serum - wesentlich verbessern.

Palpation oder Massage der Prostata, Blasenkatheterisierung und Cystoskopie können zu einer vermehrten Ausschwemmung von saurer Phosphatase aus der Prostata führen. Die Bestimmung der Enzymaktivität im Serum ist daher frühestens 24 - 48 Stunden nach Durchführung dieser Maßnahmen sinnvoll.

Bei Leukämien mit stark vermehrtem Zelluntergang wird das Isoenzym aus den Leukocyten mitgemessen, so daß sich falsch hohe Werte ergeben.

Die in Erythrocyten und Thrombocyten enthaltenen Isoenzyme binden sich nicht an die Antikörper und werden somit bei der Farbreaktion nicht erfaßt.

Die in der Literatur beschriebenen hohen Aktivitäten der sauren Phosphatasen im Rahmen von Knochenerkrankungen sind mit dem hier dargestellten Verfahren nicht zu beobachten.
Vermutlich beruhen diese Ergebnisse darauf, daß bei Methoden ohne weitgehende Isolierung der Prostata-Phosphatase durch Immunadsorption erhebliche Mengen einer sauren Hydrolase aus Osteoklasten mitgemessen werden.

α - Amylasen

Überblick:

Beim Menschen kommen nur α-Amylasen (Endoamylasen) vor, die Polysaccharide, vor allem Stärke und Glykogen aus der Nahrung, dadurch abbauen, daß sie α-1,4-glykosidische Bindungen im Inneren der Ketten spalten.

Das Endprodukt Maltose unterliegt der Hydrolyse durch die im Bürstensaum der Enterocyten lokalisierte Maltase. Gleichzeitig mit der Umsetzung erfolgt die Resorption der gebildeten Glucose.

Der Abbau von Polysacchariden wird durch die in den Speicheldrüsen synthetisierte α-Amylase eingeleitet. Im Lumen des Dünndarms ist die Pankreasamylase wirksam.

Die von Speicheldrüsen und Pankreas sezernierten Proteine sind genetisch determinierte Isoenzyme.

Physiologischerweise erfolgt die Abgabe der beiden genannten Enzyme in den Magen-Darm-Kanal. Nur ein geringer Anteil von etwa 1 - 2 % gelangt über den Lymphweg in den Kreislauf.

Auf Grund ihres niedrigen Molekulargewichts können die α-Amylasen glomerulär filtriert und mit dem Harn ausgeschieden werden.

Erhöhte Serumspiegel von α-Amylasen finden sich bei:

> Erkrankungen der Bauchspeicheldrüse
>> akute Pankreatitis
>> akute Schübe einer chronisch rezidivierenden Pankreatitis
>> evtl. Pankreas-Carcinom
>> in das Pankreas penetrierende Magen- oder Duodenalulcera
>> Mitbeteiligung des Organs bei Abflußstörungen im Bereich der Gallenwege
>> Spasmen des Sphincter ODDI
>>> (z. B. nach Gabe von Morphin)
>
> Endoskopischer retrograder Cholangio-Pankreaticographie (ERCP)
> Erkrankungen der Speicheldrüsen
>> Parotitis epidemica u. a. entzündliche Veränderungen
>> Speichelsteine
>
> Einschränkung der renalen Elimination
>> Niereninsuffizienz
>
> Makroamylasämie (s. S. 299)
> Tumorpatienten (selten paraneoplastisches Symptom)
>> (z. B. bei Ovarial-Carcinomen u. a.)

Bestimmung der Aktivität der α-Amylasen im Serum

Überblick:

Zur Messung der Enzymaktivität dienen derzeit fast ausschließlich definierte Oligosaccharide als Substrate, die endständig 4-Nitrophenol enthalten.

Handelsübliche Verbindungen sind:

1. 4-Nitrophenyl-α,D-Maltoheptaosid,

2. ein Gemisch aus 4-Nitrophenyl-α, D-Maltopentaosid und -hexaosid und
3. 2-Chlor-4-Nitrophenyl-β, D-Maltoheptaosid.

Bei den früher benutzten Verfahren wurde Stärke als Substrat verwendet. Als Maß für die in der Probe enthaltene Enzymaktivität diente zum einen die Abnahme der Blaufärbung von Stärke mit Jodlösung (Bestimmung nach WOHLGEMUTH und Modifikationen), zum anderen die Menge der reduzierenden Endgruppen der aus dem Substrat freigesetzten Oligosaccharide (reduktometrische Methoden).
Da Stärkepräparationen keine definierte Zusammensetzung zeigen, sondern eine Mischung aus Polysacchariden unterschiedlicher Molekulargewichte darstellen, sollten diese Verfahren keine Anwendung mehr finden.

1. Bestimmung der Aktivität der α-Amylasen mit 4-Nitrophenyl-α, D-Maltoheptaosid als Substrat

Prinzip:

Das Enzym katalysiert die Reaktion (vereinfachte Darstellung):

$$3 \text{ 4-Nitrophenyl-}\alpha\text{, D-Maltoheptaosid} + 3 \text{ H}_2\text{O} \xrightarrow{\alpha\text{-Amylasen}}$$

2 D-Maltotriose
+ D-Maltotetraose
+ 2 4-Nitrophenyl-α, D-Maltotetraosid
+ 4-Nitrophenyl-α, D-Maltotriosid

$$\text{4-Nitrophenyl-}\alpha\text{, D-Maltotriosid} + 3 \text{ H}_2\text{O} \xrightarrow{\alpha\text{-Glucosidase}}$$

4-Nitrophenol + 3 Glucose

Das als Substrat verwendete definierte Oligosaccharid wird durch α-Amylase hydrolytisch gespalten. Mit Hilfe von α-Glucosidase läßt sich aus dem Produkt 4-Nitrophenyl-α, D-Maltotriosid 4-Nitrophenol freisetzen. Beim pH-Wert des Testansatzes von 7,1 liegt der überwiegende Teil des 4-Nitrophenols in Form des gelb gefärbten Phenolats vor, das bei 405 nm kontinuierlich photometrisch gemessen werden kann.
Die Extinktionszunahme ist der Enzymaktivität in der Probe in einem weiten Bereich direkt proportional.

Spezifität:

Mit dem Verfahren werden alle im Serum vorhandenen α-Amylasen erfaßt.
Die in Dünndarmschleimhaut, Milchdrüsenepithel, Ovarien, Tuben u. a. Gewebsstrukturen außer Pankreas und Speicheldrüsen enthaltenen Enzymaktivitäten sind so gering, daß sie die Ergebnisse der Bestimmung praktisch nicht beeinflussen.

Durch den Zusatz eines spezifischen Antikörpers läßt sich während einer Vorinkubation die Speichelamylase aus der Probe entfernen, so daß das vom Pankreas ins Blut abgegebene Enzym selektiv meßbar wird.

Berechnung:

Die Berechnung erfolgt über den spezifischen mikromolaren Extinktionskoeffizienten von 4-Nitrophenolat nach der auf S. 281 angegebenen Formel.

Normbereich:

40 - 130 U/l Serum

Störungen:

In sehr seltenen Fällen wird auch bei der α-Amylase die Bildung hochmolekularer Komplexe mit Immunglobulinen oder Polysacchariden beobachtet.
Ein Krankheitswert für diese Makro-Amylase ist bisher nicht beschrieben. Das Auftreten von Makro-Amylase muß auf Grund des breiten Normbereichs nicht zu einer erhöhten Gesamtaktivität des Enzyms im Serum führen.

Da Calciumionen für die enzymatische Hydrolyse erforderlich sind, dürfen Proben, die Calcium-bindende Antikoagulantien (z. B. EDTA, Natriumcitrat u. a.) enthalten, nicht analysiert werden.

Die zum Teil als Plasmaexpander verwendeten Dextranlösungen können, wenn sie im Probenmaterial enthalten sind, mit dem Substrat um das Enzym konkurrieren, so daß fälschlich zu niedrige Aktivitäten an α-Amylase ermittelt werden.

Hydroxyethylstärkelösung, die ebenfalls Verwendung als Plasmaersatzstoff findet, ist in der Lage, α-Amylase zu binden, so daß die Ausscheidung des Enzyms über die Nieren vermindert ist und somit erhöhte Serumspiegel resultieren.

Speichel und Schweiß sind reich an α-Amylasen, so daß beim Pipettieren bzw. Anfassen von Materialien streng darauf zu achten ist, daß es nicht zu Verunreinigungen kommt.

Bilirubin, Lipämie und mäßig ausgeprägte Hämolyse stören den Reaktionsablauf nicht.

2. Bestimmung der Aktivität der α-Amylasen mit 4-Nitrophenyl-α, D-Maltopentaosid und -hexaosid als Substrat

Prinzip:

Das Enzym katalysiert die Reaktion:

$$\text{4-Nitrophenyl-}\alpha\text{, D-Maltopentaosid/hexaosid} + H_2O \xrightarrow{\alpha\text{-Amylasen}} \text{D-Maltotriose/tetraose} + \text{4-Nitrophenyl-}\alpha\text{, D-Maltosid}$$

$$\text{4-Nitrophenyl-}\alpha\text{, D-Maltosid} + 2 H_2O \xrightarrow{\alpha\text{-Glucosidase}} \text{4-Nitrophenol} + 2 \text{ Glucose}$$

Meßgröße ist die Extinktionszunahme bei 405 nm durch das gebildete 4-Nitrophenolat.

Spezifität:

S. S. 298.

Berechnung:

S. S. 299.

Normbereich:

20 - 60 U/l Serum

Störungen:

S. S. 299.

3. Bestimmung der Aktivität der α-Amylasen mit 2-Chlor-4-Nitrophenyl-β, D-Maltoheptaosid als Substrat

Prinzip:

Das Substrat wird durch α-Amylasen in vergleichbarer Weise wie 4-Nitrophenyl-α, D-Maltoheptaosid gespalten.
Die komplizierte Reaktionsgleichung wird nicht im einzelnen dargestellt.

Die Freisetzung von 2-Chlor-4-Nitrophenol aus einem Zwischenprodukt erfolgt durch β-Glucosidase als Hilfsenzym.

Entsprechend den bisher beschriebenen Verfahren dient die Extinktionszunahme bei 405 nm als Meßgröße.

Der Vorteil bei Verwendung dieses Substrats liegt darin, daß das Produkt 2-Chlor-4-Nitrophenol beim pH-Optimum der enzymatischen Hydrolyse (pH 6,8) praktisch vollständig in Form des gelb gefärbten 2-Chlor-4-Nitrophenolats vorliegt, so daß geringfügige Verschiebungen des pH-Werts im Testansatz keine Rolle spielen.

Spezifität:

S. S. 298.

Berechnung:

Die Berechnung der Enzymaktivität erfolgt über den spezifischen mikromolaren Extinktionskoeffizienten des 2-Chlor-4-Nitrophenolats nach der auf S. 281 angegebenen Formel.

Normbereich:

40 - 130 U/l Serum

Störungen:

S. S. 299.

Pankreaslipase

Überblick:

Dieses Enzym stellt ein spezifisches Sekretionsprodukt der Bauchspeicheldrüse dar. In anderen Organen - z. B. der Leber - kommen Lipasen nur in sehr geringen Aktivitäten vor.

Die Pankreaslipase hydrolysiert im Darmlumen überwiegend Triglyceride langkettiger Fettsäuren zu Di- und weiter zu Monogyceriden, wobei die endständigen Acylreste bevorzugt abgespalten werden. Die Aktivität des Enzyms, das ausschließlich an Grenzflächen zwischen den wasserunlöslichen Substraten und der wäßrigen Phase wirksam ist, wird durch Gallensäuren gesteigert.

Ein Anstieg der Lipase im Serum ist - im Gegensatz zu den α-Amylasen - nur bei einer Schädigung der Bauchspeicheldrüse, d. h.
> einer akuten Pankreatitis bzw. akuten Schüben der chronischen Form,
> evtl. bei Pankreas-Carcinomen sowie infolge
> der Schädigung des Organs im Rahmen von Oberbauchprozessen (Abflußstörungen im Bereich der Gallenwege, penetrierenden Ulcera u. a.)

zu beobachten.

Das Enzym wird nach glomerulärer Filtration in den Tubuluszellen abgebaut, so daß es nicht im Harn erscheint. Bei renaler Insuffizienz kann es infolge der gestörten Elimination zu einem Anstieg der Lipase im Serum kommen.

Prinzip:

Das Enzym katalysiert die Reaktion:

$$\text{Triolein} + H_2O \xrightarrow{\text{Lipase}} \text{Diolein} + \text{Fettsäureanion} + H^+$$

Die in einer Gallensalz-haltigen Substratemulsion entstehenden Protonen können bei pH 8,6 und 25 °C mit Natronlauge unter Stickstoffspülung kontinuierlich titriert werden. Die Methode erfordert einen erheblichen zeitlichen und apparativen Aufwand, so daß das Verfahren in der klinisch-chemischen Routinediagnostik nur begrenzt anwendbar ist.

Hinweis:

Teste, die darauf basieren, die Lipaseaktivität durch die Abnahme der Trübung einer stark verdünnten Trioleinemulsion zu bestimmen, sind vor allem wegen der außerordentlich niedrigen Substratkonzentration und der Probleme bei der photometrischen Messung trüber Lösungen mit erheblichen Fehlern behaftet. Außerdem ist eine direkte Umrechnung der Meßsignale in ein Ergebnis nicht möglich, so daß die Aktivität in der Probe nur über einen "Enzymstandard", dessen Lipasegehalt titrimetrisch bestimmt wird, zu ermitteln ist.
Etwa 10 % aller Seren lassen sich mit diesen sog. turbidimetrischen Testen überhaupt nicht analysieren. Dies ist darauf zurückzuführen, daß es durch den Ausfall von Lipoproteinen, Immunglobulinen u. a. nicht zu einer Verminderung der Trübung des Ansatzes kommt, sondern eine Zunahme des Meßsignals zu beobachten ist. Extrem verfälschte Ergebnisse können auch dadurch zustande kommen, daß Seren mit sehr stark erhöhter Lipaseaktivität zu einem derart raschen Substratumsatz führen, daß nach der erforderlichen Vorinkubationszeit bereits das gesamte Triolein hydrolysiert ist (vgl. NADH-Verbrauch S. 274).

Da derzeit eine selektive Bestimmung der Pankreasamylase erfolgen kann, ist dieser Test (s. S. 298) zur Diagnostik von Pankreaserkrankungen vorzuziehen.

BEWERTUNG DER ERGEBNISSE VON METABOLITKONZENTRATIONS- UND ENZYMAKTIVITÄTSMESSUNGEN

In den vorangegangenen Abschnitten wurden die wichtigsten Substanzen und Enzyme sowie die Verfahren zur Ermittlung ihrer Konzentrationen bzw. Aktivitäten beschrieben. Dabei sind - soweit es zum Verständnis erforderlich ist - die pathophysiologischen Grundlagen berücksichtigt worden. Ferner erfolgten Hinweise auf die wesentlichen Krankheitsbilder, die ursächlich für die von der Norm abweichenden Ergebnisse in Frage kommen.

Es ist jedoch in diesem Rahmen nicht möglich, eingehende Anweisungen zur Interpretation von Daten zu geben, da viele Befunde weder eine organ- noch eine krankheitsspezifische Aussage erlauben. So kann beispielsweise eine erhöhte Konzentration des Gesamtbilirubins im Serum durch prähepatische Ursachen (z. B. einen gesteigerten Abbau von Erythrocyten), durch primäre Defekte der Leberzellfunktion (z. B. bei Hepatitis) oder durch Störungen im Bereich der ableitenden Gallenwege (z. B. bei intra- oder extrahepatischem Gallengangsverschluß) bedingt sein. Ursachen einer erhöhten Aktivität der Lactat-Dehydrogenase im Serum können ein Herzinfarkt, eine Hepatitis, eine hämolytische oder perniziöse Anämie sein. Auch Carcinome, Leukämien u. a. führen zu einem vermehrten Auftreten von LDH im Serum. Ohne weitere Informationen sind daher eine erhöhte Bilirubinkonzentration oder eine pathologische Aktivität der Lactat-Dehydrogenase im Serum nicht zu interpretieren.

Außerdem ist zu berücksichtigen, daß es bei bestimmten Krankheitsbildern häufig zu einer Mitbeteiligung anderer Organe kommt. So kann beispielsweise ein Gallenstein im Bereich der Papilla VATERI eine Begleitpankreatitis auslösen oder eine primäre Herzerkrankung zu einer Leberstauung führen.

Schließlich hängt das Ausmaß der pathologischen Ergebnisse entscheidend vom Stadium und Schweregrad der Erkrankung ab, so daß für die Bewertung der Resultate keine festen Regeln aufgestellt werden können. Auch besondere Verlaufsformen, z. B. eine anikterische Hepatitis, machen die Ausarbeitung von Schemata fraglich. Letztendlich kann auch das Ausmaß pathologischer Veränderungen bei verschiedenen Patienten in weiten Grenzen schwanken.

Die Bewertung klinisch-chemischer Daten kann daher nur im Zusammenhang mit anamnestischen Angaben, dem klinischen Bild, physikalischen Befunden und anderen Untersuchungsergebnissen erlernt werden.

EMISSIONSPHOTOMETRIE (FLAMMENPHOTOMETRIE)

Die Emissions- bzw. Flammenphotometrie ist ein Meßverfahren, das die quantitative Bestimmung von Alkali- bzw. Erdalkalimetallen in einer Lösung auf Grund der Emission von Strahlung charakteristischer Wellenlänge nach thermischer Anregung ermöglicht.

Grundlagen der Emissionsphotometrie

Die Färbung einer nicht leuchtenden Flamme durch Salze der Alkali- bzw. Erdalkalimetalle ist allgemein bekannt. Auf die komplizierten Vorgänge, die sich im Bereich der Atome abspielen, kann nicht näher eingegangen werden (hierzu s. Lehrbücher der Physik).

In diesem Rahmen sei lediglich wiederholt, daß ein proportionaler Teil der in einer Flamme vorhandenen Atome durch die thermische Energie in einen energiereicheren "angeregten" Zustand versetzt wird, indem Elektronen kurzzeitig auf eine weiter außen liegende Elektronenschale angehoben werden. Bei der Rückkehr der Elektronen auf ihre ursprüngliche Bahn wird die zur Anregung aufgenommene Energie in Form von Licht abgegeben. Die Wellenlänge und damit die Farbe des emittierten Lichts ist charakteristisch für die verschiedenen Metalle.

Liegt ein Element in der Flamme in Form von Atomen vor, so ergibt sich ein Linienspektrum (z. B. bei den Alkalimetallen Lithium, Natrium, Kalium). Moleküle oder Molekülbruchstücke können ebenfalls Licht emittieren, allerdings in Form breiter Emissionsbanden (z. B. das Erdalkalimetall Calcium).

Die erforderliche Anregungsenergie hängt von der zu bestimmenden Substanz ab. Alkalimetalle werden bereits bei Temperaturen um 1900 $^{\circ}$C (Propan-Preßluft-Flamme), Erdalkalien erst bei Temperaturen um 2300 $^{\circ}$C (Acetylen-Preßluft-Flamme) angeregt.

Die Emissionsspektren der klinisch wichtigsten Elemente sind in Abb. 44, S. 304, dargestellt. Wie daraus ebenfalls zu ersehen ist, zeigt die Flamme auch in Abwesenheit von Alkali- oder Erdalkalimetallen eine Emission, die als sog. "Untergrundstrahlung" bezeichnet wird.

Das zu bestimmende Element muß in gelöster Form vorliegen. Gelangt es so in eine Flamme, dann verdampft zunächst das Lösungsmittel (meist Wasser), anschließend

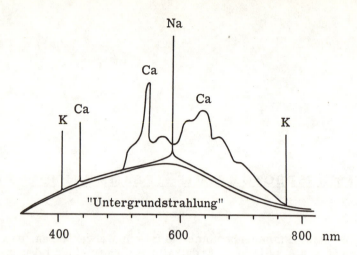

Abb. 44. Emissionsspektren von Natrium, Kalium und Calcium

zerfallen die Moleküle weitgehend in Bruchstücke oder freie Atome, die dann bestimmte Energiequanten aufnehmen können und in die nächsthöhere Energiestufe übergehen.

Je mehr Atome in der Flamme vorhanden sind und angeregt werden, um so intensiver ist die Emissionsstrahlung, d. h. die Flammenfärbung. Unter optimalen Meßbedingungen ist die Intensität des emittierten Lichts in einem bestimmten Bereich der Konzentration an Atomen in der Meßlösung direkt proportional.

Ein Vergleich mit der Absorptionsphotometrie liegt nahe. Zwischen der Messung der Absorption und der Emission von Licht besteht jedoch ein grundsätzlicher Unterschied:

Erfolgt bei der Absorptionsphotometrie durch die Meßlösung keine Lichtabsorption, so werden 100 % des eingestrahlten Lichts transmittiert. Wird die gesamte Meßstrahlung in der Küvette absorbiert, beträgt die Lichtdurchlässigkeit 0 %. Jede Messung ergibt also einen Wert, der zwischen 0 % Transmission (Extinktion ∞) und 100 % Transmission (Extinktion 0) liegt.
Die Meßskala bei Photometern ist daher durch diese beiden Punkte festgelegt. Verwendet man monochromatisches Licht, so stellt die abgelesene Extinktion einen "absoluten" Meßwert dar.

Bei der Emissionsphotometrie ist die Intensität der Flammenfärbung und damit der Gehalt an Atomen in der Meßlösung dadurch zu bestimmen, daß die Emission mit derjenigen einer Lösung bekannter Konzentration verglichen wird.
Nur der Nullpunkt der Skala (Emission des verwendeten Brenngases und des Lösungsmittels) ist festgelegt, ein zweiter Punkt muß mit einer Standardlösung ermittelt werden.

Die Schwierigkeiten einer solchen Vergleichsmessung liegen vor allem darin, daß Vergleichslösung und biologisches Untersuchungsmaterial sich in ihrer Zusammensetzung oft erheblich unterscheiden. Dadurch bedingte Fehler lassen sich nicht vollständig eliminieren.

Flammenphotometer

Unter streng standardisierten Bedingungen läßt sich die Emission der Atome bzw. Moleküle in der Flamme zur quantitativen Bestimmung der Elemente benutzen. Entsprechende Meßanordnungen werden als Flammenphotometer bezeichnet.

In Abb. 45 sind die wesentlichen Bauelemente eines Flammenphotometers mit Indirektzerstäuber schematisch dargestellt.

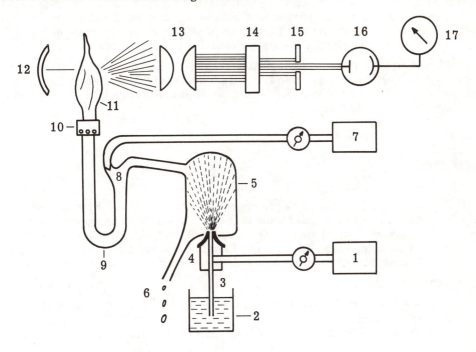

1 Trägergas (z. B. Preßluft)
2 Analysenlösung
3 Ansaugcapillare
4 Zerstäuber
5 Zerstäuberkammer (Tropfenaussonderung)
6 Ablauf der großen Tropfen
7 Brenngas (z. B. Acetylen oder Propan)
8 Gaszumischdüse
9 Brennerrohr
10 Brenner
11 Flamme
12 Spiegel
13 Kondensor
14 Lichtzerlegung (Filter oder Monochromator)
15 Blende
16 Strahlungsempfänger
17 Galvanometer (Meßwertanzeige)

Abb. 45. Schematische Darstellung eines Emissions-Flammenphotometers mit Indirektzerstäuber

Durch das mit hoher Geschwindigkeit ausströmende Trägergas (z. B. Preßluft) wird die Analysenlösung angesaugt und zunächst in einer Glaskammer zerstäubt; die größeren Tropfen werden nach außen eliminiert und nur etwa 1 - 5 % des Untersuchungsmaterials gelangen als feiner Nebel etwa gleichgroßer Tröpfchen in die Flamme, die sich nach Zumischen des Brenngases bildet.

Da biologische Flüssigkeiten mehrere Alkali- und Erdalkalimetalle enthalten, isoliert man eine charakteristische Emissionslinie oder -bande des zu analysierenden Elements durch Filter (Filter-Flammenphotometer) oder durch Monochromatoren (Spektral-Flammenphotometer). Über Vor- und Nachteile dieser Lichtzerlegung s. S. 205. Die so isolierte Emissionsstrahlung fällt auf einen Sekundär-Elektronen-Vervielfacher, in dem die Umwandlung von Lichtenergie in elektrische Energie erfolgt. Der Strom wird weiter verstärkt; als Anzeigegerät dient ein Galvanometer.

Neben Flammenphotometern mit Zerstäuberkammer (sog. Indirektzerstäuber) gibt es auch solche, bei denen das Untersuchungsmaterial direkt an der Stelle, wo sich Brenngas und Luft mischen und den tiefsten Punkt der Flamme bilden, zugeführt wird (sog. Direktzerstäuber).

Beide Meßanordnungen haben Vor- und Nachteile:

Indirektzerstäuber

    Vorteile:

        Dadurch, daß nur etwa gleichgroße Tröpfchen in die Flamme gebracht werden, spielen Unterschiede in der Zusammensetzung von Standard- und Analysenlösung eine geringere Rolle als bei direkter Zerstäubung.
        Es gelangt wenig Probe in die Flamme, so daß sich beim Verdampfen der Flüssigkeit keine wesentliche Änderung der Flammentemperatur ergibt.

    Nachteile:

        Die Messung ist durch die geringe Probenzufuhr pro Zeiteinheit relativ unempfindlich.
        Brennbare Flüssigkeiten können nicht analysiert werden.

Direktzerstäuber

    Vorteile:

        Es gelangen pro Zeiteinheit relativ große Volumina der zu untersuchenden Lösung in die Flamme; die Nachweisgrenze für die einzelnen Elemente liegt daher niedriger als bei indirekter Zerstäubung.
        Brennbare Flüssigkeiten können analysiert werden.

    Nachteile:

        Beim Verdampfen der relativ großen Mengen verdünnten Materials in der Flamme kann es zur Abkühlung auf Temperaturen kommen, die zur Anregung des zu analysierenden Elements nicht mehr ausreichen.
        Die Vorgänge in der Flamme sind sehr stark von den physikalischen Eigenschaften (z. B. der Oberflächenspannung) und der chemischen Zusammensetzung (z. B. dem Eiweißgehalt) der zu messenden Lösungen abhängig, so daß sich große Fehlerquellen ergeben. Unterschiede zwischen wäßrigen Standardlösungen und proteinhaltigem Untersuchungsmaterial wirken sich bei Geräten mit Direktzerstäubern besonders störend aus. Soll Serum mit derartigen Flammenphotometern analysiert werden, ist eine vorherige Enteiweißung notwendig.

Hinweise zur Ausführung flammenphotometrischer Messungen

Alle zur flammenphotometrischen Messung verwendeten Geräte, einschließlich der Entnahmeröhrchen für das Untersuchungsmaterial, müssen peinlichst sauber gehalten werden. Die Verwendung von Einmal-Kunststoffröhrchen und -Pipettenspitzen ist angezeigt.

Flammentemperatur

Eine bestimmte Flammentemperatur und damit eine optimale Anregungsenergie ist Voraussetzung zur Erzielung reproduzierbarer Ergebnisse. Bei zu hohen Temperaturen kann es zur Ionisation eines Teils der Atome kommen. Da Ionen nicht angeregt werden können, ist die gemessene Emission zu niedrig. Liegt die Flammentemperatur zu tief, wird nur ein Teil der Atome in den angeregten Zustand versetzt; die ermittelten Werte sind daher ebenfalls fälschlich erniedrigt.

Standard- und Meßlösungen

Auf Grund von Abweichungen in der Viscosität und Oberflächenspannung verhalten sich wäßrige Standardlösungen und proteinhaltige Serumverdünnungen beim Zerstäuben und in der Flamme verschieden. Der Unterschied kann auch durch Zusatz von Netzmitteln zu den Standardlösungen nicht vollständig ausgeglichen werden. Entscheidend für die Zuverlässigkeit der Resultate ist u. a. die reproduzierbare Zufuhr einer konstanten Menge Analysenlösung pro Zeiteinheit. Fälschlich zu niedrige Ergebnisse können vor allem durch Proteinniederschläge im Ansaugsystem und in der Zerstäuberkammer bedingt sein. Diese Verschmutzungen wirken sich bei eiweißhaltigen, d. h. viscösen Lösungen stärker auf die Ansauggeschwindigkeit aus als bei den wäßrigen Standardlösungen, so daß bei der Messung von Serum pro Zeiteinheit weniger Flüssigkeit in die Flamme gelangt als während der Kalibrierung.

Wenn exakte Ergebnisse erzielt werden sollen, muß auch die Gesamtkonzentration an Atomen im Ansatz bei Standard- und Meßlösungen annähernd gleich sein.
So darf z. B. bei der Kaliumbestimmung im Serum in der Kalium-Standardlösung nicht ausschließlich Kalium enthalten sein, sondern es muß auch Natrium in einer Konzentration zugesetzt werden, wie es sich durchschnittlich in der Probe findet. Nur so wird erreicht, daß die zur Verfügung stehende Anregungsenergie für die Kaliumatome in der Serumverdünnung und in der Standardlösung annähernd gleich ist. Bei Verwendung einer reinen Kaliumchloridlösung als Standard könnte leicht eine Störung durch Ionisation der Kaliumatome auftreten; die erhaltene Emission als Bezugsgröße für das verdünnte Serum würde zu falschen Resultaten führen.

Verdünnung von Standardlösungen und Proben

Zu diesem Punkt kann kein allgemein gültiges Vorgehen angegeben werden. Die Hersteller von Flammenphotometern liefern zu ihren Geräten eingehende Vorschriften über optimale Verdünnungsverhältnisse, zu verwendende Lösungen, Haltbarkeit der Reagentien und die technische Handhabung der Geräte. Einzelheiten s. dort.

FLAMMENPHOTOMETRISCHE BESTIMMUNGSVERFAHREN

Natrium

Überblick:

Natrium findet sich im Organismus zum weit überwiegenden Teil (ca. 97 %) im Extracellularraum.

Die Natriumkonzentration im Serum unterliegt auch bei stark schwankender Zufuhr mit der Nahrung einer strengen Regulation. In der Niere wird Natrium glomerulär filtriert und der größte Teil (ca. 60 - 70 %) in den proximalen Tubuli rückresorbiert. In den distalen Abschnitten kann in Abhängigkeit vom Natrium- und Wasserbestand des Organismus unter dem Einfluß von Aldosteron eine weitere Resorption (bis zu 99 % des filtrierten Natriums) erfolgen.

Die Funktion des Natriums besteht vor allem darin, die Osmolalität der extracellulären Flüssigkeit konstant zu halten. Daher sind Natrium- und Wasserhaushalt eng miteinander verknüpft. Ein normaler Serum-Natriumspiegel gibt keine Information über die Menge des Kations im Organismus. Bei Werten im Normbereich kann eine ausgeprägte Hypo- oder Hyperhydration der Gewebe vorliegen. Umgekehrt werden bei normalem Natriumbestand infolge eines Wasserverlusts oder einer Überwässerung erhöhte bzw. erniedrigte Natriumkonzentrationen im Serum gefunden.

Erhöhte Natriumspiegel im Serum kommen vor bei:

    Verminderter Flüssigkeitszufuhr

    Vermehrtem Wasserverlust
        über die Nieren
            zentraler Diabetes insipidus
                (Mangel an Vasopressin)
            renaler Diabetes insipidus
                (verminderte Ansprechbarkeit der Receptoren in den distalen Tubuli auf Vasopressin)
            osmotische Diurese
                (z. B. Mannitinfusionen)
        über den Darm
            Infektionskrankheiten
                (insbesondere Ruhr und Cholera)

    Übermäßiger Zufuhr hypertoner Kochsalzlösung
        zu hoch dosierte Infusionstherapie
        (auf oralem Wege bei Erwachsenen kaum möglich)

Steigerung der Aldosteron-bedingten Natriumrückresorption
  primärer Hyperaldosteronismus (CONN-Syndrom)
  sekundärer Hyperaldosteronismus
    (Stimulation des Renin-Angiotensin-Aldosteron-Systems)

Verminderte Natriumspiegel im Serum finden sich bei:
  Exzessiver Flüssigkeitszufuhr ohne ausreichende Natriumaufnahme
  Überwässerung bei normalem Natriumbestand des Organismus
    (z. B. schwere Herzinsuffizienz)
  Störung der Natriumrückresorption durch Aldosteronmangel
    Nebennierenrindeninsuffizienz (M. ADDISON)
    Adrenogenitales Syndrom mit Salzverlust
      (Aldosteronmangel nur bei hochgradigem Enzymdefekt)

Bestimmung der Natriumkonzentration im Serum

Überblick:

Neben der Flammenphotometrie eignen sich zur Messung der Natriumkonzentration im Serum auch ionenselektive Elektroden (s. S. 317).

Prinzip:

Zur flammenphotometrischen Bestimmung dient die Na-Linie bei 589 nm. Serum wird vor der Analyse stark verdünnt (meist 1 : 200).

Normbereich:

135 - 145 mmol/l Serum

Störungen:

Soll Plasma analysiert werden, so dürfen keine Natrium-haltigen Antikoagulantien Verwendung finden.

Da Natrium in hoher Konzentration im Serum enthalten ist, können nur geringe Probemengen eingesetzt werden. Pipettierfehler wirken sich daher besonders stark aus. Systematische Fehler ergeben sich häufig bei Verwendung nicht korrekt kalibrierter Pipetten oder Verdünnungsgeräte.

Stark verdünnte Natrium-Standardlösungen sind auch in Polyethylenflaschen schlecht haltbar; die Ursache hierfür ist nicht geklärt.

Detergentien enthalten meist sehr hohe Konzentrationen an Natrium.

Im Serum findet sich Natrium nur im wäßrigen Anteil, nicht jedoch in Proteinen und Lipoproteinen. Solange diese Substanzen in der Probe in normalen Konzentrationen vorliegen, spielt ihr Einfluß, da er auch in den Normbereich eingeht, keine Rolle. Bei sehr hohen Lipid- oder Gesamteiweißwerten (z. B. bei Plasmocytom oder M. WALDENSTRÖM) im Serum ergeben sich jedoch fälschlich erniedrigte Natriumspiegel. Dies beruht darauf, daß die Probe in diesen Fällen nicht nur 3 - 4 Volumenprozent nichtwäßrige Anteile enthält, sondern einen wesentlich höheren Prozentsatz Natrium-freier Substanzen. Da bei der flammenphotometrischen Messung immer ein konstanter Anteil des verdünnten Serums angesaugt wird, gelangt pro Zeiteinheit weniger Natrium in die Zerstäuberkammer als bei normalem Lipid- und Proteingehalt der Probe.

Hinweis:

Natriumionen und die im allgemeinen (ausgenommen bei schwerer Acidose oder Alkalose) proportional dazu veränderten Chlorid- und Bicarbonationen bestimmen weitgehend die Osmolalität des Serums, d. h. die Summe der in der Probe enthaltenen osmotisch wirksamen Substanzen. Die Bestimmungen der Natriumkonzentration und der Osmolalität liefern daher meist die gleichen Informationen.

Lediglich bei einem Anstieg anderer osmotisch wirksamer Substanzen - vor allem Glucose, Harnstoff, Ketonkörper, Lactat oder bei Alkoholintoxikation - zeigen sich diskrepante Befunde. Da der Gehalt des Serums an den genannten Stoffen jedoch direkt meßbar ist, ergeben sich in der Regel keine Indikationen für die Bestimmung der Osmolalität des Serums.

Kalium

Überblick:

Etwa 97 % des Kaliumbestands des Organismus finden sich intracellulär. Der Transport in die Zellen wird durch die in den Zellmembranen lokalisierte Na/K-ATPase reguliert.

Nur etwa 3 % des Kaliums sind in der Extracellularflüssigkeit enthalten.

Kalium wird in den Nieren glomerulär filtriert und zum größten Teil (ca. 90 %) in den proximalen Tubuli und der HENLE'schen Schleife rückresorbiert. Die Wiederaufnahme bzw. Ausscheidung im distalen Tubulus erfolgt vor allem unter dem Einfluß von Aldosteron und dem Blut-pH-Wert. Beispielsweise ist bei hoher Aldosteroninkretion, d. h., wenn zur Aufrechterhaltung des intravasalen Volumens vermehrt Natrium benötigt wird, die Ausscheidung von Kalium im Austausch gegen Natrium gesteigert. Andererseits führt ein niedriger pH-Wert des Plasmas zu einer vermehrten Elimination von Protonen und damit zu einer erhöhten Kaliumrückresorption. Bei gegensätzlichen Situationen erfolgt eine entsprechende Regulation.

Auf Grund der hohen intracellulären Kaliumkonzentration spiegeln die Serum-Kaliumwerte nicht in jedem Fall den Kaliumbestand des Organismus wider. Die an Seren gewonnenen Daten dürfen daher nur in engem Zusammenhang mit dem klinischen Bild und dem Säure-Basen-Status des Patienten interpretiert werden. Als Beispiel seien das Coma diabeticum, bei dem infolge des Insulinmangels der Einstrom von Kalium in die Zellen vermindert ist, sowie die akute Intoxikation mit Herzglykosiden, bei der eine Hemmung der Membran-Na/K-ATPase vorliegt, genannt. In beiden Fällen besteht trotz mehr oder weniger stark erhöhter Serumspiegel ein intracellulärer Kaliummangel.

Erhöhte Kaliumkonzentrationen im Serum finden sich bei:
    Verminderter Ausscheidung über die Nieren
        akute und chronische Niereninsuffizienz
           (besonders ausgeprägt bei Oligo- und Anurie)
        Aldosteronmangel bei Nebennierenrindeninsuffizienz (M. ADDISON)
        Gabe von Kalium-sparenden Diuretika
           (z. B. Spironolacton (= Aldosteronantagonist), Triamteren
           (= Aldosteron-unabhängige Wirkung) u. a.)
        orale Kaliumsubstitution bei (evtl. nicht bekannter) leichter Einschränkung der Nierenfunktion
           (z. B. im Rahmen einer Therapie mit Schleifendiuretika u. a.)

Verschiebung zwischen intra- und extracellulärem Kalium
    schwerer Insulinmangel
    Intoxikation mit Herzglykosiden
    schwere Acidose
        (pro Abfall des Blut-pH-Werts um 0,1 erfolgt ein Kalium-
        anstieg um 0,4 bis 1,2 mmol/l Serum)
    maligne Hyperthermie

Freisetzung von Kalium bei massivem Zelluntergang
    hämolytische Krisen
    Transfusionen mit kaltem oder sehr altem Blut
    Cytostatikatherapie bei Leukämien u. a.
    Verbrennungen
    schwere Weichteilverletzungen

Eine Hypokaliämie wird beobachtet bei:

Gastrointestinalen Kaliumverlusten
    Laxantienabusus
    massive Diarrhoen
    Fisteln im Bereich des Magen-Darm-Trakts
    villöse papilläre Adenome
    VERNER-MORRISON-Syndrom (pankreatische Cholera)

Erhöhter renaler Ausscheidung
    primärer Hyperaldosteronismus (CONN-Syndrom)
    sekundärer Hyperaldosteronismus
        (Stimulation des Renin-Angiotensin-Aldosteron-Systems)
    Lebercirrhose
        (infolge eines verminderten Aldosteronabbaus)
    Therapie mit Schleifendiuretika und Thiaziden
        (insbesondere bei forcierter Diurese ohne ausreichende
        Kaliumsubstitution)
    M. CUSHING
    Aldosteron-produzierendes Nebennierenrinden-Carcinom
    Überdosierung von Mineralocorticoiden
    renale tubuläre Acidose

Verschiebung zwischen intra- und extracellulärem Kalium
    schwere Alkalose
    Insulintherapie bei Coma diabeticum
        (Kaliumsubstitution erforderlich!)

Bestimmung der Kaliumkonzentration im Serum

Überblick:

Neben der Flammenphotometrie eignen sich zur Messung der Kaliumkonzentration im Serum auch ionenselektive Elektroden (s. S. 317).

Prinzip:

Zur flammenphotometrischen Bestimmung dient die K-Linie bei 768 nm. Serum wird meist in einer Verdünnung von 1 : 20 analysiert.

Normbereich:

    3,5 - 5,0 mmol/l Serum

    Merke: Da durch den Gerinnungsprozeß und die Retraktion des Blutkuchens Kalium aus Thrombocyten und Erythrocyten frei wird, liegen die Werte im Serum um etwa 0,2 - 0,3 mmol/l höher als in entsprechenden Plasmaproben.

Störungen:

    Soll Plasma analysiert werden, dürfen keine Kalium-haltigen Antikoagulantien Verwendung finden.

    Erythrocyten enthalten wesentlich mehr Kalium als das Serum, so daß bereits eine geringgradige Hämolyse zu fälschlich erhöhten Werten führt.

    Auf Grund des hohen Konzentrationsunterschiedes zwischen Erythrocyten und der flüssigen Phase des Blutes kommt es in vitro sehr rasch zu einem Kaliumausstrom, so daß die corpusculären Bestandteile spätestens eine Stunde nach der Blutentnahme vom Serum bzw. Plasma abgetrennt sein müssen.

    Da in Thrombocyten große Mengen Kalium enthalten sind, kommt es bei Thrombocytosen oder Thrombocythämien durch das Freiwerden des Kations im Rahmen der viscösen Metamorphose der Blutplättchen zu fälschlich erhöhten Kaliumkonzentrationen im Serum (bis zu etwa 3 mmol/l Serum). In derartigen Fällen darf daher nur Thrombocyten-armes Plasma (s. S. 155) analysiert werden.

    Tabakrauch enthält viel Kalium, so daß es auch durch Rauchen am Arbeitsplatz zu falsch erhöhten Ergebnissen kommen kann.

    Zu der Störung bei ausgeprägter Hyperlipoproteinämie bzw. Hyperproteinämie mit fälschlich erniedrigten Resultaten s. Natriumbestimmung S. 309.

Calcium

Überblick:

    Etwa 99 % des Calciums im menschlichen Organismus sind in der Knochensubstanz - überwiegend in Form von Hydroxylapatit - lokalisiert.

    Ca. 1 % des Kations findet sich vor allem im Extracellularraum. Intracellulär sind nur sehr geringe Mengen vorhanden; die Calciumionen dienen hier vor allem als Aktivatoren zahlreicher Enzyme und sind am Wirkungsmechanismus von Hormonen beteiligt (s. S. 368).

    Ein Austausch des Calciums in der Extracellularflüssigkeit mit demjenigen im Knochen ist möglich.
Außerdem stellt Hydroxylapatit einen Reservespeicher dar, aus dem bei Bedarf sehr schnell Calcium mobilisiert werden kann.

    Im Plasma findet sich das Calcium in 3 Formen:
        Ca. 50 % sind ionisiert und biologisch aktiv,
        ca. 40 % an Proteine (insbesondere Albumin) gebunden und
        ca. 10 % liegen in komplexer Bindung an Citrat, Phosphat, Bicarbonat, Lactat u. a.
    vor.

Die Proteinbindung ist von der Eiweißkonzentration im Plasma und dem pH-Wert des Blutes abhängig:
Bei niedrigem Gesamteiweiß und saurem pH-Wert werden weniger Calciumionen gebunden, so daß der ionisierte Anteil zunimmt.
Hierdurch ist auch erklärt, weshalb es trotz niedriger Calciumspiegel im Serum bei starker Acidose (z. B. chronischer Niereninsuffizienz) nicht zu tetanischen Reaktionen kommt.

In der Niere wird der ultrafiltrierbare Anteil des Calciums (ionisiertes und komplexgebundenes) glomerulär filtriert und in den proximalen und distalen Tubuli zu 95 - 99 % rückresorbiert.
Ein geringer Teil des Calciums kann auch über den Darm ausgeschieden werden.

Die Regulation des Calciumstoffwechsels ist eng mit derjenigen des Phosphathaushalts verknüpft. Daher sollten die Konzentrationen beider Substanzen im Serum und die Ausscheidung mit dem Harn stets im Zusammenhang gesehen und beurteilt werden.

Ausschlaggebend für die Steuerung des Calcium-Phosphat-Stoffwechsels ist der Calciumspiegel im Plasma. An der Regulierung sind 3 Hormone beteiligt, die die Aufrechterhaltung der extracellulären Calciumkonzentration über die Resorption von Calciumionen aus dem Darm, Freisetzungs- oder Einlagerungsvorgänge am Knochen und das Ausmaß der renalen Ausscheidung bewirken.

    Parathormon und 1, 25-Dihydroxycholecalciferol
        führen zu einem Anstieg der Calciumkonzentration im Plasma,

    Calcitonin
        senkt den Calciumspiegel.

Parathormon

    Parathormon wird bei niedriger Serum-Calciumkonzentration aus den Nebenschilddrüsen ausgeschüttet und zeigt folgende Wirkungen:

Abbau von Knochensubstanz
    (durch Stimulation der Osteoklasten)
Steigerung der Rückresorption von Calcium und vermehrte Ausscheidung von Phosphat in den Nierentubuli
Erhöhung der Resorption von Calcium aus dem Darm
    (indirekte Wirkung über eine Stimulation der Hydroxylierung von 25-Hydroxycholecalciferol zu 1, 25-Dihydroxycholecalciferol
    (s. unten))

1, 25-Dihydroxycholecalciferol

    Das Hormon wird in der Niere unter dem Einfluß von Parathormon und der Calcium- sowie der Phosphatkonzentration des Serums aus 25-Hydroxycholecalciferol gebildet.

        25-Hydroxycholecalciferol entsteht auf folgende Weise:
        In der Leber wird aus 7-Dehydrocholesterin ein Provitamin D synthetisiert.
        Im Bereich der Haut findet unter der Einwirkung von UV-Licht die Umwandlung dieser Substanz zu Vitamin D_3 (Cholecalciferol) statt.

Die Hydroxylierung des Vitamins zu 25-Hydroxycholecalciferol erfolgt in der Leber.

1,25-Dihydroxycholecalciferol weist folgende - mit Parathormon synergistische - Funktionen auf:
Freisetzung von Calciumionen aus dem Knochen
Steigerung der Rückresorption von Calcium und Hemmung der Wiederaufnahme von Phosphat aus dem Primärharn
Erhöhung der Resorption von Calcium und Phosphat aus dem Darm

Calcitonin

Calcitonin, das in den C-Zellen der Schilddrüse gebildet wird, ist der funktionelle Gegenspieler von Parathormon und 1,25-Dihydroxycholecalciferol. Seine Inkretion ins Blut erfolgt, wenn die Calciumkonzentration im Plasma ansteigt.

Das Hormon hat folgende Funktionen:
Hemmung des Knochenabbaus
(durch Beeinflussung der Aktivität der Osteoklasten)
Steigerung der renalen Calciumausscheidung
(Ein Einfluß auf die Calciumresorption im Darm ist bisher nicht bekannt.)

Erhöhte Calciumkonzentrationen im Serum finden sich bei:

Störungen der hormonellen Regulation
primärer und tertiärer Hyperparathyreoidismus
    Calcium im Serum   erhöht
    Phosphat im Serum   vermindert
    Parathormon   erhöht

Vermehrter Freisetzung aus dem Knochen
Osteolysen durch Knochenmetastasen
Plasmocytom
paraneoplastisches Symptom
(durch ektopische Bildung von Parathormon oder ähnlichen Substanzen bzw. Prostaglandin E_2)
z. B. bei Mamma-Ca, Bronchial-Ca, Hypernephrom u. a.
langdauernde Immobilisation

Vitamin D-Intoxikation im Rahmen therapeutischer Maßnahmen

Sarkoidose

Verminderte Calciumspiegel im Serum sind zu beobachten bei:

Unzureichender Calciumresorption
Mangelernährung
Malabsorptionssyndrom
Vitamin D_3-Mangel
Mangel an 1,25-Dihydroxycholecalciferol
chronische Niereninsuffizienz
(Ursache für die niedrige Calciumkonzentration im Serum ist ein Mangel an 1,25-Dihydroxycholecalciferol (s. S. 313); die Hypocalcämie ist meist auch durch Entwicklung eines sekundären Hyperparathyreoidismus nicht zu kompensieren.)

Störungen der hormonellen Regulation
    Hypoparathyreoidismus
        Calcium im Serum   vermindert
        Phosphat im Serum   erhöht
        Parathormon   vermindert

    Hypomagnesiämie
        (Magnesium ist zur Parathormoninkretion erforderlich!)

Starker Verminderung der Albuminkonzentration im Serum
    (Merke: Das ionisierte Calcium liegt im Normbereich!)
    nephrotisches Syndrom
    Lebercirrhose

Akuter Pankreatitis
    (Bildung von "Kalkseifen", d. h. Anlagerung von Calcium an freigesetzte Fettsäuren in Gewebsbezirken mit Lipolyse.)

Bestimmung der Calciumkonzentration im Serum

Überblick:

Neben der Flammenphotometrie eignen sich zur Messung der Calciumkonzentration im Serum auch ionenselektive Elektroden. Mit ihnen wird nur das ionisierte, biologisch wirksame Calcium erfaßt (s. S. 317).
Ferner liefert die Atomabsorptionsphotometrie zuverlässige Ergebnisse (s. S. 321).

Prinzip:

Zur flammenphotometrischen Bestimmung dient meist die CaO-Bande bei 622 nm.
Im allgemeinen wird Serum 1 : 20 verdünnt analysiert.

Da bei den Filter-Flammenphotometern die CaO-Bande nicht ausreichend isoliert werden kann, sondern auch ein Teil der Natriumemission bei 589 nm mitgemessen wird, muß zur Einstellung des Nullpunkts eine Lösung Verwendung finden, die Natrium in der gleichen Konzentration wie die verdünnte Probe enthält. Für Serum, dessen Natriumkonzentration nur in engen Grenzen schwankt, ist diese Bedingung mit einer sog. "Kompensationslösung" einzuhalten.

Normbereich:

2,2 - 2,6 mmol/l Serum

Störungen:

Soll Plasma analysiert werden, dürfen keine Calcium-haltigen Antikoagulantien Verwendung finden.

Da Leitungswasser im allgemeinen sehr viel Calcium enthält, werden bei Benutzung nicht ausreichend gut gespülter Glasgeräte zu hohe Calciumwerte gefunden. Aus diesem Grunde ist zum Reinigen der Geräte und zum Ansetzen der Lösungen nur bidest. Wasser zu benutzen.
Der Gebrauch von Einmal-Kunststoffröhrchen und -Pipettenspitzen ist besonders angezeigt.

ELEKTROLYTBESTIMMUNGEN
MIT IONENSELEKTIVEN ELEKTRODEN

Grundlagen der Methodik

Analog zur Messung der Wasserstoffionen-Aktivität mit einer pH-empfindlichen Elektrodenmeßkette (s. S. 328 ff.) lassen sich die Konzentrationen von Natrium-, Kalium-, Calcium- und Chloridionen unter Verwendung geeigneter Elektrodensysteme potentiometrisch messen.

Gemeinsam ist diesen Verfahren, daß jeweils eine für das betreffende Ion selektiv empfindliche Meßelektrode über die zu analysierende Lösung mit einer Referenzelektrode einen Stromkreis bildet.

In der ionenselektiven Elektrode befindet sich jeweils eine Lösung des zu messenden Elektrolyten. Als Bezugselektroden dienen meist Kalomel- oder Silber-Silberchlorid-Elektroden, die über ein Diaphragma in leitender Verbindung mit der Meßlösung stehen, ohne daß es zum Austausch der Lösung in der Elektrode mit dem zu messenden Untersuchungsmaterial kommt. Die Referenzelektrode darf keinesfalls die zu bestimmenden Ionen enthalten.

In Abhängigkeit von der Differenz der Ionenkonzentrationen in der Meßlösung und der im Innenraum der Meßelektrode vorhandenen Flüssigkeit bildet sich an der Membran ein Spannungsgefälle aus, das gegen das konstante Potential der Bezugselektrode mit einem Millivoltmeter gemessen werden kann.
Die Auswertung der Meßsignale erfolgt über Standardlösungen.

Grundsätzlich ist zu unterscheiden zwischen:

1. Indirekten Messungen mit Verwendung von verdünntem Serum oder Plasma und
2. direkten Verfahren, bei denen Vollblut, unverdünntes Serum oder Plasma analysiert wird.

<u>Indirekte Messungen</u>

Bei den indirekten Methoden erfolgt die Bestimmung der Ionen entsprechend der Emissionsflammen- und der Atomabsorptionsphotometrie in einem abgemessenen Probevolumen, das neben dem wäßrigen Anteil auch Proteine und Lipide enthält, die beim Gesunden ein Partialvolumen von ca. 3 - 4 % einnehmen. Dies bedeutet, daß man bei der Probenverdünnung beispielsweise anstelle von 100 μl nur 96 - 97 μl Elektrolyt-haltige Phase einsetzt.

Der durch Eiweiße und Lipoproteine bedingte Volumenfehler ist bei allen drei Methoden durch die Vorverdünnung gleich groß, so daß sich innerhalb der Fehlerbreite übereinstimmende Resultate ergeben.

Direkte Messungen

Durch den Einsatz unverdünnter Proben bei den direkten Bestimmungsverfahren fällt der beschriebene Volumenfehler durch Proteine und Lipoproteine weg. Die gefundenen Ergebnisse sind somit vor allem bei der Analyse von Seren mit abnormem Proteingehalt und hoher Lipidkonzentration nicht mit denjenigen vergleichbar, die mittels indirekter Methode oder der Flammen- bzw. Atomabsorptionsphotometrie gewonnen wurden.

Die durch direkte Messung erhaltenen höheren Werte spiegeln die in vivo vorliegenden Elektrolytkonzentrationen korrekt wider, so daß das Verfahren bei pathologischer Serumzusammensetzung bevorzugt werden sollte.

Bestimmung der Natriumionen-Aktivität

Prinzip:

Die Messung erfolgt mit einer Natrium-selektiven Glaselektrode.

Störungen:

Zum Volumenfehler von Proteinen und Lipoproteinen bei der Analyse verdünnter Proben s. S. 316.

Bestimmung der Kaliumionen-Aktivität

Prinzip:

Zur Messung dient eine Elektrode mit einer Polyvinylchloridmembran, die Valinomycin (ein Antibiotikum) als Ionenaustauscher für Kalium enthält. Durch die Aufnahme von K^+-Ionen in die Membran entsteht eine Potentialdifferenz, die gemessen werden kann.

Störungen:

Zum Volumenfehler von Proteinen und Lipoproteinen bei der Analyse verdünnter Proben s. S. 316.

Bestimmung der Aktivität des ionisierten Calciums

Prinzip:

Als Elektrode findet eine Polyvinylchloridmembran, in der als Ionenaustauscher meist langkettige Phosphatdiester enthalten sind, Verwendung.

Zur Bestimmung des ionisierten Calciums stehen zwei direkte Verfahren zur Verfügung:

1. Die Messung beim aktuellen pH-Wert von anaerob gewonnenen Blutproben.

Als Antikoagulans bei der Blutentnahme ist nur Heparin geeignet, das mit Calcium vollständig neutralisiert ist.

Die ermittelten Werte entsprechen auch bei Störungen des Säure-Basen-Haushalts den in vivo vorliegenden Konzentrationen an ionisiertem Calcium.

2. Die Messung in Serum oder Plasma, das durch Äquilibrieren mit einem pCO_2 von 40 mm Hg auf einen pH-Wert um 7,4 gebracht wurde.

Die Serum- bzw. Plasmagewinnung (mit Calcium-neutralisiertem Heparin!) erfolgt in üblicher Weise. Die gefundenen Daten in den äquilibrierten Proben spiegeln nur in Abwesenheit von Störungen im Säure-Basen-Haushalt die tatsächliche Konzentration an ionisiertem Calcium im Organismus wider.

Bei bestehender Alkalose (Bindung von Calciumionen an Bicarbonat) oder Acidose (Anstieg des ionisierten Calciums) werden keine repräsentativen Werte ermittelt.

Da die Ionisation des Calciums auch von der Temperatur abhängt, sind die Messungen bei 37 ^{O}C vorzunehmen.

Normbereich:

1,1 - 1,3 mmol ionisiertes Calcium/l Vollblut bzw. Serum oder Plasma

Störungen:

Enthält die Probe EDTA oder andere Komplexbildner für Calcium, werden fälschlich zu niedrige Ergebnisse gemessen.

Eine erheblich veränderte Ionenstärke im Untersuchungsmaterial beeinflußt die Bestimmung der Calciumionen, so daß bei extremen Werten für Natrium und Kalium deren Konzentrationen in der verwendeten Standardlösung Berücksichtigung finden müssen.

Bestimmung der Chloridionen-Aktivität

Prinzip:

Die Messung erfolgt mit einer Elektrode, deren Membran aus Kunststoff (meist Epoxid-Harz) besteht, in den Silberchlorid eingelagert ist.

Störungen:

Mit der Elektrode werden auch Bromid- und Jodidionen erfaßt. Da diese im Serum normalerweise nicht oder nur in Konzentrationen vorkommen, die mehrere Größenordnungen niedriger liegen als diejenige für Chlorid, ergeben sich keine signifikanten Interferenzen.
Bei Einnahme von Bromid- oder Jodid-haltigen Medikamenten in größeren Mengen können fälschlich zu hohe Aktivitäten für Chlorid resultieren.

Die Chlorid-sensitiven Elektroden erfassen in geringem Ausmaß auch Bicarbonationen, so daß fälschlich zu hohe Chloridwerte ermittelt werden.

Trotz des beschriebenen Volumenfehlers durch Proteine und Lipoproteine (s. S. 309) werden auf Grund der geringen Unspezifität der Chlorid-sensitiven Elektroden im Vergleich zur coulometrischen Chloridbestimmung keine systematischen Abweichungen der Ergebnisse gefunden.

ATOMABSORPTIONSPHOTOMETRIE

Grundlagen der Atomabsorptionsphotometrie

Unter Atomabsorptionsphotometrie versteht man die Messung der spezifischen Absorption von Strahlung durch Atome im Gaszustand. Eine Flamme oder eine andere geeignete Einrichtung zur Erzeugung hoher Temperaturen (z. B. eine elektrisch beheizte Graphitrohrküvette) wird nur benötigt, damit das Lösungsmittel verdampft und die in der Probe enthaltenen Moleküle in Atome zerfallen.

Zur Ermittlung der Absorption ist Strahlung der Wellenlänge, die das betreffende Element im thermisch angeregten Zustand emittiert, erforderlich. Die Erzeugung derartigen Lichts erfolgt mit Lampen, deren Kathode aus dem zu bestimmenden Element besteht. So wird beispielsweise für die Messung der Aluminiumkonzentration eine Aluminium-Hohlkathodenlampe benötigt. Das eingestrahlte Meßlicht wird von einem konstanten Bruchteil der in der Flamme enthaltenen thermisch nicht angeregten Atome absorbiert. Je mehr Atome in der zu messenden Lösung vorhanden sind, desto höher ist das Ausmaß der Lichtschwächung. Die Absorption ist in einem bestimmten Bereich der Konzentration des zu analysierenden Elements direkt proportional.

Durch die Lichtabsorption gelangen die Atome vorübergehend in einen "angeregten" Zustand. Beim Zurückfallen der Elektronen auf ihre ursprüngliche Elektronenschale wird die aufgenommene Energie unverändert in alle Richtungen abgegeben, d. h., Anregungs- und Resonanzstrahlung haben die gleiche Wellenlänge. Etwa 1 % der Resonanzstrahlung fällt auf den Sekundär-Elektronen-Vervielfacher und wird fälschlich mitgemessen. Der Fehler betrifft Standard- und Probenlösung in gleicher Weise und ist daher zu vernachlässigen.

Durch eine geeignete Meßanordnung mit Modulation der Strahlung der Hohlkathodenlampe läßt sich eine Störung durch gleichzeitig in der Flamme thermisch angeregte und damit Licht emittierende Atome vermeiden.

Entsprechend der Photometrie kann auch bei der Atomabsorptionsphotometrie die Lichtschwächung nicht direkt ermittelt werden, vielmehr läßt sich nur die Intensität des eingestrahlten und des nicht absorbierten Lichts messen. Da das durchgelassene Licht (Transmission) keine direkte Proportionalität zur Konzentration der zu messenden Elemente zeigt, wird - analog zur Absorptionsphotometrie - der negative Logarithmus der Transmission (die Extinktion) als Meßgröße herangezogen.

Im Vergleich zur Emissionsflammenphotometrie läßt sich bei der Atomabsorption meist ein größerer Anteil der in der Probe vorhandenen Atome erfassen, so daß eine höhere Empfindlichkeit des Verfahrens resultiert.

Atomabsorptionsphotometer

Der Aufbau eines Atomabsorptionsphotometers ist in Abb. 46 schematisch dargestellt und mit demjenigen eines Emissions-Flammenphotometers verglichen.

Messung thermischer Emission

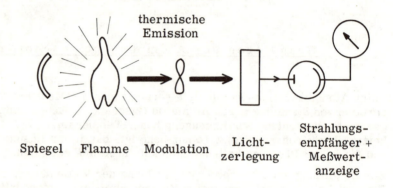

Messung der Absorption einer Resonanzlinie

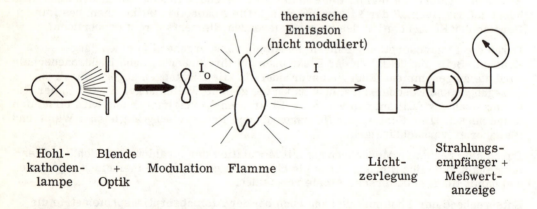

I_o = auffallende Strahlung, für ein Element spezifisch, moduliert
I = durchgelassene Strahlung, für ein Element spezifisch, moduliert

Abb. 46. Meßanordnung eines Atomabsorptionsphotometers (s. unten) im Vergleich zu einem Emissions-Flammenphotometer (s. oben)

Anwendung der Atomabsorptionsphotometrie
im klinisch-chemischen Laboratorium

Generell kann gesagt werden, daß die Atomabsorptionsphotometrie im Vergleich zur Emissionsphotometrie nur dann Vorteile bietet, wenn niedrige Konzentrationen eines thermisch schwer anregbaren Metalls bestimmt werden sollen. In der klinischen Chemie spielt das Verfahren bei der Messung folgender Elemente eine Rolle:

Calcium
> Bei der Bestimmung mittels eines Emissions-Flammenphotometers ergeben sich Interferenzen durch Natrium (s. S. 315), so daß die Messung der Absorption bei der Resonanzlinie 423 nm zu bevorzugen ist und als Referenz dient.

Aluminium
> Bei chronischer Niereninsuffizienz kann es auf Grund der gestörten renalen Ausscheidung zu einem Anstieg der Aluminiumkonzentration im Serum und zur Ablagerung in Organen kommen. Das Risiko ist besonders hoch, wenn die Patienten größere Mengen Aluminium-haltiger Phosphatbinder einnehmen.

Magnesium
> Mangelzustände, wie sie bei einseitiger Ernährung (z. B. Alkoholismus), Malabsorptionssyndrom, erhöhter renaler Elimination oder gesteigertem Bedarf während der Schwangerschaft beobachtet werden, führen zu einer Störung der neuromuskulären Erregbarkeit sowie peripheren und zentralen neurologischen Symptomen. Ein Anstieg der Magnesiumkonzentration, der meist auf einer chronischen Niereninsuffizienz beruht, kann neben Muskelschwäche somnolente Zustände - bis zur sog. Magnesiumnarkose - hervorrufen.

Kupfer
> Eine Indikation zur Bestimmung der Kupferkonzentration im Serum besteht bei Verdacht auf das Vorliegen eines M. WILSON oder eines MENKE-Syndroms.

Gold
> Das Verfahren dient zur Überwachung einer auch heute noch in einzelnen Fällen angezeigten Goldtherapie bei rheumatoider Arthritis.

Blei
> Die Bestimmung ist bei Verdacht auf das Vorliegen einer Intoxikation angezeigt.

Einzelheiten zur klinischen Symptomatik und Therapie s. Lehrbücher der Inneren Medizin.

Merke:
> Zur Messung der Eisenkonzentration im Serum (s. S. 254) ist die Atomabsorptionsphotometrie nicht geeignet, da bei diesem Verfahren nicht zwischen dem an Transferrin gebundenen Eisen und dem im Serum enthaltenen Hämoglobin-Eisen unterschieden werden kann. Da 1 mg Hämoglobin 3,4 μg Eisen enthält und sich im Serum normalerweise ca. 10 - 20 mg Hämoglobin/dl Serum finden, werden mit der Atomabsorptionsphotometrie Werte ermittelt, die fälschlich etwa 35 - 70 μg/dl zu hoch liegen.
> Nur in Plasma, das unter besonderen Vorsichtsmaßnahmen gewonnen wurde und das frei von Hämoglobin ist (negative Reaktion auf Hb, s. S. 431), kann die Messung des Transferrin-Eisens mittels Atomabsorption erfolgen.

FLUORIMETRIE

Grundlagen der Fluorimetrie

Wird nach der Absorption von Strahlung durch gelöste Substanzen die aufgenommene Energie nicht in Form von Wärme, sondern als sichtbares Licht abgegeben, so spricht man von Fluorescenz.

Fluorescierende Stoffe lassen sich nicht nur qualitativ nachweisen, sondern häufig auch quantitativ bestimmen. Dabei sind einige grundsätzliche Unterschiede gegenüber der Absorptionsphotometrie von Bedeutung:

Bei der Fluorescenzmessung ist zwischen dem eingestrahlten Licht, das von der zu analysierenden Substanz absorbiert wird (Primärstrahlung, Anregungsstrahlung) und dem ausgestrahlten Licht oder Fluorescenzlicht (Sekundärstrahlung) zu unterscheiden. Die Sekundärstrahlung zeigt stets eine größere Wellenlänge als die Anregungsstrahlung und ist meist durch breite Banden charakterisiert.
Mit geeigneten Meßgeräten - als Fluorimeter bezeichnet (s. Abb. 47, S. 323) - wird die Intensität des Fluorescenzlichts gemessen, die in einem bestimmten Bereich der Konzentration der zu untersuchenden Substanz direkt proportional ist.
Enthält die Meßlösung keine fluorescierenden Stoffe, so gelangt kein Licht auf den Strahlungsempfänger; die Anzeige des Geräts wird unter diesen Bedingungen auf Null eingestellt. Im Gegensatz zur Photometrie ist bei der Fluorescenzmessung ein zweiter Punkt der Skala nicht festgelegt, er muß vielmehr mit fluorescierenden Gläsern oder Standardlösungen bestimmt werden. Als besonders haltbarer und reproduzierbarer Standard hat sich eine stark verdünnte Lösung von Chininsulfat in verdünnter Schwefelsäure bewährt.

Fluorimetrische Methoden sind im allgemeinen wesentlich empfindlicher als photometrische Verfahren; sie sind jedoch auch anfälliger gegen Störungen, da die Fluorescenzeigenschaften eines Stoffes vom pH-Wert, von der Temperatur sowie von der Art und Konzentration der anwesenden Lösungsmittel und Ionen abhängen. Eine Reihe von Substanzen, vor allem die Halogene in ionisierter Form (Cl^-, Br^-, J^-, auch CNS^-) vermindern die Fluorescenzintensität ("quenching"). Dieser Effekt kann im Einzelfall nur durch einen "inneren Standard" ausgeglichen werden, d. h., die Fluorescenz des Testansatzes wird vor und nach Zugabe einer definierten Menge gelöster Reinsubstanz gemessen. Entspricht die Differenz der Fluorescenzintensitäten derjenigen unter alleiniger Verwendung gereinigter Präparate, so lag kein "quenching" durch Bestandteile der Probe vor; anderenfalls kann eine Korrektur der an Untersuchungsmaterial ermittelten Meßwerte erfolgen.

Fluorimeter

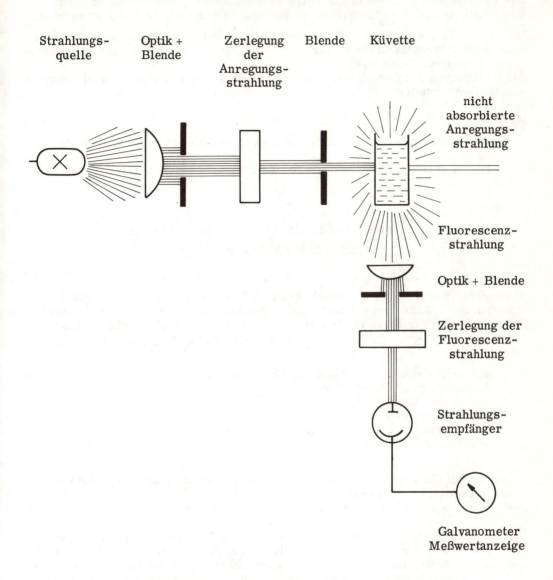

Abb. 47. Schematische Darstellung des Strahlengangs in einem zur Messung der Fluorescenz geeigneten Gerät

Da zur Anregung energiereiche Strahlung (im allgemeinen UV- oder kurzwelliges sichtbares Licht) erforderlich ist, wird meist eine Hg-Lampe (Linien bei 334, 365 und 405 nm) oder eine Xenonlampe (kontinuierliches Spektrum hoher Intensität) verwendet.

Die Primärstrahlung wird bei der Quecksilberlampe mittels Filter, bei der Xenonlampe durch einen Monochromator (Prisma oder Gitter) isoliert und trifft anschließend auf die Moleküle der zu bestimmenden Substanz in der Küvette.

Das Fluorescenzlicht wird in alle Richtungen emittiert. Die Messung dieser Strahlung erfolgt meist in einem Winkel von 90° oder 30° zur Richtung des Primärlichts.

Mit einem geeigneten Filter oder Monochromator werden reflektierte oder gestreute Anteile der Anregungsstrahlung zurückgehalten, so daß nur das Fluorescenzlicht auf den Strahlungsempfänger trifft.
Als Strahlungsdetektoren dienen wegen ihrer hohen Empfindlichkeit meist Sekundär-Elektronen-Vervielfacher.

Merke:
> Photometer lassen sich häufig durch geeignete Zusatzgeräte in Fluorimeter umbauen.
> Die Meßwerte werden dann auf der Transmissionsskala abgelesen.

Anwendung fluorimetrischer Verfahren in der klinischen Chemie

Wegen ihrer Störanfälligkeit (vor allem durch Substanzen, die ein "quenching" verursachen (s. S. 322), und durch die sog. "Weißmacher" in Waschmitteln) haben sich fluorimetrische Verfahren in klinisch-chemischen Laboratorien bisher nur dort durchgesetzt, wo keine zuverlässigen photometrischen u. a. Teste zur Verfügung stehen.

Beispiele für den Einsatz der Fluorimetrie stellen dar:
Bestimmung der Porphyrine
Uro-, Copro-, Protoporphyrine
Bestimmung der Catecholamine
Adrenalin, Noradrenalin
u. a.

Außerdem hat die Technik in modifizierter Form Anwendung als Fluorescenz-Immunoassay (s. S. 361) gefunden.
Das Verfahren entspricht im Prinzip weitgehend dem Radio- bzw. Enzym-Immunoassay.
Mit einem Fluorescenzfarbstoff markiertes Antigen konkurriert mit dem nicht-markierten Antigen des Standards bzw. der Probe um die Bindungsstellen an einem spezifischen Antikörper. Je mehr unmarkierte Substanz vorhanden ist, desto weniger fluorescierendes Antigen wird gebunden und umgekehrt. Nach Abtrennung der Antigen-Antikörper-Komplexe vom freien Antigen, das sowohl markierte als auch unmarkierte Moleküle enthält, kann die verbliebene Fluorescenz, die ein umgekehrtes Maß für die Konzentration der zu messenden Substanz darstellt, ermittelt werden.

Ferner dienen fluorescenzmikroskopische Verfahren unter Verwendung fluorescierender Antikörper zum Nachweis zahlreicher Zellstrukturen bzw. -bestandteile. Beispielsweise werden derartige markierte Immunglobuline gegen spezifische Glykoproteine von Lymphocytenmembranen, Auto-Antikörper, intrazelluläre Strukturproteine, Enzyme u. a. eingesetzt.

COULOMETRIE

Coulometrische Verfahren beruhen auf folgendem Prinzip:
Die für die Umsetzung der zu analysierenden Substanz erforderliche Menge eines entsprechenden Reaktionspartners (Titrant) - z. B. Silberionen bei der Bestimmung der Chloridionen-Konzentration - wird nicht in Form einer Normallösung zugefügt, sondern durch den Fluß eines elektrischen Stroms aus geeigneten Elektroden generiert.

Der zur Freisetzung der notwendigen Menge des Titranten benötigte Strom ist meßbar. 96 500 Coulomb setzen 1 Mol eines einwertigen Titranten frei.

Wird bei konstanter und bekannter Stromstärke gearbeitet, so erfolgt die Bestimmung einer Substanz durch die Messung der Zeit, während der der Strom bis zum Erreichen eines Endpunkts fließt.

Coulometrische Verfahren finden in der klinischen Chemie vorwiegend Anwendung zur Bestimmung der Chloridkonzentration in Serum, Harn und Liquor.

Chlorid

Überblick:

    Chlorid stellt das wichtigste Anion der Körperflüssigkeiten dar. Es findet sich - ebenso wie Natrium - überwiegend im Extracellularraum. Den höchsten intracellulären Gehalt zeigen Erythrocyten.

    Die Chloridkonzentration im Serum wird wie diejenige des Natriums beim Gesunden in engen Grenzen konstant gehalten.

    In der Niere wird Chlorid glomerulär filtriert und tubulär rückresorbiert, indem es meist passiv dem Natrium folgt.

    Bei Störungen des Säure-Basen-Gleichgewichts können Chlorid- gegen Bicarbonationen ausgetauscht werden, so daß dem Chlorid neben der Aufrechterhaltung der Isotonie im Extracellularraum zusammen mit dem Natrium auch eine Aufgabe bei der Regulation des Säure-Basen-Haushalts zukommt.

    Veränderungen der Chlorid- und Natriumkonzentrationen im Serum verlaufen meist parallel (s. S. 308 f.).
    Ausnahmen zeigen sich bei Störungen des Säure-Basen-Gleichgewichts durch den bereits beschriebenen Austausch von Chlorid- gegen Bicarbonationen sowie bei massivem Chloridverlust mit dem Magensaft bei länger anhaltendem Erbrechen (hypochlorämische Alkalose).

Bestimmung der Chloridkonzentration im Serum

Überblick:

Neben dem hier beschriebenen coulometrischen Verfahren eignen sich zur Messung des Chlorids im Serum auch ionenselektive Elektroden (s. S. 318).

Prinzip:

Chloridionen lassen sich mit Silberionen im sauren pH-Bereich als unlösliches Silberchlorid ausfällen. Zur Freisetzung der benötigten Ag^+-Ionen dienen zwei Silberelektroden. Durch Anlegen eines konstanten Gleichstroms zwischen den beiden Elektrodendrähten kommt es zur Oxydation an der metallischen Silberanode (Generatorelektrode) und zur kontinuierlichen Abgabe von Ionen in die chloridhaltige saure Meßlösung. Hierdurch wird die Bildung von Silberchlorid im Ansatz bewirkt.

Sind keine freien Chloridionen mehr vorhanden, verursachen die weiter abgegebenen freien Silberionen eine rasche Zunahme des Stromflusses in einem Indikatorstromkreis. Dieser besteht meist ebenfalls aus 2 Silberelektroden, die in die Meßlösung eintauchen. Durch den Anstieg des Stroms erfolgt die Abschaltung der Spannung zwischen den beiden Generatorelektroden und damit die Beendigung des Titrationsvorgangs.

Spezifität:

Mit diesem Verfahren werden alle Halogene, d. h. auch Bromid und Jodid erfaßt. Da diese Ionen im Serum normalerweise nicht oder nur in Konzentrationen vorkommen, die mehrere Größenordnungen niedriger liegen als diejenige für Chlorid, ist die Methode als spezifisch anzusehen.

Berechnung:

Der Chloridgehalt der Probe ist dem Produkt aus der Stromstärke des konstanten Stroms und der Zeit, während der dieser Strom fließt und Silberionen abgegeben werden, äquivalent.

Normbereich:

98 - 110 mmol/l Serum

Störungen:

Zur Bestimmung des Chlorids muß das Serum möglichst schnell von den Erythrocyten getrennt werden. In dem Maß, in dem Kohlendioxid gasförmig aus der Probe entweicht, findet ein Austausch zwischen den in den Erythrocyten enthaltenen Bicarbonationen und den Chloridionen des Serums bzw. Plasmas statt, so daß bei längerem Stehen des Blutes fälschlich zu niedrige Chloridkonzentrationen ermittelt werden.

Wird die Silber-Generatorelektrode nicht regelmäßig mit verdünnter Ammoniaklösung gereinigt, so sind keine reproduzierbaren Ergebnisse zu erzielen; dies läßt sich vor allem an der Streuung von Mehrfachanalysen erkennen.

Bromid-haltige Medikamente in hoher Dosierung (z. B. Schlafmittel mit Bromharnstoffderivaten, Expectorantien u. a.) bzw. eine Jodtherapie bei Schilddrüsenerkrankungen können auf Grund der mangelnden Spezifität des Verfahrens zu fälschlich erhöhten Chloridwerten führen.

TITRIMETRIE (VOLUMETRIE, MASSANALYSE)

Mit maßanalytischen Verfahren lassen sich nur gelöste Substanzen bestimmen, die mit einem geeigneten Reagens (Titrant) auf Grund einer definierten chemischen Reaktion praktisch quantitativ umgesetzt werden können. Dieser Vorgang muß ausreichend schnell ablaufen.
Nach vollständiger Umwandlung der Substanz ist der Endpunkt der Reaktion (Äquivalenzpunkt) erreicht, d. h. der Zustand, bei dem die zugesetzte Menge Reagens dem zu bestimmenden Stoff stöchiometrisch äquivalent ist.
Diese Situation ist daran zu erkennen, daß die Farbe eines geeigneten Indikators umschlägt, ein bestimmter pH-Wert erreicht wird o. ä.

Bei der Titrimetrie wird mit Normallösungen gearbeitet.
Einige der benötigten Substanzen, beispielsweise Oxalsäure, können eingewogen werden. Sie werden daher auch als Urtitersubstanzen bezeichnet.
Bei den übrigen Normallösungen ist der Titer, d. h. der Gehalt an dem Stoff, der die chemische Umsetzung bewirkt (z. B. H^+-Ionen, OH^--Ionen u. a.), durch Titration mit einer Lösung bekannter Konzentration zu ermitteln.

Die Zugabe von Flüssigkeit zum Titrationsansatz erfolgt grundsätzlich mit Büretten. Damit kleine Volumina Reagens zugesetzt werden können, ist die Bürettenspitze genügend fein auszuziehen. Weiterhin sollten nur Büretten mit Vorratsgefäßen und Normschliffverbindungen Verwendung finden, bei denen der Inhalt gegen Einflüsse der Raumluft (z. B. Kohlendioxid) geschützt ist.
Soll mit Laugen titriert werden, sind Büretten mit Teflon-Schraubventilen zu empfehlen.

Maßanalytische Verfahren werden im klinisch-chemischen Laboratorium heute nur noch selten benutzt, da sie aufwendiger und meist weniger empfindlich sind als photometrische u. a. Bestimmungsmethoden.
Andererseits hat die Maßanalyse den Vorteil, daß Substanzen auf Grund genau definierter chemischer Reaktionen bestimmt werden können.

In einigen Fällen ist die Titrimetrie auch heute noch unentbehrlich, so beispielsweise bei der Bestimmung der Protonenkonzentration im Rahmen von Magensekretionsanalysen (s. S. 473) und der Ermittlung der unter Einwirkung von Pankreaslipase aus einer Trioleinemulsion freigesetzten Fettsäuren bzw. den daraus abdissoziierten Protonen (s. S. 301).

pH-MESSUNG UND BLUTGASANALYSEN

pH

Der pH-Wert ist definiert als der negative Logarithmus der Aktivität der Wasserstoffionen. Auf die Bedeutung der Wasserstoffionen-Aktivität für den Ablauf biologischer Vorgänge kann in diesem Rahmen nicht näher eingegangen werden (hierzu s. Lehrbücher der Biochemie).

pH-Messung

Der pH-Wert einer Lösung wird dadurch ermittelt, daß man das Potential einer geeigneten Elektrodenkette mißt, die aus einer pH-empfindlichen Elektrode (Meßelektrode) und einer Bezugselektrode mit konstantem Potential besteht. Das Potential dieser Kette wird nach Umwandlung in einen Wechselstrom ausreichend verstärkt und mit einem Voltmeter gemessen.
In der klinischen Chemie werden als pH-empfindliche Elektroden ausschließlich Glasmembranen verwendet. Als Bezugselektroden dienen Kalomelelektroden.

Glaselektroden

Glaselektroden sind zur pH-Messung in biologischen Flüssigkeiten deswegen besonders geeignet, weil ihre Eigenschaften - im Gegensatz zu Platin-Wasserstoff-Elektroden - nicht von den in der Lösung vorkommenden Gasen, Proteinen u. a. beeinflußt werden.
Die pH-Messung mit der Glaselektrode ist dadurch möglich, daß sich an den in regelrechter Weise vorbehandelten äußeren Schichten der Glasmembran Potentialdifferenzen ausbilden, deren Größe vom pH-Unterschied zwischen der Meßlösung und dem in der Elektrode enthaltenen Puffer (meist pH 4,7 - 7,0) abhängt. Die reproduzierbare Ausbildung solcher Potentialdifferenzen beruht darauf, daß das Elektrodenglas die Fähigkeit hat, Ionen aus der Lösung zu adsorbieren und sie gegen Ionen der tieferen Schichten des Glases auszutauschen. Außer Wasserstoffionen können auch Kationen, deren Radius nicht größer als derjenige der Kationen des Glases ist, in die Membran hineindiffundieren. Vor allem Lithium- und Natriumionen dringen in

die tieferen Schichten des Glases ein und verändern dessen Eigenschaften. Hierdurch wird der sog. Salzfehler der Glaselektroden verursacht.

Die Größe des sich bildenden Potentials hängt nicht nur von der pH-Differenz zwischen der Pufferlösung in der Elektrode und der Meßlösung ab, sondern auch von der Art des Glases, der Herstellungsweise der Elektrode, der Meßtemperatur u. a. Eine einwandfrei funktionierende Elektrode sollte - wie eine aus Platin-Wasserstoff bestehende - bei + 20 °C gegenüber der Bezugselektrode ein Potential von 58,1 mV pro pH-Einheit zeigen. Je nach dem verwendeten Material, der Pflege und dem Alter der Membran entwickeln Glaselektroden jedoch zusätzlich ein asymmetrisches Potential, dessen Größe mit der Verwendungsdauer der Elektroden zunimmt. Daher sind mit Glaselektroden nur Relativmessungen möglich, d. h., die apparative Anordnung ist vor Gebrauch mit Pufferlösungen bekannter pH-Werte zu kalibrieren.

In Abhängigkeit von der Zusammensetzung des verwendeten Elektrodenglases und der Verarbeitung zeigen die für Wasserstoffionen empfindlichen Membranen verschiedene Eigenschaften:

1. Die üblichen Glaselektroden sind in einem Bereich von pH 0 bis pH 9 verwendbar. Oberhalb von pH 9 stellt sich in Abhängigkeit von der Elektrolyt-, insbesondere der Natriumkonzentration, der sog. Salzfehler ein (s. oben), durch den fälschlich zu niedrige pH-Werte angezeigt werden.

2. Zur Messung über pH 9 sind Elektroden verfügbar, die praktisch erst bei pH-Werten über 12 und in Anwesenheit hoher Natriumkonzentrationen einen Salzfehler aufweisen.

Je nach Aufgabenstellung sind entsprechende Elektroden zu benutzen.

Liegt bei einer pH-Messung im alkalischen Bereich auf Grund des Natriumgehalts der Meßlösung ein Salzfehler vor, so kann der gemessene pH-Wert innerhalb gewisser Grenzen korrigiert werden. Entsprechende Nomogramme für die einzelnen Elektrodentypen sind von den Herstellern erhältlich.

Um äußere Störeinflüsse zu vermeiden, muß das Kabel zwischen Glaselektrode und Meßinstrument gut abgeschirmt und die Abschirmung wiederum geerdet sein.

Bezugselektroden

Als Bezugselektroden für pH-Messungen werden im allgemeinen Kalomelelektroden verwendet, da sie ein vom pH-Wert der Meßlösung unabhängiges konstantes Potential aufweisen. Meßgröße bei der pH-Messung ist die Spannungsdifferenz zwischen der Glaselektrode und der Bezugselektrode. Als leitende Verbindung zwischen der Kalomelelektrode und der zu messenden Lösung dient ein mit Kaliumchloridlösung getränktes Keramikdiaphragma. Diffusionsvorgänge sind bei derartigen Elektroden praktisch zu vernachlässigen.

Nur bei hoher Wasserstoffionen-Aktivität, z. B. um pH 1, können sich durch Diffusionspotentiale Meßfehler in der Größenordnung von ca. 0,05 pH-Einheiten ergeben. Oberhalb von pH 1,5 spielt diese Fehlermöglichkeit keine Rolle mehr.

Pflege und Wartung der Elektroden

S. S. 190.

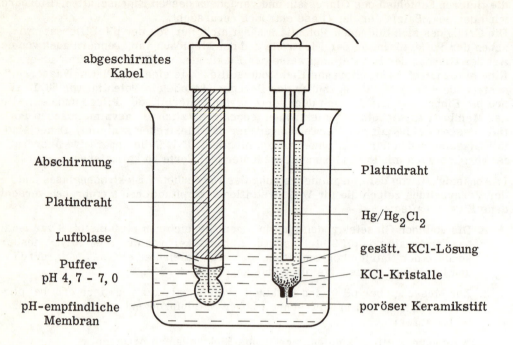

Abb. 48. Schematische Darstellung einer Glas- und einer Kalomelelektrode

<u>Hinweise zur Prüfung von pH-Meßgeräten</u>

Wenn die Meßanordnung einwandfrei arbeitet, bildet sich das Potential der Elektrodenkette innerhalb weniger Sekunden aus und bleibt dann konstant. Dauert es länger, bis sich am Meßgerät eine konstante Anzeige einstellt, so liegt dies meist an der Glaselektrode, die möglicherweise zu alt, nicht ausreichend gequollen oder mit einem Proteinfilm überzogen ist. Auch durch konzentriertes Ammoniak und Flußsäure wird die Membran angegriffen.

Unabhängig von der Beanspruchung sind Glaselektroden im allgemeinen nur etwa ein Jahr lang verwendbar.

Wegen des asymmetrischen Potentials kann die Funktionsfähigkeit einer Glaselektrode - im Gegensatz zu einer Platin-Wasserstoff-Elektrode - nicht anhand der Messung des Elektrodenpotentials unter definierten Bedingungen beurteilt werden. Ist das asymmetrische Potential der Glaselektrode so stark angestiegen, daß es sich am Meßgerät nicht mehr kompensieren läßt, ist die Elektrode unbrauchbar geworden.

Kalomelelektroden können wie folgt überprüft werden:
Man taucht zwei Kalomelelektroden, die mit Kaliumchloridlösung gleicher Konzentration gefüllt sind, in Pufferlösung und mißt den Potentialunterschied am pH-Meter, das auf Millivolt-Messung geschaltet ist. Die Elektroden sind funktionsfähig, wenn am Meßgerät konstant eine Potentialdifferenz von weniger als 5 Millivolt angezeigt wird.

pCO_2

Als pCO_2 ist der Kohlendioxid-Partialdruck einer Lösung oder eines Gasgemisches definiert. Der pCO_2-Wert im arteriellen Blut entspricht dem pCO_2 der Alveolarluft und stellt somit ein Maß für die Fähigkeit der Lungen dar, Kohlendioxid aus dem Organismus zu eliminieren.

pCO_2-Messung

Für die Messung des pCO_2 im arteriellen Blut stehen zwei Verfahren zur Verfügung:
1. Die direkte Messung mit einer pCO_2-Elektrode
    Es handelt sich hierbei um eine Glaselektrode, die mit einer Teflonmembran (o. a. Kunststoffmaterial), durch die ausschließlich CO_2 permeieren kann, überzogen ist. Zwischen der Glasoberfläche und der Membran findet sich eine Bicarbonatlösung definierter Konzentration. Treten CO_2-Moleküle aus der Meßlösung durch die Kunststoffmembran in den Bicarbonatpuffer, so ändert sich dessen pH-Wert entsprechend der HENDERSON-HASSELBALCH'schen Gleichung (s. S. 333). Die Änderung des pH-Wertes ist ein Maß für den CO_2-Gehalt der Probe. Die pH-Messung erfolgt in üblicher Weise gegen eine Kalomel-Referenzelektrode. Die Kalibration der Meßanordnung wird mit Lösungen bekannten CO_2-Gehalts vorgenommen.
    Da sich nach längerer Benutzung Plasmaproteine auf der Membran ablagern können, ist eine regelmäßige Reinigung der Elektrode mit Hypochloritlösung (s. Angaben der Elektrodenhersteller) erforderlich.
2. Die indirekte Bestimmung nach ASTRUP und SIGGAARD-ANDERSEN
    Das Verfahren beruht darauf, daß eine Blutprobe mit zwei Gasgemischen verschiedener CO_2-Konzentration äquilibriert und der jeweils resultierende pH-Wert gemessen wird. Anhand eines Nomogramms (s. S. 340) kann der Partialdruck des Kohlendioxids ermittelt werden.

pO_2

Der Sauerstoff-Partialdruck einer Lösung oder eines Gasgemisches wird als pO_2 bezeichnet. Der Wert im arteriellen Blut ist ein Maß für die Sauerstoffaufnahme in der Lunge.

pO_2-Messung

Zur Messung des Sauerstoff-Partialdrucks dient eine mit einer Polypropylenmembran (o. a. Kunststoff) überzogene Platinelektrode (CLARK-Elektrode). Die Membran ist für Sauerstoff (u. a. nichtionisierte Gase) durchlässig. Diffundiert O_2 durch den Kunststoff zum Platindraht hin, an den ein konstanter Strom gegenüber einer Referenzelektrode aus Silber-Silberchlorid angelegt ist, so werden die Sauerstoffmoleküle an der Platinkathode zu O^{--} reduziert. Der entstehende Reduktionsstrom wird gemessen; er ist der in der Meßlösung enthaltenen O_2-Menge äquivalent.
Zur Kalibrierung der Meßanordnung und zur Reinigung der Elektrode s. unter pCO_2.

SÄURE-BASEN-HAUSHALT

Der Säure-Basen-Haushalt, die an seiner Regulation beteiligten Mechanismen und die Untersuchungsverfahren zu seiner Beurteilung lassen sich nur auf Grund von Definitionen und Ableitungen beschreiben, die im folgenden kurz wiederholt werden sollen. Ausführliche Darstellungen s. Lehrbücher der Chemie, der Biochemie und der Physiologie.

Definition von Säuren und Basen nach BRØNSTED

Eine Säure ist eine Verbindung, die H^+-Ionen abgeben kann (Protonendonator).
Eine Base ist eine Verbindung, die H^+-Ionen aufnehmen kann (Protonenacceptor).
Aus einer Säure entsteht durch Abdissoziation eines H^+-Ions die entsprechende (konjugierte) Base:

$$\text{Säure} \rightleftharpoons \text{konjugierte Base} + H^+$$

$$H_2PO_4^- \rightleftharpoons HPO_4^{--} + H^+$$

Die übrigen Dissoziationsstufen der Phosphorsäure spielen im Blut praktisch keine Rolle.

$$H_2CO_3 \rightleftharpoons HCO_3^- + H^+$$

Die weitere Dissoziationsstufe der Kohlensäure spielt im Blut praktisch keine Rolle.

$$NH_4^+ \rightleftharpoons NH_3 + H^+$$

Puffer

Als Puffer werden Lösungen bezeichnet, die eine schwache Säure und die zugehörige Base enthalten. Diese Mischungen sind in einem bestimmten pH-Bereich in der Lage, eine pH-Verschiebung durch Zugabe von H^+- oder OH^--Ionen dadurch sehr gering zu halten, daß sie den größten Teil der zugefügten Ionen binden.

Beispiel:

Ein Essigsäure-Natriumacetat-Puffer von pH 4,66 enthält vor allem Natrium- (Na^+) und Acetat- (CH_3COO^-) Ionen sowie undissoziierte Essigsäure (CH_3COOH), daneben $10^{-4,66}$ Mol H^+-Ionen im Liter.

Gibt man zu diesem System eine starke Säure (z. B. HCl), so tritt der größte Teil der Wasserstoffionen mit Acetationen zu undissoziierter Essigsäure zusammen:

$$CH_3COO^- + H^+ + Cl^- \rightleftharpoons CH_3COOH + Cl^-$$

Fügt man umgekehrt eine starke Lauge (z. B. NaOH) zu, wird die OH^--Ionen-Konzentration durch Dissoziation der Essigsäure entsprechend dem Massenwirkungsgesetz solange vermindert, bis der größte Teil der OH^--Ionen abgepuffert ist:

$$CH_3COOH + Na^+ + OH^- \rightleftharpoons CH_3COO^- + H_2O + Na^+$$

Puffergleichung

Nach HENDERSON und HASSELBALCH läßt sich der pH-Wert eines Puffers aus dem pK'_a-Wert der Säure und aus dem Quotienten der Konzentrationen des Säureanions und der undissoziierten Säure berechnen:

$$pH = pK'_a + \log \frac{[\text{konjugierte Base}]}{[\text{schwache Säure}]} \quad \text{oder} \quad pH = pK'_a + \log \frac{[A^-]}{[HA]}$$

Dabei ist pK'_a - analog zum pH-Wert - als der negative Logarithmus der Dissoziationskonstanten der schwachen Säure definiert:

$$pK'_a = -\log K'_a$$

Der pH-Wert einer gepufferten Lösung entspricht dann dem pK'_a-Wert des Puffersystems, wenn in der Lösung gleiche Konzentrationen des Säureanions und der undissoziierten Säure vorliegen. In diesem Fall gilt:

$$\log \frac{[A^-]}{[HA]} = \log 1 = 0; \quad pH = pK'_a$$

Das Puffersystem Kohlensäure-Bicarbonat ist für den Organismus besonders wichtig. Das Verhalten dieses Systems läßt sich durch die Gleichung

$$pH = pK'_a + \log \frac{[HCO_3^-]}{[H_2CO_3]}$$

beschreiben.

Die Konzentration der undissoziierten Kohlensäure im Blutplasma ist experimentell nicht zu messen; da sie jedoch von der Löslichkeit und vom Partialdruck des Kohlendioxids abhängig ist, mit dem das Blut im Bereich der Lungenalveolen im Gleichge-

wicht steht, kann $\left[H_2CO_3\right]$ ersetzt werden durch $S \cdot pCO_2$.
Hierbei bedeuten:

pCO_2 Kohlendioxid-Partialdruck in der Alveolarluft
S   temperatur- und druckabhängiger Löslichkeitskoeffizient,
in ihn geht der BUNSEN'sche Absorptionskoeffizient α ein,
für Plasma von 37 °C beträgt S = 0,03

Der pH-Wert des Bicarbonat-Kohlensäure-Puffersystems im Plasma ist dann nach der Gleichung

$$pH = pK'_a + \log \frac{[HCO_3^-]}{S \cdot pCO_2}$$

zu berechnen.
Im Plasma hat pK'_a für dieses System den Wert 6,10.

Beispiel:

Bei einem Gesunden mit einem alveolären Kohlendioxid-Partialdruck von pCO_2 = 40 mm Hg und einer aktuellen Bicarbonatkonzentration von 24,0 mmol/l errechnet sich der pH-Wert dieses Puffersystems wie folgt:

$$pH = 6,10 + \log \frac{24,0}{0,03 \cdot 40} = 6,10 + \log \frac{24,0}{1,2}$$

$$pH = 6,10 + \log 20 = 6,10 + 1,30 = 7,40$$

Puffersysteme des Blutes

Bicarbonat und Proteine stellen die wichtigsten Puffersysteme des Vollbluts dar. Da die Pufferfähigkeit der einzelnen Systeme je nach Art der Störung und dem aktuellen pH unterschiedlich ist, können in der folgenden Aufstellung nur Anhaltspunkte für den Anteil der verschiedenen Komponenten an der gesamten Pufferkapazität des Blutes gegeben werden.

	% der Gesamt-Pufferwirkung
Plasma-Bicarbonat	etwa 35 %
Erythrocyten-Bicarbonat	etwa 18 %
Hämoglobin und Oxyhämoglobin	etwa 35 %
Plasmaproteine	etwa 7 %
Organische Phosphate (in Erythrocyten)	etwa 3 %
Anorganische Phosphate (in Erythrocyten und Plasma)	etwa 2 %

Im Hämoglobin sind vor allem die Imidazolgruppen der Histidinreste ($pK'_{intrinsic}$ = 6,5 - 7,0) und die Aminogruppen der endständigen Valinreste ($pK'_{intrinsic}$ = 7,8) beim pH des Blutes zur Bindung von H^+-Ionen in der Lage.

Merke:
Als $pK'_{intrinsic}$ bezeichnet man den pK'-Wert der dissoziierbaren Gruppen von Aminosäuren in Proteinen.

Untersuchungen zum Säure-Basen-Haushalt

Die im Stoffwechsel entstehenden Säuren und Basen werden wie folgt aus dem Organismus eliminiert:

Kohlendioxid (auch - nicht ganz korrekt - als "flüchtige Säure" bezeichnet) durch die Lungen (etwa 15 000 - 30 000 mmol/24 Stunden) und
Nichtflüchtige Säuren (z. B. Schwefelsäure, Phosphorsäure) und alle Basen durch die Nieren (etwa 40 - 100 mmol Säuren/24 Stunden).

Diese Stoffwechselendprodukte werden aus den Geweben mit der Extracellularflüssigkeit und dem Blut zu den Ausscheidungsorganen transportiert.

Störungen im Säure-Basen-Haushalt betreffen den ganzen Organismus, d. h. nicht nur das Blut, sondern auch die Extracellularflüssigkeit und die Zellen selbst. Zahlreiche Befunde sprechen dafür, daß intracelluläre Mechanismen aktiv an der Kompensation von Abweichungen des Säure-Basen-Gleichgewichts beteiligt sind. Da bisher jedoch keine Verfahren zur Beurteilung dieser Vorgänge verfügbar sind, muß die Diagnostik derartiger Störungen auf Grund der Untersuchung von Blutproben erfolgen.

Der Zustand des Säure-Basen-Haushalts bei einem Patienten läßt sich charakterisieren durch:

1. Den pH-Wert des anaerob gewonnenen arteriellen Blutes, der direkt meßbar ist.

2. Den Kohlendioxid-Partialdruck (Kohlendioxidspannung, pCO_2) des anaerob gewonnenen arteriellen Blutes.

    Die direkte Messung mit pCO_2-Elektroden (s. S. 337) findet in der Routinediagnostik derzeit allgemein Anwendung.

    Das indirekte Verfahren (s. S. 337) führt in der Hand des erfahrenen Untersuchers zu Ergebnissen, die in Bezug auf Reproduzierbarkeit und Richtigkeit den durch direkte Messung gewonnenen Daten nicht nachstehen. Lediglich der höhere Arbeitsaufwand hat dazu geführt, daß der Einsatz dieser Methode im Rahmen der Krankenversorgung nur noch selten erfolgt.
    Da andererseits nur dieses Verfahren und die Auswertung über das Nomogramm von SIGGAARD-ANDERSEN einen Einblick in die komplizierten Abhängigkeiten und Regelmechanismen des Säure-Basen-Haushalts vermittelt, ist die Besprechung dieser Methode aus didaktischen Gründen nach wie vor unentbehrlich.

    Der alleinige Umgang mit Analysatoren, die nach Einbringen der Probe mehr oder weniger selbständig Meßergebnisse erstellen bzw. errechnen und Zahlenkolonnen ausdrucken, führt keinesfalls dazu, daß die Daten sachgerecht interpretiert, gravierende Fehler erkannt und die entsprechenden Konsequenzen daraus gezogen werden können.

3. Die Standardbicarbonat-Konzentration (s. S. 339), die definiert ist als die Bicarbonatkonzentration im Plasma einer Blutprobe, die bei 37 ^{o}C mit einem pCO_2 von 40 mm Hg und mit Sauerstoff zur Vollsättigung äquilibriert wurde (ASTRUP).
    Der Wert läßt sich graphisch aus dem Diagramm nach SIGGAARD-ANDERSEN ermitteln.

4. Den <u>Basenüberschuß</u> (s. S. 341);
   diese Größe wird errechnet bzw. ebenfalls dem Diagramm nach SIGGAARD-ANDERSEN entnommen.

5. Den <u>Sauerstoff-Partialdruck</u> (Sauerstoffspannung, pO_2) des anaerob gewonnenen arteriellen Blutes.
   Die Messung erfolgt direkt mit pO_2-Elektroden (s. S. 341).

Die Bestimmung der aktuellen Bicarbonatkonzentration im Plasma wird hier nicht besprochen, da dieser Wert sowohl von metabolischen als auch respiratorischen Vorgängen beeinflußt wird, so daß er zur Differenzierung von Störungen im Säure-Basen-Haushalt ungeeignet ist.

Auch auf die O_2-Sättigung des Blutes kann in diesem Rahmen nicht eingegangen werden. Diese Größe wird im allgemeinen aus dem pO_2-Wert und pH-Wert der Probe errechnet bzw. nomographisch ermittelt. Hierbei bleibt unberücksichtigt, daß beim Vorliegen unterschiedlicher Hämoglobine bzw. bei abweichenden Konzentrationen an 2,3-Diphosphoglycerat in den Erythrocyten eine Verschiebung der Sauerstoffbindungskurve für Hämoglobin resultiert und somit die rechnerisch gewonnenen Daten fehlerhaft sind. Eine zuverlässige Ermittlung der O_2-Sättigung kann nur mittels Oximeter und unter Berücksichtigung des Gehalts der Probe an Hb A und Hb F erfolgen.

Blutentnahme

Zur Untersuchung sind geeignet:

1. <u>Arterielles Blut,</u>

   das durch Punktion einer zugänglichen Arterie (z. B. der Arteria femoralis oder brachialis) anaerob gewonnen wird.
   Zur Entnahme verwendet man Plastikspritzen, die zur Hemmung der Blutgerinnung mit Heparin durchgespült wurden. Das Blut ist luftblasenfrei aufzuziehen und in Eiswasser gekühlt anaerob zu transportieren.

2. <u>Arterialisiertes Capillarblut</u>

   Erwärmt man die zur Blutentnahme vorgesehene Fingerbeere oder das Ohrläppchen 5 - 10 Minuten lang auf 45 °C, so ist die Durchblutung in dem betreffenden Bereich stark gesteigert. Ebenso kann eine Hyperämisierung durch Einreiben mit Finalgon o. ä. erreicht werden. Sticht man nun mit einer Lanzette ausreichend tief ein (mindestens 5 mm), entspricht das austretende Blut - normale Kreislaufverhältnisse vorausgesetzt - praktisch arteriellem Blut, so daß die oben genannten Untersuchungen damit ausgeführt werden können.
   Besteht jedoch - z. B. im Kreislaufschock - keine ausreichende periphere Zirkulation, so unterscheidet sich das in den peripheren Arterien und Arteriolen enthaltene Blut in seiner Zusammensetzung von demjenigen in großen arteriellen Gefäßen. In diesen Fällen sind die Proben daher ausschließlich durch Arterienpunktion zu gewinnen.

   Zur Entnahme von Capillarblut dienen heparinisierte Glascapillaren, die sehr schnell mit dem spontan austretenden Blut zu füllen sind. Man gibt ein kurzes Stück Spezialdraht in die Capillare und verschließt sie an beiden Enden luftblasenfrei mit einer plastischen Masse. Mittels eines Magneten wird der Draht in der Probe mehrmals hin- und herbewegt, damit das in der Capillare angetrocknete Heparin sich vollständig mit dem Blut mischt.

Optimal ist es, die Bestimmungen sofort auszuführen. Ist dies nicht möglich, können die Blutproben maximal 2 Stunden in Eiswasser aufbewahrt werden. Hierdurch wird die Glykolyse praktisch vollständig gehemmt, so daß es nicht zur Bildung von Milchsäure und damit zu einer pH-Verschiebung kommt.

pH-Messung

pH-Messungen in sehr kleinen Probevolumina (etwa 100 µl) sind erst möglich, seitdem zuverlässige Capillar-Glaselektroden entwickelt wurden (SANZ). Bei diesen Elektroden ist die für Wasserstoffionen empfindliche Membran als Capillare ausgebildet, in die Pufferlösung bzw. Blut eingesaugt wird. Als Bezugselektrode dient eine Kalomelelektrode mit offenem Stromschlüssel, die mit 3,5 molarer Kaliumchloridlösung gefüllt ist. Die Meßanordnung ist auf 37 °C temperiert.

Zur Kalibrierung der Mikro-Elektrodenkette dienen Präzisionspuffer, die in zugeschmolzenen Ampullen geliefert werden. Vor der Verwendung bringt man die Puffer auf eine Temperatur von 37 °C. Nicht benötigte Reste der Lösungen sind zu verwerfen. Nach der Kalibrierung ist die Capillarelektrode vollständig und luftblasenfrei mit dem zu untersuchenden und auf 37 °C temperierten Blut zu füllen. Das Meßergebnis stellt den aktuellen pH-Wert der Probe dar.

Ermittlung des pCO_2

1. Direktes Verfahren mit einer pCO_2-Elektrode

Aufbau und Funktion der Elektrode sind auf S. 331 beschrieben.
Zur Kalibrierung dienen meist wäßrige Lösungen, die mit Kohlendioxid äquilibriert sind, so daß der pCO_2-Wert 40 bzw. 80 mm Hg beträgt. Bei der Justierung ist der aktuelle Luftdruck, der die CO_2-Spannung geringfügig beeinflußt, zu berücksichtigen und eine Korrektur der pCO_2-Referenzwerte vorzunehmen.

2. Indirektes Verfahren nach SIGGAARD-ANDERSEN

Äquilibrierung des Blutes:

> In einer auf 37 °C thermostatisierten Äquilibrierkammer werden je etwa 50 µl des vorschriftsmäßig gewonnenen Blutes mit zwei Gasgemischen verschiedener CO_2-Konzentrationen durch 4 Minuten langes Schütteln ins Gleichgewicht gebracht. Die Gasgemische enthalten etwa 4 % CO_2 und 96 % O_2, sowie ca. 8 % CO_2 und 92 % O_2. Der genaue CO_2-Gehalt muß angegeben sein oder gemessen werden.

pH-Messung:

> Nach dem Äquilibrieren wird der pH-Wert beider Blutproben, wie unter pH-Messung beschrieben (s. oben), ermittelt.

Auswertung:

Äquilibriert man Proben des gleichen Blutes mit verschiedenen Kohlendioxid-Partialdrucken und mißt die zugehörigen pH-Werte, so ergibt sich zwischen log pCO_2 und pH eine umgekehrte Proportionalität (s. Abb. 49). Auf diese Weise ist die HENDERSON-HASSELBALCH-Gleichung graphisch darzustellen.

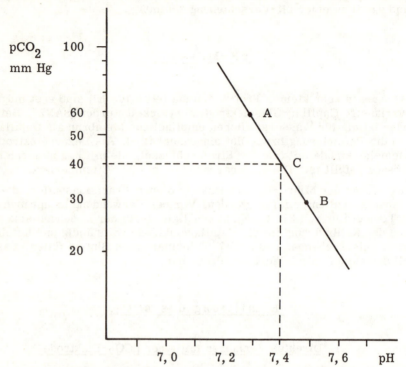

Punkt A: Blutproben mit pCO_2 von 60 mm Hg äquilibriert, gemessener pH-Wert = 7,29.

Punkt B: Blutprobe mit pCO_2 von 30 mm Hg äquilibriert, gemessener pH-Wert = 7,48.

Punkt C: pH-Wert der anaerob entnommenen Blutprobe = 7,40. Ausgehend von diesem aktuellen pH-Wert auf der Geraden A - B den Punkt C ermitteln. An der Ordinate zugehörigen pCO_2-Wert ablesen = 40 mm Hg.

Abb. 49. pH/log pCO_2-Diagramm

Auf Grund des geradlinigen Zusammenhangs zwischen pH-Wert und log pCO_2 im üblichen Meßbereich kann der pCO_2 einer Blutprobe aus dem tatsächlichen pH des Blutes und den pH-Änderungen nach Äquilibrieren mit zwei Gasgemischen unterschiedlichen Kohlendioxid-Partialdrucks ermittelt werden.

Zunächst sind die Volumprozent CO_2 der zum Äquilibrieren verwendeten Gasgemische unter Berücksichtigung des Barometerstandes nach folgender Formel in pCO_2 umzurechnen:

$$pCO_2 = \frac{\text{Luftdruck (mm Hg)} - \text{Wasserdampfdruck bei } 37\,^\circ C}{100} \cdot \% \, CO_2$$

Der Wasserdampfdruck bei 37 °C beträgt 47 mm Hg.

Die nach dem Äquilibrieren gemessenen pH-Werte werden in Abhängigkeit vom errechneten zugehörigen pCO_2-Wert in ein pH/log pCO_2-Diagramm eingetragen (Punkte A und B in Abb. 49, S. 338). Durch diese Punkte ist eine Gerade zu ziehen, deren Neigung ein Maß für die Pufferkapazität des Blutes darstellt. Ausgehend vom aktuellen pH-Wert der Probe findet man auf dieser Geraden den Punkt C; der zugehörige Wert auf der Ordinate stellt den Kohlendioxid-Partialdruck (pCO_2) des analysierten Blutes dar.

Ermittlung der Standardbicarbonat-Konzentration

Das pH/log pCO_2-Diagramm ist von SIGGAARD-ANDERSEN und Mitarbeitern auf Grund eingehender experimenteller Untersuchungen so erweitert worden, daß auch die Konzentration des Standardbicarbonats daraus ermittelt werden kann. Entsprechend der Definition des Standardbicarbonats (s. S. 335) finden sich die Logarithmen der Standardbicarbonat-Konzentrationen auf einer Linie, die die Ordinate im Punkt pCO_2 = 40 mm Hg schneidet. Der Standardbicarbonat-Gehalt der Blutprobe wird im Schnittpunkt der Geraden A - B mit dieser Linie abgelesen (s. Nomogramm nach SIGGAARD-ANDERSEN, Abb. 50, S. 340).

Pufferbasen

Zur vollständigen Charakterisierung des Säure-Basen-Status reicht die Bestimmung des Standardbicarbonats nicht aus, da der aktuelle pH-Wert des Blutes von der Summe der Puffersysteme des Plasmas und der Erythrocyten, insbesondere von der Hämoglobinkonzentration des Blutes, abhängig ist. Es war daher notwendig, eine Größe zu definieren, die alle Puffer-Anionen umfaßt:

Als aktuelle Konzentration der Pufferbasen (Dimension mmol/l) bezeichnet man

> die Summe aller Puffer-Anionen in einem Liter Vollblut
> bei dem pH, dem pCO_2 und der Hämoglobinkonzentration dieser Blutprobe.

Die Konzentration der Pufferbasen wird am Schnittpunkt der Geraden A - B mit der Pufferbasen-Kurve des SIGGAARD-ANDERSEN-Nomogramms abgelesen (s. Abb. 50, S. 340).

Versetzt man Vollblut mit einer definierten Menge einer starken Säure (z. B. 10 mmol H^+/l Vollblut), so nehmen die Pufferbasen um den gleichen Betrag (10 mmol/l Vollblut) ab; fügt man der Probe eine bekannte Menge einer starken Lauge zu, zeigt sich ein um die gleiche Größe erhöhter Wert für die Pufferbasen.
Das Standardbicarbonat ändert sich dabei nicht in entsprechendem Umfang, da dieses Ergebnis praktisch nur von der Pufferkapazität des Bicarbonats abhängt.

Die ermittelte Konzentration der Pufferbasen kann nicht ohne Kenntnis der Normal-Pufferbasen interpretiert werden. Diese Normal-Pufferbasen-Konzentration ist für

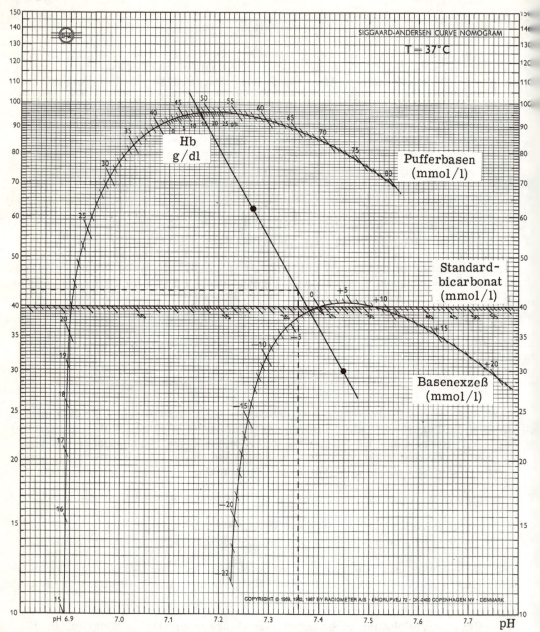

Abb. 50. Kurvennomogramm nach SIGGAARD-ANDERSEN

Aktueller pH-Wert = 7,36
pH nach Äquilibrierung mit einem pCO_2 von 62 mm Hg = 7,27
pH nach Äquilibrierung mit einem pCO_2 von 30 mm Hg = 7,45
pCO_2 = 43 mm Hg
Standardbicarbonat-Konzentration = 23,0 mmol/l Plasma
Basenüberschuß (Basenexzeß) = -1,5 mmol/l Vollblut

eine bestimmte Blutprobe definiert als die

> Konzentration der Pufferbasen des Vollbluts
> bei einem pH-Wert von 7,4 und einem pCO_2 von 40 mm Hg.

Unter diesen standardisierten Bedingungen ist der Einfluß des aktuellen pH-Werts und des pCO_2 ausgeschaltet, die vorliegende Hämoglobinkonzentration muß jedoch berücksichtigt werden. Es ergibt sich folgende Berechnungsformel:

Normal-Pufferbasen (mmol/l Vollblut) = 41,7 + 0,42 · Hämoglobinkonzentration (g/dl Vollblut)

Beispiel:
> Hämoglobinkonzentration der Blutprobe: 15,0 g/dl
> Normal-Pufferbasen: 41,7 + 0,42 · 15,0 = 48,0 mmol/l

Basenüberschuß

Zur quantitativen Beurteilung von Störungen des Säure-Basen-Haushalts und zur Planung einer evtl. notwendigen Therapie dient die Differenz zwischen der ermittelten Konzentration der Pufferbasen und der errechneten Normal-Pufferbasen-Konzentration, der Basenüberschuß (Basenexzeß):

> Basenüberschuß (mmol/l) = Pufferbasen - Normal-Pufferbasen (mmol/l)

Positive Werte zeigen einen Überschuß an Basen, negative Werte einen Überschuß an Säuren an. Der Basenüberschuß schwankt beim Gesunden in engen Grenzen um 0 mmol/l Blut.

Ermittlung des pO_2

Aufbau und Funktion der CLARK-Elektrode sind auf S. 331 beschrieben.
Zur Kalibrierung dienen meist wäßrige Lösungen, die mit einem pO_2 von 140 mm Hg äquilibriert wurden. Bei der Justierung ist der aktuelle Luftdruck, der die Sauerstoffspannung geringfügig beeinflußt, zu berücksichtigen und eine Korrektur der pO_2-Referenzwerte vorzunehmen.

Vollmechanisierte Analytik

In den heute meist verwendeten Analysatoren des Säure-Basen-Haushalts sind die Elektroden zur Messung von pH, pCO_2 und pO_2 so angeordnet, daß eine simultane Ermittlung dieser Größen aus geringen Probevolumina (50 - 300 µl) möglich ist.

Standardbicarbonat-Konzentration und Basenüberschuß werden von den Geräten intern errechnet.

Durch Analyse von Kontrollproben bzw. -blut kann die Zuverlässigkeit der Ergebnisse überprüft werden.

Normbereiche der Kenngrößen des Säure-Basen-Haushalts

pH-Wert	7,36 – 7,44
pCO_2	35 – 45 mm Hg
Standardbicarbonat	22 – 26 mmol/l Plasma
Basenüberschuß	– 2 bis + 2 mmol/l Vollblut
pO_2	75 – 100 mm Hg

Fehlermöglichkeiten

Bei der Blutentnahme:

Kein arterialisiertes Blut entnommen (Entnahmestelle nicht hyperämisiert).
Blut mit Gewebsflüssigkeit verunreinigt.
Blut nicht luftblasenfrei aufgezogen.
Capillare bzw. Spritze nicht luftdicht verschlossen.
Blut nicht ausreichend mit Heparin gemischt, dadurch Bildung von Gerinnseln.
Na-citrat, Na-oxalat oder EDTA als Antikoagulans verwendet (s. S. 8).
Blutprobe längere Zeit bei Zimmertemperatur (statt in Eiswasser) gelagert.

Bei der pH-Messung:

Elektroden nicht funktionsfähig (s. pH-Messung S. 330).
Capillarelektroden nicht vorschriftsmäßig gereinigt und zwischengespült.
Puffer zum Kalibrieren verwendet, der nicht den angegebenen pH-Wert zeigt (z. B. durch Offenstehen an der Luft).
Pufferlösung oder Blut nicht luftblasenfrei in die Elektrode aufgezogen.
Capillarelektrode nicht ausreichend mit Pufferlösung bzw. Blut gefüllt.
Thermostat nicht auf 37 $^{\circ}$C eingestellt.
Blut oder Pufferlösungen nicht auf 37 $^{\circ}$C vortemperiert.
Nicht ausreichend gemischte Blutproben analysiert.

Bei der direkten Messung von pCO_2 und pO_2:

Elektroden mit defekten Membranen verwendet.
Gasgehalt der zum Kalibrieren benutzten Lösungen nicht korrekt angegeben.
Barometerstand nicht berücksichtigt.

Beim Äquilibrieren und der Auswertung von pCO_2, Standardbicarbonat und Basenüberschuß:

Zusammensetzung der Gasgemische nicht bekannt oder falsch angegeben.
Luftdruckwerte nicht berücksichtigt oder falsch abgelesen.
Tatsächlichen pCO_2-Wert der Gase falsch berechnet.
Vorgeschriebene Temperatur beim Äquilibrieren nicht eingehalten.
Proben nicht ausreichend lange geschüttelt.
Meßwerte nicht korrekt in das Nomogramm eingetragen.
pCO_2, Standardbicarbonat-Konzentration und Basenüberschuß falsch abgelesen.

Die Zuverlässigkeit der Resultate hängt entscheidend von der Behandlung und Reinigung der Elektroden und der Wartung sämtlicher übrigen Bestandteile der Meßanordnung ab. Wird das Gerät nicht außerordentlich sorgfältig instandgehalten, so sind keine diagnostisch verwertbaren Befunde zu erwarten.

Störungen des Säure-Basen-Haushalts

Enthält der Organismus zu viel Säuren und/oder zu wenig Basen, so sinkt der pH-Wert des arteriellen Blutes unter den Normbereich ab; dieser Zustand wird als <u>Acidose</u> bezeichnet.
Finden sich im Organismus zu viel Basen und/oder zu wenig Säuren, steigt der pH-Wert des arteriellen Blutes über die Norm an; dies ist als <u>Alkalose</u> definiert.
Je nach Ursache sind zu unterscheiden:
    <u>Respiratorische Störungen,</u>
        d. h. Störungen der CO_2-Ausscheidung, und
    <u>nicht-respiratorische oder metabolische Störungen,</u>
        d. h. Störungen durch eine vermehrte Bildung oder verminderte Ausscheidung nichtflüchtiger Säuren (Schwefelsäure, Phosphorsäure, Ketosäuren, Milchsäure u. a.) bzw. den Verlust von Basen (Bicarbonat).

Respiratorische Störungen

Eine respiratorische Acidose wird hervorgerufen durch:

Verminderte Lungenventilation
    Lähmung des Atemzentrums
        (z. B. Encephalitis, Intoxikationen (Morphin, Barbiturate u. a.), Hirntraumata u. a.)
    Lähmung der Atemmuskulatur (neuromuskuläre Erkrankungen)
        (z. B. Poliomyelitis, Polyradiculitis (GUILLAIN-BARRE), LANDRY-Paralyse, hohe Querschnittslähmung, Tetanus, Intoxikationen mit Cholinesterase-Hemmstoffen u. a.)
    Obstruktion im Bereich der Atemwege
        (z. B. Schleimansammlung, Asthma bronchiale u. a.)

Perfusionsstörungen
    Schwund von Lungencapillaren
        (z. B. Lungenfibrose)
    Störungen der arteriellen Durchblutung
        (z. B. Lungenembolie)
    Störungen des venösen Blutabflusses
        (z. B. Linksherzinsuffizienz)

Reduktion der Alveolarfläche
        (z. B. Emphysem, Lungenfibrose, Pneumonien, Lungenödem, rezidivierende Lungenembolien u. a.)

Als Ursache für eine respiratorische Alkalose kommen in Frage:

Gesteigerte Lungenventilation (Hyperventilation)
    psychogen bedingt
    Stimulation des Atemzentrums durch Sauerstoffmangel
        (z. B. Aufenthalt in großen Höhen, Herzfehler mit Rechts-Links-Shunt, Lungenstauung u. a.)
    direkte Stimulation des Atemzentrums
        (z. B. Vergiftung mit Salicylaten, Schädel-Hirntraumata u. a.)
    künstliche Beatmung

Da das arterialisierte Blut der Lungencapillaren, das in seiner Zusammensetzung dem arteriellen Blut gleicht, im Diffusionsgleichgewicht mit der Alveolarluft steht, ist der Kohlendioxid-Partialdruck (pCO_2) des arteriellen Blutes ein Maß für die Lungenfunktion. Ein verminderter pCO_2-Wert zeigt einen gesteigerten, ein erhöhter pCO_2-Wert einen herabgesetzten Gasaustausch an.

Metabolische Störungen

Eine metabolische Acidose kann beruhen auf:

    Vermehrter Bildung nichtflüchtiger Säuren
        Lactat
            (z. B. Hypoxie bei Schock, Hypothermie u. a.)
        Ketonkörper (Acetessigsäure, β-Hydroxybuttersäure)
            (z. B. dekompensierter Diabetes mellitus, Hungerzustände u. a.)

    Verminderung der Ausscheidung von H^+-Ionen und nichtflüchtigen Säuren
        (z. B. chronische Niereninsuffizienz, tubuläre Acidose u. a.)

    Verlust von Bicarbonat
        (z. B. Pankreasfistel, schwere Diarrhoen u. a.)

    Hyperkaliämische Acidose
        (z. B. ADDISON-Krise u. a.)

    Medikamentengabe bzw. Intoxikationen
        Hemmstoffe der Carboanhydratase u. a.
        Methanol-Vergiftung u. a.

Ursachen einer metabolischen Alkalose können sein:

    Kaliummangel, Verlust von Wasserstoffionen
        massives, langdauerndes Erbrechen von Magensaft
            (z. B. Pylorusstenose u. a.)
        Überfunktion der Nebennierenrinde
            primärer Hyperaldosteronismus (CONN-Syndrom)
            sekundärer Hyperaldosteronismus (z. B. bei Lebercirrhose)
            CUSHING-Syndrom bzw. Corticosteroidtherapie
    Therapie mit Saluretika

Zur Diagnostik nicht-respiratorischer oder metabolischer Störungen ist es notwendig, den Gehalt des Blutes an nichtflüchtigen Säuren und an Basen zu messen. Dabei müssen Einflüsse durch veränderte Respirationsvorgänge eliminiert werden, denn je höher der pCO_2-Wert ist bzw. je mehr Hämoglobin in Form von Oxyhämoglobin vorliegt, desto mehr Säure findet sich im Blut (Oxyhämoglobin ist zwischen pH 6,1 und 9,0 eine stärkere Säure als desoxygeniertes Hämoglobin).

Als Indikatoren metabolischer Störungen dienen das Standardbicarbonat und der Basenüberschuß, da diese Größen vom aktuellen pCO_2 und dem Sauerstoff-Partialdruck unabhängig sind.
Ist die Standardbicarbonatkonzentration vermindert bzw. der Basenüberschuß negativ, so besteht ein Mangel an Basen und es liegt eine metabolische Acidose vor. Bei erhöhten Standardbicarbonatwerten und stark positivem Basenüberschuß, d. h. einer Vermehrung der Basen im Organismus, handelt es sich um eine metabolische Alkalose.

Kompensationsmechanismen

Tritt eine Acidose oder Alkalose auf, werden vom Organismus Kompensationsmechanismen in Gang gesetzt:
Bei der primären metabolischen Acidose führt der niedrige pH-Wert des Blutes zu einer Stimulation des Atemzentrums, so daß es zur Hyperventilation kommt, die eine kompensatorische respiratorische Alkalose zur Folge hat.
Der erhöhte Blut-pH-Wert bei primärer metabolischer Alkalose hemmt die Tätigkeit des Atemzentrums und somit die Atemfrequenz und -tiefe. Dementsprechend kommt es zu einer kompensatorischen respiratorischen Acidose.
Eine primäre respiratorische Acidose bewirkt, daß durch die Nieren vermehrt Säuren (insbesondere H^+- und NH_4^+-Ionen) ausgeschieden und Basen (vorwiegend Bicarbonationen) retiniert werden, so daß eine kompensatorische metabolische Alkalose resultiert.
Bei einer primären respiratorischen Alkalose eliminieren die Nieren vermehrt Basen und retinieren Säuren, hierdurch entsteht eine kompensatorische metabolische Acidose.

Häufig reichen die Möglichkeiten des Organismus zur Kompensation von Störungen im Säure-Basen-Haushalt nicht aus, um den Blut-pH-Wert vollständig zu normalisieren. Allgemein gilt, daß primäre Acidosen besser korrigierbar sind als Alkalosen. Während eine Gegenregulation durch die Änderung der Lungenventilation sehr schnell erfolgen kann, dauert es mehrere Tage, bis die in der Niere ablaufenden Kompensationsmechanismen ihre volle Kapazität erreicht haben. Das Ausmaß der Korrektur und damit die Schwere der primären Störung können an der kompensierenden Größe erkannt werden, d. h., für respiratorische Veränderungen an der Standardbicarbonat-Konzentration und am Basenüberschuß, für metabolische Störungen am Kohlendioxid-Partialdruck.
Typische Veränderungen des Säure-Basen-Haushalts und der Korrekturmechanismen sind in Tabelle 40 (s. S. 346) dargestellt.

Wegen der vielfältigen Wechselwirkungen der verschiedenen regulatorischen Systeme - insbesondere auch zwischen Extra- und Intracellularraum - ist die Effektivität der zur Wiederherstellung des Säure-Basen-Gleichgewichts notwendigen therapeutischen Maßnahmen durch Bestimmung geeigneter Meßgrößen ausreichend häufig zu kontrollieren. Besondere Vorsicht ist bei der Infusion größerer Mengen Natriumbicarbonatlösung zur Therapie primärer metabolischer Acidosen (z. B. beim Coma diabeticum) geboten. Durch eine übermäßige Alkalizufuhr kann die Tätigkeit des Atemzentrums soweit herabgesetzt werden, daß der pCO_2-Wert zwar kompensatorisch ansteigt, der Organismus jedoch gleichzeitig durch die Hypoventilation in einen allgemeinen Sauerstoffmangel gerät. Natriumbicarbonatlösung ist daher nur bei klarer Indikation und unter exakter Kontrolle der Veränderungen des Säure-Basen-Status zu verabfolgen.

Häufigkeit pathologischer Ergebnisse

Unter den Störungen des Säure-Basen-Haushalts überwiegen die metabolischen und respiratorischen Acidosen.
Primäre Alkalosen und kombinierte respiratorische und metabolische Veränderungen werden selten beobachtet.

Tabelle 40.

In der Klinik gebräuchliche Definitionen zur Beschreibung primärer Störungen des Säure-Basen-Haushalts und deren Kompensationsmechanismen (nach ASTRUP)

Zustand	Charakterisiert durch	Charakteristische Befunde			
		pH	pCO_2 mm Hg	Stand. bicarbonat mmol/l	Basen-überschuß mmol/l
metabolische Acidose	primäre Herabsetzung des Standardbicarbonats				
nicht kompensiert	pCO_2 im Normbereich	7,28	38	17,7	− 8
teilweise kompensiert	pCO_2 herabgesetzt, pH jedoch nicht normalisiert	7,32	33	17,7	− 8
vollständig kompensiert	pCO_2 soweit herabgesetzt, daß pH normalisiert	7,36	28	17,7	− 8
metabolische Alkalose	primäre Erhöhung des Standardbicarbonats				
nicht kompensiert	pCO_2 im Normbereich	7,56	38	33,8	+ 10
teilweise kompensiert	pCO_2 erhöht, pH jedoch nicht normalisiert	7,49	48	33,8	+ 10
vollständig kompensiert	pCO_2 soweit erhöht, daß pH normalisiert	7,42	58	33,8	+ 10
respiratorische Acidose	primäre Erhöhung des pCO_2				
nicht kompensiert	Standardbicarbonat im Normbereich	7,28	65	24,4	± 0
teilweise kompensiert	Standardbicarbonat erhöht, pH jedoch nicht normalisiert	7,34	65	28,7	+ 5
vollständig kompensiert	Standardbicarbonat soweit erhöht, daß pH normalisiert	7,40	65	33,8	+ 10
respiratorische Alkalose	primäre Herabsetzung des pCO_2				
nicht kompensiert	Standardbicarbonat im Normbereich	7,58	20	24,4	± 0
teilweise kompensiert	Standardbicarbonat herabgesetzt, pH nicht normalisiert	7,49	20	20,3	− 5
vollständig kompensiert	volle Kompensation vom Organismus nicht zu erreichen				
metabolische und respiratorische Acidose	Herabsetzung des Standardbicarbonats und Erhöhung des pCO_2	7,16	65	17,7	− 8
metabolische und respiratorische Alkalose	Erhöhung des Standardbicarbonats und Herabsetzung des pCO_2 (außerordentlich selten)	7,70	20	33,8	+ 10

Charakteristische Befundkonstellationen
bei Störungen des Säure-Basen-Gleichgewichts

Eine korrekte Interpretation der Meßgrößen des Säure-Basen-Status und das Erkennen von falschen Befunden durch Meß-, Rechen- oder Übertragungsfehler ist nur durch intensive Beschäftigung mit typischen Ergebnissen (s. Tabelle 41) zu erlernen. Anleitungen zum logischen Vorgehen bei der Beurteilung von Daten finden sich auf S. 349 und 350.

Tabelle 41. Befundmuster zum Säure-Basen-Haushalt

Befunde				Interpretation
pH	pCO_2	Stand. bicarbonat	Basenüberschuß	
	mm Hg	mmol/l		
7,40	40	24,4	± 0	im Normbereich
7,33	32	18,0	− 8	metabolische Acidose, teilweise kompensiert
7,50	40	24,4	± 0	falscher Befund
7,54	40	33,0	+ 10	metabolische Alkalose, nicht kompensiert
7,52	14	18,0	− 8	respiratorische Alkalose, teilweise kompensiert
7,50	52	24,4	± 0	falscher Befund
7,36	17	14,2	− 14	metabolische Acidose, vollständig kompensiert
7,39	60	30,5	+ 8	respiratorische Acidose, vollständig kompensiert metabolische Alkalose, vollständig kompensiert
7,14	60	16,5	− 10	respiratorische und metabolische Acidose
7,59	28	29,0	+ 6	metabolische und respiratorische Alkalose (außerordentlich selten)
7,50	69	45,5	+ 21	metabolische Alkalose, teilweise kompensiert
7,50	28	24,4	± 0	respiratorische Alkalose, nicht kompensiert
7,50	40	19,2	− 6	falscher Befund

Fortsetzung Tabelle 41.

pH	pCO$_2$	Stand. bicarbonat	Basenüberschuß	Interpretation
	Befunde			
	mm Hg	mmol/l		
7,32	70	29,7	+ 6	respiratorische Acidose, teilweise kompensiert
7,29	60	24,4	± 0	respiratorische Acidose, nicht kompensiert
7,32	32	29,2	+ 6	falscher Befund
7,38	38	22,7	− 2	im Normbereich
7,38	22	16,5	− 10	metabolische Acidose, vollständig kompensiert
7,31	25	15,2	− 12	metabolische Acidose, teilweise kompensiert
7,28	100	35,5	+ 13	respiratorische Acidose, teilweise kompensiert
7,32	40	24,4	± 0	falscher Befund
7,22	38	15,5	− 12	metabolische Acidose, nicht kompensiert
7,32	40	29,2	+ 6	falscher Befund
7,47	45	31,5	+ 8	metabolische Alkalose, nicht kompensiert
7,68	25	33,8	+ 10	metabolische und respiratorische Alkalose (außerordentlich selten)
7,50	50	19,6	− 6	falscher Befund
7,40	40	29,2	+ 6	falscher Befund
7,36	85	39,0	+ 16	respiratorische Acidose, vollständig kompensiert metabolische Alkalose, vollständig kompensiert
7,04	75	14,2	− 14	respiratorische und metabolische Acidose
7,47	24	21,0	− 4	respiratorische Alkalose, teilweise kompensiert

Im Einzelfall sind die Ergebnisse nur unter Berücksichtigung der Anamnese, des klinischen Bildes, der Nierenfunktion, des Elektrolythaushalts u. a. exakt zu beurteilen.

Anleitung zur Interpretation

Die Interpretation geht vom aktuellen pH-Wert des arteriellen bzw. arterialisierten Vollbluts aus:

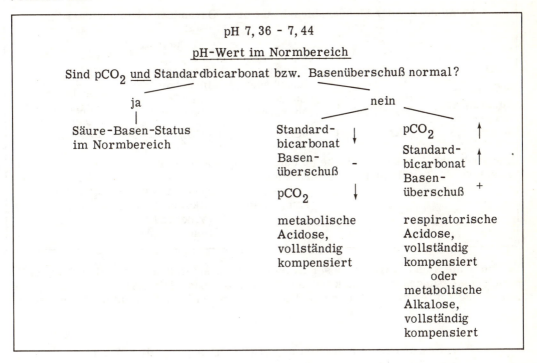

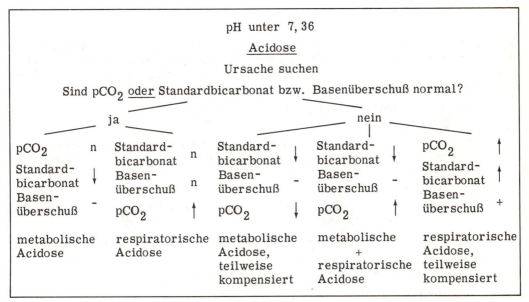

Zeichenerklärung: n = im Normbereich; ↑ = erhöht; ↓ = vermindert

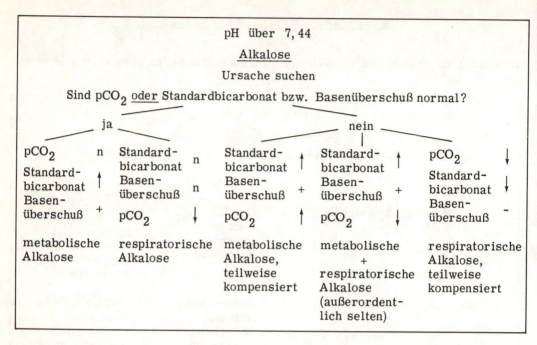

Befunde, die sich auf Grund dieser Anleitung nicht einordnen lassen, beruhen auf falschen Messungen bzw. Auswertungen oder Übertragungsfehlern.
Zur Übung sollten die Meßdaten aus Tabelle 41, S. 347 und 348, interpretiert werden.

Störungen der Sauerstoffaufnahme in der Lunge

Der Sauerstoff-Partialdruck des arteriellen Blutes ist ein Maß für die Aufnahme von O_2 in der Lunge. Er sagt primär nichts über die Sauerstoffversorgung der Gewebe aus, da diese vor allem auch von der Hämoglobinkonzentration und dem Herzminutenvolumen bestimmt wird.

Als Ursachen eines verminderten pO_2-Wertes kommen in Frage:

Sauerstoffmangel
 (z. B. Aufenthalt in großen Höhen, Herzvitien mit Rechts-Links-Shunt, verminderter Sauerstofftransport bei Hämoglobinanomalien, Vorliegen von CO- oder Met-Hb u. a.)

Diffusionsstörungen
 gestörter O_2-Transport durch Verdickung der Alveolarmembran bei regelrechter CO_2-Abgabe

Verminderung der Lungenventilation, Perfusionsstörungen und Reduktion der Alveolarfläche
 hierzu s. Ursachen einer respiratorischen Acidose (S. 343)

Ein Anstieg des pO_2 ist möglich bei:

Künstlicher Beatmung mit Sauerstoff-reichen Gasgemischen (Vorsicht: Gefahr von ZNS-Schäden, Lungenfibrose und retrolentaler Fibroplasie bei Kindern!)

KLINISCH-CHEMISCHE VERFAHREN
AUF IMMUNOLOGISCHER GRUNDLAGE

Auf dem Gebiet der Immunologie sind in den letzten Jahrzehnten ganz außerordentliche Fortschritte erzielt worden. Auf Grund der Tatsache, daß zahlreiche Antigene und Antikörper in ausreichend reiner Form mit reproduzierbarer Spezifität von Reagentienherstellern zu beziehen sind, finden Verfahren auf der Basis von Antigen-Antikörper-Reaktionen zunehmend Eingang in die klinisch-chemische Diagnostik.

Im folgenden werden daher einige wichtige Methoden für qualitative Nachweise und quantitative Bestimmungen von Verbindungen aus den verschiedensten Substanzklassen und ihre Anwendung beschrieben.

Grundlagen der Methodik

Die Testverfahren beruhen auf der Reaktion:

$$\text{Antigen} + \text{Antikörper} \rightleftharpoons \text{Antigen-Antikörper-Komplex}$$

Zwischen den beteiligten Komponenten besteht ein dynamisches Gleichgewicht.

Liegen die Konzentrationen der nachzuweisenden Reaktionspartner im eingesetzten Probevolumen innerhalb des Mikrogrammbereichs, so fallen die Antigen-Antikörper-Komplexe meist in Form sichtbarer Präcipitate aus. Voraussetzung hierfür ist, daß Antigen und Antikörper in einem optimalen Mengenverhältnis vorliegen. Mit ansteigender Antigenkonzentration nimmt die Präcipitatbildung zunächst zu und erreicht dann ein Maximum. In Gegenwart eines erheblichen Antigenüberschusses kommt es bei gleichbleibender Antikörpermenge zum Verschwinden der Präcipitate. Dies beruht darauf, daß zunächst entstehende Antigen-Antikörper-Komplexe wieder aufgelöst werden (sog. "Auslöschphänomen").

Bei Substanzen, die im Untersuchungsmaterial nur in Mengen von Nano- bzw. Picogramm enthalten sind, kommt es durch die Antigen-Antikörper-Reaktion nicht mehr zur Ausbildung sichtbarer Präcipitatbanden. Daher sind zur Bestimmung derartiger Stoffe Techniken anzuwenden, bei denen ein Reaktionspartner mit einer Substanz markiert ist, die auch in dem genannten Konzentrationsbereich ausreichend empfindlich erfaßt werden kann (z. B. radioaktive Isotope, Enzyme, Fluorochrome u. a.).

Die Auswertung erfolgt bei quantitativen Analysenverfahren über eine Reihe mitgeführter Standardlösungen.

IMMUNOLOGISCHE BESTIMMUNGSMETHODEN

Qualitative Verfahren

Immunelektrophorese

Prinzip:

Zunächst werden die Serumproteine in einem Trägermaterial (z. B. Agar oder Agarose) durch Anlegen eines Gleichstroms elektrophoretisch aufgetrennt (s. S. 263 f.). Im Gegensatz zur Verwendung von Celluloseacetatfolien, bei denen die Immunglobuline fast keine Beweglichkeit zeigen, kommt es bei der Benutzung von Gel durch die Pufferströmung - auch als Endosmose bezeichnet - teilweise zu einem kathodenwärts gerichteten Transport der γ-Fraktion.

Parallel zur Wanderungsrichtung der Proteine stanzt man eine schmale Rinne aus dem Trägermedium aus und füllt Antiserum ein. Die darin enthaltenen präcipitierenden Antikörper diffundieren während der Inkubationszeit auf die getrennten Eiweißkörper zu und umgekehrt. Beim Zusammentreffen von Antigen und zugehörigem Antikörper bilden sich Immunpräcipitate, die durch die Struktur des Gels am Ort ihrer Entstehung haften bleiben. Durch Verwendung monospezifischer Antiseren lassen sich einzelne, bei Einsatz von Antihumanserum bis zu 25 verschiedene Serumproteine darstellen.

Die Auswertung erfolgt entweder ohne oder nach Anfärbung der Präcipitate mit einem Proteinfarbstoff (z. B. Amidoschwarz 10 B). Da es nicht nur darauf ankommt, das Fehlen von Banden zu erkennen und die Stärke von Linien grob abzuschätzen, sondern auch der Abstand der Präcipitatbögen zur mit Antikörper gefüllten Rinne, Änderungen der Mobilität von Proteinen, pathologische Verformungen, umschriebene Verdichtungen, Aufzweigungen, Krümmungen u. a. richtig gedeutet werden müssen, sollte die Beurteilung von Immunelektrophoresen nur durch erfahrene Untersucher erfolgen. Aus diesem Grund wird hier auch auf entsprechende Abbildungen verzichtet. Zur Auswertung s. Lehrbücher der Immunologie.

Anwendung des Verfahrens:

Verdacht auf Defektproteinämien
Diagnostik von monoclonalen Gammopathien
BENCE-JONES-Proteinämie
Schwerkettenkrankheit (Verwendung spezifischer Antiseren)

Mit der Immunelektrophorese lassen sich einzelne pathologische Eiweißkörper erst ab Konzentrationen von etwa 50 mg/dl sicher identifizieren. Somit ist die Immunfixationselektrophorese (s. unten) mit ihrer wesentlich höheren Empfindlichkeit zur Diagnostik von Gammopathien vorzuziehen.

Wichtiger Hinweis:

Wie bereits erwähnt, kommt es bei einem starken Überschuß an Antigen nicht zur Ausbildung sichtbarer Präcipitatlinien.
Ferner können BENCE-JONES-Proteine auf Grund ihres niedrigen Molekulargewichts bis in die Antiserumrinne wandern, so daß sie sich ebenfalls nicht darstellen.
Daher ist dem Laboratorium bei der Einsendung von Proben unbedingt die Verdachtsdiagnose mitzuteilen, damit infolge der bestehenden Anhaltspunkte entsprechende methodische Veränderungen vorgenommen bzw. Serumverdünnungen analysiert werden.

Immunfixationselektrophorese

Prinzip:

Zunächst erfolgt die elektrophoretische Auftrennung der Proteine in üblicher Weise in Agarosegel.

Da bei der Immunfixationselektrophorese im allgemeinen 5 verschiedene Antiseren eingesetzt werden, sind entsprechend auch 5 Elektrophoresen aus der gleichen Probe in einer Serie auszuführen.

Nach Trennung der Eiweißkörper überschichtet man jeweils ein Gel mit einem der Antiseren gegen IgG, IgM, IgA sowie gegen die Leichtkettentypen Kappa und Lambda.

Während der anschließenden Inkubation kommt es in den Bereichen des Gels, in denen sich korrespondierende Proteine finden, zur Bildung von Antigen-Antikörper-Komplexen, die auf Grund ihrer Größe im Trägermedium haften bleiben. Hierauf beruht die Bezeichnung Immunfixation. Im Gegensatz dazu lassen sich freie Eiweiß- bzw. Antikörper durch Waschen entfernen.

Nach Trocknen des Gels färbt man die Immunkomplexe mit Proteinfarbstoffen an, so daß in den einzelnen Ansätzen in Anwesenheit von monoclonalen Immunglobulinen im Untersuchungsmaterial typische Banden sichtbar werden.

Anwendung des Verfahrens:

Diagnostik von mono- bzw. bi- oder triclonalen Gammopathien in Serum und Harn sowie einer BENCE-JONES-Proteinämie bzw. -Proteinurie.

Im Gegensatz zur Immunelektrophorese erlaubt das Verfahren eine eindeutigere und weniger subjektiven Einflüssen unterliegende Auswertung, so daß dieser Technik bei Verdacht auf das Vorliegen einer monoclonalen Gammopathie der Vorzug gegeben werden sollte.

Ferner sind die hohe Empfindlichkeit (Nachweisgrenze ca. 0,5 - 5 mg/dl) und die Verfügbarkeit der Analysendaten innerhalb weniger Stunden hervorzuheben.

Außerdem ist im Vergleich zur Immunelektrophorese die Gefahr, daß das sog. Auslöschphänomen, d. h. die fehlende Darstellung von Präcipitaten bei hohem Antigenüberschuß, übersehen wird, wesentlich geringer.

Indirekter Nachweis von Antigen-Antikörper-Reaktionen

Prinzip:

Indirekte Verfahren finden dann Anwendung, wenn die Konzentrationen von Antigenen bzw. Antikörpern so niedrig liegen, daß keine sichtbaren Immunpräcipitate mehr entstehen.
Hierbei werden an Trägersubstanzen, z. B. Tannin-behandelte Erythrocyten (meist vom Schaf stammend) oder Latexpartikel, Antigene oder Antikörper adsorbiert. Enthält das Untersuchungsmaterial den entsprechenden Reaktionspartner, so kommt es zur Bildung von Antigen-Antikörper-Komplexen. Durch die Größe des Trägermaterials wird auch beim Vorliegen einer geringen Konzentration der nachzuweisenden Substanz eine sichtbare Agglutination erzielt.
Je nach Modifikation der Testverfahren werden vor allem unterschieden:

1. Latexteste

   Die suspendierten Latexteilchen, an deren Oberfläche ein Antigen oder Antikörper angelagert ist, zeigen bei Anwesenheit der korrespondierenden immunologisch wirksamen Substanz in der zugesetzten Probe makroskopisch sichtbare Agglutinationen.
   Da die Verfahren relativ unempfindlich sind, sollten sie nur als Suchreaktionen Anwendung finden.

2. Passive Hämagglutinationsteste

   Bei diesen Methoden wird einer Suspension beschichteter Erythrocyten Untersuchungsmaterial zugefügt. Ist der entsprechende Reaktionspartner vorhanden, kommt es zur Agglutination.
   Durch Einsatz von Probenverdünnungen ist eine halbquantitative Auswertung möglich. Außerdem wird dadurch ein falsch negativer Reaktionsausfall durch hohen Antigenüberschuß vermieden.
   Bei der Interpretation der Resultate ist stets zu berücksichtigen, daß falsch positive Ergebnisse durch die Anwesenheit von unspezifischen heterophilen Antikörpern und durch die Reaktion von Immunglobulinen mit Blutgruppensubstanzen, die sich auf den Erythrocyten finden, hervorgerufen werden können.

3. Hämagglutinations-Hemmteste

   Die Empfindlichkeit indirekter Testsysteme für lösliche Antigene ist dadurch erheblich zu steigern, daß Antigen-beschichtete Erythrocyten, spezifische Antikörper und Untersuchungsmaterial zusammen inkubiert werden. Enthält die Probe kein korrespondierendes Antigen, reagieren die beladenen Erythrocyten mit den spezifischen Antikörpern und es kommt zur sichtbaren Agglutination. Antigen-haltige Proben hingegen binden die im Ansatz vorhandenen Antikörper und neutralisieren sie. Hierdurch bleiben die roten Blutkörperchen in Suspension. Eine positive Reaktion ist somit durch eine fehlende Agglutination gekennzeichnet.

Anwendung der Verfahren:

   Nachweis von Antigenen und Antikörpern
      Rheumafaktoren
      humanes Choriongonadotropin (Schwangerschaftstest)
      C-reaktives Protein
      Antistreptolysintiter
      u. a.

Quantitative Verfahren

Radiale Immundiffusion

Prinzip:

Nach dieser von MANCINI, CARBONARA und HEREMANS beschriebenen Methode wird Antikörper-haltiges Agargel in dünner Schicht in eine Petrischale o. ä. ausgegossen. Zum Auftragen der das Antigen enthaltenden Standardpräparationen und der Patientenproben werden kleine Löcher in das Gel gestanzt. Nach Einfüllen des zu untersuchenden Materials in diese runden Auftragstellen diffundiert das vorhandene Antigen radial in das Gel. Es wird solange inkubiert (maximal 72 Stunden), bis das jeweils in der Probe vorhandene Antigen vollständig präcipitiert ist. Die nach Erreichen des Diffusionsendpunkts sichtbaren Präcipitatringe werden ausgemessen. Die jeweils ermittelte Kreisfläche ist der Antigenkonzentration direkt proportional.

Trägt man die an mindestens 3 verschiedenen Standards gefundenen Werte gegen den Antigengehalt auf, so ergibt sich eine Bezugsgerade, die zur Ermittlung der Konzentration der gesuchten Substanz im Untersuchungsmaterial dient.

Anwendung des Verfahrens:

Quantitative Bestimmung einzelner Serumproteine
IgG, IgM, IgA, Albumin, Präalbumin, α_1-Antitrypsin, Haptoglobin, Transferrin, Coeruloplasmin u. a.

Nephelometrische Messung des von Antigen-Antikörper-Komplexen gestreuten Lichts

Prinzip:

Licht hoher Intensität, das auf suspendierte Antigen-Antikörper-Komplexe fällt, wird an den Partikelchen gestreut. Die Messung des Streulichts erfolgt mit sog. Nephelometern, in denen Laser oder Leuchtdioden als Lichtquellen verwendet werden. Der Strahlengang in einem solchen Gerät unterscheidet sich von demjenigen eines Photometers dadurch, daß die aus der Küvette austretende Streustrahlung in einem Winkel von 90° (oder darunter) zur Richtung des eingestrahlten Lichts gemessen wird. Die Intensität des Streulichts ist bei konstanter Antikörpermenge im Ansatz der Konzentration des zu analysierenden Antigens in einem bestimmten Bereich proportional. Die Auswertung erfolgt über mitgeführte Standardlösungen.

Die Proben können in hoher Verdünnung bzw. ohne vorherige Anreicherung untersucht werden. Die benötigte Menge Antiserum ist gering; andererseits müssen sehr reine und optisch klare Antikörperpräparationen Verwendung finden. Bei stark abweichenden Konzentrationsverhältnissen der Reaktionspartner entspricht das gemessene Streulicht nicht dem Antigengehalt der Probe. Es ist daher streng darauf zu achten, daß weder Antigen noch Antikörper in hohem Überschuß vorliegen. Die Analyse stark lipämischer Seren ist nicht möglich.

Anwendung des Verfahrens:

Quantitative Bestimmung einzelner Serumproteine (s. radiale Immundiffusion).

Quantitative Verfahren

mit Markierung von Antigenen oder Antikörpern

Diese Methoden finden dann Anwendung, wenn die zu bestimmende Substanz in sehr niedriger Konzentration, d. h. im Nano- oder Picogrammbereich in der Probe vorliegt.

Markierung von Antigenen oder Antikörpern

Zur Markierung der genannten Substanzen werden vorwiegend 3 verschiedene Verfahren angewandt:

1. Einbau radioaktiver Isotope

    Gammastrahler (z. B. ^{125}Jod oder ^{57}Co)

    Zur Messung dieser Isotope dienen Szintillationszähler, in denen die emittierten γ-Strahlen in einem Natriumjodid-Thallium-Kristall Lichtblitze auslösen, deren Zahl pro Minute ermittelt wird. Mit diesen Verfahren sind sowohl trockene (z. B. Niederschläge) als auch flüssige Proben (Überstände) meßbar.

    Betastrahler (z. B. Tritium oder ^{14}C)

    Nicht alle diagnostisch wichtigen Substanzen lassen sich mit γ-Strahlern markieren, so daß in Einzelfällen auch die langlebigen β-Strahler Tritium und ^{14}C angewandt werden.
    Da die von diesen Isotopen ausgehenden β-Strahlen (Elektronen) nur eine geringe Reichweite besitzen (durchschnittlich bei Tritium 3 μm und bei ^{14}C 300 μm), wird die Zählung in homogenen flüssigen Phasen in Gegenwart von gelösten Szintillatoren ausgeführt, d. h. von Verbindungen, die die Energie der Elektronen in zählbare Lichtsignale umwandeln (z. B. Oxazolderivate).
    Nach Anregung senden Oxazolderivate als Szintillatoren blaues Licht aus, das durch im Ansatz enthaltene gelb gefärbte Komponenten - z. B. Bilirubin - absorbiert werden kann. Diese Störung läßt sich durch zwei Maßnahmen vermeiden. Entweder werden die gefärbten Substanzen vor der Zählung extrahiert, oder man benutzt das blaue Licht, um einen sekundären Szintillator anzuregen, der gelbes Licht emittiert.

    Der Umgang mit radioaktiven Isotopen bedarf der behördlichen Genehmigung und darf nur in einem abgegrenzten Bereich des Laboratoriums (im sog. Kontrollbereich) stattfinden. Die gesetzlichen Strahlenschutzvorschriften sind streng zu beachten. Lieferung, Verbleib und Entsorgung der markierten Reagentien müssen exakt dokumentiert werden.
    Ein Nachteil bei der Verwendung radioaktiver Isotope besteht auch in der begrenzten Haltbarkeit der Präparate (Halbwertszeit für ^{125}Jod ca. 60 Tage).

2. Covalente Bindung von Enzymen

    Anwendung finden bevorzugt Peroxydase, alkalische Phosphatase und Glucose-6-Phosphat-Dehydrogenase.

Meßgröße ist der durch das Enzym katalysierte Umsatz eines geeigneten Substrats (z. B. o-Phenylendiamin, 4-Nitrophenylphosphat, Glucose-6-Phosphat u. a.).

Im Vergleich zu radioaktiv markierten Reagentien sind Enzym-markierte Verbindungen wesentlich besser haltbar.
Außerdem entfallen alle Vorsichtsmaßnahmen, die beim Umgang mit Radioisotopen zu beachten sind.

3. <u>Covalente Bindung von fluorescierenden Substanzen</u>

Fluorescein- und Tetramethylrhodamin-iso-Thiocyanat, Umbelliferonderivate, seltene Erden (z. B. Europium) u. a. stellen die wichtigsten Marker dar.

Zur Messung der Fluorescenzstrahlung dienen Fluorimeter (s. S. 322 f.).

<u>Trennschritte</u>

Zahlreiche Methoden, die auf der Verwendung markierter Antigene beruhen, erfordern eine Trennung von freiem und in Antigen-Antikörper-Komplexen gebundenem Antigen. Folgende Verfahren haben sich bewährt:

1. <u>Bindung von freiem Antigen an eine Antikörper-haltige feste Phase</u>

z. B. Röhrchenwand, Polystyrolkugeln, Dextranpartikel u. a.

2. <u>Entfernung freier Antigene durch Adsorption</u>

z. B. an Ionenaustauscher, Dextran-beschichtete Aktivkohle u. a.

3. <u>Fällung von Antigen-Antikörper-Komplexen und freien Antikörpern</u>

mit heterologen Antiseren gegen Immunglobuline
durch Salze (z. B. Ammoniumsulfat)
mit Hilfe organischer Lösungsmittel (z. B. Ethanol)
durch Polyethylenglykol
u. a.

4. <u>Trennung nieder- und hochmolekularer Komponenten</u>

durch Gelfiltration

<u>Auswertung der Ergebnisse</u>

Die Auswertung der Analysenserien erfolgt über Referenzlösungen.

Da es auf Grund der extrem niedrigen Konzentrationen des zu bestimmenden Antigens zur Adsorption von Substanz aus den Standardlösungen an die Innenfläche der verwendeten Röhrchen kommen kann, wird den Standards ein immunologisch inertes Protein einer anderen Species (z. B. Eieralbumin) zugesetzt, das die Bindungsstellen der Fremdoberflächen besetzt und dadurch ein Anhaften und einen Konzentrationsabfall verhindert.

Radioimmunoassay (RIA)

Der von BERSON und YALOW entwickelte Test ist während der letzten Jahrzehnte in vielfacher Weise modifiziert worden. Hier sollen nur zwei der häufig angewandten Formen schematisch dargestellt werden.

1. Kompetitiver (klassischer) Radioimmunoassay

Prinzip:

Probe (zu bestimmendes Antigen)
+ konstante Menge radioaktiv markiertes Antigen der gleichen Art (als Tracer bezeichnet)
+ konstante geringe Menge spezifischer Antikörper (sie sollte so gewählt werden, daß in Abwesenheit von unmarkiertem Antigen nur etwa 2/3 des im Ansatz vorhandenen radioaktiv markierten Antigens gebunden werden können)

Inkubation zur Einstellung eines Gleichgewichts (Stunden bis Tage)

In der Probe enthaltenes und radioaktiv markiertes Antigen konkurrieren um die Bindungsstellen an den Antikörpern. Nach der Inkubation entspricht das Verhältnis von unmarkiertem zu markiertem freien Antigen demjenigen zwischen den insgesamt gebildeten und den markierten Antigen-Antikörper-Komplexen. Dies bedeutet, daß bei hohem Antigengehalt der Probe wenig markiertes Antigen an Antikörper gebunden ist und umgekehrt.

Im Ansatz liegen somit vor:
  Unmarkierte und markierte freie Antigenmoleküle
  Unmarkierte und markierte Antigen-Antikörper-Komplexe

Die Messung der Radioaktivität erfolgt nach Trennung des markierten Antigens von den markierten Antigen-Antikörper-Komplexen (hierzu s. S. 357).

Meist wird die Radioaktivität der Antigen-Antikörper-Komplexe ermittelt.
Je höher die gemessene Aktivität ist, desto weniger Antigen ist in der Probe enthalten; je niedriger die gefundene Aktivität ist, desto mehr Antigen lag im zu untersuchenden Material vor.

Die Auswertung erfolgt über eine Standardkurve.
Auf der Ordinate werden die Impulsraten für die Standardlösungen und auf der Abszisse meist die Logarithmen der Konzentrationen aufgetragen. Die sich ergebenden Kurven zeigen häufig eine Hyperbel.

Anwendung des Verfahrens:

Voraussetzung zur Benutzung des Tests ist, daß das Antigen bei der Markierung mit einem Radionuclid nicht zerstört wird.

Bestimmung von Hormonen
  z. B. Peptid-, Steroid-, Schilddrüsenhormonen, biogenen Aminen u. a.
Nachweis sog. Tumormarker
Messung von Arzneimittelspiegeln
Bestimmung von Vitaminen
  z. B. Vitamin D_3 sowie dessen Derivate und Metabolite, Vitamin B_{12}, Folsäure u. a.
Messung der Konzentration cyclischer Nucleotide
u. a.

2. Nichtkompetitiver Radioimmunoassay (Sandwich-Prinzip)

Prinzip:

Probe (zu bestimmendes Antigen)
+ Überschuß an spezifischen Antikörpern, die an eine feste Phase (z. B. Röhrchenwand, Polystyrolkugeln u. a.) gebunden sind

1. Inkubation zur Bindung des Antigens an den Antikörper

Waschen des Ansatzes zur Entfernung der freien Antikörper und störender Serumbestandteile

+ radioaktiv markierter (zweiter) Antikörper gleicher Spezifität, der mit einer
2. Bindungsstelle des Antigens (das bereits in Form von Antigen-Antikörper-Komplexen vorliegt) reagiert

2. Inkubation zur Bildung von Antikörper-Antigen-Antikörper-Komplexen (Sandwich)

Entfernung der freien markierten Antikörper durch Dekantieren bzw. Absaugen und Waschen

Je mehr Antigen in der Probe vorhanden ist, desto mehr wird an den unmarkierten Antikörper gebunden, so daß auch entsprechend mehr radioaktiv markierter Antikörper an den gebildeten Antigen-Antikörper-Komplex fixiert werden kann.
Meßgröße ist die Radioaktivität des gebundenen zweiten Antikörpers.

Die Auswertung erfolgt über eine Standardkurve, die durch Analyse von Lösungen bekannter Konzentration erstellt wird.

Anwendung des Verfahrens:

Bestimmung sog. Tumormarker
Nachweis von Viren oder deren Strukturbestandteilen
    z. B. Hepatitis-Oberflächenantigen (HB_S-Antigen)
Messung der Konzentration von Serumproteinen
    z. B. Thyroxin-bindendes Globulin
Bestimmung von Immunglobulinen
    z. B. IgE
Messung von Enzymkonzentrationen im Serum
    z. B. Trypsin, Creatin-Kinase MB und BB (vgl. S. 285)
u. a.

Voraussetzung zur Benutzung der Methode ist, daß das Antigen mindestens zwei Bindungsstellen für Antikörper trägt.
Das Sandwich-Prinzip erlaubt auch die Bestimmung von Antigenen, die nicht einer radioaktiven Markierung unterzogen werden können.
Nachteilig ist, daß der Test eine relativ große Menge Antikörper erfordert und daß die reproduzierbare Beschichtung der festen Phase oft Probleme bereitet.

Die Methode kann auch zum Nachweis von Antikörpern herangezogen werden.
Voraussetzung zur Erfassung spezifischer Antikörper (z. B. Hepatitis-Antikörper u. a.) mit dem nichtkompetitiven Assay ist, daß die in der Probe enthaltene zu bestimmende Substanz mit einem Überschuß an Antigen, das an einer festen Phase gebunden vorliegt, inkubiert wird. Ferner muß der beschriebene Ansatz dahingehend modifiziert werden, daß als 2. Antikörper ein markiertes Anti-Immunglobulin Verwendung findet.

Enzymimmunoassay (EIA)

Wie bereits auf S. 356 f. beschrieben, erfolgt die Markierung von Antigenen oder Antikörpern bei diesem Testverfahren mit Enzymen.

1. Kompetitiver Enzymimmunoassay

Prinzip:

Das Vorgehen entspricht demjenigen beim Radioimmunoassay (s. S. 358).

Meßgröße ist jedoch nicht die Zahl der Zerfälle eines Radioisotops pro Minute, sondern die Aktivität der Enzym-markierten Antigen-Antikörper-Komplexe nach Zusatz eines spezifischen Substrats (s. S. 357).

Anwendung des Verfahrens:

S. Radioimmunoassay S. 358.

2. Nichtkompetitiver Enzymimmunoassay (Sandwich-Prinzip)

Prinzip:

Auch dieser Test läuft entsprechend dem Radioimmunoassay auf der Grundlage der Sandwich-Technik (s. S. 359) ab.

Der Unterschied besteht darin, daß der 2. Antikörper mit einem Enzym markiert ist, dessen Aktivität gegenüber einem geeigneten Substrat gemessen wird.

Anwendung des Verfahrens:

S. Radioimmunoassay S. 359.

3. Homogener Enzymimmunoassay

Prinzip:

Dieses Verfahren entspricht einem kompetitiven Assay, d. h., das in der Probe enthaltene Antigen konkurriert im Ansatz mit einer konstanten Menge Enzym-markierten Antigens um die Bindungsstellen an einem in definierter Konzentration vorliegenden Antikörper.

Der beim klassischen Immunoassay erforderliche Trennschritt kann dadurch entfallen, daß das Enzym-markierte Antigen ein spezifisches Substrat umsetzt, während der Enzym-Antigen-Antikörper-Komplex aus sterischen Gründen keine Katalyse mehr bewirken kann. Die gemessenen Enzymaktivitäten sind der Antigenkonzentration in der Probe direkt proportional.

Anwendung des Verfahrens:

Mit diesem Test ist eine weitgehend quantitative Bestimmung niedermolekularer Substanzen (z. B. Schilddrüsenhormone, Arzneimittel, Drogen u. a.) möglich.

Obwohl diese Form des Enzymimmunoassays auf Grund des fehlenden Trennschritts mechanisierbar ist, kann die routinemäßige Anwendung wegen der Unempfindlichkeit des Verfahrens, der geringen Präzision (Variationskoeffizienten bis zu 20 %) und der Störanfälligkeit nicht empfohlen werden.

4. Modifikationen von Enzymimmunoassays

Auf die zahlreichen weiteren Ausführungsformen des Enzymimmunoassays kann hier nicht detailliert eingegangen werden.
Zu diesen Verfahren s. Angaben der Reagentienhersteller.

Fluorescenzimmunoassay (FIA)

Die zur Markierung von Antigenen bzw. Antikörpern verwendeten Fluorochrome sind auf S. 357 genannt.

Im übrigen laufen die Bestimmungsreaktionen nach dem gleichen Prinzip wie der Radioimmunoassay ab.

Auch die Fluorescenztechnik wird in zahlreichen Modifikationen angewandt. Eine eingehende Beschreibung ist in diesem Rahmen nicht möglich. Hierzu s. spezielle Literaturangaben.

Einschränkungen bei der Bewertung von Ergebnissen

mit Verfahren auf immunologischer Basis

Bei der Interpretation der Daten von immunologischen Methoden sind folgende Gesichtspunkte zu berücksichtigen:

1. Mit diesen Techniken wird die <u>Konzentration</u> von Substanzen bzw. Determinanten bestimmt. Die Ergebnisse sagen nichts über die biologische Wirksamkeit der nachgewiesenen Stoffe aus.
Dies soll an einigen Beispielen verdeutlicht werden.

Die immunologisch meßbare Fibrinogenkonzentration im Plasma liefert bei einer Dysfibrinogenämie keinen Anhalt dafür, wie weit das Molekül im Rahmen der Hämostasemechanismen zur regelrechten Gerinnselbildung in der Lage ist.

Bei einer Therapie mit Vitamin K-Antagonisten werden die Faktoren II, VII, IX und X in einer Form gebildet, die bei der immunologischen Bestimmung im Normbereich liegende Konzentrationen ergibt. Die gerinnungsphysiologische Aktivität dieser Proteine ist jedoch infolge der fehlenden Fähigkeit zur Bindung von Calciumionen reduziert (s. S. 134).

Neben der katalytisch aktiven Creatin-Kinase finden sich im Serum auch durch Oxydation inaktivierte Enzymmoleküle, die ebenfalls mit den im Immunoassay verwendeten Antikörpern reagieren.

2. Die Ergebnisse immunologischer Teste sind außerordentlich stark von der Spezifität der verwendeten Antikörper sowie von der Art und Konzentration derjenigen Stoffe oder Metabolite im Untersuchungsmaterial, die gemeinsame Teilstrukturen mit der zu bestimmenden Substanz aufweisen, abhängig.
Trotz erheblicher Fortschritte bei der Herstellung von Antikörpern sind sog. Kreuzreaktionen, d. h. die Bindung von Antigenen mit der gleichen oder einer ähnlichen determinanten Gruppe, nicht auszuschließen.
Auch dies soll durch wenige Beispiele belegt werden.

Die meisten verfügbaren Antiseren gegen Insulin reagieren - wenn auch in unterschiedlichem Ausmaß - mit dem im Plasma enthaltenen Proinsulin, so daß sich fälschlich zu hohe Hormonkonzentrationen ergeben.

Zwischen Digitoxin und Digoxin kann bisher nicht hinreichend unterschieden werden.

Während die polyclonalen Antikörper gegen Thyreoidea-stimulierendes Hormon (TSH) eine erhebliche Kreuzreaktion mit Follikel-stimulierendem Hormon (FSH), Luteinisierendem Hormon (LH) und humanem Choriongonadotropin (hCG) zeigen, ist bei Verwendung monoclonaler Antikörper nur noch eine Interferenz in der Größenordnung von 1 - 3 % zu beobachten, so daß die Störung der TSH-Bestimmung nur bei sehr hohen Konzentrationen der übrigen Hormone Bedeutung erlangt.

Bei der Ermittlung der Trypsinkonzentration im Serum reagiert auch das in der Probe enthaltene Trypsinogen mit dem Antikörper, so daß fälschlich zu hohe Trypsinspiegel gemessen werden.

3. Nach wie vor stellt die Auswertung der Ergebnisse über Standardlösungen ein er-

hebliches Problem dar. Daher ist bei vielen Substanzen eine Vergleichbarkeit der mit unterschiedlichen Reagentien bzw. Methoden ermittelten Daten nicht gegeben. Aus diesem Grunde wird auch im Rahmen der folgenden Beschreibungen bei einer Reihe von Meßgrößen auf die Erwähnung von Normbereichen verzichtet.

Sollte eine Befundübermittlung an den klinisch tätigen Arzt ohne Angabe von Referenzwerten erfolgen, so sind wegen der Schwierigkeiten bei der Standardisierung und der Vielzahl der angewandten Verfahren zur Interpretation nicht in der Literatur aufgeführte Bereiche zu übernehmen, sondern ausschließlich die nach Rückfrage mit dem Laboratorium angegebenen Daten.

4. Patienten, bei denen im Verlauf einer Immunszintigraphie oder einer Immuntherapie Immunglobuline tierischer Herkunft injiziert wurden, können Antikörper gegen die verabfolgten Proteine bilden.
Diese Antikörper interferieren in Testsystemen mit Verwendung monoclonaler Immunglobuline der gleichen Species und führen zu falschen bzw. pathologischen Ergebnissen.
Ähnliche Effekte sind nach parenteraler Zufuhr sog. "Frischzellen" zu beobachten.

5. Ferner sei erwähnt, daß der Einsatz monoclonaler Antikörper im Vergleich zu polyclonalen Immunglobulinen nicht in jedem Falle zu diagnostisch aussagekräftigeren Ergebnissen führt.

Dies gilt insbesondere für den Nachweis von Antikörpern im Rahmen bakterieller oder viraler Erkrankungen, sowie für die Reaktionsausfälle hinsichtlich der Bestimmung von Tumormarkern bei stark entdifferenzierten Carcinomen.

ANWENDUNG IMMUNOLOGISCHER VERFAHREN
IN DER KLINISCHEN CHEMIE

Bestimmung von sog. Akute Phase-Proteinen

Die sog. Akute Phase-Proteine werden bei Entzündungen, aseptischen Nekrosen und Neoplasien vermehrt in der Leber gebildet und in das Blut abgegeben. Eine gesteigerte Synthese der Substanzen erfolgt vorwiegend auf Grund einer Stimulation der Hepatocyten durch das von Monocyten/Makrophagen sezernierte Interleukin 1.

Von dem mehr als einem Dutzend Eiweißkörpern dieser Gruppe (C-reaktives Protein, Serum-Amyloid A-Protein, Haptoglobin, Fibrinogen, saures α_1-Glykoprotein, α_1-Antitrypsin, Coeruloplasmin, Complementkomponenten C 3 und C 4 u. a.) hat nur das CRP routinemäßige Anwendung gefunden, da es bei den genannten Erkrankungen zu einem raschen und deutlichen Anstieg der Konzentrationen des Proteins kommt.

Bestimmung des C-reaktiven Proteins (CRP)

<u>Überblick:</u>

    Das C-reaktive Protein ist an der unspezifischen Infektabwehr beteiligt. Nach Bindung an Bestandteile von Bakterienmembranen, Parasiten u. a. ist es in der Lage, das Complementsystem zu aktivieren und dadurch eine Opsonierung (s. S. 30) zu bewirken.

<u>Prinzip:</u>

    Zur Analyse ist Serum zu verwenden.

    Die Bestimmung erfolgt halbquantitativ mit einem Latex-Agglutinations-Test, quantitativ durch radiale Immundiffusion, nephelometrische Verfahren, Enzymimmunoassays u. a.

<u>Normbereich:</u>

    bis 0,8 mg/dl

<u>Beurteilung der Ergebnisse:</u>

    Erhöhte CRP-Werte finden sich vor allem bei akuten bakteriellen Entzündungen. Nach 1 - 2 Tagen können gegenüber dem Ausgangswert bis um das 200 fache angestiegene Konzentrationen beobachtet werden. Die Ergebnisse spiegeln in gewissen Grenzen die Schwere des Krankheitsbildes wider. Bei erfolgreicher Therapie ist nach ca. 2 Wochen mit einer Normalisierung der Werte zu rechnen. Bei viralen und chronisch entzündlichen Erkrankungen sind die Anstiege weniger stark ausgeprägt.

Patienten mit Gewebsnekrosen (z. B. Verbrennungen, Herzinfarkt u. a.) oder Malignomen zeigen je nach Ausmaß der Erkrankung erhöhte CRP-Spiegel.

Pathologische Resultate der Bestimmung des C-reaktiven Proteins erlauben keinerlei Hinweise auf das Vorliegen bestimmter Erkrankungen, sondern dürfen nur in Zusammenhang mit dem klinischen Bild und entsprechenden Symptomen interpretiert werden.

Ähnlich wie bei der Blutkörperchensenkungsgeschwindigkeit (BSG) ergeben sich auch bei der Messung des C-reaktiven Proteins bei etwa 1 - 2 % offenbar Gesunder pathologische Werte. Bei der Interpretation erhöhter CRP-Konzentrationen ohne klinisches Korrelat ist zu berücksichtigen, daß ein solches Ergebnis dem ersten Auftreten diagnostizierbarer Beschwerden bzw. Symptome längere Zeit vorausgehen kann.

Ferner ist festzuhalten, daß ein im Normbereich liegendes Ergebnis eine chronisch entzündliche oder neoplastische Erkrankung nicht ausschließt.

Störungen:

Die zu beobachtenden Störungen sind abhängig von den verwendeten Analysenverfahren (hierzu s. entsprechende Literaturangaben).

Bei Latex-Agglutinations-Testen sind auf Grund der außerordentlich großen Spannweite der im Patientenserum möglicherweise enthaltenen CRP-Konzentrationen die Proben zur Vermeidung des sog. Auslöschphänomens (s. S. 351) und damit falsch niedriger Resultate in mehreren Verdünnungen zu analysieren.

Hinweise:

Die Bestimmung des C-reaktiven Proteins ergibt in der Regel keine Informationen, die nicht auch bereits aus der Messung der Körpertemperatur sowie einer sachgerecht ausgeführten Ermittlung der Blutkörperchensenkungsgeschwindigkeit und der Leukocytenzahl im peripheren Blut gewonnen werden können.

Die Blutsenkung wird auch durch Zahl und Gestalt der Erythrocyten und die Zusammensetzung der Eiweißkörper des Plasmas, die nicht Akute Phase-Proteine darstellen, beeinflußt. Niedrige Hämatokritwerte infolge einer Anämie sowie ein Anstieg der γ-Globuline oder das Vorliegen monoclonaler Immunglobuline führen zu einer beschleunigten Senkungsgeschwindigkeit, während ein hoher Hämatokrit und ein niedriges Gesamteiweiß die Sedimentation der Blutkörperchen verlangsamen. Bei den genannten Befundkonstellationen kann der CRP-Spiegel eindeutigere Hinweise auf das Vorliegen entzündlicher oder neoplastischer Erkrankungen liefern als die BSG.

Da die meisten Akute Phase-Proteine bei der elektrophoretischen Trennung der Serumeiweißkörper im Bereich der α_1- oder α_2-Globuline wandern, wird bei einer Konzentrationserhöhung der Substanzen ein Anstieg der genannten Fraktionen gefunden. Gegenüber der raschen Veränderung der CRP-Werte steigen die durch eine Elektrophorese zu ermittelnden Daten jedoch träge und weniger eindeutig an. Das C-reaktive Protein selbst, das mit den β-Globulinen wandert, liegt in einer so niedrigen absoluten Konzentration vor, daß es keinen Anstieg der entsprechenden Fraktion bewirkt.

Bestimmung des Eisenspeicherproteins Ferritin

Überblick:

Da ionisiertes Eisen toxisch wirkt, wird es im Organismus an Transferrin gebunden transportiert und in Apoferritin eingelagert in fast allen Zellen, insbesondere dem RES des Knochenmarks und der Leber sowie den Hepatocyten, als Ferritin gespeichert.

Das ubiquitär vorhandene Apoferritin, dessen Synthese durch den Eisenvorrat und die Eisenaufnahme reguliert wird, zeigt eine Kugelform mit einem zentralen Hohlraum. Durch Poren in der Proteinhülle können maximal bis zu etwa 4000 Atome Fe^{II} in das Innere des Apoferritinmoleküls gelangen, wo nach Oxydation die Speicherung in Form von Fe^{III} (Eisenoxyhydroxidphosphat) erfolgt. Bei Bedarf an Eisen ist eine schnelle Reduktion und Freisetzung von Fe^{II} aus der Apoferritinumhüllung gewährleistet.

Im Ferritin (dem eisenbeladenen Apoferritin) und dem Hämosiderin (das aus kondensierten und teilweise lysosomal abgebauten Ferritinaggregaten besteht) sind etwa 25 % des im Organismus vorhandenen Eisens gespeichert.

Das im Serum nachweisbare Ferritin ist beim Gesunden nur mit außerordentlich geringen Eisenmengen beladen, so daß ihm keine Transportfunktion zukommt.

Da der Serumspiegel des Speicherproteins im Gleichgewicht mit dem Ferritin in den Geweben steht, läßt sich aus der Serumkonzentration der Umfang der Eisenvorräte im Körper abschätzen.

Erniedrigte Ferritinspiegel finden sich bei:

    Eisenmangel
        Merke: Dieser Befund tritt vor dem Abfall des Eisenspiegels im Serum und vor der Manifestation einer Anämie auf.

Erhöhte Ferritinspiegel deuten auf:

    Eisenüberladung des Organismus bei
        primärer und sekundärer (erworbener) Hämochromatose
          (mit Organschädigungen durch die Eisenablagerungen)
        Hämosiderose
          (vermehrte Eisenspeicherung ohne funktionelle Organstörungen)
        sideroblastische Anämien
        ineffektive Erythropoese
        Erkrankungen mit chronischer Hämolyse
        Porphyria cutanea tarda
        alkoholische Lebercirrhose
        u. a.

    Leberparenchymschädigung
        (verminderte Clearance des Plasmaferritins in der Leber, Austritt von Ferritin aus den Hepatocyten)

    Verschiebung des Eisens in das RES
        chronische Infekte und Entzündungen
          (z. B. rheumatoide Arthritis)
        Tumoren

    Malignome, deren Zellen vermehrt Ferritin bilden

Leukämien
(Granulocyten und ihre Vorstufen enthalten etwa um den Faktor 1000 höhere Ferritinkonzentrationen als Erythrocyten)
einige Lymphome
Mamma-, Pankreas-, Bronchial-Carcinom, Hypernephrom
Neuroblastom
u. a.

Bestimmung der Ferritinkonzentration im Serum

Prinzip:

Die Bestimmung erfolgt mit Radio- oder Enzymimmunoassays nach dem Sandwich-Prinzip.

Normbereich:

Da die Zusammensetzung verschiedener Ferritin-Standardpräparationen aus dem gleichen Organ oder aus unterschiedlichen Geweben starke Abweichungen zeigen kann, ist eine verbindliche Angabe von Normbereichen nicht möglich (hierzu s. Daten der jeweiligen Reagentienhersteller).

Analog zum Serumeisen zeigen Frauen niedrigere Ferritinspiegel als Männer. Mit zunehmendem Lebensalter steigt die durchschnittliche Ferritinkonzentration erheblich an.

Beurteilung der Ergebnisse:

Die an Patientenproben gewonnenen Daten dürfen nur im Zusammenhang mit dem klinischen Bild und der Eisenkonzentration im Serum interpretiert werden. So kann beispielsweise bei einem Patienten mit schwerem Eisenmangel und gleichzeitig bestehendem Leberparenchymschaden durch den Austritt von Ferritin aus Hepatocyten ein im Normbereich liegender Ferritinspiegel ermittelt werden, der jedoch nicht mit den Vorräten des Speicherproteins bzw. den für die Erythropoese verfügbaren Mengen an Eisen korreliert.

Über den Anstieg der Ferritinkonzentration im Serum mit zunehmendem Lebensalter liegen keine ausreichend zuverlässigen Untersuchungen vor, so daß die Interpretation gemessener Ferritinspiegel bei älteren Menschen erhebliche Probleme bereiten kann.

Testverfahren, bei denen polyclonale Antikörper zur Ferritinbestimmung verwendet werden, erlauben meist keine zuverlässige Ermittlung verminderter Konzentrationen des Speicherproteins. Durch Einsatz monoclonaler Antikörper wird auch in Anwesenheit niedriger Ferritinspiegel eine ausreichende Empfindlichkeit erzielt.
Daher dürfen die gewonnenen Ergebnisse nur unter Berücksichtigung der angewandten Methodik beurteilt werden.

Störungen:

Die Eichkurve fällt bei hohen Ferritinkonzentrationen, d. h. bei einem erheblichen Überschuß an Antigen, wieder stark ab (sog. Auslöschphänomen s. S. 351). Daher müssen zur Vermeidung falsch niedriger oder fälschlich normaler Werte bei Verdacht auf das Vorliegen hoher Ferritinspiegel unterschiedliche Verdünnungen der Patientenprobe analysiert werden.

Bestimmung von Hormonkonzentrationen

Wirkungsmechanismen der Hormone

Hormone stellen Produkte endokriner Organe oder einzelner Zellen dar, die auf spezifische Reize direkt ins Blut oder in die Lymphe abgegeben werden und die den Zellstoffwechsel beeinflussen.

Die Wirkung der Hormone an ihren Zielzellen wird überwiegend durch einen der im folgenden aufgeführten Mechanismen ausgelöst:

1. Bildung von cyclischem Adenosinmonophosphat (cAMP)

   Durch die Bindung des betreffenden Hormons (z. B. Adrenalin, Glukagon, Parathormon u. a.) an die spezifischen Receptoren auf der Oberfläche von Zellen kommt es zu einer Aktivierung der an der Innenseite der Zellmembran lokalisierten Adenylatcyclase. Auf Grund der Wirkung des Enzyms entsteht aus ATP 3',5'-cAMP, das als intracellulärer Überträgerstoff für Signale ("second messenger") dient. Dieses Nucleotid kann Enzymsysteme in der Zelle aktivieren oder hemmen und dadurch Stoffwechselvorgänge regulieren.

   Außerdem ist cAMP in der Lage, die Permeabilität von Zellmembranen zu beeinflussen. Hierdurch ist beispielsweise die Protonensekretion der Magenschleimhaut unter Histamin sowie die Rückresorption von Wasser in den Nierentubuli unter der Wirkung von Vasopressin zu erklären.

2. Änderung der intracellulären Calciumkonzentration

   Auch hier beruht die Spezifität der Hormonwirkung (z. B. von Pankreozymin, Angiotensin II u. a.) auf der Bindung des Wirkstoffs an spezifische Receptoren in der Membran der Zielzellen. Durch diese Wechselwirkung kommt es zu einer Erhöhung der intracellulären Konzentration an Calciumionen und damit zur Anlagerung dieser Ionen an das Calcium-bindende Protein Calmodulin. Der entstehende Komplex ist in der Lage, die Aktivität von Enzymen zu beeinflussen und somit den Stoffwechsel zu regulieren.

3. Beeinflussung der Synthese von Enzymproteinen

   Bei diesem Wirkungsmechanismus wird zunächst das Hormon (z. B. Steroid- und Schilddrüsenhormone) in die Zelle aufgenommen und in Bindung an einen spezifischen cytoplasmatischen Receptor in den Zellkern transportiert. Dort erfolgt die Anlagerung an einen zweiten Receptor, der bestimmte Abschnitte der DNS blockiert. Durch die Entstehung des Dreierkomplexes wird der entsprechende Genabschnitt freigelegt, so daß die Bildung von Boten-Ribonucleinsäure (mRNS) und damit eine Synthese spezifischer Proteine erfolgen kann.

   Die Induktion und Repression von bestimmten Enzymen kann auch über die Bildung von cAMP in der Zelle bewirkt werden.

Das gleiche Hormon kann seine Wirkung über verschiedene der genannten Wege ausüben, so daß auch der unterschiedlich schnelle Eintritt des Effekts, der über cAMP rasch möglich ist und bei der Bildung von mRNS längere Zeit erfordert, verständlich wird.

Klassifizierung der Hormone

Die im folgenden aufgeführte Einteilung der Hormone nach ihrer Wirkung auf den Stoffwechsel ist, wie auch jeder andere Ansatz einer Klassifizierung, unzulänglich. Dies beruht darauf, daß einige Hormone mehrere sehr unterschiedliche Wirkungen entfalten können.

1. <u>Hormone, die vorwiegend Entwicklung und Wachstum beeinflussen</u>

    Schilddrüsenhormone
    Wachstumshormon
    Glucocorticosteroide
    Sexualhormone

2. <u>Hormone mit Wirkung auf den Mineral- und Wasserhaushalt</u>

    Mineralocorticosteroide (insbesondere Aldosteron)
    Angiotensin II
    Atriale natriuretische Peptide
    Vasopressin
    Parathormon
    1,25-Dihydroxycholecalciferol
    Calcitonin

3. <u>Hormone, die durch rasche Verfügbarkeit und Wirkung eine der Situation angemessene Anpassung von Stoffwechselvorgängen bewirken</u>

    Catecholamine
    Insulin
    Glukagon
    (auch Schilddrüsenhormone und Glucocorticosteroide)

4. <u>Hormone des Gastrointestinaltrakts</u>

    Gastrin
    Sekretin
    Cholecystokinin-Pankreozymin
    Vasoaktives intestinales Polypeptid
    Pankreatisches Polypeptid
    u. a.

Allgemeine Gesichtspunkte zur Analytik

Abgesehen von Screening-Untersuchungen bei Neugeborenen können Bestimmungen von Hormonkonzentrationen keinesfalls als Suchreaktionen auf Stoffwechselstörungen dienen.

Hat sich auf Grund einer sorgfältig erhobenen Anamnese und des körperlichen Befundes der Verdacht auf eine hormonelle Dysregulation ergeben, so sind zunächst weiterführende hämatologische, klinisch-chemische, sonographische, radiologische, elektrophysiologische u. a. Untersuchungen angezeigt. Auf der Grundlage dieser Daten sollten nach entsprechender Vorbereitung des Patienten gezielt Analysen einzelner Hormone vorgenommen werden.

Da die Konzentrationen von Hormonen im Plasma nicht nur auf humoralem Wege reguliert werden, sondern in erheblichem Umfang auch einer nervalen und psychischen Beeinflussung unterliegen, lassen die in einzelnen Proben gemessenen Spiegel, die nur den aktuellen Zustand zum Zeitpunkt der Probengewinnung widergeben, keine eindeutigen Interpretationen zu. Es ist nicht möglich, zwischen krankheitsbedingten und durch Streß (z. B. Blutentnahme, Krankenhausaufenthalt, dem Patienten gegenüber geäußerte Verdachtsdiagnosen u. a.) verursachten hormonellen Veränderungen zu unterscheiden. Außerdem ermöglichen Einzelbestimmungen keinen Überblick über den bei vielen Hormonen zu beobachtenden und unter pathologischen Bedingungen meist aufgehobenen Tagesrhythmus. Auch die oft nur sporadisch erfolgende Hormonabgabe aus Tumorgewebe wird häufig nicht erfaßt.

Ferner ist zu berücksichtigen, daß die Analytik selbst, die heute fast ausschließlich mittels Radio- oder Enzymimmunoassays erfolgt, große Probleme aufweist. Die verschiedenen zur Bestimmung eines Hormons verfügbaren Antikörper zeigen z. T. erhebliche Abweichungen in ihrer Spezifität. Sie erfassen außerdem in unterschiedlichem Ausmaß Hormonvorstufen, Abbauprodukte mit den gleichen Determinanten oder nur bestimmte Hormonfragmente. Weiter ist zu beachten, daß ausschließlich die immunologisch erfaßbaren Konzentrationen der einzelnen Substanzen und nicht deren biologische Wirkungen gemessen werden.

Trotz aller Anerkennung der Fortschritte in der Grundlagenforschung und der immunologischen Analytik muß darauf hingewiesen werden, daß Messungen von Hormonkonzentrationen nur in Einzelfällen einen wichtigeren Beitrag zur Diagnostik bzw. Differentialdiagnostik endokrin bedingter Stoffwechselstörungen leisten können als andere Untersuchungsverfahren und insbesondere ausführlich erhobene Anamnesen und klinische Befunde.

Dies sollen die folgenden Beispiele verdeutlichen:

Es ist allgemein anerkannt, daß - von Ausnahmefällen abgesehen - zur Diagnose und Einstellung eines Diabetes mellitus nicht die im Serum zu bestimmten Zeiten meßbaren Insulinkonzentrationen, sondern die auf Grund der hormonellen Störung (s. S. 231) resultierenden erhöhten Blutzuckerspiegel von entscheidender Bedeutung sind. Hingegen kann bei rezidivierenden Hypoglykämien eines Patienten die Bestimmung des Insulins während einer längeren Hungerperiode den Verdacht auf das Vorliegen eines Insulinoms bestätigen (s. S. 394).

Einem Hyperparathyreoidismus liegt entweder eine autonome Hormonproduktion der Epithelkörperchen (Adenom, Hyperplasie oder sehr selten ein Carcinom) oder ein Absinken des Calciumspiegels im Serum infolge einer Niereninsuffizienz, eines Malabsorptionssyndroms oder eines Vitamin D-Mangels anderer Ätiologie zugrunde. Abgesehen von den methodischen Problemen (s. S. 393) erlaubt die Bestimmung des Parathormons keine Differenzierung zwischen den primären und sekundären Formen der Erkrankungen. Entscheidende differentialdiagnostische Hinweise liefern Untersuchungen der Nebenschilddrüsen mit bildgebenden Verfahren, Creatinin- und Harnstoffkonzentrationen im Serum bzw. endoskopische und bioptische Beurteilungen der Dünndarmschleimhaut sowie Funktionsteste zur Prüfung der Resorption.
Auch die Entscheidung über therapeutische Maßnahmen hängt im wesentlichen vom Calcium- bzw. Phosphatgehalt des Serums sowie nachweisbaren Veränderungen an den Epithelkörperchen und am knöchernen Skelett ab, so daß die Ergebnisse von Parathormonbestimmungen im allgemeinen ohne Konsequenzen bleiben.

Im folgenden werden für einzelne Hormone die wichtigsten Indikationen zur Bestimmung, die Vorbereitung des Patienten und Störungen der Methodik beschrieben. Auf Grund der ausstehenden Standardisierung sind detaillierte Angaben zur Analytik und in vielen Fällen auch bezüglich der Referenzbereiche nicht angezigt.

Schilddrüsenhormone

Überblick:

Die Schilddrüsenhormone 3, 5, 3'-Trijodthyronin (T3) und 3, 5, 3', 5'-Tetrajodthyronin (Thyroxin, T4) werden im Blut überwiegend an Thyroxin-bindendes Globulin (TBG), in geringem Umfang auch an Präalbumin und Albumin gebunden transportiert. Etwa 0,2 % der Hormone - vor allem das schneller wirksame T3 - liegen in freier, d. h. biologisch aktiver Form vor.

Die Hormonsynthese in der Schilddrüse verläuft in mehreren Schritten:
1. Das mit der Nahrung aufgenommene Jodid (täglicher Bedarf ca. 100 μg; im Organismus finden sich Vorräte für mehrere Wochen) wird zunächst durch eine TSH-abhängige Peroxydase zu elementarem Jod (J_2) oxydiert.
2. Hierdurch ist die Jodierung von Tyrosinresten des Thyreoglobulins, eines in der Schilddrüse gebildeten Glykoproteins, möglich.
3. Nach der Kopplung von 2 Molekülen jodierten Tyrosins entsteht L-Thyroxin (T4).
   Durch eine enzymatische Dejodierung oder durch die Verbindung von Monojod- und Dijodtyrosin wird Trijodthyronin (T3) gebildet.
4. Die Hormone werden im Kolloid der Schilddrüse in Bindung an Thyreoglobulin gespeichert.
5. Bei der Inkretion von T4 und T3 ins Blut erfolgt zunächst unter dem Einfluß einer TSH-abhängigen Protease die Abspaltung vom Glykoprotein und anschließend im Plasma die Bindung an die Trägerproteine.

Die Inkretion der Schilddrüsenhormone wird durch die Konzentration der freien Hormone im Blut gesteuert:
Niedrige Spiegel führen zur Freisetzung des Thyreotropin Releasing Hormons (TRH) aus dem Hypothalamus, das wiederum die Ausschüttung von Thyroidea-stimulierendem Hormon (TSH, Thyreotropin) aus dem Hypophysenvorderlappen bewirkt. Hierdurch wird die Hormonbildung und -abgabe in der Schilddrüse gesteigert.
Hohe Konzentrationen an freiem T3 und T4 im Blut drosseln den Regelkreis Hypothalamus - Hypophyse - Syntheseort (durch Hemmung der TRH- und TSH-Ausschüttung).

Eine wesentliche Möglichkeit zur Anpassung an den Hormonbedarf bietet die in der Peripherie (vor allem in Leber und Niere) mögliche Dejodierung (Konversion) von T4 in das stoffwechselaktive L-T3 bzw. das inaktive sog. reverse T3 (rT3).

Die Hormone erfüllen im Organismus vor allem folgende Funktionen:
    Förderung des Wachstums
        (pränatal die enchondrale Verknöcherung und Entwicklung der
        Organanlagen)
    Reifung des Gehirns
        (durch den Einfluß auf die Myelinisierung)
    Erhöhung der Sauerstoffaufnahme in den Geweben
    Steigerung des Stoffwechsels und der Wärmeproduktion
    Beeinflussung der Erregbarkeit des Nervensystems und neuromuskulärer Vorgänge

Förderung der Ansprechbarkeit des Herzens auf Catecholamine
    (Zunahme der Herzfrequenz und des Herzminutenvolumens)
Schnelle Anpassung an eine erforderliche Leistungssteigerung des Organismus durch
    Erhöhung der Sauerstoffaufnahme
    Beeinflussung der Herztätigkeit
    Zunahme der Resorption von Kohlenhydraten aus dem Darm
    Stimulation des Glykogenabbaus in der Leber
    Steigerung des Fettabbaus

Als Ursachen einer Hypothyreose (zu niedrige Konzentration an Schilddrüsenhormonen in der Peripherie) kommen in Frage:

    Primäre Hypothyreose (Defekt der Schilddrüse selbst)
        angeboren
            Aplasie oder Dysplasie der Schilddrüse
            Jodfehlverwertung infolge eines Enzymdefekts
        erworben
            idiopathisch
            chronische Entzündungen
                (z. B. Autoimmunthyreoiditis HASHIMOTO)
            extremer Jodmangel
            starker Hormonverlust
                (massive renale oder intestinale Proteinexkretion)
            therapeutische Maßnahmen
                Gabe von Thyreostatika
                Einnahme von Jod in hohen Dosen
                Strahlenbehandlung
                postoperativ bei unzulänglicher Substitution

    Sekundäre Hypothyreose (TSH-Mangel) (selten)
        Ausfall des Hypophysenvorderlappens (partiell oder total)

    Tertiäre Hypothyreose (TRH-Mangel) (sehr selten)
        Hirntumoren

Ursachen einer Hyperthyreose (zu hohe Konzentration an Schilddrüsenhormonen in der Peripherie) sind:

    Primäre Hyperthyreose (Erkrankung der Schilddrüse selbst)
        autonomes Adenom
        Autoimmunerkrankungen
            (TSH-ähnliche Wirkung der Auto-Antikörper an den TSH-Receptoren der Thyreocyten)
        akute Entzündungen der Schilddrüse
        Schilddrüsen-Carcinom
        iatrogen bedingt
            Überdosierung von Schilddrüsenhormonen
            Röntgenkontrastmittelgabe bei latenter Hyperthyreose

    Sekundäre Hyperthyreose (vermehrte TSH-Sekretion) (sehr selten)
        gestörter Rückkopplungsmechanismus
        TSH-produzierender Tumor der Hypophyse
        ektope TSH-Bildung (z. B. bei Chorion-Carcinom)

    Tertiäre Hyperthyreose (vermehrte TRH-Sekretion) (sehr selten)
        gestörter Rückkopplungsmechanismus

Bestimmung des gesamten Thyroxins (Gesamt-T4)

Vorbereitung des Patienten:

Die Blutentnahme erfolgt nach 12 stündiger Nahrungskarenz.

Soll die Versorgung des Organismus mit Schilddrüsenhormonen bei Patienten unter Substitutions- oder Suppressionstherapie beurteilt werden, so ist die Probengewinnung 12 - 24 Stunden nach der letzten Hormoneinnahme vorzunehmen.

D-Thyroxin-haltige Cholesterin-senkende Medikamente müssen etwa 6 Wochen vor der Untersuchung abgesetzt werden.

Da eine Reihe von Pharmaka den Hormonspiegel beeinflussen (s. unter Störungen), sollten alle Medikamente - soweit ärztlich vertretbar - mindestens 3 Tage vor der Messung der T4-Konzentration nicht mehr eingenommen werden.

Prinzip:

Zur Analyse ist Serum zu verwenden.

Die Abtrennung des Thyroxins von den Trägerproteinen wird durch den Zusatz von 8-Anilino-1-Naphthalinsulfonsäure bewirkt.
Zur Bestimmung des gesamten Thyroxins dienen Radio- oder Enzymimmunoassays (s. S. 358 ff.).

Normbereich:

6 - 12 μg/dl

Auf Grund der unterschiedlichen Jodzufuhr mit der Nahrung zeigen die an offenbar Gesunden ermittelten Daten regional z. T. erhebliche Abweichungen.

Beurteilung der Ergebnisse:

Ein Anstieg des Gesamt-T4 ohne Vorliegen einer Schilddrüsenüberfunktion findet sich bei einer Vermehrung der Transportproteine, insbesondere des Thyroxin-bindenden Globulins (s. S. 376). Dies beruht auf einer gesteigerten Bindung des Hormons.

Umgekehrt kommt es bei einer herabgesetzten Konzentration der Trägerproteine, vor allem des Thyroxin-bindenden Globulins (s. S. 376), auf Grund der reduzierten Zahl der Hormon-Bindungsstellen zu erniedrigten Gesamt-T4-Werten, ohne daß dies einer Unterfunktion der Schilddrüse entspricht.

Die gewonnenen Ergebnisse können daher nur im Sinne einer primären oder sekundären Hyper- bzw. Hypothyreose interpretiert werden, wenn der Spiegel des Thyroxin-bindenden Globulins im Serum des Patienten innerhalb des Normbereichs liegt (s. S. 376).

Störungen:

Zahlreiche Medikamente beeinflussen den T4-Spiegel, indem sie die Konversion von T4 zu T3 beschleunigen oder hemmen.

Außerdem können Pharmaka Bindungsstellen an den Transportproteinen besetzen, so daß verminderte T4-Werte resultieren.

Auto-Antikörper, die gegen T4 gerichtet sind, können markiertes Thyroxin binden und somit die Bestimmung stören. Durch eine Proteinfällung mit Alkohol ist die Entfernung der Auto-Antikörper aus dem Serum möglich.

Bestimmung des gesamten Trijodthyronins (Gesamt-T3)

Vorbereitung des Patienten:

S. Bestimmung des Gesamt-T4 S. 373.

Prinzip:

Zur Analyse ist Serum zu verwenden.

Die Abtrennung des Trijodthyronins von den Trägerproteinen wird durch den Zusatz von 8-Anilino-1-Naphthalinsulfonsäure bewirkt.
Zur Bestimmung des gesamten T3 dienen Radio- oder Enzymimmunoassays (s. S. 358 ff.).

Normbereich:

80 - 180 ng/dl

Beurteilung der Ergebnisse:

Die Konzentration an Gesamt-T3 im Serum unterliegt in stärkerem Maße als diejenige von T4 extrathyreoidalen Einflüssen. Dies betrifft insbesondere die in der Peripherie ablaufende Konversion von T4 zu T3.

Die Affinität des Hormons zum Thyroxin-bindenden Globulin ist geringer als die des Thyroxins, so daß die Werte für Gesamt-T3 durch veränderte TBG-Konzentrationen (s. S. 376) weniger stark beeinflußt werden.

Erhöhte T3-Konzentrationen im Serum zeigen unter der Voraussetzung, daß die Trägerproteine Normwerte aufweisen, eine Hyperthyreose an. In etwa 5 - 15 % der Patienten ist bei beginnender Überfunktion der Schilddrüse ein alleiniger Anstieg der T3-Werte zu beobachten (sog. T3-Hyperthyreose).

Zur Diagnostik von Hypothyreosen kann der Test keinen Beitrag leisten, da die Schilddrüse bei Funktionseinschränkungen über einen längeren Zeitraum in der Lage ist, den Serumspiegel von T3 (im Gegensatz zu T4) durch Mehrproduktion dieses Hormons annähernd im Normbereich zu halten. Ebenso kann der Bedarf an T3 durch eine gesteigerte Konversion in peripheren Organen häufig noch gedeckt werden.

Stark verminderte Gesamt-T3-Konzentrationen bei im Normbereich liegenden Werten für T4 finden sich bei akuten extrathyreoidalen Erkrankungen, schweren Hungerzuständen oder im Alter.
Diesen Werten liegt eine verminderte Produktion des Thyroxin-bindenden Globulins sowie eine herabgesetzte Konversion zu L-T3 mit vermehrter Bildung von reverse T3 (s. S. 371) zugrunde.

Störungen:

Zahlreiche Medikamente beeinflussen den T3-Spiegel, da sie in der Lage sind, die Konversion von T4 zu T3 in der Peripherie zu beschleunigen oder zu hemmen.

Außerdem können Pharmaka die Bindungsstellen an den Transportproteinen besetzen, so daß die gebundene Menge T3 vermindert ist.

Ebenso wie bei der Bestimmung von T4 sind Interferenzen durch Auto-Antikörper gegen T3 möglich. Diese Proteine lassen sich durch Fällung mit Alkohol aus dem Serum entfernen.

Bestimmung des freien Thyroxins (FT4)

Vorbereitung des Patienten:

Die Blutentnahme erfolgt nach 12 stündiger Nahrungskarenz.

Ebenso wie bei der Bestimmung des Gesamt-T4 sollte bei Patienten, die unter einer Substitutions- oder Suppressionstherapie stehen, die Probengewinnung 12 - 24 Stunden nach der letzten Hormoneinnahme vorgenommen werden.

D-Thyroxin-haltige Cholesterin-senkende Medikamente, die häufig mit den L-Isomeren von Thyroxin und Trijodthyronin verunreinigt sind und außerdem in geringem Ausmaß eine den physiologischen Formen der Hormone entsprechende Wirkung zeigen, müssen etwa 6 Wochen vor der Untersuchung abgesetzt werden.

Da der Einfluß von Medikamenten auf die Konzentration des FT4 in vivo und auf die Bestimmungsverfahren bisher nicht ausreichend geklärt ist, sollten - soweit ärztlich vertretbar - alle Pharmaka vor der Durchführung der Analyse abgesetzt werden.

Prinzip:

Zur Analyse ist Serum zu verwenden.

Die Bestimmung erfolgt mit einem modifizierten Radioimmunoassay. Als ^{125}Jod-markierte Verbindung wird kein Thyroxin, sondern ein T4-Derivat benutzt, das mit dem freien T4 um die Bindung an einen spezifischen Antikörper konkurriert, jedoch nicht an die im Serum vorhandenen Trägerproteine adsorbiert werden kann. Unter diesen Bedingungen bleibt das in der Probe vorliegende Gleichgewicht zwischen freiem und gebundenem T4 auch während der Inkubation des Ansatzes erhalten.

Normbereich:

0,8 - 2,0 ng/dl

Beurteilung der Ergebnisse:

Das freie Thyroxin stellt die biologisch aktive Fraktion des Gesamt-T4 dar, die durch pathologische Konzentrationen des Thyroxin-bindenden Globulins und extrathyreoidale Faktoren kaum beeinflußt wird. Die gewonnenen Daten können daher ohne gleichzeitige Bestimmung der Bindungsproteine interpretiert werden.

Bei einer beginnenden Hypothyreose kommt es bereits zu pathologischen Werten für FT4, während die gesamte Thyroxinkonzentration noch im Normbereich liegen kann.

Ebenso verhält es sich bei Zuständen mit einsetzender Überfunktion der Schilddrüse. Bei normalem Gesamt-T4-Spiegel ist häufig die Konzentration des freien Thyroxins bereits erhöht.

Bei geringfügig erniedrigten oder erhöhten Werten kann häufig der TRH-Test (s. S. 378) weitere Aufschlüsse über den Funktionszustand der Schilddrüse und einen intakten Regelkreis liefern.

Störungen:

Über die Richtigkeit der Ergebnisse bei ausgeprägten Dysproteinämien liegen widersprüchliche Literaturangaben vor.

Bestimmung des freien T3 (FT3)

Vorbereitung des Patienten:

S. Bestimmung von freiem Thyroxin S. 375.

Prinzip:

Die Analytik entspricht derjenigen für FT4 (s. S. 375) unter Verwendung eines markierten Trijodthyroninderivats und spezifischen Antikörpern gegen T3.

Normbereich:

300 - 600 pg/dl

Beurteilung der Ergebnisse:

Die Resultate werden praktisch nicht durch Änderungen der Konzentrationen von Bindungsproteinen beeinflußt, so daß die Ergebnisse auch ohne Kenntnis dieser Größen interpretiert werden können.

Hingegen erlaubt der FT3-Spiegel - ebenso wie die Werte für Gesamt-T3 - bei schweren Erkrankungen verschiedener Genese, insbesondere auf Grund der erhöhten Konversion des T4 zu reverse T3, kaum eine Aussage über die Schilddrüsenfunktion.

Störungen:

S. Bestimmung von freiem T4 S. 375.

Thyroxin-bindendes Globulin (TBG)

Überblick:

Die Interpretation der Werte für Gesamt-T4 und Gesamt-T3 setzt voraus, daß auch die Konzentration des in der Leber gebildeten TBG bekannt ist, da eine Erhöhung bzw. Verminderung dieses Bindungsproteins entsprechende Veränderungen des Gesamt-T4 und in geringerem Umfang des Gesamt-T3 zur Folge hat.

Niedrige TBG-Werte finden sich vor allem bei:
    Erkrankungen mit verminderter Proteinsynthese (z. B. Lebercirrhose)
    Nephrotischem Syndrom
    Gastroenteropathie mit starkem Proteinverlust
    Androgen- oder Anabolikatherapie
    Selten angeboren

Erhöhte TBG-Spiegel werden in erster Linie beobachtet bei:
    Schwangerschaft, Östrogentherapie, Einnahme von Ovulationshemmern
    Akuten Erkrankungen der Leber
    Selten angeboren

Hinweis:

Es besteht die Möglichkeit, die Konzentration des TBG im Serum mit Radio- oder Enzymimmunoassays zu bestimmen. Seit Methoden zur Messung der Spiegel der freien Schilddrüsenhormone zur Verfügung stehen, sollten diese Verfahren, wenn der Verdacht auf abnorme Bindungsverhältnisse besteht, bevorzugt Anwendung finden.

Thyreoidea-stimulierendes Hormon (TSH)

Überblick:

Das im Hypophysenvorderlappen gebildete Thyreoidea-stimulierende Hormon beeinflußt das Wachstum der Schilddrüse, steuert die Oxydation von Jodid zu elementarem Jod und damit die Bildung von T3 und T4 sowie deren Freisetzung aus dem Schilddrüsenkolloid.

Die Bestimmung des TSH ermöglicht eine Aussage darüber, wie weit hypo- oder hyperthyreote Zustände auf einer veränderten Funktion des Hypophysenvorderlappens beruhen.

Vorbereitung des Patienten:

Die Blutentnahme erfolgt nach 12 stündiger Nahrungskarenz.

Soweit aus ärztlicher Sicht vertretbar, sollten Medikamente, insbesondere Bromocriptin, Dopamin-Antagonisten und Corticoide, 8 Tage vor Durchführung der Untersuchung abgesetzt werden.

Prinzip:

Zur Analyse ist Serum zu verwenden.

Die Bestimmung erfolgt mit Radio- bzw. Enzymimmunoassays.

Normbereich:

0,4 - 4,0 Millieinheiten/l

Beurteilung der Ergebnisse:

Ein verminderter TSH-Wert
    bei hypothyreoter Stoffwechsellage
        spricht für einen Ausfall (partiell oder total) des Hypophysenvorderlappens,
    bei Schilddrüsenüberfunktion
        ist er Folge einer Hormon-bedingten Suppression des Regelkreises.

Erhöhte TSH-Werte
    bei Schilddrüsenunterfunktion
        zeigen eine Störung der Hormonbildung in der Schilddrüse selbst an (primäre Hypothyreose),
    bei hyperthyreoter Stoffwechselsituation (sehr selten)
        weisen sie auf einen gestörten Rückkopplungsmechanismus oder eine ektope TSH-Bildung (z. B. bei Chorion-Carcinom) hin.

Der TSH-Spiegel wird auch durch extrathyreoidale Faktoren beeinflußt. Erniedrigte Werte finden sich insbesondere bei schweren konsumptiven Erkrankungen und massivem Proteinverlust.

Störungen:

Auch bei Verwendung monoclonaler Antikörper ist auf Grund ähnlicher Determinanten eine geringe Kreuzreaktion in Höhe von 1 - 2 % mit humanem Choriongonadotropin (hCG), Follikel-stimulierendem Hormon (FSH) und Luteinisierendem Hormon (LH) zu beobachten. Hierdurch ergeben sich jedoch nur bei Vorliegen sehr hoher Konzentrationen der genannten Hormone (z. B. bei hCG-produzierenden Tumoren) signifikant verfälschte Ergebnisse.

Thyreotropin-Releasing-Hormon-Test (TRH-Test)

Überblick:

Der Test erlaubt eine Beurteilung des Regelkreises Hypothalamus - Hypophyse - Schilddrüse.

Vorbereitung des Patienten:

Die Durchführung des Tests erfolgt nach 12 stündiger Nahrungskarenz.

Soweit ärztlich vertretbar, sind alle Medikamente etwa 8 Tage vor der Untersuchung abzusetzen.

Eine Wiederholung des Tests ist frühestens nach 2 Wochen möglich.

Prinzip:

Nach der Blutentnahme zur Messung der basalen TSH-Konzentration werden dem Patienten 400 µg TRH langsam i. v. injiziert (oder 2 mg nasal appliziert). 30 Minuten später wird erneut Blut zur Bestimmung des TSH-Wertes gewonnen (s. S. 377).

Normbereich:

Basalwert 0,4 - 4,0 Millieinheiten/l
30 Minuten nach TRH-Gabe 2 - 25 Millieinheiten/l

Beurteilung der Ergebnisse:

Niedriger TSH-Basalwert,
kein ausreichender Anstieg nach TRH-Gabe
primäre Hyperthyreose
sekundäre Hypothyreose

Normaler bis erhöhter TSH-Basalwert,
überschießender Anstieg nach TRH-Gabe
primäre Hypothyreose

Der TSH-Anstieg ist bereits dann zu beobachten, wenn die Konzentrationen für T3 und T4 bei beginnender Funktionseinschränkung der Schilddrüse noch im Normbereich liegen.

Bei Patienten unter Suppressionstherapie mit Schilddrüsenhormonen sollte kein TSH-Anstieg nach TRH-Gabe erfolgen.
Die Substitutionsbehandlung bei Hypothyreose und euthyreoter Struma ist dann als angemessen zu bewerten, wenn der TSH-Anstieg im Normbereich liegt.

Störungen:

S. Bestimmung des TSH S. 377.

Hinweis:

Der Test kann auch durch orale Applikation von 40 mg TRH durchgeführt werden. Die maximale TSH-Ausschüttung wird dann 1 - 5 Stunden nach der Hormongabe erreicht.
Da die Ergebnisse durch Erkrankungen im Bereich des Magen-Darm-Kanals, die zu Störungen der Motorik und/oder der Resorption führen, beeinflußt werden, bietet diese Modifikation des Verfahrens keine zuverlässigere Aussage.

Charakteristische Befundkonstellationen
bei verschiedenen Funktionszuständen der Schilddrüse

Die Diagnostik von Schilddrüsenerkrankungen muß mit der sorgfältigen Erhebung einer Anamnese und eines eingehenden körperlichen Befundes beginnen (s. Lehrbücher der Inneren Medizin). Nur bei bestehendem klinischen Verdacht sollten zunächst die Konzentrationen der Schilddrüsenhormone im Serum ermittelt werden. Je nach Testausfall sind die Bestimmungen des basalen TSH oder ein TRH-Test anzuschließen. In Tabelle 42 sind typische Befunde bei verschiedenen Stoffwechsellagen aufgeführt.

Tabelle 42. Typische Befundmuster in der Schilddrüsendiagnostik

Stoffwechselsituation	Freies T3	Freies T4	TSH-Basalwert	TSH-Anstieg im TRH-Test
Euthyreose	n	n	n	n bei beginnender Hypothyreose überschießend
euthyreote Struma unbehandelt	n	n	↑	überschießend
euthyreote Struma unter Suppressionstherapie	n	n	↓	fehlt
primäre Hypothyreose	↓ bei beginnender Erkrankung n	↓	↑	überschießend
sekundäre Hypothyreose	↓ bei beginnender Erkrankung n	↓	↓	fehlt
Hormonsubstitutionstherapie	n - (↑)	n - (↑)	n - ↓	n
primäre Hyperthyreose	↑	↑ bei beginnender Erkrankung n	↓	fehlt
sekundäre Hyperthyreose	↑	↑ bei beginnender Erkrankung n	↑	fehlt

Zeichenerklärung: n = im Normbereich; ↓ = vermindert; ↑ = erhöht

Die Differenzierung von Erkrankungen der Schilddrüse bzw. den übrigen am Regelkreis beteiligten Organen erfolgt mit sonographischen, radiologischen und histologischen Verfahren. Hierzu s. Lehrbücher der entsprechenden Fachgebiete.
In diesem Rahmen kann lediglich darauf hingewiesen werden, daß Untersuchungen unter Verwendung Jod-haltiger Kontrastmittel nur unter strengster Indikation auszuführen sind, da das verabreichte Jod zum einen eine hyperthyreotische Krise auslösen kann und zum anderen eine evtl. später erforderliche Radiojodtherapie beeinträchtigt.

Cortisol

<u>Überblick:</u>

Cortisol stellt beim Menschen das wichtigste Glucocorticosteroid dar. Es wird im Blut zu etwa 90 % an Transcortin gebunden transportiert. Die Synthese und Inkretion des Hormons erfolgt überwiegend in der Zona fasciculata der Nebennierenrinde unter dem Einfluß von Adrenocorticotropem Hormon (ACTH, Corticotropin) aus dem Hypophysenvorderlappen, dessen Ausschüttung wiederum vom Corticotropin Releasing Faktor (CRF) des Hypothalamus in Abhängigkeit von der Konzentration des freien Cortisols im Plasma gesteuert wird.
Täglich werden etwa 15 - 35 mg Cortisol sezerniert, wobei ein deutlicher circadianer Rhythmus mit einem Gipfel in den Morgenstunden zu beobachten ist.

Die wesentlichen Wirkungen des Cortisols umfassen:
- Steigerung der Gluconeogenese (aus glucoplastischen Aminosäuren)
- Erhöhung der Glykogenbildung
- Hemmung der Glucoseutilisation durch Reduktion der Insulinempfindlichkeit von Muskel- und Fettgewebe
- Hemmung der Aufnahme von Glucose und der Glykolyse
- Steigerung des Proteinabbaus, Reduktion der Proteinbiosynthese
- Mitwirkung bei der durch Catecholamine bedingten Freisetzung von Fettsäuren aus dem Fettgewebe (wichtigste Energiequelle im Hungerzustand!)
- Beeinflussung der Verteilung des Körperfetts
- Hemmung der Histaminwirkung
- Entzündungshemmende Effekte
- Suppression von Immunreaktionen
- Beeinflussung der Verteilung von Leukocyten im strömenden Blut
   (Anstieg der neutrophilen Granulocyten, Abfall von Lymphocyten und eosinophilen Granulocyten)
- Mäßige Mineralocorticoid-Wirkung

Ursachen eines Hypocortisolismus stellen dar:

Primärer Cortisolmangel
  Nebennierenrinden-Insuffizienz (M. ADDISON)
    meist durch Auto-Antikörper, selten durch Metastasen, Gefäßverschlüsse (WATERHOUSE-FRIDERICHSEN-Syndrom), Blutungen, Amyloidose, Tuberkulose u. a. bedingt
  Adrenogenitales Syndrom
    gestörte Cortisolproduktion auf Grund eines Enzymdefekts (meist 21 β-Hydroxylase-Mangel), dadurch vermehrte ACTH-Ausschüttung und Stimulation der Androgenbildung

Sekundärer bzw. tertiärer Cortisolmangel
  Insuffizienz von Hypophysenvorderlappen oder Hypothalamus

Ursachen eines Hypercortisolismus sind:

Primäre Überproduktion von Cortisol (CUSHING-Syndrom)
  Nebennierenrinden-Tumoren (meist Adenome, selten Carcinome)

Sekundär bzw. tertiär bedingte Überproduktion von Cortisol (M. CUSHING)
  vermehrte ACTH-Sekretion
    gestörter Rückkopplungsmechanismus
    selten basophiles Hypophysenadenom (nicht raumfordernd!)
    selten ektope ACTH-Bildung (z. B. bei Bronchial-Carcinom)

Bestimmung des Cortisols

Vorbereitung des Patienten:

Soweit ärztlich vertretbar, sollten alle Medikamente mindestens 3 Tage vor Durchführung der Untersuchungen abgesetzt werden.

Auf Grund des circadianen Rhythmus sind Einzelwerte nicht aussagekräftig. Im allgemeinen erfolgt die Probengewinnung für ein Tagesprofil zu folgenden Zeiten: 8, 12, 16 und 24 Uhr.

Streßsituationen für den Patienten während des Untersuchungszeitraums müssen ausgeschlossen sein.

Prinzip:

Zur Analyse ist Serum zu verwenden, das bis zur Verarbeitung bei $-20\,^\circ C$ gelagert werden muß.

Zur Bestimmung dienen Radioimmunoassays.

Normbereiche:

8 Uhr   5 - 25 µg/dl
12 Uhr   4 - 15 µg/dl
16 Uhr   3 - 12 µg/dl
24 Uhr   2 - 8 µg/dl

Beurteilung der Ergebnisse:

Niedrige Cortisolspiegel
primärer, sekundärer oder tertiärer Hypocortisolismus

Zur Differenzierung dienen die Ergebnisse der Bestimmung von ACTH (s. S. 382) sowie die Resultate des ACTH-Stimulations- und Lysin-Vasopressin-Tests (s. S. 383).

Erhöhte Cortisolspiegel,
Aufhebung des Tag-Nacht-Rhythmus (fehlender nächtlicher Abfall)
primärer, sekundärer oder tertiärer Hypercortisolismus

Zur Differenzierung dienen die Bestimmung von ACTH (s. S. 382) und Funktionsprüfungen (ACTH-Stimulationstest, Dexamethason-Hemmtest, Lysin-Vasopressin-Test s. S. 383).

Störungen:

Die in den Testsystemen verwendeten Antikörper reagieren in unterschiedlichem Ausmaß auch mit anderen endogenen (oder therapeutisch zugeführten) Steroiden. Dies spielt insbesondere bei niedrigen Cortisolkonzentrationen im Serum eine Rolle.

Hinweis:

Mit den früher verwendeten Verfahren zur Bestimmung der 17-Hydroxycorticosteroide im Harn wurden neben biologisch aktiven Hormonen auch inaktivierte, glucuronidierte u. a. Steroide erfaßt.
Da heute Methoden zur weitgehend spezifischen Messung von Cortisol verfügbar sind, sollten Urinanalysen auf 17-Hydroxycorticosteroide nicht mehr ausgeführt werden.

Adrenocorticotropes Hormon (ACTH)

Überblick:

ACTH stimuliert die Glucocorticoid-, Androgen- und in geringem Ausmaß die Aldosteroninkretion in der Nebennierenrinde.

Die Messung der ACTH-Konzentration im Plasma ermöglicht die Differenzierung von primären und sekundären Störungen der Nebennierenrindenfunktion.

Vorbereitung des Patienten:

Die Blutentnahme sollte auf Grund des circadianen Rhythmus, der demjenigen des Cortisols ähnelt, nach 12 stündiger Nahrungskarenz morgens gegen 8 Uhr erfolgen.

Soweit ärztlich vertretbar, sollten alle Medikamente mindestens 3 Tage vor Durchführung der Untersuchung abgesetzt werden.
Bei Patienten, die wegen rheumatischer, allergischer u. a. Erkrankungen Corticosteroide erhalten, sind die Ergebnisse nicht zu interpretieren.

Prinzip:

Bei der Probengewinnung sind gekühlte Gefäße zu verwenden, die das Dikaliumsalz der Ethylendinitrilotetraessigsäure (1 mg EDTA/ml Blut) und den Proteaseninhibitor Aprotinin (0,02 ml einer Lösung mit 20 000 KIE/ml auf 1 ml Blut) enthalten. Sofort nach der Blutentnahme ist das Plasma von den corpusculären Bestandteilen in einer Kühlzentrifuge abzutrennen und bis zur Analyse bei $-20\,^\circ C$ aufzubewahren.

Zur Bestimmung dienen Radioimmunoassays nach dem Sandwich-Prinzip.

Normbereich:

Bisher ist keine Standardisierung der Verfahren erfolgt.
Die Angabe allgemein gültiger Referenzwerte ist daher nicht möglich.

Beurteilung der Ergebnisse:

Unter physiologischen Bedingungen schwanken die ACTH-Konzentrationen im Blut erheblich, so daß die Interpretation einzelner Daten mit großer Zurückhaltung erfolgen muß.

Hypocortisolismus
    ACTH erhöht
        primärer Hypocortisolismus (s. S. 380)
    ACTH erniedrigt
        sekundärer bzw. tertiärer Hypocortisolismus (s. S. 380)
Hypercortisolismus
    ACTH erniedrigt
        primärer Hypercortisolismus (s. S. 380)
    ACTH erhöht
        sekundärer bzw. tertiärer Hypercortisolismus (s. S. 380);
        extrem erhöhte ACTH-Werte finden sich bei ektoper Hormonbildung

Störungen:

Je nach verwendeten Antikörpern sind Kreuzreaktionen mit Aminosäuresequenzen in Serumbestandteilen, die dem ACTH ähneln, zu beobachten.

Funktionsteste zur Prüfung des Regelkreises
Hypothalamus - Hypophyse - Cortisolinkretion

Insbesondere bei beginnenden Funktionsstörungen lassen sich durch die Anwendung von Stimulations- oder Hemmtesten zuverlässigere Aussagen über Ausmaß und Ursache pathologischer Veränderungen gewinnen als durch die alleinige Bestimmung von Cortisol- und ACTH-Spiegeln. In Tabelle 43 sind die bei Hypo- bzw. Hypercortisolismus zu beobachtenden Befunde bewährter Funktionsteste zusammengestellt.

1. <u>ACTH-Stimulationstest</u>

   Vor bzw. 1 und 2 Stunden nach intravenöser Injektion von ACTH wird der Cortisolspiegel im Serum gemessen (s. S. 381).
   Beim Gesunden finden sich Hormonanstiege auf mindestens 25 μg/dl.

2. <u>Dexamethason-Hemmtest</u>

   Dexamethason, ein stark wirksames synthetisches Glucocorticoid hemmt nach oraler Gabe (gegen 24 Uhr) die ACTH-Ausschüttung aus dem Hypophysenvorderlappen und damit eine dem Regelkreis unterliegende Cortisolproduktion. Das Ausmaß der nach ca. 8 Stunden (gegen 8 Uhr morgens) zu beobachtenden hemmenden Wirkung ist abhängig von der zugeführten Menge des Steroids. Beim Gesunden fällt der Cortisolspiegel - je nach Dosierung des Dexamethasons - auf Werte unterhalb des Normbereichs ab.

3. <u>Lysin-Vasopressin-Test</u>

   Dieses modifizierte Vasopressin zeigt eine ähnliche Wirkung wie CRF und stimuliert die ACTH-Sekretion des Hypophysenvorderlappens.
   Beim Gesunden führt dies zum Anstieg der Cortisolproduktion.

Tabelle 43. Charakteristische Befundmuster bei Funktionsprüfungen des Regelkreises Hypothalamus - Hypophyse - Cortisolinkretion

	ACTH-Stimulationstest	Dexamethason-Hemmtest	Lysin-Vasopressin-Test
primärer Hypocortisolismus	kein Cortisolanstieg	-	ACTH-Anstieg, kein Cortisolanstieg
sekundärer Hypocortisolismus	Cortisolanstieg evtl. erst nach wiederholter ACTH-Gabe (Hypoplasie der NNR)	-	kein ACTH-Anstieg, kein Cortisolanstieg
primärer Hypercortisolismus	kein oder normaler Cortisolanstieg (je nach Menge des vorhandenen intakten NNR-Gewebes)	Cortisol weiter erhöht (ACTH-unabhängige Synthese durch den Tumor, Hypoplasie des restlichen Gewebes)	ACTH-Anstieg, kein Cortisolanstieg (ACTH-unabhängige Synthese durch den Tumor, Hypoplasie der restlichen NNR)
sekundärer Hypercortisolismus	starker Cortisolanstieg	kein oder geringer Cortisolabfall	ACTH-Anstieg, Cortisolanstieg

Renin - Angiotensin - Aldosteron - System

Überblick:

Renin wird in den juxtaglomerulären Zellen der Niere gebildet.
Die Sekretion des Enzyms wird durch mehrere intrarenal gelegene Receptoren gesteuert:
- Baroreceptoren im Bereich der Vasa afferentia
- Volumenreceptoren im juxtaglomerulären Apparat
- Natrium-empfindliche Chemoreceptoren in der Macula densa

Eine erhöhte Reninausschüttung erfolgt bei:
- Abfall des Blutdrucks
- Abnahme des intravasalen Volumens (und damit der Nierendurchblutung)
- Verminderung der Natriumkonzentration im Anfangsteil des distalen Tubulus

Im peripheren Blut spaltet Renin aus dem in der Leber gebildeten Angiotensinogen das Dekapeptid Angiotensin I ab.
Diese Substanz wird durch das vor allem in der Lunge synthetisierte Angiotensin-convertierende Enzym um 2 Aminosäuren verkürzt, so daß das Oktapeptid Angiotensin II entsteht.

Angiotensin II bewirkt auf zweierlei Weise einen Blutdruckanstieg:
Intrarenal und systemisch führt es zu einer Vasokonstriktion und damit zur Abnahme der glomerulären Filtrationsrate mit einer verminderten Natriumausscheidung.
In der Nebennierenrinde stimuliert es die Aldosteronsynthese und -inkretion, die eine vermehrte Natriumrückresorption in den Nierentubuli zur Folge hat.

Bestimmung der Reninaktivität

Überblick:

Die Messung der Reninaktivität im Plasma ist nur bei Verdacht
auf das Vorliegen von Stenosen im Bereich der Nierenarterien,
Renin-produzierenden Tumoren,
zur Abgrenzung eines primären Hyperaldosteronismus von sekundären Formen (s. S. 386) und
zur Diagnose des selten vorkommenden BARTTER-Syndroms (s. S. 385)
indiziert.

Vorbereitung des Patienten:

Soweit ärztlich vertretbar, sind alle Medikamente, insbesondere Diuretika, Antihypertensiva und Corticosteroide, mindestens 8 Tage vor der Untersuchung abzusetzen.

Da die Reninaktivität von der Natriumzufuhr abhängt, erhält der Patient vor Ausführung des Tests 3 Tage lang eine Nahrung mit 6 - 8 g Kochsalz pro Tag (dies entspricht der üblichen Kost unter Verwendung geringer Salzmengen).

Prinzip:

Bei der Probengewinnung sind gekühlte Gefäße zu verwenden, die das Dikaliumsalz der Ethylendinitrilotetraessigsäure (1 mg EDTA/ml Blut) enthalten. Sofort nach der Blutentnahme ist das Plasma von den corpusculären Bestandteilen in einer Kühlzentrifuge abzutrennen und bis zur Analyse bei - 20 °C aufzubewahren.

Da die basalen Reninwerte außerordentlich stark schwanken, sollten neben einer Blutentnahme nach 12 stündiger Nahrungskarenz und 1 - 2 stündiger Bettruhe auch Proben nach einer definierten Belastung (1 Stunde aufrechte Körperhaltung oder 30 Minuten nach intravenöser Gabe von 40 mg Furosemid) entnommen werden.

Die Bestimmung des Renins erfolgt indirekt.
Meßgröße ist die während einer definierten Zeit unter standardisierten Bedingungen durch die Enzymaktivität aus dem Substrat Angiotensinogen freigesetzte Menge Angiotensin I.
Die Messung dieses Dekapeptids erfolgt mittels eines Radioimmunoassays.

Normbereich:

Basalwert   bis 200 µg Angiotensin I/dl Plasma · Stunde

Nach Stimulation durch Orthostase oder Furosemid Anstieg auf das 2 - 5 fache.

Beurteilung der Ergebnisse:

Nicht bei jedem durch eine Nierenarterienstenose bedingten sekundären Hyperaldosteronismus mit Hypertonie ist eine erhöhte Reninaktivität im peripheren Blut nachweisbar.
Daher sollte bei weiter bestehendem Verdacht neben der Darstellung der Nierengefäße auch seitengetrennt eine Entnahme von Blut aus den Nierenvenen zur Bestimmung der Reninaktivität erfolgen.
Bei einem nachgewiesenen Hyperaldosteronismus spricht
  eine normale oder verminderte Reninaktivität
    für das Vorliegen einer primären Form (CONN-Syndrom s. S. 386),
  erhöhte Werte für Renin weisen auf
    einen sekundären Hyperaldosteronismus hin.

Beim BARTTER-Syndrom, dem ein Natriumverlust in den Tubuli (z. B. bei Pyelonephritis) zugrunde liegt, finden sich sehr stark erhöhte Reninwerte. Da das demzufolge vermehrt abgegebene Aldosteron bezüglich der Natriumrückresorption nicht wirksam werden kann, die vermehrte Kaliumsekretion jedoch möglich ist, entwickelt sich neben einer Hyponatriämie auch eine ausgeprägte Hypokaliämie. Diese wiederum hemmt direkt die Aldosteronsekretion (s. S. 386), so daß im Vergleich zu dem stark erhöhten Renin normale oder nur leicht erhöhte Aldosteronwerte gefunden werden.

Eine Differentialdiagnose der weiteren sekundären Formen des Hyperaldosteronismus ist durch die Bestimmung der Reninaktivität nicht möglich.

Störungen:

Die Methodik ist bisher nicht ausreichend standardisiert, so daß die Werte aus verschiedenen Laboratorien nicht vergleichbar sind.

Die regelrechte Kochsalzzufuhr des Patienten sollte durch die Analyse der Natriumausscheidung im 24-Stunden-Harn kontrolliert werden. Bei Werten unter 100 mmol/die ist mit fälschlich zu hohen, bei Ergebnissen über 150 mmol/24 Stunden mit falsch niedrigen Reninaktivitäten zu rechnen.

Aldosteron

Überblick:

Aldosteron stellt das wichtigste Mineralocorticosteroid im Organismus dar.
Die Synthese und Inkretion des Hormons erfolgt in der Zona glomerulosa der Nebennierenrinde unter dem Einfluß von Angiotensin II (s. S. 384).
Gesteuert wird die Hormonproduktion durch die Niere, die auf Hypotonie, Hypovolämie und Hyponaträmie mit einer Reninfreisetzung antwortet, die wiederum die Entstehung von Angiotensin II ermöglicht (s. S. 384).
Außerdem stimuliert ein Anstieg der Kaliumkonzentration im Plasma direkt die Steroidbildung in der Nebennierenrinde und umgekehrt.
In geringem Umfang kann die Aldosteronsynthese auch durch ACTH aus dem Hypophysenvorderlappen (s. S. 382) stimuliert werden.

Die wesentlichen Wirkungen des Aldosterons umfassen:
  Erhöhung der Na^+-Rückresorption in den Nierentubuli
    (damit ist ein Rückstrom von Chloridionen und Wasser verbunden)
  Steigerung der K^+-, H^+- und NH_4^+-Sekretion durch die Tubuluszellen
  Hemmung der Natriumexkretion durch Schweiß- und Speicheldrüsen sowie der Darmschleimhaut

  Merke: Aldosteron spart dem Organismus Natrium ein!

Ursachen eines Hypoaldosteronismus sind:

  Primärer Hypoaldosteronismus
    meist Nebennierenrindeninsuffizienz (M. ADDISON)
    selten Adrenogenitales Syndrom mit gestörter Aldosteronsynthese

  Sekundäre Formen des Hypoaldosteronismus werden nicht beobachtet, da es auch unter pathologischen Bedingungen stets zu einer Reninausschüttung und Bildung von Angiotensin II kommt. Außerdem können die direkten Stimulatoren der Aldosteronsynthese (erhöhte Kaliumkonzentration im Plasma, ACTH) wirksam werden.

Ein Hyperaldosteronismus findet sich bei:

  Primärer Überproduktion (CONN-Syndrom)
    Merke: Reninaktivität normal oder vermindert!
    Adenom der Nebennierenrinde (ca. 80 %)
    Hyperplasie der Nebennierenrinde mit autonomer Aldosteronbildung
    selten Carcinom

  Sekundärer Überproduktion
    Merke: Folge einer gesteigerten Renin-Angiotensin-Synthese!
    organisch bedingt (mit Hypertonie)
      Nierenarterienstenose
      Renin-produzierender Tumor
      Nierenparenchymschäden
    funktionell bedingt (ohne Hypertonie)
      alle Zustände mit Hypovolämie und/oder Hyponaträmie
      (z. B. BARTTER-Syndrom (s. S. 385), Adrenogenitales Syndrom mit Salzverlust, Flüssigkeitsverschiebung durch massive Ödeme oder Ascites, Laxantienabusus u. a.)

  Tertiärer Hyperaldosteronismus
    Übergang bei sekundären Formen in eine autonome Hormonsynthese

Bestimmung des Aldosterons

Überblick:

Eine wesentliche Indikation zur Ermittlung der Aldosteronkonzentration bei gleichzeitiger Messung der Reninaktivität im Plasma stellt die Unterscheidung eines primären von einem sekundären Hyperaldosteronismus dar.

Vorbereitung des Patienten:

S. Bestimmung der Reninaktivität S. 384.

Prinzip:

Zur Probengewinnung s. Bestimmung der Reninaktivität S. 384 f.
Es empfiehlt sich, Renin und Aldosteron jeweils aus der gleichen Probe zu analysieren.

Da die basalen Aldosteronwerte ebenso wie die Reninaktivitäten außerordentlich stark schwanken, sollten auch zur Bestimmung des Aldosterons Blutentnahmen nach 12 stündiger Nahrungskarenz und 1 - 2 stündiger Bettruhe sowie nach definierten Belastungen (1 Stunde aufrechte Körperhaltung oder 30 Minuten nach intravenöser Gabe von 40 mg Furosemid) erfolgen.

Die Bestimmung des Aldosterons erfolgt mit Radioimmunoassays.

Da die Konzentration des Mineralocorticosteroids im Plasma bzw. Serum etwa 3 Größenordnungen niedriger liegt als diejenige des Cortisols, ist eine spezifische Messung nur mit Antikörpern möglich, die keine Kreuzreaktion mit anderen Nebennierenrindensteroiden zeigen.
Stehen keine derartigen Antikörper zur Verfügung, sind alle in der Probe enthaltenen Steroide mit geeigneten Lösungsmitteln aus dem Plasma zu extrahieren und durch Chromatographie vorzutrennen.

Normbereiche:

Basalwert   2 - 10 ng/dl

Nach Stimulation durch Orthostase oder Furosemid Anstieg auf das 2 - 5 fache.

Beurteilung der Ergebnisse:

Niedriger basaler Aldosteronspiegel,
fehlender Anstieg des Aldosterons nach Belastung
    Hypoaldosteronismus (s. S. 386)

Hoher basaler Aldosteronspiegel,
starker Anstieg des Aldosterons nach Belastung
    primärer, sekundärer oder tertiärer Hyperaldosteronismus (s. S. 386)

    Eine Differenzierung zwischen primärer (tertiärer) und sekundärer
    Form erlaubt die Messung der Reninaktivität:
        Primärer (tertiärer) Hyperaldosteronismus
            Reninaktivität normal oder vermindert
        Sekundärer Hyperaldosteronismus
            Reninaktivität erhöht

Störungen:

S. Bestimmung der Reninaktivität S. 385.

Wachstumshormon

Überblick:

Das menschliche Wachstumshormon (Somatotropes Hormon (STH)) wird im Hypophysenvorderlappen gebildet.
Die Regulation der STH-Produktion erfolgt durch die Abgabe fördernder (Somatoliberin = Growth Hormone Releasing Hormone (GHRH)) und hemmender Peptide (Somatostatin = Growth Hormone Release Inhibiting Hormone (GHRIH)), die vom Hypothalamus abgegeben werden.

Die Bildung und Inkretion des Wachstumshormons wird insbesondere durch
- Hungerzustände (niedrige Blutzuckerspiegel) und
- nervale Einflüsse (körperliche Anstrengung, Streß, Angst u. a.)

gesteigert.
Eine Hemmung der Hormonausschüttung ist bei
- hohen Glucosekonzentrationen und
- einem Anstieg der freien Fettsäuren nach Nahrungsaufnahme

zu beobachten.

Die Effekte des STH in der Peripherie werden nicht durch das Proteohormon selbst, sondern über verschiedene Somatomedine (Peptidhormone) ausgelöst. Die Bildung dieser Mediatorsubstanzen erfolgt unter dem Einfluß des Wachstumshormons vor allem in Leber und Niere.

Wesentliche - durch die Somatomedine vermittelte - Wirkungen des STH stellen dar:
- Förderung des Wachstums
    - insbesondere des Längen- und Dickenwachstums der Knochen
    - Wachstum innerer Organe
    - Verdickung der Haut
        - (vermehrte Bildung von Kollagen, Elastin, Mucopolysacchariden u. a.)
- Anregung der Proteinsynthese
- Hemmung der Glucoseutilisation
    - (Insulin-antagonistische Wirkung)

Ursache einer verminderten STH-Produktion stellt dar:

Partielle oder totale Hypophysenvorderlappen-Insuffizienz

Folge:
- bei Kindern
    - hypophysärer (proportionierter) Minderwuchs
- bei Erwachsenen
    - Ein isolierter Ausfall von STH bleibt ohne klinische Symptome!

Als Ursache einer vermehrten STH-Produktion kommt in Frage:

Meist ein Adenom der eosinophilen Zellen des Hypophysenvorderlappens

Folge:
- bei Kindern
    - hypophysärer Riesenwuchs
- bei Erwachsenen
    - Akromegalie

Bestimmung des Wachstumshormons (STH)

Vorbereitung des Patienten:

Soweit ärztlich vertretbar, sollten alle Medikamente mindestens 3 Tage vor Durchführung der Untersuchungen abgesetzt werden. Dies gilt insbesondere für Dopamin (L-Dopa) und die anderen Catecholamine, die als Neutrotransmitter bei der zentralen Regulation der STH-Bildung wirken, sowie deren Antagonisten.

Um einen Hormonanstieg durch die Venenpunktion zu vermeiden, sind die Proben aus einer Verweilkanüle, die etwa 1 Stunde zuvor gelegt und durch eine Infusion mit physiologischer Kochsalzlösung offen gehalten wurde, zu entnehmen.

Prinzip:

Zur Analyse ist Serum zu verwenden, das bis zur Verarbeitung bei $-20\,^\circ C$ gelagert werden muß.

Da die Konzentration des Wachstumshormons im Blut während des Tages sehr niedrig liegt und im Tiefschlaf (infolge einer Beeinflussung der zentralen Regulation über das limbische System) stark ansteigt, sollten Blutentnahmen nach 12stündiger Nahrungskarenz und etwa 1stündiger Bettruhe sowie ca. 30 Minuten nach dem Einschlafen erfolgen.

Zur Bestimmung dienen Radioimmunoassays.

Normbereiche:

Basalwert   bis ca. 500 ng/dl

Während des Tiefschlafs Anstieg auf das 5 - 10 fache des Ausgangswertes.

Beurteilung der Ergebnisse:

Die Serumspiegel des STH können sich auch innerhalb weniger Minuten durch die stoßweise Abgabe des Hormons erheblich - bis zu einer Größenordnung - ändern.

Hierdurch und infolge der fehlenden Standardisierung des Bestimmungsverfahrens ist auch die außerordentliche Breite des Normbereichs bedingt.

Die Interpretation einer Einzelbestimmung ist daher nur bei extrem erhöhten Werten möglich.

Einen Hinweis auf eine reduzierte STH-Sekretion gibt der fehlende Hormonanstieg während des Schlafs.

Zur Klärung des klinischen Verdachts einer Unter- oder Überfunktion des Regelkreises sollten bei unklaren Ergebnissen Funktionsprüfungen (s. S. 390 f.) angeschlossen werden, bei denen die Somatotropinsekretion des Hypophysenvorderlappens durch Gabe von Insulin oder Arginin angeregt bzw. durch orale Glucosezufuhr gedrosselt wird.

Störungen:

Auf Grund der unterschiedlichen Spezifität der verwendeten Antikörper und des abweichenden methodischen Vorgehens lassen sich die in verschiedenen Laboratorien ermittelten Werte nicht vergleichen.

Funktionsteste zur Prüfung des Regelkreises Hypothalamus - Inkretion von Wachstumshormon

Bei diesen Verfahren wird die Somatotropinsekretion des Hypophysenvorderlappens durch Zufuhr geeigneter Substanzen stimuliert oder gehemmt.

Teste bei Verdacht auf hypophysären Minderwuchs

Insulin-Hypoglykämie-Test

Vorbereitung des Patienten:
S. Bestimmung von STH S. 389.

Prinzip:

Der Test darf wegen der Gefahr Hypoglykämie-bedingter Komplikationen nur in Anwesenheit eines Arztes und unter Bereitstellung hochprozentiger Glucoselösung durchgeführt werden.

Nach der Entnahme von Blut zur Bestimmung des basalen STH-Spiegels und der Glucosekonzentration erhält der Patient 0,1 E Alt-Insulin pro kg Körpergewicht intravenös über eine liegende Infusion.
30, 60, 90 und 120 Minuten nach der Insulingabe werden erneut Proben zur Messung der Konzentration an Wachstumshormon und zur Bestimmung des Blutzuckers entnommen.
Zur Analytik s. S. 225 ff. bzw. S. 389.

Normbereiche:

Abfall des Blutzuckerspiegels auf etwa 40 % des Ausgangswerts.
Anstieg der STH-Konzentration im Serum auf 1000 - 5000 ng/dl.

Beurteilung der Ergebnisse:

Ein ausbleibender oder unzulänglicher Anstieg des Wachstumshormons spricht für das Vorliegen einer hypophysären oder hypothalamischen Insuffizienz bezüglich der STH-Bildung und Hormonausschüttung.

Störungen:

Fällt der Blutzuckerspiegel während der Untersuchung nicht ausreichend ab, sind die gewonnenen Daten nicht zu interpretieren. Der Test sollte ggf. unter Gabe von 0,15 - 0,2 E Alt-Insulin pro kg Körpergewicht wiederholt werden.

Arginin-Belastungs-Test

Vorbereitung des Patienten:
S. Bestimmung von STH S. 389.

Prinzip:
Anstelle von Insulin kann die STH-Ausschüttung auch durch eine intravenöse

Infusion von 0, 5 g L-Arginin pro kg Körpergewicht innerhalb von 30 Minuten angeregt werden.
Die Blutentnahmezeiten entsprechen denjenigen nach Insulingabe (s. S. 390).

Normbereich:

Anstieg der STH-Konzentration im Serum auf 1000 - 5000 ng/dl.

Beurteilung der Ergebnisse:

S. Insulin-Hypoglykämie-Test S. 390.

Test bei Verdacht auf hypophysären Riesenwuchs bzw. Akromegalie

Glucose-Belastungs-Test

Vorbereitung des Patienten:

S. Bestimmung von STH S. 389.

Prinzip:

Hohe Blutzuckerspiegel hemmen beim Gesunden die Ausschüttung von Wachstumshormon aus dem Hypophysenvorderlappen.

Daher erhält der Patient nach der Entnahme von Blut zur Bestimmung der Basalwerte für Glucose und STH innerhalb weniger Minuten 100 g Glucose oral.
30, 60, 90 und 120 Minuten später werden erneut Proben zur Messung der Konzentrationen an Wachstumshormon und des Blutzuckergehalts entnommen.

Zur Analytik s. S. 389 bzw. S. 225 ff.

Normbereich:

Abfall der STH-Konzentration im Serum auf Werte unter 200 ng/dl.

Beurteilung der Ergebnisse:

Ein ausbleibender oder unzulänglicher Abfall des Wachstumshormons spricht für eine zentral ungeregelte gesteigerte STH-Ausschüttung.

Bei etwa 10 % der Patienten mit Akromegalie besteht auf Grund der Insulinantagonistischen Wirkung des Somatotropins ein Diabetes mellitus.
Auch bei im Normbereich liegenden Nüchtern-Blutzuckerwerten ist häufig eine pathologische Glucose-Toleranz-Kurve zu beobachten.

Störungen:

Bei Erkrankungen, die mit einer Malabsorption für Glucose einhergehen, steigt der Blutzuckerspiegel nicht ausreichend an, so daß die Hemmung der STH-Sekretion unzulänglich ist und die Ergebnisse nicht interpretiert werden können.

Sollte die orale Gabe der stark hypertonen Glucoselösung beim Patienten zu Erbrechen führen, ist ein Abbruch der Untersuchung erforderlich.
Bei der Wiederholung des Tests ist ein besser verträgliches Glucose-Maltose-Oligosaccharid-Gemisch zu verabfolgen oder Glucose i. v. zu infundieren.

Parathormon

__Überblick:__

Das an der Regulation des Calcium- und Phosphathaushalts beteiligte Parathormon wird in den Nebenschilddrüsen gebildet. Das Hormon besteht aus 84 Aminosäuren. Im peripheren Blut (und möglicherweise in den Epithelkörperchen selbst) wird es in das ebenfalls biologisch wirksame N-terminale Fragment (34 Aminosäuren; Halbwertszeit wenige Minuten) und das unwirksame C-terminale Bruchstück (50 Aminosäuren; Halbwertszeit etwa 30 Minuten) gespalten.

Die Regulation von Synthese und Ausschüttung des Proteohormons erfolgt in Abhängigkeit vom Calciumspiegel des Plasmas. Niedrige Calciumwerte steigern die Ausschüttung des Parathormons und umgekehrt.

Die wesentlichen Wirkungen des Hormons, die zu einer Erhöhung des Calciumspiegels im Blut führen, sind:
    Abbau von Knochensubstanz
        (durch Stimulation der Osteoklasten)
    Steigerung der Rückresorption von Calcium und vermehrte Ausscheidung von Phosphat in den Nierentubuli
    Erhöhung der Resorption von Calcium aus dem Darm
        (indirekte Wirkung über eine Stimulation der Hydroxylierung von 25-Hydroxycholecalciferol zu 1,25-Dihydroxycholecalciferol)

Ursachen eines Hypoparathyreoidismus sind:

    Primärer Hypoparathyreoidismus
        angeborene Hypo- oder Aplasie der Epithelkörperchen
        Autoimmunerkrankungen
        iatrogen bedingt im Rahmen von Schilddrüsenoperationen

    Sekundärer Hypoparathyreoidismus (sehr selten)
        Überdosierung von Vitamin D
        schwere Tumor- oder Metastasen-bedingte Hypercalcämie

Als Ursachen eines Hyperparathyreoidismus kommen in Frage:

    Primärer Hyperparathyreoidismus
        Adenom (solitär oder multipel)
        diffuse Hyperplasie mit autonomer Hormonsynthese
        selten Carcinom

    Sekundärer Hyperparathyreoidismus
        bei allen Erkrankungen, die mit einer verminderten Calciumkonzentration im Serum einhergehen
            chronische Niereninsuffizienz
            Malabsorptionssyndrom (für Calcium und Vitamin D_3)
        Vitamin D_3-Mangel

    selten ektope Bildung von Parathormon
        (z. B. Bronchial-Carcinom, Hypernephrom u. a.)

    Tertiärer Hyperparathyreoidismus
        autonome Hormonproduktion bei ursprünglich sekundärem Hyperparathyreoidismus

Bestimmung des Parathormons

Überblick:

Die Bestimmung des Parathormons ist nur bei Verdacht auf das Vorliegen eines primären Hypo- bzw. Hyperparathyreoidismus angezeigt.

Eine Differenzierung zwischen primären und sekundären Formen der Unter- oder Überfunktion der Nebenschilddrüsen ist durch die Messung des Hormonspiegels im peripheren Blut nicht möglich. Die einer sekundären Störung zugrunde liegenden Erkrankungen sind mit anderen Untersuchungsverfahren meist ausreichend sicher zu diagnostizieren.

Vorbereitung des Patienten:

Die Blutentnahme erfolgt nach 12 stündiger Nahrungskarenz.

Soweit ärztlich vertretbar, sind alle Medikamente mindestens 8 Tage vor der Untersuchung abzusetzen. Dies gilt insbesondere für alle Pharmaka, die den Calciumspiegel im Plasma beeinflussen.

Prinzip:

Zur Analyse ist Serum zu verwenden, das bis zur Verarbeitung bei $-20\,^\circ C$ gelagert werden muß.

Zur Bestimmung dienen Radioimmunoassays nach dem Sandwich-Prinzip, die die Messung des gesamten intakten Parathormons ermöglichen. Dies erfolgt, indem der 1. verwendete Antikörper gegen das N-terminale Fragment des Hormons und der 2. Antikörper gegen das C-terminale Bruchstück gerichtet ist.

Das Verfahren hat den Vorteil, daß relativ hohe Konzentrationen meßbar sind und daß die Ergebnisse nicht durch die renale Elimination beeinflußt werden.

Antiseren, die nur Bruchstücke des Parathormons erfassen (N-terminale, C-terminale oder Mid-regionale Assays (bei letzteren sind die Antikörper gegen ein synthetisches Fragment 44 - 68 gerichtet)), sollten keine Anwendung mehr finden.

Normbereich:

1 - 5 ng intaktes Parathormon (1 - 84)/dl

Störungen:

Die Zuverlässigkeit der Ergebnisse wird entscheidend durch die Spezifität und Qualität der benutzten Antikörper bestimmt. Daher ist die Messung des gesamten biologisch aktiven Parathormons 1 - 84 derzeit noch weitgehend Speziallaboratorien vorbehalten.

Hinweis:

Die Bestimmung des 1,25-Dihydroxycholecalciferols, das bei der Regulation des Calcium- und Phosphathaushalts ebenfalls eine Rolle spielt (s. S. 313), ist auf Grund der niedrigen Konzentration des Hormons problematisch, so daß eine zuverlässige Analytik routinemäßig nicht möglich ist.

Eine Messung des Calcitonins (s. S. 314) ergibt hinsichtlich des Calciumstoffwechsels - zumal Mangelzustände nicht bekannt sind - keine verwertbaren Informationen.

Insulin

Überblick:

Insulin, ein Hormon, das von den B-Zellen der LANGERHANS' schen Inseln des endokrinen Pankreas synthetisiert wird, bewirkt in erster Linie die Einschleusung von Glucose in Muskel- und Fettzellen (s. S. 223). Der adäquate Reiz für die Inkretion des Proteohormons stellt vorwiegend die Glucosekonzentration in der Extracellularflüssigkeit dar. Zum Diabetes mellitus s. S. 225.

Bestimmung der Insulinkonzentration nach Nahrungskarenz

Überblick:

Bei Patienten mit Diabetes mellitus ist die Messung der Insulinkonzentration nur im Rahmen pathogenetischer Fragestellungen von Interesse.
Eine Indikation zur Ermittlung des Hormonspiegels stellt die Klärung hypoglykämischer Zustände dar. Insbesondere ist das Vorliegen eines Hyperinsulinismus infolge eines Insulinoms von Störungen der Gluconeogenese oder Glykogenolyse, bei denen sich meist keine erhöhten Insulinwerte finden, abzugrenzen. Da eine einmalige Bestimmung der Insulinkonzentration zur Abklärung der genannten Fragestellungen nicht ausreicht, ist die Hormoninkretion während einer längeren Hungerperiode zu ermitteln.

Vorbereitung des Patienten:

Der Patient darf mindestens 12 Stunden keine Nahrung zu sich genommen haben und erhält bis zum Testende ausschließlich kohlenhydratfreie Flüssigkeit.

Prinzip:

Die erste Blutentnahme erfolgt nach der 12 stündigen Nahrungskarenz. Während der weiteren Hungerperiode werden alle 6 Stunden Blutproben zur Ermittlung der Insulin- und Glucosekonzentration gewonnen. Der Test ist nach etwa 48 Stunden oder beim Auftreten schwerer Hypoglykämien abzubrechen.

Die Messung der Insulinkonzentrationen erfolgt im Serum (Lagerung bei $-20\,^\circ C$) mittels Radioimmunoassays. Zur Blutzuckerbestimmung s. S. 225 ff.

Normbereich:

Die Werte sind abhängig von den verwendeten Assays (s. Literaturangaben).

Beurteilung der Ergebnisse:

Hohe Ausgangswerte für Insulin und ein Anstieg der Spiegel bzw. ein Ausbleiben des physiologischerweise zu beobachtenden Abfalls trotz ausgeprägter Hypoglykämie sprechen für das Vorliegen eines Insulin-produzierenden Tumors.

Störungen:

Mit den derzeit verfügbaren Antikörperpräparationen wird in unterschiedlichem Ausmaß neben Insulin auch Proinsulin, das bei Insulinomen in erhöhter Konzentration im Blut vorliegt, erfaßt, so daß fälschlich mehr oder weniger stark erhöhte Insulinspiegel resultieren.

Hämolytische Seren dürfen nicht analysiert werden, da die Insulin-Reductase aus Erythrocyten das Hormon durch Reduktion der Disulfitbrücken abbaut.

Gonadotropine, Sexualhormone, Lactogene Hormone

Eine Indikation zur Bestimmung der genannten Hormone besteht nur bei speziellen Fragestellungen, die sich im allgemeinen in den Fachgebieten Gynäkologie, Pädiatrie und Andrologie ergeben.

Außerdem kann eine sachgerechte Interpretation von Ergebnissen ausschließlich unter Berücksichtigung der Anamnese, der vom Patienten angegebenen Beschwerden und des klinischen Bildes erfolgen. Auch auf die Differentialdiagnostik bei pathologischen Befunden soll in diesem Rahmen nicht eingegangen werden. Hierzu s. Lehrbücher der entsprechenden Fachdisziplinen.

Vasopressin

Dieses im Hypothalamus gebildete, im Hypophysenhinterlappen gespeicherte und von dort ins Blut abgegebene Hormon bewirkt in der Niere die Rückresorption von Wasser aus dem Primärharn durch die Zellen der distalen Tubuli und der Sammelrohre.

Die einzige Indikation zur Bestimmung des Vasopressins stellt die Unterscheidung zwischen einem zentralen (Hormonmangel) und einem renalen (verminderte Ansprechbarkeit der Receptoren in der Niere auf das Hormon) Diabetes insipidus dar.

Catecholamine

Zur Synthese und den wesentlichen Wirkungen der Catecholamine s. S. 445.

Wie bereits erwähnt, geben Bestimmungen der Nebennierenmark-Hormone im Serum nur Auskunft über die aktuelle Hormonproduktion und sind daher Messungen der Gesamtausscheidung mit dem Harn während eines definierten Zeitraums unterlegen.

Besteht der Verdacht auf das Vorliegen eines Catecholamin-synthetisierenden Tumors, so kann die Bestimmung des Hormongehalts im seitengetrennt gewonnenen Nebennierenvenenblut zur Lokalisationsdiagnostik herangezogen werden.

Gastrointestinale Hormone

Die Bestimmung der gastrointestinalen Hormone dient überwiegend der Diagnostik Hormon-bildender Tumoren.

Die Messung des Gastrinspiegels im Serum kann das Vorliegen eines ZOLLINGER-ELLISON-Syndroms sichern (s. S. 476).

Zur Bedeutung des Vasoaktiven intestinalen Polypeptids (VIP) bei VERNER-MORRISON-Syndrom und des Pankreatischen Polypeptids (PP) bei endokrin aktiven tumorösen Veränderungen im Magen-Darm-Kanal s. S. 401.

Weitere Substanzen, wie Neurotensin, Gastrointestinales inhibitorisches Polypeptid (GIP) und die überwiegend bei atrophischen oder entzündlichen Veränderungen vermehrt produzierten Substanzen (z. B. Motilin, Enteroglukagon u. a.), haben keine diagnostische Bedeutung erlangt.

Bestimmung von Tumormarkern

Grenzen der Anwendbarkeit von Tumormarkern in der Diagnostik von Malignomen

Die zunächst an die Bestimmung von Tumormarkern geknüpften Erwartungen, Neoplasmen in einem frühen Stadium und spezifisch diagnostizieren zu können, haben sich nicht erfüllt. Daran hat sich trotz der Einführung zahlreicher neuer Meßgrößen grundsätzlich nichts geändert. Es muß daher weiterhin mit Nachdruck festgehalten werden, daß die Bestimmungen von Tumormarkern als Suchreaktionen für Malignome nicht geeignet sind.

Probleme ergeben sich vor allem dadurch, daß die Markersubstanzen auch physiologischerweise gebildet und in Körperflüssigkeiten nachweisbar werden oder normale Sekretionsprodukte von Zellen darstellen. Weiterhin ist bis auf wenige Ausnahmen - z. B. Thyreoglobulin oder Prostata-spezifisches Antigen - keine Organspezifität gegeben.

Außerdem ist zu berücksichtigen, daß bei zahlreichen Tumoren keine Freisetzung der gebildeten Marker aus den Zellen erfolgt (nicht sezernierende Malignome). Auch bei vorhandener Sekretion kann das Auftreten oder der Konzentrationsanstieg von Tumormarkern nur beobachtet werden, wenn das pathologische Gewebe Anschluß an den Blutkreislauf oder das Lymphsystem gefunden hat. Ebenso muß man sich vor Augen führen, daß sich die von einem Carcinom abgegebenen Substanzen im gesamten Blut und z. T. in der Extracellularflüssigkeit verteilen, so daß ein erheblicher Verdünnungseffekt zustande kommt. Schließlich spielt die Halbwertszeit der Marker im peripheren Blut für die meßbaren Spiegel eine Rolle. Ebenso können gegen Tumormarker gebildete Antikörper die Ergebnisse dadurch beeinflussen, daß sie mit dem nachzuweisenden Antigen Komplexe bilden, die im Reaktionsablauf nicht erfaßt werden.

Der heutige Stand der Sachlage erfordert nach wie vor, daß bei pathologisch erhöhten Werten mit allen anderen zur Verfügung stehenden Mitteln ein Tumor nachgewiesen werden muß, bevor eine endgültige Diagnose gestellt werden darf.

Wenn bei den meisten nachweisbaren Tumormarkern bestimmte Konzentrationen im Serum überschritten werden, so liegt mit großer Wahrscheinlichkeit ein Malignom vor, das bei der überwiegenden Zahl der Erkrankten bereits metastasiert ist. Dies bedeutet, daß der Tumor auch mit klinischen, bildgebenden u. a. Untersuchungsverfahren diagnostizierbar ist.

Die bei Carcinompatienten im Serum meßbaren Werte korrelieren im Einzelfall oft nicht mit der Tumormasse, dem Nekrosegrad oder dem Ausmaß einer Metastasierung. Sie ermöglichen meist keine sichere Stadieneinteilung und keine Aussagen hinsichtlich der Prognose.

Indikationen zur Bestimmung von Tumormarkern

Die Analyse von Tumormarkern ist angezeigt zur:
    Kontrolle therapeutischer Maßnahmen
        (Operationen, Bestrahlungen, Chemo- oder Hormontherapie)
        Je nach Art des Markers kommt es bei radikaler Operation nach Tagen

oder Wochen - bei anderen Behandlungsverfahren nach einem längeren
Zeitraum - zur Normalisierung der zunächst erhöhten Werte.
Ein Wiederanstieg der Konzentration im Serum deutet auf ein Rezidiv
oder eine Metastasierung hin.

Überwachung von Risikopatienten
    Erkennung von Zweittumoren in kontralateralen Organen
    (z. B. Mamma, Ovar, Hoden u. a.)
    Verwandte von Patienten mit medullärem Schilddrüsen-Carcinom
    Eineiige Zwillinge bei Tumorerkrankung eines Zwillings
    Nachweis maligner Entartung bei bestehender Lebercirrhose

Ein einzelner Befund darf niemals unmittelbare Konsequenzen für den Patienten haben. Pathologische Ergebnisse sind stets - möglichst im gleichen Laboratorium und mit der gleichen Methode - zu kontrollieren.

Nur durch Verlaufsuntersuchungen lassen sich meist auch erhöhte Werte im Rahmen benigner oder entzündlicher Erkrankungen abgrenzen. Hierbei kommt es in der Regel - im Gegensatz zum Vorliegen von Malignomen - nach einer gewissen Zeitspanne wieder zum Abfall der Serumspiegel.

Nur bei wenigen Laboratoriumsuntersuchungen wird der Arzt im Einzelfall vor so schwerwiegende Entscheidungen gestellt wie bei der Beurteilung von Werten für Tumormarker. Weder darf es zur Verdrängung eines nicht zum klinischen Bild passenden Ergebnisses kommen, noch darf der Patient durch die nicht gesicherte Mitteilung einer Verdachtsdiagnose beunruhigt werden.

Allgemeine Gesichtspunkte zur Analytik

Auf den folgenden Seiten sind die derzeit routinemäßig analysierbaren Markersubstanzen aufgeführt.

Meist werden die Tumormarker in Serum oder Plasma mittels verschiedener Varianten der Radio- oder Enzymimmunoassays bestimmt.

Auf Einzelheiten der Probengewinnung - beispielsweise den Zusatz von Aprotinin bei Stoffen, die einem Abbau durch Proteasen unterliegen - und der Probenaufbewahrung kann hier nicht näher eingegangen werden. Diesbezüglich sollte eine Rücksprache mit dem zuständigen Laboratorium stattfinden.

Die Vielzahl der verwendeten Immunoassays und ihrer Modifikationen erlaubt keine Aufzählung der speziellen Störungen oder Fehlermöglichkeiten. Aus diesem Grunde werden auch keine Normbereiche und keine Daten zur Präzision der Ergebnisse angegeben.

Die Probleme bei der Analytik gehen u. a. daraus hervor, daß selbst die Reagentienhersteller die Ausführung von Dreifachanalysen fordern. Hält man sich vor Augen, daß z. B. beim Carcinoembryonalen Antigen (CEA) die untere Nachweisgrenze in der Literatur meist mit 0,8 $\mu g/l$ angegeben ist, so wird klar, mit welcher Unsicherheit die obere Grenze des Normbereichs für Nichtraucher mit 3 $\mu g/l$ belastet ist.

Wegen der Unzulänglichkeit der Daten bezüglich der technischen Durchführung und der andererseits fehlenden oder mangelhaften klinischen Basis für die Interpretation der Resultate wird auf die Mitteilung von Zahlen zur diagnostischen Sensitivität und Spezifität sowie zum prädiktiven Wert eines im Normbereich liegenden oder eines pathologischen Ergebnisses verzichtet. Näheres zu diesen statistischen Begriffen s. Lehrbücher der Biomathematik.

Carcinoembryonales Antigen (CEA)

In der Literatur werden für Raucher höhere obere Normgrenzen als für Nichtraucher angegeben.

Pathologische Werte finden sich bei:

    Colorectalen Carcinomen
    Medullärem Schilddrüsen-Carcinom

    Bronchial-, Magen-, Pankreas-, Mamma-, Ovarial-, Cervix-Carcinom u. a.

    Entzündlichen Erkrankungen von Leber, Gallenwegen, Pankreas, Gastrointestinaltrakt, Lunge u. a.
    Lebercirrhose
    u. a.

CA 19-9

Es handelt sich hierbei um ein zum Blutgruppenantigen Lewis gehörendes Kohlenhydrat-Hapten.
Bei Probanden, die Lewis a oder b negativ sind, kann das CA 19-9 infolge eines Enzymmangels nicht gebildet werden, so daß unabhängig vom Vorliegen oder Fehlen eines Tumors keine CA 19-9-Konzentration im Serum meßbar ist.

Pathologische Werte finden sich bei:

    S. CEA (s. oben).

    Während das fortgeschrittene colorectale Carcinom in einem geringeren Prozentsatz zu erhöhten CA 19-9-Werten führt, ergeben Carcinome von Pankreas und Gallenwegen im Vergleich zur Bestimmung des CEA häufiger ein pathologisches Resultat.

CA - 50

Die Struktur dieses Antigens ist derjenigen von CA 19-9 ähnlich.

Pathologische Werte finden sich bei:

    S. CEA und CA 19-9 (s. oben).

    Nach Literaturangaben soll ein Pankreas-Carcinom mit diesem Test häufiger als mit anderen Tumormarkern von colorectalen Malignomen zu unterscheiden sein.

CA - 125

Pathologische Werte finden sich bei:

    Ovarial-Carcinom
    Pankreas-Carcinom

Anderen gynäkologischen Tumoren
u. a.

Entzündlichen Erkrankungen im Bereich der weiblichen Genitalien, des Pankreas, der Leber und Gallenwege u. a.

α-Fetoprotein (AFP)

Pathologische Werte finden sich bei:

    Leberzell-Carcinom
    Lebermetastasen
    Keimzelltumoren, die vom Dottersack oder embryonalen Gewebe ausgehen
        Merke:
        Dottersacktumoren sind immer AFP +
        Embryonale Tumoren sind AFP + oder ∅
        Reine Seminome, Dysgerminome, differenzierte Teratome und Chorion-Carcinome sind immer AFP ∅

    Selten bei gastrointestinalen Tumoren

    Benignen Erkrankungen der Leber
    Während der Schwangerschaft

Squamous cell carcinoma antigen (SCC)

Pathologische Werte finden sich bei:

    Plattenepithel-Carcinom von Cervix, Lunge, Oesophagus, Nasopharynx u. a.
    Selten bei benignen Erkrankungen der genannten Gewebe

CA 15-3

Pathologische Werte finden sich bei:

    Mamma-Carcinom
    Ovarial-Carcinom

    Selten bei benignen Erkrankungen der Mammae

Prostataspezifische saure Phosphatase (PAP)

Pathologische Werte finden sich bei:

    Metastasierendem Prostata-Carcinom (selten vor einer Metastasierung)

Prostataspezifisches Antigen (PSA)

Pathologische Werte finden sich bei:

    Metastasierendem Prostata-Carcinom (selten vor einer Metastasierung)

Da die Bestimmung der Prostataspezifischen sauren Phosphatase (PAP) und des Prostataspezifischen Antigens (PSA) bei einzelnen Patienten zu verschiedenen Zeitpunkten und in unterschiedlichem Ausmaß zu erhöhten Resultaten führen kann, ist die Messung beider Substanzen angezeigt.
Eine Überlegenheit in der diagnostischen Aussagekraft gegenüber der spezifischen Bestimmung der Enzymaktivität der sauren Prostata-Phosphatase (s. S. 295 f.) ist nicht erwiesen.

Calcitonin

Pathologische Werte finden sich bei:

    Medullärem Schilddrüsen-Carcinom (C-Zell-Carcinom)

        Die Hormonausschüttung aus dem Tumorgewebe kann durch subcutane Injektion von Pentagastrin innerhalb weniger Minuten stark gesteigert werden, so daß der Nachweis des Malignoms zu einem früheren Zeitpunkt möglich wird.

    Bronchial-Carcinom mit ektoper Synthese von Calcitonin

Thyreoglobulin

Pathologische Werte finden sich bei:

    Folliculärem und papillärem Schilddrüsen-Carcinom

Humanes Choriongonadotropin (hCG)

Mit den meisten verfügbaren Reagentien werden das komplette (aus einer α- und β-Kette bestehende) Hormon sowie biologisch unwirksame freie β-Untereinheiten erfaßt.

Pathologische Werte finden sich bei:

    Blasenmole, Chorion-Carcinom (vom Trophoblasten ausgehend)
    Teratomen vom trophoblastischen Typ

    Selten bei reinen Seminomen (die Riesenzellen enthalten)
      Merke:
      Dottersacktumoren sind immer hCG Ø

    Selten bei ektoper Hormonsynthese anderer Carcinome (Pankreas, Colon, Magen, Mamma, Ovar, Lunge, Niere u. a.)

    Schwangerschaft bzw. ektoper Schwangerschaft

Schwangerschaftsspezifisches β_1-Glykoprotein (SP-1)

Pathologische Werte finden sich bei:

    Trophoblastischen Tumoren

Bei einzelnen Patienten mit entsprechenden Malignomen ergeben sich im Vergleich zu den hCG-Spiegeln früher oder später pathologische Befunde, so daß evtl. beide Tumormarker bestimmt werden sollten.

Vasoaktives intestinales Polypeptid (VIP)

Pathologische Werte finden sich bei:

VERNER-MORRISON-Syndrom (pankreatische Cholera)
> Der dem Syndrom zugrunde liegende Hormon-bildende Tumor (Vipom) ist meist im Pankreas lokalisiert; das Polypeptid zeigt ähnliche Wirkungen wie das Choleratoxin.

Pankreatisches Polypeptid (PP)

Dieses Hormon wird isoliert oder zusammen mit Gastrin, Glukagon, Insulin, Serotonin und dem Vasoaktiven intestinalen Polypeptid (VIP) von im Gastrointestinaltrakt (meist im Pankreas) gelegenen endokrin aktiven Tumoren sezerniert.

Pathologische Werte finden sich bei:

Endokrin aktiven Tumoren des Magen-Darm-Kanals (s. oben)
> Die Hormonproduktion ist bei diesen Patienten durch Atropingabe nicht zu hemmen.

Vereinzelt bei gesunden älteren Menschen
> Nach Atropininjektion sinken die Hormonspiegel bei diesen Probanden ab.

Tissue Polypeptide Antigen (TPA)

Pathologische Werte finden sich bei:

Carcinomen aller Art

Zahlreichen entzündlichen Erkrankungen der verschiedensten Organe
Lebercirrhose

Neuron-spezifische Enolase (NSE)

Pathologische Werte finden sich bei:

Tumoren, die sich von neuroendokrinen Zellsystemen ableiten
> Neuroblastom
> kleinzelliges Bronchial-Carcinom
> Inselzell-Carcinom des Pankreas
> Carcinoide
> medulläres Schilddrüsen-Carcinom
> u. a.

Selten bei anderen Malignomen

Die Ausführungen über Tumormarker zeigen deutlich, daß bisher kaum Substanzen gefunden wurden, die für ein bestimmtes Organ spezifisch sind. Der gehäufte Anstieg gewisser Markersubstanzen bei einzelnen Malignomen erlaubt es, im Verdachtsfall gezielte Untersuchungen in die allgemeine Carcinomdiagnostik einzubeziehen. In Tabelle 44 sind Verfahren, die sich für häufig vorkommende maligne Tumoren als relativ geeignet erwiesen haben, zusammengestellt.

Es sei nochmals daran erinnert, daß die Bestimmung von Tumormarkern nicht zur Frühdiagnostik dienen kann.

Außerdem ist stets daran zu denken, daß pathologische Resultate bei zahlreichen benignen Geschwülsten und entzündlichen Erkrankungen vorkommen können.

Tabelle 44. Überblick über den Einsatz von Tumormarkern

Carcinome	Tumormarker
colorectal	Carcinoembryonales Antigen (CEA), CA 19-9
Pankreas	CA 19-9, CA-50, Carcinoembryonales Antigen (CEA)
Magen	Carcinoembryonales Antigen (CEA), CA 19-9
Leber	α-Fetoprotein (AFP)
Gallenwege	CA 19-9

Bronchien
  kleinzellig
  übrige
	
	Carcinoembryonales Antigen (CEA), Neuron-spezifische Enolase (NSE)
	Carcinoembryonales Antigen (CEA)

Schilddrüse
  medullär
  übrige
	
	Calcitonin, Neuron-spezifische Enolase (NSE), Carcinoembryonales Antigen (CEA)
	Thyreoglobulin

Plattenepithel (Cervix, Lunge, Oesophagus, Nasopharynx u. a.)	Squamous cell carcinoma antigen (SCC), Carcinoembryonales Antigen (CEA)
Mamma	CA 15-3, Carcinoembryonales Antigen (CEA)
Ovar	CA-125, Carcinoembryonales Antigen (CEA), CA 15-3, α-Fetoprotein (AFP)
Prostata	Prostataspezifische saure Phosphatase (PAP), Prostataspezifisches Antigen (PSA)
Testes	α-Fetoprotein (AFP), humanes Choriongonadotropin (hCG)
trophoblastische Tumoren	Schwangerschaftsspezifisches β_1-Glykoprotein (SP-1), humanes Choriongonadotropin (hCG)
VERNER-MORRISON-Syndrom (Vipom)	Vasoaktives intestinales Polypeptid (VIP)
endokrin aktive Tumoren des Magen-Darm-Kanals	Pankreatisches Polypeptid (PP), Vasoaktives intestinales Polypeptid (VIP), Neuron-spezifische Enolase (NSE), Gastrin, Insulin, Glukagon, Serotonin

Nachweis von Auto-Antikörpern

Bildung von Auto-Antikörpern

Das Immunsystem ist beim Gesunden so gesteuert, daß keine cellulären oder humoralen Abwehrvorgänge gegen körpereigene Substanzen in Gang gesetzt werden. Gerät der zugrunde liegende komplizierte Regelmechanismus außer Kontrolle, so kommt es zur Einleitung cellulärer Reaktionen und/oder zur Bildung von Auto-Antikörpern.

Die Toleranz gegen Strukturen im Organismus kann dann aufgehoben sein, wenn das Zusammenspiel zwischen den verschiedenen Lymphocytenpopulationen, insbesondere die Suppressorfunktion der T-Lymphocyten, gestört ist.

Ferner ist die Entstehung von Auto-Antikörpern möglich, wenn krankheitsbedingt Zell- oder Gewebsbestandteile freigelegt werden bzw. ins Blut gelangen, die in der embryonalen Phase dem Abwehrsystem nicht zugänglich waren (z. B. Antigene aus Zellkernen, Thyreoglobulin, Spermatozoen u. a.).

Auch Bakterien, Viren, Parasiten oder Medikamente u. a. können eine Bildung von Immunglobulinen, die als Auto-Antikörper wirksam sind, auslösen. Voraussetzung ist, daß die Erreger oder die durch sie infizierten Zellen bzw. applizierte Pharmaka körpereigenen Strukturen ähneln, so daß die synthetisierten Antikörper nicht nur mit den Antigenen selbst reagieren, sondern auch Reaktionen mit intakten Körperbestandteilen auslösen.

Die Bildung von Auto-Antikörpern im Rahmen sog. Autoimmunerkrankungen kann fortwährend oder intermittierend erfolgen. Meist korreliert das Ausmaß der Immunglobulinsynthese mit der Schwere und dem Stadium des Krankheitsbildes. Während Remissionen (oder therapiebedingt) kann vereinzelt ein Abfall bis unter die Nachweisgrenze beobachtet werden.

Wirkungsweise von Auto-Antikörpern

Folgende Mechanismen spielen vor allem eine Rolle:

Auto-Antikörper können nach Bindung an korrespondierende Antigene eine Zerstörung von Zellen bewirken,
- indem sie eine Phagocytose durch Granulocyten oder Monocyten/Makrophagen ermöglichen,
- das Complementsystem aktivieren (s. S. 30) und
- Killerzellen zur Lyse stimulieren (s. S. 27).

Durch die Bindung von Auto-Antikörpern an spezifische Receptoren kann der Effekt von Substanzen, die über die Bindung an spezifische Receptoren auf der Zelloberfläche wirken, gehemmt oder nachgeahmt werden (z. B. Stimulation der Schilddrüse durch Auto-Antikörper bei M. BASEDOW (s. S. 372)) oder die Freisetzung von Zellbestandteilen und damit eine Einleitung pathologischer Abbauvorgänge erfolgen (z. B. entzündliche Gelenkveränderungen durch das Freiwerden lysosomaler Enzyme bei rheumatoider Arthritis).

Vom RES, insbesondere den KUPFFER'schen Sternzellen in der Leber, nicht abgebaute zirkulierende Immunkomplexe können sich an Gewebsstrukturen anlagern und diese dadurch schädigen bzw. deren Funktion einschränken (z. B. Glomerulonephritis bei systemischem Lupus erythematodes).

Rolle der Auto-Antikörper bei der Entstehung von Krankheiten

Nur bei einem kleinen Teil der bisher nachweisbaren Auto-Immunglobuline gilt eine pathogenetische Bedeutung im Rahmen von Erkrankungen als sehr wahrscheinlich (z. B. Antikörper gegen Acetylcholin-Receptoren bei Myasthenia gravis).

In der überwiegenden Zahl der Fälle kann den gegen körpereigene Substanzen gerichteten Antikörpern keine ursächliche Rolle bei der Entwicklung bestimmter Krankheitsbilder zugeordnet werden (z. B. Rheumafaktor bei rheumatoider Arthritis, antinucleäre Antikörper bei Kollagenosen). Vielmehr scheint das Auftreten von Auto-Antikörpern Folge einer ätiologisch nicht geklärten Störung der Mechanismen zur Regulation von Immunantworten im Organismus zu sein.

Bedeutung der Auto-Antikörper in der Diagnostik von Erkrankungen

Zur Differentialdiagnostik kann der Nachweis von Auto-Antikörpern kaum einen wesentlichen Beitrag leisten. Dies liegt zum einen daran, daß nur in wenigen Fällen eine Organspezifität gegeben ist, d. h., daß die synthetisierten Immunglobuline nur gegen definierte Strukturen bestimmter Gewebe gerichtet sind. Häufig reagieren die Auto-Antikörper organ- und sogar speziesunspezifisch.

Auch die Bestimmung mehrerer Komponenten liefert keine entscheidenden Aussagen zur Diagnose. So lassen sich beispielsweise beim systemischen Lupus erythematodes in einem hohen Prozentsatz Auto-Antikörper gegen doppel- und einsträngige DNS nachweisen, während bei der Medikamenten-induzierten Form nur selten Immunglobuline (in ca. 5 %) gegen die doppelsträngige Nucleinsäure gebildet werden. Im Einzelfall ist jedoch auf Grund der immunologischen Nachweisverfahren eine Entscheidung der Frage, ob eine durch Pharmaka bedingte Erkrankung vorliegt, nicht möglich. Auch hier sind - wie fast immer bei der Erstellung einer Diagnose - zuverlässige anamnestische Angaben von ausschlaggebender Bedeutung.

Da bei offenbar Gesunden in Abhängigkeit von der nachzuweisenden Substanz in einem mehr oder weniger hohen Prozentsatz positive Befunde erhalten werden, ist aus der Anwesenheit von Auto-Antikörpern im Serum nicht in jedem Fall auf ein krankhaftes Geschehen zu schließen. Wieweit pathologische Testergebnisse der Manifestation eines Krankheitsbildes um einen langen Zeitraum vorausgehen können, ist ungeklärt. Dagegen spricht, daß Verwandte von Patienten mit Autoimmunerkrankungen in erheblichem Ausmaß Auto-Antikörper aufweisen, ohne häufiger als seronegative Angehörige zu erkranken.

Andererseits existieren auch erhebliche methodische Probleme. Insbesondere schränken die oft mangelhafte Charakterisierung der in den Tests verwendeten Antigene und das Ausmaß der Kreuzreaktionen die Vergleichbarkeit der Ergebnisse häufig ein.

Im folgenden werden daher nur einige häufig vorkommende Auto-Antikörper mit weitgehender bzw. fehlender Organspezifität genannt. Auf die Methodik und die sich stark widersprechenden Literaturangaben zur Häufigkeit ihres Vorkommens bei verschiedenen Patientengruppen wird hier nicht eingegangen. Lediglich die Bestimmung des Rheumafaktors soll näher besprochen werden.

Auto-Antikörper mit weitgehender Organspezifität

Auto-Antikörper gegen Parietalzellen der Magenschleimhaut und Intrinsicfaktor

Vorkommen bei chronisch atrophischer Gastritis (Folge ist u. a. ein Vitamin B_{12}-Mangel und die Entwicklung einer Perniciosa (s. S. 116)).

Auto-Antikörper gegen Acetylcholin-Receptoren der postsynaptischen Membran

Vorkommen bei Myasthenia gravis.

Auto-Antikörper gegen glomeruläre Basalmembran-Antigene

Vorkommen bei Glomerulonephritis entsprechender Ätiologie, insbesondere beim GOODPASTURE-Syndrom.

Auto-Antikörper gegen Leberzellmembranen

Vorkommen bei chronisch aktiver Hepatitis, primärer biliärer Cirrhose, alkoholischer Lebercirrhose, diversen Systemerkrankungen mit Leberbeteiligung.

Auto-Antikörper gegen leberspezifische Lipoproteine

Vorkommen bei chronisch aktiver Hepatitis, primärer biliärer Cirrhose, alkoholischer Lebercirrhose, diversen Systemerkrankungen mit Leberbeteiligung.

Auto-Antikörper gegen corpusculäre Bestandteile des Blutes

Vorkommen bei Autoimmun-Thrombocytopenien, -Granulocytopenien und -hämolytischen Anämien.

Auto-Antikörper ohne Organspezifität

Antinucleäre Antikörper, Auto-Antikörper gegen doppel- und einsträngige DNS

Vorkommen bei Lupus erythematodes (systemische, discoide und Medikamenten-induzierte (durch Dihydralazin, Procainamid u. a.) Form; bei letzterer finden sich nur selten Auto-Antikörper gegen doppelsträngige DNS), allen anderen den Kollagenosen zugerechneten Krankheiten (Sklerodermie, Dermatomyositis, Panarteriitis nodosa, SJÖGREN-Syndrom), rheumatoider Arthritis und allen weiteren Erkrankungen des rheumatischen Formenkreises, Lebererkrankungen mit nachweisbaren Immunreaktionen, infektiöser Mononucleose, Auto-Antikörper-bedingter Thrombocytopenie, hämolytischen Anämien, Leukämien, Myasthenia gravis, in hohem Prozentsatz bei Verwandten von Patienten mit Lupus erythematodes, vereinzelt bei offenbar gesunden älteren Menschen u. a.

Auto-Antikörper gegen mitochondriale Antigene

Vorkommen bei primärer biliärer Cirrhose, chronisch aktiver Hepatitis, diversen Lebererkrankungen, rheumatoider Arthritis und anderen Erkrankungen des rheumatischen Formenkreises, selten bei Gesunden u. a.

Auto-Antikörper gegen glatte Muskelzellen

Vorkommen bei chronisch aktiver Hepatitis, primärer biliärer Cirrhose, zahlreichen Virusinfektionen, selten bei Gesunden u. a.

Auto-Antikörper gegen Thyreoglobulin

Vorkommen bei Thyreoiditis, insbesondere HASHIMOTO-Thyreoiditis, Verwandten von Patienten mit Thyreoiditis, primärer Hypothyreose, primärer Hyperthyreose, zahlreichen anderen Erkrankungen der Schilddrüse, bis zu 10 % bei offenbar Gesunden u. a.

Auf die Vielzahl aller weiteren bis heute nachgewiesenen Auto-Antikörper soll hier nicht näher eingegangen werden, zumal die Bestimmung dieser Substanzen keinen wirklichen Fortschritt in der Differentialdiagnostik erbracht hat.

Nachweis bzw. Bestimmung der Rheumafaktoren

Überblick:

Rheumafaktoren stellen Auto-Antikörper, die gegen den Fc-Teil von Immunglobulin G gerichtet sind, dar. Sie gehören meist der Klasse IgM, selten den Klassen IgG bzw. IgA an.

Prinzip:

Zum qualitativen und halbquantitativen Nachweis dienen vorwiegend Latex-Agglutinationsteste. Die inerten Partikel sind in der Regel mit dem Fc-Fragment von IgG beschichtet und erfassen nur Rheumafaktoren mit IgM-Struktur.

Quantitative Bestimmungen sind mit nephelometrischen Methoden, Radio- bzw. Enzymimmunoassays nach dem Sandwich-Prinzip möglich. Diese Verfahren erlauben je nach verwendetem zweiten Antikörper eine spezifische Erfassung von IgM-, IgG- oder IgA-Rheumafaktoren.

Normbereich:

Bei qualitativen Verfahren	negativ
Bei quantitativen Verfahren	unter 40 IU/ml

Beurteilung der Ergebnisse:

Bei etwa 70 - 85 % erwachsener Patienten mit rheumatoider Arthritis lassen sich Rheumafaktoren nachweisen.
Während beim FELTY-Syndrom, einer besonders schweren Verlaufsform der Erkrankung, in der Regel immer positive Befunde vorliegen, sind im Kindesalter häufig negative Resultate zu beobachten.

Ca. 5 % der offenbar gesunden Erwachsenen zeigen vor allem mit zunehmendem Lebensalter einen positiven Testausfall, wobei der Titer für die Rheumafaktoren im allgemeinen niedrig liegt.

Pathologische Ergebnisse finden sich auch bei allen anderen Erkrankungen des rheumatischen Formenkreises, bei Kollagenosen, zahlreichen Infektionskrankheiten (Tuberkulose, Lues u. a.), Endokarditis lenta, Virusinfekten, entzündlichen Erkrankungen der Leber u. a.

Auf Grund der Unspezifität des Nachweises ist eine differentialdiagnostische Bedeutung der Rheumafaktoren nicht gegeben. Zur Erfassung der rheumatoiden Arthritis dienen daher vor allem anamnestische und klinische Zeichen.

Bestimmung von Arzneimittelkonzentrationen im Serum

Die Wirkung eines Medikaments hängt nicht nur von der verabfolgten Dosis, sondern auch vom Alter und Körpergewicht des Patienten, der Resorption, der Verteilung im Organismus (z. B. im Fettgewebe), vom Metabolismus der Substanz und der Ausscheidung des Stoffes selbst bzw. seiner Abbauprodukte ab. So wird verständlich, daß es bei einer schematischen Verordnung von Pharmaka - vor allem bei schmaler therapeutischer Breite - sowohl zu Über- als auch zu Unterdosierungen kommen kann.

Die Bestimmung des Plasmaspiegels eines Arzneimittels und/oder seiner wirksamen Metabolite erlaubt die Kontrolle bzw. Korrektur einer medikamentösen Therapie. Auf die Vielzahl der verfügbaren Teste und der heute meßbaren Substanzen kann in diesem Rahmen nicht eingegangen werden. Hierzu s. Lehrbücher der Pharmakologie und Toxikologie sowie spezielle Literaturangaben.

Fehler bei der Durchführung von Verfahren
auf immunologischer Grundlage

Unzureichend charakterisierte Antigene benutzt.
Nicht ausreichend spezifische Antikörper verwendet.
    Bei fehlenden Informationen zu diesen Punkten ist infolge eventueller Kreuz-
    reaktionen keine korrekte Interpretation der Ergebnisse möglich.
Verfallsdatum der Fertigreagentien nicht beachtet.
Antikörper-beschichtete Materialien nicht vor Luftfeuchtigkeit geschützt aufbewahrt, so daß eine Denaturierung von Proteinen erfolgen kann.
Reagentien nicht bei der vorgeschriebenen Temperatur gelagert.
Standardpräparationen benutzt, deren Eigenschaften und Reinheit von den Reagentienherstellern nicht ausreichend deklariert sind.
Patientenproben nicht angemessen verdünnt, so daß es infolge eines Antigenüberschusses zu dem sog. Auslöschphänomen (s. S. 351) mit falsch niedrigen Ergebnissen kommt.
Nicht berücksichtigt, daß die Patienten vor der Probengewinnung aus diagnostischen Gründen Seren tierischer Herkunft erhalten haben, die mit den im Test verwendeten Antikörpern konkurrieren oder in vivo zur Antikörperproduktion führen.
Inkubationszeit zur Bildung von Antigen-Antikörper-Komplexen zu kurz gewählt, daher Einstellung eines Gleichgewichts zwischen den Reaktionspartnern nicht gewährleistet.
Inkubationstemperatur bei der Bindung des Antigens an die Antikörper zu hoch oder zu niedrig gehalten.
    Merke: Wenn von den Reagentienherstellern eine Inkubation bei Raumtempera-
    tur angegeben wird, sollte, damit die Standardwerte von Tag zu Tag vergleich-
    bar sind, bei 25 °C inkubiert werden.
Bei evtl. erforderlichen Absaug- oder Waschvorgängen Phasentrennung nicht sorgfältig vorgenommen.
Ansätze nach dem letzten Waschschritt vor der Durchführung von Enzymaktivitätsbestimmungen zu lange trocken stehen gelassen.
Fehler bei der Abmessung von Volumina, der Inkubation und Photometrie im Rahmen von Enzymimmunoassays s. S. 489 ff.
Zur Arbeit mit Isotopenzählgeräten s. entsprechende Gebrauchsanleitungen.

Literaturhinweise

BROWN, S.S., MITCHELL, F.L., YOUNG, D.S. (Eds.): Chemical Diagnosis of Disease.
Amsterdam, New York, Oxford: Elsevier/North Holland Biomedical Press 1979.

CURTIUS, H.Ch., ROTH, M. (Eds.): Clinical Biochemistry. Principles and Methods.
Berlin, New York: de Gruyter 1974.

GREILING, H., GRESSNER, A.M. (Hrsg.): Lehrbuch der Klinischen Chemie und Pathobiochemie.
Stuttgart, New York: Schattauer 1987.

GROSS, R., SCHÖLMERICH, P., GEROK, W. (Hrsg.): Lehrbuch der Inneren Medizin, 7. Aufl.
Stuttgart, New York: Schattauer 1987.

HENRY, R.J., CANNON, D.C., WINKELMAN, J.W.: Clinical Chemistry, 2nd ed.
New York, Evanston, San Francisco, London: Harper and Row 1974.

HEROLD, G. (Hrsg.): Innere Medizin.
Köln: Selbstverlag 1988.

KARLSON, P., GEROK, W., GROSS, W.: Pathobiochemie, 2. Aufl.
Stuttgart, New York: Thieme 1982.

KELLER, H.: Klinisch-chemische Labordiagnostik für die Praxis. Analyse, Befund, Interpretation.
Stuttgart, New York: Thieme 1986.

MÜLLER-PLATHE, O.: Säure-Basen-Haushalt und Blutgase. Pathobiochemie - Klinik - Methodik, 2. Aufl.
Stuttgart, New York: Thieme 1982.

ROSE, N.R., FRIEDMAN, H., FAHEY, J.L. (Eds.): Manual of Clinical Laboratory Immunology, 3rd ed.
Washington: American Society for Microbiology 1986.

SIEGENTHALER, W. (Hrsg.): Klinische Pathophysiologie, 6. Aufl.
Stuttgart, New York: Thieme 1987.

SIEGENTHALER, W., KAUFMANN, W., HORNBOSTEL, H., WALLER, H.D. (Hrsg.): Lehrbuch der Inneren Medizin, 2. Aufl.
Stuttgart, New York: Thieme 1987.

THOMAS, L. (Hrsg.): Labor und Diagnose, 3. Aufl.
Marburg: Medizinische Verlagsgesellschaft 1988.

TIETZ, N.W. (Ed.): Textbook of Clinical Chemistry.
Philadelphia: Saunders 1986.

VORLAENDER, K.O. (Hrsg.): Immunologie, 2. Aufl.
Stuttgart, New York: Thieme 1983.

HARN

II

Harnvolumen

Das Harnvolumen wird von der Flüssigkeitsaufnahme und der extrarenalen Abgabe (Atmung, Schweiß, Stuhl) beeinflußt; meist liegt es zwischen 900 und 1500 ml pro 24 Stunden. Beim Gesunden sind zur Ausscheidung der harnpflichtigen Substanzen bei maximaler Konzentrationsfähigkeit der Nieren folgende Harnvolumina erforderlich:

    Bei reiner Kohlenhydratkost (z. B. Glucoseinfusionen) mindestens 500 ml
    Bei gemischter Kost   mindestens 900 ml

Zur Charakterisierung verminderter bzw. vermehrter Harnvolumina sind folgende Begriffe eingeführt:

Oligurie	unter 400 ml Harn/24 Stunden (unter 16 ml Harn/Stunde)
Anurie	unter 100 ml Harn/24 Stunden (unter 4 ml Harn/Stunde)
komplette Anurie	keine Harnausscheidung
Polyurie	über 2,5 l Harn/24 Stunden (über 100 ml Harn/Stunde)

Diagnostisch wichtige Harnbestandteile

Tabelle 45. Ausscheidung von Harnbestandteilen beim gesunden Erwachsenen

Substanzen	Ausscheidung/24 Stunden
Proteine	45 - 75 mg
Glucose	15 - 130 mg
Amylase (4-Nitrophenyl-α, D-Maltoheptaosid)	unter 600 U/l
(4-Nitrophenyl-α, D-Maltopenta/hexaosid)	unter 300 U/l
(2-Chlor-4-Nitrophenyl-β, D-Maltoheptaosid)	unter 600 U/l
Kalium	35 - 80 mmol
Natrium	100 - 220 mmol
Chlorid	100 - 240 mmol
Phosphat	25 - 50 mmol
Calcium	3 - 8 mmol
Ammoniumionen	20 - 70 mmol
titrierbare Acidität	unter 40 mmol
Creatin	15 - 250 mg
Creatinin (pro kg Körpergewicht)	Männer 15 - 30 mg/kg Frauen 10 - 25 mg/kg
Harnstoff-N (abhängig von der Proteinzufuhr)	6 - 15 g
Harnsäure (abhängig von der Purinzufuhr)	0,2 - 1,0 g
δ-Aminolävulinsäure	unter 7 mg
Porphobilinogen	unter 2 mg
Uroporphyrine	unter 20 μg
Coproporphyrine	unter 80 μg
Dopamin	200 - 450 μg
Noradrenalin	20 - 100 μg
Adrenalin	5 - 15 μg
3-Methyl-4-Hydroxymandelsäure (Vanillinmandelsäure)	3 - 7 mg
5-Hydroxyindolessigsäure	2 - 7 mg

Harngewinnung und Harnsammlung

Nach der Art der Gewinnung des Harns und der Dauer der Sammelperioden sind zu unterscheiden:

Spontanurin

Für qualitative bzw. halbquantitative Harnuntersuchungen ist der morgens gelassene Nachturin am besten geeignet, da er meist konzentrierter ist als Tagesharn.
Im alkalischen Milieu sind insbesondere die organisierten Sedimentbestandteile nur schlecht haltbar. Die Proben sind daher sofort ins Laboratorium zu bringen und die Untersuchungen umgehend auszuführen.
Die Gewinnung von Mittelstrahlurin (s. Lehrbücher der Mikrobiologie) ist für klinisch-chemische Daten im allgemeinen nicht erforderlich.

Sammelurin

Für quantitative Analysen ist der Harn während eines bestimmten Zeitraums vollständig zu gewinnen. Hierbei ist die Mitarbeit des Patienten von entscheidender Bedeutung. Auch der im Rahmen der Defäkation entleerte Urin muß mitgesammelt werden.
Zu Beginn einer Sammelperiode wird der Patient angehalten, die Blase zu entleeren; dieser Harn ist zu verwerfen. Anschließend gewinnt man den Urin während der vorgeschriebenen Zeit in einem ausreichend großen Gefäß. Am Ende der Sammelperiode ist wiederum eine Entleerung der Blase erforderlich; die gewonnene Probe wird dem bisher gesammelten Harn zugefügt.
Entweder muß das gesamte Material in das Laboratorium gebracht werden (unbedingt erforderlich zur Messung der Calciumausscheidung!), oder das Volumen wird genau gemessen, der Harn gut gemischt und ein aliquoter Teil der Probe unter Angabe des Gesamtvolumens eingesandt.
Die Dauer der Harnsammlung richtet sich nach der Art der Untersuchung:
15 Minuten bei Clearancemessungen und der Phenolrotprobe
2 (oder 4) Stunden bei der endogenen Creatinin-Clearance
5 Stunden beim D-Xylose-Test
12 Stunden (Tagesharn (7 - 19 Uhr) und Nachtharn (19 - 7 Uhr))
    zur Kontrolle der Glucoseausscheidung beim Diabetes mellitus
24 Stunden für die meisten quantitativen Analysen

Es sind stets ausreichend große Gefäße (für 24-Stunden-Harn Behälter mit mindestens 2000 ml Fassungsvermögen) bereitzustellen!

Katheterurin

Da bei der Katheterisierung häufig Keime in die ableitenden Harnwege eingeschleppt werden, sollte nur ausnahmsweise Harn mittels Katheter entnommen werden.

Sterile Gewinnung von Urin durch suprapubische Punktion der Harnblase

Dieses Vorgehen ist für klinisch-chemische und morphologische Untersuchungen im allgemeinen nicht erforderlich (ausgenommen bei dringender Indikation während der Menstruation).
Die Punktion stellt jedoch die einzige Möglichkeit zur Entnahme von Urin für bakteriologische Zwecke unter sterilen Bedingungen dar.

Harnproben müssen stets in sauberen Behältern aufgefangen und transportiert werden. Sterile Gefäße sind nur für mikrobiologische Untersuchungen erforderlich.

Konservierung des Harns

Eine Konservierung des Urins zur Untersuchung des Harnsediments ist aus folgenden Gründen nicht möglich:
> Bei Raumtemperatur kommt es schon nach wenigen Stunden zu einer so starken Vermehrung der Bakterien im Harn, daß eine Beurteilung der einzelnen Bestandteile nicht mehr möglich ist.
> Eine Aufbewahrung im Kühlschrank bewirkt das Ausfallen großer Mengen von Salzen, so daß die mikroskopische Auswertung erschwert oder nicht mehr durchführbar ist.
> Einfrieren führt zur Zerstörung der organisierten Bestandteile.

Für klinisch-chemische Analysen kann der Harn durch Aufbewahrung bei Kühlschranktemperatur und durch Zusatz von geeigneten Konservierungsmitteln haltbar gemacht werden. Da die zur Stabilisierung verwendeten Substanzen verschiedene Reaktionsabläufe stören können, existieren keine allgemein gültigen Vorschriften zur Harnkonservierung.

Für Spezialuntersuchungen werden häufig die im folgenden beschriebenen Hinweise empfohlen. Spezielle Maßnahmen sind jedoch nur nach Rücksprache mit dem zuständigen Laboratorium zu treffen.

Aminosäuren, Harnstoff, Harnsäure, Creatinin
> Soll Sammelharn auf diese stickstoffhaltigen Substanzen untersucht werden, so sind Thymol, in Isopropanol gelöst (5 ml einer 10 proz. (w/v) Lösung), oder ca. 10 ml Toluol zur Konservierung der 24-Stunden-Harnmenge geeignet.

Steroide (Oestrogene, Pregnantriol u. a.)
> Den Harnportionen ist Borsäure (5 ml 1 proz. (w/v) Lösung zur 24-Stunden-Menge) zur Verhinderung des Bakterienwachstums zuzusetzen. Zur Aufbewahrung ist Kühlschranktemperatur erforderlich.

Porphyrine, Porphyrinvorstufen

Uroporphyrine, Coproporphyrine, Porphobilinogen
> Der Harn ist ohne Zusatz (evtl. auch mit 5 g Natriumbicarbonat im Sammelgefäß) zu gewinnen. Die Aufbewahrung muß vor Licht geschützt (in einer braunen Flasche) und unter Kühlung erfolgen.

δ-Aminolävulinsäure
> Zur Harnsammlung sind Gefäße zu verwenden, die 20 ml konz. Essigsäure enthalten.

Catecholamine
> Dopamin, Noradrenalin, Adrenalin und das Abbauprodukt 3-Methoxy-4-Hydroxymandelsäure (häufig auch als "Vanillinmandelsäure" bezeichnet) werden bei neutraler oder alkalischer Reaktion oxydiert. Es ist dafür zu sorgen, daß der Harn immer saurer als pH 3 bleibt. Daher werden zu Beginn der Sammelperiode 20 ml konz. Essigsäure in das Gefäß gegeben.

5-Hydroxyindolessigsäure
> Da 5-Hydroxyindolessigsäure in saurem Milieu am haltbarsten ist, empfiehlt es sich, vor Beginn des Harnsammelns 20 ml 10 proz. (w/w) HCl zuzusetzen. Hierdurch läßt sich die Oxydation des Metaboliten verhindern.

Enzyme
> Sollen Enzyme im Sammelharn bestimmt werden, ist der Urin ohne Zusatz von Konservierungsstoffen bei + 4 °C aufzubewahren. Einfrieren ist zu vermeiden.

METHODEN ZUR UNTERSUCHUNG VON HARN

Makroskopische Beurteilung des Harns

Auf Grund des Aussehens kann bereits eine pathologische Zusammensetzung von Harnproben vermutet werden; zur Klärung sind mikroskopische und chemische Untersuchungen erforderlich. Bei Gesunden ist der Harn - in Abhängigkeit von seiner Konzentration - hell- bis dunkelgelb gefärbt. In Tabelle 46 sind wesentliche erkennbare Veränderungen des Urins und die zugrunde liegenden Ursachen zusammengestellt.

Tabelle 46. Diagnostische Hinweise durch makroskopische Betrachtung des Harns

Farbe, Aussehen	Verdacht auf
fast farblos infolge Polyurie	starke Glucosurie bei Diabetes mellitus Diabetes insipidus
milchig trüb	Leukocyturie
braunrot, trüb, rotbrauner Bodensatz nach längerem Stehen	Hämaturie (vermehrte Ausscheidung von Erythrocyten mit dem Harn)
braunrot	Hämoglobinurie oder Myoglobinurie (Ausscheidung von Hämoglobin bzw. Hämiglobin oder Myoglobin bzw. Metmyoglobin)
intensiv gelb bis rot	Bilirubinurie (Ausscheidung von Bilirubin-Diglucuronid)
ziegelrot	vermehrte Ausscheidung von Urobilinogen
ziegelrot mit Nachdunkeln	Färbung durch Porphyrine, Nachdunkeln durch Oxydation farbloser Porphyrinogene
Trübung, ziegelroter Bodensatz nach längerem Stehen	Niederschlag von Uraten (sog. "Ziegelmehlsediment")
Trübung, weißer Bodensatz nach längerem Stehen	Niederschlag von Phosphat (Merke: Alkalische Reaktion des Urins!)
schwarzbraun	"Schwarzwasserfieber" (massive Hämolyse bei Malaria) Alkaptonurie (zunehmende Färbung durch ein Oxydationsprodukt der Homogentisinsäure)

Die Harnfarbe kann auch durch Substanzen verändert werden, die mit der Nahrung
oder zu diagnostischen bzw. therapeutischen Zwecken zugeführt werden:

Intensiv gelbe Farbe	durch Vitamin B-Präparate
Purpurrote Farbe	durch Phenolsulfonphthalein (Phenolrot s. S. 449)
Blaugrüne Farbe	durch Patentblauviolett (Darstellung von Lymphgefäßen)
Blaue Farbe	durch Indigocarmin (Prüfung der Nierenfunktion)
Braunrote Farbe	durch Furadantin, Azofarbstoffe (z. B. Phenazopyridin)
Rote Farbe	durch Rote Rüben

Bestimmung des spezifischen Gewichts

Prinzip:

Das spezifische Gewicht des Harns gibt einen Anhalt für die Ausscheidung harnpflichtiger Substanzen und Elektrolyte durch die Nieren und stellt somit ein Maß für die Konzentrationsfähigkeit dieses Organs dar. Da das spezifische Gewicht auch von der Temperatur sowie der Anwesenheit von Glucose und Proteinen beeinflußt wird, müssen für die genannten Faktoren stets Korrekturen vorgenommen werden.

Benötigt werden:

Modifiziertes Aräometer (Urometer) mit Skaleneinteilung von 1,000 - 1,060
Zylindrisches Gefäß aus Glas, z. B. 250 ml-Meßzylinder
Thermometer, Teststreifen zum Nachweis von Glucose und Proteinen

Ausführung:

Temperatur des Harns messen und Probe auf Glucose und Eiweiß prüfen. Glaszylinder mit Urin füllen und Urometer vorsichtig so in die Flüssigkeit bringen, daß es allseitig frei schwimmt und nicht mit der Glaswand oder dem Boden des Zylinders in Berührung kommt. Spezifisches Gewicht direkt an der Skala der Spindel in Höhe des unteren Meniscusrandes ablesen.

Korrektur für Temperaturabweichungen
Urometer sind im allgemeinen auf + 15 °C geeicht. Daher gilt:
Je + 3 °C Temperaturdifferenz gegenüber + 15 °C: Wert von 0,001 addieren.
Je - 3 °C Temperaturdifferenz gegenüber + 15 °C: Wert von 0,001 subtrahieren.

Korrektur bei Anwesenheit größerer Mengen Glucose im Harn
Je g Glucose pro dl Harn 0,0037 Skalenteile abziehen.

Korrektur bei Anwesenheit größerer Mengen Proteine im Harn
Je g Eiweiß pro dl Harn 0,0026 Skalenteile abziehen.

Normbereiche:

1,012 - 1,030 im 24-Stunden-Harn
1,003 - 1,040 in einzelnen Harnproben
Der Gesunde soll bis 1,026 konzentrieren können (s. Durstversuch S. 448).

Störungen:

Nach Injektion von nierengängigen Kontrastmitteln ergeben sich bis auf 1,060 fälschlich erhöhte Werte. Auch größere Mengen Medikamente können stören. Eine Korrektur des spezifischen Gewichts ist in diesen Fällen nicht möglich.

Mikroskopische Untersuchung des Harns

Beurteilung des Harnsediments

Prinzip:

Da der Harn meist nur wenige geformte Bestandteile enthält, werden diese durch vorsichtiges Zentrifugieren angereichert.

Benötigt werden:

Spitze Zentrifugenröhrchen
Zentrifuge
Saubere Objektträger
Ungeschliffene Deckgläschen, 18 x 18 mm
Mikroskop, Objektiv 10 : 1 und 40 : 1, Okular 6 x - 8 x
(Kolbenpipette, 50 μl, passende Kunststoffspitzen)

Ausführung:

<u>Frischen</u> Urin umschütteln, ca. 10 ml in ein spitzes Zentrifugenglas füllen und Probe etwa 5 Minuten bei ca. 2000 Umdrehungen pro Minute zentrifugieren.

Überstehenden Harn schnell und in einem Zuge abgießen (dabei das Sediment nicht aufwirbeln oder auskippen!).
Bodensatz mit der geringen Menge Urin, die sich nach dem Dekantieren noch im Röhrchen befindet, wieder vorsichtig aufschütteln.
Einen kleinen Tropfen dieses Sediments durch Ausgießen auf die Mitte eines sauberen Objektträgers bringen. Der ungeübte Untersucher sollte zur Erzielung reproduzierbarer Ergebnisse 50 μl der Suspension mit einer Kolbenpipette abmessen.
Vorsichtig ein kleines Deckgläschen auf den Tropfen auflegen.
Durch das Gewicht des Glases verteilt sich die Flüssigkeit gleichmäßig und es kommt zu einer annähernd reproduzierbaren Schichtdicke zwischen Objektträger und Deckglas.

Mikroskopische Beurteilung:

Kondensor am Mikroskop nach unten drehen,
Frontlinse (wenn möglich) aus dem Strahlengang klappen, gut abblenden.

Zunächst ist die Präparatebene mit dem Objektiv 10 : 1 einzustellen.
Unter starkem Abblenden und ständigem Hin- und Herdrehen der Mikrometerschraube wird mit dieser Vergrößerung nach Zylindern (s. Abb. 52, S. 418) im Sediment gesucht.
Anschließend werden alle Bestandteile des Präparats mit dem Objektiv 40 : 1 beurteilt. Auch hierbei ist ständig mit der Mikrometerschraube zu arbeiten.

Von differentialdiagnostischer Bedeutung ist das die obere Normgrenze überschreitende Vorkommen von organisierten Harnbestandteilen (s. Tabelle 47, S. 416 und 417). Eine unwesentliche Rolle spielen die nicht organisierten Strukturen (s. Tabellen 48 und 49, S. 420 bzw. 423). Lediglich der Nachweis von Cystinkristallen ist pathognomonisch für eine Cystinurie (s. Lehrbücher der Kinderheilkunde und Inneren Medizin).

Bei der Angabe der Häufigkeit der verschiedenen Bestandteile, ermittelt aus der Betrachtung von mindestens 20 - 30 Gesichtsfeldern mit dem Objektiv 40 : 1, hat sich folgende Einteilung bewährt:

Erythrocyten	∅
Leukocyten	0 - 1
Epithelien	1 - 4
Zylinder	5 - 15
	15 - 50
	über 50
	massenhaft

Nicht organisierte Bestandteile	∅
Bakterien	(+)
Hefe	+
u. a.	++
	+++
	massenhaft

Fehlerquellen:

Harn vor Entnahme des ins Laboratorium gesandten Aliquots nicht gemischt.
Probe vor Einfüllen in das Zentrifugenröhrchen nicht sorgfältig umgeschüttelt.
Urin zu hochtourig zentrifugiert, so daß das Sediment nicht mehr vollständig resuspendiert werden kann.
Nach dem Zentrifugieren überstehenden Harn nicht ausreichend abgegossen, Sediment somit in einem zu großen Volumen verteilt, Konzentration der geformten Bestandteile daher fälschlich zu niedrig.
Überstand nicht in einem Zuge abgegossen, so daß ein Teil des Bodensatzes mit ausgekippt wurde.
Sediment im verbliebenen restlichen Harn nicht homogen aufgeschwemmt.
Zu großen oder zu kleinen Tropfen der aufgeschüttelten Suspension auf den Objektträger aufgetragen.
Deckglas nicht vorsichtig aufgelegt, sondern aufgedrückt.
Überschüssige Flüssigkeit mit Zellstoff o. ä. abgesaugt.
Nicht ständig an der Mikrometerschraube gedreht, daher nicht alle Bestandteile in den verschiedenen Präparatebenen erfaßt.
Nicht ausreichend abgeblendet, so daß vor allem hyaline Zylinder durch Überstrahlung übersehen werden.

ADDIS-Count

Diese quantitative Ermittlung der Erythrocyten- und Leukocytenzahl im Harn beruht darauf, daß die genannten organisierten Harnbestandteile in Proben, die während einer definierten Sammelperiode (2 - 4 Stunden) gewonnen wurden, nach Anreicherung auf das Zehnfache in einer Zählkammer ausgezählt werden. Unter Berücksichtigung des Urinvolumens und der Dauer der Probengewinnung kann die Ausscheidung der Erythrocyten und Leukocyten im Harn pro Minute ermittelt werden (normal bis 2000 Erythrocyten und bis 4000 Leukocyten/min).

Das Verfahren hat keine routinemäßige Anwendung gefunden, da neben dem hohen Arbeitsaufwand und den Problemen der quantitativen Harnsammlung während eines bestimmten Zeitraums die Haltbarkeit der zu zählenden Zellen begrenzt ist und außerdem keine diagnostischen Informationen zu gewinnen sind, die nicht auch durch die mikroskopische Beurteilung von Spontanurin erhalten werden.

Tabelle 47. Organisierte Bestandteile des Harnsediments

Organisierte Bestandteile	Aussehen	Chemische Charakterisierung	Normal pro Gesichtsfeld 40 : 1
Erythrocyten	kreisrunde, flache, scharf konturierte Scheiben, beim Drehen an der Mikrometerschraube doppelt konturierter Rand sichtbar; in konzentriertem Harn durch Schrumpfung Stechapfelform; durch Austritt des Hämoglobins nach längerem Stehen Erythrocytenschatten erkennbar	Auflösung durch Zusatz von 5 proz. Essigsäure oder Saponinlösung	0 bis 1
Leukocyten	größer als Erythrocyten, runde Zellen, Zellgrenzen nicht so scharf wie bei Erythrocyten; in saurem Harn Kernstruktur und Granulareste deutlich sichtbar; in alkalischem Harn Zellorganellen durch Quellung weniger gut zu erkennen		1 bis 4
Trichomonaden	15 - 30 μm große Flagellaten mit 3 - 5 Geißeln am Vorderende und dünner undulierender Membran, lebhaft beweglich; nur im frischen Harn auf Grund ihrer Beweglichkeit sicher von Leukocyten zu unterscheiden		keine
Plattenepithelien	groß, vielgestaltig, sehr kleiner Kern (Epithel der ableitenden Harnwege)		bis 15
Nieren- (Tubulus-) epithelien	wenig größer als Leukocyten, großer, runder bis ovaler, bläschenförmiger Kern; häufig Fettkörncheneinlagerungen (stark lichtbrechend)		keine
Hefezellen	ungleich groß, oft ovale Form, aneinander gelagert (Sprossung), im Gegensatz zu Erythrocyten kein doppelt konturierter Rand sichtbar	im Gegensatz zu Erythrocyten in Essigsäure nicht löslich	keine
Bakterien	Bakterien sind an ihrer Größe (1 - 2 μm) und ihrer ausgeprägten Eigenbeweglichkeit zu erkennen. Wird der Harn in einem sauberen Gefäß aufgefangen und werden bei der sofortigen mikroskopischen Betrachtung Bakterien gefunden, so sind zur weiteren Klärung mikrobiologische Untersuchungen erforderlich (s. Lehrbücher der Mikrobiologie).		

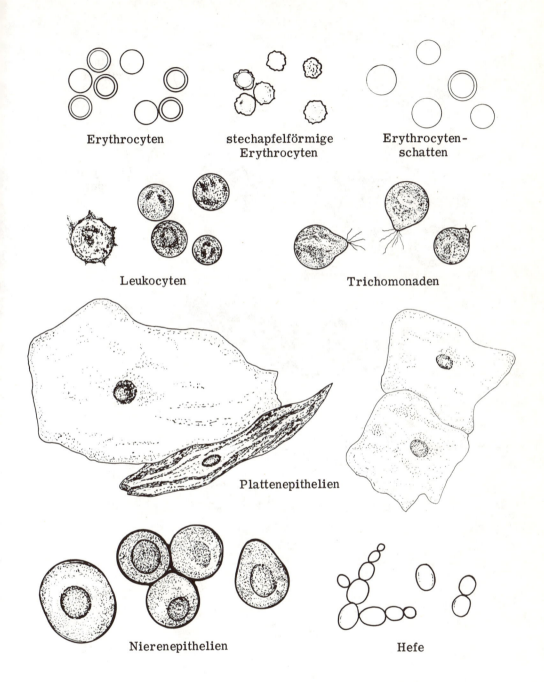

Abb. 51. Organisierte Bestandteile des Harnsediments

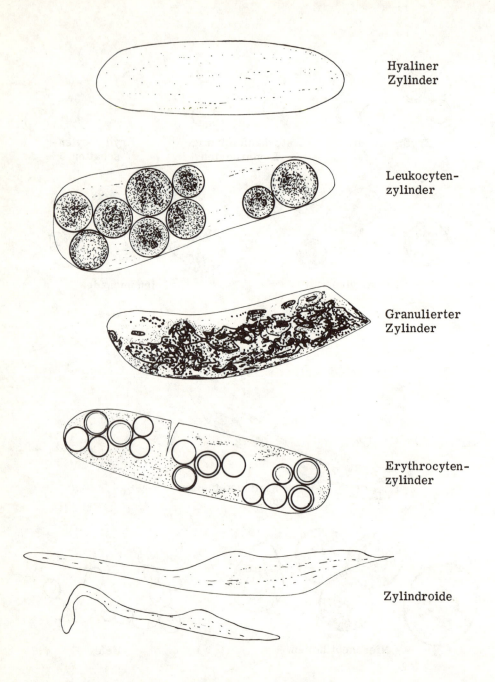

Abb. 52. Organisierte Bestandteile des Harnsediments

Fortsetzung Tabelle 47.

Organisierte Bestandteile	Aussehen	Normal pro Gesichtsfeld 40 : 1
Zylinder	Es handelt sich um entsprechend geformte Gebilde von verschiedener Länge, Dicke und Zusammensetzung. Zylinder zeigen scharfe Konturen, meist abgerundete oder scharf abgebrochene Enden. Zylinder bestehen aus Serumproteinen, die die Glomerulusmembran passiert haben und in den distalen Nierentubuli bzw. den Sammelrohren ausgefallen sind. In die Eiweißmatrix können Zellen, Zellreste u. a. eingelagert sein.	
hyaline Zylinder	homogen, durchscheinend, mit Objektiv 10 : 1 und stark abgeblendeter Beleuchtung suchen; vermehrtes Auftreten nach starker körperlicher Anstrengung möglich	ganz vereinzelt
Leukocytenzylinder	Einlagerung von Leukocyten, deren Kernstrukturen meist nicht mehr gut sichtbar sind	keine
Epithelzylinder	Einlagerung von meist fettig degenerierten Nierenepithelien	keine
granulierte Zylinder	Einlagerung feiner bis gröberer Granula (= Reste degenerierter Zellen)	keine
Fetttröpfchenzylinder	Einlagerung von Fetttröpfchen, die aus degenerierten Zellen stammen	keine
Erythrocytenzylinder	Einlagerung von Erythrocyten (leicht gelbliche Färbung durch Hämoglobin)	keine
Hämoglobinzylinder	enthalten denaturiertes Hämoglobin (meist bräunliches Hämiglobin), dadurch diffuse gelblich-braune Färbung	keine
Zylindroide, Schleimfäden	fadenförmige Gebilde verschiedener Breite und Länge, unscharfe Konturen, an den Enden aufgefasert, häufig Längsstreifung erkennbar, z. T. aus Schleim bestehend (nicht mit Zylindern verwechseln!)	ohne diagnostische Bedeutung, werden nicht angegeben

Tabelle 48. Nicht organisierte Bestandteile des Harnsediments

Nicht organisierte Bestandteile	Harn-reaktion	Kristallform	Farbe	Chemische Charakterisierung Nachweis
Calciumoxalat	sauer bis schwach alkalisch	Briefumschlagform, verschieden groß, selten rund, oval, sanduhrförmig (nicht mit Erythrocyten verwechseln!)	farblos, stark licht-brechend	löslich in HCl, im Gegensatz zu Erythrocyten in 5 proz. Essig-säure und in Saponinlösung unlöslich!
Harnsäure	sauer	verschiedenste Formen und Größen: Wetzstein-, Drusen-, Hantel-, Rosettenform, rhombische, vier-eckige Tafeln	gelblich bis rotbraun	löslich in Laugen, unlöslich in Säuren
Tripelphosphat (Mg-NH_4-Phosphat)	alkalisch bis neutral	Prismen mit gebro-chenen Kanten = Sargdeckelkristalle, verschiedene Größen	farblos, stark licht-brechend	löslich in Essig-säure (Unter-schied gegenüber Oxalaten!)
Urate (amorphe Harnsäure-salze)	sauer, auch neutral	amorph, in sandähnli-chen Haufen, größere Mengen fallen in der Kälte als makrosko-pisch sichtbarer Niederschlag aus = "Ziegelmehlsediment"	makro-skopisch: gelb-rötlich	löslich beim Er-wärmen, Wieder-ausfall beim Er-kalten; nach längerem Stehen Ausfall von Harnsäure-kristallen
amorphe Erdalkali-phosphate	alkalisch bis neutral	amorph, kleine Körn-chen (mikroskopisch nicht von Uraten zu unterscheiden!)	makro-skopisch: weiß-grau	unlöslich beim Erwärmen (Unterschied zu Uraten!), leicht löslich in Essigsäure

Merke:

Enthält das Harnsediment massenhaft Urate, ist die Erkennung der organisier-ten Bestandteile erschwert oder unmöglich.

Daher ist in solchen Fällen wie folgt zu verfahren:
Erneut etwa 10 ml Harn zentrifugieren und den Überstand abgießen.
Zum Sediment ca. 10 ml physiologische Kochsalzlösung von etwa 50 °C zugeben, vorsichtig umschütteln, bis sich der rotbraune Uratniederschlag gelöst hat.
Röhrchen sofort erneut zentrifugieren, Kochsalzlösung abgießen und
Sediment sofort in üblicher Weise untersuchen.

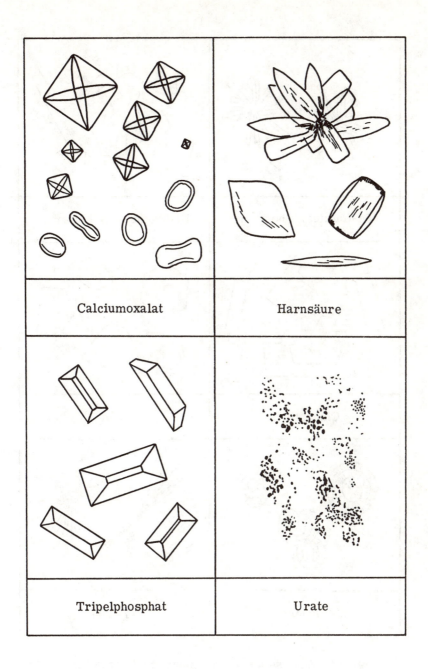

Abb. 53. Nicht organisierte Bestandteile des Harnsediments

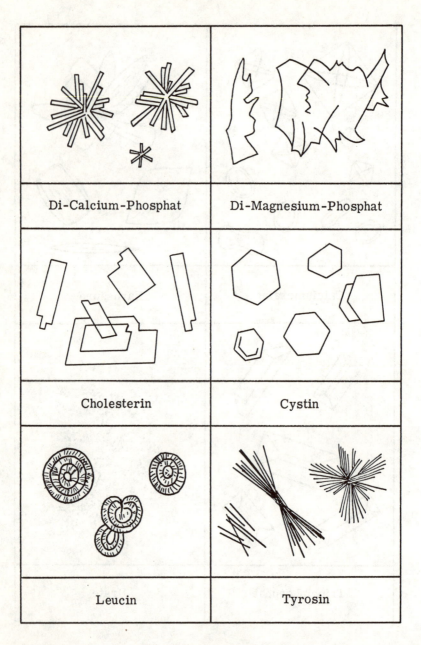

Abb. 54. Sehr selten vorkommende nicht organisierte Bestandteile des Harnsediments

Tabelle 49. Sehr selten vorkommende nicht organisierte
Bestandteile des Harnsediments

Nicht organisierte Bestandteile	Harn-reaktion	Kristallform	Farbe	Chemische Charakterisierung Nachweis
Di-Calcium-Phosphat	alkalisch oder schwach sauer	keilförmige Kristalle, einzeln oder mit den Spitzen drusenförmig zusammenliegend	farblos, stark licht-brechend	löslich in Essig- und Salzsäure, unlöslich in Laugen
Di-Magnesium-Phosphat	alkalisch	große rhombische Tafeln (wie dünnes zersplittertes Glas)	farblos, licht-brechend	löslich in Essig-säure
Cholesterin	-	große rhombische Tafeln mit eckigen Aussparungen, meist übereinanderliegend	farblos	löslich in Äther, Chloroform u. a., unlöslich in Säuren und Laugen
Fetttröpfchen	-	rund, ungleich groß, (nicht mit Erythrocyten verwechseln!)	farblos, stark licht-brechend	in Äther sofort löslich (bei Erythrocyten tritt erst nach längerem Stehen eine Auflösung ein!)
Cystin	sauer	sechseckige Tafeln	farblos	löslich in NH_3; Nachweis nach E. MEYER: Rotfärbung mit Na-cyanid- und Na-nitroprussidlösung
Leucin	sauer	Kugeln mit radialer Streifung (verschieden groß)	gelblich-braun	Leucinnachweis nach WEISS: Fällung mit Alkohol
Tyrosin	sauer	ganz feine Nadeln, einzeln oder in Garben liegend (nicht mit Sulfonamidkristallen verwechseln!)	farblos, glänzend	Tyrosinnachweis: MILLON'sche Probe

Merke:
Sulfonamide und Kontrastmittel können im Harn verschiedenartig auskristallisieren und zu Verwechslungen mit nicht organisierten Harnbestandteilen führen.

Qualitative klinisch-chemische Harnuntersuchungen

Neben den lange bekannten Nachweisreaktionen für diagnostisch bedeutsame Harnbestandteile (Sulfosalicylsäure-Probe, Reaktionen nach FEHLING, LEGAL u. a.) stehen Schnellteste zur Verfügung, bei denen die erforderlichen Reagentien auf ein geeignetes Trägermaterial (Filterpapier o. ä.) aufgebracht sind. Diese Verfahren haben zum Teil den Vorteil, daß die Nachweisgrenzen niedriger liegen und eine größere Spezifität gegeben ist. Andererseits sind sie häufig störanfälliger, so daß Schnellteste die bisher bewährten Methoden nicht vollständig ersetzen können.

Ist ein Teststreifenverfahren nicht zu interpretieren (z. B. Eiweißnachweis im alkalischen Harn) oder besteht der Verdacht auf ein falsch positives oder falsch negatives Ergebnis durch Medikamente, Verunreinigungen o. ä., so ist der Nachweis mit einer geeigneten chemischen Methode zu wiederholen.

Es sei besonders darauf hingewiesen, daß bei chemischen Verfahren kleine Volumina des zu untersuchenden Harns und der Reagentien zu verwenden sind. Farb- oder Trübungsreaktionen sind bei einem Endvolumen von 1 - 2 ml ebenso gut zu erkennen wie bei etwa 10 ml. Ansätze mit kleinen Mengen erfordern weniger Reagentien, sind leichter zu mischen und gefahrloser zu erhitzen.

Da für die klinisch wichtigsten Harnbestandteile verschiedenartige, in ihrer Aussage etwa gleichwertige Schnellteste im Handel sind, die z. T. auf unterschiedlichen Prinzipien beruhen, kann eine allgemein gültige Anleitung nicht gegeben werden. Im folgenden sollen nur die am häufigsten benutzten Nachweisreaktionen besprochen werden. Bei der Ausführung der Untersuchungen sind die den Testpackungen beigefügten eingehenden Gebrauchsanweisungen genau zu beachten. Die Auswertung erfolgt auf Grund eines Vergleichs der entstandenen Farbe mit der zugehörigen Farbskala.

Durch Zutritt von Luftfeuchtigkeit oder bei erhöhten Temperaturen können die auf Filterpapier aufgebrachten Reagentien (z. B. Enzyme) inaktiviert werden, so daß sich falsch negative Resultate ergeben. Teststreifen sind daher stets in der mit einem Trockenmittel versehenen Originalpackung nach Vorschrift aufzubewahren.

Schätzung der Wasserstoffionen-Konzentration im Harn

Benötigt wird:

    Indikatorpapier (pH-Bereich 5,5 - 9,0 und 3,8 - 5,4)

Ausführung:

    Die Prüfung des Harns mit pH-Indikatorpapier ist im allgemeinen ausreichend genau. Das Indikatorpapier wird kurz in den Harn eingetaucht und die entstandene Farbe mit der zugehörigen Farbskala verglichen.

Normbereich:

    pH 4,8 - 7,5 (schwach sauer bis ganz leicht alkalisch)

    Der pH-Wert des frischen Harns ist weitgehend von der aufgenommenen Nahrung abhängig:
        Bei gemischter Kost ist der Harn sauer,
        überwiegend pflanzliche Nahrung führt zu einer neutralen bis alkalischen Reaktion.

Beschreibung der Ergebnisse qualitativer Harnuntersuchungen

Die Ergebnisse der nachfolgend beschriebenen Reaktionen werden wie folgt bewertet:

negativ	= ∅
Spur, fraglich positiv	= (+)
positiv	= +
stark positiv	= ++
sehr stark positiv	= +++

Qualitativer Eiweißnachweis im Harn

Der Eiweißnachweis muß stets mit zentrifugiertem Harn (z. B. dem Überstand des Sediments) ausgeführt werden!

1. Sulfosalicylsäure-Probe

Prinzip:

Im Harn enthaltene Proteine werden durch Sulfosalicylsäure ausgefällt.

Reagens:

20 proz. (w/v) Lösung von Sulfosalicylsäure in Aqua bidest.

Ausführung:

Etwa 2 ml Harn mit 4 - 5 Tropfen 20 proz. Sulfosalicylsäurelösung versetzen.

Bewertung:

Das Ausmaß einer evtl. auftretenden Trübung wird durch den Vergleich mit dem zentrifugierten Harn abgeschätzt.

Probe klar (bzw. nicht trüber als der zentrifugierte Harn)	= Eiweiß ∅
ganz leichte Opalescenz	= Eiweiß ∅
leichte Trübung	= Eiweiß (+)
Trübung	= Eiweiß +
starke Trübung	= Eiweiß ++
flockiger Niederschlag	= Eiweiß +++

Trübungen bzw. Niederschläge müssen beim Aufkochen bestehen bleiben!

Nachweisgrenze:

Etwa 10 mg Eiweiß/dl Harn

Störungen:

Sulfonylharnstoffderivate, Sulfonamide, Röntgenkontrastmittel, Penicillin in hohen Dosen u. a. können falsch positive Reaktionen hervorrufen.

Bei Zugabe zu geringer Mengen Sulfosalicylsäure zum Harn fällt die Probe fälschlich negativ aus, während selbst ein erheblicher Überschuß an Reagens nicht zu einem falsch positiven Ergebnis führt.

2. Teststreifen-Verfahren

Prinzip:

Die Methoden beruhen auf dem sog. Eiweißfehler von Indikatoren. Als Indikatoren eignen sich Farbstoffe, die sehr schwache organische Säuren (oder Basen) sind und deren undissoziierte Moleküle eine andere Farbe zeigen als ihre Ionen. So ist z. B. Tetrabromphenolblau unterhalb von pH 3,0 praktisch undissoziiert und gelb gefärbt, oberhalb von pH 4,6 weitgehend dissoziiert und grünblau.

Bei einem konstanten pH-Wert von 3,0 kann eine Farbänderung auch durch Bindung des Indikators an Eiweiße eintreten; dabei wird der Indikator als grünblau gefärbtes Anion an die protonisierten Aminogruppen der Proteine angelagert.

Die Teststäbchen sind mit einem Indikator (z. B. dem genannten Tetrabromphenolblau) imprägniert und auf pH 3,0 gepuffert. Nach Eintauchen in eiweißfreien Harn bleibt die Gelbfärbung bestehen, in Anwesenheit von Proteinen ändert sich die Farbe des Indikators je nach Eiweißkonzentration mehr oder weniger intensiv nach grünblau.

Ausführung:

Die imprägnierte Zone eines Teststäbchens wird kurz in den Harn eingetaucht. Nach der vom Hersteller vorgeschriebenen Zeit vergleicht man die entstandene Färbung mit einer Farbskala.

Bewertung:

negativ = keine Farbänderung innerhalb der angegebenen Zeit
positiv = Farbumschlag nach grünblau (s. Farbskala);
  entsprechend wird das Ergebnis mit (+), +, ++ oder +++ bewertet

Nachweisgrenze:

10 mg Albumin/dl Harn

Die Empfindlichkeit des Teststreifens gegenüber Globulinen, die beim Gesunden etwa 2/3 der ausgeschiedenen Eiweiße darstellen, ist wesentlich geringer.

BENCE-JONES-Proteine werden nicht erfaßt.

Auf Grund der niedrigen Nachweisgrenze können - entsprechend der Sulfosalicylsäure-Probe - an stark konzentrierten Harnproben von Gesunden schwach positive Reaktionen beobachtet werden. Auch starke körperliche Anstrengung mit erhöhter Proteinausscheidung führt zu einem schwach positiven Ergebnis.

Störungen:

Bei stark alkalischem Harn kann die Reaktion nicht ausgeführt werden, da sich der Indikator durch die pH-Verschiebung auch in Abwesenheit von Proteinen verfärbt und somit falsch positive Ergebnisse resultieren. Erst nach Ansäuern (z. B. mit Essigsäure) ist die Untersuchung - wie oben beschrieben - möglich.

Nach Einnahme stark gefärbter Pharmaka (z. B. Phenazopyridin) kann die Ablesung erschwert oder unmöglich sein.

Falsch positive Ergebnisse können durch Verunreinigung von Sammelgefäßen mit quartären Ammoniumverbindungen verursacht werden.

Sulfonylharnstoffderivate, Sulfonamide, Röntgenkontrastmittel und Penicillin stören - im Gegensatz zur Sulfosalicylsäure-Probe - die Reaktion nicht.

Nachweis von BENCE-JONES-Proteinen (Wärmepräcipitation)

Prinzip:

BENCE-JONES-Proteine entsprechen den isolierten leichten oder L-Ketten der Immunglobuline. Infolge ihrer geringen Molekülgröße (MG etwa 22 000) sind sie nierengängig. Bei ca. 60 % der Patienten mit Plasmocytom (s. S. 105) kommen neben kompletten Paraproteinen auch L-Ketten in Serum und Urin vor. In 10 - 20 % der Erkrankten wird eine alleinige Sekretion von leichten Ketten beobachtet (sog. "BENCE-JONES-Plasmocytom").

BENCE-JONES-Eiweißkörper fallen beim Erhitzen zwischen 50 und 70 $^\circ$C aus, gehen jedoch bei 100 $^\circ$C wieder in Lösung. Diese früher als obligat angesehene Hitzelöslichkeit der BENCE-JONES-Proteine kann jedoch auch fehlen. Somit ist bei ausbleibender oder unvollkommener Auflösung eines Eiweißniederschlags beim Kochen - auch ohne gleichzeitiges Vorhandensein von normalen Serumproteinen - eine BENCE-JONES-Proteinurie keineswegs ausgeschlossen. Daher ist bei einem negativen Reaktionsausfall und bestehendem klinischen Verdacht die Durchführung geeigneter immunologischer Methoden (s. S. 353) erforderlich.

Reagentien:

1. 20 proz. (w/v) Sulfosalicylsäurelösung
2. 2 mol/l Natriumacetat-Essigsäure-Puffer, pH 4,9

Benötigt werden:

Becherglas mit ca. 60 $^\circ$C heißem Wasser (Thermometer!)
Kochendes Wasserbad (bzw. Bunsenbrenner)
Reagensgläser, Glastrichter, Faltenfilter

Ausführung:

1. Proteinnachweis
    Der Harn wird mit der Sulfosalicylsäure-Probe auf Eiweiß geprüft.

    Sulfosalicylsäure-Probe negativ =
        Eiweiß ∅, BENCE-JONES-Proteine ∅

    Sulfosalicylsäure-Probe positiv =
        Serumeiweiß und/oder BENCE-JONES-Protein im Harn vorhanden
        Wärmepräcipitation anschließen

2. Wärmepräcipitation
    In einem Reagensglas werden ca. 4 ml Harn (zentrifugiert!) und etwa 1 ml 2 mol/l Natriumacetat-Essigsäure-Puffer, pH 4,9, gemischt und im Wasserbad von ca. 60 $^\circ$C erwärmt.
        BENCE-JONES-Proteine fallen bei etwa 60 $^\circ$C milchig trüb aus, andere Eiweißkörper bleiben bei dieser Temperatur in Lösung.
    Die Probe wird anschließend bis zum Sieden erhitzt.
        BENCE-JONES-Proteine gehen meist wieder in Lösung (s. oben).
    Bleibt ein ungelöster Niederschlag vorhanden, so kann es sich um hitzeunlösliches BENCE-JONES-Protein oder um mit dem Harn ausgeschiedene normale Serumeiweiße handeln.
    Zur Differenzierung wird der Harn heiß durch ein Faltenfilter gegossen. Auf dem Filter bleiben die gefällten Eiweißkörper zurück, die in der Wärme gelösten BENCE-JONES-Proteine finden sich im zunächst klaren Filtrat und fallen beim Abkühlen des Ansatzes wieder aus.

Qualitativer Zuckernachweis im Harn

FEHLING'sche Probe

Prinzip:

Alle Zucker mit einer freien glykosidischen Hydroxylgruppe reduzieren zweiwertige Kupferionen und werden dabei selbst oxydiert. Es entstehen gelbes CuOH und rotes Cu_2O. Dem Ansatz wird K-Na-Tartrat als Komplexbildner für Cu^{++}-Ionen zugesetzt, um eine Präcipitation von nicht reduziertem Kupfer(II)-Hydroxid im alkalischen Milieu zu vermeiden.

Reagentien:

1. FEHLING I-Lösung (wäßrige Kupfersulfatlösung)
2. FEHLING II-Lösung (K-Na-Tartrat, in Natronlauge gelöst)
3. FEHLING-Gebrauchslösung
   Unmittelbar vor Durchführung der Reaktion gleiche Teile FEHLING I- und FEHLING II-Lösung mischen.

Ausführung:

Etwa 1 ml Harn mit 1 ml FEHLING-Gebrauchslösung (Lsg. 3) in einem Reagensglas mischen, vorsichtig unter Schütteln zum Kochen erhitzen.

Bewertung:

negativ = keine Änderung der blauen Farbe der zweiwertigen Kupferionen
positiv = mehr oder weniger intensiv gelbroter Niederschlag von Kupfer(I)-Oxid bzw. Kupfer(I)-Hydroxid;
entsprechend wird das Ergebnis mit (+), +, ++ oder +++ bewertet

Da es sich im Gegensatz zu Glucose-spezifischen enzymatischen Verfahren bei der FEHLING'schen Probe um eine unspezifische Reduktionsprobe handelt, ergeben außer Glucose auch
  Galaktose (bei Galaktosämie und Galaktosurie),
  Fructose (bei Fructoseintoleranz und benigner Fructosurie),
  Pentosen (bei Pentosurie (z. B. Xylosurie) unbekannter Genese) und
  Lactose (bei Lactoseintoleranz (Lactasemangel) und bei Stillenden)
eine positive Reaktion.
Bei Verdacht auf Ausscheidung der genannten Zucker kann die FEHLING'sche Probe daher als Suchreaktion ausgeführt werden.

Bei allen Harnproben, bei denen der spezifische Glucosenachweis (s. Teststreifen-Verfahren S. 429) kein eindeutiges Ergebnis erbracht hat oder bei denen die Möglichkeit falsch negativer oder falsch positiver Resultate besteht, ist zur Kontrolle die FEHLING'sche Probe durchzuführen.

Störungen:

Eiweißhaltiger Harn wird vor der Ausführung der Reaktion angesäuert (z. B. mit 10 proz. (v/v) Essigsäure), aufgekocht und das ausgefällte Protein durch ein Faltenfilter abfiltriert.

Nach Gabe von Cephalosporinen ergeben sich unspezifische rotbraune Farbtöne. Ascorbinsäure in therapeutischen Dosen stört die Reaktion nicht.

Qualitativer Glucosenachweis im Harn

Teststreifen-Verfahren

Prinzip:

Die Reaktionszone des Teststreifens enthält Glucose-Oxydase, Peroxydase, einen Wasserstoffdonator sowie Puffersubstanzen von pH 6.
Durch Glucose-Oxydase wird Glucose zu Gluconsäure und Wasserstoffperoxid oxydiert. Peroxydase katalysiert die Dehydrierung des Wasserstoffdonators - wie z. B. Tetramethylbenzidin - durch Wasserstoffperoxid; dabei entsteht ein blauer Farbstoff, der mit gelb gefärbtem Filterpapier eine grüne Farbe ergibt.

Ausführung:

Die imprägnierte Zone eines Teststreifens wird kurz in den Harn eingetaucht. Nach der vom Hersteller vorgeschriebenen Zeit vergleicht man die entstandene Färbung mit einer Farbskala.

Bewertung:

negativ = keine Farbänderung innerhalb der angegebenen Zeit
positiv = Farbumschlag nach grün (s. Farbskala);
 entsprechend wird das Ergebnis mit (+), +, ++ oder +++ bewertet

Nachweisgrenze:

Etwa 40 mg Glucose/dl Harn

Störungen:

Folgende Harnbestandteile können eine falsch negative Reaktion bewirken: Ascorbinsäure in höheren Konzentrationen (über 500 mg/Tag), Ketonkörper (s. S. 430) in einer Konzentration, die zum Abfall des Harn-pH-Werts unter 4,5 führt, Metabolite von Salicylaten, L-Dihydroxyphenylalanin u. a.

Zu falsch positiven Ergebnissen bzw. fälschlich zu hohen Werten führen: Reinigungsmittel, die stark oxydierende Stoffe (wie aktives Chlor, Natriumperborat oder Peroxide) enthalten; sie dehydrieren den Wasserstoffdonator direkt.

Hinweis:

Bei jeder Glucosurie besteht der Verdacht auf das Vorliegen eines Diabetes mellitus. Wurden normale Nüchtern-Blutzuckerwerte gefunden, ist die Ermittlung der postprandialen Glucosespiegel und die Durchführung eines Glucose-Toleranz-Tests angezeigt.

Beim Gesunden liegt die Nierenschwelle für Glucose bei 160 - 180 mg/dl. Während der Schwangerschaft kommt es infolge der hormonbedingten Herabsetzung dieser Größe häufig zu einer vermehrten Glucoseelimination über die Nieren. Andererseits kann bei länger bestehendem Diabetes mellitus infolge einer zunehmenden Glomerulosklerose die Nierenschwelle für Glucose ansteigen, so daß es trotz pathologischer Blutzuckerwerte nicht zu einer Glucosurie kommt.

Extrem selten ist die sog. "renale Glucosurie". Hierbei handelt es sich um einen hereditären Defekt der tubulären Glucoserückresorption, so daß auch bei normalen Blutzuckerspiegeln und unabhängig von der Kohlenhydratzufuhr erhebliche Mengen Glucose ausgeschieden werden.

Qualitativer Nachweis von Acetessigsäure und Aceton im Harn

Teststreifen-Verfahren

Prinzip:

Der Nachweis beruht auf der von LEGAL beschriebenen Reaktion. Acetessigsäure und das daraus spontan entstehende Aceton ergeben mit Natriumnitroprussid im alkalischen pH-Bereich eine rotviolette Farbe; β-Hydroxybuttersäure wird nicht erfaßt.

Ausführung:

Die imprägnierte Zone des Teststäbchens wird kurz in den frischen Harn getaucht. Nach der vom Hersteller vorgeschriebenen Zeit vergleicht man die entstandene Färbung mit einer Farbskala.

Bewertung:

negativ = keine Farbänderung innerhalb der angegebenen Zeit
positiv = Farbumschlag nach violett (s. Farbskala);
entsprechend wird das Ergebnis mit (+), +, ++ oder +++ bewertet

Nachweisgrenze:

Etwa 5 mg Acetessigsäure/dl Harn,
die Empfindlichkeit gegenüber Aceton ist wesentlich geringer.
Die negative Reaktion der Teststreifen mit β-Hydroxybuttersäure stellt keine wesentliche Einschränkung der diagnostischen Aussagekraft dar, da die Ausscheidung von Acetessigsäure und β-Hydroxybuttersäure in einem relativ konstanten Verhältnis erfolgt (2 : 1 bis 3 : 1).

Der Nachweis von Ketonkörpern ist stets auf einen absoluten oder relativen Mangel an Kohlenhydraten im Organismus zurückzuführen. Bei der Interpretation pathologischer Ergebnisse ist daher z. B. auch zu berücksichtigen, daß schwere körperliche Arbeit - vor allem bei Untrainierten - eine Exkretion von Acetessigsäure und β-Hydroxybuttersäure bewirkt.

Störungen:

Falsch positive Ergebnisse finden sich in Anwesenheit von Phenolsulfonphthalein (s. S. 449) und Phenolphthalein (z. B. in einigen Abführmitteln enthalten), da diese Substanzen im alkalischen pH-Bereich ebenfalls eine rote Farbe zeigen.

Harn von Patienten, die L-Dihydroxyphenylalanin erhalten haben, ergibt eine rötlich-braune Färbung des Teststreifens.

Bei unbehandelter Phenylketonurie, Ahornsirup-Krankheit, Tyrosinämie, Histidinämie u. a. können große Mengen Ketosäuren anfallen, so daß es auch in Abwesenheit von Acetessigsäure und Aceton zu einem positiven Testausfall kommt.

Durch den Stoffwechsel von Bakterien im Harn ist das Auftreten von Ketosäuren und damit ein falsch positives Ergebnis möglich. Andererseits wird in Urinen, die erheblich mit Mikroorganismen kontaminiert sind, nach längerem Stehen des Harns Acetessigsäure zu Aceton decarboxyliert. Diese flüchtige Substanz kann entweder verdampfen oder durch die Bakterien weiter abgebaut werden, so daß ein falsch negativer Reaktionsausfall resultiert.

Qualitativer Nachweis von freiem und in Erythrocyten lokalisiertem Hämoglobin im Harn

Teststreifen-Verfahren

Prinzip:

Der Nachweis von Hämoglobin beruht auf der Eigenschaft des Blutfarbstoffs, Sauerstoff von Peroxiden auf geeignete Acceptoren zu übertragen, wodurch es zur Bildung eines blauen Farbstoffs kommt.
Zunächst wurde als Indikatorsubstanz Benzidin, später o-Tolidin verwendet. Da beide Stoffe eine cancerogene Wirkung zeigen, wird derzeit von den meisten Reagentienherstellern Tetramethylbenzidin als Acceptor benutzt.
Als Sauerstoffdonator dient bei den Teststreifenverfahren anstelle von H_2O_2 ein organisches Hydroperoxid.
Durch Puffersubstanzen wird der für die Reaktion erforderliche optimale pH-Wert eingestellt.
Intakte Erythrocyten lysieren auf dem Testpapier.

Ausführung:

Die imprägnierte Zone des Teststreifens wird kurz in frischen, gut gemischten und <u>nicht zentrifugierten</u> Harn eingetaucht. Nach der vom Hersteller vorgeschriebenen Zeit kann die entstandene Verfärbung der Reaktionszone mit Farbskalen für "Hämoglobin" und für "Erythrocyten" verglichen werden.

Bewertung:

negativ = keine Farbänderung innerhalb der angegebenen Zeit
positiv = "Hämoglobinskala"
homogene Grünfärbung des gesamten Feldes;
entsprechend wird das Ergebnis mit (+), +, ++ oder +++ bewertet
"Erythrocytenskala"
Aus lysierten Erythrocyten austretendes Hämoglobin führt zur Farbentwicklung in der Umgebung der Zellen, so daß auf dem gelben Testpapier grüne Farbpunkte sichtbar werden, die durch den Vergleich mit der Farbskala eine Schätzung der Erythrocytenzahl ermöglichen.

Nachweisgrenzen:

Für freies Hämoglobin (je nach Testverfahren)   30 - 100 µg/dl Harn
Für Erythrocyten (je nach Testverfahren)   5 - 50 /µl Harn

Störungen:

Mit dem Test wird auch Myoglobin erfaßt.

Falsch negative Ergebnisse finden sich in Anwesenheit hoher Ascorbinsäurekonzentrationen im Harn.

Enthält der Urin sehr große Mengen Leukocyten, so kann durch die in den Zellen enthaltene Myeloperoxydase eine positive Reaktion verursacht werden.
Eine Klärung ist durch die Untersuchung des Harnsediments herbeizuführen.

Hohe Nitritkonzentrationen im Harn (über 10 mg/dl) verzögern den Reaktionsablauf, so daß fälschlich zu niedrige Werte ermittelt werden.

Qualitativer Nachweis von Bilirubin im Harn

Überblick:

Der Harn des Gesunden ist frei von Bilirubin.
Wenn dieser Gallenfarbstoff im Urin auftritt, handelt es sich um wasserlösliche und damit nierengängige Derivate, vor allem um Bilirubin-Diglucuronid und in geringer Konzentration um Bilirubin-Sulfat.
Freies, nicht konjugiertes Bilirubin kann nicht über die Nieren ausgeschieden werden.

Teststreifen-Verfahren

Prinzip:

Im Harn enthaltenes konjugiertes Bilirubin gibt mit Diazoniumsalzen (z. B. 2,6-Dichlorbenzoldiazoniumtetrafluoroborat) Azofarbstoffe von charakteristischer Farbe (z. B. rotviolett).
Durch Puffersubstanzen wird der für die Reaktion erforderliche saure pH-Wert eingestellt.

Ausführung:

Die imprägnierte Zone des Teststäbchens wird kurz in den frischen Harn eingetaucht. Nach der vom Hersteller vorgeschriebenen Zeit vergleicht man die entstandene Färbung mit einer Farbskala.

Bewertung:

negativ = keine Farbänderung innerhalb der angegebenen Zeit
positiv = Farbumschlag über rosa nach violett (s. Farbskala);
entsprechend wird das Ergebnis mit (+), +, ++ oder +++ bewertet

Nachweisgrenze:

Bilirubin-Diglucuronid zeigt in einer Konzentration von 0,2 - 0,4 mg/dl Harn eine positive Reaktion.

Störungen:

Nicht vor Licht (insbesondere Sonnen- und UV-Licht, aber auch gewöhnlichem Tageslicht) geschützte Proben ergeben infolge der Oxydation des Gallenfarbstoffs zu Produkten, die nicht mehr zur Bildung eines Azofarbstoffs geeignet sind, fälschlich zu niedrige Werte.

Ascorbinsäure in hohen Konzentrationen kann zu einer abgeschwächten Reaktion führen.

Ebenso reduzieren hohe Nitritkonzentrationen im Harn die Nachweisgrenze für Bilirubin-Diglucuronid.

Falsch positive Resultate bewirken Substanzen im Harn, die bei dem sauren pH-Wert der Reaktion eine rote Farbe zeigen (z. B. Phenazopyridin).

Zahlreiche Bestandteile des Urins können mit dem Diazoniumsalz unter Bildung atypisch gefärbter Verbindungen reagieren (z. B. Urobilinogen zu einer braunroten Farbe).

Qualitativer Nachweis von Urobilinogen im Harn

Überblick:

Aus dem über die Gallenwege in den Darm sezernierten konjugierten Bilirubin entsteht durch Abspaltung der Glucuronsäure wieder freies Bilirubin, das durch die Darmbakterien zu mehreren farblosen Tetrapyrrolen, insbesondere Uro- und Stercobilinogen, reduziert wird. Nach Rückresorption eines Teils dieser Verbindungen erfolgt deren Ausscheidung wiederum hauptsächlich über die Leber und Galle in den Darm. Geringe Mengen gelangen in den großen Kreislauf und über die Nieren in den Harn.

Eine erhöhte renale Elimination von Urobilinogen kommt vor bei:
    Vermehrtem Hämoglobinabbau mit erhöhtem Anfall von Bilirubin
    Leberparenchymschäden
        Hierdurch kann das rückresorbierte Urobilinogen nicht in üblichem Umfang aus dem Pfortaderblut erneut in die Galle sezerniert werden.
    Umgehungskreisläufen infolge einer Lebercirrhose
        Unter diesen Bedingungen gelangt das Urobilinogen mit dem Blut aus der Vena portae direkt in den großen Kreislauf.

Eine fehlende Urobilinogenausscheidung mit dem Harn findet sich bei:
    Verschluß der Gallenwege
        Durch die fehlende Bilirubinexkretion in den Darm kann keine Reduktion des Gallenfarbstoffs zu Urobilinogen stattfinden.

Teststreifen-Verfahren

Prinzip:

Urobilinogen reagiert im sauren pH-Bereich mit dem Diazoniumsalz p-Methoxybenzoldiazoniumtetrafluoroborat zu einem roten Azofarbstoff.

Ausführung:

Die imprägnierte Zone des Teststreifens wird kurz in den <u>frischen</u> Harn eingetaucht. Nach der vom Hersteller vorgeschriebenen Zeit vergleicht man die entstandene Färbung mit einer Farbskala.

Bewertung:

    negativ = keine Farbänderung innerhalb der angegebenen Zeit
    positiv = Farbumschlag in rosa bis rot (s. Farbskala);
          entsprechend wird das Ergebnis mit (+), +, ++ oder +++ bewertet

Nachweisgrenze:

    Etwa 0,5 mg/dl Harn
    Merke: Beim Gesunden fällt die Reaktion schwach positiv aus.

Störungen:

Einwirkung von Sonnenlicht, längeres Stehen des Harns und die Anwesenheit sehr hoher Nitritkonzentrationen führen zur Oxydation des Urobilinogens, so daß falsch niedrige Werte resultieren.

Medikamente mit roter Eigenfarbe bei saurem pH (z. B. Phenazopyridin) stören.

Bilirubin ergibt mit dem Diazoniumsalz eine grüne Farbe.

Qualitativer Nachweis von Nitrit im Harn

Teststreifen-Verfahren

Prinzip:

Nitritbildende Bakterien (E. coli, Proteus, Klebsiellen, Aerobacter, Citrobacter, z. T. auch Enterokokken, Staphylococcus albus, Pseudomonas u. a.) wandeln das mit der Nahrung aufgenommene und stets in geringer Konzentration in den Harn ausgeschiedene Nitrat zu Nitrit um.

Der Nachweis von Nitrit beruht auf einer Modifikation der von GRIESS beschriebenen Reaktion. Sulfanilamid bildet im sauren pH-Bereich mit Nitrit ein Diazoniumsalz, das mit einem Chinolinderivat (3-Hydroxy-1,2,3,4-tetrahydrobenzochinolin) zu einem Azofarbstoff gekuppelt wird.

Ausführung:

Die imprägnierte Zone des Teststreifens wird kurz in frischen Harn eingetaucht. Nach der vom Hersteller vorgeschriebenen Zeit vergleicht man die entstandene Färbung mit einer Farbskala.

Bewertung:

negativ = keine Farbänderung innerhalb der angegebenen Zeit
positiv = Farbumschlag in rosa bis rot (s. Farbskala);
entsprechend wird das Ergebnis mit (+), +, ++ oder +++ bewertet

Nachweisgrenze:

Etwa 0,05 mg/dl Harn

Da nur die nitritbildenden Bakterien (etwa 2/3 aller Erreger von Harnwegsinfekten) eine positive Reaktion zeigen, schließt ein negativer Ausfall der Probe eine Bakteriurie nicht aus!

Störungen:

Der Test darf frühestens 3 - 4 Tage nach Absetzen einer Antibiotikatherapie ausgeführt werden.

Durch mangelnde Ausscheidung von Nitrat nach längerem Hungern ist trotz Anwesenheit von Nitritbildnern ein falsch negatives Ergebnis möglich.

Da die Bildung von Nitrit eine zeitabhängige Reaktion darstellt, empfiehlt sich die Untersuchung von Morgenurin.

Ascorbinsäure in hohen Konzentrationen kann einen positiven Testausfall abschwächen bzw. verhindern.

In Anwesenheit hoher Keimzahlen im Urin kann das zunächst gebildete Nitrit weiter zu elementarem Stickstoff, der sich dem Nachweis entzieht, reduziert werden. Daher sind nur frische Harnproben zu untersuchen.

Längeres Stehenlassen des Urins führt andererseits zu einem starken in vitro-Wachstum der Bakterien und somit zu positiven Ergebnissen, die nicht in jedem Fall einer klinisch relevanten Bakteriurie entsprechen.

Medikamente, die im sauren pH-Bereich eine rote Eigenfarbe zeigen (z. B. Phenazopyridin), täuschen falsch positive Reaktionen vor.

Qualitativer Nachweis von Porphobilinogen im Harn

Überblick:

Porphobilinogen, ein Zwischenprodukt der Porphyrinsynthese (s. S. 440), findet sich in erhöhten Konzentrationen im Harn bei akuten Krisen im Rahmen von:
Akuter intermittierender Porphyrie
Porphyria variegata
Hereditärer Coproporphyrie

Bei einem positiven Porphobilinogennachweis ist zur Differentialdiagnose eine quantitative Bestimmung der δ-Aminolävulinsäure, des Porphobilinogens und der Porphyrine erforderlich.

1. WATSON-SCHWARTZ-Test

Prinzip:

Porphobilinogen gibt mit EHRLICH's Reagens (s. unten) eine rotgefärbte Verbindung, die in Wasser löslich, in Chloroform jedoch unlöslich ist.
Im Gegensatz dazu läßt sich das durch EHRLICH's Reagens aus Urobilinogen gebildete rotgefärbte Produkt mit Chloroform extrahieren.

Reagentien:

1. EHRLICH's Reagens
    2 proz. (w/v) Dimethylaminobenzaldehyd in 20 proz. (w/w) HCl

2. Gesättigte Natriumacetat-Lösung

3. Chloroform, n-Butanol

4. Indikatorpapier (pH-Bereich 3,8 - 5,4)

Benötigt werden:

Schliffreagensgläser mit Stopfen
Zentrifuge

Ausführung:

Schliffreagensglas:
Etwa 1 ml frischen Harn mit
ca. 1 ml EHRLICH's Reagens versetzen, schütteln,
etwa 2 ml gesättigte Natriumacetat-Lösung zufügen, schütteln.

Der pH-Wert der Mischung ist mit dem pH-Papier zu kontrollieren und soll zwischen pH 4 und 5 liegen. Bei Abweichungen wird dieser Wert durch weitere Zugabe von Natriumacetat in fester Form eingestellt.

Bewertung:

keine Rosa- bis Rotfärbung = Urobilinogen negativ, Porphobilinogen negativ
Rotfärbung = Urobilinogen und/oder Porphobilinogen positiv

Weiteres Vorgehen bei positivem Reaktionsausfall (Rotfärbung):

Etwa 4 ml Chloroform zum Ansatz geben,
Stopfen auf das Reagensglas setzen und

Ansatz ca. 2 Minuten kräftig schütteln.
Stopfen vorsichtig abnehmen (Inhalt steht unter Druck!),
Ansatz kurze Zeit stehen lassen, bis sich die wäßrige und die Chloroformphase getrennt haben (evtl. kurz zentrifugieren).

Bewertung:

Rotfärbung oben (wäßrige Phase)   = Porphobilinogen +
Rotfärbung unten (Chloroformphase) = Urobilinogen +
Rotfärbung beider Phasen   = Porphobilinogen +, Urobilinogen +

Weiteres Vorgehen bei positiver Porphobilinogen-Reaktion:

Es besteht die Möglichkeit, daß die Rotfärbung der wäßrigen Phase durch Pharmaka bedingt ist. Eine solche Störung kann auf Grund der Löslichkeit dieser Substanzen in n-Butanol wie folgt ausgeschaltet werden:

Wäßrige Phase möglichst quantitativ in ein neues Schliffreagensglas überführen,
2 - 3 ml n-Butanol zufügen,
Stopfen auf das Schliffreagensglas aufsetzen und
Ansatz ca. 2 Minuten kräftig schütteln.
Stopfen wiederum vorsichtig abnehmen,
Ansatz kurze Zeit stehen lassen, bis sich die wäßrige und die Butanolphase getrennt haben (evtl. kurz zentrifugieren).

Bewertung:

Rotfärbung unten (wäßrige Phase) = Porphobilinogen +
Rotfärbung oben (Butanolphase)   = Porphobilinogen Ø

Fehlerquellen:

Nicht kräftig oder nicht lange genug extrahiert.

2. Umgekehrte EHRLICH'sche Probe (HOESCH-Test)

Prinzip:

Weshalb mit der sog. umgekehrten Probe nach EHRLICH nur Porphobilinogen und kein Urobilinogen erfaßt wird, ist unklar. Offensichtlich spielt das Konzentrationsverhältnis zwischen Reagens und Porphyrinvorstufe eine wesentliche Rolle.

Reagens:

EHRLICH's Reagens (s. WATSON-SCHWARTZ-Test S. 435)

Ausführung:

Etwa 2 ml EHRLICH's Reagens mit 3 - 4 Tropfen frischem Harn versetzen. Keinesfalls darf mehr Urin zugefügt werden, da sonst unspezifische Farbentwicklungen beobachtet werden!

Bewertung:

Enthält der Harn vermehrt Porphobilinogen (über 5 mg/l), so ergibt sich eine deutliche Rotfärbung des Ansatzes.

Quantitative klinisch-chemische Harnuntersuchungen

Bei der Durchführung quantitativer Harnanalysen ist meist nicht die Konzentration der betreffenden Substanz im Spontanurin von Bedeutung, sondern die Ausscheidung des zu bestimmenden Stoffes während eines definierten Zeitraums. Da die Elimination zahlreicher Harnbestandteile von der Nahrungszufuhr abhängig ist und tageszeitlichen Schwankungen unterliegt, wird für quantitative klinisch-chemische Untersuchungen vorwiegend 24-Stunden-Urin verwendet. Die Dauer der Sammelperioden hängt andererseits auch von der Haltbarkeit der zu analysierenden Substanz oder der Dringlichkeit, mit der das Ergebnis benötigt wird, ab.
Wie bereits betont, ist die vollständige Harngewinnung während der angegebenen Zeitspanne entscheidend für die diagnostische Aussagekraft der Resultate.

Quantitative Bestimmung der Eiweißkonzentration im Harn

Prinzip:
> Die quantitative Ermittlung der Proteinausscheidung ist nur sinnvoll, wenn mit qualitativen Verfahren pathologische Resultate ermittelt wurden.
> Da die Eiweißkonzentration im Harn bei einer Proteinurie meist zwischen 100 und 1000 mg/dl liegt, kann die zur Gesamteiweißbestimmung im Serum verwendete Biuretreaktion (s. S. 261) nur in modifizierter Form Anwendung finden. Die im Harn nach Zentrifugation enthaltenen Proteine werden mit eiskalter Perchlorsäurelösung ausgefällt. Nach Abzentrifugieren löst man den Niederschlag in Biuretreagens auf. Die Extinktion des gebildeten Farbkomplexes wird photometrisch gemessen.

Normbereich:
> 45 - 75 mg/24 Stunden

Elektrophoretische Trennung der Proteine in Polyacrylamid

Prinzip:
> Bei starker Proteinurie oder dem Verdacht auf das Vorliegen abnormer Eiweißkörper ist nach Anreicherung mittels Ultrafiltration eine elektrophoretische Trennung angezeigt. In Abhängigkeit von der Größe der Proteine wird zugesetztes Natrium-Dodecylsulfat (SDS) gebunden. Hierdurch erhöht sich die negative Überschußladung der einzelnen Eiweiße im schwach alkalischen Milieu so, daß im elektrischen Feld unter Verwendung von Polyacrylamidgel als Trägermaterial eine Auftrennung der Proteine nach ihrem Molekulargewicht erfolgen kann. Die Darstellung der Bestandteile ist durch Anfärbung mit Amidoschwarz 10 B möglich. Im allgemeinen erfolgt keine quantitative Auswertung, sondern nur eine Zuordnung der Banden zu einem Proteintyp.

> Das Verfahren erlaubt Hinweise auf die Lokalisation einer Nierenschädigung:
>> Bei Funktionsstörungen der Glomeruli werden überwiegend Albumin und höhermolekulare Proteine ausgeschieden,
>> bei tubulären Defekten vor allem niedermolekulare Eiweiße.

> Außerdem ist eine Identifizierung pathologischer Eiweißkörper (z. B. Paraproteine, BENCE-JONES-Proteine u. a.) möglich.

Quantitative Bestimmung der Glucosekonzentration im Harn

Überblick:

Folgende Methoden sind geeignet:
1. Das enzymatische Verfahren mit Hexokinase und Glucose-6-Phosphat-Dehydrogenase (UV-Test) (s. S. 226) stellt die zuverlässigste Methode dar, da die Reaktion weder durch andere Harnbestandteile noch durch Pharmaka oder deren Stoffwechselprodukte beeinflußt wird.
2. Die Bestimmung mit Glucose-Dehydrogenase (UV-Test) (s. S. 228) unter der Voraussetzung, daß zuvor kein Xylose-Test (s. S. 483) durchgeführt wurde.

Merke: Der Farbtest mit Glucose-Oxydase (s. S. 229) sollte für Harn nicht angewandt werden, da Ascorbinsäure schon in geringen Konzentrationen zu fälschlich erniedrigten Ergebnissen führt.

Prinzip:

Die quantitative Bestimmung der Glucoseausscheidung ist nur sinnvoll, wenn mit qualitativen Verfahren pathologische Resultate ermittelt wurden.
Die Methodik entspricht derjenigen, die für die Untersuchung von Vollblut oder Plasma bzw. Serum beschrieben wurde (s. oben).

Normbereich:

15 - 130 mg/24 Stunden

Messung der Amylaseaktivität im Harn

Überblick:

Die im exokrinen Pankreas und in den Speicheldrüsen synthetisierten α-Amylasen, die den Abbau von Polysacchariden bewirken, werden physiologischerweise überwiegend in den Magen-Darm-Kanal sezerniert. Nur etwa 1 - 2 % gelangen über den Lymphweg in den Kreislauf. Auf Grund ihres niedrigen Molekulargewichts können α-Amylasen glomerulär filtriert und mit dem Harn ausgeschieden werden. Bei akuten Entzündungen der Ursprungsorgane oder bei Verschlüssen im Bereich der Ausführungsgänge treten die Enzyme in vermehrtem Umfang in die Blutbahn und damit in den Harn über.

Die Bestimmung der Aktivität der α-Amylasen in Serum und Urin dient vorwiegend zur Diagnostik einer akuten Pankreatitis. Da die Clearance des Proteins bei dieser Erkrankung gegenüber der Norm zunimmt, ist die Messung der Aktivität im Harn aussagekräftiger als diejenige im Serum.

Prinzip:

Die Analysenverfahren entsprechen denjenigen, die für die Untersuchung von Serum beschrieben wurden (s. S. 298 - 300).
Die spezifische Erfassung des Isoenzyms aus dem Pankreas ist nach Bindung der Speichelamylase durch spezifische Antikörper möglich.

Normbereiche:

4-Nitrophenyl-α, D-Maltoheptaosid als Substrat	unter 600 U/l
4-Nitrophenyl-α, D-Maltopenta/hexaosid als Substrat	unter 300 U/l
2-Chlor-4-Nitrophenyl-β, D-Maltoheptaosid als Substrat	unter 600 U/l

Bestimmung der Konzentrationen von
Natrium, Kalium, Calcium und Chlorid im Harn

Überblick:

Die Interpretation der Ergebnisse von Elektrolytbestimmungen im Harn ist nur möglich, wenn
> die entsprechenden Serumspiegel,
> die Zufuhr mit der Nahrung bzw. mit Infusionen und
> der Säure-Basen-Status

bekannt sind.

Nur bei wenigen Fragestellungen ist es sinnvoll, die Ausscheidung der Elektrolyte mit dem 24-Stunden-Harn zu messen. Als Beispiele seien genannt: Der Verdacht auf einen Mangel oder eine Überproduktion von Aldosteron, das Vorliegen eines primären Hyperparathyreoidismus, Vitamin D-Mangel und weitere Rachitisformen, renale tubuläre Acidose u. a.

Prinzip:

Da die Konzentrationen der Elektrolyte im Harn stark schwanken, können die für Messungen an Seren ausgearbeiteten Verfahren nicht unverändert oder gar nicht auf Harn angewandt werden. Im folgenden sind der Einsatz der verschiedenen Analysenprinzipien und die erforderlichen Modifikationen zusammengestellt.

Natriumkonzentration im Harn
> Emissions-Flammenphotometrie
> Ionenselektive Elektroden

Kaliumkonzentration im Harn
> Emissions-Flammenphotometrie
> (Ionenselektive Elektroden)

Calciumkonzentration im Harn
> Atomabsorptionsphotometrie
> Emissions-Flammenphotometrie

Da Harn oft größere Mengen Calcium in Form des ungelösten Calciumoxalats enthält, ist bei der Calciumbestimmung im Harn die Vorbereitung des Sammelharns von wesentlicher Bedeutung. Der gesamte 24-Stunden-Urin wird mit Salzsäure auf pH 1,8 gebracht und 30 Minuten auf 60 °C erhitzt. Nach Abkühlen entnimmt man Proben zur Analyse auf Calcium.

Bei der Emissions-Flammenphotometrie kann die CaO-Bande bei 622 nm durch Filter nicht vollständig von der Na-Linie bei 589 nm getrennt werden. Da die Natriumwerte im Serum nur in engen Grenzen schwanken, kann die Störung durch Verwendung einer geeigneten Kompensationslösung ausgeglichen werden. Im Gegensatz dazu ist bei jeder Harnprobe zunächst die Natriumkonzentration zu bestimmen, die dann zur Korrektur der Calcium-Meßwerte dient.

Neben Calcium kommt im Harn auch Phosphat in größeren Mengen vor, so daß sich Calciumphosphat bilden kann, das in der Flamme nicht angeregt wird. Durch Zugabe von Komplexbildnern, zu denen Calcium eine größere Affinität als zum Phosphat besitzt und die in der Flamme leicht verbrennen, ist die Phosphat-bedingte Störung weitgehend zu unterdrücken.

Chloridkonzentration im Harn
> Coulometrisches Verfahren
> (Ionenselektive Elektroden)

Untersuchungen zum Porphyrinstoffwechsel

Überblick:

In Tabelle 50 ist der Ablauf der Porphyrin- bzw. Hämsynthese stark vereinfacht dargestellt. Einzelheiten s. Lehrbücher der Biochemie.

Tabelle 50. Schematische Darstellung der Porphyrinsynthese

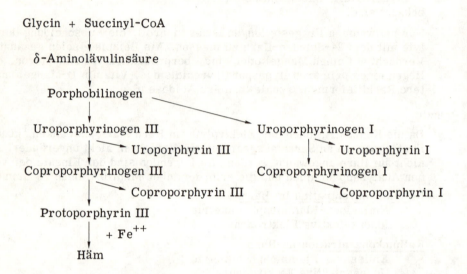

Die Biosynthese läuft vorwiegend in Erythrocyten und Hepatocyten ab. Auf Grund des Bedarfs an Cytochromen und anderen Eisenporphyrinenzymen kann sie jedoch auch in sämtlichen anderen Zellen des Organismus stattfinden. Die Regulation der Porphyrinbildung erfolgt in den Erythrocyten in Abhängigkeit von der Reifung und dem Zellumsatz. In der Leber steuern die Häm-Derivate die Aktivität der δ-Aminolävulinsäure-Synthase.

Unter pathologischen Bedingungen, d. h. bei angeborenen Synthesedefekten oder erworbenen Störungen mit einer Hemmung oder Induktion verschiedener Enzyme reichern sich Zwischenprodukte der Porphyrinbildung z. T. in den Zellen an und/oder erscheinen vermehrt in Harn bzw. Stuhl. Hierbei ist zu berücksichtigen, daß einerseits das vor einem Enzymdefekt liegende Produkt angestaut wird, andererseits bei einem Teil der Erkrankungen zur Aufrechterhaltung der Tetrapyrrolsynthese eine Induktion der δ-Aminolävulinsäure-Synthase und damit die Steigerung der Synthese und Ausscheidung aller Vorstufen und der Porphyrine erfolgt. Dieser kompensatorisch wirksame Mechanismus erschwert die Interpretation der Analysenergebnisse.

Je nach Störung ist zu unterscheiden zwischen:

Erythropoetischen Formen (angeboren)

> Der Defekt betrifft überwiegend die Porphyrinsynthese in den Erythroblasten.
> Klinisch stehen Lichtdermatosen im Vordergrund.

<u>Kongenitale erythropoetische (Uro-) Porphyrie (M. GÜNTHER)</u>
(autosomal rezessiv vererbt)

<u>Erythropoetische (bzw. erythrohepatische) Protoporphyrie</u>
(autosomal dominant vererbt)

Hepatischen Porphyrien (angeboren oder erworben)

Die Störung ist vor allem in den Leberzellen lokalisiert. Häufig bedarf es zur Manifestation bzw. Auslösung akuter Krisen sekundärer Einflüsse (z. B. Medikamente, Alkohol, Oestrogene u. a.).

Mit akuten Schüben

Klinisch zeigen sich abdominale Koliken, neurologische Symptome (Polyneuropathie, Lähmungen), psychische Veränderungen (Verwirrtheit, Halluzinationen) sowie Tachykardie und Hypertonie.

<u>Akute intermittierende Porphyrie</u>
(autosomal dominant vererbt)

<u>Porphobilinogen-Synthase-Defekt-Porphyrie</u> (selten)
(autosomal rezessiv vererbt)

Mischformen

Klinisch werden sowohl akute Symptome als auch Hauterscheinungen beobachtet.

<u>Porphyria variegata</u>
(autosomal dominant vererbt)

<u>Hereditäre Coproporphyrie</u>
(autosomal dominant vererbt)

Chronische Formen

Klinisch dominieren Hautsymptome, in der Regel besteht ein Leberschaden.

<u>Porphyria cutanea tarda</u>

<u>Hepatoerythropoetische Porphyrie</u> (selten)
(autosomal rezessiv vererbt)

Sekundären Porphyrinstoffwechselstörungen (erworben)

Primär besteht kein Defekt der Porphyrinsynthese!

<u>Sekundäre (symptomatische) Coproporphyrinurien</u>
Bedingt durch chronische Intoxikationen, Medikamenteneinnahme, Lebererkrankungen, hämatologische Erkrankungen u. a.

<u>Sekundäre (symptomatische) Protoporphyrinämien</u>
Vorwiegend durch Medikamente und hämatologische Erkrankungen verursacht.

<u>Bleiintoxikation</u>

akut
chronisch

Einzelheiten s. Lehrbücher der Inneren Medizin und Dermatologie.

Quantitative Bestimmung der δ-Aminolävulinsäure im Harn

Prinzip:

Die Bestimmung erfolgt im 24-Stunden-Harn, der während der Sammelperiode mit Essigsäure angesäuert wurde (s. S. 411).

Das Verfahren beruht auf der Adsorption von δ-Aminolävulinsäure an eine Kationenaustauschersäule.

Zunächst wird der Harnstoff (der die gleiche Farbreaktion zeigt) durch Waschen der Säule mit Aqua bidest. entfernt. Anschließend erfolgt die Elution der δ-Aminolävulinsäure mit Natriumacetatlösung.

Durch Zusatz von Acetylaceton wird die Porphyrinvorstufe in ein Pyrrolderivat umgewandelt, das mit EHRLICH's Reagens (s. S. 435) eine rote Farbe ergibt.
Die bei 546 nm gemessene Extinktion ist der Konzentration an δ-Aminolävulinsäure in einem weiten Bereich proportional.

Normbereich:

unter 7 mg/24 Stunden

Beurteilung der Ergebnisse:

S. Tabelle 51, S. 444.

Quantitative Bestimmung von Porphobilinogen im Harn

Prinzip:

Zur Bestimmung dient 24-Stunden-Harn (s. S. 411).

Porphobilinogen läßt sich an einen Anionenaustauscher adsorbieren.

Der in der Probe enthaltene Harnstoff wird durch Waschen der Säule mit Aqua bidest. entfernt und danach die Porphyrinvorstufe mit Essigsäure eluiert.

Nach Zugabe von EHRLICH's Reagens (s. S. 435) bildet sich eine rote Farbe, die bei 546 nm photometrisch gemessen werden kann.
Die Extinktion ist der Porphobilinogenkonzentration direkt proportional.

Normbereich:

unter 2 mg/24 Stunden

Beurteilung der Ergebnisse:

S. Tabelle 51, S. 444.

Störungen:

Nach Gabe von Phenothiazinen werden fälschlich zu hohe Konzentrationen an Porphobilinogen ermittelt.

Ascorbinsäure kann - ebenso wie Harnstoff (s. oben) - durch Auswaschen entfernt werden, so daß die Farbreaktion mit EHRLICH's Reagens nicht gestört wird.

Quantitative Bestimmung von Porphyrinen im Harn

Prinzip:

Zur Harnsammlung s. S. 411.

Aus angesäuertem Harn werden die Porphyrine an Talkum adsorbiert. Nach Umsetzung mit Methanol lassen sich die Porphyrinmethylester dünnschichtchromatographisch trennen.

Die einzelnen Substanzen werden nach Anregung mit UV-Licht auf Grund ihrer roten Fluorescenz quantitativ bestimmt.

Normbereiche:

Gesamtporphyrine	unter 100 µg/24 Stunden
Coproporphyrine	unter 80 µg/24 Stunden
Isomer Coproporphyrin I	bis 30 %
Isomer Coproporphyrin III	bis 80 %
Uroporphyrine	unter 20 µg/24 Stunden

Beurteilung der Ergebnisse:

S. Tabelle 51, S. 444.

Störungen:

Die im Harn enthaltenen Porphyrine werden bei dem beschriebenen Verfahren nach der Zahl ihrer methylierten Carboxylgruppen aufgetrennt.
Somit können neben Uro- und Coproporphyrinen auch Zwischenprodukte der Porphyrinsynthese mit 3, 5, 6 und 7 Carboxylgruppen, die meist in geringer Konzentration vorliegen, erfaßt werden.

Quantitative Bestimmung anderer Größen

Bestimmung von Porphyrinen im Stuhl

Da die stark photodynamisch und hepatotoxisch wirksamen Protoporphyrine lipophil sind, erfolgt ihre Ausscheidung ausschließlich über die Leber und Galle in den Darm.

Coproporphyrin I wird ebenfalls zum größten Teil in das Lumen des Magen-Darm-Kanals sezerniert und mit dem Stuhl eliminiert.

Zu den Bestimmungsverfahren s. spezielle Literaturhinweise.

Bestimmung von Porphyrinen im Blut (Erythrocyten, Plasma)

Auch der Nachweis von Porphyrinen im Blut bei den erythropoetischen Porphyrien und der Bleiintoxikation sowie die Messung verschiedener Enzymaktivitäten in Erythrocyten sind Speziallaboratorien vorbehalten und werden daher in diesem Rahmen nicht besprochen.

Hierzu s. Spezialliteratur.

Tabelle 51. Interpretation der Ergebnisse für δ-Aminolävulinsäure, Porphobilinogen und Porphyrine

Erkrankung	Urin			Stuhl
	δ-Aminolävulinsäure	Porphobilinogen	Porphyrine	Porphyrine
kongenitale erythropoetische (Uro-) Porphyrie (M. GÜNTHER)	n	n	Uro I ↑↑ Copro I ↑	Copro I ↑
erythropoetische (erythrohepatische) Protoporphyrie	n	n	n	Copro III ↑ Proto ↑↑
akute intermittierende Porphyrie	↑↑	↑↑	Uro III ↑↑ Copro III ↑↑	
Porphobilinogen-Synthase-Defekt-Porphyrie	↑↑	n - ↑	Uro III ↑ Copro III ↑↑	
Porphyria variegata	↑↑	↑↑	Uro III ↑↑ Copro III ↑↑	Copro III ↑ Proto ↑↑
hereditäre Coproporphyrie	↑↑	↑↑	Uro III ↑ Copro III ↑↑	Copro III ↑↑ Proto ↑
Porphyria cutanea tarda	n	n	Uro III ↑↑ Copro III ↑	
hepatoerythropoetische Porphyrie	n	n	Uro III ↑↑ Copro III ↑	
sekundäre Coproporphyrinurien	n	n	Copro III ↑	
akute Bleiintoxikation	↑↑	n - ↑	Uro III ↑ Copro III ↑↑	
chronische Bleiintoxikation	↑	n	Uro III n - ↑ Copro III ↑	

Zeichenerklärung: n = im Normbereich; ↑ = erhöht; ↑↑ = stark erhöht;
Copro = Coproporphyrin; Uro = Uroporphyrin; Proto = Protoporphyrin

Vereinfacht kann gesagt werden:
Bei den erythropoetischen und chronischen Porphyrien liegen δ-Aminolävulinsäure und Porphobilinogen im Normbereich (da es nicht zu einer kompensatorischen Induktion der δ-Aminolävulinsäure-Synthase in der Leber kommt).

Bei Erkrankungen mit akutem Verlauf steht während Phasen einer klinischen Manifestation der Anstieg von δ-Aminolävulinsäure und Porphobilinogen im Vordergrund. Kompensatorisch (s. S. 440) resultieren neben dem Anstau auf Grund des Enzymdefekts hohe Spiegel an Uro- und Coproporphyrinen im Harn.

Untersuchungen zum Catecholaminstoffwechsel

Überblick:

Die Synthese der Catecholamine erfolgt aus Phenylalanin bzw. Tyrosin. Im Gehirn läuft die Bildung über Dihydroxyphenylalanin (DOPA) bis zum Dopamin ab, während in den sympathischen Ganglienzellen durch Hydroxylierung überwiegend Noradrenalin entsteht. Im Nebennierenmark, das modifizierten Nervenzellen entspricht, ist infolge der Enzymausstattung die Methylierung zu Adrenalin möglich und durch die Übertragung einer Isopropylgruppe auf Noradrenalin auch in geringem Umfang die Synthese von Isoproterenol.

Catecholamine beeinflussen den Kohlenhydrathaushalt (Anstieg des Blutzuckerspiegels durch Stimulation der Glykogenolyse), den Fettstoffwechsel (Aktivierung der Fettgewebslipase und Freisetzung von Fettsäuren) und den Tonus sowie die Kontraktion der Muskulatur, insbesondere auch in Arteriolen.

Der enzymatische Abbau der Catecholamine erfolgt auf 2 verschiedenen Wegen über pharmakologisch unwirksame Zwischenprodukte zu 3-Methoxy-4-Hydroxymandelsäure, die auch als Vanillinmandelsäure bezeichnet wird. Nur etwa 1 - 2 % des Noradrenalins und Adrenalins werden unverändert ausgeschieden.

Erhöhte Blut- und Urinspiegel der Catecholamine sowie eine gesteigerte Ausscheidung von Vanillinmandelsäure mit dem Harn finden sich bei:

Neuroblastom (undifferenzierte Zellen)
metastasierender Tumor bei Säuglingen und Kindern, geht meist von den nichtchromaffinen Zellen des Nebennierenmarks aus; bevorzugt Bildung von Dopamin

Ganglioneurom (differenzierte Zellen)
meist gutartiger Tumor bei Erwachsenen, der sich von den nichtchromaffinen Zellen des Grenzstrangs ableitet; geringe endokrine Aktivität

Phäochromocytom
vorwiegend gutartige tumoröse Entartung der chromaffinen Zellen des Nebennierenmarks, selten der sympathischen Grenzstrangganglien; als Anhalt für die Lokalisation der Tumoren kann gelten:

Tumoren des Nebennierenmarks
Produktion von Noradrenalin und Adrenalin in unterschiedlichem Mischungsverhältnis
Extraadrenal gelegene Tumoren
Bildung von Noradrenalin
Metastasierendes Phäochromocytom
häufig Synthese von Dopamin

Die Inkretion der Hormone ins Blut erfolgt kontinuierlich oder in Schüben. Hierdurch ist die persistierende (ca. 50 %) oder krisenhaft auftretende Hypertonie (ca. 50 %) bei blasser Gesichtsfarbe, mit pulssynchronen Kopfschmerzen, starkem Schwitzen und Tachykardien bedingt. Bei etwa einem Drittel der Patienten besteht ein Diabetes mellitus.

Ein totaler Funktionsausfall des Nebennierenmarks (z. B. im Rahmen einer beidseitigen Adrenalektomie) führt, da die extraadrenale Catecholaminsynthese gesteigert werden kann, nicht zu einer klinischen Symptomatik.

Quantitative Bestimmung der Vanillinmandelsäure im Harn

Überblick:

Da Vanillinmandelsäure das wesentliche Ausscheidungsprodukt aller Catecholamine darstellt, sollte zunächst bei bestehendem klinischen Verdacht auf das Vorliegen eines Phäochromocytoms (bzw. Neuroblastoms oder Ganglioneuroms) die Ausscheidung dieses Metaboliten im 24-Stunden-Harn gemessen werden.

Vorbereitung des Patienten:

An diätetischen Maßnahmen ist eine 8tägige Meidung von Bananen, Kaffee, Tee, vanillehaltigen Produkten, Käse und Alkohol angezeigt.
Da starke körperliche Aktivität die Catecholaminsynthese beeinflußt, sollten Anstrengungen unterbleiben.
Soweit ärztlich vertretbar, sind alle Medikamente 8 Tage vor der Untersuchung abzusetzen. Muß ein Antihypertensivum gegeben werden, so sind Clonidin oder Phenoxybenzamin zu verabreichen.

Prinzip:

Zur Untersuchung dient essigsaurer 24-Stunden-Urin (s. S. 411).

Folgende Verfahren sind zur quantitativen Messung gebräuchlich:

1. Extraktion der Vanillinmandelsäure mit Essigsäureethylester, Reinigung des Extrakts und Oxydation (z. B. mit Kaliumhexacyanoferrat(III)) zu Vanillin. Nach Isolierung des Vanillins durch Extraktion mit Toluol und Überführung in Kaliumcarbonatlösung mißt man dessen Extinktion bei 360 nm.
2. Hochdruckflüssigkeitschromatographie.

Normbereich:

3 - 7 mg/24 Stunden

Quantitative Bestimmung
von Dopamin, Noradrenalin und Adrenalin im Harn

Überblick:

Obwohl nur sehr geringe Mengen der synthetisierten Catecholamine mit dem Harn ausgeschieden werden (ca. 1 - 2 %), ist ihre Bestimmung im 24-Stunden-Urin diagnostisch bedeutsam. Die Ergebnisse stellen nämlich im Gegensatz zur Messung der Serumspiegel der einzelnen Substanzen keine "Momentaufnahme" dar, sondern erfassen die Sekretion der Hormone während einer definierten Zeit unter Einschluß physiologischer Tagesschwankungen und sporadischer Inkretionssteigerung bei Tumoren.

Prinzip:

Hochdruckflüssigkeitschromatographie.

Normbereiche:

Dopamin   200 - 450 µg/24 Stunden
Noradrenalin   20 - 100 µg/24 Stunden
Adrenalin   5 - 15 µg/24 Stunden

Quantitative Bestimmung der 5-Hydroxyindolessigsäure

Überblick:

5-Hydroxyindolessigsäure stellt ein Abbauprodukt des 5-Hydroxytryptamins (Serotonins) dar.
Serotonin, ein biogenes Amin, stammt beim Menschen vorwiegend aus den enterochromaffinen Zellen des Dünndarms und wird dort durch Hydroxylierung und Decarboxylierung aus Tryptophan (Indolylalanin) gebildet. Thrombocyten speichern erhebliche Mengen Serotonin. Neben seiner Funktion als Transmitter im ZNS zeigt das biogene Amin eine dosisabhängige Wirkung auf die glatten Muskelzellen von Gastrointestinaltrakt, Gefäßen und Bronchien.

Eine erhöhte Ausscheidung von 5-Hydroxyindolessigsäure auf Grund einer vermehrten Serotoninbildung findet sich bei:

Carcinoiden
Hierbei handelt es sich um eine tumorartige Vermehrung der chromaffinen Zellen im Darm, insbesondere in der Appendix und dem terminalen Ileum, seltener im Bronchialsystem.
Das Krankheitsbild ist durch chronische Diarrhoen, Blutdruckkrisen, Bronchospasmen und sog. Flushanfälle, d. h. eine spontane, nach Anstrengungen oder Alkoholzufuhr vor allem im Gesicht auftretende Rötung, gekennzeichnet. Häufig entwickelt sich eine Endokard-Fibroelastose mit Trikuspidal- und Pulmonalklappenfehlern.

Eine meßbar erhöhte Konzentration von Serotonin im Blut und die Ausscheidung des Serotoninmetaboliten 5-Hydroxyindolessigsäure mit dem Harn ist bei den meisten Patienten erst nach Metastasierung eines Carcinoids in die Leber zu beobachten, so daß die Analysen nicht zur rechtzeitigen Diagnosestellung beitragen können.

Carcinomen als paraneoplastisches Syndrom

Vorbereitung des Patienten:

Da die Synthese von Serotonin und damit die Ausscheidung von 5-Hydroxyindolessigsäure bei Carcinoiden erheblichen Schwankungen unterliegt, werden drei getrennt gewonnene 24-Stunden-Urine untersucht (zur Konservierung s. S. 411). Evtl. sind Analysen nach Provokation mit Reserpin angezeigt.

Serotoninhaltige Nahrungsmittel - Bananen, Nüsse, Tomaten und große Mengen Obst - müssen 3 Tage vor und während der Harngewinnung vermieden werden. Da Paracetamol, Acetylsalicylsäure und Chlorpromazin die Farbreaktion stören, sind die Präparate - soweit ärztlich vertretbar - abzusetzen.

Prinzip:

Zunächst werden störende Bestandteile des Urins - wie Indolessigsäure, Ketosäuren o. a. - mit 2,4-Dinitrophenylhydrazin umgesetzt und durch Schütteln mit Chloroform entfernt. Aus dem mit NaCl gesättigten Harn kann die 5-Hydroxyindolessigsäure durch Diethylether extrahiert werden. Nach Abdampfen des Lösungsmittels bildet die im Rückstand verbleibende zu untersuchende Substanz mit 1-Nitroso-2-Naphthol einen roten Farbstoff, dessen Extinktion der Konzentration an 5-Hydroxyindolessigsäure in einem weiten Bereich proportional ist.

Normbereich:
2 - 7 mg/24 Stunden

METHODEN ZUR PRÜFUNG DER NIERENFUNKTION

Zur Beurteilung der Nierenfunktion dienen einmal die Konzentrationen harnpflichtiger Substanzen, insbesondere Creatinin und Harnstoff im Serum, zum anderen sog. Funktionsproben. Darunter versteht man allgemein die Messung der spezifischen Leistungen eines bestimmten Organs unter standardisierten Bedingungen.

Bei Nierenfunktionsproben wird die Ausscheidung von Substanzen, deren Elimination aus dem Organismus weitgehend oder vollständig durch das Organ erfolgt, während eines definierten Zeitraums bestimmt. Die zu messenden Substanzen werden entweder im Rahmen des Stoffwechsels gebildet oder exogen zugeführt.

Da die Funktion der Nieren auch vom Zustand des Herz-Kreislauf-Systems, von verabreichten Pharmaka u. a. abhängt, sind entsprechende Erkrankungen oder Einflüsse von Medikamenten, die auf Grund dringender Indikationen nicht abgesetzt werden können, bei der Interpretation der Ergebnisse zu berücksichtigen.

Konzentrationsversuch

Prinzip:

Verabreicht man dem Probanden ausschließlich Trockenkost, so kommt es zur Ausscheidung eines konzentrierten Harns. Die Konzentrationsfähigkeit ist ein empfindliches Maß für die Nieren- und insbesondere die Tubulusfunktion.

Ausführung:

Vortag
Der Patient erhält nach dem Abendessen keine Flüssigkeit mehr, sondern nur noch trockene Speisen (z. B. Knäckebrot, Zwieback, Toast, Butter, Fleisch).

Untersuchungstag
Der Harn wird unter weiterer Flüssigkeitskarenz solange in 3-Stunden-Perioden gesammelt, bis das spezifische Gewicht der Proben nicht mehr weiter ansteigt.

Beurteilung der Ergebnisse:

Bei normalem Konzentrationsvermögen steigt das spezifische Gewicht über 1,026 an (die Osmolalität im Harn über 1100 mosmol/kg).
Werden diese Werte nicht erreicht, liegt eine Störung der Tubulusfunktion vor.

Störungen:

Diuretika, Coffeinpräparate und andere Medikamente, die die Diurese beeinflussen, sind - soweit ärztlich vertretbar - vor Ausführung des Durstversuchs abzusetzen.

Falsch pathologische Ergebnisse können dadurch bedingt sein, daß während des Konzentrationsversuchs Flüssigkeit aus Oedemen ausgeschwemmt wird.

Bei Glucosurie und Proteinurie sind die für das spezifische Gewicht auf S. 413 beschriebenen Korrekturen vorzunehmen.

Bei der Messung der Osmolalität geht die Glucoseausscheidung in das Ergebnis ein und führt zu fälschlich erhöhten Werten.

Kontraindikationen:
Erhöhte Konzentrationen harnpflichtiger Substanzen im Serum
Diabetes insipidus

Hinweis:
Die Fähigkeit der Nieren, einen konzentrierten Harn zu bilden, ist eher herabgesetzt als diejenige zur Wasserdiurese. Der früher ausgeführte Verdünnungsversuch, bei dem die Diurese nach Zufuhr einer Flüssigkeitsmenge von 1500 ml verfolgt wurde, erübrigt sich daher.

Phenolrot-Test

Prinzip:
Phenolrot (Phenolsulfonphthalein, PSP) wird nach intravenöser Injektion relativ fest an das Serumalbumin gebunden, so daß es praktisch nicht glomerulär filtriert werden kann. Die Tubuluszellen nehmen jedoch den Farbstoff rasch aus dem Blut auf, transportieren ihn in das Tubuluslumen und damit in den Harn.

Die Exkretion hängt nicht nur von der Tubulusfunktion, sondern auch von der Nierendurchblutung ab. Bei Tubulusfunktionsstörungen oder bei verminderter Blutversorgung wird der Farbstoff verzögert ausgeschieden.

Die übliche Dosis PSP (6 mg) führt nur zu einer relativ niedrigen Plasmakonzentration, die nicht ausreicht, um das tubuläre Transportmaximum zu erreichen.

Es handelt sich bei der Phenolrot-Probe um einen empirischen Test, dessen Aussagekraft vor allem davon abhängt, daß die vorgeschriebene Menge Phenolrot (6 mg) vollständig injiziert und der Harn während der genau einzuhaltenden Zeit (Sammelperiode 15 Minuten) quantitativ gewonnen wird.

Ausführung am Patienten:
Man läßt den nüchternen, liegenden Patienten zur Anregung der Diurese etwa 1000 ml dünnen Tee innerhalb von ca. 20 Minuten trinken.
30 Minuten später wird der Patient angehalten, die Blase zu entleeren; anschließend injiziert man 6 mg PSP (= 10 ml Lösung) intravenös.
Nach genau 15 Minuten ist die Harnblase erneut vollständig zu entleeren.
Der Urin wird in einem Sammelgefäß aufgefangen und in das Laboratorium gesandt.

Ausführung im Laboratorium:
Die gesamte Urinmenge ist in einen 500 ml-Meßzylinder mit Schliffstopfen zu

überführen und das Urinvolumen zu messen.
Anschließend wird das Sammelgefäß mit Aqua bidest. ausgespült und diese Flüssigkeit ebenfalls in den Meßzylinder gegeben.
Dem Harn sind 12,5 ml 1 N NaOH zuzusetzen.
Nach Auffüllen mit Aqua bidest. auf 500 ml ist der Ansatz gut zu schütteln. Zeigen sich Trübungen, wird die zur photometrischen Messung erforderliche Flüssigkeitsmenge filtriert oder zentrifugiert.
Die photometrische Messung der Extinktion erfolgt bei 546 nm gegen eine mit Aqua bidest. gefüllte Küvette (ein Küvettenfehler muß ausgeschlossen sein (s. S. 210 f.)).

Berechnung:

Zur Berechnung dient eine Bezugskurve, die mit verdünnten Phenolrotlösungen erstellt wurde.

Normbereiche:

Da die PSP-Ausscheidung nicht nur von der Tubulusfunktion, sondern auch von der Nierendurchblutung abhängt, letztere aber mit dem Alter abnimmt, ist das Ergebnis des PSP-Tests auch in Abhängigkeit vom Alter zu bewerten.

Gesunde scheiden in 15 Minuten aus:

bis 50 Jahre   = 35 - 45 % des zugeführten PSP
50 - 60 Jahre = mehr als 30 % des zugeführten PSP
über 60 Jahre = mehr als 25 % des zugeführten PSP

Eine niedrigere Farbstoffausscheidung spricht für eine gestörte Tubulusfunktion oder eine verminderte Nierendurchblutung.

Störungen:

Gallenfarbstoffe, Hämoglobin, Phenolphthalein (aus Abführmitteln resorbiert), Phenazopyridin u. a. werden bei der photometrischen Messung mit erfaßt, so daß zu hohe PSP-Konzentrationen vorgetäuscht werden.

Diuretika, Sulfonamide, Penicillin, Streptomycin, Isonicotinsäurehydrazid, Salicylate u. a. verändern die tubuläre Sekretion des PSP und sind daher - soweit ärztlich vertretbar - mindestens 24 Stunden vor dem Test abzusetzen.

Fehlerquellen:

1. Bei der Harngewinnung

Der Test ist nur bei ausreichender Diurese und vollständiger Gewinnung des Harns zu interpretieren.

Liegt die Harnmenge unter 50 ml, so ist meist die Blase am Ende der Sammelperiode nicht vollständig entleert worden.

Besteht der Verdacht, daß bei einem Patienten (z. B. infolge einer Prostatahypertrophie) Restharn in der Blase zurückbleibt, kann die Funktionsprobe nicht ausgeführt werden. Katheterisieren sollte wegen der Gefahr einer Keimeinschleppung vermieden werden!

2. Bei der Einhaltung der Sammelperiode

Eine Harnmenge über 300 ml und eine Farbstoffexkretion von über 50 % sprechen dafür, daß die Sammelperiode länger als 15 Minuten dauerte.

Clearance-Verfahren

Als renale Clearance einer Substanz ist diejenige Menge Blutplasma definiert, aus der der betreffende Stoff in einer Minute durch die Nierentätigkeit vollständig eliminiert wird. Die Verfahren werden danach unterschieden, ob körpereigene oder -fremde Substanzen Anwendung finden.

Endogene Creatinin-Clearance

Prinzip:

Creatinin wird in Relation zur Muskelmasse gebildet und in weitgehend konstanten Mengen pro kg Körpergewicht ausgeschieden. Da Creatinin glomerulär filtriert und - zumindest beim Gesunden - von den Tubuluszellen weder rückresorbiert noch sezerniert wird, eignet es sich als Clearance-Substanz.
Die Clearance des endogenen Creatinins entspricht bei normaler Nierenfunktion weitgehend dem Glomerulusfiltrat. Da Creatinin bei erhöhtem Plasmaspiegel in Abhängigkeit vom Ausmaß der Einschränkung der glomerulären Filtration auch tubulär sezerniert wird, finden sich bei Funktionsstörungen der Nieren im Vergleich zu Inulin (s. S. 453) höhere Werte.

Ausführung am Patienten:

Alle Pharmaka, die die Tätigkeit der Nieren beeinflussen, sind vor Beginn der Untersuchung - soweit ärztlich vertretbar - abzusetzen.

Entscheidend für die Zuverlässigkeit der Ergebnisse ist, daß der Harn während einer definierten Zeit vollständig gesammelt wird. Zu Beginn der Testperioden ist der nach spontaner Blasenentleerung gewonnene Harn zu verwerfen, am Ende der Zeit ist der entleerte Urin in das Sammelgefäß zu geben.
Es kann 24-Stunden-Harn untersucht werden. Empfehlenswert ist jedoch, die Clearance aus zwei genau definierten Perioden - z. B. 2 x 4 Stunden - zu berechnen. Für eine ausreichende Flüssigkeitszufuhr (500 ml 30 Minuten vor Beginn der Untersuchung und weiterhin ad libitum) ist zu sorgen. In der Mitte der Sammelperioden werden dem Patienten jeweils ca. 5 ml Blut entnommen.

Ausführung im Laboratorium:

Die Creatininkonzentrationen im Serum und im gut gemischten Sammelharn werden mit einer der auf S. 248 - 249 beschriebenen Methoden bestimmt.

Berechnung:

Die Clearance wird nach folgender Formel errechnet:

$$C = \frac{U \cdot V}{P} \quad [\text{ml/min}]$$

Hierbei bedeuten:
- C Clearance (Plasmavolumen in ml/min)
- P Konzentration der Clearance-Substanz im Plasma (mg/ml)
- U Konzentration der Clearance-Substanz im Urin (mg/ml)
- V Harnvolumen in ml, bezogen auf 1 Minute

Da die Clearancewerte eine engere Korrelation zur Körperoberfläche als zur Körpergröße oder zum -gewicht zeigen, werden die gefundenen Daten auf eine Oberfläche von 1,73 m^2 umgerechnet. Durch diese Standardisierung können die Ergebnisse unabhängig von individuellen Unterschieden in den Körpermaßen interpretiert werden. Die Körperoberfläche kann errechnet oder aus Tabellen bzw. Nomogrammen entnommen werden.

Unterscheiden sich die Ergebnisse mehrerer Clearanceperioden um mehr als 10 % vom Mittelwert, ist meist der Harn in einer der Perioden nicht vollständig gesammelt worden; die Untersuchung muß daher wiederholt werden.

Normbereich:

Endogene Creatinin-Clearance (auf 1,73 m^2 Körperoberfläche bezogen) = 90 - 150 ml/min

Beispiel zur Berechnung einer endogenen Creatinin-Clearance:

Patientendaten: Größe 1,72 m, Gewicht 69 kg, Körperoberfläche 1,81 m^2

1. Clearanceperiode

U_1 = 75,0 mg/dl = 0,75 mg/ml

V_1 = 360 ml/4 Std. = 1,5 ml/min

P_1 = 0,8 mg/dl = 0,008 mg/ml

Clearance = $\dfrac{0,75 \cdot 1,5}{0,008}$ = $\underline{141 \text{ ml/min}}$

2. Clearanceperiode

U_2 = 71,0 mg/dl = 0,71 mg/ml

V_2 = 340 ml/4 Std. = 1,4 ml/min

P_2 = 0,8 mg/dl = 0,008 mg/ml

Clearance = $\dfrac{0,71 \cdot 1,4}{0,008}$ = $\underline{124 \text{ ml/min}}$

Mittelwert $\bar{x}$ = 132,5 ml/min

Prozentuale Abweichung: $\dfrac{8,5}{132,5} \cdot 100$ = 6,4 %

Die Ergebnisse der beiden Clearanceperioden stimmen ausreichend überein.

Auf die Körperoberfläche korrigierte Clearance: $132,5 \cdot \dfrac{1,73}{1,81}$ = 127 ml/min

Beurteilung der Ergebnisse:

Bei einem im Normbereich liegenden Serum-Creatininspiegel kann die glomeruläre Filtrationsrate bereits auf 50 % reduziert sein. Der Verdacht auf eine Einschränkung der Nierenfunktion trotz einer normalen Creatininkonzentration im Serum stellt die Hauptindikation zur Ausführung einer Clearance dar. Obwohl die Ausscheidung des Creatinins auf Grund der bereits erwähnten tubulären Sekretion bei ansteigendem Plasmaspiegel der Substanz nicht die tatsächliche Größe des Glomerulusfiltrats ergibt, ist das Clearanceverfahren für klinische Zwecke geeignet, zumal die Untersuchung im Gegensatz zur Inulin-Clearance nur eine minimale Belastung für den Patienten darstellt.

Inulin-Clearance

Prinzip:

Zur exakten Bestimmung des Glomerulusfiltrats eignet sich das Polysaccharid Inulin, das aus etwa 30 Fructosemolekülen aufgebaut ist, ein Molekulargewicht von etwa 5000 besitzt und im Stoffwechsel nicht angegriffen wird.

Inulin wird nicht an Plasmaproteine gebunden und ist daher vollständig glomerulär filtrierbar. Von den Tubuluszellen wird es weder sezerniert noch rückresorbiert; daher entspricht die Clearance des Inulins dem Glomerulusfiltrat.

Ausführung:

S. simultane Inulin-PAH-Clearance S. 454.

Berechnung:

S. Formel S. 451.

Normbereich:

Inulin-Clearance (auf 1,73 m^2 Körperoberfläche bezogen) = 90 - 150 ml/min

Clearance der p-Amino-Hippursäure (PAH)

Prinzip:

Für eine regelrechte Nierenfunktion ist auch die Nierendurchblutung entscheidend, die allerdings nur indirekt bestimmt werden kann.

Für Stoffwechsel-inerte Substanzen, die durch glomeruläre Filtration und tubuläre Sekretion so rasch eliminiert werden, daß das die Niere durchströmende Plasma in einem Durchgang praktisch vollständig von der Substanz befreit wird, entspricht der gefundene Clearancewert der Plasmadurchströmung der Nieren.

Die genannten Voraussetzungen treffen für p-Amino-Hippursäure (PAH) zu; die PAH-Clearance spiegelt somit den renalen Plasmafluß wider.

Ausführung:

S. simultane Inulin-PAH-Clearance S. 454.

Berechnung:

S. Formel S. 451.

Normbereich:

PAH-Clearance (auf 1,73 m^2 Körperoberfläche bezogen) = 480 - 800 ml/min

Störungen:

Da sich PAH in den Tubuluszellen und der peritubulären Flüssigkeit anreichert, muß für eine gleichbleibende starke Diurese während der Clearanceperioden gesorgt werden. Ist dies nicht der Fall, kann bei starkem Harnfluß eine vermehrte Ausschwemmung bzw. beim Rückgang des Volumens eine zunehmende tubuläre Speicherung und damit eine verminderte PAH-Ausscheidung resultieren.

Simultane Inulin-PAH-Clearance

<u>Ausführung am Patienten:</u>

Wie bei der Creatinin-Clearance ist für eine ausreichende Diurese zu sorgen. Alle Pharmaka, die die Nierenfunktion beeinflussen, sind abzusetzen.

Clearance-Untersuchungen sind bei konstantem Plasmaspiegel der Clearance-Substanzen, d. h. durch kontinuierliche Infusion, auszuführen.

Die Dauer der Clearanceperioden beträgt 15 oder 20 Minuten. Im allgemeinen wird der Harn zur Vermeidung methodischer Fehler durch Katheterisierung und Blasenspülung quantitativ gewonnen.

Inulin und p-Amino-Hippursäure (PAH) werden zunächst als relativ konzentrierte Lösung (40 - 50 ml 10 proz. (w/v) Inulinlösung und 3 - 4 ml 20 proz. (w/v) Natrium-p-Amino-Hippurat) während 10 Minuten i. v. infundiert, so daß ausreichend hohe Plasmakonzentrationen vorliegen (etwa 50 mg Inulin/dl und 1 - 2 mg PAH/dl).

Zur Aufrechterhaltung des Plasmaspiegels dient anschließend eine Dauerinfusion (30 ml 10 proz. Inulinlösung, 4 ml 20 proz. PAH-Lösung, physiologische Kochsalzlösung ad 200 ml) mit einer Geschwindigkeit von 4 ml pro Minute. Die genannten Zahlen gelten für Nierengesunde mit einer Körperoberfläche von 1,73 m^2. Je nach Körpergröße und -gewicht des Patienten sind beide Infusionen geringgradig zu variieren.

Muß mit einer verminderten Clearance gerechnet werden, so sind die Konzentrationen von Inulin und PAH in der zweiten Infusion zur Erzielung etwa konstanter Plasmaspiegel herabzusetzen.

Jeweils in der Mitte der Harn-Sammelperioden wird Blut zur Bestimmung der Inulin- und PAH-Konzentration im Serum entnommen.

<u>Ausführung im Laboratorium:</u>

In den Serum- und Harnproben wird die Konzentration des Inulins entweder mit der Anthronreaktion oder über die bei saurer Hydrolyse freigesetzten Fructoseeinheiten bestimmt. Fructose läßt sich enzymatisch messen.

Die in den Proben enthaltene p-Amino-Hippursäure (PAH) gibt mit N-(1-Naphthyl)-Ethylendiamin einen stabilen roten Azofarbstoff, dessen Extinktion photometrisch ermittelt wird.

<u>Berechnung der Inulin- und PAH-Clearance:</u>

S. Formel S. 451.

<u>Berechnung des filtrierten Plasmaanteils:</u>

Aus der Inulin- und der PAH-Clearance läßt sich der glomerulär filtrierte Anteil des die Niere durchströmenden Plasmas wie folgt berechnen:

$$\text{Filtrierter Plasmaanteil (filtration fraction)} = \frac{\text{Glomerulusfiltrat}}{\text{Gesamtplasmastrom}} = \frac{\text{Inulin-Clearance}}{\text{PAH-Clearance}}$$

<u>Normbereich:</u>

Filtrierter Plasmaanteil = 0,16 - 0,23

INTERPRETATION PATHOLOGISCHER HARNBEFUNDE

Im Rahmen einer eingehenden Untersuchung des Patienten spielen qualitative klinisch-chemische und mikroskopische Harnuntersuchungen als Suchreaktionen eine wichtige Rolle. Die Resultate dieser Analysenverfahren ergeben zahlreiche differentialdiagnostische Hinweise.

So können pathologische Ergebnisse von Harnuntersuchungen nicht nur durch Erkrankungen im Bereich der Nieren und der ableitenden Harnwege verursacht sein, sondern auch auf Störungen zahlreicher anderer Organfunktionen (z. B. Herz, Leber, Gefäßsystem), auf Stoffwechselkrankheiten, auf Defekten der Hämostasemechanismen, auf einer nicht optimal eingestellten Therapie mit Antikoagulantien u. a. beruhen.

Werden bei dem Suchprogramm ("Harnstatus") pathologische Ergebnisse ermittelt, so ist es zur weiteren Diagnostik häufig erforderlich, differenzierte quantitative Verfahren zur Bestimmung von Harnbestandteilen anzuschließen.

Harnuntersuchungen sind außerdem zur Beurteilung des Verlaufs und der Therapie bei zahlreichen Erkrankungen geeignet.

Wegen der vielfältigen Aussagen, die auf Grund von Harnanalysen möglich sind, kann eine differenzierte Interpretation der pathologischen Harnbefunde in diesem Rahmen nicht gegeben werden.

In allen Fällen sind die gewonnenen Ergebnisse in engem Zusammenhang mit der klinischen Symptomatologie zu bewerten.
Hierzu s. Lehrbücher der Inneren Medizin, Nephrologie, Urologie u. a.

Literaturhinweise

HENRY, R.J., CANNON, D.C., WINKELMAN, J.W.: Clinical Chemistry, Principles and Technics, 2nd ed.
New York, Evanston, San Francisco, London: Harper and Row 1974.

LOSSE, H., RENNER, E. (Hrsg.): Klinische Nephrologie.
Stuttgart, New York: Thieme 1982.

REUBI, F.C.: Nierenkrankheiten, 3. Aufl.
Bern: Huber 1982.

THOMAS, L. (Hrsg.): Labor und Diagnose, 3. Aufl.
Marburg: Medizinische Verlagsgesellschaft 1988.

TIETZ, N.W. (Ed.): Textbook of Clinical Chemistry.
Philadelphia: Saunders 1986.

LIQUOR

Gewinnung von Liquor cerebrospinalis

Lumbalpunktion

Meist erfolgt zur Gewinnung von Liquor die Punktion des Lumbalkanals zwischen dem 3. und 4. oder dem 4. und 5. Lendenwirbeldornfortsatz. Zur Technik s. Lehrbücher der diagnostischen Eingriffe.

Bei erhöhtem Hirndruck (z. B. infolge eines Hirntumors) können durch die plötzliche Druckentlastung bei der Entnahme von Liquor Kleinhirn und Medulla oblongata in das Foramen occipitale magnum gepreßt werden, so daß lebensgefährliche Komplikationen eintreten können. Es ist daher obligat, vor der Lumbalpunktion den Augenhintergrund auf das Vorliegen einer Stauungspapille zu kontrollieren.
Merke: Bei Opticusatrophie, exzessiver Myopie und noch offenen Fontanellen bei Säuglingen ist trotz gesteigertem Hirndruck keine Stauung der Papille zu beobachten!

Suboccipitalpunktion

Liquor kann auch durch Punktion der Cisterna cerebellomedullaris gewonnen werden. Eine Indikation zur Suboccipitalpunktion besteht bei Vorliegen eines erhöhten Hirndrucks (s. oben) und dem Verdacht auf eine Liquorzirkulationsstörung, bei der eine vergleichende Untersuchung von Liquor aus dem Lumbal- und Suboccipitalbereich erforderlich ist.

Gewinnung von Liquor

Für mikroskopische und klinisch-chemische Untersuchungen werden etwa 5 ml Liquor gewonnen, die auf Grund der schlechten Haltbarkeit der Bestandteile sofort in das Laboratorium zu bringen sind.
Besteht der Verdacht auf eine infektiöse Erkrankung im Bereich der Meningen und/oder des ZNS, ist auch Liquor in einem sterilen Röhrchen aufzufangen. Dieses Material wird sofort zur bakteriologischen bzw. virologischen Untersuchung eingesandt. Ist dies nicht möglich, muß der Liquor bei 37 ^{o}C aufbewahrt werden. Näheres s. Lehrbücher der Mikrobiologie und Virologie.

Messung des Liquordrucks

Im Rahmen einer Lumbalpunktion wird routinemäßig der Liquordruck am liegenden Patienten gemessen. Beim Gesunden ergeben sich Werte zwischen 80 - 200 mm H_2O.

Besteht der Verdacht auf eine Behinderung der Liquorpassage zwischen Schädelinnenraum und Lumbalkanal, wird der QUECKENSTEDT' sche Versuch ausgeführt. Druck auf die Halsvenen führt beim Gesunden zu einem Anstieg des lumbalen Liquordrucks; bei einer Sperre bleibt dieser Effekt aus. Die Bewertung erfolgt mit den Begriffen:
  QUECKENSTEDT normal (Druckanstieg),
  QUECKENSTEDT pathologisch (kein Druckanstieg).

METHODEN ZUR UNTERSUCHUNG VON LIQUOR

Makroskopische Beurteilung des Liquors

Farbe

Liquor des Gesunden ist farblos.

Eine Beimengung von Blut kann verursacht sein:

1. Artefiziell, durch Verletzung von Gefäßen bei der Punktion.
   Fängt man den Liquor in mehreren Röhrchen auf, so zeigen die zuerst gewonnenen Proben die höchste Zahl an Erythrocyten, die späteren sind häufig weniger bluthaltig. Nach dem Zentrifugieren ist der Überstand farblos.
2. Durch Blutung in die Liquorräume, z. B. eine Subarachnoidalblutung.
   Hierbei enthalten alle gewonnenen Proben etwa die gleiche Blutbeimengung. Erfolgt die Punktion in einem Abstand von etwa 3 Stunden nach einer Blutung, so ist der Überstand nach Abzentrifugieren der Erythrocyten gelblich (xanthochrom) gefärbt. Die Gelbfärbung, die etwa 2 - 3 Wochen anhält, kommt dadurch zustande, daß Hämoglobin zu Bilirubin abgebaut wird.

Trübung

Liquor des Gesunden ist wasserklar.

Besteht bei einem nichtblutigen Liquor eine Trübung, so ist diese durch eine Vermehrung von Leukocyten bedingt. Der Grad der Trübung läßt eine Schätzung der Zellzahl zu:
Liquor leicht getrübt = ca. 100 - 300 Zellen/μl (z. B. tuberkulöse Meningitis)
Liquor stark getrübt = ca. 2 000 - 10 000 Zellen/μl (z. B. eitrige Meningitis)

Spinnwebsgerinnsel

Bei entzündlichen Veränderungen kann es zum Austritt von Fibrinogen in die Liquorräume kommen. Läßt man Fibrinogen-haltigen Liquor stehen, so fällt Fibrin in Form feiner netzartiger Fäserchen aus. Dieses sog. Spinnwebsgerinnsel findet sich vor allem bei tuberkulöser Meningitis.

Nachweis:
2 - 3 ml Liquor 12 - 24 Stunden in einem Reagensglas erschütterungsfrei stehen lassen. Es bildet sich in der Flüssigkeit ein zartes Fibrinnetz, das sich bei leichtem Schütteln zu einem kompakten Gerinnsel retrahiert.
Da sich Tuberkelbakterien in einem solchen Spinnwebsgerinnsel häufig anreichern, ist es mit dem Liquor zur bakteriologischen Untersuchung einzusenden.

Mikroskopische Untersuchung des Liquors

Zählung der Leukocyten im Liquor

Prinzip:

Liquor wird mit konz. Essigsäure verdünnt; dadurch werden die Erythrocyten lysiert und die Leukocyten fixiert.

In der Literatur sind Verfahren beschrieben worden, bei denen man den Liquor mit einer Farbstofflösung (z. B. Gentianaviolett in Essigsäure) verdünnt, so daß sich die Leukocyten anfärben. Hierbei besteht jedoch die Gefahr, daß der gelöste Farbstoff ausfällt und die Zählung durch die Anwesenheit der Farbstoffpartikel außerordentlich erschwert wird.

Reagens:

Essigsäure min. 96 proz. (w/w)

Benötigt werden:

Kleine Kunststoffröhrchen mit Stopfen
Stabpipette, 1 ml, Pipettierhilfe (bzw. Kolbenpipette, 900 µl)
Kolbenpipette, 100 µl, Kunststoffspitzen
Tupfer
Sorgfältig gereinigte FUCHS-ROSENTHAL-Zählkammer
Optisch plan geschliffene Deckgläser
Mikroskop, Objektiv 40 : 1, Okular 6 x - 8 x

Ausführung:

Wichtig: Da sich die Leukocyten nach längerem Stehen im Liquor auflösen, ist die Zellzählung innerhalb von 60 Minuten nach Liquorentnahme auszuführen.

Zur gleichmäßigen Verteilung der Zellen Liquor durch leichtes Schütteln mischen.
In ein kleines Kunststoffröhrchen 0,9 ml Liquor pipettieren,
100 µl Eisessig zufügen,
Röhrchen mit einem Kunststoffstopfen verschließen und
Ansatz sofort mischen.

Vorbereitung der FUCHS-ROSENTHAL-Zählkammer:

S. Leukocytenzählung im Vollblut S. 36.

Füllen der FUCHS-ROSENTHAL-Zählkammer:

S. Thrombocytenzählung im Vollblut S. 147.
Die Leukocyten müssen jedoch nur einige Minuten sedimentieren.

Mikroskopische Auszählung:

S. Leukocytenzählung im Vollblut S. 36 f.
Nach Einstellung der Präparatebene mit dem Objektiv 10 : 1 ist die Vergrößerung 40 : 1 in den Strahlengang zu bringen.
Mit diesem Objektiv werden die Leukocyten in der ganzen Kammer (s. Abb. 55, S. 460), d. h. in 16 waagerechten Reihen zu je 16 Quadraten, gezählt.

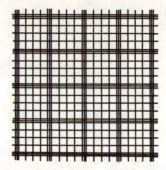

Abb. 55. Zählnetz der FUCHS-ROSENTHAL-Kammer

Es ist vorteilhaft, jeweils die Zahl der Zellen in einer waagerechten Reihe (d. h. in 16 Quadraten) zu notieren und aus diesen 16 Zwischenergebnissen die Summe (n) zu bilden.

Berechnung:

Fläche der Kammer .... 16 mm^2
Höhe der Kammer .... 0,2 mm
Volumen der Kammer .... 3,2 µl

n = Leukocyten in 3,2 µl 9 : 10 verdünntem Liquor

$n \cdot \dfrac{1}{3,2}$ = Leukocyten in 1 µl 9 : 10 verdünntem Liquor

$n \cdot \dfrac{10}{3,2 \cdot 9} = \dfrac{n}{2,88}$ = Leukocyten in 1 µl unverdünntem Liquor

$$\boxed{n \cdot 0,35 = \text{Leukocyten}/\mu l \text{ Liquor}}$$

Keine Nachkommastellen angeben!
Aus historischen Gründen wird zum Teil die in der ganzen FUCHS-ROSENTHAL-Kammer ermittelte Zellzahl nicht durch 2,88 geteilt, vielmehr wird das Ergebnis als n/2,88 Zellen, aufgerundet als n/3 Zellen angegeben. Es handelt sich hierbei nicht um Drittelzellen, sondern um die Zellzahl in etwa 3 µl unverdünntem Liquor!

Normbereich:

unter 3 Zellen/µl Liquor

Störungen:

Finden sich Fibringerinnsel im Liquor, so werden die Leukocyten teilweise darin eingeschlossen, so daß sich bei der Zellzählung zu niedrige Werte ergeben. Derartige Proben können bezüglich der Ermittlung der Leukocytenzahl nicht analysiert werden.
Bei weiterhin gegebener Indikation ist erneut Liquor unter Zusatz von EDTA (s. Entnahme von Venenblut für hämatologische Untersuchungen S. 34) zu gewinnen.

Fehlerquellen:
> Liquor nicht innerhalb von 60 Minuten untersucht.
> Material nicht ausreichend aufgeschüttelt, so daß die Zellen im unverdünnten Liquor nicht gleichmäßig verteilt waren.
> Volumina nicht korrekt abgemessen.
>
> Fehler beim Vorbereiten bzw. Beschicken der Kammer und der Zellzählung s. Leukocytenzählung im Vollblut S. 36.

Besonderheiten:
> Bei stark erhöhter Zellzahl werden die Leukocyten nicht in der ganzen Kammer, sondern nur in einem Teil der 256 Quadrate gezählt. Bei der Auswahl dieser Quadrate ist die evtl. ungleichmäßige Verteilung der Zellen in der Zählkammer zu berücksichtigen.
> Die Berechnung ändert sich wie folgt:

$$n \cdot \frac{256}{\text{Zahl der ausgezählten Quadrate}} \cdot 0{,}35 = \text{Leukocyten in 1 } \mu\text{l Liquor}$$

Beurteilung der Ergebnisse:
> S. Tabelle 52, S. 465.

Verfahren zur Differenzierung von Zellen im Liquor

Prinzip:
> Bei zahlreichen diagnostischen Fragestellungen ist es erforderlich, im Liquor auftretende Zellen genauer zu differenzieren.
>
> Ein Anhalt über die Morphologie ist bereits aus der Betrachtung der Bestandteile in der Zählkammer mit dem 40fach vergrößernden Objektiv zu gewinnen. Für eine genaue Beurteilung wird aus eitrigem Liquor ohne Vorbehandlung ein Objektträgerausstrich (s. Anfertigung von Blutausstrichen S. 41) hergestellt. Bei niedrigen Zellzahlen zentrifugiert man den Liquor etwa 10 Minuten bei ca. 1500 Umdrehungen pro Minute, gießt den Überstand möglichst vollständig ab und gibt einen kleinen Tropfen Normalserum zum Sediment. Nach vorsichtigem Aufschütteln wird die Zellsuspension auf einen Objektträger ausgestrichen. Durch den Serumzusatz werden die Zellen auf der Glasoberfläche fixiert.
> Ein besonders schonendes Verfahren zur Gewinnung von Liquorzellen stellt die direkte Anreicherung der Bestandteile mit Hilfe einer Cytozentrifuge dar.
>
> Die angefertigten Ausstriche werden an der Luft getrocknet und nach PAPPENHEIM gefärbt (s. Färbung von Blutbildern S. 43).

Beurteilung der Ergebnisse:
> Bei der Differenzierung der Leukocyten ist nur die Unterscheidung zwischen Lymphocyten und Granulocyten (evtl. auch Eosinophilen bei Parasitosen) von differentialdiagnostischer Bedeutung (s. Tabelle 52, S. 465).
>
> Tumorzellen können durch Geschwülste, die in der Nähe der Hirnhäute lokalisiert sind, sowie im Rahmen von Meningealcarcinosen in den Liquor gelangen. Außerdem ist der Befall der Meningen bei Leukosen und Lymphomen möglich. Die Beurteilung pathologischer Zellelemente sollte Speziallaboratorien vorbehalten bleiben.

Klinisch-chemische Liquoruntersuchungen

Merke: Alle angegebenen Daten beziehen sich auf die Analyse von Lumballiquor!

Bestimmung der Glucosekonzentration im Liquor

Prinzip:

Zur Messung der Glucosekonzentration im zentrifugierten Liquor sind alle Verfahren geeignet, die zur Ermittlung der Blutzuckerwerte dienen (s. S. 225 ff.).

Normbereich:

Die Glucosekonzentration im Liquor beträgt ca. 60 % des Blutzuckerspiegels. Daher muß stets eine zur gleichen Zeit gewonnene Blutprobe analysiert werden.

Beurteilung der Ergebnisse:

Die Glucosekonzentration im Liquor ist bei bakteriell - einschließlich durch Tuberkelbakterien - verursachten Meningitiden stark vermindert (s. Tabelle 52, S. 465). Hierdurch wird eine Abgrenzung von Virusmeningitiden möglich.

Bestimmung der Proteinkonzentration im Liquor

1. Orientierendes Verfahren nach PANDY

Prinzip:

Die im zentrifugierten Liquor enthaltenen Proteine werden mit gesättigter wäßriger Phenollösung (PANDY-Reagens) ausgefällt.
Hierzu gibt man in ein schwarzes Schälchen 2 - 3 ml Reagens und läßt mit einer Pipette vom Rand her einige Tropfen Liquor zufließen.
Eine evtl. auftretende Trübung wird mit (+), +, ++ oder +++ bewertet.
Liquor des Gesunden zeigt keine Reaktion oder eine leichte Opalescenz.

2. Quantitative Bestimmung der Liquorproteine

Prinzip:

Geeignet ist die Biuretreaktion (s. S. 261). Da die Konzentration der Proteine im Liquor des Gesunden nur etwa 1/200 derjenigen des Serums beträgt, ist es erforderlich, die für Serum ausgearbeitete Methode zu modifizieren.

Normbereich:

bis 50 mg Protein/dl Liquor

Beurteilung der Ergebnisse:

Ein Anstieg der Eiweißkonzentration im Liquor findet sich bei Permeabilitätssteigerungen im Bereich der Blut-Liquor-Schranke, die bei allen entzündlichen Veränderungen beobachtet wird, und bei Zirkulationsstörungen innerhalb der Liquorräume (s. Tabelle 52, S. 465).

Elektrophoretische Trennung der Liquorproteine

Prinzip:

Die Trennung im elektrischen Feld erfolgt entsprechend derjenigen von Serumproteinen (s. S. 263); die Anfärbung der geringen Eiweißmengen im Liquor mit dem außerordentlich empfindlich reagierenden Farbstoff Nigrosin.

Normbereiche:

Die Ergebnisse hängen von der verwendeten Methode ab (s. Lehrbücher der Neurologie).

Beurteilung der Ergebnisse:

Die differentialdiagnostische Aussagekraft ist begrenzt, da ein Anstieg der γ-Fraktion bei allen entzündlichen Prozessen zu beobachten ist.
Das Vorhandensein von Präalbumin im Liquor kann bei der Identifizierung von Sekreten aus Fisteln von Bedeutung sein.

Bestimmung des Liquor/Serum-Quotienten für Albumin

Prinzip:

In Liquor und Serum wird die Albuminkonzentration immunologisch oder durch elektrophoretische Trennung der Proteine ermittelt.

Normbereich:

Liquor/Serum-Quotient für Albumin bei Erwachsenen unter 0,007

Beurteilung der Ergebnisse:

Ein Anstieg des Quotienten findet sich bei Permeabilitäts- und Zirkulationsstörungen.

Quantitative Bestimmung von Immunglobulinen

Prinzip:

Wegen der sehr niedrigen Konzentrationen im Liquor werden die für Serum beschriebenen Verfahren (s. S. 355) in geeigneter Weise modifiziert.

Normbereich:

1,5 - 4,0 mg IgG/dl Liquor

Beurteilung der Ergebnisse:

Bei einigen Infektionen setzt nach wenigen Tagen eine Antikörperbildung im ZNS ein, die über Jahre fortbestehen kann. Im Gegensatz zur Produktion von Antikörpern im übrigen Organismus werden bei den jeweiligen ZNS-Erkrankungen unabhängig vom Stadium stets die gleichen Immunglobulinklassen gebildet.

Ein stärkerer Anstieg von IgG im Vergleich zu den anderen Klassen ist charakteristisch für Multiple Sklerose, Neurolues und Encephaliditen durch Herpes simplex-Viren oder nach Infektionen mit HIV.

Nachweis von oligoclonalen Immunglobulinen

Prinzip:

Die bei zahlreichen Entzündungsprozessen im ZNS synthetisierten Antikörper gehen meist von wenigen Zellclonen aus.
Trennt man Liquorproteine im elektrischen Feld unter Verwendung von Agargel, so werden hierdurch nach Färbung (z. B. mit Amidoschwarz 10 B oder Paragonblau) im Bereich der γ-Fraktion definierte Banden, die jeweils das Produkt eines Plasmazellclons darstellen, nachweisbar.

Beurteilung der Ergebnisse:

Der Nachweis oligoclonaler Immunglobuline über eine Zeit von mehr als einem Jahr ist für die Diagnosestellung einer Multiplen Sklerose bedeutsam.

Bestimmung von Carcinoembryonalem Antigen (CEA)

Prinzip:

Die Verfahren zur Messung dieses Tumormarkers entsprechen denjenigen für Serum (s. S. 398).

Normbereich:

Liquor/Serum-Quotient für CEA unter 0,7

Beurteilung der Ergebnisse:

Neben dem CEA, das aus dem Plasma über die Blut-Liquor-Schranke in die Liquorräume gelangt, kann das Glykoprotein auch im ZNS gebildet werden. Ein Anstieg der Konzentration an CEA im Liquor gegenüber derjenigen des Serums spricht für eine lokale Produktion des Tumormarkers und findet sich fast regelmäßig bei einer Carcinose der Meningen und bei etwa der Hälfte der Patienten mit Hirnmetastasen. Bei primären Hirntumoren wird der Befund selten beobachtet.

Bestimmung der Lactatkonzentration im Liquor

Prinzip:

Die Bestimmung erfolgt nach der auf S. 218 beschriebenen Methode.

Normbereich:

unter 20 mg/dl Liquor

Beurteilung der Ergebnisse:

Stark erhöhte Lactatkonzentrationen im Liquor finden sich bei:
  Bakteriellen Meningitiden
    (hierdurch ist eine Abgrenzung gegen virale Formen möglich)
  Cerebralen und subarachnoidalen Blutungen
    (im Unterschied zu artefiziellen Blutungen)
  Transitorischen ischämischen Attacken und ischämischen Insulten
    (der Anstieg ist abhängig vom Ausmaß des infarzierten Gebiets)

CHARAKTERISTISCHE LIQUORBEFUNDE

Tabelle 52. Typische Veränderungen des Liquors bei verschiedenen Erkrankungen

Erkrankung	Liquorbefunde				
	Aussehen	Zellzahl Zellart	Gesamt-eiweiß	Glucose	Weitere Befunde, Bemerkungen
eitrige (bakterielle) Meningitis	trüb, oft gelblich	3 000 - 10 000/µl, überwiegend Granulocyten	stark erhöht, 100 - 1000 mg/dl	stark vermindert, meist <20 mg/dl	Bakteriennachweis (z. B. Meningo- oder Pneumokokken), Lactatanstieg
tuberkulöse Meningitis	klar oder ganz leicht getrübt	30 - 300/µl, überwiegend Lymphocyten (nur anfangs Granulocyten)	erhöht	stark vermindert, meist <20 mg/dl	Bakteriennachweis, Spinnwebsgerinnsel, Lactatanstieg
Virusmeningitis	klar	10 - mehrere 100/µl, überwiegend Lymphocyten	normal bis gering erhöht	normal	oft Begleiterkrankung bei Virusinfektionen (Herpes, Mumps u. a.)
Subarachnoidalblutung	blutig	nicht verwertbar	nicht verwertbar	nicht verwertbar	Überstand nach Zentrifugieren xanthochrom
Rückenmarkskompression	klar, oft gelblich	normal bis leicht erhöht	stark erhöht	normal	"Sperrliquor" (QUECKENSTEDT pathologisch)
Multiple Sklerose	klar	meist 5 - 30/µl, Lymphocyten	normal bis gering erhöht	normal	γ-Globuline und IgG erhöht, oligoclonale Banden nachweisbar
Polyradiculitis (GUILLAIN-BARRE)	klar	normal = "Albuminocytologische Dissoziation"	stark erhöht	normal	

Literaturhinweise

DUFRESNE, J.-J.: Praktische Zytologie des Liquors.
Basel: CIBA-GEIGY 1973.

SCHEID, W. (Hrsg.): Lehrbuch der Neurologie, 5. Aufl.
Stuttgart, New York: Thieme 1983.

THOMAS, L. (Hrsg.): Labor und Diagnose, 3. Aufl.
Marburg: Medizinische Verlagsgesellschaft 1988.

STUHL

Stuhlgewicht

Beim gesunden Erwachsenen:
   100 - 250 g/24 Stunden
   Die Ausscheidung ist von der Menge und Zusammensetzung der zugeführten Nahrung abhängig.

Erhöhung des Stuhlgewichts bei:
   Verdauungsinsuffizienz (Maldigestion)
      Erkrankungen des exokrinen Pankreas
   Resorptionsstörungen (Malabsorption)
      Cöliakie bzw. Sprue
      verminderte Emulgierung der Fettsäuren durch Mangel an Gallensäuren
         Gallengangsverschluß
         Syndrom der blinden Schlinge
   eingeschränkte Rückresorption von Gallensäuren
      z. B. Therapie mit Cholestyramin
   M. WHIPPLE
   u. a.

Zusammensetzung des Stuhls

Trockensubstanz	10 - 60 g/24 Stunden
Wassermenge	100 - 180 ml/24 Stunden
Neutralfette	bis 7 g/24 Stunden
Gallensäuren	300 - 400 mg/24 Stunden
Stercobilinogen + Stercobilin	60 - 200 mg/24 Stunden

Allgemeine Beurteilung des Stuhls

Auflagerungen bzw. Beimengungen von frischem (rot gefärbten) Blut:
   Blutungsquelle im Bereich von Sigmoid, Rectum oder Anus

Ursachen einer Schwarzfärbung des Stuhls:

1. Blutungen (über 100 ml) im Bereich des Magen-Darm-Kanals (sog. Teerstuhl)
   z. B. aus Oesophagusvaricen, Magen- oder Duodenalulcera, Polypen, Carcinomen, Divertikeln u. a.

2. Nahrungsmittel
   z. B. Zufuhr größerer Mengen Heidelbeeren, Rotwein oder Blutwurst

3. Medikamente
   z. B. Gabe von Eisen- bzw. Wismutpräparaten oder Kohletabletten

Ist unklar, ob der Stuhl Blut enthält oder die Schwarzfärbung auf einer anderen Ursache beruht, sollte der Nachweis von Hämoglobin (s. S. 468) erfolgen.

Entfärbung des Stuhls:
   Bei komplettem Verschluß der Gallenwege
   Meist auch bei stark vermehrter Fettausscheidung (Steatorrhoe)

METHODEN ZUR UNTERSUCHUNG VON STUHL

Nachweis von Blut im Stuhl

Prinzip:

Hämoglobin besitzt Peroxydase-Wirkung und katalysiert u. a. die Oxydation von Guajak durch Peroxide zu einem blauen Farbstoff.

Vorbereitung des Patienten:

Vor der Untersuchung auf Blut im Stuhl darf der Patient 3 Tage lang folgende Nahrungsmittel und Medikamente nicht zu sich nehmen:

Fleisch, Wurst, Fisch
    (enthalten Hämoglobin bzw. Myoglobin)
Rettich, Meerrettich, Radieschen, Sellerie, Rüben, Bananen
    (enthalten Peroxydasen)
Eisen- und Kupfer-haltige Präparate
    (oxydieren Guajak)

Ausführung:

Im allgemeinen werden heute Fertigreagentien verwendet.
Auf einem Stück Filterpapier ist Guajak aufgetragen.
Eine Spatelspitze Stuhl wird dünn auf das Reaktionsfeld verteilt.
In dieser Form können die verschlossenen Testbriefchen auch versandt werden.

Nach Aufbringen von verdünnter Wasserstoffperoxidlösung auf die Rückseite des Filterpapiers entwickelt sich in Anwesenheit von Hämoglobin (sowie Myoglobin oder Peroxydasen) eine blaue Farbe.

Bewertung:

negativ = keine Farbänderung innerhalb der angegebenen Zeit
positiv = Farbumschlag in blau
    (eine halbquantitative Bewertung erfolgt nicht)

Nachweisgrenze:

S. Angaben der jeweiligen Reagentienhersteller.

Beurteilung der Ergebnisse:

Die Untersuchung dient zum Nachweis von Blut aus Blutungsquellen im Bereich des Oesophagus, des Magens sowie des Darms.

Da Beimengungen von Blut zum Inhalt des Magen-Darm-Kanals nicht regelmäßig auftreten, sollten sechs aufeinander folgende Stuhlproben auf die Anwesenheit von Hämoglobin geprüft werden.

Bei der Interpretation der Ergebnisse ist zu berücksichtigen, daß auch Blut aus Zahnfleisch-, Nasen- und Hämorrhoidalblutungen zu positiven Ergebnissen führen kann.

Störungen:

Eisen- und Kupfersalze - z. B. aus Leitungswasser - können durch unmittelbare Oxydation des Guajaks falsch positive Reaktionen verursachen; daher ist auf peinlichste Sauberkeit der Sammelgefäße zu achten.

Merke:

Der Nachweis von humanem Hämoglobin im Stuhl ist auch durch radiale Immundiffusion (s. S. 355) oder Latex-Agglutinationsteste (s. S. 354) möglich.
Diese Verfahren können so empfindlich eingestellt werden, daß geringste Blutbeimengungen (z. B. durch Zähneputzen) erfaßt werden. Die niedrige Nachweisgrenze bedeutet jedoch andererseits, daß die diagnostische Spezifität stark eingeschränkt ist.

Ermittlung des Stuhlgewichts

Prinzip:

Bei Patienten mit Störungen der Verdauungs- oder Resorptionsvorgänge nimmt das Stuhlgewicht infolge der erhöhten Ausscheidung unverdauter Nahrungsbestandteile zu.

Als Suchtest auf das Vorliegen einer Maldigestion bzw. Malabsorption ist daher die Feststellung des Gewichts geeignet.

Sie erfolgt durch Wägung des 24-Stunden-Stuhls in Einmal-Plastikgefäßen. Die Untersuchungen sind an mindestens 3 Tagen vorzunehmen, damit eine durchschnittliche Ausscheidung errechnet werden kann.

Normbereich:

100 - 250 g/24 Stunden

Mikroskopische Stuhluntersuchungen

Die mikroskopische Untersuchung des Stuhls ist nur bei Verdacht auf Erkrankungen durch Würmer u. a. Parasiten indiziert.
Hierzu s. Lehrbücher der Parasitologie.

Zur Diagnostik eines Malabsorptions- oder Maldigestionssyndroms ist die mikroskopische Beurteilung von Stuhlaufschwemmungen bezüglich der Anwesenheit von Muskelfasern, Stärkekörnern und Fetttröpfchen nicht aussagekräftig und wird daher hier nicht beschrieben.

Literaturhinweise

HAFTER, E.: Praktische Gastroenterologie, 7. Aufl.
Stuttgart, New York: Thieme 1988.

SLEISENGER, M., FORDTRAN, J. (Eds.): Gastrointestinal Disease, 4th ed.
Philadelphia: Saunders 1989.

THOMAS, L. (Hrsg.): Labor und Diagnose, 3. Aufl.
Marburg: Medizinische Verlagsgesellschaft 1988.

GASTROINTESTINALTRAKT

MAGENSEKRETION

Regulation der Magensekretion

Die Stimulation der Parietalzellen im Magenfundus erfolgt:

Über den Vagus (nervale Phase)
: Die Vagusreizung wird durch sensorische und psychische Einflüsse, z. B. durch den Anblick von Speisen, ausgelöst.

Über die Sekretion von Gastrin (humorale Phase)
: Die Freisetzung dieses Hormons aus den spezifischen Gastrin-bildenden Zellen der Antrumschleimhaut ist nach mechanischer Dehnung des Antrums infolge Nahrungs- bzw. Flüssigkeitszufuhr oder durch chemische Reize (Alkohol, Coffein u. a.) möglich. Sinkt der pH-Wert im Antrum unter 2,5, so wird die Gastrinabgabe ins Blut wieder gehemmt.

Da die Freisetzung des Gastrins auch vom Vagus beeinflußt wird, sind nervale und humorale Phase der Magensekretion eng miteinander verknüpft.

Zusammensetzung des Magensekrets

Wasserstoffionen- und Elektrolytkonzentration

In Abhängigkeit von nervalen und humoralen Faktoren schwanken die Konzentrationen der Wasserstoffionen und der Elektrolyte im Magensaft in weiten Grenzen.

Stimuliert man die Magensekretion durch kontinuierliche Infusion (z. B. von Pentagastrin, s. S. 473) maximal, so nimmt die Konzentration der Wasserstoffionen beim Gesunden bis zu einem Höchstwert von etwa 140 mmol/l zu. Veränderungen der Elektrolytkonzentrationen sind diagnostisch nicht von Bedeutung.

Nach HOLLANDER stellt der Magensaft eine Mischung aus 2 Primärsekreten dar: Einem sauren, das von den Belegzellen durch Abgabe von Wasserstoffionen in einer konstanten Konzentration von etwa 148 mmol/l sezerniert wird, und einem alkalischen aus den übrigen Zellen der Magenschleimhaut, das als geringgradig modifizierte interstitielle Flüssigkeit mit hoher Natrium- und Bicarbonatkonzentration anzusehen ist. Stimulation führt zu einer starken Steigerung der Sekretion der Belegzellen und damit des sauren Primärsekrets, während das Volumen des alkalischen Primärsekrets konstant bleibt. Die Konzentrationen der Ionen in dem durch Sonden gesammelten Magensaft können also je nach Stimulationszustand der Magenschleimhaut zwischen zwei Grenzen schwanken, die durch die Werte für die beiden Primärsekrete gegeben sind. Somit werden Wasserstoffionen-Konzentrationen zwischen 0 und 140 mmol/l gefunden. Da eine höhere H^+-Ionen-Konzentration als die genannte nicht möglich ist, darf der Begriff "Hyperacidität" nicht angewandt werden. Eine gesteigerte Säureausschüttung, d. h. eine vermehrte Produktion von Parietalzellsekret, ist vielmehr als Hypersekretion zu bezeichnen.

Intrinsicfaktor

Der Intrinsicfaktor wird von den Belegzellen proportional zu den Wasserstoffionen sezerniert. Er stellt ein Glykoprotein dar, das Vitamin B_{12} (Cobalamin) bindet und dadurch in eine resorbierbare Form überführt.

Bei einer Perniciosa (s. S. 116) ist die Sekretion des Intrinsicfaktors infolge einer Schleimhautatrophie praktisch erloschen.

Pepsinogen, Pepsin, Gastricsin

Das aus dem alkalischen Primärsekret stammende Pepsinogen wird durch Autokatalyse bei pH-Werten unter 5 zum proteolytisch wirksamen Pepsin aktiviert. Pepsin stellt eine Endopeptidase mit einem pH-Optimum um 2 dar.

Das ebenfalls aus der alkalischen Fraktion des Magensekrets stammende Gastricsin spaltet Proteine optimal bei pH-Werten um 5.

Die Messung der Aktivitäten der proteolytischen Enzyme hat keine differentialdiagnostische Bedeutung erlangt.

Prüfung der Magensekretion

Überblick:

Als Funktionsprüfungen werden Verfahren definiert, die eine reproduzierbare Aussage über die Leistung eines Organs ergeben, z. B. über die Fähigkeit der Magenschleimhaut, Wasserstoffionen zu sezernieren.
Die Reproduzierbarkeit eines solchen Untersuchungsgangs ist dann am besten, wenn eine maximale Anregung der Funktion - z. B. mit einer spezifischen Substanz - erfolgt, denn nur unter diesen Bedingungen wird die Antwort des Organs auf den exogenen Reiz nur von der gesuchten Größe - der Leistungsfähigkeit bestimmter Zellen oder Zellorganellen - abhängen, während endogene nervale oder humorale Einflüsse praktisch keine Rolle mehr spielen. Funktionsprüfungen, die dieser Definition genügen, sind anderen Verfahren - z. B. mit submaximaler Stimulation - weit überlegen.

Wichtige Indikationen zur Prüfung der Magensekretion sind:
    Diagnostik eines ZOLLINGER-ELLISON-Syndroms und multipler endokriner Adenomatosen
    Kontrolle der Effektivität einer Vagotomie oder BILLROTH-Operation
    Prüfung der Wirksamkeit von Medikamenten, die die Säuresekretion der Magenschleimhaut hemmen

Vorbereitung des Patienten:

Die Untersuchung ist nach 12 stündiger Nahrungs- und Flüssigkeitskarenz auszuführen.

Gewinnung von Magensekret:

Die Sammlung des Magensafts erfolgt über eine Sonde, deren Spitze unter röntgenologischer Kontrolle ins Antrum vorgeschoben wird.

Voraussetzung zur Erzielung zuverlässiger Ergebnisse ist, daß das Sekret in Linksseitenlage des Patienten praktisch quantitativ durch kontinuierliches Aspirieren von Hand mit einer Spritze gewonnen wird.

Nachdem der Mageninhalt zu Beginn der Untersuchung vollständig abgesaugt und verworfen wurde, erfolgt die Sammlung von Sekret unter Ruhebedingungen in 2 (bis 4) Perioden zu je 15 Minuten. Der Magensaft ist in 50 oder 100 ml-Meßzylindern zu sammeln, die Sekretvolumina der einzelnen Fraktionen sind zu messen.

Zu Beginn der Untersuchung und bei Anacidität kann das Sekret so zähflüssig sein, daß es die Sonde nur schwer passiert. In solchen Fällen ist es meist möglich, die Schleimmassen durch kräftiges Aspirieren oder durch Einblasen von etwa 10 - 20 ml Luft sowie Hin- und Herschieben der Sonde zu mobilisieren und den Schlauch durchgängig zu machen. Tiefe Inspiration hat den Effekt, die Sekretgewinnung nach Art eines Pumpmechanismus zu erleichtern.

Nach Gewinnung des Leersekrets wird die Magensekretion durch Gabe eines geeigneten Stimulans angeregt. Die Struktur des menschlichen Gastrins ist zwar bekannt (es handelt sich um ein Peptid aus 17 Aminosäuren), bisher steht es jedoch zur Anwendung am Menschen nicht zur Verfügung. Da für die maximale stimulierende Wirkung auf die Säuresekretion nur ein Peptid mit den 4 C-terminalen Aminosäuren Try-Met-Asp-Phe-NH_2 erforderlich ist, wird heute allgemein Pentagastrin in einer Dosierung von 6 μg/kg Körpergewicht subcutan angewandt.

Nach Gabe des genannten Pentapeptids erfolgt die Sammlung des Magensekrets in 4 Perioden zu je 15 Minuten Dauer.

Titration der Wasserstoffionen:

Die Titration der H^+-Ionen erfolgt mit 0,1 molarer Natronlauge. Der Endpunkt bei pH 7,4 wird mittels pH-Meter und Elektrodenkette erfaßt.

Der genannte Titrationsendpunkt ergibt sich daraus, daß die Säuresekretionsleistung der Belegzellen von einem Blut-pH-Wert um 7,4 ausgeht.

Berechnung der Wasserstoffionen-Konzentration:

Unter Berücksichtigung des Titers der verwendeten Natronlauge wird die titrierbare Acidität des Magensafts wie folgt errechnet:

$$\frac{H^+\text{-Ionen-Konzentration}}{(\text{mmol/l})} = \frac{\text{NaOH-Verbrauch (ml)} \cdot \text{Molarität der NaOH (mmol/l)} \cdot \text{Titer}}{\text{eingesetztes Volumen Magensaft (ml)}}$$

Berechnung der Säureausschüttung pro Sammelperiode:

Für jede der gewonnenen Fraktionen wird die Säureausschüttung pro 15 Minuten wie folgt berechnet:

$$H^+\text{-Ionen-Ausschüttung} = \text{Sekretvolumen} \cdot H^+\text{-Ionen-Konzentration}$$

$$\left[\frac{\text{mmol}}{15 \text{ min}}\right] \qquad \left[\frac{l}{15 \text{ min}}\right] \qquad \left[\frac{\text{mmol}}{l}\right]$$

Berechnung der Leersekretion pro Stunde:

Wurde das Sekret vor Stimulation in 2 Fraktionen zu je 15 Minuten gesammelt, sind die jeweils errechneten Säureausschüttungen zu addieren. Das Ergebnis wird mit 2 multipliziert und so die Säurebildung in einer Stunde ermittelt.

Berechnung der Gipfelsekretion (Peak Acid Output, PAO):

Zur Ermittlung der maximalen Säureausschüttung (Gipfelsekretion) und damit der Sekretionskapazität der Parietalzellen addiert man die Werte der beiden 15-Minuten-Fraktionen mit der höchsten Protonensekretion und multipliziert das Ergebnis mit 2, so daß sich die maximale Säuresekretion pro Stunde ergibt.

Graphische Darstellung der ermittelten Daten:

Zur Beurteilung der Werte der Sekretionsanalyse erfolgt eine graphische Darstellung der Sekretvolumina, der Protonenkonzentration und der Wasserstoffionensekretion. Anhand dieses Diagramms lassen sich Fehler bei der Sekretsammlung (z. B. durch unzulängliches Aspirieren oder veränderte Lage der Sondenspitze) erkennen, so daß über eine Wiederholung des Tests entschieden werden kann.

In Abb. 56, S. 475, ist der regelrechte Ablauf der Funktionsprüfung bei einem Magengesunden mit einer Säuresekretion im oberen Normbereich dokumentiert. Die zugehörigen Daten lauten:

	Sekretvolumen (ml/15 min)	Verbrauch an 0,1 M NaOH (ml)	H^+-Ionen-Konzentration (mmol/l)	H^+-Ionen-Ausschüttung (mmol/15 min)	H^+-Ionen-Sekretion pro Stunde (mmol/h)
Leersekretion					
Fraktion 1	20	0,28	28	0,56 ⎫ x 2	2,4
Fraktion 2	17	0,38	38	0,65 ⎭	
Sekretion nach Pentagastrin					
Fraktion 1	32	0,77	77	2,5	
Fraktion 2	70	0,95	95	6,7 ⎫ x 2	27,2
Fraktion 3	60	1,15	115	6,9 ⎭	
Fraktion 4	45	1,02	102	4,6	

Bei der Beurteilung der Leersekretion ist zu berücksichtigen, daß die Höhe der Protonenausschüttung von der Zahl der funktionsfähigen Belegzellen, der Gastrininkretion und von endogenen Stimuli, insbesondere dem Vagustonus, abhängig ist. Diese endogenen Einflüsse sind nicht konstant und können sich auch beim gleichen Individuum innerhalb eines kurzen Zeitraums erheblich ändern. Hierdurch sind unterschiedliche Resultate während der Sammelperioden vor exogener Stimulation oder abweichende Daten bei wiederholter Magensekretionsanalyse zu erklären.

Nach Gabe von Pentagastrin steigt die Wasserstoffionen-Sekretion an, erreicht ein Maximum und fällt danach wiederum ab. Wird dieser typische Ablauf nicht beobachtet, ist an die oben aufgeführten Probleme bei der vollständigen Gewinnung des Sekrets zu denken.

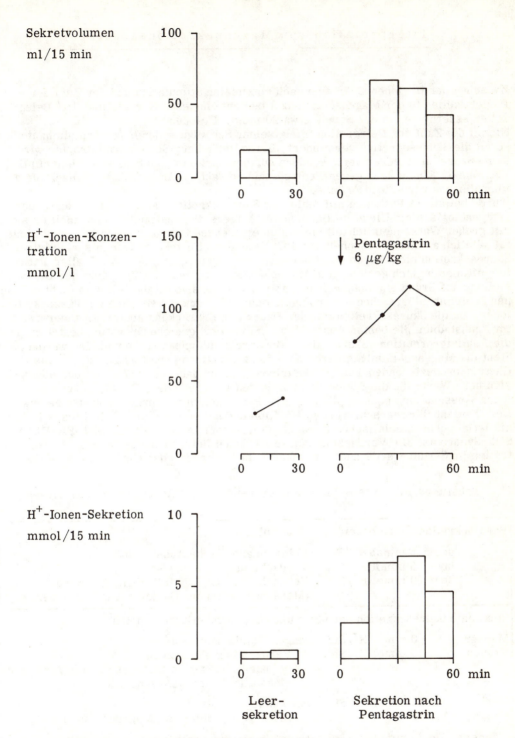

Abb. 56. Graphische Darstellung der Sekretvolumina, der H^+-Ionen-Konzentration und der H^+-Ionen-Ausschüttung vor und nach Stimulation der Magensekretion (Zahlenwerte s. S. 474).
Das Ergebnis zeigt eine Säuresekretion im oberen Normbereich.

Interpretation von Magensekretionsanalysen

Zwischen der H^+-Ionen-Sekretion nach maximaler Stimulation und der Zahl der Parietalzellen in der Magenschleimhaut besteht eine enge Korrelation. 10^9 Belegzellen sezernieren in der Stunde etwa 20 mmol H^+-Ionen.
Nimmt die Zahl der Belegzellen infolge einer Schädigung der Magenschleimhaut ab, so ist die Säuresekretion vermindert. Bei vollständiger Schleimhautatrophie wird keine Säure mehr sezerniert, sondern nur noch schleimiges Sekret mit einem pH-Wert um 7. Eine solche gegen Pentagastrin refraktäre Anacidität ist typisch für die idiopathische perniziöse Anämie.
Wurde bei einem Patienten mit fehlender Säuresekretion gastroskopisch und/oder röntgenologisch ein Ulcus im Bereich des Magens diagnostiziert, so handelt es sich mit großer Wahrscheinlichkeit um ein ulcerierendes Carcinom. Ein benignes Ulcus ist nämlich an die Anwesenheit von HCl gebunden. Umgekehrt jedoch spricht eine Säuresekretion nicht gegen das Vorliegen eines Carcinoms. 50 - 75 % aller Patienten mit histologisch gesichertem Magencarcinom zeigen zum Zeitpunkt der Diagnosestellung auf Grund eines ausreichenden Vorkommens von Belegzellen in nicht befallenen Schleimhautbereichen eine normale oder subnormale Sekretion an Wasserstoffionen. Da die Säuresekretion mit der Dauer der Erkrankung abnimmt, andererseits im Frühstadium die besten Aussichten für eine erfolgreiche Operation bestehen, muß die Fehlinterpretation "Säure, also kein Carcinom" unbedingt vermieden werden.
Steht die Magenschleimhaut durch hohe Konzentrationen von Gastrin, z. B. aus einem Gastrin-produzierenden Tumor (Gastrinom), unter dauernder Stimulation, so ergeben sich hohe Werte für die Säuresekretion in den Leerperioden. Die Steigerung der H^+-Ionen-Ausschüttung nach Applikation von Pentagastrin ist vergleichsweise gering. Der Quotient H^+-Leersekretion zu H^+-Gipfelsekretion liegt über 0,5. Dieses Ergebnis ist ein charakteristischer Hinweis auf das Vorliegen eines ZOLLINGER-ELLISON-Syndroms. Die Verdachtsdiagnose ist durch Untersuchungen der Gastrinkonzentration im Serum - evtl. nach Provokation mit Sekretin oder Glukagon - zu sichern.

Tabelle 53. Anhaltspunkte zur Interpretation von Magensekretionsanalysen

Basalsekretion (Normbereich 0 - 3 mmol H^+/Std.)		
	unter 5 mmol H^+/Std.:	Keine diagnostische Aussage möglich
	über 5 mmol H^+/Std.:	Verdacht auf Ulcus duodeni
	über 20 mmol H^+/Std.:	Verdacht auf ZOLLINGER-ELLISON-Syndrom (Messung der Serum-Gastrinspiegel erforderlich)
Maximale Säuresekretion nach Stimulation (Normbereich s. unten)		
Männer	0 mmol H^+/Std.:	Magenschleimhautatrophie
Frauen	0 mmol H^+/Std.:	Verdacht auf Perniciosa bei nachgewiesenem Ulcus ventriculi Vorliegen eines Carcinoms wahrscheinlich
Männer	bis 16 mmol H^+/Std.:	Atrophische Gastritis
Frauen	bis 12 mmol H^+/Std.:	(Ulcus ventriculi bzw. Magencarcinom möglich)
Männer	16 - 35 mmol H^+/Std.:	Normale Säuresekretion
Frauen	12 - 30 mmol H^+/Std.:	(Ulcus duodeni oder Magencarcinom möglich)
Männer	über 35 mmol H^+/Std.:	Verdacht auf Ulcus duodeni
Frauen	über 30 mmol H^+/Std.:	ZOLLINGER-ELLISON-Syndrom möglich (s. oben)

PANKREASSEKRETION

Regulation der exokrinen Pankreassekretion

Die exokrine Pankreassekretion wird durch folgende nervale und humorale Einflüsse gesteuert:

Über den Vagus
   Die Vagusreizung wird durch Geruchs- und Geschmacksreize ausgelöst und über cholinerge Receptoren an die Acinuszellen übermittelt.

Durch die Freisetzung von Sekretin und Pankreozymin aus den Mucosazellen Gelangt saurer Chymus in das Duodenum, werden die Gewebshormone ins Blut abgegeben und gelangen über den Kreislauf ins Pankreas.

Sekretin (ein Peptid aus 27 Aminosäuren)
   regt vorwiegend die Bicarbonat- und Flüssigkeitssekretion an,

Pankreozymin (ein Peptid mit 33 Aminosäuren)
   bewirkt die Bildung eines enzym- bzw. zymogenreichen Sekrets.

   Da sich beim Pankreozymin die kontrahierende Wirkung auf die Gallenblase nicht von dem Effekt auf das Pankreas abtrennen läßt, wird das Hormon heute allgemein als Cholecystokinin-Pankreozymin bezeichnet.

Zusammensetzung des Pankreassekrets

Bicarbonationen
   Sie sind im Pankreassaft in so hoher Konzentration enthalten, daß die vom Magen ins Duodenum gelangten Wasserstoffionen neutralisiert werden und der pH-Wert des Chymus auf Werte im schwach alkalischen Bereich ansteigt.

Endopeptidasen (Trypsin, Chymotrypsin, Elastase)
Exopeptidasen (Carboxypeptidasen A und B)
   Die genannten Enzyme hydrolysieren Peptidbindungen im Inneren bzw. am Carboxylende von Peptidketten.
   Alle Peptidasen werden vom Pankreas in Form ihrer inaktiven Vorstufen (Zymogene) sezerniert. Im Lumen des Darmkanals erfolgt die Aktivierung des

Trypsinogens durch die von den Zellen der Darmschleimhaut abgegebene Enterokinase. Ist eine geringe Menge aktives Trypsin entstanden, so erfolgt die weitere Aktivierung des Trypsinogens autokatalytisch. Außerdem aktiviert Trypsin auch alle übrigen Zymogene.

Lipase

Emulgierte Triglyceride mit Fettsäuren von mehr als 4 Kohlenstoffatomen werden durch das vom Pankreas sezernierte Enzym zu 1, 2-Diglyceriden und weiter zu 2-Monoglyceriden und freien Fettsäuren hydrolysiert (s. S. 301). Diese Bruchstücke bilden mit Gallensäuren Micellen, aus denen die Monoglyceride und Fettsäuren durch die Mucosazellen resorbiert werden können.

α-Amylase

Diese vom Pankreas sezernierte Endoamylase bewirkt die hydrolytische Spaltung der mit der Nahrung zugeführten Polysaccharide Stärke und Glykogen (s. S. 297). Als Endprodukte des Abbaus finden sich vor allem Maltose und Isomaltose.

Ribonuclease und Desoxyribonuclease

Beide Nucleasen werden beim Menschen nur in sehr geringen Mengen sezerniert. Die Bestimmung ihrer Aktivität ergibt keine differentialdiagnostischen Aussagen.

Trypsin-Inhibitor

Dieses Sekretionsprodukt des exokrinen Pankreas hat ebenfalls keine diagnostische Bedeutung erlangt.

Wirkungsort der Pankreasenzyme

Die Pankreasenzyme entfalten ihre Wirkung hauptsächlich im Jejunum, in geringerem Umfang auch im Ileum. Die durch ihre Aktivität katalysierten Prozesse laufen innerhalb des Chymus ab.

Für das Verständnis der Vorgänge bei der Verdauung und Resorption ist es wichtig, zwischen den im Lumen des Darmkanals wirksamen Enzymproteinen der Bauchspeicheldrüse und denjenigen Enzymen, die integrierte Bestandteile des Bürstensaums der Mucosazellen darstellen, zu unterscheiden.

So wird Stärke durch die α-Amylase der Speicheldrüsen und des Pankreas im Chymus bis zu Maltose und Isomaltose abgebaut. Die Spaltung dieser Disaccharide zu Glucose erfolgt durch die im Bürstensaum der Enterocyten lokalisierten Maltasen bzw. Isomaltasen. Die Transportsysteme, die sich in unmittelbarer Nähe dieser Disaccharidasen befinden, bewirken die sofortige Aufnahme der entstandenen Glucose in das Zellinnere.

Schädigungen des Pankreas mit Störungen der intraluminären Verdauung sind daher von Defekten im Bereich der Darmschleimhaut zu unterscheiden. Durch geeignete Funktionsteste ist die Differenzierung einer Malassimilation (Gewichtsabnahme trotz ausreichender Nahrungszufuhr) in Maldigestion (Verdauungsinsuffizienz, s. Pankreasfunktionsprüfungen S. 480) und Malabsorption (mangelhafte Resorption von Spaltprodukten durch die Mucosazellen, s. D-Xylose-Test S. 483) möglich.

Inaktivierung und Abbau der Pankreasenzyme

Im Chymus werden die Pankreasenzyme teils durch thermische Denaturierung, teils durch Proteolyse inaktiviert. Aus der Sekretion von Enzymen und deren Ausscheidung mit dem Stuhl läßt sich abschätzen, daß mehr als 95 % der vom Pankreas ins Darmlumen abgegebenen Enzyme bzw. Zymogene während der Verdauungsvorgänge abgebaut werden.

Zusammensetzung des Duodenalsafts

Duodenalsaft stellt eine Mischung aus Pankreassaft, Galle und Sekret der Dünndarmschleimhaut dar, wobei die jeweiligen Volumenanteile stark wechseln können.

Reines Pankreassekret (s. S. 477) kann beim Menschen nur im Rahmen endoskopischer Untersuchungen, während Operationen oder aus Fisteln gewonnen werden. Nach Stimulation des Organs enthält der gebildete Pankreassaft neben den bereits erwähnten Enzymen bzw. Zymogenen (s. S. 477 f.) Bicarbonationen in einer Konzentration bis zu 120 mmol/l. Durch die Verminderung der Chloridionen auf Werte um 30 mmol/l bleibt die Summe der Anionen im Vergleich zum Blutplasma etwa konstant. Kalium und Natrium werden unabhängig vom Stimulationszustand der Bauchspeicheldrüse in Konzentrationen abgegeben, die denjenigen in der Extracellularflüssigkeit weitgehend entsprechen.

Die wichtigsten Bestandteile der Galle sind
    Gallensäuren (60 - 1400 mg/dl),
    Cholesterin (80 - 180 mg/dl) und
    konjugiertes Bilirubin (12 - 140 mg/dl).

Von der Darmschleimhaut werden vor allem
    Albumin,
    Immunglobuline und
    Enzyme
abgegeben.

Im allgemeinen steht zur Untersuchung nur der mit Hilfe geeigneter Sonden gesammelte Duodenalinhalt zur Verfügung.
Der Anteil des Pankreassafts im gewonnenen Material variiert zwar; da jedoch bei der Analyse von Duodenalsaft die Ergebnisse der gemessenen Pankreasenzyme und Ionen (s. Sekretin-Pankreozymin-Test S. 481) nicht als Aktivität bzw. Konzentration angegeben, sondern unter Berücksichtigung des Sekretvolumens auf die einzelnen Sammelperioden bezogen werden, spielt eine Verdünnung mit Galle und Darmsekret keine Rolle.

Duodenalsaft stellt eine klare, viscöse Flüssigkeit dar, die - je nach Beimengung von Leber- oder Blasengalle - durch Bilirubin und andere Gallenfarbstoffe gelblich bis dunkelbraun gefärbt ist.
Zeigt das gewonnene Material eine Trübung, so enthält es Magensaft und ist damit für klinisch-chemische Untersuchungen nicht geeignet. Auch ein pH-Wert unter 7 spricht für eine Verunreinigung mit Magensekret.

Prüfung der Funktion des exokrinen Pankreas

Bestimmung der Chymotrypsinausscheidung mit dem Stuhl

Überblick:

Wie bereits erwähnt, werden nur ca. 5 % der vom Pankreas sezernierten Proteine in aktiver Form mit dem Stuhl ausgeschieden. Von diagnostischer Bedeutung ist bisher nur die Messung der Aktivität des Chymotrypsins in den Faeces.

Prinzip:

Als Methoden stehen zur Verfügung:
1. Titrimetrische Teste
   Als Substrate dienen Aminosäureester (z. B. Acetyl-L-Tyrosinethylester oder N-Benzoyl-L-Tyrosinethylester).
   Die durch hydrolytische Spaltung dieser Ester entstehenden Säureäquivalente lassen sich kontinuierlich titrieren.
   Als Probe kann eine verdünnte Stuhlsuspension ohne weitere Vorbehandlung eingesetzt werden.
   Die Angabe der Ergebnisse erfolgt meist unter Bezugnahme auf das kristallisierte Enzym in Mikrogramm Chymotrypsin pro Gramm Stuhl.
2. Photometrische Messungen
   Ein geeignetes Substrat stellt das Peptid Succinyl-Alanyl-Alanyl-Prolyl-Phenylalanyl-4-Nitroanilid dar.
   Da ein Teil des Chymotrypsins an Stuhlpartikelchen gebunden ist, muß das Enzym zunächst durch Zusatz von Lauryl-Trimethyl-Ammoniumchlorid in Lösung gebracht werden. Nach Abzentrifugieren der festen Bestandteile dient der klare Überstand zur Analyse.
   Meßgröße ist die pro Minute freigesetzte Menge 4-Nitroanilin, die sich durch photometrische Messung bei 405 nm ermitteln läßt.
   Die Resultate werden in U/g Stuhl angegeben.

Normbereich:

Die Werte sind vom verwendeten Substrat abhängig.

Beurteilung der Ergebnisse:

Erniedrigte Werte finden sich bei exokriner Pankreasinsuffizienz (s. S. 478).

Untersuchungen an Pankreasgesunden zeigten etwa 10 % falsch pathologische Ergebnisse.

Bestimmung der Fettausscheidung mit dem Stuhl

Prinzip:

Zur Zunahme des Stuhlgewichts bei vermehrter Fettausscheidung s. S. 469.

In einem Aliquot des jeweils an mindestens 3 Tagen vollständig gesammelten 24-Stunden-Stuhls wird die Neutralfettkonzentration dadurch bestimmt, daß die durch alkalische Hydrolyse freigesetzten Fettsäuren nach Extraktion mit Petrolether durch Zugabe von Alkali titriert werden. Unter Berücksichtigung des Stuhlgewichts erfolgt die Berechnung der Ausscheidung an Triglyceriden.

Normbereich:

Bei Zufuhr von gemischter Kost   unter 7 g/24 Stunden

Beurteilung der Ergebnisse:

Eine vermehrte Fettausscheidung mit dem Stuhl findet sich bei exokriner Pankreasinsuffizienz (Maldigestion) und bei Malabsorptionssyndrom.
Die Ergebnisse sind mithin nicht spezifisch für eine Pankreaserkrankung.

Sekretin-Pankreozymin-Test

Prinzip:

Bei dieser Funktionsprüfung wird der Duodenalinhalt quantitativ - jedoch frei von Magensaft - gesammelt. Dies gelingt durch Verwendung von Sonden mit einem Ballon zur Abdichtung des Duodenums gegen den Magen.
Nach Anregung der Sekretion des Pankreas durch intravenöse Gabe von Sekretin und Cholecystokinin-Pankreozymin bestimmt man die Konzentration des Bicarbonats und die Aktivitäten der Enzyme Trypsin, Chymotrypsin, Lipase und α-Amylase im Duodenalinhalt. Die Ausschüttung der Sekretionsprodukte pro Zeiteinheit nach Stimulation ist ein Maß für die Sekretionskapazität des exokrinen Pankreas.
Das technisch aufwendige Verfahren wird nur in Speziallaboratorien ausgeführt.

Normbereiche:

Die Werte sind abhängig von den verwendeten Methoden und Substraten.

Beurteilung der Ergebnisse:

Die beim Gesunden sezernierten Mengen an Bicarbonat und Enzymen übersteigen den für einen vollständigen Abbau der Nahrungsstoffe notwendigen Bedarf meist ganz erheblich. Die Reservekapazität des Pankreas ist jedoch für die einzelnen Komponenten unterschiedlich ausgeprägt.
Betrachtet man die Verdauung im Darmlumen, so ist eine Herabsetzung der Lipasesekretion mit Störung der Fettverdauung und Erhöhung der Fettausscheidung mit dem Stuhl der empfindlichste Indikator einer unzureichenden Pankreasfunktion. Eine Störung der Eiweißverdauung tritt meist erst später auf, da an der Proteolyse auch das Pepsin beteiligt ist. Ein Mangel an α-Amylase spielt nur eine geringe Rolle.
Die Interpretation der ermittelten Bicarbonatausscheidung kann Probleme bereiten, da eine geringfügige Verunreinigung des Duodenalsafts mit Magensekret im Einzelfall in Erwägung gezogen werden muß.

Wichtiger Hinweis:

Bei Patienten mit Cholelithiasis oder Choledocholithiasis besteht nach Gabe von Cholecystokinin-Pankreozymin die Gefahr einer Mobilisierung von Gallensteinen mit Verschluß des Ductus cysticus bzw. choledochus. Vor Ausführung des Sekretin-Pankreozymin-Tests sind daher die Gallenwege sorgfältig sonographisch bzw. röntgenologisch zu untersuchen. Der Nachweis von Steinen in den Gallenwegen stellt eine Kontraindikation für die Durchführung des Tests dar.

Fluoresceindilaurat-Test ("Pancreolauryl-Test")

Prinzip:

Das Verfahren beruht auf der Hydrolyse von oral gegebenem Fluoresceindilaurat und der photometrischen Messung des resorbierten und mit dem Harn ausgeschiedenen Fluoresceins.

Beurteilung der Ergebnisse:

Da das gleichzeitig verabreichte standardisierte Frühstück nicht zu einer maximalen Stimulation des Pankreas führt, das genannte Substrat nicht durch Pankreaslipase, sondern von Esterasen gespalten wird, die aktuelle Gallensäurekonzentration im Chymus eine wesentliche Rolle spielt und die Resorption im Dünndarm sowie Nierenfunktionsstörungen das Ergebnis beeinflussen, erlauben die gewonnenen Daten keine Aussage über die exokrine Pankreasfunktion.

N-Benzoyl-L-Tyrosyl-p-Aminobenzoesäure-Test (NBT-PABA-Test)

Prinzip:

Die mit einem Frühstück oral verabfolgte Testsubstanz wird im Dünndarm durch Chymotrypsin in N-Benzoyl-L-Tyrosin und p-Aminobenzoesäure gespalten. Das letztgenannte Produkt ist nach Resorption und teilweiser Glucuronidierung im Harn meßbar.

Beurteilung der Ergebnisse:

Da das Substrat auch durch eine Hydrolase aus der Dünndarmmucosa umgesetzt wird, eine maximale Stimulation des Pankreas nicht stattfindet und Störungen der Resorptionsmechanismen und der Nierenfunktion die Ergebnisse beeinflussen, ermöglicht der Test keine spezifische Aussage über die Chymotrypsinsekretion des exokrinen Pankreas.

RESORPTION IM DÜNNDARM

Zu den Resorptionsvorgängen im Dünndarm s. Lehrbücher der Physiologie und Biochemie.

Prüfung der Resorption im Dünndarm

D-Xylose-Test

Prinzip:

D-Xylose wird im Duodenum und im oberen Jejunum durch "erleichterte Diffusion" resorbiert und im Intermediärstoffwechsel nur in geringem und etwa konstantem Umfang abgebaut; der Blutspiegel und - bei normaler Nierenfunktion - die Ausscheidung mit dem Harn sind daher von der resorbierten Menge D-Xylose abhängig.

Dem nüchternen Probanden werden 25 g D-Xylose in 500 ml Wasser per os zugeführt; nach etwa 1 - 2 Stunden läßt man nochmals 500 ml nachtrinken. Der Harn wird vom Zeitpunkt der Xylosezufuhr ab 5 Stunden lang gesammelt. Während der Testdauer sollte der Patient eine sitzende Stellung einhalten.

Zur Ermittlung der Xylosekonzentration wird ein aliquoter Teil des Urins mit 4-Bromanilin in Eisessig auf 70 $^{\circ}$C erhitzt. Dabei bildet sich Furfurol, das mit 4-Bromanilin einen rötlichen Farbstoff ergibt. Die Extinktion dieses Farbstoffs wird photometrisch gemessen; sie ist in einem engen Bereich der Xylosekonzentration proportional.

Normbereich:

Beim Gesunden finden sich 5,6 - 11,0 g D-Xylose - entsprechend 22 - 44 % der zugeführten Menge - im Harn.

Etwa 10 % der Patienten mit Malabsorptionssyndrom zeigen eine fälschlich normale D-Xylose-Exkretion.

Störungen:

Fälschlich pathologische Ergebnisse können durch Fehler bei der Harnsammlung, eine verzögerte Magenentleerung oder beschleunigte Magen-Darm-Passage, den Übertritt von Xylose in Oedeme oder Ascites, eine bakterielle Besiedlung des Dünndarms sowie eine gestörte Nierenfunktion bedingt sein.

Literaturhinweise

HAFTER, E.: Praktische Gastroenterologie, 7. Aufl.
Stuttgart, New York: Thieme 1988.

SLEISENGER, M., FORDTRAN, J. (Eds.): Gastrointestinal Disease, 4th ed.
Philadelphia: Saunders 1989.

THOMAS, L. (Hrsg.): Labor und Diagnose, 3. Aufl.
Marburg: Medizinische Verlagsgesellschaft 1988.

NORMBEREICHE

Grundlagen der Bewertung von Analysendaten

Transversalbeurteilung

Die Interpretation von Ergebnissen quantitativer Analysen kann durch eine Transversalbeurteilung erfolgen. Hierbei werden die gewonnenen Daten mit einem sog. "Normbereich", d. h. mit den an "offenbar Gesunden" ermittelten Werten verglichen.

Die Abgrenzung solcher Normbereiche - auch als Referenzbereiche bezeichnet - ist aus verschiedenen Gründen problematisch. Häufig ist es nicht einfach, genügend "offenbar gesunde" Probanden zu finden, vor allem dann, wenn die Werte altersabhängig sind und verschiedene Altersklassen untersucht werden müssen. Oft ist auch der Verteilungstyp der gemessenen Größen nicht bekannt, so daß ungeeignete statistische Verfahren zur Bearbeitung der Daten Anwendung finden. Nicht selten dienen Blutspender zur Ermittlung von Normbereichen für Serumbestandteile; dabei ist jedoch zu berücksichtigen, daß es sich meist um eine bestimmte Auswahl von jüngeren männlichen Probanden handelt, die häufig nach Genuß von Zigaretten oder coffein- bzw. alkoholhaltigen Getränken zur Blutentnahme kommen.

Optimal ist es, wenn in die Gruppe der "offenbar Gesunden" nur Personen aufgenommen werden, bei denen sich auf Grund einer eingehenden Anamnese und sorgfältiger klinischer, röntgenologischer u. a. Untersuchungen kein Anhalt für das Vorliegen einer Krankheit oder eines erhöhten Erkrankungsrisikos ergibt. Ferner müssen Geschlecht und Alter sowie individuelle Gewohnheiten und Verhaltensweisen, z. B. körperliches Training, Rauchen, spezielle Diätformen u. a., Berücksichtigung finden. Ebenso sollten Probanden mit Übergewicht aus der Referenzgruppe ausgeschlossen werden. Soweit es sich um Analysen von Blutbestandteilen handelt, ist die Probengewinnung nach 12 stündiger Nahrungskarenz erforderlich. Außerdem muß der Proband zuvor etwa 30 Minuten lang eine liegende Körperhaltung einnehmen.

Die im Untersuchungsmaterial für einen bestimmten Bestandteil gefundenen Werte

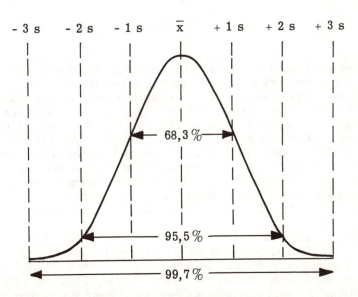

Abb. 57. Schematische Darstellung einer Normalverteilung

werden zunächst graphisch dargestellt. Hierdurch ist ein Überblick über die Verteilung der Daten zu gewinnen. Zeigt sich annähernd eine Glockenkurve, so kann eine Normalverteilung (s. Abb. 57, S. 485) angenommen werden. Zur Charakterisierung des Normbereichs werden der arithmetische Mittelwert $\bar{x}$ und die Standardabweichung s berechnet. In dem Bereich $\bar{x} - 2s$ bis $\bar{x} + 2s$ finden sich 95,5 %, zwischen $\bar{x} - 3s$ und $\bar{x} + 3s$ 99,7 % aller Werte. In der Medizin gibt man als Grenzen des Normbereichs meist $\bar{x} - 2s$ und $\bar{x} + 2s$ an. Somit werden auf jeder Seite etwa 2 % der an "offenbar Gesunden" ermittelten Daten ausgeschlossen.

Eine Reihe von Serumbestandteilen, vor allem die Enzyme, sind - wie z. B. die Körpergröße - nicht normal, sondern logarithmisch-normal verteilt. Dies bedeutet, daß nicht die Werte selbst, sondern ihre Logarithmen eine GAUSS' sche Kurve zeigen. Nach entsprechender Umformung der Analysendaten können ebenfalls Mittelwert und 2 s- bzw. 3 s-Grenzen errechnet werden.

Immer wieder ist zu beobachten, daß bei der Auswertung von Bezugsdaten der Verteilungstyp der Werte nicht geprüft und eine Normalverteilung zugrunde gelegt wird. Dies kann völlig unsinnige Angaben über die untere Grenze des Normbereichs, die dann unter Null liegt, zur Folge haben.

Läßt sich an Zahlenreihen weder eine normale noch eine logarithmisch-normale Verteilung sichern, so ist zunächst zu prüfen, ob in dem untersuchten Kollektiv Probanden enthalten waren, die die oben aufgeführten erforderlichen Kriterien nicht erfüllt haben. Die Betroffenen sind einer eingehenden Kontrolle zu unterziehen. Ist auch weiterhin die Verteilung der Werte nicht exakt zu ermitteln, werden Parameterfreie Verfahren angewandt. Hierbei ist der Normbereich durch die 2,5 %- und 97,5 % Percentilen, zwischen denen sich 95 % der an "offenbar Gesunden" gemessenen Werte finden, begrenzt.

Bei der Transversalbeurteilung werden im allgemeinen Ergebnisse, die zwischen $\bar{x} - 2s$ und $\bar{x} + 2s$ bzw. den 2,5 %- und 97,5 %-Percentilen liegen, als "sicher normal" bewertet. Bei dieser Interpretation ist zu berücksichtigen, daß insgesamt 5 % aller an Patienten ermittelten Daten fälschlich als pathologisch eingestuft werden.

Longitudinalbeurteilung

Bei dieser Art der Bewertung werden die aktuellen Patientendaten nicht mit einem an "offenbar Gesunden" ermittelten Normbereich verglichen, sondern mit früher am gleichen Patienten erhobenen Befunden in Beziehung gesetzt. Unter der Voraussetzung, daß die Zuverlässigkeit der Ergebnisse gegeben ist und der Arzt die unvermeidliche Streuung der Resultate von Tag zu Tag angemessen berücksichtigt, können bei diesem Vorgehen pathologische Veränderungen empfindlicher erkannt werden als bei der Transversalbeurteilung. Dies soll an 2 Beispielen verdeutlicht werden:
Eine Konzentration von 14,5 g Hämoglobin/dl Blut liegt für männliche Probanden im Normbereich. Wird dieser Wert jedoch bei einem Patienten mit Verdacht auf ein blutendes Magengeschwür ermittelt und ist der eigene Normalwert von früheren Untersuchungen her mit 17,5 g Hämoglobin/dl bekannt, so spricht der Befund für eine aufgetretene Blutung.
Für die Leukocytenzahl gilt bei ambulanten Patienten ein Normbereich zwischen 4 000 - 11 000 /µl Blut. Mithin wird bei der Transversalbeurteilung ein Wert von 9 500 Leukocyten/µl nicht als pathologisch eingestuft. Ist jedoch bekannt, daß der Untersuchte normalerweise Leukocytenzahlen zwischen 4 000 und 5 000 /µl zeigt, so kommt dem aktuellen Wert durchaus die Bedeutung einer krankhaften Veränderung zu.

FEHLER BEI DER LABORATORIUMSARBEIT
VERMEIDUNG BZW. VERMINDERUNG DIESER FEHLER

Fehler bei der Laboratoriumsarbeit

Im folgenden soll an einer Reihe von Beispielen gezeigt werden, welche Fehler unabhängig von einer speziellen Methode bei der Ausführung von Analysen im Laboratorium auftreten können.

Da die Ursachen für derartige Fehler außerordentlich mannigfaltig sind, ist die Aufstellung, die zur Fehlersuche und zur Vermeidung von Fehlern anleiten soll, bei weitem nicht vollständig. Sie kann nur andeuten, daß mit zahllosen Problemen gerechnet werden muß und daß nur bei ausreichender Einarbeitung und Berufserfahrung des Untersuchers zuverlässige Ergebnisse gewonnen werden können.

Fehler bei der Auswahl der Methodik

Unspezifische Methode verwendet.
Verfahren benutzt, dessen Ergebnisse schlecht zu reproduzieren sind.
Unempfindlichen Test gewählt.
Störanfällige Methode angewandt.
    Reaktionsprodukt lichtempfindlich.
    pH-Optimum nicht gewährleistet.
    Sehr niedrige Substratkonzentration im Testansatz.
    Starke Spontanhydrolyse des Substrats.
    Häufig vorkommende Interferenz durch Medikamente oder deren Metabolite.
Verfahren benutzt, bei dem Leerwerte, Standardlösungen, Kontrollproben und/oder Proben die maximale Farbentwicklung nicht zum gleichen Zeitpunkt erreichen.
LAMBERT-BEER-BOUGUER'sches Gesetz bei der eingesetzten Methode oder im vorliegenden Konzentrationsbereich nicht erfüllt.
Testverfahren gewählt, bei dem die Pufferkapazität so gering ist, daß es nach Zugabe von Untersuchungsmaterial zu einer pH-Verschiebung kommt.

Fehler bei der Übermittlung und Dokumentation von Arbeitsanleitungen

Grundlagen der Methodik sowie Arbeitsvorschriften nur mündlich mitgeteilt.
Schriftliche Ausarbeitungen fehlerhaft oder unvollständig erstellt.
Nicht genau nach Anleitung gearbeitet.
Volumina des Testansatzes oder Reaktionsbedingungen ohne experimentelle Absicherung beliebig verändert.

Fehler bei der Wägung

Waage nicht erschütterungsfrei und vor Feuchtigkeit geschützt aufgestellt.
Nullpunkt der Waage nicht korrekt justiert.
Keine ausreichend reinen Chemikalien verwendet.
Hygroskopische Substanzen vor der Einwaage nicht getrocknet.
Schmutzige Wägeschälchen benutzt.
Auf Filterpapier abgewogen.
Wägegefäß mit feuchten Fingern angefaßt.
Verunreinigte Spatel verwendet.
Türen der Waage nicht geschlossen (Zugluft!).
Substanz beim Abwiegen auf den Waagenteller gestreut und nicht oder nur teilweise entfernt bzw. vorher darauf befindliche Staubteilchen oder Chemikalienreste ebenfalls abgewischt.

Wägung zu lange ausgedehnt, so daß hygroskopische Substanzen Wasser aufnehmen können.
Stoffe ungenau eingewogen.
Bei Waagen ohne Vorrichtung zum Austarieren des Leerguts beim Addieren verrechnet.
Kommastelle falsch gesetzt.

Fehler beim Ansetzen einer Lösung

Keine geeichten Meßkolben oder Meßkolben mit falschem Inhalt benutzt.
Unsaubere Glassachen verwendet.
Substanz mit geringem spezifischen Gewicht (z. B. nach Gefriertrocknung) aus offenen Wägeschälchen verloren.
Abgewogene Chemikalien nicht quantitativ in den Meßkolben überführt.
Kein reines Lösungsmittel bzw. kein bidest. Wasser zum Auflösen verwendet.
Kolben aufgefüllt, bevor die Substanz gelöst war.
Meniscus eingestellt, obwohl sich noch ein Rührmagnet in der Lösung befand.
Magnetstäbchen entfernt, ohne es mit Lösungsmittel abzuspülen.
Undichten Stopfen benutzt, daher beim ersten Umschütteln überwiegend reine Flüssigkeit verloren.
Temperatur beim Auffüllen nicht berücksichtigt.
  Zu kaltes Lösungsmittel verwendet, so daß nach Erreichen von + 20 °C die Konzentration zu niedrig liegt.
  Auffüllen mit zu warmer Flüssigkeit oder vor dem Abkühlen der Lösung nach evtl. erforderlichem Erwärmen führt zu einem Anstieg der Konzentration.
Inhalt des Meßkolbens nicht ausreichend gemischt.
Lösung aufgefüllt und erst anschließend den pH-Wert gemessen und korrigiert, so daß durch die zugefügte Menge Säure oder Lauge ein Volumenfehler resultiert.

Fehler bei der Auflösung von lyophilisiertem Material (z. B. Kontrollproben)

Fläschchen unvorsichtig geöffnet, dadurch Substanz verloren.
Am Verschlußstopfen haftendes Material nicht in Lösung gebracht.
Kein ausreichend sauberes Aqua bidest. oder Lösungsmittel zum Auflösen verwendet.
Volumina nicht mit geeichten Vollpipetten abgemessen.
Ansatz nach Zusatz von Flüssigkeit nicht entsprechend der Vorschrift stehengelassen.
Fläschchen zur Auflösung des Materials nicht vorsichtig geschwenkt, sondern kräftig geschüttelt, so daß es durch die Schaumbildung zur Denaturierung von Proteinen kommt.

Fehler bei der Messung des pH-Werts einer Lösung

Keine funktionsfähigen Elektroden verwendet.
  Glaselektrode nicht ausreichend gequollen.
  Proteinfilm auf der Glasmembran nicht entfernt.
  Sprung in der Membran des Glases übersehen.
  Keine gesättigte KCl-Lösung in die Kalomelelektrode gefüllt.
  Diaphragma der Bezugselektrode verstopft.
Unzulängliche Abschirmung der Elektroden von elektrischen Feldern.
pH-Meßgerät nicht ausreichend geerdet.
Anzeigeskala zu kurz oder nicht spreizbar, Ablesung daher ungenau.

Alkalischen Puffer zum Kalibrieren verwendet, dessen pH-Wert durch Aufnahme von Kohlendioxid aus der Raumluft fälschlich zu niedrig liegt.
Asymmetrisches Potential ("Steilheit") der Glaselektrode nicht berücksichtigt.
Salzfehler der Glaselektrode im stark alkalischen pH-Bereich nicht beachtet.
pH-Wert nicht mit der vorgeschriebenen Säure oder Lauge eingestellt, so daß es später bei der Durchführung von Analysen durch andere zugeführte Ionen zu Störungen kommen kann.
Während der Einstellung des pH-Werts Lösung nicht ausreichend gerührt.
Nach der pH-Messung Flüssigkeit aus dem Becherglas nicht quantitativ in einen Meßkolben überführt.
Bei schwach alkalischen Puffern nach der pH-Einstellung zum Auffüllen auf das Endvolumen kein CO_2-freies Aqua bidest. verwendet.

Fehler bei der Aufbewahrung von Lösungen

Lösung nicht bei der vorgeschriebenen Temperatur (z. B. im Kühlschrank) gelagert.
Flüssigkeit - obwohl erforderlich - nicht vor Licht geschützt.
Bei schwach alkalischen Lösungen Eindringen von Kohlendioxid aus der Raumluft nicht vermieden, d. h. Flasche nicht mit einem Natronkalkrohr verschlossen.
Konzentrierte Laugen in Glasflaschen abgefüllt.
Organische Lösungsmittel oder Oxydationsmittel-haltige Flüssigkeiten in Polyethylenflaschen aufbewahrt.

Fehler bei der Verwendung von Lösungen

Direkt aus der Vorratsflasche pipettiert, Lösung dadurch verunreinigt.
Lösung über das Verfallsdatum hinaus verwendet.
Auskristallisation von Substanzen, Trübungen, Bakterienwachstum u. a. übersehen.
Veränderte Farbentwicklung bzw. Ergebnisse an Reagentien-Leerwerten nicht bemerkt oder deren Ursache nicht aufgeklärt.
Entsprechende Abweichungen bei den täglich angesetzten Standardwerten (Trend) nicht beachtet.

Fehler bei der Behandlung des Untersuchungsmaterials

Blutproben nicht lange oder nicht hochtourig genug zentrifugiert, dadurch unvollständige Sedimentation der Blutkörperchen.
Serum bzw. Plasma nicht schnell genug von den corpusculären Bestandteilen abgetrennt.
Beim Abpipettieren oder Abgießen des Überstandes Blutkörperchen aufgewirbelt, die dadurch in den Ansatz gelangen und zu Trübungen o. a. Störungen führen können.
Eingefrorene Proben beim Auftauen zu stark erwärmt (z. B. unter fließendem heißen Leitungswasser) oder vor der Verwendung nicht wieder ausreichend gemischt.
Untersuchungsmaterial bei zu hohen Temperaturen aufbewahrt, dadurch Denaturierung von Enzymen und anderen Proteinen möglich.
Serum nicht vor Licht geschützt gelagert; hierdurch beispielsweise Oxydation von Bilirubin zu Produkten, die keinen Azofarbstoff mehr bilden, nicht vermieden.
Material nicht verschlossen aufbewahrt (Verdunstungsgefahr!).
Probe nicht innerhalb der vorgeschriebenen Zeit analysiert.

Untersuchungsmaterial verwechselt, da die Entnahmeröhrchen nicht eindeutig zu identifizieren waren oder nicht in korrekter Reihenfolge in die Serie eingeordnet wurden.

Fehler durch Verwendung von ungeeignetem Untersuchungsmaterial

Hämolytisches Serum analysiert (Werte für Kalium, Lactat-Dehydrogenase, saure Phosphatasen, Glutamat-Oxalacetat-Transaminase u. a. hierdurch fälschlich erhöht).
Lipämisches Serum untersucht, so daß die photometrische Messung bei Verfahren ohne Enteiweißung gestört wird.
Harnsedimente, Untersuchungen zum Säure-Basen-Haushalt oder an Liquor an zu lange aufbewahrten Proben ausgeführt.
Nicht vollständig geronnenes Blut zentrifugiert, daher Nachgerinnen des Serums im Testansatz möglich.
Gerinnselbildung bei mit Antikoagulantien versetzten Proben (z. B. für hämatologische oder hämostaseologische Untersuchungen) übersehen.
Kontaminiertes Material analysiert (z. B. Serum aus nicht eisenfreien Röhrchen zur Bestimmung der Eisenkonzentration verwendet).
24-Stunden-Harn analysiert, der vermutlich nicht vollständig gesammelt wurde (Volumen bei offenbar Nierengesunden unter 900 ml/24 Stunden).
Bei speziellen Untersuchungen Vorschriften für Aufbewahrung oder erforderliche Zusätze (z. B. zur Harnkonservierung) nicht beachtet.

Fehler bei der Verwendung von Glasgeräten

Unsaubere Glassachen verwendet (z. B. unvollständige Entfernung von Proteinniederschlägen, Säuren, Detergentien, Schwermetallen und/oder Calcium aus dem Leitungswasser).
Keine geeichten Meßkolben benutzt.
Feuchte Röhrchen oder Geräte verwendet.
Glassachen in Gebrauch genommen, deren Oberflächen durch starke Laugen verändert sind.

Fehler bei der Verwendung von Kunststoffgegenständen

Kunststoffartikel nicht auf Kontamination geprüft.
Adsorption von Substanzen an die Oberfläche des Kunststoffs nicht berücksichtigt.
Gegenstände nicht staubfrei gelagert.

Fehler bei der Verwendung von Glaspipetten

Mit unsauberen oder nicht völlig trockenen Glaspipetten gearbeitet.
Pipetten nicht sachgemäß mit Detergentien oder Chromschwefelsäure gereinigt, so daß die Innenflächen benetzbar sind und die Pipetten daher nicht vollständig entleert werden können.
Ungeeichte Glaspipetten zur Verdünnung von Standardlösungen, zum Auflösen von Kontrollproben u. a. verwendet.
Mit Vollpipetten gearbeitet, die nur _eine_ Markierung tragen.
Pipetten mit abgestoßenen Spitzen benutzt.
Pipetteninhalt nicht kontrolliert, daher falsche Beschriftung nicht erkannt (z. B. bei Blutzuckerpipetten Inhalt 200 μl statt 100 μl).
Pipette beim Pipettieren nicht senkrecht gehalten.
Meniscus nicht in Augenhöhe eingestellt.
Zur Blutentnahme am Patienten keine sterilisierten Pipetten verwendet.

Fehler bei der Verwendung von Kolbenpipetten

    Verschmutzte Pipetten benutzt.
Mit undichten Pipetten gearbeitet.
Keine kalibrierten Kolbenpipetten verwendet.
Kunststoffspitze nicht vorschriftsmäßig auf den Konus der Pipette aufgesteckt.
Lösung zu schnell angesaugt (Gefahr der Verunreinigung der Pipette).
Luftblasen aufgesaugt.
Nicht für jede Probe eine neue Kunststoffspitze verwendet.
Beim Pipettieren von Flüssigkeit mit hoher Viscosität Spitze nicht vorgespült.
Flüssigkeiten mit hohem spezifischen Gewicht (z. B. Chloroform) pipettiert, obwohl die hohe Dichte der Substanz das vollständige Ansaugen des erforderlichen Volumens nicht ermöglicht.
Außen an der Spitze haftende Lösung nicht abgewischt.
Beim Entfernen von Material mittels Tupfern u. a. Flüssigkeit aus der Kunststoffspitze gesaugt.
Probe zu schnell ausgeblasen, daher unvollständige Entleerung der Pipettenspitze.
Kolbenpipette mit gefüllter Spitze waagerecht gehalten oder auf den Labortisch gelegt, so daß Flüssigkeit in den Hubraum gelangen kann.

Fehler bei der Verwendung von Dispensern, Dilutoren u. a.

    Volumina falsch abgemessen, da das Gerät nicht korrekt kalibriert oder die Einstellung verändert wurde.
Technische Mängel nicht erkannt oder nicht behoben (z. B. undichte Schlauchsysteme, Spritzen, Dichtungen, Ventile u. a. nicht ersetzt).
Auslaufspitzen nicht fein genug ausgezogen, dadurch Zurückbleiben verschieden großer Flüssigkeitsreste in der Spitze möglich.
Luftblasen im Schlauchsystem nicht bemerkt.

Fehler beim Kalibrieren von Pipetten

    Verwendete Waage für die abgemessenen Volumina nicht ausreichend empfindlich.
Nicht genügend Wägungen bzw. photometrische Messungen vorgenommen.
Wägevorgang zu langsam ausgeführt, dadurch Verdunstung von Flüssigkeit möglich.
Ergebnisse der Wägungen bzw. Messungen falsch protokolliert.
Ermittelte Daten nicht korrekt ausgewertet.

Fehler beim Mischen der Ansätze

    Ansätze nicht ausreichend gemischt.
Durch zu starkes Schütteln Schaumbildung hervorgerufen.
Nicht sofort nach Zugabe jeder Reagenslösung umgeschüttelt.
Probe und Reagentien nicht vollständig gemischt, z. B. an der Gefäßwand haftende Tropfen nicht in den Ansatz gebracht.
Untersuchungsmaterial oder Reagentien beim Mischen aus dem Röhrchen gespritzt.
Gefäße mit unsauberen Stopfen (z. B. aus Kork oder mehrfach verwendetem Kunststoff) verschlossen.

Fehler beim Zentrifugieren der Ansätze

    Nicht lange oder nicht hochtourig genug zentrifugiert, dadurch unvollständige

Sedimentation ausgefällter Proteine u. a.
Durch Einschalten der Bremse lockere Niederschläge (z. B. Leukocyten im Liquor) wieder aufgewirbelt.
Tourenzahl bzw. Dauer der Zentrifugation für spezielle Analysen (z. B. gerinnungsphysiologische Untersuchungen, Hämatokritwert, Trennung der Lipoproteine u. a.) nicht eingehalten.
Substanzen von niedrigem spezifischen Gewicht (z. B. feine Flocken an der Oberfläche von Enteiweißungsansätzen) beim Abgießen in den Ansatz eingebracht.

Fehler durch Änderung des pH-Werts im Testansatz

Abfall bzw. Anstieg des pH-Werts nach Zugabe von Probenmaterial, insbesondere mit pathologischer Zusammensetzung, nicht berücksichtigt.
pH-Verschiebung durch den Einfluß des Kohlendioxids aus der Raumluft während einer längeren Inkubation nicht beachtet.

Fehler bei der Inkubation

Inkubationszeit nicht eingehalten.
Bei Enzymaktivitätsmessungen:
Inkubationszeit zu kurz, ermittelte Aktivitäten fälschlich zu niedrig;
Inkubationszeit zu lang, gemessene Aktivität fälschlich zu hoch.
Bei der enzymatischen Bestimmung von Substratkonzentrationen:
Inkubationszeit zu kurz, Substrat nicht vollständig in Produkt umgewandelt;
Inkubationszeit zu lang, weiterer Umsatz eines entsprechenden Reaktionsprodukts möglich.
Bei der Bildung eines gefärbten Reaktionsprodukts:
Inkubationszeit zu kurz, keine maximale Farbentwicklung möglich;
Inkubationszeit zu lang, dadurch Zunahme des gefärbten Produkts oder teilweise Zerstörung der entstandenen Farbe.
In einer größeren Serie:
Reagens zur Farbentwicklung schneller oder langsamer zugegeben als die Ansätze nach der Inkubation photometrisch gemessen werden können. Daher evtl. mit der Stoppuhr arbeiten, z. B. alle 15 oder 30 Sekunden einen Ansatz pipettieren und dementsprechend ablesen.
Vorinkubation nicht eingehalten.
Bei Enzymaktivitätsmessungen:
Vorinkubation zu kurz, serumeigene Substrate daher nicht vollständig umgesetzt, so daß Nebenreaktionen mitgemessen werden. Unlinearer Reaktionsverlauf durch nicht abgeschlossene lag-Phase möglich.
Vorinkubation zu lang, dadurch Denaturierung von Proteinen.
Inkubationstemperatur nicht eingehalten.
Bei Enzymaktivitätsmessungen:
Inkubationstemperatur zu niedrig, ermittelte Aktivitäten fälschlich zu gering;
Inkubationstemperatur zu hoch, gemessene Aktivitäten fälschlich erhöht oder - durch Denaturierung der Enzyme - Werte herabgesetzt.
Bei Reaktionen mit Entwicklung eines gefärbten Produkts:
Inkubationstemperatur zu niedrig, keine maximale Farbentwicklung möglich;

    Inkubationstemperatur zu hoch, dadurch Zunahme des gefärbten
    Produkts oder teilweise Zerstörung der entstandenen Farbe.
Regulierung der Temperatur durch den verwendeten Thermostaten nicht genau genug.
    Thermostat ohne Gegenkühlung benutzt.
    Temperatur nicht mit einem geeichten Kontrollthermometer gemessen.
    Temperatur in der Küvette nicht kontrolliert.
Lichteinwirkung während der Inkubationszeit nicht vermieden.
    Reaktionsprodukt dadurch zum Teil zerstört.
    Vermehrte Bildung gefärbter Verbindungen möglich.
Inkubation in nicht verschlossenen Reaktionsgefäßen vorgenommen.
    Durch Verdunstung von Flüssigkeit Konzentration der zu untersuchenden
    Substanz fälschlich erhöht.

<u>Fehler bei der photometrischen Messung</u>

 Lichtquelle benutzt, die zu wenig Strahlungsenergie liefert (z. B. nach längerer Verwendung).
 Nicht mit Licht der vorgeschriebenen Wellenlänge gemessen.
    Monochromator nicht korrekt justiert.
    Filter verwendet, das Falschlicht durchläßt.
    Filter benutzt, bei dem die Farbschicht - beispielsweise durch Salzsäuredämpfe - beschädigt ist.
    Falsches Filter zur Messung eingesetzt.
 Kein monochromatisches Licht verwendet.
    Spaltblende bei Geräten mit Monochromator zu weit geöffnet, dadurch mit Strahlung von zu großer Halbwertsbreite gemessen.
    Halbwertsbreite des benutzten Filters zu groß.
 Falsche Blende ins Photometer eingesetzt, so daß ein Teil des Lichts die Seitenflächen der Halbmikroküvetten durchstrahlt.
 Sekundär-Elektronen-Vervielfacher durch Strahlung von hoher Intensität (z. B. ungefiltertes Licht einer Quecksilberdampflampe) beschädigt.
 Transmission bei gesperrtem Lichtweg nicht auf T = 0 % justiert.
 Bei offenem Lichtweg mit einer wassergefüllten Küvette die Extinktion 0 nicht korrekt eingestellt.
 Nullpunkt bei Serienmessungen nicht laufend kontrolliert bzw. korrigiert.
 Küvette nicht ausreichend oder nicht luftblasenfrei gefüllt.
 Küvettenfehler nicht beachtet.
 Unsaubere Küvetten benutzt.
 Optische Flächen beim Eingießen der Meßlösung verunreinigt.
 Merke: Volumen der Meßlösung deshalb so wählen, daß die Küvette gerade gefüllt ist und keine Flüssigkeit überlaufen kann!
 Optische Flächen der Küvetten zerkratzt oder unsauber (z. B. durch Fingerabdrücke).
 Niederschläge von Dichromat, das im UV-Bereich absorbiert, an den optischen Flächen der Küvetten (nach Reinigung mit Chromschwefelsäure statt mit Schwefelsäure) nicht entfernt.
 Absaugküvetten nicht vollständig entleert.
 Küvetten nicht ausreichend ausgegossen oder von oben ausgesaugt.
 Küvetten nicht mit Meßlösung (oder Aqua bidest.) vorgespült, obwohl zwischen zwei Ansätzen ein hoher Konzentrationsunterschied besteht.
 In einem Extinktionsbereich gemessen, in dem das LAMBERT-BEER-BOUGUER'sche Gesetz nicht mehr gültig ist.
 Trübung der Meßlösung nicht erkannt.

Strahlungsempfänger nicht ausreichend gegen Licht von Leuchtstoffröhren abgeschirmt.
Extinktionen falsch abgelesen oder falsch notiert (z. B. 0,700 statt 0,070).

Fehler bei hämatologischen Untersuchungsverfahren

Mögliche Fehlerquellen sind jeweils bei den beschriebenen Methoden aufgeführt.

Fehler bei hämostaseologischen Verfahren

S. S. 149 sowie S. 154 - 157.

Fehler bei der Durchführung von Elektrophoresen

S. S. 269.

Fehler bei Untersuchungen zum Säure-Basen-Haushalt

S. S. 342.

Fehler bei der Ausführung von Verfahren auf immunologischer Grundlage

S. S. 407.

Fehler bei der Beurteilung von Harnsedimenten

S. S. 415.

Fehler bei der Berechnung von Ergebnissen

Bildung der Mittelwerte aus den Analysendaten fehlerhaft.
Extinktion des Reagentien-Leerwerts (und evtl. eines Proben-Leerwerts) nicht von derjenigen des Bestimmungsansatzes abgezogen bzw. beim Subtrahieren verrechnet.
Falschen Extinktionskoeffizienten zur Berechnung benutzt (z. B. bei Umsatz von NADH ϵ für 339 nm statt 365 nm verwendet).
Bei der Auswertung über mitgeführte Standardlösungen falsche Konzentration dieser Bezugsgrößen in die Berechnungsformel eingesetzt (vor allem wichtig bei Verfahren, bei denen der Standard anders behandelt wird als das Untersuchungsmaterial).
Falschen Berechnungsfaktor benutzt (z. B. den für eine andere Wellenlänge).
Kommata falsch gesetzt (insbesondere bei der Benutzung von Rechenschiebern oder -scheiben). Größenordnung der Ergebnisse daher stets abschätzen!
Rechenfehler - beispielsweise auch durch falsches Eingeben der Zahlen in Rechenmaschinen - nicht bemerkt.
Vorverdünnung einer Probe bei der Berechnung nicht berücksichtigt.
In der falschen Rubrik einer Berechnungstabelle nachgesehen.
Werte aus einer Bezugsgeraden falsch abgelesen.
Ergebnisse mit unsinnig vielen Dezimalstellen angegeben.

Fehler bei der Protokollierung und Übermittlung der Ergebnisse

Falsche Zuordnung von Daten durch unsachgemäße Identifizierung oder Protokollierung.
Schreib- oder Übertragungsfehler nicht bemerkt.
Hämolyse oder starke Lipämie der Proben nicht angegeben.
Ergebnisse bei telefonischer Durchsage nicht sofort notiert und/oder nicht wiederholt.

Einteilung der im Laboratorium auftretenden Fehler

Die im vorangehenden Abschnitt beschriebenen Fehler wirken sich in unterschiedlicher Weise auf die Analysenergebnisse aus; teils verfälschen sie nur einzelne Resultate, teils die Ergebnisse ganzer Analysenserien.

Die möglichen Fehler lassen sich in drei Gruppen einteilen, wobei allerdings im Einzelfall keine strenge Trennung vorgenommen werden kann.

1. Zufällige ("unvermeidbare") Fehler

    Jeder quantitativ auszuführende Arbeitsschritt (z. B. Wägung, Pipettierung, Extinktionsmessung u. a.) ist in gewissen Grenzen fehlerhaft. Analysiert man die gleiche Probe mehrfach, so streuen die Meßwerte um einen Mittelwert. Je größer die Zahl der aus dem gleichen Untersuchungsmaterial durchgeführten Analysen ist, desto näher kommt der gefundene Mittelwert $\bar{x}$ (der Mittelwert der Stichprobe) dem nicht exakt zu messenden "wahren Wert" μ (dem Mittelwert der Grundgesamtheit, die aus unendlich vielen Messungen besteht).

    Die Meßwerte unterliegen meist einer Normalverteilung, die sich durch den Mittelwert $\bar{x}$ und die Standardabweichung s charakterisieren läßt (s. S. 485).

    Die bei Mehrfachanalysen erreichbare Präzision hängt vom Untersucher, von der angewandten Methode, von den verwendeten Pipetten und Meßgeräten u. a. ab.

2. Systematische ("vermeidbare") Fehler

    Diese Fehler wirken sich auf alle Ergebnisse einer Analysenserie aus und verursachen Abweichungen in einer Richtung vom "wahren Wert", d. h., alle Daten liegen fälschlich zu hoch oder fälschlich zu niedrig.

    Ursachen für systematische Fehler können sein:
    Nicht korrekt kalibrierte Volumenmeßgeräte,
    falsch eingewogene oder hergestellte Standardlösungen,
    zu hohe oder zu niedrige Inkubationstemperaturen (vor allem bei Enzymaktivitätsmessungen von Bedeutung!),
    Verwendung eines falschen Berechnungsfaktors
    u. a.

3. Grobe Fehler

    Als grobe Fehler bezeichnet man:
    Die Verwechslung von Proben, Pipetten oder Reagentien,
    eine falsche Bedienung von Meßgeräten,
    Rechen- oder Übertragungsfehler
    u. a.

    Gerade diese Art von Fehlern hat oft besonders schwerwiegende Folgen für den Patienten. Es sei nur an folgende Beispiele erinnert:
    Die Blutgruppenmerkmale wurden zwar richtig bestimmt, die Ergebnisse jedoch falsch übertragen.
    Durch die Verwechslung von Blutproben wird einem bewußtlosen Patienten mit einer tatsächlich im Normbereich liegenden Glucosekonzentration im Vollblut fälschlich eine Hyperglykämie von ca. 1000 mg/dl zugeordnet und dementsprechend eine Insulintherapie eingeleitet.

Vermeidung bzw. Verminderung von Fehlern im Laboratorium

Das Auftreten von falschen Ergebnissen läßt sich bereits dadurch entscheidend reduzieren, daß einige allgemeine Richtlinien zur Arbeit im Laboratorium beachtet werden.

Zunächst sind für jede Methode genaue Arbeitsvorschriften zu erstellen.
Am Arbeitsplatz ist streng auf Ordnung und Sauberkeit zu achten.
Meßgeräte u. a. sind mit besonderer Sorgfalt zu bedienen und regelmäßig zu warten.

Wesentlich ist auch, daß zwischen Personal und Vorgesetzten ein Vertrauensverhältnis besteht, so daß alle auftretenden Fragen und Unklarheiten sofort vorgebracht werden und gemeinsam eine Lösung erarbeitet wird.

Die Sorgfalt bei der Analytik und damit die Zuverlässigkeit eines Ergebnisses ist zweifellos um so größer, je eingehender der Untersucher über die Bedeutung seiner Arbeit für den Patienten unterrichtet ist und je weniger das Personal mit offenbar nicht notwendigen Bestimmungen überlastet wird.

> Als Ziel sollte allgemein gelten, daß jeder, der mit der Vorbereitung oder Verarbeitung von Untersuchungsmaterial betraut ist, dies so behandelt, als stamme es von ihm selbst.

Möglichkeiten zur Verminderung zufälliger Fehler

Ausführung von Doppelanalysen

Die Größe der zufälligen Fehler läßt sich zunächst aus der Streuung der Doppelanalysen der gleichen Probe abschätzen. Aus dem Mittelwert $\bar{x}$ und der Standardabweichung s von Doppelbestimmungen kann ein Vertrauensbereich ermittelt werden, in dem der Wert μ - der "wahre Wert" der Konzentration eines Bestandteils - liegt.

Als Beispiel sei die flammenphotometrische Bestimmung der Kaliumkonzentration im Serum erwähnt. Die gemessenen Doppelwerte betragen 3,95 und 4,05 mmol/l. Hieraus läßt sich der Mittelwert mit 4,0 mmol/l und die Standardabweichung zu 0,07 mmol/l errechnen. Die Grenzen des Vertrauensbereichs, in dem sich die wahre Konzentration μ mit einer Wahrscheinlichkeit von 90 % findet, liegen bei 3,7 bzw. 4,3 mmol/l. Aus einer Einfachbestimmung kann ein solcher Vertrauensbereich nicht ermittelt werden.

Bei der Beurteilung der Ergebnisse von Doppelanalysen ist zu beachten, daß die Streuung der Werte von zahlreichen Faktoren, insbesondere von der Art und Konzentration der zu untersuchenden Substanz und der angewandten Methodik, abhängt. Daher lassen sich auch keine allgemein gültigen Aussagen darüber machen, wie groß die Abweichungen zwischen den Ergebnissen von Mehrfachanalysen an der gleichen Probe maximal sein dürfen. Als Richtlinie kann gelten, daß der Unterschied zwischen den Analysenwerten 5 - 10 % nicht übersteigen darf. Für den Grenzbereich zwischen "normal" und "pathologisch" sind strengere Maßstäbe anzulegen.

Durch die Ausführung von Doppelanalysen lassen sich die zufälligen Fehler in einem relativ engen Rahmen halten. Je sorgfältiger gearbeitet wird, desto besser stimmen die Ergebnisse überein, vorausgesetzt, daß alle anderen Einflußgrößen konstant gehalten werden. Durch diese ständige Selbstkontrolle wird vor allem aber auch das Fehlerbewußtsein des Untersuchers geschärft und damit eine exakte Arbeitsweise außerordentlich gefördert.

Statistische Qualitätskontrolle (Präzisionskontrolle)

Wird die gleiche Probe an verschiedenen Tagen untersucht, so zeigt sich, daß die Streuung der Analysenergebnisse (Streuung von Tag zu Tag) größer ist als bei Mehrfachbestimmungen innerhalb der gleichen Serie (Streuung in der Serie). Dies ist darauf zurückzuführen, daß eine Reihe von Bedingungen, die einen Einfluß auf das Analysenergebnis haben, sich von Tag zu Tag ändern können (z. B. Raumtemperatur, verwendete Reagentien, Wechsel von Pipetten, Meßgeräten u. a.).

Damit auch die an verschiedenen Tagen gewonnenen Ergebnisse vergleichbar sind, ist es notwendig, die unvermeidlichen Auswirkungen der genannten Einflüsse möglichst gering zu halten.

Zur Ermittlung der Streuung von Tag zu Tag analysiert man in jeder Serie sog. Präzisions-Kontrollproben, die in ihrer Zusammensetzung dem Untersuchungsmaterial (z. B. Serum) möglichst ähnlich sein sollen, so daß mit diesen Proben jeder Analysenschritt, also auch eine evtl. erforderliche Enteiweißung, durchgeführt werden kann. Mit wäßrigen Standardlösungen ist eine Gleichbehandlung oft nicht möglich. Präzisions-Kontrollproben können selbst hergestellt werden; in flüssiger oder lyophilisierter Form sind sie auch im Handel erhältlich.

Zur Auswertung der an Präzisions-Kontrollproben gewonnenen Ergebnisse dienen die Verfahren der statistischen Qualitätskontrolle:

In einer Vorperiode werden zunächst Kontrollproben in den entsprechenden Analysenserien an mindestens 20 Arbeitstagen analysiert. Aus den gefundenen Werten berechnet man den Mittelwert ($\bar{x}$)

$$\bar{x} = \frac{\sum x}{n}$$

und die Standardabweichung (s)

$$s = + \sqrt{\frac{\sum (\bar{x} - x)^2}{n - 1}}$$

Aus diesen Parametern ergeben sich die Bereiche $\bar{x} - 2s$ bis $\bar{x} + 2s$ und $\bar{x} - 3s$ bis $\bar{x} + 3s$, die 95,5 bzw. 99,7 % aller Werte umfassen.

Da die Standardabweichung von der Größe des Mittelwerts abhängt, sind die errechneten Werte bei den verschiedenen Analysenverfahren nicht vergleichbar. Eine vergleichende Aussage erlaubt die relative Standardabweichung (auch als Variationskoeffizient (VK) bezeichnet), bei der die Standardabweichung in Relation zum Mittelwert angegeben wird:

$$\text{Relative Standardabweichung (\%)} = \frac{s \cdot 100}{\bar{x}}$$

Die relative Standardabweichung sollte bei den üblichen chemischen Methoden 5 % nicht übersteigen. Erfahrungsgemäß lassen sich Zellzählungen in der Zählkammer und Enzymaktivitätsmessungen häufig nur mit einer Präzision von bis zu 10 % ausführen.

Die in der Literatur u. a. angegebenen relativen Standardabweichungen dürfen nicht überbewertet werden. Sie sind stets mit der nötigen Kritik zu betrachten, vor allem dann, wenn nicht gleichzeitig der Mittelwert angegeben worden ist.

Manche Fehler, z. B. bei der Ablesung am Photometer, Küvettenfehler o. ä. wirken sich bei unterschiedlicher Konzentration des zu bestimmenden Stoffes verschieden stark auf das Ergebnis aus.

Beispiel:

> Ansatz 1 = Extinktion 0,040
> Ansatz 2 = Extinktion 0,400

> Wird in beiden Fällen ein Ablesefehler in Höhe einer Extinktion von + 0,002 und ein Küvettenfehler von + 0,004 angenommen, so ergeben sich folgende Werte:

> Ansatz 1 = Extinktion 0,046 (der Fehler beträgt + 15 %)
> Ansatz 2 = Extinktion 0,406 (der Fehler beträgt + 1,5 %)

Bei unempfindlichen Bestimmungsverfahren geben Kontrollproben nur dann einen Anhalt für die Zuverlässigkeit der Methode, wenn sie die zu analysierenden Bestandteile in einer etwa im Normbereich liegenden Konzentration bzw. Aktivität enthalten.

Die aus den Ergebnissen der Vorperiode errechneten Parameter (Mittelwert und Kontrollgrenzen, wobei man meist den Bereich $\bar{x} - 2\,s$ bis $\bar{x} + 2\,s$ wählt) werden in eine Kontrollkarte eingezeichnet (s. Abb. 58, S. 499). Auf der Abszisse ist die Zeit in Tagen aufgetragen. Der Ordinatenmaßstab ist so zu wählen, daß der Kontrollbereich mindestens das mittlere Drittel der Ordinatenhöhe einnimmt. Wird ein zu kleiner Maßstab benutzt, so wird optisch eine nicht vorhandene Genauigkeit vorgetäuscht; umgekehrt erscheinen bei zu großem Maßstab die Streuungen unverhältnismäßig groß.

Ist die Kontrollkarte anhand der Ergebnisse der Vorperiode erstellt, dann wird die gleiche Kontrollprobe weiterhin täglich mitanalysiert (Kontrollperiode). Liegen die gewonnenen Ergebnisse innerhalb der Kontrollgrenzen, ist die Methode "unter Kontrolle". Befinden sich die ermittelten Werte außerhalb der $\bar{x} \pm 2\,s$-Grenzen, ist die Ursache dieses Fehlers festzustellen und zu beseitigen. Anschließend wird die Analysenserie einschließlich der Kontrollproben wiederholt. Erst wenn die Ergebnisse der Kontrollen innerhalb der in der Vorperiode definierten Grenzen liegen, dürfen die an den Patientenproben erhaltenen Werte dem Einsender mitgeteilt werden.

Es sollten nicht nur Kontrollproben Verwendung finden, die die zu analysierenden Bestandteile in einer normalen Konzentration aufweisen, sondern auch solche, bei denen die Werte pathologisch vermindert oder erhöht sind. Nur so sind Aussagen über die Zuverlässigkeit der ermittelten Ergebnisse in einem weiten Bereich möglich. Beispielsweise machen sich bei der Eisenbestimmung Verunreinigungen der Leerwerte durch nicht eisenfreies Aqua bidest. bei niedrigen Serumspiegeln wesentlich stärker bemerkbar als bei normalen oder erhöhten Eisenwerten.

Es muß hier auch ausdrücklich betont werden, daß statistische Größen, z. B. der an Kontrollproben ermittelte Variationskoeffizient, nur wenig über den Einzelwert - etwa über die Ergebnisse der Analyse von Patientenseren - aussagen. Insbesondere ist es nicht zulässig, von den an Präzisions-Kontrollproben in Mehrfachanalysen (n = 20) errechneten Maßzahlen auf die Fehler von Einzelbestimmungen zu schließen.

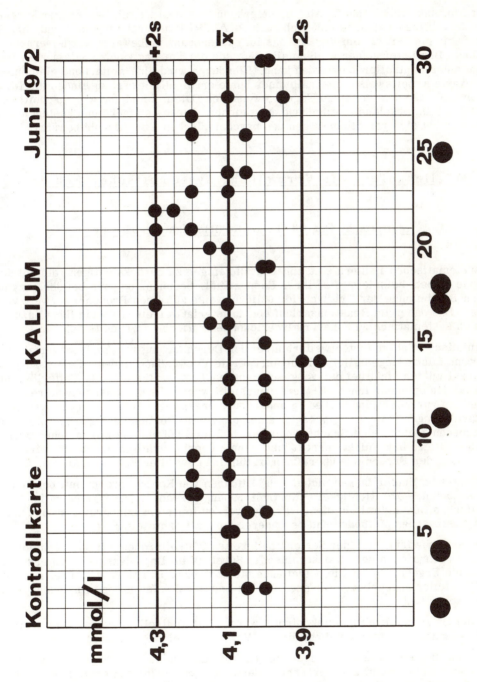

Abb. 58. Kontrollkarte

Analyse von Proben aus vorangegangenen Untersuchungsserien

Kontrollproben werden häufig als solche erkannt und deshalb mit besonderer Sorgfalt analysiert. Diese Tatsache läßt sich nach P. ASTRUP dadurch umgehen, daß man in jeder Serie ein Serum vom Vortag, das im Kühlschrank aufbewahrt wurde, erneut mitführt. Der Untersucher weiß somit, daß jede der am Tag zuvor analysierten Proben zu einer Kontrollprobe werden kann. Hierdurch wird eine weitgehend gleichbleibend exakte Arbeitsweise innerhalb einer Serie erreicht. Bewertung finden die Differenzen zwischen den an beiden Tagen gewonnenen Daten. Im Monatsdurchschnitt sollten sich die Unterschiede weitgehend ausgleichen. Dieses einfache und kostengünstige Verfahren hat sich vor allem wegen des psychologischen Effekts sehr bewährt.

Möglichkeiten zur Vermeidung systematischer Fehler

Statistische Qualitätskontrolle (Richtigkeitskontrolle)

Bei systematischen Fehlern sind zunächst diejenigen zu berücksichtigen, die auf der Methode selbst, beispielsweise ihrer Unspezifität, beruhen. So wird bei der enzymatischen Bestimmung der Triglyceride üblicherweise auf einen Proben-Leerwert verzichtet. Das daher im Reaktionsablauf ebenfalls erfaßte freie Glycerin führt dazu, daß sich systematisch zu hohe Triglyceridkonzentrationen ergeben (s. S. 243).

Systematische Fehler treten weiterhin bei der Durchführung von Analysenverfahren auf, wenn falsch eingestellte Volumenmeßgeräte Verwendung finden, die Messung von Enzymaktivitäten nicht bei der vorgeschriebenen Temperatur erfolgt, Pufferlösungen nicht auf den erforderlichen pH-Wert eingestellt werden, keine ausreichend reinen Reagentien zur Verfügung stehen, Standardsubstanzen nicht korrekt eingewogen oder Standardlösungen fehlerhaft angesetzt sind, die zur Inkubation oder Farbentwicklung angegebenen Zeiten keine Beachtung finden, bei der Photometrie mit falschen oder defekten Filtern bzw. nicht korrekt justierten Monochromatoren gearbeitet wird, die Berechnung der Ergebnisse über einen irrtümlich gewählten Faktor erfolgt o. ä.

Systematische Fehler lassen sich durch Mitführen von Kontrollproben mit bekannten Analysendaten, sog. Richtigkeits-Kontrollproben, erkennen. Die Konzentrationen der betreffenden Bestandteile in diesen Proben werden in Referenzlaboratorien mit möglichst spezifischen Methoden und besonderer Sorgfalt ermittelt.

Es hat sich bewährt, in jeder Serie Richtigkeits-Kontrollproben mit unterschiedlichen Konzentrationen der zu bestimmenden Substanz im Doppelansatz zu untersuchen. Liegen die Ergebnisse für die betreffende Methode bzw. das Meßgerät innerhalb der vom Hersteller angegebenen Grenzen $\bar{x} - 2s$ und $\bar{x} + 2s$, so ist das Analysensystem "unter Kontrolle".

Auch die Daten der Richtigkeitskontrolle werden auf Kontrollkarten dokumentiert. Richtigkeit und Präzision sind bei diesem Vorgehen gleichzeitig beurteilbar.

Kontrollproben sind keine Standardlösungen! Die Ergebnisse der Analyse von Kontrollproben dürfen nicht zur Berechnung der an Untersuchungsmaterial gewonnenen Daten benutzt werden! Hierzu sind Faktoren (z. B. bei der Bestimmung der Hämoglobinkonzentration im Vollblut) oder Standardlösungen (z. B. bei flammenphotometrischen Verfahren) zu verwenden.

Möglichkeiten zur Vermeidung grober Fehler

Organisatorische Maßnahmen

Grobe Fehler lassen sich größtenteils durch folgerichtige Planung des Arbeitsablaufs vermeiden.
Besonders folgenschwer sind Fehler in der Zuordnung von Proben zu Probanden. Verwechslungen können bei der Probengewinnung (z. B. bei der Blutentnahme), aber auch später bei der Verteilung und Verarbeitung des Materials vorkommen.

Im Laboratorium lassen sich grobe Fehler durch Beachtung folgender Richtlinien reduzieren:
> Ruhe im Laboratorium!
> Jede Ablenkung (Telefongespräche, Musik, Lärm u. a.) vermindert die Konzentrationsfähigkeit des Untersuchers!
> Einrichtung eines Arbeitsplatzes für jede Bestimmungsmethode, an dem sich alle notwendigen Geräte, Reagentien, Hilfsmittel u. a. befinden.
> Ausarbeitung von eindeutigen und eingehenden Vorschriften für alle Arbeitsschritte.
> Verwendung der Original-Entnahmeröhrchen am jeweiligen Arbeitsplatz.
> Ab- oder Umfüllen von Proben sollte wegen der Verwechslungsgefahr vermieden werden.
> Kontrolle der Reagentien- und Serum-Leerwerte sowie der Standardlösungen durch photometrische Messung aller Ansätze gegen Aqua bidest.
> Objektivierung der Meßergebnisse (z. B. Registrierung bzw. Ausdrucken der am Photometer angezeigten Extinktionen).
> Führung von Arbeitslisten, auf denen alle Meßwerte zu dokumentieren sind.
> Ausführung von Doppelanalysen.
>> Durch Mehrfachbestimmungen werden Fehler durch verschmutzte Geräte, defektes Zubehör, falsch beschriftete Pipetten, doppelte Pipettierungen in den gleichen Ansatz u. a. meist aufgedeckt.
>> Die Wahrscheinlichkeit, daß grobe Fehler reproduziert werden und somit beide Ergebnisse in gleicher Weise verfälscht sind, ist außerordentlich gering.
> Gründliche Einarbeitung neuer Mitarbeiterinnen und Mitarbeiter, die die Untersuchungen zunächst während eines ausreichend langen Zeitraums wiederholen sollten, ehe sie mit der verantwortlichen Ausführung beauftragt werden.

Merke: Kontrollproben sind kaum zur Eliminierung grober Fehler geeignet.

Plausibilitätskontrolle

Grobe Fehler lassen sich weiterhin durch konsequente Durchführung von Plausibilitätskontrollen vermeiden.
Darunter versteht man den Vergleich der Ergebnisse untereinander und mit den Resultaten vorangegangener Untersuchungen sowie mit den klinischen Symptomen und der Verdachtsdiagnose. Diese Art der Prüfung von Daten setzt einen ständigen engen Kontakt mit den in der Praxis oder Klinik tätigen Kollegen und eine langjährige Erfahrung in der Bewertung von Befundkonstellationen voraus.

Vorschriften zur statistischen Qualitätskontrolle

Eichgesetz und Eichordnung

Nach dem Eichgesetz dürfen im Bereich der Heilkunde, d. h. auch im medizinischen Laboratorium, nur amtlich geeichte Volumenmeßgeräte (Pipetten, Meßkolben u. a.) verwendet werden. Da jedoch einerseits Volumenmessungen nur für einen Teil der Analytik Bedeutung haben, andererseits nicht alle modernen Volumenmeßgeräte eichfähig sind und außerdem möglichst alle Analysenschritte einer Kontrolle unterliegen sollen, wurde in der Eichordnung festgelegt, daß mit herkömmlichen Pipetten, Dilutoren, Dispensern u. a. gearbeitet werden darf, wenn durch die Ergebnisse der statistischen Qualitätssicherung nachgewiesen ist, daß sich die betreffende Analysenmethode unter Kontrolle befindet.

Eichgesetz vom 22.2.1985.
Bundesgesetzblatt 1985, Teil I, S. 410.

Eichordnung vom 12.8.1988.
Bundesgesetzblatt 1988, Teil I, S. 1657.

Richtlinien der Bundesärztekammer

Zur praktischen Durchführung der Qualitätskontrolle hat die Bundesärztekammer Richtlinien erlassen, in denen die technischen Einzelheiten geregelt sind.

Die laborinternen Kontrollverfahren umfassen die bereits beschriebenen Maßnahmen zur Präzisions- und Richtigkeitskontrolle (s. S. 497 bzw. S. 500). Als laborexterne Kontrolle ist die Teilnahme an sog. Ringversuchen vorgeschrieben, bei denen Proben unbekannter Zusammensetzung verschickt und in den einzelnen Laboratorien analysiert werden. Die ermittelten Werte müssen in gewissen Grenzen mit den in Referenzlaboratorien erstellten Daten übereinstimmen.

Richtlinien der Bundesärztekammer zur Qualitätssicherung in medizinischen Laboratorien.
Dtsch. Ärzteblatt 85, 449 (1988).

SACHVERZEICHNIS

Im Sachverzeichnis werden die wichtigsten Abkürzungen erklärt.
Krankheitsbilder, die im Rahmen der Interpretation klinisch-chemischer Analysendaten Erwähnung finden, sind nicht aufgeführt.

Absorptionsphotometrie   s. Photometrie
Abwehrmechanismen, Antigen-spezifische   31
—, Überblick   30
—, unspezifische   30, 31
Acetessigsäure, Nachweis im Harn   430
Aceton, Nachweis im Harn   430
Acetylcholinesterase   282, 283
Acidose, Definition   343
—, metabolische, charakteristische Befundkonstellationen   Tabelle 40, S. 346; Tabelle 41, S. 347, 348
—, —, Kompensationsmechanismen   345
—, —, Ursachen   344
—, respiratorische, charakteristische Befundkonstellationen   Tabelle 40, S. 346; Tabelle 41, S. 347, 348
—, —, Kompensationsmechanismen   345
—, —, Ursachen   343
ACTH = Adrenocorticotropes Hormon
ACTH-Stimulationstest   383
—, charakteristische Befundmuster   Tabelle 43, S. 383
ADDIS-Count   415
ADP = Adenosindiphosphat
Adrenocorticotropes Hormon (ACTH)   382
—, Bestimmung der Konzentration im Plasma   382
—, —, Bewertung der Ergebnisse   382
—, —, Normbereich   382
—, —, Vorbereitung des Patienten   382
—, Inkretion bei Funktionstesten zur Prüfung des Regelkreises Hypothalamus - Hypophyse - Nebennierenrinde   Tabelle 43, S. 383
Agranulocytose, Vorkommen   90
akute Leukämien, Einteilung   96
—, —, nach cytochemischen Kriterien   97
—, —, nach der FAB (French-American-British)-Klassifikation   96
—, —, nach herkömmlichen Gesichtspunkten   98
akute Lymphadenose   s. Leukämie, akute lymphatische
akute lymphatische Leukämie   s. Leukämie, akute lymphatische
akute myeloische Leukämie   s. Leukämie, akute myeloische
akute Myelose   s. Leukämie, akute myeloische
Akute Phase-Proteine   364
ALDER' sche Granulationsanomalie   92
Aldosteron   386, 387
—, Bestimmung der Konzentration im Plasma   387
—, —, Bewertung der Ergebnisse   387
—, —, Normbereiche   387
—, —, Vorbereitung des Patienten   387
—, wesentliche Wirkungen   386
Aldosteroninkretion, Stimulation durch Furosemid oder Orthostase   387
alkalische Neutrophilenphosphatase in neutrophilen stab- und segmentkernigen Granulocyten   59, 60
—, Nachweis   59, 60

alkalische Neutrophilenphosphatase in neutrophilen stab- und segmentkernigen
      Granulocyten, Nachweis
—, —, Aktivitätsstufen   59
—, —, Berechnung der Aktivitätszahl   60
—, —, Bewertung der Ergebnisse   60
—, —, —, chronische Myelose   102
—, —, —, Osteomyelosklerose   107
—, —, —, Polycythaemia vera   108
—, —, Normbereich   60
alkalische Phosphatasen   293, 294
—, Bestimmung der Aktivität im Serum   Abb. 42, S. 278; 294
—, —, Bewertung der Ergebnisse   293
—, —, Normbereiche   294
—, Makro-Form   294
Alkalose, Definition   343
—, metabolische, charakteristische Befundkonstellationen   Tabelle 40, S. 346;
      Tabelle 41, S. 347, 348
—, —, Kompensationsmechanismen   345
—, —, Ursachen   344
—, respiratorische, charakteristische Befundkonstellationen   Tabelle 40, S. 346;
      Tabelle 41, S. 347, 348
—, —, Kompensationsmechanismen   345
—, —, Ursachen   343
Aluminium, Bestimmung mittels Atomabsorptionsphotometrie   321
p-Amino-Hippursäure (PAH)-Clearance   s. Clearance-Verfahren
δ-Aminolävulinsäure   Tabelle 50, S. 440
—, Bestimmung der Ausscheidung im Harn   442
—, —, Bewertung der Ergebnisse   Tabelle 51, S. 444; 444
—, —, Normbereich   442
—, Erhöhung der Ausscheidung im Harn bei Bleiintoxikation   Tabelle 23, S. 123;
      Tabelle 24, S. 124; Tabelle 51, S. 444
AMP = Adenosinmonophosphat
α-Amylase im Pankreassekret   478
α-Amylasen   297 ff.
—, Bestimmung der Aktivität im Harn   438
—, —, Normbereiche   438
—, Bestimmung der Aktivität im Serum   297 ff.
—, —, Bewertung der Ergebnisse   297
—, —, Verfahren mit 2-Chlor-4-Nitrophenyl-β, D-Maltoheptaosid   300
—, —, —, Normbereich   300
—, —, Verfahren mit 4-Nitrophenyl-α, D-Maltoheptaosid   298, 299
—, —, —, Normbereich   299
—, —, Verfahren mit 4-Nitrophenyl-α, D-Maltopentaosid und -hexaosid   299, 300
—, —, —, Normbereich   300
—, Makro-Amylase   299
Anämien   115 ff.
—, allgemeine klinische Symptome   120
—, aplastische   116, 117; Tabelle 24, S. 125
—, Blutungsanämie   118
—, —, durch akute Blutung   118; Tabelle 24, S. 125
—, —, durch chronische Blutung   118; Tabelle 24, S. 125
—, charakteristische Befundkonstellationen   Tabelle 24, S. 124, 125; 126
—, Eisenmangelanämie   115; Tabelle 24, S. 124
—, Folsäure-Mangel-Anämie   116; Tabelle 24, S. 124

Anämien
—, durch Glucose-6-Phosphat-Dehydrogenase-Mangel der Erythrocyten   88, 117;
    Tabelle 24, S. 125
—, hereditärer hämolytischer Ikterus (Kugelzellanämie)   75, 117; Tabelle 24, S. 125
—, hyperchrome   119
—, hypochrome   119
—, immunologisch bedingt   118; Tabelle 24, S. 125
—, Infektanämie   117; Tabelle 24, S. 124
—, Kugelzellanämie (hereditärer hämolytischer Ikterus)   75, 117; Tabelle 24, S. 125
—, makrocytäre   Tabelle 23, S. 121
—, mechanisch bedingt   118
—, megaloblastische (durch Vitamin B_{12}- bzw. Folsäure-Mangel bedingt)   116;
    Tabelle 24, S. 124
—, mikrocytäre   Tabelle 23, S. 121
—, normochrome   119
—, normocytäre   Tabelle 23, S. 121
—, parasitär bedingt   118
—, paroxysmale nächtliche Hämoglobinurie (MARCHIAFAVA)   117
—, Perniciosa (durch Intrinsicfaktor-Mangel bedingt)   Abb. 20, S. 114; 116
—, renale Anämie   117
—, Sichelzellanämie   116
—, sideroblastische   115; Tabelle 24, S. 124
—, Symptome, allgemeine klinische   120
—, —, spezifische klinische   120
—, Thalassämien   115
—, —, β-Thalassämie   Tabelle 24, S. 124
—, thermisch bedingt   118
—, toxisch bedingt   118
—, Tumoranämie   117; Tabelle 24, S. 124
—, Untersuchungsverfahren zur Differenzierung   Tabelle 23, S. 121 ff.
—, Vitamin B_{12}-Mangel-Anämie (perniziöse Anämie)   116; Tabelle 24, S. 124
Analysendaten, Grundlagen der Bewertung   485, 486
Analysenergebnisse, Angabe von Dezimalstellen   Tabelle 7, S. 13; 198, 290
—, Longitudinalbeurteilung   486
—, Transversalbeurteilung   485, 486
Analysenverfahren, quantitative, Übersicht   200
Analysenwaagen   190
Analytik, Trennverfahren   199
—, Verfahren auf immunologischer Grundlage   351 ff.
—, wichtige Hinweise   196 ff.
analytische Sensitivität   Tabelle 6, S. 11
analytische Spezifität   Tabelle 6, S. 12
Angiotensin I   384
—, Meßgröße zur Bestimmung der Reninaktivität   385
Angiotensin II   384
—, Wirkung auf den Blutdruck   384
Anisocytose, Morphologie   Abb. 13, S. 80; Tabelle 21, S. 81
—, Vorkommen   Tabelle 21, S. 81
antifibrinolytische Therapie, Kontrolle   184, 185
Antigen-Antikörper-Reaktionen, indirekter Nachweis   354
—, —, Hämagglutinations-Hemmteste   354
—, —, Latexteste   354
—, —, passive Hämagglutinationsteste   354
Antigene, Vorverarbeitung durch Monocyten/Makrophagen   21, 24, 31

Antikoagulantien, Verwendung zur Gerinnungshemmung in vitro   8
—, —, Eignung für hämatologische Untersuchungen   Tabelle 4, S. 8
—, —, Eignung für hämostaseologische Untersuchungen   Tabelle 4, S. 8
—, —, Eignung für klinisch-chemische Untersuchungen   Tabelle 4, S. 8
—, —, Eignung für Untersuchungen zum Säure-Basen-Haushalt   Tabelle 4, S. 8
Antikoagulantientherapie, Kontrolle   182 ff.
—, mit Heparin, Kontrolle   183, 184
—, mit Inhibitoren der Plättchenfunktion, Kontrolle   184
—, mit Vitamin K-Antagonisten, Kontrolle   182, 183
Antikörper, monoclonale, Herstellung   30
—, Synthese durch Plasmazellen   27, 28
α_2-Antiplasmin, Plasmininhibitor   142
Antithrombin III   139
—, Bestimmung der Konzentration im Plasma   172
—, —, Bewertung der Ergebnisse   172
—, —, Normbereich   172
—, Heparin als Cofaktor   139, 172, 183
—, Mangel, Ursache für Thrombosen   144, 172
—, Wirkung   139
—, —, Beschleunigung durch Heparin   139
Anulocyten, Morphologie   Tabelle 21, S. 78; Abb. 12, S. 79
—, Vorkommen   Tabelle 21, S. 78; Tabelle 24, S. 124
Anurie   409
—, komplette   409
AP = alkalische Phosphatasen
aplastische Anämien   116, 117; Tabelle 24, S. 125
Apoferritin, Eisenspeicherprotein   86, 366
Aprotinin, Proteaseninhibitor, Anwendung   173, 175, 184, 185
Arbeitsvorschriften, allgemeine Richtlinien   196
Arginin-Belastungs-Test, Prüfung der Inkretion von Wachstumshormon   390, 391
Arzneimittelkonzentrationen im Serum, Bestimmung mit immunologischen Verfahren   407
Atomabsorptionsphotometer, schematische Darstellung   Abb. 46, S. 320
—, —, Vergleich mit einem Emissionsflammenphotometer   Abb. 46, S. 320
Atomabsorptionsphotometrie   319 ff.
—, Anwendung in der klinischen Chemie   321
—, Grundlagen der Methodik   319
ATP = Adenosintriphosphat
atypische Lymphocyten   93
AUER-Stäbchen, Morphologie   Abb. 9, S. 53
—, Vorkommen   Tabelle 19, S. 52; 99
Auslöschphänomen, sog.   351
Auswertung von Meßergebnissen   198, 212 ff.
Auto-Antikörper, Bedeutung in der Diagnostik von Erkrankungen   404
—, Bildung   403
—, mit weitgehender Organspezifität   405
—, —, gegen Acetylcholin-Receptoren der postsynaptischen Membran   405
—, —, gegen corpusculäre Bestandteile des Blutes   64, 118, 180, 405
—, —, gegen glomeruläre Basalmembran-Antigene   405
—, —, gegen leberspezifische Lipoproteine   405
—, —, gegen Leberzellmembranen   405
—, —, gegen Parietalzellen und Intrinsicfaktor der Magenschleimhaut   Tabelle 23, S. 123; 405
—, ohne Organspezifität   405, 406

Auto-Antikörper, ohne Organspezifität   405, 406
—, —, antinucleäre Antikörper   405
—, —, gegen doppel- und einsträngige DNS   405
—, —, gegen glatte Muskelzellen   405, 406
—, —, gegen mitochondriale Antigene   405
—, —, gegen Thyreoglobulin   406
—, Rolle bei der Entstehung von Krankheiten   404
—, Ursache hämolytischer Anämien   118; Tabelle 24, S. 125; 405
—, Ursache der Neutropenie bei Lupus erythematodes   64, 405
—, Ursache von Thrombocytopenien   180, 405
—, Wirkungsweise   403, 404
Autoimmunerkrankungen, Rolle der Auto-Antikörper   403, 404

Basen, Definition nach BRØNSTED   332
Basenexzeß   s. Basenüberschuß
Basenüberschuß, Bedeutung   341
—, charakteristische Befundkonstellationen   Tabelle 40, S. 346; Tabelle 41, S. 347, 348; 349, 350
—, Ermittlung   341
—, Normbereich   342
basophile Granulocyten, Aufgaben   15
—, Entwicklung   Tabelle 10, S. 17; 21; Abb. 10, S. 54, 55
—, Morphologie   Tabelle 15, S. 46; Abb. 7, S. 47
—, peripheres Blut, Normbereich   Tabelle 18, S. 51
basophile Myelocyten   s. Myelocyten
basophile Normoblasten   s. Normoblasten, basophile
basophile Tüpfelung, Morphologie   Abb. 13, S. 80; Tabelle 21, S. 81
—, Vorkommen   Tabelle 21, S. 81; Tabelle 24, S. 124
Basophilie, Vorkommen   91
BENCE-JONES-Proteine, Aufbau   105, 427
—, Nachweis im Harn   352, 353, 427, 437
—, Sekretion bei Plasmocytom   105
Berliner Blau-Reaktion   86, 87
Bezugselektroden (Referenzelektroden), zur Messung mit ionenselektiven Elektroden   316
—, zur pH-Messung   s. Kalomelelektroden
Bilirubin   219 ff.
—, direkt reagierendes (= direktes, = Bilirubin-Diglucuronid)   219, 220
—, —, Bestimmung der Konzentration im Serum   221
—, —, —, Bewertung der Ergebnisse   220
—, —, —, Normbereich   222
—, —, —, Verfahren, als Azobilirubin   221
—, —, Eigenschaften   Tabelle 36, S. 219
—, —, Nachweis im Harn   432
—, Gesamt-   219
—, —, Bestimmung der Konzentration im Serum   221
—, —, —, Bewertung der Ergebnisse   220
—, —, —, Normbereich   222
—, —, —, Verfahren   221
—, —, —, —, als Azobilirubin   221
—, —, —, —, direkte Messung   221
—, indirekt reagierendes (= indirektes, = "freies", = unkonjugiertes)   219, 220
—, —, Anstieg im Serum bei Hämolyse   Tabelle 23, S. 122; Tabelle 24, S. 124, 125; 126

Bilirubin, indirekt reagierendes, Eigenschaften   Tabelle 36, S. 219
—, —, Ermittlung der Konzentration im Serum   222
—, —, —, Bewertung der Ergebnisse   220
Bilirubin-Diglucuronid   s. Bilirubin, direkt reagierendes
Blei, Bestimmung mittels Atomabsorptionsphotometrie   321
—, Erhöhung der Ausscheidung im Harn   Tabelle 23, S. 123; Tabelle 24, S. 124
—, Erhöhung der Konzentration im Serum   Tabelle 23, S. 123; Tabelle 24, S. 124
Bleiintoxikation, basophile Tüpfelung   Abb. 13, S. 80; Tabelle 21, S. 81
—, Ringsideroblasten im Knochenmark   87
—, Siderocyten   87
Blut, corpusculäre Bestandteile, Aufgaben   Tabelle 9, S. 15, 16
—, —, Entwicklung   16; Tabelle 10, S. 17; 18, 19 ff.
—, —, Funktionen   Tabelle 9, S. 15, 16; 19 ff.
—, nicht ultrafiltrierbare Bestandteile   Tabelle 1, S. 3
—, —, Abhängigkeit der Konzentration von der Körperlage   Tabelle 1, S. 3
—, Puffersysteme   334
Blutausstriche, Anfertigung aus Capillarblut   41; Abb. 4, S. 41; 42
—, Anfertigung aus Venenblut   42
—, Auswertung, mäanderförmig   Abb. 5, S. 44
—, Differenzierung   44
—, panoptische Färbung nach PAPPENHEIM   43
Blutbild, weißes, reaktive Veränderungen   89 ff.
Blutbildung, extramedulläre   20
—, physiologische   16
Blutentnahme, Antikoagulantienzusatz   Tabelle 3, S. 7; Tabelle 4, S. 8
—, Einhaltung von Abnahmezeiten bei Funktionsproben   Tabelle 3, S. 7
—, Gewinnung von Capillarblut   33
—, —, Auswirkungen bei zu starkem Drücken der Fingerbeere   33
—, —, Kontraindikationen   33
—, Gewinnung von Venenblut   34
—, —, Auswirkungen zu starker Venenstauung   Tabelle 3, S. 7
—, Hämolyse durch mechanische Schädigung der Erythrocyten   Tabelle 3, S. 7
—, für hämostaseologische Untersuchungen   154
—, für Untersuchungen zum Säure-Basen-Haushalt   336
Blutgasanalysen   328 ff.
Blutgefäße, Beteiligung an den Hämostasemechanismen   129, 130
Blutungen, akute, Anstieg der Leukocytenzahl im peripheren Blut   Tabelle 23, S. 121; Tabelle 24, S. 125
—, —, Anstieg der Thrombocytenzahl im peripheren Blut   Tabelle 23, S. 121; Tabelle 24, S. 125
—, —, Entwicklung einer Anämie   Tabelle 24, S. 125
—, chronische, Entwicklung einer Eisenmangelanämie   Tabelle 24, S. 125
Blutungszeit, subaquale nach MARX   145
—, —, Bewertung der Ergebnisse   145
B-Lymphocyten, Entwicklung   Tabelle 10, S. 17; 22, 27
—, immunologischer Nachweis   Tabelle 14, S. 29
—, Merkmale   Tabelle 12, S. 23
—, Prägung im Knochenmark   22; Tabelle 12, S. 23
—, Receptoren   Tabelle 12, S. 23
—, Transformation zu Plasmazellen   Tabelle 10, S. 17; 18, 27
—, wesentliche Aufgaben   Tabelle 14, S. 29
BSG = Blutkörperchensenkungsgeschwindigkeit
BSG, Beeinflussung durch Bestandteile des Blutes   365
—, Bewertung im Vergleich zur Bestimmung des C-reaktiven Proteins   365

BURKITT-Lymphom   93
—, leukämische Variante   101
Bursa-Äquivalent   18; Tabelle 12, S. 23
Bursa FABRICII   22

CA 15-3, Tumormarker   399; Tabelle 44, S. 402
CA 19-9, Tumormarker   398; Tabelle 44, S. 402
CA-50, Tumormarker   398, 399; Tabelle 44, S. 402
CA-125, Tumormarker   399; Tabelle 44, S. 402
CABOT' sche Ringe, Morphologie   Abb. 13, S. 80; Tabelle 21, S. 81
—, Vorkommen   Tabelle 21, S. 81
Cadmiumdampflampe   Tabelle 32, S. 205; Tabelle 33, S. 206
Calcitonin, Regulation des Calcium-Phosphat-Stoffwechsels   314
—, Tumormarker bei medullärem Schilddrüsen-Carcinom   400; Tabelle 44, S. 402
Calcium   312 ff.
—, Bestimmung der Konzentration im Harn   439
—, —, Normbereich   Tabelle 45, S. 409
—, Bestimmung der Konzentration im Serum   315
—, —, Bewertung der Ergebnisse   314, 315
—, —, Normbereich   315
—, —, Verfahren   315, 321
—, —, —, Atomabsorptionsphotometrie   321
—, —, —, Flammenphotometrie   315
—, Emissionsspektrum   Abb. 44, S. 304
—, ionisiertes   s. ionisiertes Calcium
—, Regulation des Stoffwechsels   313, 314
—, —, Calcitonin   314
—, —, 1, 25-Dihydroxycholecalciferol   313, 314
—, —, Parathormon   313
Calciumstoffwechsel, Regulation   313, 314
cAMP = 3', 5'-cyclo-Adenosinmonophosphat
—, Rolle bei der Wirkung von Hormonen   368
Capillarblut, Gewinnung   33
—, —, Kontraindikationen   33
Carcinoembryonales Antigen (CEA), Tumormarker, Bestimmung im Liquor   464
—, —, Bestimmung im Serum   398; Tabelle 44, S. 402
—, —, Liquor/Serum-Quotient   464
Catecholamine   445, 446
—, Bestimmung der Ausscheidung im Harn   324, 395, 446
—, —, Bewertung erhöhter Ergebnisse   445
—, Synthese   445
CEA = Carcinoembryonales Antigen
CHE = Cholinesterase
Chemikalien, Reinheit   187
Chlorid   325, 326
—, Bestimmung der Konzentration im Harn   439
—, —, Normbereich   Tabelle 45, S. 409
—, Bestimmung der Konzentration im Serum   326
—, —, Bewertung der Ergebnisse   325
—, —, Normbereich   326
—, —, Verfahren, coulometrisch   326
Chloridionen-Aktivität in Serum bzw. Vollblut   318
—, Bestimmung mit ionenselektiven Elektroden   318
—, —, Beeinflussung durch Bicarbonationen   318

Cholesterin   237 ff.
—, Bestimmung der Konzentration im Serum   238, 239
—, —, Bewertung der Ergebnisse   237, 238, 239
—, —, Normbereiche   239
—, —, Verfahren mit Cholesterin-Oxydase   238, 239
—, High Density-Lipoprotein-   241
—, —, Bestimmung der Konzentration im Serum   241
—, —, —, Bewertung der Ergebnisse   241
—, —, —, Normbereiche   241
—, Low Density-Lipoprotein-   240
—, —, Bestimmung der Konzentration im Serum   240
—, —, —, Bewertung der Ergebnisse   240
—, —, —, Normbereiche   240
Cholinesterase   282, 283
—, Bestimmung der Aktivität im Serum   283
—, —, Bewertung der Ergebnisse   282
—, —, Normbereich   283
Choriongonadotropin, humanes (hCG), Tumormarker   400; Tabelle 44, S. 402
Chromosomenanomalien bei Leukämien   63
chronisch lymphatische Leukämie   s. Leukämie, chronisch lymphatische
chronisch myeloische Leukämie   s. Leukämie, chronisch myeloische
chronische Leukämien, Einteilung   98
chronische Lymphadenose   s. Leukämie, chronisch lymphatische
chronische Myelose   s. Leukämie, chronisch myeloische
Chylomikronen, Eigenschaften   Tabelle 38, S. 235
—, Zusammensetzung   Tabelle 38, S. 235
Chymotrypsin, Ausscheidung mit dem Stuhl   480
—, Bestandteil des Pankreassekrets   477
CK = Creatin-Kinase
CLARK-Elektrode, Messung des pO_2 331, 341
Clearance-Verfahren   451 ff.
—, p-Amino-Hippursäure (PAH)-Clearance   453
—, —, Bewertung der Ergebnisse   453
—, —, Normbereich   453
—, Creatinin-Clearance, endogene   451, 452
—, —, Bewertung der Ergebnisse   452
—, —, Normbereich   452
—, filtrierter Plasmaanteil (filtration fraction)   454
—, Inulin-Clearance   453
—, —, Bewertung der Ergebnisse   453
—, —, Normbereich   453
—, Plasmafluß, renaler   453
—, simultane Inulin-PAH-Clearance   454
Clot observation test   179
"colony stimulating activity" (Kolonie-stimulierender Faktor)   19, 21
—, zur Entwicklung von Monocyten   21
—, zur Entwicklung von neutrophilen Granulocyten   19
Complementsystem, Beteiligung an unspezifischen Abwehrvorgängen   20, 30
Coproporphyrine   s. Porphyrine
corpusculäre Bestandteile des Blutes, Aufgaben   Tabelle 9, S. 15, 16
—, Entwicklung   16; Tabelle 10, S. 17; 18, 19 ff.
—, Funktionen   Tabelle 9, S. 15, 16; 19 ff.
Cortisol   380, 381
—, Bestimmung der Konzentration im Serum   381

Cortisol, Bestimmung der Konzentration im Serum
—, —, Bewertung der Ergebnisse   380, 381; Tabelle 43, S. 383
—, —, Normbereiche   381
—, —, Vorbereitung des Patienten   381
Cortisolinkretion bei Funktionstesten zur Prüfung des Regelkreises Hypothalamus -
    Hypophyse - Nebennierenrinde   Tabelle 43, S. 383
Coulometrie   325
C-reaktives Protein   364, 365
—, Bestimmung der Konzentration im Serum   364
—, —, Bewertung der Ergebnisse   364, 365
—, —, Normbereich   364
Creatinin   248, 249
—, Bestimmung der Konzentration im Serum   248
—, —, Bewertung der Ergebnisse   248
—, —, Normbereiche   248
—, —, Verfahren   248, 249
—, —, —, mit alkalischer Pikratlösung ohne Enteiweißung   248, 249
—, —, —, enzymatisch über Creatin und Sarcosin   249
Creatinin-Clearance, endogene   s. Clearance-Verfahren
Creatin-Kinase (CK)   284 ff.
—, Bestimmung der Aktivität im Serum   284, 285; Abb. 41, S. 278
—, —, Bewertung der Ergebnisse   284
—, —, Normbereiche   285
—, Isoenzyme CK-MM, CK-MB, CK-BB   285
—, —, Bestimmung der Aktivität der CK-MB im Serum   285, 286
—, —, —, Bewertung der Ergebnisse   286
—, —, —, Normbereich   286
—, Makro-Creatin-Kinasen   286
CRP = C-reaktives Protein
Cyanhämiglobin (Cyanmethämoglobin)   66
—, spezifischer mikromolarer Extinktionskoeffizient   67
cytochemische Reaktionen in Leukocyten   56 ff.
—, Zuverlässigkeit der Ergebnisse   62

Dexamethason-Hemmtest   383
—, charakteristische Befundmuster   Tabelle 43, S. 383
Diätvorschriften, Einhaltung vor Untersuchungsverfahren   Tabelle 1, S. 2
—, —, Bestimmung der Ausscheidung von 5-Hydroxyindolessigsäure im Harn
    Tabelle 1, S. 2
—, —, Bestimmung der Harnsäurekonzentration im Serum   Tabelle 1, S. 2
—, —, Glucose-Toleranz-Teste   Tabelle 1, S. 2
—, —, Nachweis von Blut im Stuhl   Tabelle 1, S. 2
—, —, Untersuchungen zum Fettstoffwechsel   Tabelle 1, S. 2
Differentialblutbild   90 ff.
—, Linksverschiebung   92
—, toxische Granulation   92
—, Veränderungen der Relation der Leukocytenarten   90, 91
Differenzierung von Blutausstrichen   44; Abb. 5, S. 44; 45
—, Beurteilung der Erythrocytenmorphologie   45, 75
Differenzierung von Leukocyten   44, 45; Tabelle 15, S. 46; Abb. 7, S. 47; Abb. 8,
    S. 48; Tabelle 16, S. 49
—, Normbereiche   Tabelle 18, S. 51
—, Reproduzierbarkeit   50
—, Schema   Abb. 6, S. 45

Differenzierung von Leukocyten, Vertrauensbereiche Tabelle 17, S. 50
1, 25-Dihydroxycholecalciferol, Bestimmung 393
—, Bildung 313
—, Regulation des Calcium-Phosphat-Stoffwechsels 313, 314
Dünndarm, Prüfung der Resorption 483
—, —, D-Xylose-Test 483
—, —, —, Normbereich 483
Duodenalsaft, Gewinnung 481
—, Zusammensetzung 479

E = Extinktion
ϵ = spezifischer Extinktionskoeffizient
EDTA = Ethylendinitrilotetraessigsäure
EIA = Enzymimmunoassay
Eisen 253 ff.
—, Abgabe an Erythrocytenvorstufen und Reticulocyten 86, 253
—, Bestimmung der Konzentration im Serum 254
—, —, Bewertung der Ergebnisse 255
—, —, Normbereiche 255
—, —, Verfahren 254 ff.
—, —, —, mit Bathophenanthrolin-Disulfonat, mit Enteiweißung 256
—, —, —, —, ohne Enteiweißung 254 ff.
—, —, —, mit Ferrozin 254
—, ionisiertes, toxische Wirkung im Organismus 366
—, Resorption 253
—, Speicherung in Form von Ferritin 86, 253, 366
—, Transport im Plasma in Bindung an Transferrin 86, 253, 366
Eisenmangelanämie Tabelle 21, S. 78; 115, 120; Tabelle 24, S. 124
Eiweiß im Harn, Nachweis 425, 426
—, quantitative Bestimmung 437
—, —, Normbereich 437
Eiweißfraktionen im Serum 263, 265
Elektroden s. Glas- bzw. Bezugselektroden
Elektroden, ionenselektive s. ionenselektive Elektroden
elektronische Zählgeräte 39
—, Darstellung, schematische Abb. 3, S. 39
—, Erythrocytenzählung 70
—, Leukocytenzählung 39
—, Thrombocytenzählung 150
Elektrophorese der Serumproteine 263 ff.
—, Auswertung der Diagramme 265; Abb. 37, S. 266; 267
—, charakteristische Diagramme Abb. 38, S. 268, 269
—, Normbereiche 267
—, Zusammensetzung der Globulinfraktionen Tabelle 39, S. 264
Elektrophoresekammer, schematische Darstellung Abb. 36, S. 265
Elliptocyten (Ovalocyten), Morphologie Tabelle 21, S. 78; Abb. 12, S. 79
—, Vorkommen Tabelle 21, S. 78
Emissionsphotometrie s. Flammenphotometrie
Enzymaktivitätsmessungen 272 ff.
—, Auswertung der Meßergebnisse über ϵ 280, 281
—, Empfehlungen der Enzymkommission der Internationalen Union für Biochemie 272
—, Grundlagen der Methodik 275 ff.

Enzymaktivitätsmessungen, Grundlagen der Methodik
—, —, diskontinuierliche Meßverfahren   279
—, —, Endpunktverfahren   280
—, —, kontinuierliche Meßverfahren   275 ff.
—, —, —, im sichtbaren Bereich des Lichts   278, 279
—, —, —, optischer Test (nach WARBURG)   275 ff.
—, Richtlinien zur Ausführung von Messungen   272, 273, 274
Enzymdiagnostik, Grundlagen   270, 271
Enzyme, physiologische Wirkungsorte, Beispiele   Tabelle 40, S. 270
Enzymimmunoassay (EIA)   360
—, homogener   360
—, kompetitiver   360
—, nichtkompetitiver (Sandwich-Prinzip)   360
Eosinopenie, Vorkommen   91
eosinophile Granulocyten, Aufgaben   Tabelle 9, S. 15
—, Entwicklung   Tabelle 10, S. 17; 21; Abb. 10, S. 54, 55
—, Morphologie   Tabelle 15, S. 46; Abb. 7, S. 47
—, peripheres Blut, Normbereiche   Tabelle 18, S. 51
eosinophile Myelocyten   s. Myelocyten
Eosinophilie, Vorkommen   90
EPSTEIN-BARR-Virus   93
Ergebnisse, Angabe von Dezimalstellen   Tabelle 7, S. 13; 198, 290
—, Interpretation, Einflüsse   Tabelle 8, S. 13, 14
—, Übermittlung   Tabelle 7, S. 13
Erythrocyten, Aufgaben   Tabelle 9, S. 16; 65
—, Durchmesser   75
—, —, Bestimmung nach PRICE-JONES   75; Tabelle 23, S. 122; Tabelle 24, S. 125
—, Entwicklung   Tabelle 10, S. 17; 32
—, Glucose-6-Phosphat-Dehydrogenase-Mangel   88
—, Hämoglobingehalt   73
—, Morphologie   Tabelle 21, S. 78, 81; Abb. 12, S. 79; Abb. 13, S. 80
—, Nachweis im Harnsediment   Tabelle 47, S. 416; Abb. 51, S. 417
—, Spezialfärbungen   85
—, Stechapfelformen   Tabelle 21, S. 78
—, Volumen   75
—, wesentliche Bestandteile   65
Erythrocytenvorstufen   Tabelle 22, S. 82; Abb. 14, S. 83
Erythrocytenzählung im Vollblut   69, 70
—, Verfahren mit elektronischen Zählgeräten   70
—, —, Reproduzierbarkeit   70
—, Zählkammerverfahren   69, 70
—, —, Vertrauensbereiche   Tabelle 20, S. 69
Erythrocytenzahl, peripheres Blut, Normbereiche   70
Erythropoese (Erythrocytopoese)   Tabelle 10, S. 17; 18, 32; Tabelle 22, S. 82; Abb. 14, S. 83
Erythropoetin, Bildung   32
—, Wirkung   32
Esterasen, unspezifische, Nachweis in Leukocyten   58
—, —, —, Beurteilung der Ergebnisse   58
—, —, Nachweis bei Monocytenleukämie   104
Ethylendinitrilotetraessigsäure (EDTA), Dikaliumsalz, Verwendung zur Gerinnungshemmung in vitro   Tabelle 4, S. 8
Euglobulin-Lyse-Zeit   173, 174
—, Bewertung der Ergebnisse   174

Euglobulin-Lyse-Zeit
—, Normbereich 174
exokrine Pankreasfunktion   s. Pankreasfunktion, exokrine
Extinktion, Definition 204
extramedulläre Blutbildung 20

FAB (French American British)-Klassifikation 96, 97
—, Einteilung der akuten Leukämien 96, 97
Färbung von Blutausstrichen nach PAPPENHEIM 43
Faktor XII-Mangel, Ursache für Thrombosen 144
Faktor XIII, Bestimmung der Aktivität 170
Faktoren der plasmatischen Gerinnung   s. Gerinnungsfaktoren, plasmatische
Faktorenteste, Erfassung von Koagulopathien 153, 167 ff.
—, quantitative Bestimmung von Gerinnungsfaktoren 167
Fehler bei der Laboratoriumsarbeit 487 ff.
—, Einteilung 495
—, —, grobe Fehler 495
—, —, —, Vermeidung 501
—, —, —, —, organisatorische Maßnahmen 501
—, —, —, —, Plausibilitätskontrolle 501
—, —, systematische ("vermeidbare") Fehler 495
—, —, —, Vermeidung 500
—, —, —, —, Richtigkeitskontrolle 500
—, —, zufällige ("unvermeidbare") Fehler 495
—, —, —, Verminderung 496 ff.
—, —, —, —, Analyse von Proben aus vorangegangenen Serien 500
—, —, —, —, Ausführung von Doppelanalysen 496
—, —, —, —, Präzisionskontrolle 497, 498; Abb. 58, S. 499
—, Vermeidung bzw. Verminderung 496 ff.
FEHLING'sche Probe, Nachweis von Zuckern im Harn 428
Ferritin 86, 366, 367
—, Bestimmung der Konzentration im Serum 367
—, —, Bewertung der Ergebnisse 366, 367
—, —, Maß für die Eisenvorräte im Organismus 366
—, —, Normbereich 367
—, Darstellung der Aggregate als Siderosomen in Erythrocyten und deren Vor-
    stufen 87
—, = eisenbeladenes Apoferritin 86, 366
—, Speicherform des Eisens 86, 253, 366
α-Fetoprotein (AFP), Tumormarker 399; Tabelle 44, S. 402
FIA = Fluorescenzimmunoassay
Fibrin, monomeres, spontane Polymerisation zu Fibrinketten 138
$Fibrin_i$ (= insoluble), Entstehung Abb. 21, S. 135; 138
—, Nachweis durch Unlöslichkeit in Monochloressigsäure 138, 170
$Fibrin_s$ (= soluble), Entstehung Abb. 21, S. 135; 138
—, Nachweis durch Löslichkeit in Monochloressigsäure 138, 170
Fibrinketten, Bildung 138
Fibrinkettenabbruch 141
Fibrinogen (= Faktor I)   Tabelle 25, S. 133; Tabelle 26, S. 134; Abb. 21, S. 135;
    Tabelle 27, S. 153
—, Bestimmung der Konzentration im Plasma 168, 169
—, —, Bewertung der Ergebnisse verschiedener Verfahren   Tabelle 29, S. 169
—, —, Normbereich 168
—, —, Verfahren 168, 169

Fibrinogen, Bestimmung der Konzentration im Plasma, Verfahren
—, —, —, chemische Methoden   168
—, —, —, Hitzefibrinfällung nach SCHULZ   169
—, —, —, Methode nach CLAUSS   168
—, Bestimmung der Konzentration im Plasma bei Hyperfibrinolyse   173
Fibrinogenspaltprodukte   Abb. 22, S. 140; 141
—, D, E, X und Y   Abb. 22, S. 140; 141, 175; Tabelle 30, S. 178
—, —, immunologischer Nachweis   175
—, —, —, Bewertung der Ergebnisse   175
—, —, —, Normbereich   175
—, indirekter Nachweis   174
Fibrinolyse, Aktivierung   Abb. 22, S. 140; 141
—, Beobachtung der spontanen Lyse eines Gerinnsels   179
—, Clearance beteiligter Faktoren durch das RES   142
—, hemmende Mechanismen   142
—, Hemmung in vitro durch Aprotininzusatz   173
—, Untersuchungsverfahren   173 ff.
Fibrinolysemechanismen   140, 141
fibrinolytische Therapie, Kontrolle   184
Fibrinopeptide A und B   Abb. 21, S. 135; 138
Fibrinspaltprodukt D-Dimer   Abb. 22, S. 140; 141
—, immunologischer Nachweis   175
—, —, Bewertung der Ergebnisse   175; Tabelle 30, S. 178
—, —, Normbereich   175
Fibrinspaltprodukte   Abb. 22, S. 140; 141
—, D, E, X und Y   Abb. 22, S. 140; 141, 175; Tabelle 30, S. 178
—, —, immunologischer Nachweis   175
—, —, —, Bewertung der Ergebnisse   175
—, —, —, Normbereich   175
—, indirekter Nachweis   174
Flammenphotometer   305, 306
—, mit Direktzerstäuber   306
—, mit Indirektzerstäuber   Abb. 45, S. 305; 306
Flammenphotometrie   303 ff.
—, Emissionsspektren   Abb. 44, S. 304
—, Grundlagen   303, 304
—, Hinweise zur Ausführung der Messungen   307
Flammenphotometrische Bestimmungsverfahren   308 ff.
Fluorescenz (Fluorescenzlicht, Fluorescenzstrahlung)   202, 322; Abb. 47, S. 323; 324
Fluorescenzimmunoassay (FIA)   361
Fluorimeter   323, 324
—, schematische Darstellung   Abb. 47, S. 323
Fluorimetrie   322 ff.
—, Anwendung im klinisch-chemischen Laboratorium   324
—, Grundlagen der Methodik   322
FT3 = freies Trijodthyronin   s. Schilddrüsenhormone
FT4 = freies Thyroxin   s. Schilddrüsenhormone
FUCHS-ROSENTHAL-Zählkammer   Abb. 55, S. 460

Gammopathien, monoclonale, benigne   106
Gastrointestinale Hormone   395
Gefäßwand, Blutgefäße, Funktionen bei der Hämostase   129, 130
Gerinnung, disseminierte intravasculäre   s. Verbrauchskoagulopathie

Gerinnung, plasmatische   131, 133 ff.
—, —, fördernde Mechanismen   133 ff.
—, —, hemmende Mechanismen   139
—, —, Übersicht über den Ablauf   131, 136 ff.
—, —, —, Übersicht über den endogen ausgelösten Ablauf   137, 138
—, —, —, Übersicht über den exogen ausgelösten Ablauf   136, 137
Gerinnungsablauf, endogen ausgelöster (Intrinsic-System)   137, 138
—, exogen ausgelöster (Extrinsic-System)   136, 137
—, Phasen   Tabelle 27, S. 153
—, schematische Darstellung   Abb. 21, S. 135
—, —, vereinfacht   Tabelle 27, S. 153
Gerinnungseintritt, Ermittlung   156
Gerinnungsfaktoren, plasmatische   Tabelle 25, S. 133; Tabelle 27, S. 153
—, —, Bildung   134
—, —, —, PIVKA-Proteine (protein induced by vitamin K absence)   134
—, —, Clearance durch das RES   139
—, —, Hemmkörper gegen   171
—, —, —, Nachweis   171
—, —, klinisch relevante Merkmale   Tabelle 26, S. 134
—, —, Kontaktaktivierung   131, 137
—, —, Synthese in Abhängigkeit von Vitamin K   Tabelle 26, S. 134
—, —, Syntheseorte   134
—, —, Ursachen von Mangelzuständen   181
—, —, Verbleib nach Ablauf der Gerinnung   Tabelle 26, S. 134; 138
gerinnungsphysiologische Untersuchungsverfahren   145 ff.
—, Ermittlung des Gerinnungseintritts   156
—, Fehlerquellen   157
—, Probengewinnung   154
—, Verwendung geeigneter Glasgeräte und Pipetten   155
—, Voraussetzung zur Erzielung zuverlässiger Ergebnisse   154 ff.
Gesamteiweiß   260 ff.
—, Bestimmung der Konzentration im Serum   261
—, —, Bewertung der Ergebnisse   260
—, —, Normbereich   261
—, —, Verfahren   261, 262
—, —, —, Absorption der Proteine im UV-Bereich   262
—, —, —, Bestimmung über den Stickstoffgehalt (nach KJELDAHL)   262
—, —, —, Biuretmethode   261
Gesamteiweißkonzentration, Unterschied Serum/Plasma   6
Gewebefaktor III, Freisetzung aus verletztem Gewebe   131
—, Funktion bei der Auslösung des exogenen Gerinnungsablaufs   131; Abb. 21, S. 135; Tabelle 27, S. 153
Gewebsplasminogenaktivator (t-PA), Aktivierung von Plasminogen   Abb. 22, S. 140; 141
—, Freisetzung aus Endothelzellen durch Protein C und Thrombin   141
Glaselektroden   328, 329; Abb. 48, S. 330
—, asymmetrisches Potential   329
—, sachgerechte Behandlung, Reinigung   190
—, Salzfehler   329
Glasgeräte   191, 192
—, Reinigung   191
Glaspipetten   192
—, Reinigung   191
GLDH = Glutamat-Dehydrogenase

Globalteste zur Diagnostik von Koagulopathien   153, 158 ff.
Glucose   223 ff.
—, Bestimmung der Ausscheidung im Harn   438
—, —, Normbereich   438
—, Bestimmung der Konzentration im Liquor   462
—, —, Normbereich   462
—, Bestimmung der Konzentration im Vollblut   225 ff.
—, —, Bewertung der Ergebnisse   227
—, —, Normbereiche   226
—, —, Verfahren   225 ff.
—, —, —, enzymatisches mit Glucose-Dehydrogenase (UV-Test)   228
—, —, —, enzymatisches mit Glucose-Oxydase (Farbtest)   229, 230
—, —, —, enzymatisches mit Hexokinase und Glucose-6-Phosphat-Dehydrogenase (UV-Test)   226 ff.
—, —, —, orientierende Bestimmung mit Teststreifen   230
—, Nachweis im Harn   429
Glucose-Belastungs-Test, Prüfung der Inkretion von Wachstumshormon   391
Glucose-6-Phosphat-Dehydrogenase-Mangel in Erythrocyten   88
—, Bildung HEINZ' scher Innenkörper durch exogene Auslöser   88
—, hämolytische Krisen durch exogene Auslöser   88, 117; Tabelle 24, S. 125
Glucose-Toleranz-Test   231 ff.
—, intravenöser   233, 234
—, —, Auswertung   233; Abb. 35, S. 234
—, —, Bewertung der Ergebnisse   234
—, —, Normbereich   234
—, Kontraindikationen   232, 234
—, oraler   231, 232
—, —, Bewertung der Ergebnisse   Tabelle 37, S. 232
—, —, Normbereich   Tabelle 37, S. 232
—, Vorbereitung des Patienten   231
Glucosurie, renale   429
Glutamat-Dehydrogenase (GLDH)   290
—, Bestimmung der Aktivität im Serum   290
—, —, Bewertung der Ergebnisse   290
—, —, Normbereiche   290
Glutamat-Oxalacetat-Transaminase (GOT)   287
—, Bestimmung der Aktivität im Serum   Abb. 40, S. 277; 287
—, —, Bewertung der Ergebnisse   287
—, —, Normbereiche   287
Glutamat-Pyruvat-Transaminase (GPT)   288
—, Bestimmung der Aktivität im Serum   288
—, —, Bewertung der Ergebnisse   288
—, —, Normbereiche   288
γ-Glutamyl-Transferase (γ-GT)   289
—, Bestimmung der Aktivität im Serum   289
—, —, Bewertung der Ergebnisse   289
—, —, Normbereiche   289
Glykogen, Nachweis in Leukocyten mit der PAS-Reaktion   61
—, —, Bewertung der Ergebnisse   61
—, —, —, bei akuter Lymphadenose   61, 100
glykosyliertes Hämoglobin (Hb A_{1c})   227
Gold, Bestimmung mittels Atomabsorptionsphotometrie   321
GOT = Glutamat-Oxalacetat-Transaminase
GPT = Glutamat-Pyruvat-Transaminase

Granulocyten, Ausschwemmung aus dem Knochenmark 20
—, basophile, Aufgaben Tabelle 9, S. 15
—, —, Entwicklung Tabelle 10, S. 17; 21; Abb. 10, S. 54, 55
—, —, Morphologie Tabelle 15, S. 46; Abb. 7, S. 47
—, —, peripheres Blut, Normbereiche Tabelle 18, S. 51
—, eosinophile, Aufgaben Tabelle 9, S. 15
—, —, Entwicklung Tabelle 10, S. 17; 21; Abb. 10, S. 54, 55
—, —, Morphologie Tabelle 15, S. 46; Abb. 7, S. 47
—, —, peripheres Blut, Normbereiche Tabelle 18, S. 51
—, neutrophile, Aufgaben Tabelle 9, S. 15
—, —, Entwicklung Tabelle 10, S. 17; 19; Abb. 10, S. 54, 55
—, —, Halbwertszeit im peripheren Blut 20
—, —, Morphologie Tabelle 15, S. 46; Abb. 7, S. 47
—, —, peripheres Blut, segmentkernige, Normbereiche Tabelle 18, S. 51
—, —, —, stabkernige, Normbereiche Tabelle 18, S. 51
—, peripheres Blut, marginaler Speicher 20
—, —, zirkulierende 20
—, unreife Vorstufen, Morphologie Tabelle 19, S. 52; Abb. 9, S. 53
Granulocytopoese Tabelle 10, S. 17; 18; Tabelle 11, S. 19; Abb. 10, S. 54, 55
γ-GT = γ-Glutamyl-Transferase
GUMPRECHT' sche Kernschatten bei chronischer Lymphadenose 103; Abb. 18, S. 1?

Haarzell-Leukämie, saure Leukocytenphosphatase 62
Hämagglutinations-Hemmteste 354
Hämagglutinationsteste, passive 354
Hämatokritwert, Bestimmung 71, 72
—, Errechnung mittels elektronischer Zählgeräte 72
—, Normbereiche 72
hämatologische Untersuchungsmethoden 33 ff.
—, Einsatz zur Diagnostik von Erkrankungen 89 ff.
Hämoglobin 65
—, Abbau 219
—, glykosyliertes HbA_1 (= HbA_{1c}) 227
—, HbA_{1c} (= glykosyliertes HbA_1) 227
—, Nachweis im Harn 431
—, Synthese in Erythrocytenvorstufen und Reticulocyten 65
Hämoglobine, Zusammensetzung 65
Hämoglobingehalt der Erythrocyten 73, 74
Hämoglobinkonzentration im Vollblut, Bestimmung 66
—, —, Ableitung des Berechnungsfaktors 67
—, —, Normbereiche 68
Hämoglobinurie Tabelle 23, S. 122; Tabelle 46, S. 412
—, Nachweis 431
—, paroxysmale nächtliche (MARCHIAFAVA) 117
Hämolyse, extravasale Tabelle 23, S. 122
—, intravasale Tabelle 23, S. 122
—, in vitro, Ursachen Tabelle 3, S. 7
hämorrhagische Diathesen 143 ff.
—, Faktorenmangelzustände, isoliert, als Ursache Tabelle 25, S. 133; 181
—, —, kombiniert, als Ursache 181
—, latente, Diagnostik 180 ff.
—, manifeste, Diagnostik 177
—, primäre Hyperfibrinolyse als Ursache 177, 178
—, Thrombocytopathien als Ursache 180, 181

hämorrhagische Diathesen
—, Thrombocytopenien als Ursache   180
—, Unterscheidung   143, 144
—, Ursachen   143, 144
—, Vasopathien als Ursache   182
—, Verbrauchskoagulopathie, Diagnostik   177
—, —, Unterscheidung von primärer Hyperfibrinolyse   Tabelle 30, S. 178
—, Verbrauchsreaktion als Ursache   177
—, Vorkommen bei Faktorenmangel   Tabelle 25, S. 133; 143
—, von WILLEBRAND-Syndrom als Ursache   181, 182
Hämosiderin, Anteil am Speichereisen   253, 366
—, Nachweis mit der Berliner Blau-Reaktion   87
—, Zusammensetzung   87, 366
Hämostase, Ablauf, Übersicht   130, 131
—, Störungen   143 ff.
—, Untersuchungsmethoden   145 ff.
Hämostasemechanismen   129 ff.
—, Blutgefäße   129, 130
—, plasmatische Gerinnung   130, 131
—, Thrombocyten   129, 130, 131, 132
hämostaseologische Untersuchungsmethoden   145 ff.
—, Einsatz zur Diagnostik von Störungen der Hämostase   176 ff.
Haptoglobinkonzentration im Serum   Tabelle 23, S. 122
—, Abfall bei Hämolyse   Tabelle 23, S. 122; 126
Harn   409 ff.
—, Aussehen   Tabelle 46, S. 412; 413
—, Farbe   Tabelle 46, S. 412; 413
—, Gewinnung   410
—, Konservierung   411
—, makroskopische Beurteilung   412; Tabelle 46, S. 412
—, mikroskopische Untersuchung   414, 415
—, pH-Wert, Schätzung   424
—, —, Normbereich   424
—, qualitative Untersuchungsverfahren   424 ff.
—, —, Acetessigsäure, Teststreifenverfahren   430
—, —, Aceton, Teststreifenverfahren   430
—, —, BENCE-JONES-Proteine, Wärmepräcipitation   427
—, —, Bilirubin, Teststreifenverfahren   432
—, —, Eiweiß, Sulfosalicylsäure-Probe   425
—, —, —, Teststreifenverfahren   426
—, —, Erythrocyten, Teststreifenverfahren   431
—, —, Glucose, Teststreifenverfahren   429
—, —, Hämoglobin, Teststreifenverfahren   431
—, —, Nitrit, Teststreifenverfahren   434
—, —, pH-Wert, Schätzung   424
—, —, —, Normbereich   424
—, —, Porphobilinogen, umgekehrte EHRLICH'sche Probe (HOESCH-Test)   436
—, —, —, WATSON-SCHWARTZ-Test   435, 436
—, —, Urobilinogen, Teststreifenverfahren   433
—, —, Zucker, FEHLING'sche Probe   428
—, —, —, Fructose   428
—, —, —, Galaktose   428
—, —, —, Lactose   428
—, —, —, Pentosen   428

Harn
—, quantitative Untersuchungsverfahren   437 ff.
—, —, Adrenalin   446
—, —, —, Normbereich   446
—, —, δ-Aminolävulinsäure   442
—, —, —, Normbereich   442
—, —, α-Amylase, Messung der Aktivität   438
—, —, —, Normbereiche   438
—, —, Calcium   439
—, —, —, Normbereich   Tabelle 45, S. 409
—, —, Catecholamine   446
—, —, —, Normbereiche   446
—, —, —, Vorbereitung des Patienten   446
—, —, Chlorid   439
—, —, —, Normbereich   Tabelle 45, S. 409
—, —, Dopamin   446
—, —, —, Normbereich   446
—, —, Eiweißausscheidung   437
—, —, —, Normbereich   437
—, —, Glucoseausscheidung   438
—, —, —, Normbereich   438
—, —, 5-Hydroxyindolessigsäure   447
—, —, —, Normbereich   447
—, —, —, Vorbereitung des Patienten   447
—, —, Kalium   439
—, —, —, Normbereich   Tabelle 45, S. 409
—, —, Natrium   439
—, —, —, Normbereich   Tabelle 45, S. 409
—, —, Noradrenalin   446
—, —, —, Normbereich   446
—, —, Porphobilinogen   442
—, —, —, Normbereich   442
—, —, Porphyrine   443
—, —, —, Normbereiche   443
—, —, Vanillinmandelsäure   446
—, —, —, Normbereich   446
—, —, —, Vorbereitung des Patienten   446
—, Sammlung   410
—, Sediment   s. Harnsediment
—, spezifisches Gewicht   413
—, —, Bestimmung   413
—, —, —, Korrektur für Temperaturabweichungen, Glucose und Proteine   413
—, —, —, Normbereiche   413
—, Untersuchungsverfahren   424 ff.
Harnbestandteile, wichtige, Ausscheidung beim gesunden Erwachsenen   Tabelle 45, S. 409
Harnsäure   250 ff.
—, Bestimmung der Konzentration im Serum   250
—, —, Bewertung der Ergebnisse   250
—, —, Normbereiche   251
—, —, Verfahren   250 ff.
—, —, —, enzymatisches mit Uricase (UV-Test)   251
—, —, —, enzymatisches mit Uricase und Peroxydase   252
—, —, Vorbereitung des Patienten   Tabelle 1, S. 2; 250

Harnsammlung, quantitative Tabelle 1, S. 5; 410
Harnsediment, Beurteilung 414, 415
—, —, Fehlerquellen 415
—, nicht organisierte Bestandteile Tabelle 48, S. 420; Abb. 53, S. 421; Abb. 54, S. 422; Tabelle 49, S. 423
—, —, amorphe Erdalkaliphosphate Tabelle 48, S. 420
—, —, Calciumoxalat Tabelle 48, S. 420; Abb. 53, S. 421
—, —, Cholesterin Abb. 54, S. 422; Tabelle 49, S. 423
—, —, Cystin Abb. 54, S. 422; Tabelle 49, S. 423
—, —, Di-Calcium-Phosphat Abb. 54, S. 422; Tabelle 49, S. 423
—, —, Di-Magnesium-Phosphat Abb. 54, S. 422; Tabelle 49, S. 423
—, —, Fetttröpfchen Tabelle 49, S. 423
—, —, Harnsäure Tabelle 48, S. 420; Abb. 53, S. 421
—, —, Leucin Abb. 54, S. 422; Tabelle 49, S. 423
—, —, Tripelphosphat Tabelle 48, S. 420; Abb. 53, S. 421
—, —, Tyrosin Abb. 54, S. 422; Tabelle 49, S. 423
—, —, Urate Tabelle 48, S. 420; Abb. 53, S. 421
—, —, —, Entfernung aus dem Harn 420
—, organisierte Bestandteile Tabelle 47, S. 416, 419; Abb. 51, S. 417; Abb. 52, S. 418
—, —, Bakterien Tabelle 47, S. 416
—, —, Erythrocyten Tabelle 47, S. 416; Abb. 51, S. 417
—, —, Hefezellen Tabelle 47, S. 416; Abb. 51, S. 417
—, —, Leukocyten Tabelle 47, S. 416; Abb. 51, S. 417
—, —, Nierenepithelien Tabelle 47, S. 416; Abb. 51, S. 417
—, —, Plattenepithelien Tabelle 47, S. 416; Abb. 51, S. 417
—, —, Trichomonaden Tabelle 47, S. 416; Abb. 51, S. 417
—, —, Zylinder Abb. 52, S. 418; Tabelle 47, S. 419
—, —, Zylindroide (Schleimfäden) Abb. 52, S. 418; Tabelle 47, S. 419
Harnstoff 245 ff.
—, Bestimmung der Konzentration im Serum 245
—, —, Bewertung der Ergebnisse 245
—, —, Normbereiche in Abhängigkeit von der Proteinzufuhr mit der Nahrung 246
—, —, Verfahren 245 ff.
—, —, —, nach BERTHELOT (Farbtest) 246, 247
—, —, —, enzymatisches mit Urease und Glutamat-Dehydrogenase (UV-Test) 245, 246
—, —, —, orientierende Bestimmung mit Teststreifen 247
Harnuntersuchungen, Interpretation pathologischer Befunde 455
—, qualitative klinisch-chemische 424 ff.
—, —, Beschreibung der Ergebnisse 425
—, quantitative klinisch-chemische 437 ff.
Harnvolumen 409
Hb = Hämoglobin
HbA_{1c} = glykosyliertes Hämoglobin A_1
Hb_E = mittlerer Hämoglobingehalt des einzelnen Erythrocyten (= MCH)
α-HBDH = α-Hydroxybutyrat-Dehydrogenase
HDL = High Density Lipoproteine
HDL-Cholesterin s. Cholesterin, High Density-Lipoprotein-
HEINZ'sche Innenkörper 88
—, Darstellung Abb. 15, S. 84; 88
—, Vorkommen 88; Tabelle 24, S. 125
Hemmkörper gegen Gerinnungsfaktoren 171
—, Nachweis 171

Heparin, Cofaktor von Antithrombin III   139
—, Calcium-neutralisiert   318
—, endogenes   Tabelle 9, S. 15; 139
—, Verwendung zur Gerinnungshemmung in vitro   Tabelle 4, S. 8
Heparintherapie, Kontrolle   183, 184
hereditärer hämolytischer Ikterus (Kugelzellanämie)   Tabelle 21, S. 78; 117; Tabelle 24, S. 125
Hiatus leucaemicus bei akuter Myelose   99
High Density-Lipoprotein (HDL)-Cholesterin   241
—, Bestimmung der Konzentration im Serum   241
—, —, Bewertung der Ergebnisse   241
—, —, Normbereiche   241
High Density Lipoproteine (HDL)   Tabelle 38, S. 235
HK = Hämatokrit
hochmolekulares Kininogen   Tabelle 25, S. 133; Abb. 21, S. 135; 137; Tabelle 27, S. 153
HOESCH-Test, Nachweis von Porphobilinogen im Harn   436
Hormone   368 ff.
—, Analytik, allgemeine Gesichtspunkte   369, 370
—, Anstieg der Konzentration im Serum bei Schwangerschaft   Tabelle 8, S. 14
—, gastrointestinale   395
—, Klassifizierung   369
—, Wirkungsmechanismen   368
humanes Choriongonadotropin (hCG), Tumormarker   400; Tabelle 44, S. 402
α-Hydroxybutyrat-Dehydrogenase (α-HBDH)   292
—, Anstieg im Serum bei intravasaler Hämolyse   Tabelle 23, S. 122; Tabelle 24, S. 124, 125; 126
—, Bestimmung der Aktivität im Serum   292
—, —, Bewertung der Ergebnisse   292
—, —, Normbereich   292
5-Hydroxyindolessigsäure   447
—, Abbauprodukt des Serotonins (= 5-Hydroxytryptamin)   447
—, Bestimmung der Ausscheidung im Harn   447
—, —, Bewertung erhöhter Ergebnisse   447
—, —, Normbereich   447
—, —, Vorbereitung des Patienten   447
Hyperfibrinolyse, primäre   177, 178
—, —, Diagnostik   177, 178, 179
—, —, Unterscheidung von einer Verbrauchskoagulopathie   Tabelle 30, S. 178
—, sekundäre   177, 179
—, therapeutisch bedingte   184
Hyperthyreose, Ursachen   372
Hypothyreose, Ursachen   372

Idiopathische (essentielle) Thrombocythämie   108
Immunabwehr, Antigen-spezifische   31
—, Antigen-unspezifische   27; Tabelle 14, S. 29; 31
Immunantwort, polyclonale   24
—, primäre   28
—, sekundäre   28
—, spezifische   31
—, unspezifische   27, 31
Immundiffusion, radiale   355
Immunelektrophorese   352, 353

Immunfixationselektrophorese 353
Immunglobuline, Bestimmungsverfahren 355
—, monoclonale, Nachweis 352, 353
—, —, bei Plasmocytom 105; Abb. 38, S. 269
—, oligoclonale, Nachweis im Liquor 464; Tabelle 52, S. 465
—, Serum, elektrophoretische Wanderung Tabelle 39, S. 264
Immunmechanismen, celluläre 31
—, humorale 31
immunologische Bestimmungsverfahren 351 ff.
—, Anwendung in der klinischen Chemie 364 ff.
—, Auswertung über Standardlösungen 351, 357
—, Einschränkungen bei der Bewertung von Ergebnissen 362, 363
—, Fehler bei der Durchführung 407
—, Grundlagen der Methodik 351
—, —, Antigen-Antikörper-Reaktionen 351
—, —, —, sog. Auslöschphänomen 351
—, qualitative Verfahren 352 ff.
—, —, Immunelektrophorese 352, 353
—, —, Immunfixationselektrophorese 353
—, —, indirekter Nachweis von Antigen-Antikörper-Reaktionen 354
—, quantitative Verfahren 355 ff.
—, —, mit Markierung von Antigenen oder Antikörpern 356, 357
—, —, —, durch covalente Bindung von Enzymen 356, 357
—, —, —, durch covalente Bindung fluorescierender Substanzen 357
—, —, —, durch radioaktive Isotope (β-, γ-Strahler) 356
—, —, nephelometrische Messung von Antigen-Antikörper-Komplexen 355
—, —, radiale Immundiffusion 355
—, —, Trennschritte bei Immunoassays 357
Immuntoleranz 25
Infektanämie 117; Tabelle 24, S. 124
infektiöse Mononucleose s. Mononucleose, infektiöse
Innenkörper, HEINZ'sche s. HEINZ'sche Innenkörper
Insulin 223, 394
—, Bestimmung der Konzentration im Serum nach Nahrungskarenz 394
—, —, Bewertung der Ergebnisse 394
—, —, Normbereiche 394
—, —, Vorbereitung des Patienten 394
Insulin-Hypoglykämie-Test, Funktionstest zur Prüfung der Inkretion von Wachstumshormon 390
γ-Interferon, Effekte auf Natürliche Killerzellen Tabelle 13, S. 25
Interleukin 1, Effekte Tabelle 13, S. 25
Interleukin 2, Effekte Tabelle 13, S. 25
Intrinsicfaktor, Mangel bei chronisch-atrophischer Gastritis 116
—, —, Entwicklung einer Perniciosa 116; Tabelle 23, S. 123
—, Sekretion 472
Inulin-Clearance s. Clearance-Verfahren
ionenselektive Elektroden, Bestimmung von Elektrolyten 316 ff.
—, Grundlagen des Meßverfahrens 316, 317
—, —, direkte Messungen 317
—, —, indirekte Messungen 316, 317
ionisiertes Calcium 312, 313
—, Bestimmung mit ionenselektiven Elektroden 317, 318
—, —, Messung in anaerob gewonnenen Blutproben 317, 318
—, —, Messung in Serum oder Plasma 318

ionisiertes Calcium, Bestimmung mit ionenselektiven Elektroden
—, —, Normbereich   318
Isoenzyme   271

JOLLY-Körperchen, Morphologie   Abb. 13, S. 80; Tabelle 21, S. 81
—, Vorkommen   Tabelle 21, S. 81
jugendliche Granulocyten (Metamyelocyten), Entwicklung   Tabelle 10, S. 17; 20; Abb. 10, S. 54, 55
—, Morphologie   Tabelle 19, S. 52; Abb. 9, S. 53

Kälteagglutinine, Störung der Erythrocytenzählung   70
—, Störung der Leukocytenzählung   40
—, Vorkommen bei Plasmocytom   105
Kalium   310 ff.
—, Bestimmung der Ausscheidung im Harn   439
—, —, Normbereich   Tabelle 45, S. 409
—, Bestimmung der Konzentration im Serum   311, 312
—, —, Bewertung der Ergebnisse   310, 311
—, —, Flammenphotometrie   311, 312
—, —, Normbereich   312
—, Emissionsspektrum   Abb. 44, S. 304
Kaliumionen-Aktivität im Serum bzw. Vollblut   317
—, Bestimmung mit ionenselektiven Elektroden   317
Kallikrein   Abb. 21, S. 135; 137
—, Rolle bei der Aktivierung von Plasminogen   Abb. 22, S. 140; 141
Kalomelelektroden   329; Abb. 48, S. 330
—, sachgerechte Behandlung, Reinigung   191
Ketonkörper   224
—, Nachweis im Harn   430
Killerzellen   27
—, immunologischer Nachweis   Tabelle 14, S. 29
—, wesentliche Aufgaben   Tabelle 14, S. 29
Killerzellen, Natürliche   27
—, immunologischer Nachweis   Tabelle 14, S. 29
—, wesentliche Aufgaben   Tabelle 14, S. 29
Kininogen, hochmolekulares   s. hochmolekulares Kininogen
Koagulometer   156
Koagulopathien   143
—, Verfahren zur Erfassung   153 ff.
—, —, Faktorenteste   153, 167 ff.
—, —, Globalteste   153, 158 ff.
—, —, Phasenteste   153, 165 ff.
Kohlendioxid-Partialdruck   s. pCO_2
Kolonie-stimulierende Faktoren   19, 21; Tabelle 13, S. 25
Konservierung von Harn   411
Kontaktaktivierung von Gerinnungsfaktoren   131, 137
Konzentrationsunterschiede Plasma/Serum   7, 261
—, Gesamteiweiß   261
—, Glutamat-Oxalacetat-Transaminase   7
—, Hämoglobin   7
—, Kalium   7
—, Lactat-Dehydrogenase   7
—, Phosphat   7

Konzentrationsunterschiede Plasma/Serum
—, saure Phosphatasen 7
Konzentrationsversuch zur Prüfung der Nierenfunktion 448, 449
—, Bewertung der Ergebnisse 448
—, Kontraindikationen 449
Küvetten 208, 209
—, erforderliches Material bei verschiedenen Wellenlängen Tabelle 35, S. 208
—, Mindestfüllvolumen Tabelle 34, S. 208
Küvettenfehler, Auswirkung 210, 211
Kugelzellanämie (hereditärer hämolytischer Ikterus) Tabelle 21, S. 78; 117; Tabelle 24, S. 125
Kugelzellen (Sphärocyten), Morphologie 75; Tabelle 21, S. 78; Abb. 12, S. 79
—, Vorkommen 75; Tabelle 21, S. 78; Tabelle 24, S. 125
Kunststoffartikel 191
—, Prüfung auf Verunreinigungen 192
Kupfer, Bestimmung mittels Atomabsorptionsphotometrie 321

Lactat-Dehydrogenase (LDH) 291
—, Anstieg im Serum bei intravasaler Hämolyse Tabelle 23, S. 122; Tabelle 24, S. 124, 125; 126
—, Bestimmung der Aktivität im Serum Abb. 39, S. 276; 291
—, —, Bewertung der Ergebnisse 291
—, —, Normbereich 291
—, Isoenzyme 271, 292
LAMBERT-BEER-BOUGUER'sches Gesetz 204
Latexteste 354
LDH = Lactat-Dehydrogenase
LDL = Low Density Lipoproteine
LDL-Cholesterin s. Cholesterin, Low Density-Lipoprotein-
L. E. = Lupus erythematodes
L. E. -Zellen, Nachweis 64
—, —, Bewertung der Ergebnisse 64
Leukämien (Leukosen) 94 ff.
—, akute lymphatische 100, 101
—, —, cytochemische Reaktionen 100
—, —, Einteilung nach immunologischen Kriterien 97
—, —, —, B-ALL 97
—, —, —, c-ALL (common-ALL) 97
—, —, —, Null-ALL 97
—, —, —, T-ALL 97
—, —, Entstehung 94
—, —, immunologische Merkmale 97
—, akute myeloische 99; Abb. 17, S. 110
—, —, cytochemische Reaktionen 99
—, —, Entstehung 94
—, —, Hiatus leucaemicus 99
—, chronisch lymphatische 103; Abb. 18, S. 111
—, —, Entstehung 94
—, —, GUMPRECHT'sche Kernschatten 103; Abb. 18, S. 111
—, —, immunologische Merkmale 103
—, chronisch myeloische 101; Abb. 19, S. 112, 113
—, —, cytochemische Reaktionen 102
—, —, Entstehung 94
—, —, Philadelphia-Chromosom 102

Leukämien (Leukosen)
—, Einteilung 96
—, —, betroffenes Organsystem 96
—, —, cytochemische Kriterien 96
—, —, immunologische Merkmale 96
—, —, klinischer Verlauf 96
—, —, morphologische Kriterien 96
—, —, Zahl der Leukämiezellen im peripheren Blut 96
—, Entstehung 94
—, Halbwertszeit der Leukämiezellen im peripheren Blut 95
—, Hinweise zur Diagnostik 95
—, Monocytenleukämie 96, 97, 98, 104
—, —, cytochemische Reaktionen 104
—, —, Lysozym in Serum und Urin 63, 104
—, Plasmazell-Leukämie 105
—, Promyelocytenleukämie 96, 98, 104
—, seltene Formen 98
—, undifferenzierte 96, 98
—, Zellproliferation 95
Leukocyten 35 ff.
—, cytochemische Reaktionen 56 ff.
—, Differenzierung in Blutausstrichen 44, 45; Tabelle 15, S. 46; Abb. 7, S. 47; Abb. 8, S. 48; Tabelle 16, S. 49
—, —, Normbereiche Tabelle 18, S. 51
—, —, Reproduzierbarkeit 50
—, —, Schema zur Abb. 6, S. 45
—, —, Vertrauensbereiche Tabelle 17, S. 50
—, Entwicklung Tabelle 10, S. 17
—, Harn, mikroskopische Betrachtung Tabelle 47, S. 416; Abb. 51, S. 417
—, Liquor, Differenzierung 461
—, —, Zählung 459 ff.
—, Oberflächenstrukturen, immunologischer Nachweis Tabelle 14, S. 28, 29; 63
—, peripheres Blut, Normbereiche Tabelle 18, S. 51
—, spezielle Untersuchungsverfahren 56
—, Veränderungen der Relation der verschiedenen Arten 90, 91
—, Verteilung in Blutausstrichen 44
—, wesentliche Aufgaben Tabelle 9, S. 15, 16
Leukocytenphosphatase, saure s. saure Leukocytenphosphatase
Leukocytenzählung, Liquor 459 ff.
—, Vollblut 35 ff.
—, —, mit elektronischen Zählgeräten 39
—, —, —, Reproduzierbarkeit 39
—, —, Zählkammerverfahren 35 ff.
—, —, —, Reproduzierbarkeit 38
Leukocytenzahl, Harnsediment, Normbereich Tabelle 47, S. 416
—, Liquor, Normbereich 460
—, peripheres Blut, Normbereiche 38; Tabelle 18, S. 51
Leukocytose, Vorkommen 89
Leukocyturie, Aussehen des Urins Tabelle 46, S. 412
Leukopenie (Leukocytopenie), Vorkommen 89
Leukosen s. Leukämien
Linksverschiebung, Differentialblutbild, Vorkommen 92
Lipase s. Pankreaslipase
Lipide, Entfernung aus dem Serum mit Frigen 195

Lipoproteine 235 ff.
—, Bestimmung im Serum 236
—, —, Bewertung der Ergebnisse 236
—, —, Verfahren 236
—, —, —, Lipoproteinelektrophorese 236
—, —, —, Ultrazentrifugation 236
—, wesentliche Eigenschaften Tabelle 38, S. 235
—, Zusammensetzung der 4 Klassen (Chylomikronen, HDL, LDL, VLDL)
    Tabelle 38, S. 235
Lipoproteinelektrophorese 236
Liquor cerebrospinalis 457 ff.
—, Carcinoembryonales Antigen (CEA), Bestimmung 464
—, —, —, Bewertung der Ergebnisse 464
—, —, Liquor/Serum-Quotient, Normbereich 464
—, charakteristische Befundkonstellationen Tabelle 52, S. 465
—, Differenzierung von Zellen 461
—, —, Bewertung der Ergebnisse 461; Tabelle 52, S. 465
—, Eiweiß, Bestimmung der Konzentration 462
—, —, Bewertung der Ergebnisse 462; Tabelle 52, S. 465
—, —, —, Normbereich 462
—, —, elektrophoretische Trennung 463
—, —, qualitativer Nachweis nach PANDY 462
—, Gewinnung 457
—, —, Ausschluß einer Hirndrucksteigerung 457
—, Glucose, Bestimmung der Konzentration 462
—, —, —, Bewertung der Ergebnisse 462; Tabelle 52, S. 465
—, —, —, Normbereich 462
—, Immunglobuline, Bestimmung der Konzentration 463
—, —, —, Bewertung der Ergebnisse 463; Tabelle 52, S. 465
—, —, —, Normbereich 463
—, —, oligoclonale s. Liquor, oligoclonale Immunglobuline
—, Lactat, Bestimmung der Konzentration 464
—, —, —, Bewertung der Ergebnisse 464; Tabelle 52, S. 465
—, —, —, Normbereich 464
—, Leukocyten, Differenzierung 461
—, —, —, Bewertung der Ergebnisse 461
—, —, Zählung 459 ff.
—, —, —, Bewertung der Ergebnisse Tabelle 52, S. 465
—, —, —, Normbereich 460
—, makroskopische Betrachtung 458
—, —, Farbe 458
—, —, Spinnwebsgerinnsel 458
—, —, Trübung 458
—, oligoclonale Immunglobuline, Nachweis 464
—, —, —, Bewertung der Ergebnisse 464; Tabelle 52, S. 465
—, Spinnwebsgerinnsel 458; Tabelle 52, S. 465
—, Xanthochromie 458; Tabelle 52, S. 465
—, Zellen, Differenzierung 461
—, Zirkulationsstörungen, Prüfung nach QUECKENSTEDT 457
Liquordruck, Messung 457
Liquor/Serum-Quotient, für Albumin 463
—, —, Bewertung der Ergebnisse 463
—, —, Normbereich 463
—, für Carcinoembryonales Antigen (CEA) 464

Liquor/Serum-Quotient, für Carcinoembryonales Antigen (CEA)
—, —, Bewertung der Ergebnisse   464
—, —, Normbereich   464
Lösungen, Aufbewahrung   188, 189
—, Haltbarkeit   189
—, Herstellung   189
Low Density Lipoproteine (LDL)   Tabelle 38, S. 235
Low Density-Lipoprotein (LDL)-Cholesterin   240
—, Bestimmung der Konzentration im Serum   240
—, —, Bewertung der Ergebnisse   240
—, —, Normbereiche   240
Lumbalpunktion, Kontraindikationen   457
Lymphadenose, akute   s. Leukämie, akute lymphatische
—, chronische   s. Leukämie, chronisch lymphatische
Lymphoblasten   Tabelle 10, S. 17; 100
—, Glykogen, Nachweis   61
—, Oberflächenstrukturen   97
—, saure Leukocytenphosphatase, Nachweis   62, 100
Lymphocyten   22 ff.
—, atypische   93; Abb. 16, S. 109
—, Aufgaben   Tabelle 9, S. 16
—, B-   s. B-Lymphocyten
—, Entwicklung   Tabelle 10, S. 17; 18, 22
—, Gedächtniszellen   23, 27, 31
—, immunologische Merkmale   Tabelle 14, S. 28, 29
—, —, bei akuten Lymphadenosen   97
—, monocytoide   93
—, Morphologie   Abb. 8, S. 48; Tabelle 16, S. 49
—, Null-   s. Null-Lymphocyten
—, peripheres Blut, Normbereiche   Tabelle 18, S. 51
—, Rezirkulation   Tabelle 10, S. 17; 22, 23
—, T-   s. T-Lymphocyten
—, T4-   s. T4-Lymphocyten
—, T8-   s. T8-Lymphocyten
Lymphocytopenie, Vorkommen   91
Lymphocytopoese   Tabelle 10, S. 17; 18, 22
Lymphocytose, Vorkommen   91
Lymphokine   21; Tabelle 13, S. 25
—, Sekretion durch T4-Helferzellen   24
Lysin-Vasopressin-Test   383
Lysozym, Bestimmung bei Monocytenleukämie   63, 104
—, Vorkommen in neutrophilen Granulocyten   20

Magensekret, quantitative Sammlung   473
—, Zusammensetzung   471, 472
Magensekretion, Prüfung   472 ff.
—, Regulation   471
Magensekretionsanalyse   472 ff.
—, Auswertung   473, 474; Abb. 56, S. 475
—, Bewertung der Ergebnisse   476; Tabelle 53, S. 476
—, Gipfelsekretion (Peak Acid Output, PAO)   474
—, Leersekretion   474
—, Vorbereitung des Patienten   472
Magnesium, Bestimmung mittels Atomabsorptionsphotometrie   321

Makroblasten, Entwicklung   Tabelle 10, S. 17
—, Morphologie   Tabelle 22, S. 82; Abb. 14, S. 83
Makrocyten, Morphologie   Tabelle 21, S. 78; Abb. 12, S. 79
—, Vorkommen   Tabelle 21, S. 78
Makroformen von Enzymen
—, Makro-alkalische Phosphatase   294
—, Makro-Amylase   299
—, Makro-Creatin-Kinase   286
α_2-Makroglobulin, Plasmininhibitor   142
Makrophagen, Entwicklung aus Monocyten   21
Makrophagen-aktivierender Faktor   Tabelle 13, S. 25
Makrophagen/Monocyten, Vorverarbeitung von Antigenen   21, 24, 31
MCH = mittleres corpusculäres Hämoglobin   73, 74, 119
—, Berechnung   73
—, Normbereich   74
MCHC = mittlere corpusculäre Hämoglobinkonzentration   77, 119
—, Berechnung   77
—, Normbereich   77
MCV = mittleres corpusculäres Volumen   75, 76, 119
—, Berechnung   76
—, Normbereich   76
Megaloblasten   Abb. 20, S. 114; Tabelle 24, S. 124
megaloblastische Anämien (durch Vitamin B_{12}- bzw. Folsäure-Mangel bedingt)
    Tabelle 21, S. 78; 116; Tabelle 24, S. 124
Megalocyten, Morphologie   Tabelle 21, S. 78; Abb. 20, S. 114
—, Vorkommen   Tabelle 21, S. 78; Tabelle 24, S. 124
metabolische Störungen im Säure-Basen-Haushalt   344; Tabelle 40, S. 346;
    Tabelle 41, S. 347, 348; 349, 350
—, Kompensationsmechanismen   345; Tabelle 40, S. 346
—, Ursachen   344
Metabolitkonzentrationen, Auswertung der Meßergebnisse, über ϵ 212, 213
—, —, über Standardlösungen   214
Methämoglobinämien, toxisch bedingte   88
—, —, Bildung HEINZ' scher Innenkörper   88
Mikrocyten, Morphologie   Tabelle 21, S. 78; Abb. 12, S. 79
—, Vorkommen   Tabelle 21, S. 78; Tabelle 24, S. 124
Mittelwert, arithmetischer, Berechnung   497
mittlere corpusculäre Hämoglobinkonzentration   s. MCHC
mittleres corpusculäres Hämoglobin   s. MCH
mittleres corpusculäres Volumen   s. MCV
monoclonale Antikörper, Herstellung   30
monoclonale Immunglobuline, Vorkommen, bei benignen Gammopathien   106
—, —, bei Plasmocytom   105, 106
Monocyten, Entwicklung   Tabelle 10, S. 17; 21, 22
—, Morphologie   Abb. 8, S. 48; Tabelle 16, S. 49
—, peripheres Blut, marginaler Speicher   21
—, —, Normbereiche   Tabelle 18, S. 51
—, —, zirkulierende   21
—, Reifung zu Makrophagen   21
Monocytenleukämie   s. Leukämie, Monocyten-
Monocyten/Makrophagen, Aufgaben   Tabelle 9, S. 16; 21
monocytoide Lymphocyten (atypische Lymphocyten, Lympho-Monocyten)   93
—, Vorkommen bei infektiöser Mononucleose   93; Abb. 16, S. 109
—, Vorkommen bei Infektionskrankheiten anderer Genese   93

Monocytopoese   Tabelle 10, S. 17; 18
Monocytose, Vorkommen   91
Mononucleose, infektiöse (PFEIFFER' sches Drüsenfieber)   93; Abb. 16, S. 109
—, —, Vorkommen von transformierten B-Lymphocyten   93
—, —, Vorkommen von T8-Suppressor- und cytotoxischen T8-Lymphocyten   93
Morbus WALDENSTRÖM   106
Myeloblasten, AUER-Stäbchen   Tabelle 19, S. 52
—, Entwicklung   Tabelle 10, S. 17; 19
—, Mikromyeloblasten, Morphologie   Tabelle 19, S. 52; 99
—, Morphologie   Tabelle 19, S. 52; Abb. 9, S. 53
—, Paramyeloblasten, Morphologie   Tabelle 19, S. 52; 99
Myelocyten, Entwicklung   Tabelle 10, S. 17; 20
—, Morphologie   Tabelle 19, S. 52; Abb. 9, S. 53
Myelomonocytopoese   Tabelle 10, S. 17; 18
Myeloperoxydase, Nachweis in Leukocyten   20, 57
—, —, bei akuter Myelose   99
—, —, Bewertung der Ergebnisse   57
myeloproliferative Erkrankungen   107, 108
Myelose, akute   s. Leukämie, akute myeloische
Myelose, chronische   s. Leukämie, chronisch myeloische

NAD = Nicotinamid-Adenin-Dinucleotid, oxydiert
NAD, Absorptionsspektrum   Abb. 31, S. 217
NADH = Nicotinamid-Adenin-Dinucleotid, reduziert
NADH, Absorptionsspektrum   Abb. 31, S. 217
—, spezifischer mikromolarer Extinktionskoeffizient   217
NADP = Nicotinamid-Adenin-Dinucleotidphosphat, oxydiert
NADPH = Nicotinamid-Adenin-Dinucleotidphosphat, reduziert
NADPH, spezifischer mikromolarer Extinktionskoeffizient   217
Naphthol-Anilinsulfat-D-Chloracetat-Esterase   s. Esterasen, unspezifische
α-Naphthylacetat-Esterase   s. Esterasen, unspezifische
Natrium   308 ff.
—, Bestimmung der Ausscheidung im Harn   439
—, —, Normbereich   Tabelle 45, S. 409
—, Bestimmung der Konzentration im Serum   309, 310
—, —, Bewertung der Ergebnisse   308, 309
—, —, Flammenphotometrie   309, 310
—, —, Normbereich   309
—, Emissionsspektrum   Abb. 44, S. 304
Natriumcitrat, Verwendung zur Gerinnungshemmung in vitro   Tabelle 4, S. 8
Natriumfluorid, Verwendung als Glykolysehemmer in vitro   Tabelle 4, S. 8;
    Tabelle 5, S. 10
Natriumionen-Aktivität im Serum bzw. Vollblut   317
—, Bestimmung mit ionenselektiven Elektroden   317
Natriumoxalat, Verwendung zur Gerinnungshemmung in vitro   Tabelle 4, S. 8
Natürliche Killerzellen   27
Nephelometrie   355
nephelometrische Messung von Antigen-Antikörper-Komplexen   355
NEUBAUER-Zählkammer   Abb. 1, S. 36; Abb. 2, S. 37; Abb. 23, S. 148
Neuron-spezifische Enolase (NSE), Tumormarker   401; Tabelle 44, S. 402
Neutropenie, Vorkommen   90
neutrophile Granulocyten, Aufgaben   Tabelle 9, S. 15; 20
—, Entwicklung   Tabelle 10, S. 17; 18; Tabelle 11, S. 19; 20; Abb. 10, S. 54, 55
—, jugendliche, Morphologie   Tabelle 19, S. 52; Abb. 9, S. 53

neutrophile Granulocyten
—, segmentkernige, Morphologie   Tabelle 15, S. 46; Abb. 7, S. 47
—, —, peripheres Blut, Normbereiche   Tabelle 18, S. 51
—, stabkernige, Morphologie   Tabelle 15, S. 46; Abb. 7, S. 47
—, —, peripheres Blut, Normbereiche   Tabelle 18, S. 51
neutrophile Myelocyten   s. Myelocyten
Neutrophilenphosphatase, alkalische   s. alkalische Neutrophilenphosphatase
Neutrophilie, Vorkommen   90
Nierenfunktionsprüfungen   448 ff.
—, Clearance-Verfahren   451 ff.
—, Konzentrationsversuch   448, 449
—, Phenolrot-Test   449, 450
Nitrit, Nachweis im Harn, Teststreifenverfahren   434
Normal-Pufferbasen   341
Normalverteilung von Analysendaten gesunder Probanden   485, 486
—, schematische Darstellung   Abb. 57, S. 485
Normbereiche, Ermittlung   485, 486
—, —, mit Parameter-freien Verfahren   486
—, —, Probleme   485, 486
—, —, unter Zugrundelegung einer Normalverteilung   486
Normoblasten, Ausstoßung des Kerns   32
—, basophile, Entwicklung   Tabelle 10, S. 17
—, —, Morphologie   Tabelle 22, S. 82; Abb. 14, S. 83
—, oxyphile, Entwicklung   Tabelle 10, S. 17
—, —, Morphologie   Tabelle 22, S. 82; Abb. 14, S. 83
—, polychromatische, Entwicklung   Tabelle 10, S. 17
—, —, Morphologie   Tabelle 22, S. 82; Abb. 14, S. 83
Normocyten, Morphologie   Tabelle 21, S. 78; Abb. 12, S. 79; Tabelle 22, S. 82; Abb. 14, S. 83
Null-Lymphocyten   27

Oberflächenstrukturen von Leukocyten   s. Leukocyten, Oberflächenstrukturen
Oligurie   409
Opsonierung   20, 21, 30
optischer Test (nach WARBURG)   275 ff.
osmotische Resistenz   Tabelle 23, S. 123
Osteomyelosklerose   107
—, Aktivität der alkalischen Neutrophilenphosphatase   60, 107
oxyphile Normoblasten   s. Normoblasten, oxyphile

PAH = p-Amino-Hippursäure
Pankreasenzyme, Inaktivierung und Abbau   479
—, Wirkungsort   478
Pankreasfunktion, exokrine   480 ff.
—, —, Prüfung   480 ff.
—, —, —, N-Benzoyl-L-Tyrosyl-p-Aminobenzoesäure-Test   482
—, —, —, Chymotrypsinausscheidung mit dem Stuhl   480
—, —, —, —, Bewertung der Ergebnisse   480
—, —, —, Fettausscheidung mit dem Stuhl   480, 481
—, —, —, —, Bewertung der Ergebnisse   481
—, —, —, Fluoresceindilaurat-Test   482
—, —, —, Sekretin-Pankreozymin-Test   481
—, —, —, —, Bewertung der Ergebnisse   481

Pankreaslipase 301, 478
—, Bestimmung der Aktivität im Serum 301
—, —, Bewertung der Ergebnisse 301
Pankreassekret, Zusammensetzung 477, 478
Pankreassekretion, exokrine 477 ff.
—, —, Prüfung s. Pankreasfunktion, exokrine
—, —, Regulation 477
Pankreatisches Polypeptid (PP), Tumormarker 401; Tabelle 44, S. 402
Parathormon 313, 392, 393
—, Bestimmung der Konzentration im Serum 393
—, —, Bewertung der Ergebnisse 392
—, —, Normbereich 393
—, —, Vorbereitung des Patienten 393
—, Regulation des Calcium-Phosphat-Stoffwechsels 313, 392
paroxysmale nächtliche Hämoglobinurie (MARCHIAFAVA) 117
Partielle Thromboplastinzeit (PTT) 161, 162
—, Bewertung der Ergebnisse 161, 162, 166
—, Kontrolle einer Heparintherapie 183, 184
—, Normbereich 161
PAS-Reaktion = Perjodsäure-SCHIFF-Reaktion s. Nachweis von Glykogen
pCO_2 = Kohlendioxid-Partialdruck
pCO_2, Bestimmung im arteriellen Blut 331
—, —, Normbereich 342
—, —, Verfahren 337 ff.
—, —, —, direkte Bestimmung mit einer pCO_2-Elektrode 331, 335, 337
—, —, —, indirekte Bestimmung nach SIGGAARD-ANDERSEN 331, 335, 337, 338; Abb. 49, S. 338; 339; Abb. 50, S. 340
—, Definition 331
—, pathologische Befunde durch Veränderungen der CO_2-Ausscheidung 343
PELGER-HUËT' sche Kernanomalie 92
Pentagastrin, Stimulation der Magensekretion 473
Pepsin, Pepsinogen im Magensekret 472
Perniciosa (perniziöse Anämie) Tabelle 21, S. 78; Abb. 20, S. 114; 116; Tabelle 24, S. 124
perniziöse Anämie s. Perniciosa
PFEIFFER' sches Drüsenfieber s. Mononucleose, infektiöse
pH, Definition 328
pH-Messung 328, 329
—, im arteriellen Blut 337
pH-Meter 190
—, Bedienung 190
—, Hinweise zur Prüfung 330
—, Kalibrierung 190
pH-Wert, arterielles Blut, Messung 337
—, —, Normbereich 342
—, Harn, Schätzung 424
—, —, Normbereich 424
Phasenteste zur Erfassung von Koagulopathien 153, 165, 166
Phenolrot-Test 449, 450
—, Normbereiche 450
Philadelphia-Chromosom 63, 102
Phosphat 257 ff.
—, Ausscheidung im Harn, Beurteilung des Calcium-Phosphat-Stoffwechsels 313
—, —, Normbereich Tabelle 45, S. 409

Phosphat
—, Bestimmung der Konzentration im Serum 258
—, —, Bewertung der Ergebnisse 257, 258
—, —, Normbereiche 259
—, —, Verfahren mit der Molybdänblau-Reaktion 258
Phosphatasen
—, alkalische s. alkalische Phosphatasen
—, —, in stab- und segmentkernigen Neutrophilen s. alkalische Neutrophilen-
   phosphatase
—, saure s. saure Phosphatasen
—, —, in Leukocyten s. saure Leukocytenphosphatase
Photometer 204 ff.
—, Filter- 207
—, schematische Darstellung Abb. 28, S. 204
—, Spektral- 205; Abb. 29, S. 205
—, Spektrallinien- 206; Tabelle 33, S. 206
Photometertypen, Charakteristika Tabelle 32, S. 205
Photometrie (Absorptionsphotometrie) 201 ff.
—, Grundlagen 201, 202
—, LAMBERT-BEER-BOUGUER'sches Gesetz 204
—, Prinzip der Messung 203
—, —, Extinktion Abb. 27, S. 203; 204
—, —, Transmission Abb. 27, S. 203; 203
—, Wechselwirkungen zwischen Licht und absorbierenden Substanzen 202
photometrische Bestimmungsverfahren 215 ff.
photometrische Messung, Ausführung 210, 211
—, Auswertung 212 ff.
—, —, über ϵ 212, 213, 280, 281
—, —, über mitgeführte Standardlösungen 214
—, von Enzymaktivitäten 270 ff.
—, Messung gegen Aqua bidest. 210, 211
—, Messung gegen einen Reagentien-Leerwert 211
—, von Metabolitkonzentrationen 215 ff.
—, Prinzip 203
PIVKA (protein induced by vitamin K absence)-Faktoren 134
Plättchenfaktor 3, Funktion bei der Auslösung der plasmatischen Gerinnung 131;
   Abb. 21, S. 135; Tabelle 27, S. 153
—, Verlagerung an die Thrombocytenoberfläche 131
Plasma, Gewinnung 8; Tabelle 4, S. 8; 155, 196
Plasmatauschversuch, Nachweis von Hemmkörpern gegen Gerinnungsfaktoren 171
plasmatische Gerinnung s. Gerinnung, plasmatische
Plasmazellen, Aufgaben Tabelle 9, S. 16; Tabelle 14, S. 29
—, Entwicklung Tabelle 10, S. 17; 18, 27
—, immunologischer Nachweis Tabelle 14, S. 29
—, Morphologie Abb. 8, S. 48; Tabelle 16, S. 49
—, peripheres Blut, Auftreten bei Röteln 91
—, Synthese von Antikörpern 27, 28
—, Transformation aus B-Lymphocyten 18, 27, 28
Plasmazell-Leukämie 105
Plasmin, Wirkungen Abb. 22, S. 140; 141
Plasminogen, Aktivierung Abb. 22, S. 140; 141
—, angeborener Mangel, Ursache für Thrombosen 144
Plasminogenaktivator-Inhibitoren 142
Plasminogenaktivatoren Abb. 22, S. 140; 141

Plasmocytom (multiples Myelom) 105, 106
—, BENCE-JONES- 105
—, Sekretion von BENCE-JONES-Proteinen 105
—, —, Nachweis im Harn 352, 353, 427
—, Sekretion von monoclonalen Immunglobulinen 105; Abb. 38, S. 269
Plausibilitätskontrolle 501
pO_2 = Sauerstoff-Partialdruck
pO_2, Bestimmung im arteriellen Blut 331
—, —, Messung mit der CLARK-Elektrode 331, 336, 341
—, —, Normbereich 342
—, Definition 331
—, pathologische Befunde durch Störung der O_2-Aufnahme 350
Poikilocytose, Morphologie Abb. 13, S. 80; Tabelle 21, S. 81
—, Vorkommen Tabelle 21, S. 81; Tabelle 24, S. 124
Polychromasie, Morphologie Abb. 13, S. 80; Tabelle 21, S. 81
—, Vorkommen Tabelle 21, S. 81; Tabelle 24, S. 124, 125
polychromatische Normoblasten s. Normoblasten, polychromatische
Polycythaemia vera 107, 108
—, Abgrenzung gegenüber Polyglobulie 127
—, Aktivität der alkalischen Neutrophilenphosphatase 60, 108
Polyglobulie 127
—, Abgrenzung gegenüber Polycythaemia vera 127
—, Vorkommen 127
Polyurie 409, Tabelle 46, S. 412
Porphobilinogen, Harn, Nachweis 435, 436
—, —, quantitative Bestimmung 442
—, —, —, Normbereich 442
Porphyrine 440 ff.
—, Bestimmung im Blut 443
—, Bestimmung im Harn 443
—, —, Normbereich 443
—, Bestimmung im Stuhl 443
—, Synthese 440
—, —, schematische Darstellung Tabelle 50, S. 440
Porphyrinstoffwechselstörungen 440, 441
—, charakteristische Befundkonstellationen Tabelle 51, S. 444
Porphyrinurien s. Porphyrinstoffwechselstörungen
Präkallikrein Tabelle 25, S. 133; 137; Tabelle 27, S. 153
Präzisionswaagen 190
PRICE-JONES-Kurve 75, 122, 125
Proben, Aufbewahrung Tabelle 5, S. 9, 10, 11
—, Transport Tabelle 5, S. 9, 10, 11
Probengefäße Tabelle 2, S. 5, 6
—, Kennzeichnung Tabelle 2, S. 6
Proerythroblasten, Entwicklung Tabelle 10, S. 17
—, Morphologie Tabelle 22, S. 82; Abb. 14, S. 83
Promegaloblasten Tabelle 21, S. 78
Promyelocyten, AUER-Stäbchen Tabelle 19, S. 52; Abb. 9, S. 53
—, Entwicklung Tabelle 10, S. 17; 20
—, Morphologie Tabelle 19, S. 52; Abb. 9, S. 53
Promyelocytenleukämie 104
Prostacyclin, Freisetzung aus Gefäßendothelien 129
Prostataspezifische saure Phosphatase (PAP), Tumormarker 399; Tabelle 44, S. 402
Prostataspezifisches Antigen (PSA), Tumormarker 399, 400; Tabelle 44, S. 402

Protein C 139
—, Aktivierung durch Thrombin 139
—, Bestimmung 172
—, —, Bewertung der Ergebnisse 172
—, Mangel, Ursache für Thrombosen 144
—, Protein S, Cofaktor von Protein C 139
—, Wirkungen 139, 141
Protein S 139
—, Wirkung 139
Proteine im Harn, elektrophoretische Trennung in Polyacrylamid 437
—, qualitativer Nachweis 425, 426
—, quantitative Bestimmung 437
—, —, Normbereich 437
Proteine im Liquor, elektrophoretische Trennung 463
—, qualitativer Nachweis nach PANDY 462
—, quantitative Bestimmung 462
—, —, Normbereich 462
Proteine im Serum 263 ff.
—, elektrophoretische Trennung s. Elektrophorese
—, quantitative Bestimmung s. Gesamteiweiß
Protoporphyrine s. Porphyrine
Pseudocholinesterase s. Cholinesterase
PTT = Partielle Thromboplastinzeit, aktivierte
Puffer, Definition 332
Pufferbasen, Definition 339
—, Ermittlung 339; Abb. 50, S. 340
Puffergleichung nach HENDERSON und HASSELBALCH 333, 334
Puffersysteme des Blutes 334

Qualitätskontrolle, statistische 497 ff.
—, —, Präzisionskontrolle 497, 498; Abb. 58, S. 499
—, —, Richtigkeitskontrolle 500
—, —, Vorschriften 502
QUECKENSTEDT'scher Versuch 457
—, bei Rückenmarkskompression Tabelle 52, S. 465
Quecksilberdampflampe 205; Tabelle 33, S. 206; Abb. 30, S. 207
QUICK-Test (Thromboplastinzeitbestimmung) 162 ff.
—, Bewertung der Ergebnisse 162, 166
—, —, bei Therapie mit Vitamin K-Antagonisten 182
—, Erstellung einer Bezugsgeraden 163, 164; Tabelle 28, S. 164; Abb. 26, S. 164
—, Normbereich 162
Quotient, Liquor/Serum, für Albumin 463
—, —, für Carcinoembryonales Antigen (CEA) 464
—, T4/T8-Lymphocyten 26

Radiale Immundiffusion 355
Radioimmunoassay (RIA) 358, 359
—, kompetitiver (klassischer) 358
—, nichtkompetitiver (Sandwich-Prinzip) 359
Recalcifizierungszeit 161
—, Bewertung der Ergebnisse 161
—, Normbereich 161
Referenzelektroden s. Bezugselektroden

renale Anämie   117
renale Glucosurie   429
Renin   384, 385
—, Bestimmung der Aktivität im Plasma   384, 385
—, —, Bewertung der Ergebnisse   385
—, —, Normbereiche   385
—, —, Vorbereitung des Patienten   384
—, wesentliche Wirkungen   384
Renin-Angiotensin-Aldosteron-System   384 ff.
Renininkretion, Stimulation durch Furosemid oder Orthostase   385
respiratorische Störungen im Säure-Basen-Haushalt   343, 344; Tabelle 40, S. 346; Tabelle 41, S. 347, 348; 349, 350
—, Kompensationsmechanismen   345; Tabelle 40, S. 346
—, Ursachen   343, 344
Reticulocyten   32; Abb. 15, S. 84; 85, 86
Reticulocytenzählung   85, 86
Reticulocytenzahl im peripheren Blut, Anstieg nach Therapie mit Eisen   Tabelle 23, S. 121
—, Anstieg nach Therapie mit Vitamin B_{12} bzw. Folsäure   Tabelle 23, S. 121
—, Berechnung der absoluten Werte   86
—, Bewertung der Ergebnisse   86
—, Normbereiche   86
Rheumafaktoren   406
—, Bewertung der Ergebnisse   406
—, Nachweis bzw. Bestimmung im Serum   406
—, Normbereich   406
RIA = Radioimmunoassay
Ringsideroblasten   87
—, bei sideroblastischen Anämien   Tabelle 24, S. 124
—, —, durch Bleiintoxikation   Tabelle 24, S. 124
rT3 = reverse Trijodthyronin
RUMPEL-LEEDE-Test   145
—, Bewertung der Ergebnisse   145

Säure-Basen-Haushalt   332 ff.
—, charakteristische Befundkonstellationen   Tabelle 41, S. 347, 348
—, Kenngrößen zur Charakterisierung   335, 336
—, —, Normbereiche   342
—, Kompensationsmechanismen   345
—, Störungen   343 ff.
—, —, Anleitung zur Beurteilung   349, 350
—, —, Häufigkeit   345
—, —, metabolische   344
—, —, — Acidose, Ursachen   344
—, —, — Alkalose, Ursachen   344
—, —, respiratorische   343, 344
—, —, — Acidose, Ursachen   343
—, —, — Alkalose, Ursachen   343
—, Untersuchungen, Blutentnahme   336
—, —, Fehlermöglichkeiten   342
—, vollmechanisierte Analytik   335, 341
Säuren, Definition nach BRØNSTED   332
Sauerstoff-Partialdruck   s. pO_2
Saugglockentest   145

Saugglockentest
—, Bewertung der Ergebnisse   145
saure Leukocytenphosphatase   62
—, Nachweis   62
—, —, Bewertung der Ergebnisse   62
—, —, —, bei akuter Lymphadenose   62, 100
—, —, —, bei Haarzell-Leukämie   62
saure Phosphatasen   295, 296
—, Bestimmung der Aktivität im Serum   Abb. 43, S. 279; 296
—, —, Bewertung der Ergebnisse   295
—, Stabilisierung des Enzyms im Serum   Tabelle 5, S. 11; 296
saure Prostata-Phosphatase   295, 296
—, Bestimmung der Aktivität im Serum   296
—, —, Bewertung der Ergebnisse   296
—, —, Normbereich   296
Schilddrüsendiagnostik, typische Befundmuster   Tabelle 42, S. 379
Schilddrüsenhormone   371 ff.
—, Bestimmung der Konzentration im Serum   373 ff.
—, —, Bestimmung des freien Thyroxins (FT4)   375
—, —, —, Bewertung der Ergebnisse   375; Tabelle 42, S. 379
—, —, —, Normbereich   375
—, —, Bestimmung des freien Trijodthyronins (FT3)   376
—, —, —, Bewertung der Ergebnisse   376; Tabelle 42, S. 379
—, —, —, Normbereich   376
—, —, Bestimmung des gesamten Thyroxins (Gesamt-T4)   373
—, —, —, Bewertung der Ergebnisse   373
—, —, —, Normbereich   373
—, —, Bestimmung des gesamten Trijodthyronins (Gesamt-T3)   374
—, —, —, Bewertung der Ergebnisse   374
—, —, —, Normbereich   374
—, charakteristische Befunde bei Erkrankungen   Tabelle 42, S. 379
—, Synthese   371
—, wesentliche Wirkungen   371, 372
SCHILLING-Test   Tabelle 23, S. 123
Schlangengiftzeit   165, 166
—, Bewertung der Ergebnisse   166, 174
—, Normbereich   166
Schwangerschaftsspezifisches β_1-Glykoprotein (SP-1), Tumormarker   400, 401; Tabelle 44, S. 402
segmentkernige neutrophile Granulocyten, Entwicklung   Tabelle 10, S. 17
—, Morphologie   Tabelle 15, S. 46; Abb. 7, S. 47
—, peripheres Blut, Normbereiche   Tabelle 18, S. 51
Sekretin-Pankreozymin-Test   481
Sensitivität, analytische   Tabelle 6, S. 11
Serotonin (= 5-Hydroxytryptamin), Speicherung in Thrombocyten   131, 132, 447
—, Synthese   447
—, —, Steigerung bei Carcinoiden   447
—, wesentliche Wirkungen   131, 132, 447
Serum, Aufbewahrung   Tabelle 5, S. 10, 11
—, —, Änderung des pH-Werts   Tabelle 5, S. 9
—, Entfernung von Lipiden durch Frigen   195
—, Gewinnung   195
—, Haltbarkeit der Bestandteile   Tabelle 5, S. 10, 11
—, Konzentrationsunterschiede Plasma/Serum   7, 261

Serumproteine   260 ff.
—, elektrophoretische Trennung   263 ff; Tabelle 39, S. 264
Sichelzellanämie   Tabelle 21, S. 81; 116
Sichelzellen (Drepanocyten), Morphologie   Tabelle 21, S. 81
—, Vorkommen   Tabelle 21, S. 81
Sichelzell-Hämoglobin (HbS)   65
—, Nachweis   Tabelle 21, S. 81
Sideroblasten, Vorkommen im Knochenmark   87
—, —, Bewertung der Ergebnisse   87
sideroblastische Anämien   115
Siderocyten   Abb. 15, S. 84; 86
Siderocytenzählung   87
Siderocytenzahl, peripheres Blut, Bewertung der Ergebnisse   87; Tabelle 23, S. 12
Siderosomen   87
SIGGAARD-ANDERSEN-Nomogramm   Abb. 50, S. 340
Somatomedine, Mediatorsubstanzen des Wachstumshormons   388
SP = saure Phosphatasen
Spektrallinienphotometer   Tabelle 32, S. 205; 206; Tabelle 33, S. 206
Spektralphotometer   205; Tabelle 32, S. 205; Abb. 29, S. 205
Spezifität, analytische   Tabelle 6, S. 12
Sphärocyten   s. Kugelzellen
Spinnwebsgerinnsel im Liquor   458; Tabelle 52, S. 465
Squamous cell carcinoma antigen (SCC), Tumormarker   399; Tabelle 44, S. 402
stabkernige neutrophile Granulocyten, Entwicklung   Tabelle 10, S. 17
—, Morphologie   Tabelle 15, S. 46; Abb. 7, S. 47
—, peripheres Blut, Normbereiche   Tabelle 18, S. 51
Stammzelle, lymphoide   Tabelle 10, S. 17; 18
—, myeloide   Tabelle 10, S. 17; 18
—, pluripotente   Tabelle 10, S. 17; 18
Standardabweichung, Berechnung   497
—, relative, Berechnung   497
Standardbicarbonat-Konzentration, Definition   335
—, Ermittlung im arteriellen Blut   339
—, —, Bewertung der Ergebnisse   Tabelle 40, S. 346; Tabelle 41, S. 347, 348; 349, 350
—, —, Normbereich   342
Standardlösungen   187
—, Herstellung   188
Standardsubstanzen   187
STH = Somatotropes Hormon = Wachstumshormon
Streptokinase, Aktivierung von Plasminogen   Abb. 22, S. 140; 141
—, Kontrolle einer fibrinolytischen Therapie   184
Stuhl   467 ff.
—, Chymotrypsinausscheidung, Bestimmung   480
—, —, —, Bewertung der Ergebnisse   480
—, Fettausscheidung, Bestimmung   480, 481
—, —, —, Bewertung der Ergebnisse   481
—, —, —, Normbereich   481
—, Gewicht, Ermittlung   469
—, —, —, Bewertung der Ergebnisse   467, 469
—, —, —, Normbereich   467, 469
—, makroskopische Beurteilung   467
—, mikroskopische Untersuchung   469
—, Nachweis von Blut   468

Stuhl, Nachweis von Blut
—, —, Bewertung der Ergebnisse   468, 469
—, —, Vorbereitung des Patienten   468
—, Zusammensetzung   467
Substantia reticulo-granulo-filamentosa   32, 85
Sudanschwarz B-Färbung, Leukocyten   57
Sulfosalicylsäure-Probe, Eiweißnachweis im Harn   425

T = Transmissionsgrad
T3 = Trijodthyronin   s. Schilddrüsenhormone
T4 = Thyroxin   s. Schilddrüsenhormone
Target-Zellen (Schießscheiben-, Kokardenzellen), Morphologie   Abb. 13, S. 80; Tabelle 21, S. 81
—, Vorkommen   Tabelle 21, S. 81; Tabelle 24, S. 124
TBG = Thyroxin-bindendes Globulin
TEG = Thrombelastogramm
terminale Desoxyribonucleotidyl-Transferase, immunologische Bestimmung   63
—, —, Bewertung der Ergebnisse   63
Thalassämien   Tabelle 21, S. 81; 115, 116; Tabelle 24, S. 124
Thrombelastogramm (TEG)   158
—, Bewertung der Ergebnisse   160
—, charakteristische Befunde   Abb. 25, S. 159, 160
Thrombelastograph, schematische Darstellung   Abb. 24, S. 158
Thrombinzeit   165
—, Bewertung der Ergebnisse   165, 174
—, Normbereich   165
Thrombocyten   132
—, Adhäsion   130
—, —, Bestimmung (Retention)   152
—, —, —, Bewertung der Ergebnisse   152
—, Aggregation   130
—, —, Bestimmung   152
—, —, —, Bewertung der Ergebnisse   152
—, Aufgaben   Tabelle 9, S. 16; 132
—, Beteiligung an den Hämostasemechanismen   129, 130, 131, 132, 136, 137
—, Bildung eines hämostastischen Pfropfs   129, 131
—, Entwicklung   Tabelle 10, S. 17; 132
—, —, Ausschwemmung aus dem Knochenmark   132
—, Freisetzungsreaktion   130, 132
—, Mediatoren, verfügbar werdende   130
—, Mindestzahl zur Aufrechterhaltung der Hämostase   132
—, Plättchenfaktor 3   131
—, Speicherung in der Milz   132
—, Stoffwechsel   132
—, viscöse Metamorphose   130
Thrombocytenfunktion   129, 130, 132, 137, 152
—, Bestimmung der Adhäsion (Retention)   152
—, —, Bewertung der Ergebnisse   152
—, Bestimmung der Aggregation   152
—, —, Bewertung der Ergebnisse   152
—, Hemmung durch Therapie mit Inhibitoren der Plättchenfunktion   184
Thrombocytenzählung im Vollblut   146 ff.
—, mit elektronischen Zählgeräten   150
—, —, Reproduzierbarkeit   150

Thrombocytenzählung im Vollblut
—, nach FONIO   150, 151
—, —, Reproduzierbarkeit   151
—, Zählkammerverfahren   146 ff.
—, —, Reproduzierbarkeit   147
Thrombocytenzahl, peripheres Blut, Normbereich   149
Thrombocythämie, idiopathische (essentielle)   108
Thrombocytopathien, hämorrhagische Diathesen   143
—, Ursachen   180, 181
Thrombocytopenien, hämorrhagische Diathesen   143
—, Ursachen   180
Thrombocytopoese   Tabelle 10, S. 17; 18, 132
Thrombomodulin, an der Membran der Endothelien   139
—, Wirkung   139
Thromboplastinzeitbestimmung nach QUICK   s. QUICK-Test
Thrombosen, an der Entstehung beteiligte Faktoren   144
—, Neigung zu   185
Thromboxan A_2, Synthese in Thrombocyten   130, 132
Thyreoglobulin   371
—, Auto-Antikörper gegen   406
—, Tumormarker   400; Tabelle 44, S. 402
Thyreoidea-stimulierendes Hormon (TSH, Thyreotropin)   377
—, Bestimmung der Konzentration im Serum   377
—, —, Bewertung der Ergebnisse   377; Tabelle 42, S. 379
—, —, Normbereiche   377
—, —, Vorbereitung des Patienten   377
Thyreotropin = Thyreoidea-stimulierendes Hormon (TSH)   371
Thyreotropin-Releasing-Hormon-Test (TRH-Test)   378
—, Bestimmung der TSH-Konzentration im Serum   377
—, —, Bewertung der Ergebnisse   378; Tabelle 42, S. 379
—, —, Normbereich   378
—, —, Vorbereitung des Patienten   378
Thyroxin-bindendes Globulin   376
Tissue Polypeptide Antigen (TPA), Tumormarker   401
Titrimetrie   327
—, Anwendung   301, 473
T-Lymphocyten   24 ff.
—, Aufgaben, wesentliche   Tabelle 14, S. 28, 29
—, Entwicklung   Tabelle 10, S. 17; 22
—, Merkmale   Tabelle 12, S. 23
—, Nachweis, immunologischer   Tabelle 14, S. 28
—, Oberflächenmerkmale   24, 97
—, Prägung im Thymus   22; Tabelle 12, S. 23
—, Receptoren   Tabelle 12, S. 23
—, Rezirkulation   Tabelle 12, S. 23
—, Subpopulationen   24
T4-Lymphocyten   24
—, Aufgaben, wesentliche   Tabelle 14, S. 28, 29
—, cytotoxische T4-Lymphocyten   24
—, —, cytotoxische Wirkung in Anwesenheit von HLA-Antigenen der Klasse II   24; Tabelle 14, S. 29
—, —, Nachweis, immunologischer   Tabelle 14, S. 29
—, T4-Helferzellen   24
—, —, Aktivierung durch Antigenkontakt   24

T4-Lymphocyten, T4-Helferzellen
—, —, Aufgaben, wesentliche   Tabelle 14, S. 28
—, —, —, Erkennung von Antigenen in Anwesenheit von HLA-Antigenen der Klasse II   24
—, —, —, Sekretion von Lymphokinen   24
—, —, Nachweis, immunologischer   Tabelle 14, S. 28
—, T4-Induktorzellen   24
T8-Lymphocyten   25, 26
—, Aufgaben, wesentliche   Tabelle 14, S. 29
—, cytotoxische T8-Lymphocyten   26
—, —, cytotoxische Wirkung in Anwesenheit von HLA-Antigenen der Klasse I   26; Tabelle 14, S. 29
—, —, Nachweis, immunologischer   Tabelle 14, S. 29
—, T8-Suppressorzellen   25, 26
—, —, Aktivierung durch T4-Zellen   25
—, —, Aufgaben, wesentliche   Tabelle 14, S. 29
—, —, —, Beeinflussung humoraler und cellulärer Immunantworten   25, 26
—, —, Nachweis, immunologischer   Tabelle 14, S. 29
T4/T8-Lymphocyten, Quotient   26
toxische Granulation der neutrophilen Granulocyten   92
—, Vorkommen   92
t-PA = tissue plasminogen activator   s. Gewebsplasminogenaktivator
Transferrin   253
—, Abgabe von Eisen an Erythrocytenvorstufen und Reticulocyten   86, 253
—, Bestimmung mittels radialer Immundiffusion   355
—, Eisentransport im Plasma   86, 253
Transmissionsgrad   203, 204
TRH = Thyreotropin-Releasing-Hormon
Triglyceride (Neutralfette)   242 ff.
—, Bestimmung der Konzentration im Serum   242 ff.
—, —, Bewertung der Ergebnisse   242, 244
—, —, Normbereiche   244
—, —, Verfahren, enzymatisches über Glycerin   243, 244
—, —, Vorbereitung des Patienten   242
Trypsin, im Pankreassekret   477
TSH = Thyreoidea-stimulierendes Hormon
Tumoranämie   117; Tabelle 24, S. 124
Tumormarker   396 ff.
—, Analytik, allgemeine Gesichtspunkte   397
—, Grenzen der Anwendbarkeit in der Diagnostik von Malignomen   396
—, Indikationen zur Bestimmung   396, 397
—, Überblick über den Einsatz   Tabelle 44, S. 402

U = unit = Internationale Einheit der Enzymaktivität
U, Definition   272
unspezifische Esterasen   s. Esterasen, unspezifische
Untersuchungsmaterial, Gewinnung   Tabelle 3, S. 7
—, Maßnahmen vor der Gewinnung   Tabelle 1, S. 2 ff.
—, Vorbereitung   195, 196
Urobilinogen   220, 433
—, Nachweis im Harn   433
Urokinase, Aktivierung von Plasminogen   Abb. 22, S. 140; 141
—, Kontrolle einer fibrinolytischen Therapie   184
Uroporphyrine   s. Porphyrine

v/v = volume/volume; Volumen/Volumen
Vanillinmandelsäure   445, 446
—, Bestimmung der Ausscheidung im Harn   446
—, —, Bewertung erhöhter Ergebnisse   445
—, —, Normbereich   446
—, —, Vorbereitung des Patienten   446
—, Entstehung   445
Variationskoeffizient, Berechnung   497
Vasoaktives intestinales Polypeptid (VIP), Tumormarker   401; Tabelle 44, S. 402
Vasopathien   143
—, hämorrhagische Diathesen durch   182
—, Untersuchungsverfahren zur Erfassung   145
—, —, Blutungszeit, subaquale nach MARX   145
—, —, RUMPEL-LEEDE-Test   145
—, —, Saugglockentest   145
—, Ursachen   182
Vasopressin   395
Verbrauchskoagulopathie, Diagnostik   177, 179
—, Unterscheidung von einer primären Hyperfibrinolyse   Tabelle 30, S. 178
Verbrauchsreaktion, Diagnostik   177, 179
Very Low Density Lipoproteine (VLDL)   Tabelle 38, S. 235
Vitamin K-Antagonisten   134, 182
—, Therapie mit, Kontrolle   182, 183
VLDL = Very Low Density Lipoproteine
Volumenfehler durch Proteine und Lipoproteine   316, 317
Volumenmeßgeräte   192, 193
—, Kalibrierung   194
Volumetrie   s. Titrimetrie
Voraussetzungen zur Erzielung zuverlässiger Befunde   1 ff.
—, bei hämostaseologischen Untersuchungsverfahren   154 ff.
Vorbereitung des Patienten vor der Probengewinnung   1; Tabelle 1, S. 2 ff.
—, Absetzen von Medikamenten (soweit ärztlich vertretbar)   Tabelle 1, S. 4
—, Alkoholkarenz   Tabelle 1, S. 4
—, Berücksichtigung von Eßgewohnheiten   Tabelle 1, S. 3
—, Berücksichtigung körperlicher Aktivität   Tabelle 1, S. 4
—, Berücksichtigung von Tageszeiten   Tabelle 1, S. 4
—, Blutentnahme nach ca. 30 Minuten Ruhelage   Tabelle 1, S. 3
—, Einhaltung von Diätvorschriften   Tabelle 1, S. 2
—, Einhaltung einer 12 stündigen Nahrungskarenz   Tabelle 1, S. 3
—, Meidung von Genußmitteln   Tabelle 1, S. 4
—, Vermeidung von i. m. Injektionen   Tabelle 1, S. 5
Vorbereitung von Untersuchungsmaterial   195, 196
Vorläuferzellen   Tabelle 10, S. 17; 18
—, B-Lymphocyten   Tabelle 10, S. 17; 18
—, Erythropoese   Tabelle 10, S. 17; 18
—, Myelomonocytopoese   Tabelle 10, S. 17; 18
—, Thrombocytopoese   Tabelle 10, S. 17; 18
—, T-Lymphocyten   Tabelle 10, S. 17; 18

Waagen   190
Wachstumshormon   388 ff.
—, Bestimmung der Konzentration im Serum   389
—, —, Bewertung der Ergebnisse   388, 389
—, —, —, Basalinkretion   389

Wachstumshormon, Bestimmung der Konzentration im Serum, Bewertung der Ergebnisse
—, —, —, nach Stimulation durch Tiefschlaf 389
—, —, Normbereiche 389
—, —, Vorbereitung des Patienten 389
—, wesentliche Wirkungen (durch Somatomedine vermittelt) 388
Wachstumshormoninkretion bei Funktionstesten 390, 391
—, Arginin-Belastungs-Test 390, 391
—, —, Bewertung der Ergebnisse 391
—, —, Normbereich 391
—, Glucose-Belastungs-Test 391
—, —, Bewertung der Ergebnisse 391
—, —, Normbereich 391
—, Insulin-Hypoglykämie-Test 390
—, —, Bewertung der Ergebnisse 390
—, —, Normbereich 390
Wägungen 190
Wasser, erforderliche Reinheit für klinisch-chemische Analysen 187
WATSON-SCHWARTZ-Test 435, 436
Wellenlängen sichtbarer Strahlung Tabelle 31, S. 201
von WILLEBRAND-Faktor 130; Tabelle 25, S. 133; 134
von WILLEBRAND-Syndrom 181, 182
Wolframlampe Tabelle 32, S. 205; Abb. 30, S. 207
w/v = weight/volume; Gewicht/Volumen
w/w = weight/weight; Gewicht/Gewicht

Xenonlampe 323
D-Xylose-Test, Prüfung der Resorption im Dünndarm 483
—, Ausführung 483
—, Beurteilung der Ergebnisse 483
—, Normbereich 483

Zählgeräte, elektronische, schematische Darstellung 39; Abb. 3, S. 39
Zählkammer, FUCHS-ROSENTHAL- Abb. 55, S. 460
—, NEUBAUER- Abb. 1, S. 36; Abb. 2, S. 37; Abb. 23, S. 148
Ziegelmehlsediment, sog. s. Harnsediment, Urate
Zucker, Nachweis im Harn, FEHLING'sche Probe 428

H.-H. Wellhöner, Medizinische Hochschule Hannover

Allgemeine und systematische Pharmakologie und Toxikologie

Begleittext zum Gegenstandskatalog 2

4. neubearb. Aufl. 1988. XII, 498 S. 48 Abb. 41 Tab. Brosch. DM 32,– ISBN 3-540-19193-3

Die grundlegend überarbeitete und didaktisch neu konzipierte 4. Auflage erleichtert die Vor- und Nachbearbeitung der pharmakologischen Lehrveranstaltungen und vermittelt in knapper Form das im Staatsexamen geforderte Wissen.

Sämtliche Präparatenamen wurden auf den neuesten Stand gebracht und an die Rote Liste angepaßt. Viele neue Abbildungen und Tabellen machen den Text noch anschaulicher.

„Derzeit ist der Wellhöner sicherlich der preiswerteste und aktuellste Einstieg in die allgemeine Pharmakologie."
  BON-MED Medizinerkalender

Preisänderung vorbehalten

Springer-Lehrbuch

E. Willich, P. Georgi, H. Kuttig, Universität Heidelberg;
W. Wenz, Universität Freiburg (Hrsg.)

Radiologie und Strahlenschutz

einschließlich neuer bildgebender Verfahren

Springer-Lehrbuch (Medizin)

4. neubearb. und erw. Aufl. 1988. XVII, 463 S. 148 Abb. 24 Tab. Brosch. DM 35,–
ISBN 3-540-19011-2

Das seit Jahren bewährte Taschenbuch wurde in der 4. Auflage auf den neuesten Stand gebracht, teils völlig neu bearbeitet. Dabei wurden außer der Diagnostik mit den modernen bildgebenden Verfahren – nach Organen aufgegliedert – auch die physikalischen Grundlagen, Strahlenbiologie, Strahlenschutz, Strahlentherapie und Nuklearmedizin berücksichtigt.
Zahlreiche Strichzeichnungen, Tabellen und Abbildungsbeispiele der modernen Bildverfahren vertiefen den didaktisch gegliederten Text.
Das Taschenbuch ist eine Einführung in die Radiologie sowohl für den Studenten als auch für den in Weiterbildung befindlichen Arzt und hervorragend geeignet zur Prüfungsvorbereitung.

„...so ist das Buch für den Radiologiekurs im 1. klinischen Studienabschnitt ebenso wie für die weitere Klinik, PJ und spätere Zeiten ein guter und preiswerter Ratgeber."
BON-MED Medizinerkalender

Preisänderung vorbehalten.

Springer-Lehrbuch